作者简介

　　彭健，华中农业大学二级教授，博士研究生导师，国家生猪产业技术体系岗位科学家，中国农学会微量元素与食物链分会副理事长、中国畜牧兽医学会动物营养学分会常务理事。国务院特殊津贴获得者，入选教育部新世纪百千万人才工程国家级人选。主要研究方向是种猪的精准营养与饲养、养猪生产大数据分析和利用、猪的肠道健康、重要经济性状形成的分子机制和营养调控等。工作30余年来一直致力于猪营养和饲养的科学研究、人才培养和产业推广，在推进我国生猪规模化养殖、建立母猪精准饲养技术和猪精社会化供应体系中均做出了重要贡献。曾先后主持国家自然科学基金、"973计划"、国家科技支撑计划、科技部国际合作专项等重大科研项目63项；获批国家发明专利8件；获国家科技进步奖二等奖2项，农业部科技进步奖一等奖等其他省部级科技奖励15项。在国内外核心期刊上发表研究论文159篇，其中SCI论文133篇，主编或参编著作6部。研究建立的种猪高繁殖效率技术体系在全国范围内得到了广泛应用，取得了显著的社会效益和经济效益。累积培养博士研究生28人，硕士研究生71人。

内容简介

在现代化养猪生产中，母猪群的繁殖效率对猪场的生产成绩和经济效益密切相关。母猪精准饲养技术对于提高规模化猪场母猪繁殖性能具有重要的作用，其基础是对于母猪在繁殖周期代谢特征和营养需要的精准掌握。另外，规模化养猪生产的过程中，不仅产生了性能，同时产生了大量的数据。用好养猪大数据，可以从另一个角度带来养猪生产技术的变革。本书主要介绍了母猪在繁殖周期中氨基酸、碳水化合物和脂类物质的代谢变化，以及肠道微生物在繁殖周期中的改变，并阐述了母猪繁殖周期代谢变化与繁殖性能的关系。结合营养物质在繁殖周期中的代谢，本书还介绍了母猪氨基酸、能量和必需脂肪酸的需求，以及利用功能性氨基酸、纤维及脂肪酸调控母猪繁殖性能的关键技术。最后，针对提高母猪繁殖性能的关键靶标，阐述了母猪精准饲养关键技术，以及大数据分析在种猪生产管理中的应用。全书内容包含了从母猪营养代谢机理到营养调控技术，再到精准饲养技术体系的系统性介绍，可为从事猪营养研究的科研工作者和从事养猪生产管理的从业人员提供参考。

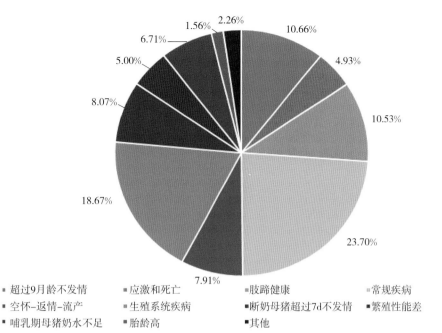

超过9月龄不发情　　应激和死亡　　肢蹄健康　　常规疾病
空怀–返情–流产　　生殖系统疾病　　断奶母猪超过7d不发情　　繁殖性能差
哺乳期母猪奶水不足　　胎龄高　　其他

彩图1　母猪淘汰原因分析

（资料来源：Wang 等，2019）

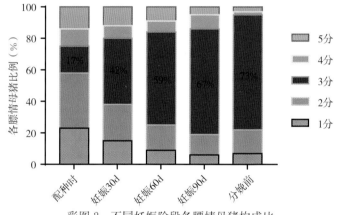

彩图2　不同妊娠阶段各膘情母猪构成比

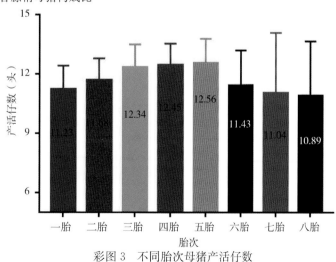

彩图3　不同胎次母猪产活仔数

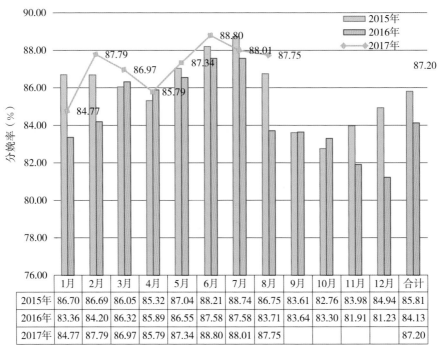

	1月	2月	3月	4月	5月	6月	7月	8月	9月	10月	11月	12月	合计
2015年	86.70	86.69	86.05	85.32	87.04	88.21	88.74	86.75	83.61	82.76	83.98	84.94	85.81
2016年	83.36	84.20	86.32	85.89	86.55	87.58	87.58	83.71	83.64	83.30	81.91	81.23	84.13
2017年	84.77	87.79	86.97	85.79	87.34	88.80	88.01	87.75					87.20

彩图 4　不同时期母猪分娩率同比结果

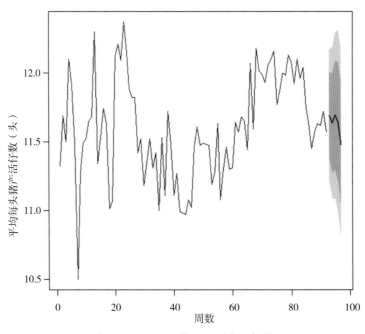

彩图 5　ARIMA 模型预测产活仔数

"十三五"国家重点图书出版规划项目

当代动物营养与饲料科学精品专著

母猪营养代谢与精准饲养

彭 健◎著

中国农业出版社

北 京

图书在版编目（CIP）数据

母猪营养代谢与精准饲养/彭健著 . —北京：中
国农业出版社，2019.12
当代动物营养与饲料科学精品专著
ISBN 978-7-109-26025-2

Ⅰ.①母… Ⅱ.①彭… Ⅲ.①母猪—家畜营养学②母
猪—饲养管理 Ⅳ.①S828

中国版本图书馆 CIP 数据核字（2019）第 217253 号

中国农业出版社出版
地址：北京市朝阳区麦子店街 18 号楼
邮编：100125
策划编辑：黄向阳　周晓艳
责任编辑：周晓艳　王森鹤
版式设计：王　晨　　责任校对：吴丽婷
印刷：北京通州皇家印刷厂
版次：2019 年 12 月第 1 版
印次：2019 年 12 月北京第 1 次印刷
发行：新华书店北京发行所
开本：787mm×1092mm　1/16
印张：23　　插页：2
字数：560 千字
定价：188.00 元

丛书编委会

主任委员

　　李德发（院　士，中国农业大学动物科学技术学院）

副主任委员

　　印遇龙（院　士，中国科学院亚热带农业生态研究所）

　　麦康森（院　士，中国海洋大学水产养殖系）

　　姚　斌（院　士，中国农业科学院饲料研究所）

　　杨振海（局　长，农业农村部畜牧兽医局）

委　员（以姓氏笔画为序）

　　刁其玉（研究员，中国农业科学院饲料研究所）

　　马秋刚（教　授，中国农业大学动物科学技术学院）

　　王　恬（教　授，南京农业大学动物科技学院）

　　王卫国（教　授，河南工业大学生物工程学院）

　　王中华（教　授，山东农业大学动物科技学院动物医学院）

　　王加启（研究员，中国农业科学院奶牛创新团队）

　　王成章（教　授，河南农业大学牧医工程学院）

　　王军军（教　授，中国农业大学动物科学技术学院）

　　王红英（教　授，中国农业大学工学院）

　　王宝维（教　授，青岛农业大学食品科学与工程学院）

　　王建华（研究员，中国农业科学院饲料研究所）

　　方热军（教　授，湖南农业大学动物科学技术学院）

　　尹靖东（教　授，中国农业大学动物科学技术学院）

　　冯定远（教　授，华南农业大学动物科学学院）

　　朱伟云（教　授，南京农业大学动物科技学院）

　　刘作华（研究员，重庆市畜牧科学院）

　　刘国华（研究员，中国农业科学院饲料研究所）

　　刘建新（教　授，浙江大学动物科学学院）

　　齐广海（研究员，中国农业科学院饲料研究所）

　　孙海州（研究员，内蒙古自治区农牧业科学院动物营养与饲料研究所）

　　杨　琳（教　授，华南农业大学动物科学学院）

杨在宾（教　授，山东农业大学动物科技学院动物医学院）

李光玉（研究员，中国农业科学院特产研究所）

李军国（研究员，中国农业科学院饲料研究所）

李胜利（教　授，中国农业大学动物科学技术学院）

李爱科（研究员，国家粮食局科学研究院）

吴　德（教　授，四川农业大学）

呙于明（教　授，中国农业大学动物科学技术学院）

佟建明（研究员，中国农业科学院畜牧兽医研究所）

汪以真（教　授，浙江大学动物科学学院）

张日俊（教　授，中国农业大学动物科学技术学院）

张宏福（研究员，中国农业科学院畜牧兽医研究所）

陈代文（教　授，四川农业大学）

林　海（教　授，山东农业大学动物科技学院动物医学院）

罗　军（教　授，西北农林科技大学）

罗绪刚（研究员，中国农业科学院畜牧兽医研究所）

周志刚（研究员，中国农业科学院饲料研究所）

单安山（教　授，东北农业大学动物科技学院）

孟庆翔（教　授，中国农业大学动物科学技术学院）

侯水生（研究员，中国农业科学院畜牧兽医研究所）

侯永清（教　授，武汉工业大学）

姚军虎（教　授，西北农林科技大学动物科技学院）

秦贵信（教　授，吉林农业大学动物科学技术学院）

高秀华（研究员，中国农业科学院饲料研究所）

曹兵海（教　授，中国农业大学动物科学技术学院）

彭　健（教　授，华中农业大学动物科学技术学院动物医学院）

蒋宗勇（研究员，广东省农业科学院动物科学研究所）

蔡辉益（研究员，中国农业科学院饲料研究所）

谭支良（研究员，中国科学院亚热带农业生态研究所）

谯仕彦（教　授，中国农业大学动物科学技术学院）

薛　敏（研究员，中国农业科学院饲料研究所）

瞿明仁（教　授，江西农业大学动物科技学院）

审稿专家

卢德勋（研究员，内蒙古自治区农牧业科学院）

计　成（教　授，中国农业大学动物科学技术学院）

杨振海（局　长，农业农村部畜牧兽医局）

丛书序

经过近40年的发展，我国畜牧业取得了举世瞩目的成就，不仅是我国农业领域中集约化程度较高的产业，更成为国民经济的基础性产业之一。我国畜牧业现代化进程的飞速发展得益于畜牧科技事业的巨大进步，畜牧科技的发展已成为我国畜牧业进一步发展的强大推动力。作为畜牧科学体系中的重要学科，动物营养和饲料科学也取得了突出的成绩，为推动我国畜牧业现代化进程做出了历史性的重要贡献。

畜牧业的传统养殖理念重点放在不断提高家畜生产性能上，现在情况发生了重大变化：对畜牧业的要求不仅是要能满足日益增长的畜产品消费数量的要求，而且对畜产品的品质和安全提出了越来越严格的要求；畜禽养殖从业者越来越认识到养殖效益和动物健康之间相互密切的关系。畜牧业中抗生素的大量使用、饲料原料重金属超标、饲料霉变等问题，使一些有毒有害物质蓄积于畜产品内，直接危害人类健康。这些情况集中到一点，即畜牧业的传统养殖理念必须彻底改变，这是实现我国畜牧业现代化首先要解决的一个最根本的问题。否则，就会出现一系列的问题，如畜牧业的可持续发展受到阻碍、饲料中的非法添加屡禁不止、"人畜争粮"矛盾凸显、食品安全问题受到质疑。

我国最大的国情就是在相当长的时期内处于社会主义初级阶段，我国养殖业生产方式由粗放型向集约化型的根本转变是一个相当长的历史过程。从这样的国情出发，发展我国动物营养学理论和技术，既具有中国特色，对制定我国养殖业长期发展战略有指导性意义；同时也对世界养殖业，特别是对发展中国家养殖业发展具有示范性意义。因此，我们必须清醒地意识到，作为畜牧业发展中的重要学科——动物营养学正处在一个关键的历史发展时期。这一发展趋势绝不是动物营养学理论和技术体系的局部性创新，而是一个涉及动物营养学整体学科思维方式、研究范围和内容，乃至研究方法和技术手段更新的全局性战略转变。在此期间，养殖业内部不同程度的集约化水平长期存在。这就要求动物营养学理论不仅能适应高度集约化的养殖业，而且也要能适应中等或初级集约化水平长期存在的需求。近年来，我国学者在动物营养和饲料科学方面作了大量研究，取得了丰硕成果，这些研究成果对我国畜牧业的产业化发展有重要实践价值。

"十三五"饲料工业的持续健康发展，事关动物性"菜篮子"食品的有效供给和质量安全，事关养殖业绿色发展和竞争力提升。从生产发展看，饲料工业是联结种植业和养殖业的中轴产业，而饲料产品又占养殖产品成本的70%。当前，我国粮食库存压力很大，大力发展饲料工业，既是国家粮食去库存的重要渠道，也是实现降低生产成本、提高养殖效益的现实选择。从质量安全看，随着人口的增加和消费的提升，城乡居民对保障"舌尖上的安全"提出了新的更高的要求。饲料作为动物产品质量安全的源头和基础，要保障其安全放心，必须从饲料产业链的每一个环节抓起，特别是在提质增效和保障质量安全方面，把科技进步放在更加突出的位置，支撑安全发展。从绿色发展看，当前我国畜牧业已走过了追求数量和保障质量的阶段，开始迈入绿色可持续发展的新阶段。畜牧业发展决不能"穿新鞋走老路"，继续高投入、高消耗、高污染，而应在源头上控制投入、减量增效，在过程中实施清洁生产、循环利用，在产品上保障绿色安全、引领消费。推介饲料资源高效利用、精准配方、氮磷和矿物元素源头减排、抗菌药物减量使用、微生物发酵等先进技术，促进形成畜牧业绿色发展新局面。

动物营养与饲料科学的理论与技术在保障国家粮食安全、保障食品安全、保障动物健康、提高动物生产水平、改善畜产品质量、降低生产成本、保护生态环境及推动饲料工业发展等方面具有不可替代的重要作用。当代动物营养与饲料科学精品专著，是我国动物营养和饲料科技界首次推出的大型理论研究与实际应用相结合的科技类应用型专著丛书，对于传播现代动物营养与饲料科学的创新成果、推动畜牧业的绿色发展有重要理论和现实指导意义。

李德发

2018.9.26

前　言

　　母猪饲养是养猪生产中的关键环节，对生产成绩和养殖收益都有重要影响。当前我国母猪的生产水平与先进国家仍存在较大差距，即使是规模化生产企业也与国际先进水平存在距离。除猪的遗传背景差异外，母猪的饲养水平是决定其性能的关键。提高母猪的生产性能，首先要弄清决定母猪繁殖性能的关键因素，解析其影响繁殖性能的机制；然后在此基础上形成调控技术，研发新产品，形成精准饲养成套方案。

　　母猪的营养代谢不仅与饲料的利用效率相关，而且也反映了母体的生理状态，与胎儿生长发育和泌乳等密切相关。因此，理解母猪繁殖周期中营养代谢变化与繁殖性能的关系，对认识母猪饲养的关键控制点具有重要意义。此外，当前规模化养殖中产生的大数据的价值未能得到充分挖掘，仅把其当作绩效考核的依据。生产中，我们应当学会向数据要事实、从数据找关键和依数据作决策。这就需要广大从业人员具备数据思维，并将其与精准饲养技术配套实施，从而推动我国母猪生产水平的提高。

　　当前国内还没有关于母猪营养代谢和精准饲养的著作出版。本书基于作者从事母猪饲养研究三十余年的成果和经验，同时辅以国内外相关研究进展，阐述了母猪繁殖周期的营养代谢变化及与繁殖性能的关系，以及提高母猪繁殖性能的关键营养调控技术、综合饲养方案和配套大数据分析体系。全书重点介绍母猪繁殖周期的生理变化，氨基酸、碳水化合物和脂类在繁殖周期的代谢变化与营养需要，功能性氨基酸、纤维和脂肪酸调控母猪繁殖性的营养调控技术，以及母猪全繁殖周期的精准饲养技术和配套大数据分析体系，希望能给广大从事母猪营养和饲养研究的同仁，以及从事母猪生产管理的朋友提供参考。

本书的写作和出版得到了国家重点研发计划项目（2017YFD0502000）和国家出版基金项目资助，同时得到了华中农业大学动物科学技术学院动物医学院魏宏逵、周远飞、宋彤星、王超、彭杰、成传尚、邓召、杨阳、夏茂、夏雄和吴晓宇的大力帮助，在此一并表示衷心的感谢！

由于著者水平有限，加上本学科专业发展迅速，书中内容涉及的学科领域较广等原因，书中难免有错漏和不妥之处，敬请广大读者批评指正。

著 者

2019 年 7 月

目　录

02 第二章 母猪氨基酸代谢及其营养需要

03 第三章 母猪脂质代谢及对繁殖性能的影响

06 第六章　应用功能性纤维提高母猪繁殖性能的研究现状

第一章
母猪繁殖周期的生理代谢特征

母猪在繁殖周期中的生理和代谢状态会发生明显的改变，包括激素分泌的变化、胎盘发育、乳腺发育等，这些改变有助于完成母猪发情、妊娠和泌乳过程。在母猪繁殖周期中，胎盘和乳腺的发育分别对出生前后仔猪的生长发育至关重要。因此，掌握母猪胎盘和乳腺的基本结构、发育规律，以及影响其功能的因素，对建立并提高母猪繁殖性能的营养调控技术具有重要意义。此外，母猪在围产期会出现以胰岛素抵抗、系统性炎症和进程性氧化应激为特征的代谢综合征。其发生的原因包括母猪怀孕期代谢旺盛的特点、肠道菌群代谢变化、身体肥胖等。尽管母猪在繁殖周期中适度的代谢变化，有利于其分娩及胎儿营养物质供应，然而围产期代谢综合征的发生会影响母猪胎盘发育、增加产弱仔的概率及降低母猪泌乳期的采食量。因此，繁殖周期不同阶段应该重视监测和调控母猪的代谢。本章从母猪繁殖周期中的激素、生理和营养代谢变化，胎盘和乳腺的发育及其功能，胎盘和乳腺中相关激素及生理变化的关系，母猪代谢综合征及其发生机制几个方面，介绍监控和研究母猪代谢综合征的技术。

第一节　母猪繁殖周期中的激素和生理变化

母猪的繁殖周期经历了发情、妊娠、泌乳和再发情的过程。在这些过程中，母猪的繁殖激素和代谢激素都发生了重要变化。这些激素的变化不仅对排卵等与繁殖相关的事件有关键调控作用，而且会引起母体耗氧量、血流量等生理状态的变化，以及营养代谢状态的改变。此外，在繁殖周期中，胎盘、胎儿和乳腺经历了重要的发育变化，其中乳腺在断奶后还发生了退化。这些过程都与激素和生理变化密切相关。因此，了解母猪繁殖周期基本激素和生理代谢变化，对建立和提高母猪繁殖效率的调控技术具有重要意义。

一、激素的变化

(一) 发情期

母猪的发情通过卵巢产生的类固醇激素与垂体前叶合成和释放的蛋白质激素之间的相互作用来控制。卵巢分泌的激素主要是性激素，包括 17β-雌二醇、雌激素和黄体酮。雌激素的产生发生在卵巢滤泡的颗粒细胞、胎盘单位和肾上腺皮质。黄体酮则由黄体、胎盘和肾上腺皮质产生。尽管分泌自不同部位，但是雌激素和黄体酮的合成都受垂体前叶激素的控制。卵巢雌激素的合成受促卵泡素（follicle-stimulating hormone，FSH）和促黄体生成素（luteinizing hormone，LH）的控制；黄体酮的合成受促黄体生成素的控制。而非妊娠动物的促黄体生成素和催乳素（prolactin，PRL）则受黄体的调节。

幼龄时期的雌性动物，在负反馈抑制的条件下，一般极少量的雌激素就足以抑制促性腺激素（促卵泡素和促黄体生成素）的合成和释放。因此，卵泡不能生长和发育。当发情期临近时，会发生两个主要事件：第一，下丘脑对雌激素反馈的敏感性降低，这导致下丘脑神经元释放促性腺激素释放激素（gonadotropinreleasing hormone，GnRH）的频率增加。GnRH通过垂体门静脉输送到垂体前叶，在垂体前叶刺激LH和FSH的合成和分泌，从而导致大量的促性腺激素分泌。GnRH释放的频率越高，卵泡发育的速度就越快，达到有腔卵泡的形成后成熟。第二，雌激素分泌增加会引起下丘脑和垂体前叶的正反馈刺激，导致促性腺激素释放。然而，第一次促性腺激素的激增并不会导致排卵，但会导致黄体或黄体生成的卵泡（luteinized follicles）来源的黄体酮短暂分泌。这一短暂的黄体酮期之后就是一个新的促黄体生成激素激增时期，从而促进排卵。

就发情期而言，雌激素启动了母猪性接受能力。它通过调节促性腺激素分泌，在排卵过程中发挥作用，包括诱发排卵前促黄体生成素激增。另外，黄体酮还参与调节促性腺激素的分泌。因此，黄体酮往往与雌激素发挥协同作用，促进母猪发情。

（二）妊娠期

1. 妊娠期母体的激素变化　母猪发情后成功受孕，就会开始妊娠过程。这个过程中，由黄体分泌的高浓度的黄体酮对于维持整个妊娠的正常进行十分重要（Nara等，1981）。全身循环中的黄体酮在母猪妊娠后的3个月内就表现出了较高的水平。但在妊娠的最后1个月，由于黄体不断退化，特别是在母猪分娩之后2～3d迅速退化，因此黄体酮水平迅速降低。另一种重要的激素——雌激素在母猪妊娠早期会有小幅上调，而在妊娠70d至分娩会快速上升。与此同时，母猪妊娠后期皮质醇的浓度也会增加，在母猪分娩前后达到顶峰（Quesnel和Prunier，1995）。

由垂体分泌产生的促黄体生成素在母猪妊娠过程呈现出脉冲式的变化，也会根据不同的妊娠阶段浓度有所变化（Baldwin和Stabenfeldt，1975）。在母猪妊娠早期和妊娠中期，LH的水平同发情周期中黄体中期阶段的水平相类似。母猪妊娠30～70d，LH的水平没有很大波动；而在妊娠70～90d，LH显著降低并保持较低水平（Kraeling等，1992）。总体来说，母猪妊娠过程中高浓度的孕激素抑制了促黄体生成素的产生，妊娠末期高浓度的雌激素同样也抑制了其产生。表明在母猪在妊娠过程中，性激素对于促性腺激素的释放进行了负反馈调节（Goodman和Karsch，1980）。

催乳素主要是由脊椎动物垂体合成并分泌的一类肽类激素，在动物妊娠过程保持较低水平，而只在动物妊娠最后1周才有所上升，并在动物分娩时达到最高水平（Kraeling等，1992）。

值得注意的是，动物妊娠时除了本身维持妊娠的激素水平有变化以外，其他代谢激素和相关的酶也会发生相应的改变，以适应妊娠过程。在妊娠前期和妊娠中期，催乳素水平逐渐升高，增加了母体胰岛素的分泌量，并提高了胰岛素的敏感性，此时母体处于脂质沉积状态（Herrera 和 Desoye，2016）。而在妊娠后期，母体具有较高的雌激素水平，母体胰岛素敏感性降低，引发脂蛋白代谢发生多重变化，包括脂肪组织和血清中脂蛋白脂酶活性的降低、肝脂酶的恢复，以及胆固醇酯转运蛋白活性的增强。这些变化导致脂肪组织分解增多，增加了脂肪酸和甘油二酯蛋白的分泌量，并将其转移到肝和胎盘中。这些分解的底物可以被利用于糖异生、极低密度脂蛋白生成和酮体合成。怀孕妇女肝脏中产生的极低密度脂蛋白的甘油三酯浓度比非正常人群的高。在禁食状态下，肝脏糖异生和肝脏 β 氧化迅速增加，导致酮体合成，为母体提供代谢燃料，并满足胎儿需要（Barrett 等，2014）。

2. 胎盘激素　胎盘能够合成和分泌催乳素。在母猪妊娠前期和妊娠中期，催乳素分泌水平逐渐升高，促进了母体胰腺 β 细胞的增殖，增加了胰岛素的分泌量，提高了系统性胰岛素的敏感性，导致动物采食量逐渐增加，胰岛素抗脂解作用增强。在妊娠后期，母体对抗胰岛素的抵抗作用增强，与来自胎盘分泌的 5 种对抗胰岛素的激素有关。这 5 种激素包括氢化可的松、黄体酮、胎盘泌乳素（human placental lactogen，HPL）、催乳素和雌激素（Kuhl，1998）。体外试验显示，在上述任一激素刺激的环境中，脂肪和骨骼肌细胞吸收葡萄糖的能力都有不同程度的减弱。这些激素共同存在时，进一步降低了脂肪和骨骼肌细胞吸收葡萄糖的能力，反映出这些激素的作用与胰岛素抵抗有关。

此外，妊娠期胎盘也会分泌肿瘤坏死因子 α（tumor necrosis factor α，TNFα）、瘦素、抵抗素等细胞因子，它们参与了母体妊娠期胰岛素抵抗的发生。而胰岛素代谢功能的异常，则会引起胎儿发育异常，甚至影响出生后的生长发育。随着妊娠的进行，孕妇可能会出现妊娠期糖尿病的相关症状，而妊娠期肥胖会显著增加患妊娠期糖尿病的风险（Hamed 等，2011）。

（三）泌乳期

母猪泌乳过程受到多种激素的调控。在泌乳过程中，母猪通常处于发情抑制阶段，只有当结束泌乳之后才会重新发情，这一阶段以催乳素和催产素分泌为主。催乳素的分泌同母猪泌乳性能的开启有关，并在母猪泌乳开始之后提高乳腺中胰岛素受体的表达水平，降低脂肪组织中胰岛素受体的表达水平，从而促使泌乳期能量沉积在乳腺组织中而非脂肪组织中，以更大限量地满足泌乳需求（Quesnel 和 Prunier，1995）。此外，生长激素家族相关因子、胰岛素等也会调控泌乳过程（李庆章，2009）。例如，在母猪泌乳高峰期，胰岛素可以进入乳腺，可能有促进乳腺摄取营养物质的作用（Farmer 等，2007）。值得注意的是，在泌乳期，血液循环中的 IGF-1 和催乳素并不能有效地进入母猪的乳腺。尽管乳腺自身也能表达 IGF-1 和催乳素，但 IGF-1 可能并不影响母猪对营养物质的摄取（Ruan 等，2005）。

二、生理的变化

（一）妊娠期

在怀孕期间，母体经历了重要的解剖变化和生理变化，每一个器官和系统都需要发生适应性改变，以维持胎儿的正常发育（Soma-Pillay 等，2016）。由于缺少妊娠母猪的相关信息，因此本部分将主要介绍人的相关信息，以供参考。

1. 血流量和血液生化指标的变化　妊娠过程中，许多血液指标和生化指标均发生了变化。孕妇的血浆容量在正常妊娠期间逐渐增加，其中妊娠末期的增量超过妊娠期总体增量的一半，并且与婴儿的出生体重成正相关。由于血容量的增加大于红细胞质量的增加，因此血红蛋白浓度、红细胞压积和红细胞计数都有所下降。血小板计数在正常妊娠期间逐渐下降，但仍然处于正常范围之内。另外，孕期凝血系统的变化产生生理性高凝状态，为分娩后止血做准备。

母猪妊娠过程中，血液中铁的含量增加了 2～3 倍。此时铁不仅是用于血红蛋白的合成，而且利于胎儿发育和某些关键酶的产生。妊娠母猪对叶酸的需求量增加了 10～20 倍，对维生素 B_{12} 的需求量增加了 2 倍。

2. 心脏变化　妊娠期心血管系统的变化从妊娠早期就开始了。在开始妊娠到第 8 周时，孕妇心脏的血液输出量已经增加了 20%。这种变化是由内皮依赖性因子介导的，包括一氧化氮合成增加，以及雌二醇和可能的血管扩张性前列腺素上调。外周血管扩张导致全身血管阻力下降 25%～30%，从而增加了心输出量。值得注意的是，在妊娠的前两个阶段（前 6 个月）血压下降，但在妊娠的最后阶段（最后 3 个月）血压上升到非妊娠状态的正常水平。

3. 其他脏器的变化　除了血液和心脏变化外，其他脏器也发生着重大的解剖和生理变化。例如，妊娠期由于肾血管扩张，肾血浆流量和肾小球滤过率均比非妊娠水平增加。此外，血浆容量的增加导致肾小球滤过率升高。正常妊娠期间，母体代谢率增加了 15%，导致耗氧量和供氧量都显著增加。

（二）泌乳期

泌乳期乳腺血流量增加，以满足营养物质增加的需求。通常产仔数和乳腺血流量之间成正相关关系（Nielsen 等，2002）。仔猪断奶时，母猪哺乳与乳房血流之间的联系也很明显，断奶后 8h 和 16h，血流量分别减少了 40% 和 60%。

第二节　母猪繁殖周期中胎盘、胎儿和乳腺发育

一、胎盘结构、发育和功能

（一）胎盘结构

哺乳动物妊娠期间，胎儿在母体的子宫内生长。胎盘是母体和胎儿联系的唯一纽带，是进行底物转运和代谢调控的重要器官，发挥着维持母体妊娠及调控胎儿健康发育的作用（Saben 等，2013）。从解剖结构上来说，胎盘包括母体部分和胎儿部分。其中，母体部分是子宫内膜；胎儿部分则由各种胎膜，即绒毛膜、羊膜、卵黄囊和尿囊组成。根据胎盘的组成结构，大致可以将胎盘分为绒毛膜胎盘、卵黄囊胎盘和尿囊绒毛膜胎盘 3 种类型。其中，尿囊绒毛膜胎盘中，尿囊与绒毛膜相互融合，两者之间生发了丰富的血管，形成尿囊绒毛膜，并与母体子宫内膜建立联系，构成了尿囊绒毛膜胎盘。这一类胎盘的胎儿部分包括了尿囊绒毛膜的 3 层结构，即血管内皮、中间结缔组织（间充质）和滋养层细胞；母体部分也存在 3 层结构，依次是子宫内膜上皮、结缔组织和血管内皮。这类胎盘中，胎儿和母体血液中要进行营养物质交换，就必须通过这 6 层结构，即称其为胎盘屏障。

猪胎盘形成的绒毛膜囊外壁较薄，囊壁外的绒毛插入子宫内膜的陷窝中，但联系不紧密。绒毛膜外胚层与子宫内膜均保持完整，两膜平行紧靠，虽有褶皱起伏，但仍各自独立，母猪分娩时绒毛从内膜陷窝内拔出而不伤害内膜。因此，母猪分娩时很少发生因为胎盘娩出困难而造成的难产。由此可见，猪的胎盘是典型的弥散型、非蜕膜、上皮绒毛膜胎盘（图1-1；周泉勇，2009）。

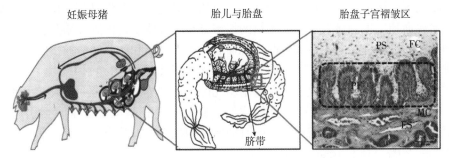

图1-1　母猪胎盘血管生成与胎儿发育

注：PS，胎盘基质；PF，胎盘褶皱；ES，子宫内膜基质；MC，母体侧毛细血管；FC，胎儿侧毛细血管。

猪的胎盘屏障非常复杂，母体血管中的营养物质必须经过完整的6层组织输送到胎儿。如图1-2所示，营养物质需要首先穿过微血管内皮细胞层进入子宫结缔组织；其次通过子宫内膜与胎盘之间的褶皱区域，包括子宫内膜上皮细胞层和胎盘绒毛膜上皮细胞层；然后进入胎盘基质中的结缔组织层；随后穿过胎盘中微血管壁内皮细胞层进入胎盘微血管血液中；最后逐渐汇聚到脐带，将营养物质运输到胎儿体内的各个器官。胎盘屏障厚度不仅对母体与胎儿间的物质转运有重要影响；而且胎盘屏障通过隔离各类可能的病原或抗原大分子，也保证了胎儿的存活和健康发育，但同时也限制了母源抗体在胎儿发育期转运到达胎儿。这意味着仔猪出生时体内是没有抗体的，这也是初生仔猪容易受到病原感染致病的主要原因之一。

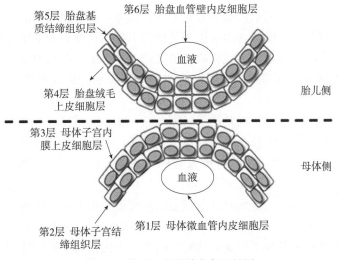

图1-2　绒毛上皮型胎盘各组织层

（资料来源：修改自Patel等，2016）

(二) 胎盘发育

1. 胎盘发育规律　母猪胎儿胎盘起源于胚胎滋养层细胞，发育起始于母猪妊娠13d的胚胎附植期。在妊娠18d完成着床后，滋养层细胞快速延长，扩大了胚胎与母体子宫内膜的接触面积，形成初期的双细胞层结构。至妊娠26d左右胎盘结构基本形成，胎盘的绒毛膜呈现圆筒形。在妊娠27～32d时，虽然胎盘重量未发生显著变化，但是胎盘褶皱和母胎界面却发生着显著变化，大量的褶皱分布于母体子宫内膜和胎儿部分之间，形成典型的猪胎盘结构。上述褶皱层的出现显著扩大了母体和胎儿的运输接触面积，有助于促进营养物质交换，提高底物运输效率（Cristofolini 等，2018）。

在妊娠早期，胎盘的形成和发育对于胎儿的存活和健康生长至关重要，因此胎盘建立的过程（妊娠18～30d）也是器官形成期。这一阶段胚胎发育异常时会引起胚胎死亡，因此这也是胚胎死亡的高峰期，此时期胚胎的死亡率占整个母猪妊娠期胚胎总死亡率的10%～20%（Bidarimath 等，2017）。

在妊娠37～42d时胎盘增重速度最快，母体子宫内膜细胞和滋养层细胞逐渐形成紧密相连的褶皱。至50d时，胎盘褶皱已经发育得十分规则，血管密度也逐渐增多。在妊娠中期，褶皱彼此相对较近，褶皱高度平均为204 μm。妊娠中期即妊娠60～70d时胎盘已经接近最大，此期间的血管生成更多的是满足胎盘发育的需要，并为妊娠70～114d时胎儿快速生长做好准备（Bazer 和 Johnson，2014）。妊娠90d，胎盘重量已经不再增加，但这并不意味着胎盘发育停止。在母猪妊娠90d时，胎盘细胞死亡和凋亡的数量最多，母胎交接区域发生重塑，胎儿胎盘基质生长到褶皱之间的区域中，在褶皱之间形成间质空间，并且次级褶皱进入该空间。

2. 胎盘血管生成　胎盘是高度血管化的组织，良好的胎盘血管生成是胎盘行使正常功能和胎儿健康生长的重要保证。在整个妊娠期间胎盘的血管都在持续生长，以满足胎盘和胎儿生长的需要（Saben 等，2014）。胎盘血管网的适当形成需要血管发生（vasculogenesis）和血管生成（angiogenesis）之间密切协作（Arroyo 和 Winn，2008）。血管发生是来源于中胚层的造血细胞分化为内皮细胞，并创建原始的血管通路；血管生成通常是由于机械损伤、低氧、生长因子等诱发引起，在原有的毛细血管或微动静脉的基础上以分枝型和非分枝型的方式生成新的毛细血管，主要经历内皮细胞激活、血管基底膜降解、内皮细胞增殖和迁移、周细胞和平滑肌细胞包裹成熟等几个过程（Pardali 等，2010）。

在小鼠胎盘中，血管发生通常始于妊娠8.5～12.5d，在人上为妊娠21～22d，而血管生成则伴随着胎盘发育的整个阶段。对于猪而言，在妊娠27～32d时，胎盘褶皱和母胎界面却发生着显著变化，开始出现大量的微血管（Cristofolini 等，2018）。在妊娠90d之后，母猪母体和胎儿毛细血管的双层变得更薄，直到母体和胎儿毛细血管实际上凹入但不穿透上皮细胞层，导致血管与绒毛的距离进一步缩小，以便母胎之间更加便捷地进行营养交换，并且其间仍有新的微血管形成（Cristofolini 等，2013）。

一些基因和蛋白质参与了胎盘血管发生的调控，包括促血管生成因子，如血管内皮细胞生长因子-A（vascular endothelial growth factor-A，VEGF-A），胎盘生长因子（placenta growth factor，PLGF）；以及抗血管生成因子，如可溶性 fms 样酪氨酸激酶-

1（soluble fms-like tyrosine kinase-1，sFlt-1）等。在妊娠早期，VEGF-A 主要产生于滋养层细胞和血管内皮细胞；而在妊娠后期，VEGF-A 仅在血管内皮细胞中产生。滋养层细胞产生的 VEGF-A 不仅对初级血管发生有重要作用，而且会通过增强血管内皮细胞的增殖、迁移和成管能力，促进血管生成；而血管内皮细胞产生的 VEGF-A 则主要通过自分泌途径/旁分泌途径促进血管生成。VEGF 的减少可使血管内膜的完整性受损，内皮细胞增殖能力减弱，胎盘血管生成和血流减少，进一步加重内膜损害，引起小动脉痉挛。抗血管因子 sEng 来自于合胞体滋养层，在先兆子痫血液中增加，而促血管因子 PLGF 却显著降低。原因是抗血管生成因子 sFlt-1 能失活 VEGF，导致上皮功能失调。胎盘发育初期氧气浓度较低，有利于血管发生。

（三）胎盘功能

在整个妊娠阶段，胎盘可以被认为是一个临时的器官，执行着多种生理学功能。由于胎儿的许多器官，如肝脏、肺、消化道、肾等还没有正式行使功能，因此胎儿依赖于胎盘从母体获得营养物质，并向母体排泄代谢废物。胎盘承担着这些关键器官的作用，实现营养物质转运和代谢废弃物排泄的功能。但母体和胎儿二者又是相对独立的，具有不同的循环系统。因为基因型的差异，胎儿在一定程度上属于特殊的抗原，所以胎盘也作为屏障，使胎儿免受母体的排斥反应。

1. 气体交换　氧气是维持胎儿生命最重要的物质之一。胎盘替代胎儿的呼吸系统功能，使氧气与二氧化碳在母体与胎儿之间通过简单的扩散形式来实现交换。在这个过程中，由于母体血氧压高于脐血，因此氧气能以扩散作用通过胎盘绒毛而进入胎儿血循环。而溶解于胎膜中的二氧化碳通过血管合体膜的速度比氧气快了将近 20 倍，因此二氧化碳往往从胎儿经绒毛间隙直接向母体迅速扩散。

2. 物质交换　在母体和胎儿的联系中，物质交换也依赖于胎盘。胎盘中分布着母体血液与胎儿血液，二者相互独立并发挥着各自的功能。在妊娠过程中，胎儿的胃肠道并没有开始发挥作用，此时胎儿所需的营养物质，包括葡萄糖、脂肪酸、氨基酸、矿物质等，都需要以胎盘为介质，通过被动扩散、主动运输、胞饮与胞吐的形式从母体中获得。此外，胎盘还暂时扮演着胎儿肾和膀胱的角色。尿素、尿酸等胎儿的代谢产物可以通过胎盘运输到母体血液中，并由母体排出。

3. 分泌功能　胎盘具有内分泌、自分泌和旁分泌功能。胎盘的分泌功能在母体妊娠期间发挥重要的作用，能调节妊娠期间母体内的激素平衡。但是胎盘的这些功能都是有时限性的，因为胎儿一旦出生，胎盘也会紧接着被排出体外，失去其原有的能力。

胎盘被认为是一个内分泌器官，能够合成和分泌多种激素，如促性腺激素、性腺激素、胎盘激素、瘦素、胰岛素样生长因子-1（insulin-like growth factor-1，IGF-1）、2型胰岛素样生长因子、肿瘤坏死因子-α（tumor necrosis factor-α，TNF-α）及其他脂肪细胞因子。胎盘分泌的激素在调节胎儿生长过程中发挥着重要的作用。例如，瘦素可以通过自分泌途径或旁分泌途径参与胎盘营养转运、胎盘绒毛膜血管生成和滋养层细胞增殖（Briana 等，2010）。胎盘分泌的催乳素可通过刺激其他激素（如 IGF-1 和胰岛素）的产生，促进早期胚胎生长，影响胎儿发育。虽然目前没有直接证据表明雌激素和黄体酮在胎儿生长调节中的直接作用，但是这些激素的浓度与胎儿出生体重或胎盘重量之间具有相关性（Mucci 等，2004）。雌激素分泌的增加能够促进胎盘生长发育，增加产仔数。

在胎盘分泌的这些激素中，胰岛素样生长因子家族对胎儿的生长具有关键调控作用。其中，IGF-1 可以促进母体营养向胎儿转移，从而调节母体和胎儿之间的营养分配；胰岛素样生长因子-2（insulin-like growth factor-2，IGF-2）可以通过增加胎盘功能来促进胎儿生长（Sferruzziperri 等，2006）。

4. 防御功能和免疫屏障　胎盘具有防御功能，可以阻止细菌、病毒等大的病原体通过胎盘，从而对胚胎发挥保护作用。人的胎盘合胞体滋养层外是一层无血管的蜕膜，这层蜕膜是胎盘发挥防御作用的主体，可以阻止病原菌和抗体进入胎儿，但小分子的抗生素、部分激素、病毒等小分子质量的物质可以从母体通过胎盘进入胎儿。但是对于猪而言，由6 层组织构成的胎盘屏障基本不能让胎儿获得母源抗体，同时也更为严格地隔离了外源大分子病原。另外，由于胎儿的基因型与母体不同，因此会受到母体的免疫排斥，而胎盘则能够起到屏蔽免疫排斥的有效作用，这可能是胎盘本身的免疫屏障功能之一。

二、胚胎形成和胎儿发育

（一）胚胎形成

猪的妊娠期是 113～115d。排卵时，卵母细胞进入漏斗区域，即输卵管的漏斗形开口部；受精过程发生在输卵管中；胚胎则在母体子宫内发育。胚胎发育过程包括受精、卵裂、囊胚形成、原肠形成、胚泡植入、三胚层形成和分化，其发育的重要阶段和受胎后的时间见表 1-1。

表 1-1　猪胚胎发育的重要阶段和受胎后的时间

阶　　段	受胎后的时间（d）
桑葚胚	3.5
囊胚（胚泡）	4～5
原肠胚	7～8
绒膜囊伸长	9
原条形成	9～12
开放神经管	13
体节分化（第一区）	14（3～4 对体节）
绒膜—羊膜褶并合	16
心波动出现	16
闭合神经管	16
尿囊显著	16～17
前肢芽显露	17～18
后肢芽显露	17～19
趾分化	28+
分化出鼻孔和眼	21～28

（续）

阶　段	受胎后的时间（d）
附植	12～24
尿囊取代所有的胚外体腔	25～28
眼睑闭合	28
毛囊出现	28
牙长出	16mm（胎儿长度）
出生	112～118

资料来源：王元林（1989）。

当受精发生形成合子后开始细胞分裂，当达到16～32细胞阶段时，形成了桑葚胚。随后发育进一步进行，胚胎内部形成空泡，从而形成胚泡。这种情况一般发生在受精发生后的6～8d。从胚泡期开始，直到器官分化和胎盘形成，这个孕体被称作胚胎。在这个阶段之后，则被称为胎儿。猪的胚胎定植发生在母猪怀孕14～20d后。胚泡定植后，逐渐形成三胚层，并逐渐开始分化为组织和器官（表1-2）。

表1-2　三胚层形成的组织与器官

	项　目	外胚层	中胚层	内胚层
基本组织	上皮组织	+	+	+
	结缔组织	0	+	0
	肌组织	+虹膜、汗腺、乳腺处	+	0
	神经组织	+	+小神经胶质细胞	0
器官系统	消化器官	口腔及肛门上皮、唾液腺上皮、牙釉质、味蕾、全部器官的神经成分	食道到直肠的固有膜、结缔组织、脉管、基层与浆膜	从咽到直肠上皮、胆囊上皮、肝和胰
	呼吸器官	鼻腔上皮和腺体、全部器官的神经成分	结缔组织、软骨、肌肉、肺胸膜	支气管树直至肺泡的上皮、喉、气管
	泌尿器官	雄性尿道末端上皮、全部器官的神经成分	膀胱部分上皮、肾、输尿管、结缔组织、肌组织、外膜、浆膜、平滑肌	雄性尿道近端上皮、雄性尿道上皮、膀胱大部分上皮
	生殖器官	外生殖器官及部分上皮、全部器官的神经成分	精囊上皮、子宫和阴道上皮、睾丸、附睾、输精管、结缔组织、肌组织、浆膜、卵巢、输卵管	前庭腺上皮、前列腺、尿道球腺
	神经系统	神经元及神经胶质室管膜	脉管及少量结缔组织、脑浆膜	
	感官	泪腺及其导管上皮、内耳膜迷路上皮、外耳的上皮、视网膜、角膜、结膜	结缔组织、脉管及大部分平滑肌	
	内分泌器官	神经成分、垂体神经部、肾上腺髓质、松果体的实质成分	肾上腺皮质、脉管和结缔组织	甲状腺上皮、胸腺上皮、垂体中间部上皮、甲状旁腺、垂体远侧部、垂体结节部

（续）

项　目		外胚层	中胚层	内胚层
器官系统	心血管	全部器官的神经成分	心脏、心包膜、血液、血管、骨髓	
	淋巴器官	全部器官的神经成分	淋巴管、淋巴结、脾和淋巴组织	
	被皮器官	乳腺上皮、表皮、毛、蹄角、皮脂腺、汗腺	真皮、皮下组织、腺内结缔组织、竖毛肌、蹄真皮、角真皮、乳腺间质成分	

注："＋"表示由该胚层发育而来，"0"表示不是由该胚层发育而来。

资料来源：王元林（1989）。

（二）胎儿发育

在器官分化和胎盘形成之后，就由胚胎形成期转为胎儿生长期。胎儿的生长发育具有阶段性和不平衡性的特点。在母猪妊娠初期，胎儿生长速度缓慢。母猪妊娠 30d 时，每个猪胚胎重平均只有 2g，约占初生体重的 0.15%。到了妊娠 80d 时，每个胎儿重约 400g，占初生重的 1/3 左右。而在最后短短的 1 个月左右，每个胎儿重约 1 000g，占初生体重的 70% 以上。由此可见，母猪妊娠最后 30d 左右是胎儿初生重形成的关键时期。另外，从不同胎龄的化学组成看，随着胎龄的增加，胎儿所含的蛋白质、脂肪和灰分都逐渐增加，而水分含量相对下降。

（三）激素对胚胎形成和胎儿发育的影响

在妊娠期，不同种类的生长激素被释放到母体循环中，从而提高胎儿的生长能力（Bauer 等，1998）。值得一提的是，在胎儿的生长发育过程中，生长激素并不是主要的调节激素，而是胰岛素样生长因子（insulin-like growth factors，IGFs）发挥了优势的作用。因此，本部分主要介绍妊娠过程中 IGFs 对于胎儿发育的影响。

1. 母体循环中的胰岛素样生长因子　由胎盘合胞体滋养层合成的高浓度的生长激素和催乳素，促使母体本身产生了高水平的 IGF-1（Gude 等，2004）。孕妇血清中 IGF-1 和 IGF-2 浓度高于非妊娠妇女（Hernandez-Valencia 等，2001）。猪的 IGF-2 是胎儿发育和出生后生长的主要调节因子，而 IGF-1 主要参与出生后仔猪生长发育的调节（Lee 等，1991）。

2. 胎盘的胰岛素样生长因子　IGF-1 和 IGF-2 也可以由胎盘本身产生，以促进胎盘和胎儿发育。在胎盘中，IGF-2 的 mRNA 表达量总是高于 IGF-1，IGF-2 主要分布于绒毛膜、绒毛膜板、底板和胎膜中。在某些宫内生长迟缓的病例中，胎盘 IGF-1 的表达量增加，可能是胎儿生长受阻的一种代偿机制（Dalcik 等，2001）。在宫内生长迟缓的病例中，蜕膜外植体的 IGF-1 分泌量减少，并且与出生体重正相关（Heffner 等，1992）。因此，胎儿宫内发育迟缓通常与 IGF-1 的表达水平异常有关。

3. 胎儿的胰岛素样生长因子　胎儿循环中的大多数 IGFs 起源于表达 IGFs 及其结合蛋白的胎儿组织，这些组织允许胎儿调节局部生长因子水平，从而以自分泌或旁分泌的方式调节细胞生长和分化。早在妊娠前 3 个月，IGF-1 受体和 IGF-2 受体就已经在人类胎儿中被识别出来，这使得 IGF-1 和 IGF-2 能够对胎儿细胞，包括胎儿成纤维细胞、胎儿成肌细胞和胎儿肾上腺皮质细胞发挥促生长作用。IGF-1 本身已定位于许多人胎儿组织，在肺和肠中均有高表达。此外，IGF-2 已在胎儿肾脏、肝脏、肾上腺和肌肉中被发现，其含量可能高于 IGF-1。IGF-2 被认为是胎儿肾上腺生长的主要调控因子，在妊娠中期高表达，受 ACTH 调控（Mesiano 等，1993）。

在胎儿组织中，胰岛素样生长因子结合蛋白-1（insulin-like growth factor binding protein-1，IGFBP-1）被定位于肝脏、肺、肌肉、肾脏、胰腺、肾上腺和肠道（Hill 等，1989）。IGFBP-1 主要在胎儿肝脏中表达，而其他 IGFBP 则在胎儿的大部分组织中表达。在胎儿细胞膜表面，IGFs 可能与 IGFBP-1 络合，因为胎儿 IGFs 和 IGFBP-1 的免疫染色模式在大多数位点上是相似的（Hill 等，1989）。大多数胎儿组织中存在 IGF-1 和 IGF-2 的 mRNA 和蛋白质，表明它们在胎儿各种组织中发挥局部调节生长的作用。

三、乳腺结构、发育和功能及激素对泌乳功能的影响

（一）乳腺结构

在现代养猪生产中，提高新生仔猪的存活率是一个重要任务。这是由于随着遗传选育的进展，现代母猪普遍具有更高的产仔数，以及仔猪更低的平均初生重。而母猪泌乳期采食量往往不充分，不能产生足够的乳汁来维持其所产仔猪的最佳生长性能，使新生仔猪的存活率降低（Theil 等，2014）。乳腺的结构和发育对母猪泌乳潜力具有决定性的影响（Andrews，1952；Hugues 等，1980）。

从解剖学上看，母猪乳头一般有 5～8 对，沿着腹侧体壁从胸区到腹股沟区呈两排平行分布。乳腺腺体（胸、腹或腹股沟区）通过脂肪和结缔组织附着在腹壁上，其中每个腺体与相邻的腺体分开，通常有一个乳头和两个分开的乳区。各乳区均有各自独立的腺泡系、乳池和乳头管，但共同由一个乳头向外界开口（Turner，1952）。

从乳腺的组织学结构上看，乳腺属于外分泌腺体，由分泌部和导管部两部分组成。分泌部由腺上皮构成，通常单层排列在基膜上，形成管状结构或泡状结构，中间形成一个空腔，称为腺腔。腺泡细胞是合成和分泌乳汁的场所，乳腺细胞数量的多少与其分泌的乳量有密切关系，因而乳腺细胞的数量尽量维持在较高的水平，以提高泌乳量（李庆章，2009）。基膜和腺泡细胞之间会形成一种星形多突起细胞的肌上皮细胞，其在收缩时利于腺泡排出乳汁。乳腺的导管部形成各级导管，主要用于乳汁的运送。

（二）乳腺发育

猪乳腺有 3 个快速发育阶段，分别为 90 日龄到初情期、妊娠期和泌乳期（Farmer，2013，2015）。在 90 日龄之前，青年母猪的乳腺组织发育的速度十分缓慢，乳房的增大主要是因为脂肪垫的增厚和结缔组织的生长。从 90 日龄到初情期，随着体内雌激素、孕激素、催乳素和生长激素水平的改变，乳腺组织和乳腺 DNA 的累积会增加 4～6 倍（Sørensen 等，2006）。当母猪首次配种时，乳腺组织虽小但其实已含有广泛的乳腺管道系统（Andrews，1952；Farmer，2013）。

母猪乳腺第二个快速发育阶段出现在妊娠后期（妊娠76d后），几乎所有的乳腺组织和DNA的积累都发生在妊娠后期。此期乳腺最显著的变化是小叶内腺泡数量增多，小叶体积增大（Hacker 和 Hill，1972；Kensinger 等，1982；King 等，1996；Sørensen 等，2002）。从组织形态学上来看，母猪妊娠45～75d，乳腺组织主要由脂肪和基质组织组成，并含有少量细长的乳腺导管分支和小叶结构（Ji 等，2006）。妊娠75～112d，乳腺基质中的脂肪组织和结缔组织逐渐被小叶腺泡组织全面替代（Hacker 和 Hill，1972；Kensinger 等，1982；Ji 等，2006）。妊娠90～105d，与乳腺上皮功能分化相关的细胞器增加，并且腺泡中的分泌物大量积累，乳腺成分从高脂肪含量转变为高蛋白含量（Kensinger 等，1986；Kensinger 等，1982）。妊娠后期乳腺组织中的这些变化与乳腺基因的表达变化相一致。在妊娠80d、100d和110d，参与乳脂合成的脂肪酸生物合成、三羧酸循环、乙醛酸和脱羧酶通路，参与乳蛋白合成的mTOR信号通路，以及参与血管生成和血流速度的血管内皮生长因子和丝裂原活化蛋白激酶信号通路均显著上调（Zhao 等，2013）。

哺乳动物乳腺于泌乳期仍在继续发育（Richert 等，2000）。在初产母猪中，乳腺组织由分布在脂肪和结缔组织中的小叶结构形成；而在经产泌乳母猪的乳腺组织中，结缔组织很大程度上被实质组织所替代。泌乳期乳腺的重量从泌乳期第5天的381g增加到第21天的593g（增加56%），泌乳中后期乳腺DNA含量也高于妊娠末期（Kensinger 等，1982）。对初产母猪而言，泌乳期乳腺体积增加是由于细胞增生和肥大导致的（Kim 等，1999）；而对经产母猪而言，泌乳期乳腺增大则主要是由于细胞肥大导致的（Manjarin 等，2011）。

（三）乳腺功能

乳腺作为泌乳的重要器官，为仔猪生长提供了主要的能量和营养来源。从母猪分娩开始到仔猪断奶结束，泌乳过程主要经历泌乳启动和泌乳维持两个重要阶段。泌乳启动是指乳腺器官由非泌乳状态向泌乳状态转变的功能性变化过程，即乳腺上皮细胞由未分泌状态转变为分泌状态所经历的一系列细胞学变化过程（李庆章，2009）。泌乳启动分为两个阶段：第一阶段发生在母猪妊娠后期，乳腺开始少量分泌乳汁的特有成分，如酪蛋白和乳糖；第二阶段是指伴随着分娩的发生，乳腺大量分泌乳汁的起始阶段。泌乳一旦开始，乳腺就能持续在一段时间内进行泌乳活动，即泌乳维持。直至断奶后，乳腺便开始逐渐退化萎缩。当活化的乳腺分泌细胞退化之后，泌乳结束，整个泌乳周期可以保持10～12周。

在泌乳的维持阶段，乳腺细胞数量和产乳量的变化受激素和神经反射的调节；同时，相对稳定的环境、仔猪有规律的吮吸动作、乳腺的排空、母猪充足的营养供应和适宜的管理对泌乳维持也是必需的。一般认为，幼畜吮吸乳头时，从乳腺传来的神经冲动首先到达母畜脑部，随即兴奋下丘脑的相关中枢，解除相关中枢对腺垂体的抑制作用，使催乳素释放增加，从而调节乳汁的生成（李庆章，2009）。在仔猪断奶后的前2d就可以发现母猪乳房横截面积急剧减少，乳腺实质DNA降低。断奶后2～4d，乳腺实质DNA明显下降，直至断奶后7d降至最低（Ford 等，2003）。

（四）激素对泌乳和乳腺功能的影响

松弛素是妊娠黄体产生的一种多肽激素，在促进母猪妊娠后期乳腺实质生长中起重要作用（Hurley 等，1991）。在妊娠的哺乳动物中，雌激素与松弛素协同作用，能刺激乳腺发育（Winn 等，1994）。

催乳素的分泌同母猪泌乳性能的开启有关，并在泌乳开始之后增加乳腺中同时降低脂肪组织中胰岛素受体的表达水平，从而促使泌乳期能量沉积在乳腺组织而非脂肪组织中，更大限度地满足泌乳需求（Quesnel 和 Prunier，1995）。在泌乳启动的第一阶段，催乳素及其受体都增多。催乳素与乳腺分泌细胞膜上的相应受体结合，刺激乳蛋白和乳糖合成相关基因的表达，同时可促进乳腺腺泡发育及乳汁合成和分泌（李庆章，2009）。给后备母猪注射重组猪催乳素（2mg/d）28d 后，可以观察到其明显的乳腺发育及乳腺腺泡和导管腔扩张（McLaughlin 等，1997）。连续 29d 给 75kg 体重的后备母猪注射重组猪催乳素（4mg/d）后，母猪乳腺实质组织重量增加 116%，DNA 含量增加 160.9%（Farmer 和 Palin，2005）。催乳素对乳腺生长发挥最大作用的是在母猪妊娠的 90～109d，这与母猪乳腺发育规律吻合（Farmer 和 Petitclerc，2003）。

生长激素是垂体分泌的一种蛋白质激素，在促进乳腺导管的形成中发挥关键作用。另外，生长激素还可以与乳腺基质中的受体结合，诱导胰岛素样生长因子分泌，从而促进乳腺上皮细胞生成乳汁（李庆章，2009）。然而，在母猪生产上关于使用生长激素调控泌乳的研究存在一定的争议。在母猪泌乳期（12～29d）添加重组生长激素提高了母猪的产奶量（Harkins 等，1989），而从妊娠第 108 天到泌乳第 28 天添加重组生长激素则不会提高产奶量（Cromwell 等，1992）。需要指出的是，这些研究均只关注注射生长激素后泌乳量的变化，并未评估乳腺生长发育指标。除了生长激素以外，反射生长激素释放激素时也表现出不同于生长激素的效果。在妊娠后期和整个泌乳期使用生长激素释放因子降低了乳腺实质重量，但在泌乳期第 30 天乳腺实质 DNA 浓度则增加（Farmer 等，1997）。

因此，母猪泌乳过程受多种激素调节，以共同促进腺泡发育和泌乳功能的正常发挥，确保仔猪生长所必需的能量和营养物质供应。

第三节　母猪繁殖周期中的营养代谢特征

一、妊娠期的营养代谢特征

妊娠期间，随着激素分泌的改变，母体、胎盘和胎儿的营养物质代谢水平均发生了变化。

（一）母体的营养物质代谢特征

总体而言，母猪妊娠期表现出以孕期合成代谢为主的特点，即在同等营养水平下，妊娠母猪比空怀母猪具有更强的沉积营养物质的能力。母猪孕期合成代谢的发生与激素的调节密切相关，表现出妊娠期母猪的维持需要减少。

在妊娠的不同阶段，孕期合成代谢也表现出不一样的特点。在妊娠早期，营养物质主要倾向于向母体沉积；在妊娠中期，营养物质沉积方向开始向胎儿和母体乳腺转变；在妊娠后期，营养物质沉积则主要用于胎儿生长。在妊娠后期，母体可能会出现轻微的分解代谢，以满足胎儿快速生长的需求（Kalhan 等，2000）。

从营养物质代谢的角度来看，妊娠期母体总体表现出蛋白质合成效率增加，同时氨基酸分解和尿素生成减少，整体蛋白质的净沉积效率增加。但是生糖氨基酸在妊娠期用于糖异生的量会增加，因此利用效率可能受一定影响（Fitch 和 King，1987）。妊娠后期胎儿生长需要的葡萄糖增加可能是生糖氨基酸在妊娠期用于糖异生增加的原因。因此，在生产中可考虑适当提高日粮中淀粉等碳水化合物的比例，以减少氨基酸用于生糖的比例。妊娠期血清总胆固醇和甘油三酯水平升高，妊娠中后期餐后血糖升高，从而为胎儿生长提供充足的底物。母体这些营养物质的代谢变化与激素水平的改变密切相关，相关内容将在本书的二至四章中作详细阐述。

（二）胎盘的营养物质代谢特征

胎盘在作为媒介将营养物质转运至胎儿侧的同时，自身也需要代谢一部分营养物质以满足自身发育需要和维持功能（Haggarty，2002；Cetin 等，2009）。胎盘最主要的能量来源是葡萄糖，但是由于胎盘的微缺氧环境，因此葡萄糖主要通过酵解途径为胎盘供能。在猪的胎盘中，约有 45% 的葡萄糖被利用而没有向胎儿转运。此外，从母体血液转运进胎盘的游离脂肪酸，除了运输至胎儿侧，也会通过脂肪酸 β 氧化来供给胎盘。值得注意的是，如果胎盘摄取了过多的脂质，那么就没有有效地向胎儿转运或通过 β 氧化利用，可能会发生胎盘的脂质毒性，从而影响胎儿发育，相关内容将在本书的第三章中作具体介绍。

（三）胎儿的营养物质代谢特征

胎儿主要依赖于葡萄糖氧化代谢产生能量，但也能利用一部分脂类供能。在妊娠后期，胎儿快速增长，胎儿血液中的氨基酸浓度显著高于母体血液中的氨基酸浓度，表明氨基酸经由胎盘高效地向胎儿转运。与此同时，胎儿的蛋白质快速沉积。NRC（2012）估计胎儿蛋白质含量的方程为：胎儿蛋白质含量（g）$= \exp [8.729 - 12.5435 \times \exp (-0.0145 \times t) + 0.0867 \times ls]$。式中，$t$ 为妊娠天数，ls 为预期窝产仔数。胎儿的脂质沉积也主要发生在母猪妊娠后期并一直持续到出生。在此阶段，胎儿的蛋白质和脂质沉积效率都高于母体本身。胎儿的矿物质沉积效率也在母体妊娠期，特别是妊娠后期快速增长。但从相对量上来看，矿物质所占的比例主要在母体妊娠前 60d 增加，而在随后的时间内则保持相对稳定（Wu 等，1999）。

二、泌乳期的营养代谢特征

（一）母体的营养物质代谢特征

在泌乳期，营养物质的代谢变化都与泌乳功能相关。在哺乳动物中，通常泌乳期的葡萄糖会偏向于在乳腺用于乳汁合成。肝脏代谢为乳腺外组织提供了主要的能量来源，其提供能量的形式主要为乳酸（89 mmol/h）。在泌乳期，肝脏自身主要利用脂质，占利用总能量底物的 41%（Verschuren，2015）。

而对于母猪而言，泌乳期大多数母体内蛋白质和脂肪储备都会被动用，以参与乳汁合成。但当体重和蛋白质损失超过12％时，母猪可能会出现繁殖问题，如从断奶到发情期的间隔延长、受孕后怀孕率降低及产仔数减少（Thaker和Bilkei，2005）。初产母猪面临的这种风险尤其明显，因为它们仍然有自身增重的营养需求，但同时饲料摄入量却较低，可供动用的脂肪和蛋白质储备也较少（Hoving等，2011）。由于断奶后至第一次再发情的间隔主要受泌乳期采食量的影响，因此提高泌乳期母猪的采食量对于母猪泌乳性能的发挥及缩短发情间隔尤为重要。

（二）乳腺的营养物质代谢特征

1. 氨基酸代谢 除葡萄糖外，乳腺在泌乳期还大量利用了氨基酸以满足泌乳需要。在泌乳期，母猪乳腺对氨基酸的需求基本决定了氨基酸的总需求量。在泌乳母猪的乳腺中，赖氨酸几乎不发生其他代谢而作为蛋白质合成的唯一底物。此外，对于泌乳而言，蛋氨酸和缬氨酸也十分重要，是影响母猪泌乳量的限制性氨基酸。有关泌乳期乳腺氨基酸代谢的详细信息可在本书的第二章中查阅。

2. 葡萄糖代谢 血糖是合成乳糖的主要前体。葡萄糖占母猪乳腺组织总碳质量的40％～60％（Dourmad等，2000）。乳腺吸收的葡萄糖占身体总葡萄糖需求的相当大的比例。葡萄糖一旦进入乳腺，就被用作乳糖、甘油和脂肪酸合成的主要底物，另外还可能为与维持乳腺相关的代谢过程提供能量。按照1 300g葡萄糖支持11kg的产奶量进行估算，猪乳房每天可清除约2 000g葡萄糖，以维持每日11.4kg的产奶量。每天乳腺要消耗来源于饲料消化产生是葡萄糖的54％（Verschuren，2015）。其中，乳糖产量与葡萄糖摄取之间的比率为0.35～0.68。有关乳腺葡萄糖摄取和代谢的具体信息在本书第五章中有较为详细介绍。

3. 其他能量前体物质的代谢 除葡萄糖外，泌乳期母猪的乳腺也具有合成脂肪的能力，母猪乳腺还利用甘油三酯和乳酸。脂肪酸被乳腺摄入后，可被直接合成为甘油三酯而进入乳汁。另外，乳腺上皮细胞中表达脂肪酸从头相关的酶，因而乳腺上皮细胞还具有从头合成脂肪酸的能力。有关乳腺中脂类的代谢在本书第三章中有较为详细的介绍。

4. 矿物质与维生素的代谢 哺乳母猪乳腺吸收矿物质和维生素也有差别。乳腺对于磷呈现出正向摄取，餐后磷在乳腺组织中的动静脉血差异增加，而钙的摄取在餐后保持不变。动脉血中钙和磷的提取率（分别为4.1％和3.1％）通常低于其他主要营养素的提取率（20％～35％）。此外，母猪乳腺对核黄素（3.4pmol/mL）、维生素B（0）或叶酸（1.2ng/mL）的摄取很少，甚至没有（Dourmad等，2000）。

第四节 母猪代谢综合征及发生机制

一、母猪围产期代谢综合征的特征

人代谢综合征（metabolic syndrome）是指多种相互关联的危险因素在人体内异常聚集的状态，这些危险因素包括肥胖、血脂异常、胰岛素抵抗、系统性促炎症因子水平升高、氧化应激等。但其发病机理仍不明确，一般认为遗传因素和环境因素共同决定代谢综合征的发病过程。其中，能量摄入过量、运动缺乏、生活方式不良（重度吸烟和酗酒）是患者代谢综合征发生发展的关键环境因素，而肥胖和胰岛素抵抗则是代谢综合征出现的重要因素（Andersen 和 Fernandez，2013）。

母猪围产期代谢综合征是指妊娠泌乳母猪在围产期出现了胰岛素抵抗、系统性低水平炎症、进程性氧化应激等代谢紊乱综合征的现象。

(一) 围产期胰岛素抵抗

在正常妊娠和泌乳过程中，母体经历了持续性的激素分泌（如颉颃胰岛素的孕激素、雌激素、胎盘生乳素分泌量逐渐增加）、免疫应答及生理代谢特点的明显改变，母体在围产期表现出胰岛素抵抗和葡萄糖耐受等现象（Newbern 和 Freemark，2011）。孕妇在妊娠第 28 周开始出现胰岛素抵抗，第 34 周左右达到最强程度。后备母猪妊娠106d 发生了明显的胰岛素抵抗，且一直持续到泌乳的第 17 天，直到断奶后才消失。此外，在大鼠、兔和母羊上均观察到妊娠后期出现胰岛素抵抗（Leturque 等，1980）。关于母猪妊娠期胰岛素抵抗的发生在本书第四章中有较为详细的阐述。

(二) 系统性低水平炎症

妊娠过程中母体胰岛素抵抗的出现常伴随着炎症的发生（Tan 等，2015）。妊娠过程母体炎症状态发生了明显的改变。在泌乳第 3 天，母猪机体表现出明显的系统性低水平炎症，主要特点为围产期促炎症标记物——血浆超敏 C 反应蛋白和促炎症因子 IL-6 的水平明显升高，而抗炎症因子 IL-10 的水平明显下降。

(三) 进程性氧化应激

进程性氧化应激是指繁殖周期中，由于胎盘形成、胎儿快速生长、母猪分娩和泌乳的需要，氧自由基（reactive oxygen species，ROS）的产生水平呈进程性大量增加的现象。ROS 在母猪体内的过多蓄积会导致一系列不良后果，如攻击生物大分子脂质、脱氧核糖核酸和蛋白质，产生丙二醛（malondialdehyde，MDA）、8-羟基脱氧鸟苷（8-hydroxy-2′-deoxyguanosine，8-OHdG）和蛋白质羰基。母猪繁殖周期不同阶段氧化应激代谢产物——血液 MDA、8-OHdG 和蛋白质羰基的含量有所波动，其中围产期母猪血液 MDA、8-OHdG 和蛋白质羰基浓度均显著升高（敖江涛等，2015）。动物在分娩及泌乳过程中，生理与营养代谢发生急剧变化，尤其是脂肪与蛋白质的代谢增强，消耗了大量的能量与氧气，同时产生了大量的自由基。这些自由基没有被及时清除，则会导致机体损伤，引起代谢和功能紊乱（Agarwal，2012），甚至影响动物的生产性能（Kim 等，2013）。这种情况对于高产母猪尤其突出，高产母猪在妊娠后期及泌乳期均存在氧化应激，甚至直到断奶还未完全恢复（Berchieri-Ronchi 等，2011）。

除 ROS 产生增加外，抗氧化酶，如谷胱甘肽过氧化物酶（glutathione peroxidase，GPx）的活性也会降低，这也是导致母猪围产期出现氧化应激的主要原因之一。不仅如此，母猪血液中发挥抗氧化作用的维生素水平也随着妊娠期时间的延长而降低。进程性氧化应激发生在孕妇和反刍动物上也被证实。

二、母猪代谢综合征发生的机制

(一) 生理性胰岛素敏感性下降

妊娠早期可视为合成代谢状态，母体脂肪储存量增加，胰岛素敏感性小幅度增加。因此，怀孕早期母体代谢以能量存储为主。相比之下，妊娠晚期孕体处于分解代谢状态，胰岛素敏感性降低（胰岛素抵抗增加）。胰岛素抗性的增加导致母体葡萄糖和游离脂肪酸浓度增加，从而使得胎儿生长所需的可用性底物增加。母猪妊娠期生理性胰岛素敏感性的产生与胎盘的内分泌活动密切相关，有关的信息可见本书。

此外，ROS 可以影响胰岛素级联信号。ROS 对胰岛素信号的影响与其剂量有关，毫摩尔级的 ROS 可以通过抑制酪氨酸磷酸酯酶活性，促进胰岛素受体及其底物的酪氨酸磷酸化水平，最终调控胰岛素级联信号。然而，过量的自由基可通过干扰胰岛素信号传导通路和破坏线粒体功能，从而诱发胰岛素抵抗（Rain 和 Jain，2011），这一现象同样出现在孕体当中。因此，进程性氧化应激可能也是妊娠期生理性胰岛素抵抗发生的重要机制。

(二) 肠道菌群代谢变化

导致代谢综合征的另一个主要机制，可能与肠道菌群紊乱、有害菌群代谢产物增加及肠道屏障功能受损有关（Saetang 和 Sangkhathat，2017）。在非妊娠肥胖个体中，肠道菌群紊乱被证实是导致代谢综合征的主要原因（Zhao 等，2013；Wang 等，2015）。妊娠后期肠道菌群的紊乱性变化与围产期代谢综合征密切相关。怀孕过程伴随肠道菌群及其代谢产物的改变。有关妊娠期菌群变化及与胰岛素敏感性关系的内容在本书第 5 章有较为详细的阐述。

(三) 母体肥胖

肥胖是一种体内脂肪堆积过多或分布异常的慢性疾病，同时也是发生妊娠期糖尿病（gestational diabetes mellitus，GDM）的重要危险因素。肥胖不仅易诱发 2 型糖尿病（type 2 diabetes mellitus，T2DM），而且也是 GDM 发生的独立高危因素。在母猪中，妊娠末期背膘过厚（≥21mm）母猪在围产期摄食前葡萄糖浓度和稳态模型评估的值显著增加。

游离脂肪酸和炎症是体脂过度沉积状态下胰岛素敏感性下降的重要因素。游离脂肪酸通过激活信号级联反应，如 toll 样受体 4（toll-like receptor 4，TLR4）及下游蛋白激酶 C（protein kinase C，PKC）信号，干扰胰岛素受体蛋白磷酸化（Benoit 等，2009）。此外，游离脂肪酸激活 NF-κB 移位入核并诱导胰岛素信号主要的负调控因子——细胞因子信号传导抑制因子（suppressor of cytokine signaling 3，SOCS3）的表达。SOCS3 抑制胰岛素受体磷酸化和下游的分子并进一步靶向胰岛素受体底物酶解。另外，NF-κB 诱导内质网应激，并进一步加速激活 NF-κB。内质网应激诱导氨基末端激酶（N-terminal kinase，JNK）磷酸化，后者反过来抑制胰岛素受体底物磷酸化。类似地，下丘脑升高的 TNF-α 同样激活 JNK 和 NF-κB 信号通路，从而调控下游的分子生物事件。TNF-α 主要通过 NF-κB 进一步诱导蛋白酪氨酸磷酸酶（protein tyrosine phosphatase-1B，PTP-1B）的表达，去磷酸化胰岛素受体，从而抑制胰岛素信号通路。

第五节 母猪代谢综合征与繁殖性能

一、母猪代谢综合征与仔猪初生重

（一）对仔猪初生重的影响

妊娠后期母猪背膘过厚加剧了母猪围产期的胰岛素抵抗、系统性炎症和氧化应激（Nicholas 等，2016）。妊娠后期母猪背膘过厚除了加重自身的代谢紊乱外，还会导致产活仔数和仔猪出生窝重显著降低。与此相似，母猪妊娠第 109 天的背膘厚与母猪产仔数呈凸二次曲线关系，表明妊娠后期母猪过肥会降低其产仔性能（Kim 等，2015）。母猪妊娠后期背膘过厚时，脂质在胎盘组织中过度沉积，导致胎盘炎症反应和加剧氧化应激，增加了母猪产弱仔的比例（Zhou 等，2018），并降低仔猪的出生窝重（Torres-Rovira 等，2013）。

（二）影响仔猪初生重的机制

胎盘的血管形成对胎儿的生长发育至关重要。胎盘血管网的生成受多种因素的影响，其中 VEGF-A 等血管生成基因发挥了关键的调控作用。母猪妊娠后期背膘过厚，会导致胎盘中脂肪肥大与肥胖相关基因的表达显著降低，血管生成关键基因的 RNA 中 m^6A 修饰水平显著提高，并引起其 mRNA 水平下降，导致胎盘血管发育受限，胎儿发育出现障碍，从而增加了产弱仔的概率（Song 等，2018）。

此外，ROS 和炎症也可能参与了母猪体脂过度沉积对仔猪初生重的影响。母猪正常妊娠后期，一方面，胎盘产生的 TNF-α 被释放到母体循环中。TNF-α 的系统性增加降低了母体胰岛素敏感性，进而增加了母体血液中葡萄糖和脂肪酸的流量。另一方面，胎盘细胞产生的 IL-6 促进了胎儿内脂肪酸的摄取和积累。因此通常情况下，炎症介质的产生能够促进营养素从母体转移到胎儿，有助于满足胎儿在母体妊娠晚期快速生长对营养物质的需求。但如前所述，过量的氧化应激和炎症则是胎盘血管生成障碍的重要诱因。在妊娠末期，体脂过度沉积的母猪发生了胎盘脂质的异位沉积，胎盘的氧化应激和炎症水平显著上升，同时胎盘的血管密度显著下降（Zhou 等，2018）。

二、母猪代谢综合征与泌乳期采食量

（一）对泌乳期采食量的影响

在泌乳期，母猪不仅要维持自身营养需要，还要分泌大量乳汁供仔猪生长发育，并要以适当的体储存为下个繁殖周期做准备。一般而言，在没有体损失的情况下，体重

200kg 的母猪带 10 头仔猪（每头仔猪日增重 200g）所需消化能为 87.0MJ/d（Mullan 等，1989）。如果每千克日粮含有消化能 14.0MJ，则母猪泌乳期需要采食 6.2kg。然而，泌乳期 18.8d 的母猪平均采食量仅为 5.2kg（Koketsu 等，1996）。值得注意的是，随着产仔数的增加，现代母猪需要更多的能量以满足仔猪生长的需要。当泌乳母猪窝增重提高到 3kg/d 时，母猪需要产 79.6MJ/d 的乳。如果仍然保持没有体失重，则泌乳期采食量需达到 7.98kg/d（Vignola，2009）。而 NRC（2012）给泌乳母猪估算的采食量加损耗为 6.28kg/d。以上结果提示，无论是过去还是现在母猪泌乳期采食量不足是普遍存在的。

　　母猪泌乳期的采食量决定了后代仔猪的生长速度和存活率。母乳是哺乳仔猪在断奶前最主要的食物来源，而母猪的泌乳量与其采食量呈显著正相关。初产母猪泌乳期 1～21d 平均采食量从 3.6kg/d 提高到 4.3kg/d，仔猪 1～21d 平均增重（average daily gian，ADG）可从 185.2g/d 提高到 209.7g/d。断奶前仔猪死亡的原因一般是由母猪采食量不足（Kertiles 和 Anderson，1979）引起的。

　　当泌乳母猪采食量不足，即从日粮中获取的营养物质不足以满足泌乳需要时，必须动用体组织储存以补偿泌乳需要。因此，现代瘦肉型母猪往往在泌乳期发生失重。能繁母猪泌乳 9～16d 及 17～26d 的采食量与泌乳期体损失呈显著负相关（Kruse 等，2011）。母猪泌乳期过度失重，会降低分娩率和再繁殖性能，增加淘汰率，缩短种用年限。当母猪泌乳期采食量低于 5.5kg/d 时，其下一周期的分娩率为 76%～82%；当采食量为 5.5～6.5kg/d 时，其下一周期的分娩率为 83%～88%（Schneider 等，2006）。泌乳期自由采食的母猪其发情率（90%）显著高于自由采食量 75% 的母猪（71%）；当母猪泌乳前 2 周采食量低于 3.5kg/d 时，则下个胎次的淘汰率会增加（Anil 等，2006）。

（二）影响泌乳期采食量的机制

　　如前所述，妊娠后期和泌乳期母猪胰岛素敏感性会降低。然而，围产期胰岛素敏感性降低不利于母猪泌乳期采食（Mosnier 等，2010）。目前已经证实，母猪妊娠后期及泌乳前期胰岛素敏感性与泌乳期采食量呈正相关（van der Peet-Schwering 等，2004）。

　　妊娠期限饲组母猪餐后葡萄糖清除斜率是自由采食组母猪的 2 倍，葡萄糖浓度降到半衰期和基础值时所需的时间比自由采食组的更长，表明自由采食导致母猪葡萄糖耐受不良。妊娠期母猪自由采食可能降低了胰岛素敏感性（胰岛素受体数目或敏感程度），导致葡萄糖耐受不良，进而使得血液中的葡萄糖、胰岛素浓度居高不下，延误采食动机的启动，降低采食次数，破坏采食的连续性，从而降低泌乳期的采食量（Woods 等，2008）。而外源注射胰岛素可有效缓解胰岛素敏感性降低的现象，并提高母猪泌乳期的采食量（Weldon 等，1994），其作用方式可能是通过加速葡萄糖清除来实现。

第六节　母猪围产期代谢综合征的营养调控

　　母猪在围产期出现以胰岛素抵抗、系统性低水平炎症和进程性氧化应激为主要特征的代谢综合征，导致母猪繁殖性能不能得到很好的发挥。对于上述代谢特点，针对性地开展营养调控可以有效缓解母猪围产期代谢综合征症状。

一、调控母猪围产期胰岛素抵抗

添加吡啶甲酸铬（chromium picolinate）可以改善母猪妊娠晚期（110d）血清中的胰岛素浓度、葡萄糖浓度及血尿素氮浓度（Wang 等，2013）。在妊娠母猪的日粮中每天添加卡尼汀（carnitine）而非金属铬，可以增加母猪血液循环中的瘦素水平，从而改善母猪的繁殖性能（Woodworth 等，2004）。妊娠日粮补充可溶性纤维后，改善了母猪围产期胰岛素敏感性和低度炎症，可能与其对肠道菌群的正向调控作用有关（Tan 等，2015；Zhou 等，2017）。此外，在妊娠期和泌乳期连续添加 500mg/kg 的止痢草油可显著改善母猪围产期的胰岛素敏感性。

二、调控母猪进程性氧化应激

在日粮中添加抗氧化物质或者具有抗氧化活性成分的饲料原料，是缓解进程性氧化应激的方法之一。例如，在母猪妊娠期和泌乳期补充葡萄籽多酚能显著提高母猪初乳的抗氧化水平和激素水平，提高母猪初乳中 IgM 和 IgG 含量，并最终提高母猪的产仔存活率和仔猪断奶存活率（Wang 等，2019）。儿茶素也可能是一种潜在的抗氧化剂，可以提高母猪在妊娠早期的繁殖性能和抗氧化能力。日粮中添加大麻子（hemp seed）可以改善泌乳母猪及其仔猪的总体抗氧化状态（Palade 等，2019）。此外，在妊娠期和泌乳期连续添加 500mg/kg 的止痢草油可缓解母猪的进程性氧化应激。维生素 E 是常见的抗氧化物质，利用另一类抗氧化物质多酚替代膳食中 50% 的维生素 E，并不能改善母猪抗氧化状态或后代仔猪的生长性能（Lipiński 等，2019）。因此，通过添加适宜的抗氧化物质，可以在一定程度上缓解母猪围产期的氧化应激。

第七节　母猪围产期代谢综合征研究技术

一、稳态模型评估

稳态模型评估（homeostatic model assessment，HOMA）已在临床研究中广泛应用于评估胰岛素的敏感性。1985 年，英国牛津大学 Matthews 的科研小组首先提出 HOMA 模型。该模型目前已成为评价糖尿病人胰岛素敏感性、胰岛素抵抗水平与胰岛β细胞功能的常用指标。Matthews 等于 1985 年发表在 Diabetologia 的这项研究中，已提出了最初的通过测量个体的空腹血糖水平与空腹胰岛素水平计算 HOMA 指数的方法与公式（Matthews 等，1985）。此后的科研人员结合临床数据进一步改良了 HOMA 公式，使其能更为精确地反映机体状态。

稳态模型评估法测定胰岛素敏感性（homeostasis model assessment for insulin，HOMA-IS）是用于评价个体胰岛素抵抗水平指标，其计算方法是：空腹血糖水平（mmol/L）×空腹胰岛素水平（mIU/L）/22.5。正常个体的 HOMA-IS 指数为 1。随着胰岛素抵抗水平的升高，HOMA-IS 指数将高于 1。

稳态模式评估法测定胰岛素抵抗指数（homeostasis model assessment for insulin resistance，HOMA-IR）是用于评价个体胰岛素敏感性的指标，其计算方法是：HOMA-IS = 1/［空腹血糖水平（mmol/L）×空腹胰岛素水平（mIU/L）］。HOMA-IS 指数随着胰岛素敏感性水平的升高而升高。该指数取自然对数后，可得到临床上评价胰岛素敏感性水平的另一指标——作用指数 IAI。

HOMA-β 是用于评价个体的胰岛 β 细胞功能的指标，其计算方法是：HOMA-β=20×空腹胰岛素水平（mIU/L）/［空腹血糖水平（mmol/L）－3.5］。正常个体的 HOMA-β 指数为 1。糖尿病人群中，HOMA-β 指数会因疾病进程不同而偏离正常值，胰岛 β 细胞功能降低则其数值降低，功能增强则其数值升高。

二、糖耐量试验

糖耐量试验，也称葡萄糖耐量试验，是诊断糖尿病的一种实验室检查方法。主要有静脉和口服两种，前者称静脉葡萄糖耐量试验（intravenous glucose tolerance test，IVGTT），后者称口服葡萄糖耐量试验（oral glucose tolerance test，OGTT）。IVGTT 只用于评价胃切除后吸收不良综合征等特殊病人的葡萄糖利用临床研究；OGTT 则是临床最常见的检查手段，是一种葡萄糖负荷试验，用以了解胰岛 β 细胞功能和机体对血糖的调节能力，是临床常用的用于诊断糖尿病的确诊试验，是目前国际公认的诊断糖尿病及糖调节异常的金标准。要得到临床满意的 OGTT 试验结果，患者的准备、标本采集、试验具体操作、影响因素等每一个环节均应严格按要求去做。考虑到母猪口服葡萄糖的难度，因此现场实施葡萄糖耐量试验时常采用颈外静脉注射葡萄糖耐量试验。通常而言，颈外静脉注射葡萄糖耐量试验常配合餐试验一起开展。

（一）餐试验

在试验前 1 周，试验母猪在颈外静脉进行血插管安装外科手术，经过护理，母猪术后 1～2d 即可恢复正常采食。餐试验安排在妊娠 109d 及泌乳 3d，要求母猪禁食过夜。首先采集饲喂前 30min 和 15min 血液作为基础对照。投料时间记为 0，饲料为统一的泌乳料。喂料量为：妊娠 109d，1.2kg；泌乳 3d，1.5kg。喂料后 15min、30min、45min、60min、75min、90min、105min、120min、150min、180min、210min 和 240min 分别进行一次血液采集。将采集到的 6～8mL 血液收集于事先添加了抑肽酶的 10mL 肝素钠真空采血管中，然后经 3 000r/min 离心 5min，将上清液暂时保存在 －20℃冰箱中，最后集中将上清液转移到－80℃ 冰箱保存待测。

（二）颈外静脉注射葡萄糖耐量试验

在餐试验后 1d，即妊娠 110d 及泌乳 4d 进行颈外静脉注射葡萄糖耐量试验，要求母猪禁食过夜。分别在注射前 15min 和 5min，注射葡萄糖后 0、3min、6min、10min、15min、20min、25min、30min、35min、40min、50min、60min、75min、90min、100min 和 120min 进行一次血液采集，30％葡萄糖溶液注射量根据 0.5g/kg（以体重计）计算得到。血样处理与餐试验血样相同。

三、进程性氧化应激评估

如前所述，母猪在围产期发生了进程性氧化应激（Agarwal 等，2005；Sordillo 和 Aitken，2009；敖江涛等，2016）。母猪繁殖周期进程性氧化应激情况可通过繁殖周期不同时间点耳缘静脉采集血样来评估，采血时间点包括妊娠 30d、60d、90d 和 109d，分娩当天，泌乳期 3d、7d 和 21d。检测母猪血液中的 MDA、8-OHdG 和蛋白质羰基，可以间接反映母猪所遭受的氧化应激程度。化学发光法可以直接检测母猪血液中 ROS 含量，能更直接地反映母猪所处的氧化还原状态。除了 ROS 产生增加外，妊娠和泌乳过程母猪出现进程性氧化应激现象还与抗氧化系统活性下降有关（Tan 等，2015）。因此，可以同时检测血液中抗氧化酶的含量和活性。

本 章 小 结

随着母猪繁殖周期的变化，母猪繁殖激素和代谢激素都会表现出相应的改变，以适应母体的繁殖生理需要。同时，代谢激素的变化也引起了葡萄糖、脂肪酸、氨基酸等营养物质代谢的变化，并可能导致母体肠道微生物及其代谢产物的改变。这些生理和营养代谢的变化一方面是保障母体乳腺发育，以及胎盘和胎儿发育；但另一方面也会导致母体 ROS 的产生增加。在代谢调节失衡，如母体体脂过度沉积时，妊娠期发生进程性氧化应激和围产期代谢综合征的风险相应增加。因此，全面认识母猪繁殖周期中营养代谢的变化规律及与繁殖性能的关系，特别是围产期代谢综合征的发生机制，对建立针对性的母猪精准饲养技术具有重要意义。

参考文献

敖江涛，郑溜丰，彭健，2016. 进程性氧化应激对母猪繁殖性能的影响及其营养调控 [J]. 动物营养学报，28（12）：3735-3741.

李庆章，高学军，赵锋，2009. 乳腺发育与泌乳生物学 [J]. 北京：科学出版社.

王元林，1989. 畜禽解剖生理基础 [M]. 上海：上海科学技术出版社.

周泉勇，2009. 大白猪和二花脸猪妊娠后期胎盘转录谱比较及印记基因鉴定研究 [D]. 武汉：华中农业大学.

Agarwal A, Aponte-Mellado A, Premkumar B J, et al, 2012. The effects of oxidative stress on female reproduction: a review [J]. Reproductive Biology and Endocrinology, 10 (1): 49.

Agarwal A, Gupta S, Sharma R K, 2005. Role of oxidative stress in female reproduction [J]. Reproductive Biology and Endocrinology, 3 (1): 28.

Andersen C J, Fernandez M L, 2013. Dietary strategies to reduce metabolic syndrome [J]. Reviews in Endocrine and Metabolic Disorders, 14 (3): 241-254.

Andrews F W, 1952. The flowering plants of the Anglo-Egyptian Sudan [J]. Journal of Ecology, 39 (2): 422.

Anil S S, Anil L, Deen J, et al, 2006. Association of inadequate feed intake during lactation with removal of sows from the breeding herd [J]. Journal of Swine Health and Production, 14 (6): 296-301.

Arroyo J A, Winn V D, 2008. Vasculogenesis and angiogenesis in the IUGR placenta [J]. Seminars in Perinatology, 32 (3): 172-177.

Baldwin D M, Stabenfeldt G H, 1975. Endocrine changes in the pig during late pregnancy, parturition and lactation [J]. Biology of Reproduction, 12 (4): 508-515.

Barrett H L, Nitert M D, McIntyre H D, et al, 2014. Normalizing metabolism in diabetic pregnancy: is it time to target lipids [J]? Diabetes Care, 37 (5): 1484-1493.

Bauer M K, Harding J E, Bassett N S, et al, 1998. Fetal growth and placental function [J]. Molecular and Cellular Endocrinology, 140 (112): 115-120.

Bazer F W, Johnson G A, 2014. Pig blastocyst-uterine interactions [J]. Differentiation, 87 (112): 52-65.

Benoit S C, Kemp C J, Elias C F, et al, 2009. Palmitic acid mediates hypothalamic insulin resistance by altering PKC-θ subcellular localization in rodents [J]. The Journal of Clinical Investigation, 119 (9): 2577-2589.

Berchieri-Ronchi C B, Kim S W, Zhao Y, et al, 2011. Oxidative stress status of highly prolific sows during gestation and lactation [J]. Animal, 5 (11): 1774-1779.

Bidarimath M, Tayade C, 2017. Pregnancy and spontaneous fetal loss: a pig perspective [J]. Molecular Reproduction and Development, 84 (9): 856-869.

Briana D D, Malamitsi-Puchner A, 2010. The role of adipocytokines in fetal growth [J]. Annals of the New York Academy of Sciences, 1205 (1): 82-87.

Cetin I, Berti C, Calabrese S, 2009. Role of micronutrients in the periconceptional period [J]. Human Reproduction Update, 16 (1): 80-95.

Cristofolini A, Fiorimanti M, Campos M, et al, 2018. Morphometric study of the porcine placental vascularization [J]. Reproduction in Domestic Animals, 53 (1): 217-225.

Cristofolini A, Sanchis G, Moliva M, et al, 2013. Cellular remodelling by apoptosis during porcine placentation [J]. Reproduction in Domestic Animals, 48 (4): 584-590.

Cromwell G L, Stahly T S, Edgerton L A, et al, 1992. Recombinant porcine somatotropin for sows during late gestation and throughout lactation [J]. Journal of Animal Science, 70 (5): 1404-1416.

Dalcik H, Yardimoglu M, Vural B, et al, 2001. Expression of insulin-like growth factor in the placenta of intrauterine growth-retarded human fetuses [J]. Acta Histochemica, 103 (2): 195-207.

Dourmad J Y, Matte J J, Lebreton Y, et al, 2000. Influence du repas sur l'utilisation des nutriments et des vitamines par la mamelle, chez la truie en lactation [J]. Journées de la Recheche Porcine en France, 32: 265-273.

Farmer C, 2013. Mammary development in swine: effects of hormonal status, nutrition and management [J]. Canadian Journal of Animal Science, 93 (1): 1-7.

Farmer C, 2015. The gestating and lactating sow [M]. Wageningen: Wageningen Academic Publishers.

Farmer C, Charagu P, Palin M F, 2007. Influence of genotype on metabolic variables, colostrum and milk composition of primiparous sows [J]. Canadian Journal of Animal Science, 87 (4): 511-515.

Farmer C, Palin M F, 2005. Exogenous prolactin stimulates mammary development and alters expression of prolactin-related genes in prepubertal gilts [J]. Journal of Animal Science, 83 (4): 825-832.

Farmer C, Pelletier G, Brazeau P, et al, 1997. Mammary gland development of sows injected with growth hormone-releasing factor during gestation and (or) lactation [J]. Canadian Journal of Animal Science, 77 (2): 335-338.

Farmer C, Petitclerc D, 2003. Specific window of prolactin inhibition in late gestation decreases mammary parenchymal tissue development in gilts [J]. Journal of Animal Science, 81 (7): 1823-1829.

Fitch W L, King J C, 1987. Plasma amino acid, glucose, and insulin responses to moderate-protein and high-protein test meals in pregnant, nonpregnant, and gestational diabetic women [J]. The American Journal of Clinical Nutrition, 46 (2): 243-249.

Ford J A, Kim S W, Rodriguez-Zas S L, et al, 2003. Quantification of mammary gland tissue size and composition changes after weaning in sows [J]. Journal of Animal Science, 81 (10): 2583-2589.

Goodman R L, Karsch F J, 1980. Pulsatile secretion of luteinizing hormone: differential suppression by ovarian steroids [J]. Endocrinology, 107 (5): 1286-1290.

Gude N M, Roberts C T, Kalionis B, et al, 2004. Growth and function of the normal human placenta [J]. Thrombosis Research, 114 (5/6): 397-407.

Hacker R R, Hill D L, 1972. Nucleic acid content of mammary glands of virgin and pregnant gilts [J]. Journal of Dairy Science, 55 (9): 1295-1299.

Haggarty P, 2002. Placental regulation of fatty acid delivery and its effect on fetal growth—a review [J]. Placenta, 23: S28-S38.

Hamed E A, Zakary M M, Ahmed N S, et al, 2011. Circulating leptin and insulin in obese patients with and without type 2 diabetes mellitus: relation to ghrelin and oxidative stress [J]. Diabetes Research and Clinical Practice, 94 (3): 434-441.

Harkins M, Boyd R D, Bauman D E, 1989. Effect of recombinant porcine somatotropin on lactational performance and metabolite patterns in sows and growth of nursing pigs [J]. Journal of Animal Science, 67 (8): 1997-2008.

Heffner L J, Bromley B S, Copeland K C, 1992. Secretion of prolactin and insulin-like growth factor I bydecidual explant cultures from pregnancies complicated by intrauterine growth retardation [J]. American Journal of Obstetrics and Gynecology, 167 (5): 1431-1436.

Hernandez-Valencia M, Zarate A, Ochoa R, et al, 2001. Insulin-like growth factor I, epidermal growth factor and transforming growth factor beta expression and their association with intrauterine fetal growth retardation, such as development during human pregnancy [J]. Diabetes, Obesity and Metabolism, 3 (6): 457-462.

Herrera E, Desoye G, 2016. Maternal and fetal lipid metabolism under normal and gestational diabetic conditions [J]. Hormone Molecular Biology and Clinical Investigation, 26 (2): 109-127.

Hill D J, Clemmons D R, Wilson S, et al, 1989. Immunological distribution of one form of insulin-like growth factor (IGF) -binding protein and IGF peptides in human fetal tissues [J]. Journal of Molecular Endocrinology, 2 (1): 31-38.

Hoving L L, Soede N M, Graat E A M, et al, 2011. Reproductive performance of second parity sows: relations with subsequent reproduction [J]. Livestock Science, 140 (113): 124-130.

Hugues J N, Coste T, Perret G, et al, 1980. Hypothalamo-pituitary ovarian function in thirty-one women with chronic alcoholism [J]. Clinical Endocrinology, 12 (6): 543-551.

Hurley W L, Doane R M, O'Day-Bowman M B, et al, 1991. Effect of relaxin on mammary development in ovariectomized pregnant gilts [J]. Endocrinology, 128 (3): 1285-1290.

Ji F, Hurley W L, Kim S W, 2006. Characterization of mammary gland development in pregnant gilts [J]. Journal of Animal Science, 84 (3): 579-587.

Kalhan S, Peter-Wohl S, 2000. Hypoglycemia: what is it for the neonate? [J]. American Journal of Perinatology, 17 (1): 11-18.

Kensinger R S, Collier R J, Bazer F W, et al, 1982. Nucleic acid, metabolic and histological changes in gilt mammary tissue during pregnancy and lactogenesis [J]. Journal of Animal Science, 54 (6): 1297-1308.

Kensinger R S, Collier R J, Bazer F W, et al, 1986. Effect of number of conceptuses on maternal hormone concentrations in the pig [J]. Journal of Animal Science, 62 (6): 1666-1674.

Kertiles L P, Anderson L L, 1979. Effect of relaxin on cervical dilatation, parturition and lactation in the pig [J]. Biology of Reproduction, 21 (1): 57-68.

Kim J S, Yang X, Pangeni D, et al, 2015. Relationship between backfat thickness of sows during late gestation and reproductive efficiency at different parities [J]. Acta Agriculturae Scandinavica, 65 (1): 1-8.

Kim S W, Hurley W L, Han I K, et al, 1999. Changes in tissue composition associated with mammary gland growth during lactation in sows [J]. Journal of Animal Science, 77 (9): 2510-2516.

Kim S W, Weaver A C, Shen Y B, et al, 2013. Improving efficiency of sow productivity: nutrition and health [J]. Journal of Animal Science and Biotechnology, 4 (1): 26.

King R H, Pettigrew J E, McNamara J P, et al, 1996. The effect of exogenous prolactin on lactation performance of first-litter sows given protein-deficient diets during the first pregnancy [J]. Animal Reproduction Science, 41 (1): 37-50.

Koketsu Y, Dial G D, Pettigrew J E, et al, 1996. Feed intake pattern during lactation and subsequent reproductive performance of sows [J]. Journal of Animal Science, 74 (12): 2875-2884.

Kraeling R R, Barb C R, Rampacek G B, 1992. Prolactin and luteinizing hormone secretion in the pregnant pig [J]. Journal of Animal Science, 70 (11): 3521-3527.

Kruse S, Stamer E, Traulsen I, et al, 2011. Relationship between feed, water intake, and body weight in gestating sows [J]. Livestock Science, 137 (113): 37-41.

Kuhl C, 1998. Etiology and pathogenesis of gestational diabetes [J]. Diabetes Care, 21: 19.

Lee C Y, Bazer F W, Etherton T D, et al, 1991. Ontogeny of insulin-like growth factors (IGF-1 and IGF-2) and IGF-binding proteins in porcine serum during fetal and postnatal development [J]. Endocrinology, 128 (5): 2336-2344.

Leturque A, Ferre P, Satabin P, et al, 1980. *In vivo* insulin resistance during pregnancy in the rat [J]. Diabetologia, 19 (6): 521-528.

Lipiński K, Antoszkiewicz Z, Mazur-Ku nirek M, et al, 2019. The effect of polyphenols on the performance and antioxidant status of sows and piglets [J]. Italian Journal of Animal Science, 18 (1): 174-181.

Manjarin R，Trottier N L，Weber P S，et al，2011. A simple analytical and experimental procedure for selection of reference genes for reverse-transcription quantitative PCR normalization data［J］. Journal of Dairy Science，94（10）：4950-4961.

Matthews D R，Hosker J P，Rudenski A S，et al，1985. Homeostasis model assessment：insulin resistance and β-cell function from fasting plasma glucose and insulin concentrations in man［J］. Diabetologia，28（7）：412-419.

McLaughlin C L，Byatt J C，Curran D F，et al，1997. Growth performance，endocrine，and metabolite responses of finishing hogs to porcine prolactin［J］. Journal of Animal Science，75（4）：959-967.

Mesiano S，Mellon S H，Jaffe R B，1993. Mitogenic action，regulation，and localization of insulin-like growth factors in the human fetal adrenal gland［J］. The Journal of Clinical Endocrinology and Metabolism，76（4）：968-976.

Mosnier E，le Floc'h N，Etienne M，et al，2010. Reduced feed intake of lactating primiparous sows is associated with increased insulin resistance during the peripartum period and is not modified through supplementation with dietary tryptophan［J］. Journal of Animal Science，88（2）：612-625.

Mucci L A，Lagiou P，Hsieh C C，et al，2004. A prospective study of pregravid oral contraceptive use in relation to fetal growth［J］. Bjog：an International Journal of Obstetrics and Gynaecology，111（9）：989-995.

Mullan B P，Close W H，Cole D J A，1989. Predicting nutrient responses of the lactating sow［J］. Recent Advances in Animal Nnutrition：229-243.

Nara B S，Darmadja D，First N L，1981. Effect of removal of follicles，corpora lutea or ovaries on maintenance of pregnancy in swine［J］. Journal of Animal Science，52（4）：794-801.

Newbern D，Freemark M，2011. Placental hormones and the control of maternal metabolism and fetal growth［J］. Current Opinion in Endocrinology，Diabetes and Obesity，18（6）：409-416.

Nicholas L M，Morrison J L，Rattanatray L，et al，2016. The early origins of obesity and insulin resistance：timing，programming and mechanisms［J］. International Journal of Obesity，40（2）：229.

Nielsen T T，Trottier N L，Stein H H，et al，2002. The effect of litter size and day of lactation on amino acid uptake by the porcine mammary glands［J］. Journal of Animal Science，80（9）：2402-2411.

Palade L M，Habeanu M，Marin D E，et al，2019. Effect of dietary hemp seed on oxidative status in sows during late gestation and lactation and their offspring［J］. Animals，9（4）：194.

Pardali E，Goumans M J，ten Dijke P，2010. Signaling by members of the TGF-β family in vascular morphogenesis and disease［J］. Trends in Cell Biology，20（9）：556-567.

Patel C，Feldman J，Ogedegbe C，2016. Complicated abdominal pregnancy with placenta feeding off sacral plexus and subsequent multiple ectopic pregnancies during a 4-year follow-up：a case report［J］. Journal of Medical Case Reports，10（1）：37.

Quesnel H，Prunier A，1995. Endocrine bases of lactational anoestrus in the sow［J］. Reproduction Nutrition Development，35（4）：395-414.

Rains J L，Jain S K，2011. Oxidative stress，insulin signaling，and diabetes［J］. Free Radical Biology and Medicine，50（5）：567-575.

Richert M M，Schwertfeger K L，Ryder J W，et al，2000. An atlas of mouse mammary gland development [J] . Journal of Mammary gland Biology and Neoplasia, 5 (2): 227-241.

Ruan W, Monaco M E, Kleinberg D L, 2005. Progesterone stimulates mammary gland ductal morphogenesis by synergizing with and enhancing insulin-like growth factor-I action [J] . Endocrinology, 146 (3): 1170-1178.

Saben J, Lindsey F, Zhong Y, et al, 2014. Maternal obesity is associated with a lipotoxic placental environment [J] . Placenta, 35 (3): 171-177.

Saben J, Zhong Y, Gomez-Acevedo H, et al, 2013. Early growth response protein-1 mediates lipotoxicity-associated placental inflammation: role in maternal obesity [J] . American Journal of Physiology-Endocrinology and Metabolism, 305 (1): 1-14.

Saetang J, Sangkhathat S, 2017. Diets link metabolic syndrome and colorectal cancer development [J] . Oncology Reports, 37 (3): 1312-1320.

Schneider J D, Tokach M D, Goodband R D, et al, 2006. Investigation into the effects of feeding schedule on body condition, aggressiveness, and reproductive failure in group housed sows [J] . Kansas Agricultural Experiment Station Research Reports (10): 24-33.

Sferruzzi-Perri A N, Owens J A, Pringle K G, et al, 2006. Maternal insulin-like growth factors-I and-II act via different pathways to promote fetal growth [J] . Endocrinology, 147 (7): 3344-3355.

Soma-Pillay P, Catherine N P, Tolppanen H, et al, 2016. Physiological changes in pregnancy [J]. Cardiovascular Journal of Africa, 27 (2): 89.

Song T, Lu J, Deng Z, et al, 2018. Maternal obesity aggravates the abnormality of porcine placenta by increasing N 6-methyladenosine [J]. International Journal of Obesity, 42 (10): 1812.

Sordillo L M, Aitken S L, 2009. Impact of oxidative stress on the health and immune function of dairy cattle [J] . Veterinary Immunology and Immunopathology, 128 (1/3): 104-109.

Sørensen M T, Farmer C, Vestergaard M, et al, 2006. Mammary development in prepubertal gilts fed restrictively or ad libitum in two sub-periods between weaning and puberty [J] . Livestock Science, 99 (2/3): 249-255.

Sørensen M T, Sejrsen K, Purup S, 2002. Mammary gland development in gilts [J] . Livestock Production Science, 75 (2): 143-148.

Sörensen S, Pinquart M, Duberstein P, 2002. How effective are interventions with caregivers? An updated meta-analysis [J] . The Gerontologist, 42 (3): 356-372.

Surai P F, Fisinin V I, 2016. Selenium in sow nutrition [J] . Animal Feed Science and Technology, 211: 18-30.

Tan C, Wei H, Sun H, et al, 2015. Effects of dietary supplementation of oregano essential oil to sows on oxidative stress status, lactation feed intake of sows, and piglet performance [J] . BioMed Research International, 2015.

Thaker M Y C, Bilkei G, 2005. Lactation weight loss influences subsequent reproductive performance of sows [J] . Animal Reproduction Science, 88 (3/4): 309-318.

Theil P K, Lauridsen C, Quesnel H, 2014. Neonatal piglet survival: impact of sow nutrition around parturition on fetal glycogen deposition and production and composition of colostrum and transient milk [J] . Animal, 8 (7): 1021-1030.

Torres-Rovira L, Tarrade A, Astiz S, et al, 2013. Sex and breed-dependent organ development and metabolic responses in foetuses from lean and obese/leptin resistant swine [J] . PloS One, 8 (7): e66728.

Turner C W, 1952. The anatomy of the mammary gland of swine [M] //Turner C W. The mammary gland. I. The anatomy of the udder of cattle and domestic. The mammary gland. I. The anatomy of the udder of cattle and domestic animals Lucas Brothers, Columbia, MO, USA.

van der Peet-Schwering C M C, Kemp B, Binnendijk G P, et al, 2004. Effects of additional starch or fat in late-gestating high nonstarch polysaccharide diets on litter performance and glucose tolerance in sows [J]. Journal of Animal Science, 82 (10): 2964-2971.

Verschuren L M G L, 2015. The lactating sow [D]. Foulum: Wageningen University.

Vignola M, 2009. Sow feeding management during lactation [C] //London Swine Conference. Tools of the Trade, 4: 18.

Wang J, Tang H, Zhang C, et al, 2015. Modulation of gut microbiota during probiotic-mediated attenuation of metabolic syndrome in high fat diet-fed mice [J]. The ISME Journal, 9 (1): 1.

Wang L, Shi Z, Jia Z, et al, 2013. The effects of dietary supplementation with chromium picolinate throughout gestation on productive performance, Cr concentration, serum parameters, and colostrum composition in sows [J]. Biological Trace Element Research, 154 (1): 55-61.

Wang X, Jiang G, Kebreab E, et al, 2019. Effects of dietary grape seed polyphenols supplementation during late gestation and lactation on antioxidant status in serum and immunoglobulin content in colostrum of multiparous sows [J]. Journal of Animal Science, 97 (6): 2515-2523.

Weldon W C, Lewis A J, Louis G F, et al, 1994. Postpartum hypophagia in primiparous sows: II. Effects of feeding level during gestation and exogenous insulin on lactation feed intake, glucose tolerance, and epinephrine-stimulated release of nonesterified fatty acids and glucose [J]. Journal of Animal Science, 72 (2): 395-403.

Winn R J, Baker M D, Merle C A, et al, 1994. Individual and combined effects of relaxin, estrogen, and progesterone in ovariectomized gilts. II. Effects on mammary development [J]. Endocrinology, 135 (3): 1250-1255.

Woods S C, Seeley R J, Cota D, 2008. Regulation of food intake through hypothalamic signaling networks involving mTOR [J]. Annual Review of Nutrition, 28: 295-311.

Woodworth J C, Minton J E, Tokach M D, et al, 2004. Dietary L-carnitine increases plasma leptin concentrations of gestating sows fed one meal per day [J]. Domestic Animal Endocrinology, 26 (1): 1-9.

Wu G, Ott T L, Knabe D A, et al, 1999. Amino acid composition of the fetal pig [J]. The Journal of Nutrition, 129 (5): 1031-1038.

Zhao W, Shahzad K, Jiang M, et al, 2013. Bioinformatics and gene network analyses of the swine mammary gland transcriptome during late gestation [J]. Bioinformatics and Biology Insights, 7: 193-216.

Zhou P, Zhao Y, Zhang P, et al, 2017. Microbial mechanistic insight into the role of inulin in improving maternal health in a pregnant sow model [J]. Frontiers in Microbiology, 8: 2242.

Zhou Y, Xu T, Cai A, et al, 2018. Excessive backfat of sows at 109 d of gestation induces lipotoxic placental environment and is associated with declining reproductive performance [J]. Journal of Animal Science, 96 (1): 250-257.

第二章
母猪的氨基酸代谢及其营养需要

氨基酸是支持妊娠期胎盘、乳腺、胎儿生长及泌乳期乳汁合成的重要物质，不仅作为底物用于胎儿和乳腺的蛋白质合成，而且通过代谢生成功能性物质，或作为信号分子发挥调控母猪繁殖和泌乳性能的作用。值得指出的是，来自日粮的氨基酸在经过胎盘到达胎儿或者到达乳腺之前，已经在母猪肠道和肝脏等器官中经历了大量的代谢。除肠道和肝脏以外，胎盘和乳腺的氨基酸代谢不仅与胎儿生长和母猪乳汁合成密切相关，而且影响母猪妊娠和泌乳的氨基酸需要量。因此，本章将首先介绍主要组织器官的氨基酸代谢，然后阐述母猪妊娠和泌乳对氨基酸代谢的影响，最后介绍妊娠母猪和泌乳母猪的氨基酸需要。

第一节　主要组织器官的氨基酸代谢

一、氨基酸在肠道中的首过代谢

（一）氨基酸的首过代谢比例和去向

所谓氨基酸的首过代谢，是指饲料中氨基酸在吸收入血液前被肠道截取，并被代谢利用。目前尚未有母猪氨基酸首过代谢的实际数据。在仔猪中，必需氨基酸的首过代谢比例为 25％～50％。而对于非必需氨基酸而言，天冬氨酸和谷氨酰胺的首过代谢比例均在 95％以上，谷氨酸的首过代谢比例为 67％，其余非必需氨基酸的首过代谢比例为 10％～41％（表 2-1）。

表 2-1　仔猪小肠对氨基酸的首过代谢比例（占日粮摄入量的百分比，％）

必需氨基酸	非必需氨基酸
精氨酸，40	丙氨酸，10
组氨酸，29	天冬酰胺，26
异亮氨酸，34	天冬氨酸，95
亮氨酸，36	胱氨酸，31
赖氨酸，45	谷氨酸，97

（续）

必需氨基酸	非必需氨基酸
蛋氨酸，31	谷氨酰胺，67
苯丙氨酸，37	甘氨酸，31
缬氨酸，35	丝氨酸，34
苏氨酸，50	酪氨酸，29
色氨酸，25	脯氨酸，41

资料来源：Stoll 等（1998）。

肠道黏膜代谢氨基酸的去向包括：①氧化分解，为小肠黏膜提供 ATP；②合成肠黏膜细胞的结构性蛋白质；③合成对小肠和全身营养生理功能必需的代谢产物，包括瓜氨酸、脯氨酸、一氧化氮、多胺和神经递质；④合成重要的维持肠道结构和功能的蛋白质及肽，如黏蛋白、免疫球蛋白、防御素和谷胱甘肽。总体而言，肠道中的氨基酸代谢呈现以分解代谢为主的特征。需要指出的是，肠道在代谢消耗一部分来源于饲料的氨基酸时，也能合成部分氨基酸。例如，仔猪丙氨酸、酪氨酸和精氨酸的门静脉氨基酸净流量分别为食入量的 205%、167% 和 137%，表明这 3 种氨基酸在肠道内有净合成（Stoll 等，1998）。

（二）氨基酸的首过代谢规律

依据氨基酸在猪肠道中分解和合成的规律，将氨基酸在肠黏膜中的代谢分为 4 类：①不分解也不合成的氨基酸，包括天冬酰胺、胱氨酸、组氨酸和色氨酸；②只合成不分解的氨基酸，主要是酪氨酸；③只分解不合成的氨基酸，包括支链氨基酸（亮氨酸、异亮氨酸和缬氨酸）、赖氨酸、蛋氨酸、苏氨酸和苯丙氨酸；④既分解也合成的氨基酸，包括谷氨酸、天冬氨酸、精氨酸、脯氨酸、丙氨酸、甘氨酸、鸟氨酸、瓜氨酸和丝氨酸。图 2-1 展示了氨基酸在肠道代谢的主要通路。

1. 不分解也不合成的氨基酸　在猪的肠上皮细胞中，谷氨酰胺和天冬氨酸都不能合成天冬酰胺。另外，肠道组织也不表达天冬酰胺酶，因此天冬酰胺也不能在肠道组织中分解。

早期研究认为，胱氨酸、组氨酸和色氨酸在肠上皮细胞中既不合成也不分解。但随后的研究发现，在肠上皮细胞中，胱氨酸可以用于合成谷胱甘肽，并且蛋氨酸可以转变为胱氨酸（Reeds 等，1997）。对于组氨酸而言，肠道中的肥大细胞可以在免疫激活状态下将组氨酸代谢形成组织胺，因此在特定状态下组氨酸在肠道会发生代谢。另外，少量的色氨酸会在肠嗜铬细胞的作用下代谢生成 5-羟色胺，或在肠道微生物的作用下代谢生成芳香烃受体的配基。因此，实际上这几种氨基酸在肠道中只是发生了很少量的代谢。

2. 只合成不分解的氨基酸　酪氨酸是唯一的只合成不分解的氨基酸。猪的肠上皮细胞中表达的苯丙氨酸脱氢酶，能将苯丙氨酸合成酪氨酸。同时，肠上皮细胞不表达酪氨酸分解代谢的酶。因此，酪氨酸在首过代谢中表现为净生成。

3. 只分解不合成的氨基酸

（1）支链氨基酸　支链氨基酸（branched-chain amino acids，BCAAs）包括亮氨酸、

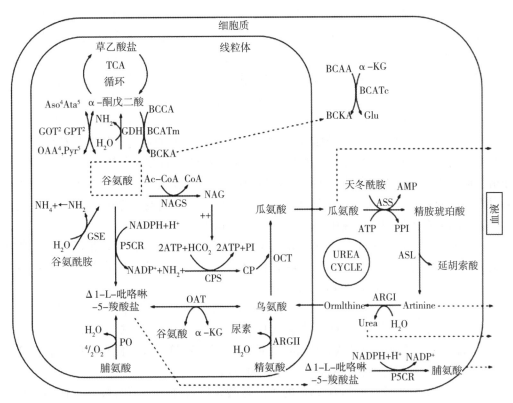

图 2-1　氨基酸在肠道中的代谢通路

（资料来源：Trottier 和 Manjarin，2014）

异亮氨酸和缬氨酸，它们是 3 个具有相似化学结构的必需氨基酸，占机体蛋白质组成中必需氨基酸的 35%～40%。哺乳动物肠道利用日粮亮氨酸、异亮氨酸和缬氨酸的比例大约分别为 40%、30% 和 40%。其中，用于黏蛋白合成的仅占 20%，另外大部分通过转氨基和脱羧途径发生了分解代谢。

BCAAs 的分解代谢首先在支链氨基酸氨基转移酶（branched-chain amino acid aminotransferase，BCAT）的催化下可逆地产生支链酮酸，同时将氨基转移给 α-酮戊二酸生产谷氨酰胺，并进一步代谢生产谷氨酸或丙氨酸。BCAT 有两个亚型，一个定位在线粒体（BCATm），广泛存在于整个机体；另一个定位于细胞质（BCATc），大量出现在大脑。支链酮酸脱氢酶（branch chain keto acid dehydrogenase，BCKD）催化 BCAAs 代谢的第二步，且此步不可逆。随后，在一系列酶的催化下进入三羧酸循环氧化分解。

在猪的肠上皮细胞中，绝大部分转氨后的 BCAAs 都以支链酮酸的形式被释放出来，表明 BCAAs 在肠上皮细胞中很少直接氧化供能（Wu 等，2005），而多以支链酮酸的形式进入门静脉血流，同时增加了肠道谷氨酰胺和谷氨酸的供应。此外，在仔猪小肠中，肠细胞和肠腔中的微生物对 BCAAs 的降解也发挥了一定的作用，相关内容将在随后章节进行阐述。

（2）赖氨酸　在肠道组织，赖氨酸可以参与黏蛋白的合成或分解。仔猪肠道大约截留了 35% 的日粮赖氨酸，其中合成黏蛋白的占 18%。在高蛋白质水平下，仔猪日粮赖氨酸被氧化分解的量占全身赖氨酸氧化分解总量的 30％；但在低蛋白质水平下，日粮赖氨酸被氧化分解的量却很少（van Goudoever 等，2000），表明肠道对赖氨酸的代谢是由底物驱动的。相比动脉血来源的赖氨酸，肠道优先摄取并利用日粮来源的赖氨酸。

（3）蛋氨酸 肠道是日粮蛋氨酸代谢的关键部位，30％～44％的日粮蛋氨酸在成人的内脏组织被代谢利用。仔猪胃肠道具有两条蛋氨酸代谢途径，即转甲基反应和转硫基反应，且蛋氨酸发生转甲基反应和转硫基反应的主要场所都是小肠（Burrin 等，2005）。肠道组织中存在代谢蛋氨酸生成胱氨酸的酶，该酶能通过转甲基反应将蛋氨酸代谢生成高半胱氨酸，然后在转硫基反应下生成胱氨酸。日粮中约有 20％的蛋氨酸在仔猪肠道中代谢，其中转化成同型半胱氨酸的占 31％，转化成 CO_2 的占 40％，用于合成组织蛋白的占 29％。机体内蛋氨酸转甲基代谢和转硫基代谢占据的 25％发生在肠道内，表明肠道在蛋氨酸的代谢中起着不容忽视的作用。

（4）苏氨酸 日粮中 40％～60％的苏氨酸被仔猪肠道首过代谢，是肠道首过代谢比例最高的必需氨基酸。其中，苏氨酸在仔猪肠道氧化分解的量只占首过代谢总量的 2％～9％，但是用于肠道黏蛋白合成的量却达到 71％（Schaart 等，2005）。因此，苏氨酸在肠道的主要代谢目的是用于肠道黏蛋白的合成。事实上，由于肠道中黏蛋白富含苏氨酸，因此饲料中苏氨酸的含量影响仔猪肠道黏蛋白的合成和分泌（Wang 等，2007）。日粮苏氨酸缺乏会导致肠道杯状细胞和黏蛋白数量下降。此外，肠道有炎症时会促进肠道对苏氨酸的吸收（Rémond 等，2009）。

（5）苯丙氨酸 日粮中约有 45％的苯丙氨酸在经过仔猪肠道时被首过代谢，其中18％用于肠道黏蛋白的合成。虽然猪小肠黏膜细胞可以分解代谢部分苯丙氨酸，但是代谢量极少（Stoll 等，1997）。

4. 既合成又分解的氨基酸

（1）谷氨酸和天冬氨酸 谷氨酸和天冬氨酸在日粮中大量存在，但只有少量出现在门静脉中，其中98％和99％的肠腔谷氨酸和天冬氨酸被肠道分解。这主要是因为谷氨酸和天冬氨酸在小肠上皮细胞被大量氧化，是肠道主要的氧化燃料。此外，在小肠黏膜中，大部分谷氨酰胺转化成谷氨酸进行吸收和代谢，因此日粮谷氨酰胺也是肠道重要的氧化燃料（Stoll 等，1999）。谷氨酸、谷氨酰胺和天冬氨酸用于合成瓜氨酸、丙氨酸、脯氨酸和精氨酸等，然后进入门静脉循环。在大鼠中，谷氨酸的氮向瓜氨酸、丙氨酸、脯氨酸和精氨酸分配的比例分别为38％、28％、24％和7％。

胃内、小肠和结肠中存在大量谷氨酸代谢酶，如谷氨酸脱氢酶转氨基酶、天冬氨酸氨基转移酶、丙氨酸氨基转移酶、支链氨基转移酶等。在断奶仔猪小肠内，谷氨酸脱氢酶的活性较高，谷氨酸被支链氨基转移酶和谷氨酸脱氢酶催化可以产生 α-酮戊二酸，后者进入三羧酸循环后被代谢成 CO_2。小肠利用动脉循环和小肠腔内的谷氨酰胺，而只从小肠腔内吸收谷氨酸和天冬氨酸，CO_2 都是它们代谢的最终产物（Windmueller 和 Spaeth，1980）。谷氨酸的氧化过程和谷氨酰胺的类似，区别在于谷氨酰胺需要首先进入线粒体才能被磷酸依赖的谷氨酰胺酶降解为血氨和谷氨酸。因此，当它们同时存在于肠细胞时，谷氨酸可以抑制谷氨酰胺的氧化和利用（Blachier 等，2009）。

（2）精氨酸 大约 40％的精氨酸在肠道中发生了首过代谢。精氨酸进行首过代谢主要用于蛋白质合成和分解。精氨酸分解代谢是体内内源合成一氧化氮（nitric oxide，NO）的唯一途径。在NO合成酶的催化下，精氨酸可以合成具有生物活性的NO。精氨酸含量与NO合成酶的活性决定血清中NO的水平，精氨酸不足或代谢异常均可影响NO的生成，从而影响机体对营养物质的利用和免疫功能的发挥。精氨酸在精氨酸酶1的作用下脱胍基生成尿素和鸟氨酸，尿素进入血液循环；鸟氨酸在肝脏、肾脏或肠黏膜细胞中生成瓜氨酸后被转运到胞液，参与鸟氨酸循环。另外，精氨酸可以被甘氨酸转脒基分解为鸟氨酸和肌酐酸，进而降解为鸟氨酸和尿素。

如上所述，精氨酸在肠道中存在内源合成途径，谷氨酰胺可以作为精氨酸合成的前体。但值得注意的是，由于母乳提供的精氨酸不能满足仔猪的生长需要，因此需要仔猪内源合成部分精氨酸来维持其健康、快速地生长。而此时仔猪肠道中内源合成精氨酸的能力较弱，这也是精氨酸是仔猪的条件性必需氨基酸的原因。但是在成年动物中，通过肠道内源途径合成精氨酸的能力较强。

（3）脯氨酸　在肠道，被氧化的日粮脯氨酸比例约为38%。脯氨酸氧化酶是催化脯氨酸代谢的第一个酶，大量线粒体脯氨酸氧化酶存在于仔猪肠细胞内，可以催化脯氨酸的电离子转移，产生鸟氨酸、谷氨酸和精氨酸等（Wu等，1997）。脯氨酸与谷氨酸和精氨酸可以互相转换。在这些转换过程中，中间产物是吡咯啉-5-羧酸（pyrroline-5-carboxylic acid，P5C）或谷氨酸-γ-半醛（glutamic-γ-semialdehyde，GSA），P5C可以经过氧化还原反应重新形成脯氨酸或继续代谢转换成谷氨酸和α-酮戊二酸。P5C合成酶催化谷氨酸到GSA的反应过程，P5C还原酶催化P5C转换成脯氨酸。P5C合成酶有两个亚型，即长形式和简易形式。长形式普遍存在，而简易形式主要定位在小肠。P5C合成酶通常被看作是产生脯氨酸的一个关键酶。小肠中由于有P5C存在，因此谷氨酰胺和谷氨酸可以合成脯氨酸，但合成的量十分有限。P5C脱氢酶或GSA脱氢酶转换GSA形成谷氨酸。因此，脯氨酸的合成与降解受到自身家族多个酶的调节，且其代谢与氧化应激、癌症、脂质代谢及自噬等密切相关。

（4）丙氨酸　丙氨酸在机体内的含量较多，在人体内的含量仅次于赖氨酸。从丙氨酸的代谢产物来看，丙氨酸可以为机体提供碳骨架、氮源及能量等。丙氨酸是肠道谷氨酸、谷氨酰胺和天冬氨酸分解的重要内源产物，在吸收状态时，小肠实质上是利用大部分动脉血液中的谷氨酰胺释放大量丙氨酸和血氨。此外，丙氨酸可以用于组织和肝脏间的葡萄糖-Ala循环，即通过转氨基作用将氨基基团以谷氨酰胺的形式储存起来，随后在丙氨酸氨基转移酶（alanine amino-transferase，ALT）的催化下，氨基基团被谷氨酰胺转移给丙酮酸，形成丙氨酸和α-酮戊二酸。丙氨酸随着血液进入肝脏，在ALT的作用下，发生与上述反应相反的过程，生成丙酮酸参与糖异生作用。由此可见，丙氨酸是糖异生与氨基酸转换的关键因子。

（三）氨基酸被肠道菌群代谢的特点

事实上，饲料中的氨基酸不仅会在肠道组织中被大量代谢，而且也会被肠道中的菌群所利用。利用氨基酸的菌群不仅存在于猪的大肠中，在小肠中也广泛存在。特别要指出的是，猪的肠道菌群会大量代谢饲料中的必需氨基酸。其中，首过代谢中被消耗的赖氨酸主要是被肠道微生物利用而不是被肠黏膜中的微生物利用。另外，日粮中大约有

20％的蛋氨酸被肠道微生物利用。在体外培养模型中，猪小肠微生物对赖氨酸、苏氨酸、精氨酸、谷氨酸和亮氨酸的 24h 代谢率达到 90％以上；对异亮氨酸、缬氨酸和组氨酸的 24h 代谢率为 50％～80％；而对脯氨酸、蛋氨酸、苯丙氨酸和色氨酸的 24h 代谢率低于 35％。

氨基酸被肠道微生物利用的代谢去向包括：①合成菌体蛋白和小肽；②被细菌分解利用产生短链脂肪酸、支链脂肪酸、酚类、吲哚类和 H_2S 等；③被细菌转变为其他重要的代谢产物，如生物胺、γ-氨基丁酸、多巴胺、5-羟色胺和一氧化氮；④合成肠道细菌生长和互作的重要蛋白质及肽，包括肽聚糖、S 层蛋白质和趋化肽等，所有类型的氨基酸均参与了肠道细菌的蛋白质合成，并且肠道细菌集合可以代谢各种类型的氨基酸；⑤肠道细菌还能从头合成部分氨基酸，包括赖氨酸、苏氨酸、缬氨酸、脯氨酸、谷氨酸、丙氨酸和甘氨酸。

总体而言，氨基酸被肠道微生物利用的量高于从头合成的量。并且在大肠中，细菌合成的氨基酸很难再被吸收入血。因此，在无菌动物模型中，门静脉中的大部分氨基酸水平要显著高于有菌动物。从占氨基酸净利用的比例来看，一半以上被肠道微生物利用的氨基酸并没有被用来合成菌体蛋白质或是被氧化产生 CO_2，而是进入了其他代谢途径。在被肠道微生物利用的氨基酸中，用于合成菌体蛋白质比例最高的是亮氨酸（50％～70％）；其余较高的是苏氨酸、脯氨酸、蛋氨酸、赖氨酸、精氨酸和谷氨酸，但比例仅为 10％～25％。此外，氨基酸的脱羧和完全氧化也不是主要代谢途径。以赖氨酸为例，赖氨酸的脱羧比例仅占猪小肠微生物利用赖氨酸量的 15％。

肠道微生物对日粮氨基酸的利用，形成了对宿主营养的竞争。在养猪生产中发现，饲喂无抗饲料时氨基酸的营养需要比有抗生素存在下要高。表明在有抗生素存在时，减少了肠道细菌对氨基酸的消耗。但值得注意的是，肠道微生物可以降解宿主肠黏膜不能降解的氨基酸，并产生一些重要的代谢产物，这可能也是维持宿主健康的必需。例如，肠道菌群利用芳香族氨基酸产生的 N-乙酰吲哚类物质是宿主芳香烃受体的配基，在维持宿主的先天性免疫功能中发挥了关键作用。

二、氨基酸在肝脏中的代谢

（一）氨基酸在肝脏中的代谢规律

日粮蛋白质被消化道中的大量蛋白酶分解后，最后以寡肽和游离氨基酸的形式被空肠和十二指肠的毛细血管吸收，随门静脉血流进入肝脏。肝细胞会从门静脉摄取部分氨基酸，这些被摄取的氨基酸大部分在肝脏内发生转化和代谢。肝细胞中的氨基酸代谢包括合成代谢和分解代谢：合成代谢即从肝脏输出蛋白质供外周利用的过程，分解代谢即氨基酸在肝脏氧化供能、参与糖异生作用和尿素合成。因此，肝脏对氨基酸的代谢和重分配改变了肝静脉中氨基酸模式及对外周组织的供应量。

在肝脏中，丙氨酸、胱氨酸、甘氨酸、丝氨酸、苏氨酸、色氨酸、天冬酰胺、天冬氨酸、苯丙氨酸、异亮氨酸、蛋氨酸、缬氨酸、精氨酸、谷氨酸、谷氨酰胺、组氨酸和脯氨酸可以作为糖异生的底物，因此被称为生糖氨基酸。并且这些氨基酸也能分解产生丙酮酸、α-酮戊二酸、琥珀酰-辅酶 A、延胡索酸和草酰乙酸，从而进入三羧酸循环。

生酮氨基酸（亮氨酸和赖氨酸）可以被转化为脂肪酸或酮体，并分解生成乙酰-辅酶或乙酰乙酸。氨基酸分解时脱去的氨在肝脏中通过尿素循环生成尿素，并释放进入血液循环。

赖氨酸和苏氨酸在肝脏中的代谢率与在肠道中的代谢率相当，支链氨基酸（亮氨酸、缬氨酸和异亮氨酸）在肝脏中的代谢率较低。谷氨酸和天冬氨酸是在肝脏内既合成又降解，但以合成为主的氨基酸；苯丙氨酸和丙氨酸是在肝脏内既合成又降解，但以降解为主的氨基酸。

（二）肝脏中必需氨基酸的代谢

1. 赖氨酸　赖氨酸依赖于 α-酮戊二酸还原酶（lysine α-ketoglutarate reductase，LKR）和酵母氨酸脱氢酶（saccharopine dehydrogenase，SDH）的分解途径，这是大多数动物体内赖氨酸分解的主要途径。此外，赖氨酰化酶（lysyl oxidase，LOX）也是赖氨酸分解的关键酶之一。肝脏是赖氨酸氧化的主要器官。在鸡的肝脏，LKR 活性和 SDH 活性为 LOX 活性的 18～31 倍。LKR 主要是定位在猪肝脏的线粒体，因此赖氨酸必须首先穿过线粒体内膜才能发生代谢。起始识别复合物（origin recognition complex，ORC）转运蛋白在赖氨酸的转运过程中起重要作用，并且 ORC 在肝脏中有大量表达，从而加速了赖氨酸在肝脏中的代谢。肝脏内 LKR 活性受到日粮 CP 水平的影响，CP 水平越高，LKR 活性就越高。饲喂高蛋白水平日粮后，小鼠肝脏内 LKR、LOX 和 SDH 的活性可显著提高，也使仔猪肝脏 LKR 活性和 LOX 活性显著提高。因此，日粮 CP 水平和赖氨酸在肝脏中的代谢利用有重要关系。

2. 蛋氨酸　一半以上的日粮蛋氨酸在肝脏中代谢，肝脏利用来自门静脉循环的含硫氨基酸进行蛋白质和谷胱甘肽的合成等。催化蛋氨酸向 S-腺苷蛋氨酸（S-adenosyl methionine，SAM）代谢的酶 MAT1 只存在于肝脏中，而且提高 *MAT2* 基因的表达，肝脏生长速度加快，可见 MAT 影响肝脏的健康生长。在肝脏内，有 3 条代谢高半胱氨酸的途径。其中一条代谢途径是通过转硫基作用将高半胱氨酸转换成胱氨酸，这个途径被 β-胱硫醚合酶和胱硫醚裂解酶催化。另外两条代谢途径分别在 MS 和 BHMT 的催化下，高半胱氨酸合成蛋氨酸，并且 BHMT 仅在肝脏中表达。在肝脏内，日粮缺乏蛋氨酸会导致断奶仔猪肝脏中 BHMT 活性显著升高，mRNA 表达水平也显著升高。暗示日粮蛋氨酸不足时，BHMT mRNA 的表达调控着 BHMT 的活性，而 BHMT 活性增加可以促进高半胱氨酸转变为蛋氨酸。日粮中缺乏或过量蛋氨酸均可以引发肝脏细胞内 CO 代谢途径的部分改变，引发非酒精性脂肪肝病，因此蛋氨酸及其代谢产物可以保护肝脏。

3. 苏氨酸　在动物的肝脏中，苏氨酸有 3 条代谢途径：①在 L-苏氨酸-3-脱氢酶的催化下，苏氨酸被转化为氨基丙酮、甘氨酸和 CoA；②在苏氨酸脱水酶的催化下，转化为 2-酮丁酸和 NH_3；③在苏氨酸醛羧酶的催化下，苏氨酸被分解为甘氨酸和乙酰 CoA。日粮丝氨酸和苏氨酸水平不能影响苏氨酸脱水酶的活性，但苏氨酸脱氢酶和醛羧酶活性会随着日粮丝氨酸和苏氨酸的添加而提高。对于猪而言，正常饲喂时，丝氨酸在肝脏主要被 L-苏氨酸-3-脱氢酶催化；而在禁食和采食无氮的日粮时，苏氨酸降解的主要途径是通过苏氨酸脱水酶催化的（Ballevre 等，

1991）。在仔猪肝脏内，苏氨酸脱氢酶活性受日粮中苏氨酸的水平的提高而上调。此外，降低仔猪日粮中苏氨酸的量影响了肝脏蛋白质的沉积，可见日粮苏氨酸的含量对肝脏十分重要。

4. 支链氨基酸　由于肝脏中 BCATm 的表达量少，因此其活性较低。肝脏利用 BCAAs 主要用于蛋白质合成，而不是分解 BCAAs。此外，肝脏中表达的 BCKD，可以将肝外组织合成的支链酮酸生成 BCAAs。由于 BCAAs 是肌肉中含量最为丰富的氨基酸，并且具有促进蛋白质沉积的调控作用，因此肝脏较低的 BCAAs 代谢率也为肌肉组织的氨基酸合成提供了更多的底物。

5. 芳香族氨基酸　肝脏是苯丙氨酸和酪氨酸代谢的重要器官。苯丙氨酸羟基化酶（phenylalanine hydroxylase，PheOH）是芳香族氨基酸羟基化酶家族的一员，且主要位于肝脏内，是催化苯丙氨酸代谢过程中的关键酶和限速酶。在肝脏中，苯丙氨酸被 PheOH 催化后转化为酪氨酸，从而提供内源合成的酪氨酸。PheOH 活性受到多种复杂的调节，如苯丙氨酸自身对 PheOH 具有激活作用，苯丙氨酸与底物活性位点结合形成协同效应激活 PheOH 酶；此外，四氢生物蝶呤对 PheOH 的活性具有抑制作用。值得注意的是，由于苯丙氨酸合成的酪氨酸在体内很快被氧化，因此动物对酪氨酸的需要不能通过日粮苯丙氨酸来满足，而需要酪氨酸来直接满足。同样，肝脏内由苯丙氨酸合成的大部分酪氨酸也很快被降解，不能用于机体蛋白质的合成。此外，谷氨酰胺脱氢酶也可以催化谷氨酰胺产生酪氨酸。

（三）肝脏中非必需氨基酸的代谢

1. 谷氨酸　谷氨酸在肝脏氨基酸转氨基的过程中起重要作用，不仅每天可以促使 80～100g 蛋白质水解，而且也可以将肌肉水解的大多数氨基酸转化为动物在饥饿状态下可利用的葡萄糖，因此谷氨酸是连接肝脏氨基酸分解和糖异生作用的一个重要氨基酸（Brosnan，2000）。由于肝脏内不仅含有分解谷氨酸代谢的 N-乙酰谷氨酸合成酶、谷氨酰胺合成酶等，而且还含有合成氨基酸的谷氨酰胺酶、5-羟脯氨酸酶等，同时还有可逆地催化谷氨酸代谢的丙氨酸氨基转移酶和谷氨酸脱氢酶，因此肝脏既可以合成谷氨酸也可以分解谷氨酸。哺乳动物肝脏谷氨酸脱氢酶活性是其他器官中的数倍，谷氨酸来源的小部分氮出现在肝脏血氨池中，大部分氮用于转氨基作用，以合成天冬氨酸、丙氨酸及谷氨酰胺（Cooper 等，1988）。

2. 精氨酸　精氨酸合成所需的脯氨酸氧化酶、鸟氨酸甲酰转移酶、精氨酸琥珀酸合成酶和氨基甲酰磷酸合成酶在肝脏中都有存在，为肝脏精氨酸代谢提供了基础。精氨酸在肝脏通过尿素循环合成，但是没有净产生，因为细胞质基质精氨酸激酶的极速高效性能迅速水解精氨酸。门静脉中精氨酸的 10% 被肝脏代谢利用。

3. 丝氨酸和甘氨酸　在肝脏内，3-磷酸甘油酸盐脱氢酶参与丝氨酸的从头合成，是合成丝氨酸磷酸化途径中的限速酶。丝氨酸可以被丝氨酸脱水酶催化成为丙酮酸盐，日粮丝氨酸或缬氨酸缺乏导致肝脏丝氨酸水平及 3-磷酸甘油酸盐脱氢酶基因表达上升、丝氨酸脱水酶基因表达下降，从而使得机体血浆丝氨酸水平提高，可见丝氨酸水平受到日粮氨基酸平衡的影响。甘氨酸对肝脏有保护作用，可以显著减少肝细胞的死亡、减轻缺血再灌注等对肝细胞的损伤及死亡。

三、氨基酸在母猪胎盘和胎儿中的代谢

（一）胎盘中的氨基酸代谢

哺乳动物的胎盘对于从母体向胎儿提供营养物质（如氨基酸和水）和氧气，以及将胎儿的代谢物（如氨和二氧化碳）从胎儿向母体转移是必不可少的。鉴于蛋白质合成需要所有蛋白质氨基酸，即使在一种氨基酸的供应中缺乏 10％也可以使总蛋白质合成减少 10％。因此，器官间尤其是正在发育的胎盘中的氨基酸代谢对于胎儿获得最佳生长和发育至关重要。

胎盘不能从头合成 10 种必需氨基酸，也不能将谷氨酸、谷氨酰胺或脯氨酸转化为精氨酸。因此，母体必须通过子宫血液循环向胎盘提供精氨酸和上述 10 种必需氨基酸。事实上，由于这 10 种必需氨基酸的碳骨架不在任何动物细胞中形成，因此这些氨基酸必须从母体饲料中获取。

由于猪是多胎生动物，研究独立胎盘的氨基酸代谢存在技术上的困难。因此，往往以子宫动静脉插管技术的研究结果来代表胎盘和胎儿中的氨基酸总体代谢。妊娠期，母猪胎盘对所有氨基酸的吸收率均低于 25％。其中，在必需氨基酸中，对赖氨酸和蛋氨酸的吸收率较高，其次是亮氨酸和苯丙氨酸；在非必需氨基酸中，对脯氨酸和谷氨酰胺的吸收率最高。

对于妊娠末期子宫氨基酸净吸收量占胎儿氨基酸沉积量的百分比而言，在整个妊娠期间，子宫摄取的赖氨酸几乎 100％用于胎儿蛋白质沉积，其次吸收量较多、用于蛋白质沉积的是苯丙氨酸和蛋氨酸（表 2-2）。猪子宫摄取天冬氨酸和谷氨酸（胎儿组织蛋白中最丰富的氨基酸）分别满足胎儿蛋白质合成需要的 20％和 50％。胎儿组织蛋白中另外两种丰富的氨基酸是天冬酰胺和脯氨酸，子宫对其摄取能分别满足胎儿蛋白质合成需要的 70％和 90％。羟脯氨酸的吸收量则远不能满足胎儿蛋白质沉积的需要。另外一个可能不能满足胎儿蛋白质沉积需要的氨基酸可能是精氨酸。值得注意的是，胎儿自身具有合成精氨酸的能力，脯氨酸的吸收可能为胎儿提供部分精氨酸。此外，尽管子宫吸收瓜氨酸和鸟氨酸的比例较低，但其吸收量却分别是胎儿组织沉积量的 55 倍和 15 倍，表明胎儿也利用了部分瓜氨酸和鸟氨酸来合成精氨酸。因此，瓜氨酸和鸟氨酸可以部分弥补精氨酸的不足。

表 2-2　妊娠期初产母猪子宫对氨基酸的吸收和胎儿氨基酸沉积

氨基酸	日粮中的含量（g/kg）	进入门静脉的日粮氨基酸（g/d）	妊娠 30d		妊娠 60d		妊娠 110～114d	
			子宫摄取的氨基酸（g/d）	胎儿氨基酸沉积（mg/d）	子宫摄取的氨基酸（g/d）	胎儿氨基酸沉积（mg/d）	子宫摄取的氨基酸（g/d）	胎儿氨基酸沉积（mg/d）
丙氨酸	7.76	11.7	3.02	6.05	4.52	391	8.91	7.23
精氨酸	7.01	7.22	2.74	6.19	3.8	421	7.49	7.32
天冬氨酸	7.58	0.65	0.27	3.86	0.39	252	0.76	4.61

（续）

氨基酸	日粮中的含量（g/kg）	进入门静脉的日粮氨基酸（g/d）	妊娠 30d		妊娠 60d		妊娠 110～114d	
			子宫摄取的氨基酸（g/d）	胎儿氨基酸沉积（mg/d）	子宫摄取的氨基酸（g/d）	胎儿氨基酸沉积（mg/d）	子宫摄取的氨基酸（g/d）	胎儿氨基酸沉积（mg/d）
天冬酰胺	5.8	8.68	0.91	4.73	1.37	304	2.64	3.82
半胱氨酸	2.3	3.28	0.72	1.24	1.05	87	2.02	1.36
谷氨酸	10.7	0.74	1.4	8.09	2.06	547	4.2	9.22
谷氨酰胺	12.2	6.92	9.05	6.21	13	354	25.7	5.95
甘氨酸	5.5	7.76	5.78	5.97	8.15	468	16.2	13.8
组氨酸	3.32	4.54	0.99	2.19	1.43	137	2.81	2.4
异亮氨酸	5.08	5.7	1.42	3.49	2.09	222	4.16	3.28
亮氨酸	11.7	13.3	3.68	8.36	5.17	498	10.3	7.56
赖氨酸	5.81	7.48	2.71	7.43	3.86	445	7.62	6.61
蛋氨酸	1.79	2.45	0.87	2.07	1.21	137	2.45	2.02
苯丙氨酸	6.22	8.32	1.64	3.98	2.28	264	4.52	3.81
脯氨酸	10.3	10.8	4.2	5.6	6.03	647	11.8	13.2
丝氨酸	4.52	7.14	2.08	4.86	2.92	306	5.75	4.71
苏氨酸	4.94	6.07	1.73	3.67	2.47	247	4.82	3.61
色氨酸	1.3	1.81	0.72	1.12	1.06	79	2.04	1.37
酪氨酸	4.49	6.19	1.25	3.09	1.78	205	3.4	2.54
缬氨酸	6.52	7.27	2.13	5.03	3.01	313	5.85	4.55

注：1. 后备母猪每天饲喂 2kg 玉米-豆粕型日粮（12.2%粗蛋白），日粮中的干物质含量为 89.8%；计算结果基于：假定每个母猪产 10 头胎儿，以及关于子宫血流量［mL/（min·胎儿）］的研究数据（如妊娠 110～114d 血流速率为 243；妊娠 60d 血流速率为 122；妊娠 30d 血流速率为 85；母猪妊娠 60d 和 30d 的子宫血流速率为妊娠 110～114d 的 50% 和 35%；对于 30 日龄、60 日龄和 110～114 日龄的胎猪，胎儿体重每天分别增加 0.5g、10g 和 78g。

2. 包括脯氨酸和羟脯氨酸用于计算肠外碳和氮平衡。

资料来源：Père 和 Etienne（2000）。

（二）必需氨基酸在胎盘和胎儿中的代谢

1. 精氨酸 猪和绵羊之间存在精氨酸代谢的物种差异。在猪的胎盘中，精氨酸代谢量少，因此是胎盘和胎儿中含量最丰富的氨基酸之一。猪胎盘缺乏精氨酸酶活性，因此它不能从精氨酸合成鸟氨酸。因此，精氨酸从母体血液到胎儿血液的转移率很高，导致猪尿囊液中精氨酸累积（如妊娠 40d 浓度为 4～6mol/L，这是母体血浆中精氨酸浓度的 40～60 倍），胎盘对精氨酸的高效运转有利于胎儿的快速生长。妊娠第 25、30、60 或 110 天，在母猪胎盘中无法检测到精氨酸脱羧酶的活性，因此通过精氨酸脱羧酶和肌氨酸酶将精氨酸代谢为腐胺的过程不会发生在猪胎盘中。通过同位素灌注 ［U-[14]C］精氨酸也证实，在猪胎盘中无法检测到[14]C 标记的腐胺、亚精胺和精胺。

在猪胎盘中，精氨酸还可以通过增强四氢生物蝶呤的生成来刺激胎盘 NO 合成。在妊娠母猪第 20、40、60 和 110 天的胎盘中，每毫克组织 NO 的生成水平 24h 分别为 2.8pmol、20.7pmol、9.8pmol 和 4.0pmol（Kwon 等，2003）。NO 是一种主要的血管生成因子。胎盘中的 NO 合成速度和精氨酸转运速度分别在母猪妊娠第 20 天和第 40 天增加了 6.3 倍和 6.7 倍，但之后下降。这个特征与妊娠期母猪胎盘血管生成快速增加的现象一致。

2. 蛋氨酸　蛋氨酸在胎盘中的净利用率为负值，亦即表示其在胎盘中有净合成，并运输到了脐带血中。但是作为必需氨基酸，蛋氨酸本不能在体内合成或合成量极少，因此推测蛋氨酸在胎盘中的合成可能来自其他物质的代谢。绵羊血浆中含有甲硫氨酸-9-砜和甲硫氨酸亚砜，因此甲硫氨酸亚砜在羊胎盘内还原为蛋氨酸可能是胎儿甲硫氨酸的来源之一。另外，同型半胱氨酸也是蛋氨酸在胎盘中合成的可能来源。同型半胱氨酸在甲基化为蛋氨酸时，需要亚甲基四氢叶酸为该反应提供甲基。而丝氨酸转化为甘氨酸过程中生成的甲基，可以用于合成亚甲基四氢叶酸。这意味着丝氨酸可能间接为蛋氨酸的重新合成提供甲基。由于甘氨酸和亚甲基四氢叶酸都可以在胎盘滋养层中生成嘌呤，用于核酸合成。因此，丝氨酸在胎盘中大量地转化为甘氨酸和生成的亚甲基四氢叶酸，可能不仅用于合成嘌呤，还可能参与蛋氨酸的少量重新合成。但是目前上述胎盘合成蛋氨酸的两种途径在猪的胎盘中都还未被证实，需要进一步利用示踪剂方法进行研究。

此外，蛋氨酸的代谢产物 S-腺苷甲硫氨酸（SAM）还参与多胺的合成。SAM 是脱羧 SAM 的前体，其提供的 -$(CH_2)_3$-NH_3^+ 分别用于亚精胺合成酶和精胺合成酶合成亚精胺和精胺。因此，蛋氨酸也是在多胺合成的重要前体物质，说明蛋氨酸在胎盘中的代谢可能对多胺的合成具有重要意义。

3. 支链氨基酸　如前所述，哺乳动物体内存在代谢 BCAAs 生成谷氨酰胺的代谢通路。对于妊娠母猪而言，胎儿血浆中 BCAAs 与母体血浆中 BCAAs 的比值小于 1（亮氨酸在母猪妊娠 45d 和 110d 分别为 0.69 和 0.67），但胎儿血浆中谷氨酰胺浓度与母体血浆中谷氨酰胺浓度的比值大于 2（在母猪妊娠 60d 和 110d 分别为 2.44 和 2.88）（Wu 等，1995）。这意味着猪的胎盘大量降解 BCAAs，为谷氨酰胺的合成提供了氨基和酰胺基（图 2-2），并向胎儿血液供应谷氨酰胺。胎盘合成的谷氨酰胺的量会随着日粮摄入 BCAAs 量的增加而增加（Wu 等，2014）。谷氨酰胺是一种中性氨基酸，很容易被胎盘运输到胎儿血液，而不影响胎盘或胎儿的酸碱平衡。因此，在胎盘中合成的谷氨酰胺是将氮从母体转运到胎儿的主要良性载体。此外，由于猪胎盘与乳腺类似，也缺乏磷酸盐活化的谷氨酰胺酶，因此谷氨酰胺不在猪胎盘中被分解代谢，从而确保其能从胎盘最大量地输出给胎儿。

（三）非必需氨基酸在胎盘和胎儿中的代谢

1. 谷氨酰胺　如前所述，胎盘中大量的 BCAA 代谢后生成了谷氨酰胺。因此，谷氨酰胺是胎盘中有净生成的另一种氨基酸，其净生成量是蛋氨酸净生成量的 4～7 倍（Chung 等，1998）。由母体和胎盘而来的谷氨酰胺在胎儿中代谢产生葡萄糖胺-6-磷酸，其是合成透明质酸、所有糖蛋白及天冬氨酸的前体。谷氨酰胺在胎儿中通过磷酸盐激活

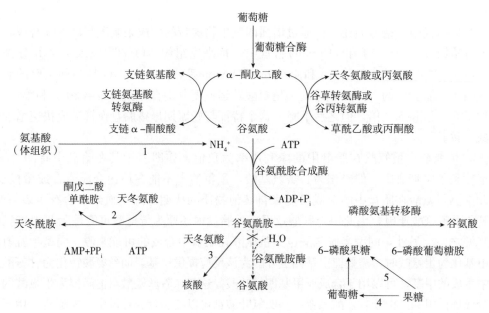

图 2-2　母猪胎盘中谷氨酸、谷氨酰胺、天冬氨酸、天冬酰胺、丙氨酸和 6-磷酸葡萄糖胺的合成途径

注：BCAAs（亮氨酸、异亮氨酸和缬氨酸）通过 BCAA 转氨酶使 α-酮戊二酸转氨基以形成支链 α-酮酸（BCKAs）和谷氨酸。通过谷氨酰胺合成酶将氨与氨（NH_4^+）酰胺化产生 Gln。氨主要来源于母体组织中氨基酸的分解代谢。谷氨酰胺和天冬酸是产生天冬酰胺和核酸的底物。猪胎盘缺乏磷酸盐活化的谷氨酰胺酶。催化指定反应的酶有：用于降解母体组织中氨基酸的酶；天冬酰胺合成酶；用于合成嘌呤和嘧啶的酶；NADPH 还原型烟酰胺腺嘌呤二核苷酸磷酸，nicotinamide adenine dinucleotide 依赖性醛糖还原酶和 NAD^+- 依赖性山梨糖醇脱氢酶还原型烟酰胺腺嘌呤二核苷酸磷酸，nicotinamide adenine dinucleotide phosphate.

（资料来源：Wu 等，2017）

谷氨酰胺酶、谷草转氨酶和谷丙转氨酶催化生成谷氨酸、天冬氨酸和丙氨酸。这些酶的活性缓解了谷氨酸、天冬氨酸和天冬酰胺含量的不足（Hou 等，2016）。有趣的是，高产梅山猪母猪的血浆中谷氨酸、天冬氨酸和天冬酰胺的浓度低于那些低产的大长猪母猪，表明高产母猪可能更多地从母体血液中摄取谷氨酸、天冬氨酸和天冬酰胺，这意味它们对胎儿生长十分重要。

　　氨是谷氨酰胺合成酶的另一种底物，由氨基酸的降解不断产生的。因此，氨不应成为正常生理条件下谷氨酰胺合成的限制因素。因为谷氨酰胺可以作为氨的吸收库，因此胎盘中合成谷氨酰胺的另一个重要意义在于对氨进行解毒，从而帮助胎儿存活。谷氨酰胺合成酶突变会造成人的先天性谷氨酰胺缺乏，使得胎儿血清中谷氨酰胺浓度极低（2～6μmol/L），不及健康胎儿血清中谷氨酰胺浓度的 1/20；同时，胎儿表现出高氨血症，严重的会出现胎儿宫内生长发育迟缓（intrauteride growth retardation，IUGR）和围产期死亡。与反刍动物不同，猪几乎不能利用尿素作为氮源合成谷氨酰胺。因此，尿素和过量的氨必须从母体和胎儿中排出，以保障胎儿健康。

　　2. 脯氨酸　如前所述，多胺对动物细胞中 DNA 和蛋白质的合成至关重要。与大多数其他组织不同，母猪胎盘没有精氨酸酶和鸟氨酸脱羧酶，因此缺乏将精氨酸转化为多胺的能力。然而，胎盘可以表达脯氨酸氧化酶，它能将脯氨酸转化为吡咯啉-5-羧酸盐，从而进一步代谢生成鸟氨酸、腐胺、亚精胺、精胺等（图2-3）。脯氨酸在腐胺、亚精胺和精胺的代谢中提供了大部分碳骨架和氮（图2-3）。母体血液中的脯氨酸来源于日粮摄入，以及多个母体组织（包括小肠和肾脏）中谷氨酰胺、谷氨酸和精氨酸的合成。

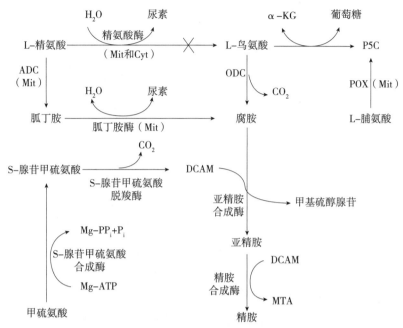

图 2-3　猪胎盘以脯氨酸为底物合成多胺的过程

注：除非另有说明，否则脯氨酸转化为多胺的反应发生在胎盘的细胞质中。猪胎盘中缺乏精氨酸酶和精氨酸脱羧酶（arginine decarboxylase，ADG）。Cyt 胞质，DCAM，脱羧 S-腺苷蛋氨；α-KG，α-酮戊二酸；Mit，线粒体；OAT，鸟氨酸转氨酶；ODC，鸟氨酸脱羧酶；POX，脯氨酸氧化酶，MTA，甲基硫化腺苷。

（资料来源：Wu 等，2017）

四、氨基酸在母猪泌乳期乳腺中的代谢

（一）乳腺代谢利用氨基酸的规律

1. 研究乳腺代谢利用氨基酸的模型　除维持需要以外，泌乳期母猪的氨基酸需要主要用于泌乳。在泌乳期，血液中的氨基酸约有 1/3 被乳腺摄取，用于乳蛋白的合成或被乳腺截留，即在乳腺中沉积和代谢。因此，了解泌乳期乳腺对氨基酸的代谢和利用特点，对认识泌乳期母猪的氨基酸需要具有重要意义。

一般而言，乳腺对氨基酸的代谢利用过程可用"三氨基酸库"模型来描述（图2-4）。在该模型中，氨基酸库包括动脉血氨基酸库、静脉血氨基酸库和乳腺组织氨基酸库。乳腺组织氨基酸库的来源包括从动脉血中转运进入乳腺的氨基酸（Fmg，a），以及来源于蛋白质分解和内源合成的氨基酸（Fmg，o）。乳腺氨基酸库的去向包括乳腺中蛋白质合成、氨基酸氧化和其他代谢（Fo，mg），以及向乳腺静脉的转运（Fv，mg）。乳腺净吸收的氨基酸为乳腺从动脉吸收的氨基酸（Fmg，a），以及乳腺向静脉输出的氨基酸（Fv，mg）的差值，该差值等于动脉氨基酸和静脉氨基酸的差值（Fa,o－Fo，v）。

在一定时间内，乳腺氨基酸的净吸收量由动静脉的氨基酸浓度差和血流速度决定。

2. 母猪乳腺氨基酸的净吸收率和截留率 乳腺的发育是决定泌乳期母猪泌乳力的关键。为保障乳腺获得最佳发育状态，母猪每天需要摄入 55g 总赖氨酸和 7.1×10^7 J 代谢能（Kim 等，1999）。对于带仔数为 $10 \sim 11$ 头的母猪，泌乳 $9 \sim 11$d 其乳腺对必需氨基酸的净吸收率为 $13\% \sim 53\%$。其中，以赖氨酸最高，其次是亮氨酸、异亮氨酸、蛋氨酸和精氨酸。从净吸收量上来看，必需氨基酸中亮氨酸和精氨酸的吸收量较高，非必需氨基酸中谷氨酸和谷氨酰胺的吸收量较高。

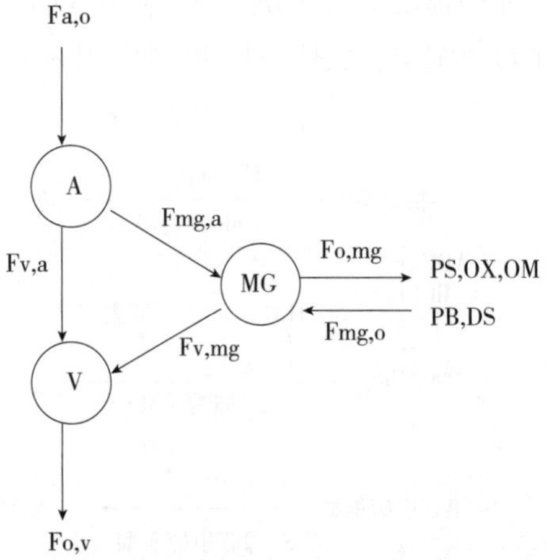

在母猪乳腺泌乳过程中，净吸收的氨基酸的量减去乳中的氨基酸的量即为乳腺截留的氨基酸的量。

图 2-4　泌乳母猪乳腺利用氨基酸的"三氨基酸库"模型
注：Fa,o 指动脉血氨基酸；Fo,v 指静脉血氨基酸；Fmg,a 指乳腺从动脉血中摄取的氨基酸；Fv,mg 指乳腺向静脉血转运的氨基酸；Fo,mg 指乳腺中用于蛋白质合成、氨基酸氧化和其他代谢的氨基酸；Fmg,o 指来源于蛋白质分解和内源合成的氨基酸。

乳腺截留的氨基酸主要用于合成乳腺结构蛋白，或氨基酸氧化分解供能，或进行转氨代谢及其他代谢。需要指出的是，各种氨基酸的乳腺截留率均在 18% 以下，远低于分泌到乳汁中的氨基酸的量。其中，在必需氨基酸中，精氨酸和亮氨酸的截留率相对较高，超过 10%；而蛋氨酸、赖氨酸和组氨酸的截留率均在 2% 以下，表明绝大部分的赖氨酸、蛋氨酸和组氨酸大都用于乳蛋白的合成（Trottier 等，1997）。在非必需氨基酸中，谷氨酸、谷氨酰胺及丙氨酸的截留率均超过 10%，而脯氨酸、天冬氨酸和天冬酰胺的截留率均为负值，表明脯氨酸、天冬氨酸和天冬酰胺在乳腺中有净生成。

如前所述，母猪乳腺对精氨酸和赖氨酸的净吸收量均较高。然而，这两种氨基酸在乳腺中的转运却表现出明显的颉颃作用，生理浓度的精氨酸可显著抑制赖氨酸的转运。猪乳腺中转运精氨酸和赖氨酸的是 y^+ 系统氨基酸转运蛋白，其编码 y^+ 系统氨基酸转运蛋白的 *CAT-1* 和 *CAT-2b* 基因在猪乳腺组织中有表达。其中，*CAT-2b* 基因的表达受胞外可利用氨基酸水平的调控。考虑到精氨酸和赖氨酸对母猪泌乳的重要性，因此乳腺中的 y^+ 系统对于乳腺和泌乳功能而言具有重要的生理意义和营养意义。

此外，碱性氨基酸和支链氨基酸转运之间也存在相互颉颃作用。例如，生理浓度的亮氨酸和赖氨酸会强烈抑制泌乳母猪乳腺组织对缬氨酸的摄取。该作用也导致了泌乳母猪日粮中只平衡 $3 \sim 4$ 种必需氨基酸时，可能减少支链氨基酸向乳腺的转运。同样，过量添加缬氨酸，则会降低赖氨酸向母猪乳腺的转运。因此，在平衡泌乳母猪饲料氨基酸时，应考虑相关氨基酸之间的颉颃作用。

（二）必需氨基酸在乳腺中的代谢

1. 赖氨酸　如前所述，由于母猪泌乳期乳腺代谢利用氨基酸会受到带仔数和泌乳阶段的影响，因此在其他试验条件下，赖氨酸的乳腺截留率可能相对稍高（达到11％）。这在奶牛中已经证实，即使是在赖氨酸限制的条件下，仍有一小部分赖氨酸用于非乳蛋白合成途径，表明乳腺中赖氨酸的非乳蛋白合成作用可能具有重要的生理意义。然而无论如何，用于泌乳的赖氨酸净利用率都是非常高的。因此，在乳腺中赖氨酸主要用于乳蛋白的合成，其他代谢的作用尚不清楚。

2. 蛋氨酸　尽管从乳腺的截留率上来看，蛋氨酸在猪的乳腺中几乎不发生合成蛋白质以外的代谢；但事实上，蛋氨酸的代谢产物对泌乳却可能十分重要。例如，在泌乳山羊体内合成胆碱的甲基有 28％来源于蛋氨酸。此外，蛋氨酸代谢生成的胱氨酸、谷胱甘肽和牛磺酸在乳汁中均存在，尤其是猪乳汁中牛磺酸的含量比人乳汁中的高 10 倍，更是比牛乳汁中的高 100 倍。而乳中谷胱甘肽和牛磺酸的存在也被认为是维持仔猪健康的重要保障。因此，泌乳期母猪的蛋氨酸转甲基和转硫代谢可能主要发生在其他组织，如肝脏而不是乳腺中。母猪泌乳期乳腺中的蛋氨酸主要用于乳蛋白的合成。

3. 支链氨基酸　如前所述，在哺乳动物中，支链氨基酸可在肠道和肌肉等器官中发生较高水平的分解代谢，但在乳腺中的截留率却较高。由 BCAT 和支链酮酸脱氢酶（branched chain α-keto acid dehydrogenase，BCKAD）这两个介导 BCAA 代谢的关键酶在猪、牛和大鼠的乳腺中均有表达，为 BCAA 在乳腺中的代谢提供了重要线索。猪的乳腺上皮细胞中表达的两种 BCAT 亚型，分别定位于细胞质和线粒体中。处于泌乳期的母猪乳腺中 BCAT 的表达量显著高于处于非泌乳期的母猪，而且BCKAD 的活性也高于非泌乳期的母猪。由 BCAAs 代谢路径可以看出，BCAAs 的分解同时生成了乙酰辅酶 A 和琥珀酰辅酶 A，从而给氧化供能和从头合成非必需氨基酸及脂肪酸提供了底物。

4. 精氨酸　精氨酸是一个泌乳期乳腺净吸收量高，同时截留率也较高的氨基酸，表明精氨酸在母猪乳腺中也发生了较多的代谢。乳腺中精氨酸酶存在两种亚型，精氨酸酶Ⅰ定位于细胞质中，而精氨酸酶Ⅱ定位于线粒体中。精氨酸在母猪乳腺中通过精氨酸酶通路代谢生成鸟氨酸、脯氨酸和尿素，并且还会代谢生产多胺和一氧化氮。

如前所述，脯氨酸是泌乳期母猪乳腺中净合成的氨基酸，每天乳腺净合成的脯氨酸的量为 10g。鸟氨酸在母猪乳腺中的另一个代谢方向是在鸟氨酸转氨酶的作用下生成 P5C，并进一步在 Δ1-lpyrroline-5-carboxylate dehydrogenase（P5CDH）的作用下生成谷氨酸，或在 Δ1-lpyrroline-5-carboxylate reductase（P5CR）的作用下生成脯氨酸。由于在泌乳母猪乳腺中，P5CR 的活性是 P5CD 的 56 倍，因此精氨酸更多地代谢生成了脯氨酸，猪乳中的脯氨酸含量也较高。这也能很好地弥补仔猪因脯氨酸内源合成能力不足，并能用于仔猪肠上皮细胞代谢生成瓜氨酸和精氨酸。

此外，鸟氨酸在鸟氨酸脱羧酶和亚精胺合成酶的作用下生成多胺。乳腺中的精胺对乳糖的合成有重要的促进作用。而猪乳中含有的相对较高的多胺也对仔猪肠上皮细胞的增殖起重要促进作用。相对而言，尽管 NO 的合成并不是精氨酸在母猪乳腺中代谢的主要通路，但是 NO 作为信号分子对血流速度有重要的调控作用。提高日粮的精氨酸水平可能通过提高血管内皮细胞产生 NO，从而提高乳腺的血流速度和对营养物质的利用。图 2-5 总结了乳腺中氨基酸的代谢途径。

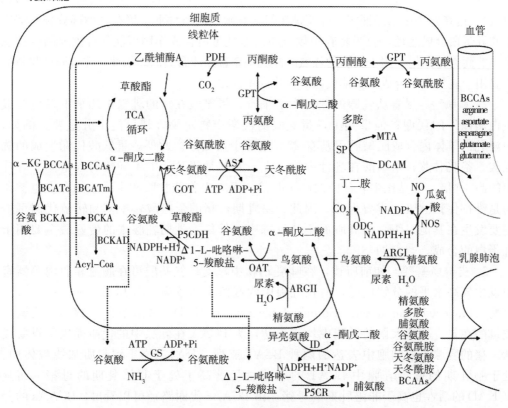

图 2-5　乳腺中氨基酸的代谢路径

注：α-KG，α-ketoglutarat，α-酮戊二酸；BCAAs，branched chain amino acids，支链氨基酸；BCATc，cytoplasmic branched chain amino acid aminotransferas，细胞质支链氨基酸氨基转移酶；BCKA，branched chain ketone acid，支链酮酸；BCATm，mitochondrial branched chain amino acid aminotransferas，线粒体支链氨基酸氨基转移酶；BCKAD，branched chain ketone dehydrogenas，支链酮酸脱氢酶；Acyl-Coa，乙酰辅酶A，TCA 循环，三羧酸循环；P5CDH，pyrroline-5-carboxylate dehydrogenas，吡咯啉-5-羧酸脱氢酶；P5CR，pyrroline-5-carboxylate reductas，吡咯啉-5-羧酸还原酶；NADPH，reduced nicotinamide adenine dinucleotide phosphoric acid，还原型烟酰胺腺嘌呤二核苷酸磷酸；NADP+，烟酰胺腺嘌呤二核苷酸磷酸；PDH，丙酮酸脱羧酶；GOT，glutamic oxaloacetic transaminas，谷草转氨酶；OAT，ornithine aminotransferase，鸟氨酸转氨酶；ARG Ⅰ，arginase Ⅰ，精氨酸酶 Ⅰ；ARG Ⅱ，arginase Ⅱ，精氨酸酶 Ⅱ；GS，glutamine synthetase 谷氨酰胺合成酶；AS，aspartate aminotransferase，天冬氨酸转氨酶；GPT，glutamic-pyruvic transaminase，谷丙转氨酶；MTA，methylthioadenosine，甲基硫代腺苷；DCAM，decarboxylated S-adenosylmethionin，脱羧 S 腺苷蛋氨酸；NOS，nitric oxide synthase，一氧化氮合酶。

（三）非必需氨基酸在乳腺中的代谢

谷氨酸和谷氨酰胺是猪乳中含量最为丰富的氨基酸。如前所述，泌乳期母猪乳腺对谷氨酸和谷氨酰胺的净吸收量位于所有氨基酸的前列。事实上，母猪乳腺在大量吸收来源于血液的谷氨酸和谷氨酰胺时，同时还大量合成了谷氨酸。由于母猪的乳腺中缺乏谷氨酸酶，因此不能有效地将谷氨酰胺转化为谷氨酸。并且由于脯氨酸氧化酶缺乏，因此也不能将脯氨酸代谢为谷氨酰胺，乳腺内源合成的谷氨酸主要来源于支链氨基酸的代谢。谷氨酸可以在谷氨酰胺合成酶的作用下合成谷氨酰胺，或者通过转氨基生产天冬氨酸和丙氨酸。其中，谷氨酸向谷氨酰胺的代谢占主要地位。

第二节　母猪妊娠和泌乳对氨基酸代谢的影响

一、母猪妊娠对氨基酸代谢的影响

进入妊娠期，母体血液中的部分氨基酸水平会显著下降，并在整个妊娠期维持较低水平。这些氨基酸主要是生糖氨基酸，包括丙氨酸、丝氨酸、苏氨酸、谷氨酸和谷氨酰胺；以及尿素循环中的关键氨基酸，包括精氨酸、鸟氨酸和瓜氨酸。与此同时，进入妊娠期后，母体的尿素合成和排出也下降，并在妊娠期保持较低的水平。因此，妊娠期母体表现出蛋白质合成效率增加，同时氨基酸分解和尿素生成减少，最终提高了整体蛋白质的净沉积。

在妊娠后期，胎儿快速增长，其血液中的氨基酸浓度显著高于母体血液中的氨基酸浓度，表明氨基酸经由胎盘高效地向胎儿转运。大多数氨基酸在胎儿血浆中的浓度高于在母体血浆中的浓度，表明氨基酸穿过滋养层细胞（胎盘中负责运输和生产激素的上皮细胞）在胎儿体内积累。氨基酸在母体和胎儿间定向转移需要 20 多种氨基酸转运蛋白的协同作用，这些氨基酸转运蛋白定位于母体侧和胎儿侧胎盘血管内皮细胞膜上，可以被广泛地分类为累积转运蛋白、交换蛋白或促进转运蛋白。累积转运蛋白介导从母体或胎儿血液中向滋养层细胞的净吸收，利用 Na^+ 的电化学梯度或跨膜电位差来主动转运氨基酸，从而提高细胞内中性氨基酸和带电氨基酸的浓度。交换蛋白使用一种抗逆性机制，将滋养层细胞中积累的氨基酸排出体外，并允许必需氨基酸进入胎盘。促进转运蛋白将氨基酸沿浓度梯度向低浓度侧扩散。这个重要的过程使累积的氨基酸从滋养层细胞中流出并进入胎儿循环，从而使胎儿净吸收氨基酸。

氨基酸转运体在合胞体滋养层上皮细胞上的细胞定位是极化的，在母体（微绒毛）和胎儿（基底层）膜上有不同的补体。通常情况下，氨基酸转运系统可以转运不止一种氨基酸，而每种氨基酸可以由多个不同的系统进行转运。

胎盘的血流量、血管密度和氨基酸转运体的活性共同决定了氨基酸的转运速率。在妊娠后期，母体胰岛素样生长因子-1、雌激素、肾素、醛固酮、促红细胞生成素和甲状旁腺激素相关肽（parathyroid hormone-related peptide，PTH-rP）水平升高，增加了心输出量、血容量和子宫血液流量。与此同时，IGF-2 的增加促进了胎盘生长和营养物质转运。胎盘运输能力的逐步增加，加上营养物质的可用性提高，刺激了胎儿胰岛素和 IGF-1 的产生，促进胎儿脂肪和肝糖原沉积，以及蛋白质合成和胎儿生长。

二、母猪泌乳对氨基酸代谢的影响

乳腺氨基酸的净吸收量受乳腺血流速度和动静脉氨基酸浓度差的影响。母猪的带仔数增加导致的泌乳量增加主要与血流速度提高有关，带仔数的增加与乳腺血流速度呈线性正相关。而泌乳期中泌乳量由低到高的进程性变化则主要受乳腺动脉氨基酸浓度和静脉氨基酸浓度差的影响，当达到泌乳高峰期（泌乳 14～18d）时，差值最大，同时乳腺对血液氨基酸的净吸收量也最高。

泌乳期母猪乳腺氨基酸净吸收量随着泌乳量的变化而变化，与氨基酸转运体的表达密切相关。泌乳的第 1～3 周，氨基酸转运蛋白 ASCT1、EAAT3、SANT2 和 $B^{0,+}$ 的表达均显著提高。此外，泌乳期乳腺对氨基酸摄取能力的提高与激素的作用有关。在泌乳初期，y^+ 和 L 系统在促乳素和胰岛素的作用下上调（Sharma 和 Kansal，1999）。而在 72h 未哺乳的母猪乳腺中，促乳素受体基因表达量下降，可能是停滞泌乳后乳腺泌乳能力快速下降的重要原因。

如第一章所述，母猪从妊娠期进入泌乳期后，在激素谱变化的调节下母猪的代谢发生了很大的变化（Pere 和 Etienne，2007）。这种变化有助于减少乳腺外组织利用或分解营养素，从而有利于支持乳腺对营养素的利用，以支持泌乳。在奶牛中，产犊后的激素环境和负能量平衡诱导肝脏生长激素受体表达量下降，抑制了肝脏响应生长激素诱导的 IGF-1 的产生，从而降低了 IGF-1 对乳腺外组织的影响。事实上，进入泌乳期后血液中的生长激素水平升高，提高了乳腺 IGF-1 的产生量，但 IGF-1 作为负反馈抑制的作用减弱，支持了牛奶生产的营养素重新分配（Rhoads，2008）。猪在哺乳期间循环生长激素浓度也会升高，并且会受吮吸刺激而增加（Rhoads，2008）。然而，针对生长激素释放因子免疫的母猪仍然能够维持合理的产奶量。表明生长激素对猪的泌乳不是必需的。

母猪血液中催乳素在妊娠的最后 3d 增加，在分娩时增加 1 倍，随后在整个泌乳期间减少，并且不受吮乳刺激的影响（Quesnel 等，2009；Farmer 等，2012），表明催乳素对营养分配的影响可能比以前认为的更大。实际上，催乳素是全身新陈代谢的强效调节剂，它可以作为内分泌或自分泌/旁分泌因子，作用包括乳腺、脂肪组织（白色和棕色）和胰腺，可能有助于改变胰岛素的敏感性，从而影响营养分配。生长激素和催乳素的细胞内信号级联是相似的（均能激活 Jak/STAT 信号），因此假设催乳素和生长激素具有相似的代谢作用是合理的。

此外，围产期母猪的胰岛素和 IGF-1 的血浆浓度增加。有意思的是，与高初生窝重的母猪相比，较低窝产仔数和低初生窝重的母猪表现出了相对更高的血浆胰岛素浓度。表明在仔猪需求低的情况下，母猪能够进入正能量平衡，并可能将营养素分配到母体造成蛋白质和脂质增加。事实上，初产母猪、奶牛和大鼠能够在哺乳期间将过量吸收的氮分配到母体蛋白质储存库中。

关于母猪泌乳期内分泌控制代谢的机制研究较少，其他物种中的研究可作为参考。在泌乳早期，通过增加蛋白质降解而不是减少蛋白质合成，可以快速动员氨基酸来支持泌乳的氨基酸需要。因此，蛋白质降解可能在泌乳早期发挥更重要的作用。但在泌乳后期为保护母亲免受过多的体内蛋白质损失，并为随后的繁殖周期恢复母体蛋白质储存做准备，蛋白质的降解不再发挥重要作用。实际上，胰岛素可以选择性地抑制肌肉中 ATP 依赖的泛素蛋白酶水解途径，随着循环胰岛素浓度在泌乳期间的增加，来自骨骼肌动员的氨基酸的贡献将减少。

与肌肉中的相反，哺乳期间肝脏和乳腺的蛋白质合成增加。因此，泌乳期发生了高水平的肌肉蛋白质降解，同时伴随着乳腺和肝脏中蛋白质合成水平的增加，乳腺内相当一部分的氨基酸来源于蛋白质分解。乳腺内氨基酸分解代谢的控制因氨基酸种类而异，可受荷尔蒙状态和循环氨基酸浓度的影响。例如，当胰岛素浓度高且 BCAAs 浓度低时，支链酮酸脱氢酶受到抑制。然而，乳腺内氨基酸的氧化是由氨基酸的供需差异决定的。因此，需要针对泌乳母猪的营养摄入和放奶间隔，进一步探索乳蛋白合成和乳腺内氨基酸分解代谢的动态变化。

第三节　妊娠母猪的氨基酸需要

一、妊娠母猪的理想蛋白质

（一）理想蛋白质的定义

理想蛋白质是指构成蛋白质的各种氨基酸的比例完全符合动物维持和生产需要的蛋白质。理想蛋白质的必需氨基酸之间的比例，以及必需氨基酸与非必需氨基酸的比例均为最佳的平衡状态。当以理想蛋白质为依据提供日粮蛋白质时，所有氨基酸的限制性均相同，并且氨基酸的氧化损失量最小。由于赖氨酸在大多数情况下是猪的第一限制性氨基酸，因此猪的理想蛋白质模型通常以赖氨酸作为相对值来表述。

（二）理想蛋白质与氨基酸库

从本质上来讲，理想蛋白质中的氨基酸比例由动物对各种氨基酸的需求决定的。动物对氨基酸的需求是维持需要和生产需要的总和。维持需要的氨基酸主要包括肠道内源代谢氨基酸、体表皮屑和毛发脱落的氨基酸损失，以及最低量的内源分解代谢所需的氨基酸。而生产需要的氨基酸主要来源于各组织生长及胎儿、泌乳等生产中蛋白质合成所需的氨基酸。如果把满足动物需要的所有氨基酸假想为一个氨基酸库，那么这个氨基酸库是由满足维持、生长、泌乳、繁殖等不同氨基酸子库组成的。对于动物而言，不同组织器官的氨基酸组成并不相同，因此用于满足维持需要和各种生产需要的氨基酸子库中的氨基酸比例也不相同。当动物处于不同生理阶段或受到环境条件改变等因素影响时，用于维持和各类生产所需的氨基酸子库对总体氨基酸库的贡献会发生变化，从而造成理想蛋白质的氨基酸比例发生改变。

（三）妊娠母猪的氨基酸库

对于妊娠母猪而言，其氨基酸需求由维持需要、母体组织增重需要、胎儿和繁殖相关组织生长需要组成。其中，繁殖相关组织包括乳腺、子宫、胎盘和羊水。由于妊娠期母体、胎儿、乳腺、胎盘等组织的氨基酸组成存在差异（表 2-3），并且这些组织在妊娠期的增长在时间上存在明显的非同步特征（图 2-6），因此母猪在妊娠不同阶段所需要的氨基酸模式会发生变化。也就是说，母猪妊娠期不同阶段的理想蛋白质模型应该有差异。此外，母猪妊娠期蛋白质沉积与生长育肥猪存在明显差别，不仅是体蛋白，而且对于体重更大的母猪而言，其蛋白质周转速率要低于生长育肥期，因此妊娠期的理想蛋白模型应该区别于生长育肥时期。

表 2-3 母体、胎儿、子宫、胎盘＋羊水、乳房中赖氨酸和其他氨基酸组成

氨基酸	母体	胎儿	子宫	胎盘＋羊水	乳房
	赖氨酸（g）/粗蛋白（100g）				
	6.74	4.99	6.92	6.39	6.55
	氨基酸（g）/赖氨酸（100g）				
精氨酸	105	113	103	101	84
组氨酸	47	36	35	42	35
异亮氨酸	54	50	52	52	24
亮氨酸	101	118	116	122	123
赖氨酸	100	100	100	100	100
蛋氨酸	29	32	25	25	23
蛋氨酸＋半胱氨酸	45	54	50	50	51
苯丙氨酸	55	60	63	68	63
苯丙氨酸＋酪氨酸	97	102	—	—	—
苏氨酸	55	56	61	66	80
色氨酸	13	19[a]	15	19	24
缬氨酸	69	73	75	83	88

注：[a]值来自生长育肥猪整体蛋白增重中色氨酸与赖氨酸的比值（12.8）。

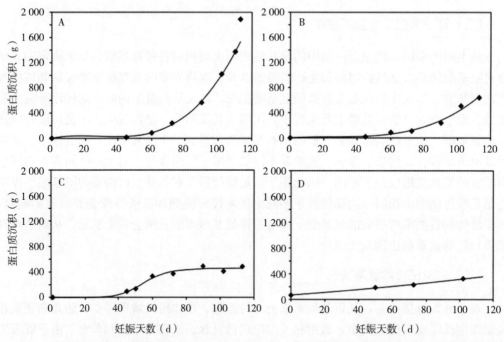

图 2-6 胎龄（n＝12 仔猪）（A）、乳房（B）、胎盘、绒毛膜尿囊液（C）、空子宫（D）与胎龄（n＝12 仔猪）之间的关系

（资料来源：NRC，2012）

（四）妊娠母猪理想蛋白质的氨基酸组成

表 2-4 列出了一些目前生产中可用的妊娠母猪理想蛋白质的氨基酸组成。其中，

NRC（2012）和 Wu（2014）的模型分别推荐了妊娠期不同阶段的理想蛋白质模型；并且 Wu（2014）的模型不仅规定了必需氨基酸的比例，还规定了非必需氨基酸的比例。通过各模型间的比较发现，Wu（2014）模型中的精氨酸、支链氨基酸和苯丙氨酸的比例高。在丹麦推荐的理想蛋白质模型中，除亮氨酸外，其余必需氨基酸与赖氨酸的比例普遍高于 NRC（2012）中对经产母猪（2 胎以上）的推荐。

表 2-4　妊娠母猪的理想氨基酸模型

项　目	Wu (2014)		NRC (2012)												ARC (2003)	丹麦 (2014)	法国 (1993)
胎次（分娩体重，kg）	—	—	1 (140)		2 (165)		3 (185)		4＋ (205)						经产	经产	经产
预计妊娠增重（kg）	—	—	65		60		52.2		45		40		45				
预计产仔数（头）	—	—	12.5		13.5		13.5		13.5		13.5		15.5		—		—
妊娠时间（d）	0~90	90~114	0~90	90~114	0~90	90~114	0~90	90~114	0~90	90~114	0~90	90~114	0~90	90~114	妊娠期	妊娠期	妊娠期
精氨酸	202	202	52	53	52	52	51	52	51	53	54	52	53	53	—	—	31
组氨酸	57	57	36	34	37	32	36	32	36	33	36	32	35	32	33	36	29
异亮氨酸	88	88	59	54	60	54	60	53	62	53	62	54	60	53	70	91	87
亮氨酸	202	202	90	94	90	93	91	95	92	96	92	96	93	97	100	79	73
赖氨酸	100	100	100	100	100	100	100	100	100	100	100	100	100	100	100	100	100
蛋氨酸	31	31	30	29	29	28	29	29	28	29	28	29	30	29	37	48	—
蛋氨酸＋半胱氨酸	69	69	67	68	69	68	71	71	74	73	74	73	75	73	65	97	67
苯丙氨酸	106	106	56	55	56	56	56	56	59	56	59	57	58	58	55	58	—
苯丙氨酸＋酪氨酸	184	184	100	99	102	99	102	100	105	102	105	102	105	102	100	109	78
苏氨酸	80	80	75	73	79	75	82	77	87	80	87	80	88	80	71	91	84
色氨酸	22	22	18	19	19	20	20	21	21	22	21	21	20	22	20	30	18
缬氨酸	108	108	74	73	75	73	76	74	79	76	79	77	80	76	70	106	107
丙氨酸	135	135															
天冬氨酸	98	98															
天冬酰胺	120	120															
半胱氨酸	37	37															
谷氨酸	175	175															
谷氨酰胺	196	314															
甘氨酸	94	94															
脯氨酸	175	175															
丝氨酸	88	88															
酪氨酸	78	78															

相比于其他必需氨基酸，由于胎儿和乳腺组织沉积了更多的亮氨酸和精氨酸（表2-5），因此在妊娠后期理想蛋白模型中亮氨酸和精氨酸的比例应有所提高。随着母猪妊娠期的进行，适宜的赖氨酸：苏氨酸：亮氯酸：缬氨酸：精氨酸会变换为100：71：95：66：98（Kim 和 Easter，2001）。而在 Wu（2014）模型中，精氨酸和亮氨酸的比例都明显高于其他模型。这可能是因为考虑了这些氨基酸用于沉积蛋白质之外的需求，即功能性作用。

表 2-5　妊娠期间猪胎盘中的蛋白质和总氨基酸含量

蛋白质或氨基酸含量	妊娠天数（d）						
	20	25	30	40	60	90	114
每个孕体的变化							
胎盘重量（g）	0.22	8.9	33	59	182	208	225
胎儿体重（g）	0.063	0.53	1.7	11	130	596	1 486
尿囊液（mL）	4.1	90.5	227	74	347	83	29
羊水（mL）	0.06	0.24	2.2	12.5	119	127	32
100g 胎盘蛋白质含量（g）	6.5	9.6	12	12.6	12.8	12.9	12.9
100g 胎盘总氨基酸含量（mg）							
丙氨酸	460	685	876	912	919	934	929
精氨酸	527	770	947	953	936	991	983
天冬酰胺	203	308	395	417	440	425	415
天冬氨酸	292	423	526	567	579	548	551
半胱氨酸	66	99	143	141	137	146	142
谷氨酰胺	338	450	578	629	617	614	601
谷氨酸	429	674	929	1 016	1 034	988	975
甘氨酸	407	657	854	970	1 093	1218	1 226
组氨酸	125	191	231	249	264	270	266
异亮氨酸	276	410	476	488	492	472	468
亮氨酸	511	743	913	922	934	916	909
赖氨酸	420	627	802	824	855	813	807
蛋氨酸	132	201	232	256	259	263	251
苯丙氨酸	325	490	611	623	618	604	609
脯氨酸	378	572	725	843	1 005	1 190	1 216
羟脯氨酸	34	66	88	170	248	306	320
丝氨酸	302	454	572	590	608	594	582
苏氨酸	257	388	501	514	536	522	519

（续）

蛋白质或氨基酸含量	妊娠天数（d）						
	20	25	30	40	60	90	114
色氨酸	71	107	132	130	135	138	141
酪氨酸	215	324	393	401	422	406	413
缬氨酸	363	539	664	683	688	671	679

资料来源：Wu（2014）；Wu 等（2017）。

（五）对理想蛋白模型的新认识

传统的理想蛋白质中，其氨基酸组成多以沉积蛋白质的氨基酸组成为依据。因此，在这种情况下，将理想蛋白质的氨基酸组成作为饲料 SID 氨基酸组成的参照依据时，是在假设饲料 SID 氨基酸转化为蛋白质沉积的效率一致的基础上。在此观点的指导下，先确定 Lys 需要量，再依据理想蛋白模型中氨基酸的比例关系，计算其他氨基酸的需要量。

然而，如本章第一节所述，饲料中的氨基酸在利用时，会经历首过代谢和肝脏代谢，而不同氨基酸的代谢比例并不一致，这就会导致不同氨基酸间利用效率可能产生差异。因此，从准确的角度来讲，当以沉积蛋白质中的氨基酸组成为基础形成理想蛋白质模型时，应该分别除以各氨基酸的利用效率，来计算日粮应提供的氨基酸水平。然而，目前除赖氨酸外，有关其余氨基酸在猪中，尤其是母猪中利用效率的研究十分有限。因此，在没有更多的单一氨基酸利用效率的数据时，只能依赖各理想氨基酸模型自身的准确性。此时，一些基于综合法研究的其他氨基酸与赖氨酸的适宜比值是值得参考的，也是修正理想蛋白质模型的重要依据。由此可见，尽管模型驱动的氨基酸需要量模型在理论上应具有更广泛的适用性，但是如果想达到精准营养的需求，仍需对相关参数进行优化。

二、模型驱动的妊娠母猪氨基酸需要的估计

在模型驱动的氨基酸需要的估计中，妊娠母猪的氨基酸需要是维持需要、妊娠内容物增长需要和妊娠期母体沉积需要的总和。

（一）维持的氨基酸需要

对猪而言，维持的氨基酸需要包括肠道的内源性氨基酸损失，体表脱落的皮屑、毛发的氮损失和最低的内源性氨基酸代谢损失。其中，最低的内源性氨基酸代谢损失与基础的体蛋白周转、最低的含氮代谢产物有关。然而，由于至今仍不清楚在维持需要中，特定氨基酸用于含氮产物代谢的最低量。因此，NRC（2012）通过吸收后氨基酸的未利用比例来估算氨基酸的维持需要，即认为吸收的氨基酸未被利用的部分包含了所有的维持氨基酸需求。在实际计算中，维持的氨基酸需要等于内源性氨基酸损失、体表脱落的皮屑和毛发的氮损失的和除以氨基酸用于维持的效率（表 2-6）。由于母猪体表脱落

的皮屑和毛发的氮损失量很少，因此一般均忽略不计。如果计算的话，可参考 van Milgen 等（2008）的研究数据（表 2-6）。

表 2-6　妊娠母猪维持的氨基酸需要及标准回肠可消化氨基酸利用效率

氨基酸	200kg 的妊娠母猪（2kg/d，DMI）					
	肠道的损失（g/d）	皮屑和毛发的损失（g/d）	总维持需要量（g/d）	mg/kg BW$^{0.75}$	与赖氨酸的比值	维持的标准回肠可消化氨基酸利用效率
精氨酸	0.909	0.000	0.91	17.09	49.1	1.470
组氨酸	0.574	0.069	0.64	12.09	34.8	0.973
异亮氨酸	1.406	0.178	1.58	29.78	85.6	0.751
亮氨酸	1.607	0.309	1.92	36.03	103.6	0.900
赖氨酸	1.531	0.319	1.85	34.79	100.0	0.750
蛋氨酸	0.414	0.074	0.49	9.17	26.4	0.757
蛋氨酸＋半胱氨酸	1.459	0.498	1.96	36.80	105.8	0.615
苯丙氨酸	1.137	0.194	1.33	25.03	72.0	0.830
苯丙氨酸＋酪氨酸	2.101	0.318	2.42	45.49	130.8	0.822
苏氨酸*	2.140	0.229	2.37	44.53	128.0	0.807
色氨酸	0.512	0.070	0.58	10.94	31.4	0.714
缬氨酸	1.773	0.238	2.01	37.82	108.7	0.841
N×6.25	45.536	6.548	52.08	979.33	2 814.9	0.850

注：＊苏氨酸的利用效率适用于日粮中不含纤维；随着日粮中纤维含量的增加，苏氨酸的利用效率下降。
资料来源：van Milgen 等（2008）。

对于肠道的内源性氨基酸损失而言，NRC（2012）引用了一项 1999 年的研究，即妊娠母猪肠道的内源性赖氨酸损失为 0.522g/kg DMI。在计算其他氨基酸损失时，可参考生长猪内源性氨基酸损失的比例关系。一般认为，总的肠道内源性氨基酸损失的量为回肠末端氨基酸损失量的 110%，因此可以根据回肠末端氨基酸损失量来计算全肠的氨基酸损失量。

需要特别注意的是，内源性氨基酸损失由基础性的内源性氨基酸损失和特异性的内源性氨基酸损失两部分组成。理论上讲，与干物质采食量（dry matter intake，DMI）相关的是基础性内源损失；而特异性内源损失则受日粮营养成分影响，特别是纤维含量高时特异性内源损失会增加。在 NRC（2012）引用的研究中，半纯合无氮日粮含有 5% 的纤维素。因此，如果妊娠母猪日粮中纤维水平与之有较大差异时，应适当考虑增加或减少氨基酸的维持需要。

此外，由于现代母猪的瘦肉率显著提高，蛋白质周转速率明显增加，因此维持的氨基酸需求也会增加。NRC（1998）和 InraPorc 基于 1960—1980 年的研究结果规定，妊娠母猪每千克代谢体重的可消化赖氨酸维持需要为 36mg。基于 NRC（2012）的估计，妊娠母猪的 SID 赖氨酸维持需要为 35mg/kg 代谢体重。然而，2008 年研究指出现代高产母猪的可消化赖氨酸维持需要可能已经达到 49mg/kg 代谢体重。对于妊娠母猪而言，维持的营养需要占比较大，这种改变值得重视。

（二）妊娠内容物增长的氨基酸需要

母猪的妊娠内容物包括胎儿、胎盘、羊水、子宫和乳腺。因此，进行妊娠内容物氨基酸需要的估算时，可以分别对各部分的氨基酸需要进行估算后求和，或将其当为整体来进行估算。不管采用哪种方法，一般均是首先估算赖氨酸需要量，然后依据理想蛋白质模型，分别计算出其他氨基酸需要量。对于赖氨酸需要量的估计使用的公式是，SID赖氨酸需要量＝净蛋白沉积量×蛋白库中赖氨酸比例/SID赖氨酸利用效率。

1. 分别估算胎儿、胎盘、羊水、子宫和乳腺的增长需求 当110d胎儿总重为14.3kg、总产仔数为10头时，每个胎儿在母猪妊娠0～70d中的蛋白质增重为17.5g，平均每天的蛋白质增重为0.25g。在妊娠71～114d时，每个胎儿的蛋白质增重为203.7g，平均每天的蛋白质增重为4.63g，是前期的18.52倍。因此，提出了固定每个胎儿的蛋白质需要，来估计在预期产仔数下用于胎儿增重的蛋白质需要。例如，如果母猪怀有14个胎儿，所有胎儿在母猪妊娠前期和后期的蛋白质总增重将分别达到3.5g/d和64.8g/d。然而，随着现代母猪产仔数的逐渐提高，仔猪初生时的体重则逐渐下降，这也必然造成了每个胎儿增重的蛋白质需求减少。因此，如果固定每个胎儿的蛋白质增重来计算净蛋白需要，则可能出现偏差。针对该问题，可将其转变为以单位质量的胎儿增重中蛋白质含量来计算。例如，依据美系母猪数据，平均每千克胎儿增重中，蛋白质含量为干物质含量的57.5%。

在妊娠过程中，母猪的胎盘、羊水、子宫和乳腺中的蛋白质沉积与胎儿的生长并不同步。图2-6呈现了各部分在妊娠过程中随时间的蛋白质沉积变化。乳腺的蛋白质沉积规律与胎儿的较为类似，但在母猪妊娠80d后的沉积速率比胎儿的慢。胎盘的蛋白质沉积主要发生在母猪妊娠40～60d，并在随后的妊娠时间中保持稳定。而子宫的蛋白质沉积随妊娠时间呈现轻微的线性增长，但仍然对妊娠母猪的总蛋白质净沉积有显著贡献。值得注意的是，如果母猪的产仔数不为12头，或者有效乳腺数发生变化时，应考虑适当增加对胎盘和乳腺蛋白质沉积量的估计。

对妊娠内容物的氨基酸组成而言，InraPorc模型规定妊娠内容物的赖氨酸含量为总蛋白含量的6.5%。NRC（2012）分别给出了胎儿、子宫、胎盘、羊水及乳腺的赖氨酸含量及氨基酸组成（表2-3）。利用该数据和各时间点的蛋白质沉积数据，可以分别计算各部分每天沉积赖氨酸的净需要量，并以此为依据计算特定时间点或阶段妊娠内容物的总赖氨酸净需要量。

表2-7是NRC（2012）给出的妊娠母猪SID氨基酸用于蛋白质沉积的效率，其中SID赖氨酸的利用率被估计为49%。但是，InraPorc模型规定SID赖氨酸向妊娠内容物沉积的利用率为65%。对SID赖氨酸利用率估计的差异可能是由于妊娠阶段的差异造成的。在一般的营养需要模型中，普遍假设妊娠期各阶段对氨基酸的利用效率保持不变。然而，最新的研究却发现，母猪在妊娠期不同阶段对氨基酸的利用率存在差别。以赖氨酸为例，初产母猪妊娠早期的SID赖氨酸的利用率为49%，妊娠中期的SID赖氨酸的利用率为61%，而妊娠后期SID赖氨酸的利用率为54%。其中，妊娠后期的SID赖氨酸的利用率与NRC（2012）的估计基本一致。而事实上，NRC（2012）估算的依

据正是来源于母猪妊娠后期的氮平衡试验。由此可见，在估计妊娠期不同阶段的氨基酸需求时，应考虑不同阶段氨基酸利用效率的差异。SID 苏氨酸在母猪妊娠前期、妊娠中期和妊娠后期的利用效率分别为 32%、52% 和 54%，妊娠中期与妊娠后期的估计与 NRC（2012）的估计基本一致。

表 2-7　妊娠母猪和泌乳母猪利用饲料中回肠可消化氨基酸的效率

氨基酸	妊娠母猪	哺乳母猪
精氨酸	0.960	0.816
组氨酸	0.636	0.722
异亮氨酸	0.491	0.698
亮氨酸	0.588	0.723
赖氨酸	0.490	0.670
蛋氨酸	0.495	0.675
蛋氨酸＋半胱氨酸	0.402	0.662
苯丙氨酸	0.542	0.733
苯丙氨酸＋酪氨酸	0.537	0.705
苏氨酸*	0.527	0.764
色氨酸	0.467	0.674
缬氨酸	0.549	0.583
N×6.25	0.555	0.759

注：* 苏氨酸的利用效率适用于日粮中不含纤维；随着日粮中纤维含量的增加，苏氨酸利用效率下降。

需要特别注意的是，在 NRC（2012）给出的妊娠母猪 SID 氨基酸用于蛋白质沉积的效率中，除了赖氨酸和苏氨酸外，其余的氨基酸数据均主要是通过预测获得，并且所有的 SID 氨基酸利用率数据均是基于氨基酸在所有蛋白质库和不同妊娠日龄中的利用率均一致的假设。然而，基于目前已经发现的不同阶段氨基酸利用率差异的事实，对于不同氨基酸在母猪不同怀孕阶段条件下的利用效率还需要通过进一步的试验来证实。

2. 以整体形式计算妊娠内容物的增长需求　法国农业科学院 Noblet 团队的研究指出，每千克妊娠内容物沉积的蛋白质为 150g（Dourmad 等，2008）。如前所述，InraPorc 模型规定妊娠内容物的赖氨酸含量为总蛋白含量的 6.5%，SID 赖氨酸向妊娠内容物沉积的利用率为 65%。

（三）妊娠期母体氨基酸沉积需要

经产母猪的体蛋白沉积也是妊娠天数的函数。但与妊娠内容物的氨基酸沉积需要随妊娠进程的发展逐渐增加不同，母体蛋白质沉积的需要量在母猪妊娠过程中逐渐降低。

母体蛋白的赖氨酸含量和氨基酸比例见表 2-3。其中，赖氨酸占母体蛋白质含量的 6.74%。如前所述，对于 SID 赖氨酸转变为母体蛋白的效率而言，NRC（2012）中认为该效率为 49%。

值得注意的是，现代高产母猪在泌乳期更容易损失体蛋白。因此，在实际生产中，对于泌乳期体况损失较为严重的群体，应该给予更高的氨基酸水平，以快速恢复体蛋白。这就使得在使用商业饲料产品时，除非加强了饲料的氨基酸水平，否则很难实现在妊娠早期恢复体况损失严重母猪的体蛋白。而在模型驱动的营养需要估算的基础上，配合自动控制的喂料设备，实施个体水平的精准饲喂可能是解决这一问题的有效方案。

三、妊娠母猪氨基酸需要量的试验研究

(一) 赖氨酸的需要量

对于赖氨酸的需要量而言，GfE（2008）设定的回肠可消化赖氨酸摄入量在母猪妊娠的第 $1\sim85$ 天为 9.4g/d，第 $85\sim115$ 天为 14.6g/d。Srichana（2006）发现，在妊娠早期和妊娠中期，初产母猪对可消化赖氨酸的需求量没有不同，均为 15.0 g/d；但是在妊娠后期的需求量有所上升，为 18.0g/d；第二胎母猪妊娠早期和妊娠后期的总赖氨酸需求量分别为 13.1 g/d 和 18.7 g/d（Samuel 等，2010）；对于第三胎母猪，妊娠初期和妊娠后期日粮的总赖氨酸含量分别要达到 8.2 g/d 和 13.0 g/d（Samuel 等，2010）。

(二) 其他氨基酸的需要量

对母猪妊娠期其他氨基酸的试验研究相对较少。对于经产母猪而言，从妊娠早期到妊娠后期，可消化苏氨酸总需要量从 5.0g/d 增长到 12.3g/d；第二胎母猪的可消化色氨酸需要量则从妊娠早期的 1.7g/d 增长到妊娠后期 2.6g/d；第四胎母猪可消化异亮氨酸的需要量在妊娠早期为 3.6g/d，妊娠后期则增长到 9.6g/d（Levesque 等，2011）。对于第二胎母猪而言，在 SID 赖氨酸为 0.71% 时，妊娠期 SID 蛋氨酸：赖氨酸的适宜值为 0.37。在该比例下，母猪产仔的初生窝重最高，弱仔率最低（Xia 等，2018）。

第四节　泌乳母猪的氨基酸需要

一、泌乳母猪的理想蛋白质

(一) 泌乳母猪的氨基酸库

在泌乳期，母体氨基酸库和乳氨基酸库决定了母猪的氨基酸需要。值得注意的是，母猪在泌乳期经常动员体贮以满足其泌乳需要，因此母猪机体常处于分解代谢状态。母猪在泌乳期前 3 周机体分解代谢增加，泌乳 $7\sim21d$ 机体失重增加（Valros 等，2003）。因此，母体氨基酸库在泌乳期氨基酸营养的需要中往往表现为减少氨基酸的需要。

(二) 泌乳母猪理想蛋白质的氨基酸组成

传统观点认为，由于泌乳期乳汁合成需要消耗大量氨基酸，乳氨基酸库对氨基酸需要的影响占绝对主导地位。因此，在泌乳期母猪的理想蛋白主要由乳氨基酸库决定，并

且保持稳定。然而，在实际生产中，现代瘦肉型母猪往往在泌乳期会发生较为大量的体重损失，从而使得母体氨基酸库对营养需要和理想蛋白的贡献增加。事实上，母体氨基酸组成与乳的氨基酸组成存在较大差异（表2-8）。因此，在总的泌乳需要相同时，如果体损失不同，那么泌乳母猪理想蛋白质中的氨基酸组成也会随之发生变化。由此可见，泌乳母猪的理想氨基酸模式应该是动态变化的，而决定这种变化的最主要因素就是来源于母体动用的氨基酸量。Kim等（2001）基于玉米-豆粕型日粮，提出了泌乳母猪的动态理想蛋白质模型（表2-9）。在该模型中，当泌乳期失重为0时，赖氨酸、缬氨酸和苏氨酸分别为第一、二、三限制性氨基酸，其比例为100：77：59。值得注意的是，在该研究中由于测定氨基酸的方法中没有引入超氧化处理过程，笔者认为蛋氨酸和胱氨酸的含量被低估了，因此没有呈现相关数据。事实上，对于饲喂玉米-豆粕型日粮的泌乳母猪而言，蛋氨酸的限制性可能与赖氨酸相当。

表2-8　以赖氨酸含量的百分比表示母体和乳蛋白的赖氨酸含量及氨基酸组成

氨基酸	母　体	乳蛋白
赖氨酸（g）/CP*（100g）氨基酸：赖氨酸	6.74	7.01
精氨酸	105	69
组氨酸	47	43
异亮氨酸	54	56
亮氨酸	101	120
赖氨酸	100	100
蛋氨酸	29	27
总硫	45	50
苯丙氨酸	55	58
总芳香族氨基酸	97	115
苏氨酸	55	61
色氨酸	13	18
缬氨酸	69	71

注：* CP指粗蛋白（crude protein）。

资料来源：修改自NRC（2012）。

母猪机体体蛋白的分解主要是为了补充泌乳所需的氨基酸。但母猪机体动员大量的体贮会阻碍卵泡发育，降低排卵率和胚胎的成活率，减少母猪产仔数，进而降低母猪的再繁殖性能。因此，在实际生产中，应尽量控制泌乳期体重损失，选择适宜的理想蛋白质模型。

表2-9　在哺乳期的动态理想氨基酸模式和限制性氨基酸的顺序

项　目	ΔM水平（%）										
	100	90	80	70	60	50	40	30	20	10	0
相对于赖氨酸的理想氨基酸模式											
赖氨酸	100	100	100	100	100	100	100	100	100	100	100

（续）

项　目	ΔM 水平（%）										
	100	90	80	70	60	50	40	30	20	10	0
苏氨酸	75	72	69	67	66	64	63	62	61	60	59
缬氨酸	78	78	78	78	78	78	78	78	77	77	77
亮氨酸	128	125	123	122	120	119	118	117	116	115	115
异亮氨酸	60	60	59	59	59	59	59	59	59	59	59
苯丙氨酸	57	57	57	57	57	56	56	56	56	56	56
苯丙氨酸＋酪氨酸	130	126	123	121	118	116	114	113	111	110	109
精氨酸	22	31	38	45	50	55	59	63	66	69	72
组氨酸	34	35	36	36	37	37	38	38	38	38	39
%（日粮）/%（ΔSG—ΔM）[a]											
赖氨酸	100	100	100	100	100	100	100	100	100	100	100
苏氨酸	94	97	101	104	107	109	111	114	116	117	119
缬氨酸	115	115	116	116	116	116	116	116	116	116	116
亮氨酸	138	140	143	145	146	148	149	151	152	153	154
异亮氨酸	131	131	131	131	132	132	132	132	132	132	132
苯丙氨酸	167	167	168	168	168	168	168	169	169	169	169
苯丙氨酸＋酪氨酸	125	129	132	135	138	140	143	145	148	148	150
精氨酸	580	409	328	281	250	228	212	199	189	181	174
组氨酸	155	152	149	146	144	143	141	140	139	138	137
限制性氨基酸的顺序[b]											
第一	苏氨酸	苏氨酸	赖氨酸	赖氨酸	赖氨酸	赖氨酸	赖氨酸	赖氨酸	赖氨酸	赖氨酸	赖氨酸
第二	赖氨酸	赖氨酸	苏氨酸	苏氨酸	苏氨酸	苏氨酸	苏氨酸	苏氨酸	苏氨酸	缬氨酸	缬氨酸
第三	缬氨酸	缬氨酸	缬氨酸	缬氨酸	缬氨酸	缬氨酸	缬氨酸	缬氨酸	缬氨酸	苏氨酸	苏氨酸
第四	苯丙氨酸＋酪氨酸	苯丙氨酸＋酪氨酸	异亮氨酸	异亮氨酸	异亮氨酸	异亮氨酸	异亮氨酸	异亮氨酸	异亮氨酸	异亮氨酸	异亮氨酸
第五	异亮氨酸	异亮氨酸	苯丙氨酸＋酪氨酸	苯丙氨酸＋酪氨酸	苯丙氨酸＋酪氨酸	苯丙氨酸＋酪氨酸	组氨酸	组氨酸	组氨酸	组氨酸	组氨酸

注：1.[a] 氨基酸相对赖氨酸的比值，用日粮除以（SG-M）得到，表示随着动员水平的变化，以玉米、豆粕为基础的泌乳日粮中各氨基酸（相对赖氨酸）可提供的量。数量最少的氨基酸为第一限制氨基酸。

2.[b] 不考虑含硫氨基酸和色氨酸的限制顺序。

二、模型驱动的泌乳母猪氨基酸需要的估计

（一）维持的氨基酸需要

对于泌乳母猪而言，NRC（2012）估计的总 SID 赖氨酸需要量是满足内源胃肠道赖氨酸损失、体表赖氨酸损失和用于产奶的 SID 赖氨酸需要量的总和。其中，内源胃肠道赖氨酸损失和体表赖氨酸损失即为维持需要。NRC（2012）中引用一项 1999 年的研究指出，泌乳母猪肠道的内源赖氨酸损失为 0.292/kg DMI。表 2-10 给出了 200kg 泌乳母猪维持的氨基酸需要，以及用于维持的标准回肠可消化氨基酸利用效率。

表 2-10　200kg 泌乳母猪维持的氨基酸需要及维持的标准回肠可消化氨基酸利用效率

氨基酸	200kg 的泌乳母猪（5kg/d DMI）					
	肠道的损失（g/d）	皮肤和毛的损失（g/d）	总维持需要量（g/d）	mg/kg BW$^{0.75}$	与赖氨酸的比值	维持的标准回肠可消化氨基酸利用效率
精氨酸	2.045	0.000	2.04	38.45	83.1	0.914
组氨酸	0.967	0.083	1.05	19.74	42.7	0.808
异亮氨酸	1.890	0.171	2.06	38.76	83.8	0.781
亮氨酸	2.497	0.344	2.84	53.41	115.4	0.810
赖氨酸	2.141	0.319	2.46	46.26	100.0	0.750
蛋氨酸	0.480	0.061	0.54	10.16	22.0	0.755
蛋氨酸＋半胱氨酸	1.553	0.379	1.93	36.33	78.5	0.741
苯丙氨酸	1.690	0.207	1.90	35.66	77.1	0.820
苯丙氨酸＋络氨酸	2.982	0.323	3.31	62.14	134.3	0.789
苏氨酸*	2.805	0.214	3.02	56.78	122.7	0.855
色氨酸	0.676	0.066	0.74	13.97	30.2	0.755
缬氨酸	3.193	0.307	3.50	65.81	142.3	0.653
N×6.25	63.681	6.548	70.23	1320.51	2,854.3	0.850

注：*苏氨酸的利用效率适用于不含纤维的日粮；随着日粮中纤维含量的增加，苏氨酸的利用效率下降。
资料来源：修改自 NRC（2012）。

（二）泌乳的氨基酸需要

在 NRC（2012）中，母猪泌乳的 SID 氨基酸需要量通过乳蛋白增重（或窝仔日平均增重和窝仔数）和母体体蛋白质变化进行预测。依据 Dourmad 等（2000）的研究，每日平均产奶的氮产出量可依据窝仔日平均增重和窝仔数进行预测，方程是：平均奶中氮产出量（g/d）＝ 0.0257×平均窝增重（g/d）＋ 0.42×窝仔数。猪乳中粗蛋白含量的平均值为 5.16%（氮×6.38），相应的 100g 乳粗蛋白质中赖氨酸含量为 7.01g，依此可以进一步计算出用于乳蛋白合成的净赖氨酸需要。此外，依据 van den Brand 等（2000）的研究，仔猪每千克增重所需净能为 10.7 MJ，乳向仔猪增重的能量沉积效率为 50%，可以推算出每千克母乳对应的窝增重为 0.22 kg，即每 4.6 kg 母乳可转化为

1 kg仔猪增重。以此为依据，结合乳蛋白和赖氨酸的含量，也可推算出乳蛋白合成所需要的净蛋白质和赖氨酸需要。

在母体动员体储存满足泌乳需要时，NRC（2012）假定动员体蛋白质产生用于产乳的氨基酸效率对于所有必需氨基酸和氮均一致（0.868），与动员机体能量储备用于产奶的能量利用效率类似。依据NRC（2012）的模型预测，体重变化中10%为体蛋白质变化。因此，依据泌乳期预期的体失重可估算出母猪蛋白质的动员量。根据体蛋白的氨基酸组成（表2-8），体蛋白动员提供的泌乳净赖氨酸量可通过母体蛋白质动员量×0.0674/0.868计算得出。

在泌乳母猪模型中，最后计算日粮SID氨基酸的需要量还需要考虑日粮SID氨基酸用于奶中产出氨基酸的利用效率（表2-11）。因此，用于产奶的SID赖氨酸需要量（g/d）＝（每日奶氮产出量×6.38×0.0701－母体蛋白质动员量×0.0674/0.868）/0.67。

表2-11 哺乳母猪用于维持蛋白质沉积和奶蛋白产出的标准回肠可消化氨基酸的利用效率

氨基酸	维 持	沉 积
精氨酸	0.914	0.816
组氨酸	0.808	0.722
异亮氨酸	0.781	0.698
亮氨酸	0.810	0.723
赖氨酸	0.750	0.670
蛋氨酸	0.755	0.675
蛋氨酸＋半胱氨酸	0.741	0.662
苯丙氨酸	0.820	0.733
苯丙氨酸＋络氨酸	0.789	0.705
苏氨酸*	0.855	0.764
色氨酸	0.755	0.674
缬氨酸	0.653	0.583
N×6.25	0.850	0.759

注：* 苏氨酸的利用效率适用于日粮中不含纤维；随着日粮中纤维含量的增加，苏氨酸的利用效率下降。

值得注意的是，泌乳期的氨基酸需要绝大部分来自于泌乳需要。而在实际生产中，由于乳腺发育等因素的影响，在同一群体中的泌乳性能可能存在较大差异。在群体中泌乳量位于前10%的母猪每天可泌乳13.6kg，而泌乳量位于后30%的母猪每天的泌乳量仅有9.6kg。因此，对于泌乳母猪而言，实施基于个体的精准饲养显得更有意义。此外，由于泌乳期母猪的泌乳量变化较大，NRC（2012）给出了特定泌乳天数氨基酸需要的计算方法，即奶中能量或氮产出量（某一特定泌乳日，t）＝平均产出量×（2.763－0.014×泌乳时间）×exp（－0.025×t）×exp[－exp（0.5－0.1×t）]。

（三）初产母猪泌乳期的氨基酸需要特点

由于1~3胎的母猪尚未达到成年体重，因此其妊娠时的增重高于4胎以后的母猪。

这使得1～3胎尤其是初产母猪用于体重增长所需要的氨基酸明显高于4胎以后的母猪。此外，由于初产母猪尚未达到最大采食量，比母猪群的平均采食量低约20％，因而其泌乳期采食量不足与能量和氨基酸需要量高的矛盾越发突出。初产母猪在泌乳期也较经产母猪需要高的日粮氨基酸水平，以保障足够的氨基酸摄入量，从而防止体蛋白的过度动用而导致再繁殖性能障碍。一般而言，初产母猪泌乳期日粮中的赖氨酸水平应较经产母猪高20％。

三、泌乳母猪氨基酸需要量的试验研究

（一）赖氨酸的需要量

与过去相比，现代母猪的产仔数及泌乳量在最近的几十年里都有显著增加，其营养需要量也发生了显著变化，因此其相应的营养需要量应重新评估，以使母猪能够维持最佳的生产性能。

由于赖氨酸是泌乳母猪的第一限制氨基酸，因此关于泌乳母猪对其的需要量研究也最多。日粮中赖氨酸水平与母猪体失重和仔猪增重密切相关。20世纪90年代，日粮赖氨酸量与仔猪窝增重（litter wight growth，LGR，g/d）的方程被提出：$Lys = -8.38 + 0.026LGR$（$R^2 = 0.77$）。式中，斜率0.026的含义为仔猪每天的窝增重为每100g时，其需要增加2.6g的日粮赖氨酸。以该方程为基础，依据仔猪体成分中16％的蛋白质水平和1.04％的赖氨酸水平，可以计算出母猪日粮中转化为仔猪体成分赖氨酸的比例约为0.4。以此方程推算，仔猪每天的窝增重为2 500g时，则需从日粮中获得的赖氨酸的量为56.62g。2015年后，回归方程获得了改进。在新的预测方程中，仔猪每天的窝增重为100g时需要的SID赖氨酸提高到了2.7g。同时，达到最少体失重（头胎母猪12％，经产母猪7％）时，日粮的SID赖氨酸水平范围为0.72～0.79g/MJ ME。此时，每日母猪通过体动用提供的赖氨酸期望值为13g。该方程的升级体现了现代瘦肉型母猪繁殖性能提高后，营养需求的增加和预期体失重的提高。

对1995—2015年发表的关于母猪泌乳期赖氨酸需要量研究进行Meta分析发现（表2-12），获得最大仔猪生长性能所需的SID赖氨酸量高于NRC（2012）的推荐量。而且如果想控制母猪泌乳期达到最小的体失重，则需要更多的SID赖氨酸。

表2-12　Meta分析估测泌乳母猪最适日粮赖氨酸添加量

性　能	模　型	估计SID Lys 添加需要量（%）	初产母猪		经产母猪	
			SID Lys（%）	T Lys（%）	SID Lys（%）	T Lys（%）
母猪泌乳期 失重（kg）	二次	1.54	0.75%～ 0.87%	0.86～ 1.00	0.72～ 0.84	0.83～ 0.96
	LP	1.22				
	CLP	2.04				
乳蛋白含量（%）	二次	1.52				
	LP	0.9				
	CLP	1.52				

（续）

性　能	模　型	估计 SID Lys 添加需要量（%）	初产母猪		经产母猪	
			SID Lys（%）	T Lys（%）	SID Lys（%）	T Lys（%）
仔猪断奶窝 增重（kg）	二次	1.28				
	LP	0.87				
	CLP	1.19				

资料来源：Lewis 和 Speer（1973）；Forvv 和张金枝等（1995）；Touchette 等（1998）；Dourmad 等（2000）；张金枝等（2000）；赵世明等（2001）；李连缺等（2007）；Tu 等（2010）；董志岩等（2013）；董志岩等（2014）。

（二）其他氨基酸的需要量

当泌乳期体动用小于 20% 时，缬氨酸是第二限制性氨基酸。因此，对于母猪泌乳期缬氨酸需要量的研究也相对较多。早期对于缬氨酸适宜水平的研究存在分歧，大部分研究发现日粮总缬氨酸含量大于 0.55% 时，再提高日粮的缬氨酸水平，母猪的体失重、断奶发情间隔及仔猪窝增重等均不会有显著差异。但也有部分研究得出了相反的结论（李根等，2015）。两项最近的大样本研究中，经产母猪泌乳期日粮的 SID 缬氨酸∶赖氨酸的值从 0.58 梯度提高到 0.93 时（SID Lys 的摄入量不低于 59g/d），母猪的采食量和泌乳期体失重呈二次曲线变化，但并未显著影响断奶发情间隔。对于仔猪增重而言，缬氨酸∶赖氨酸的值从 0.58 提高到 0.65 时仔猪增重线性增加，但是进一步提高 SID 缬氨酸∶赖氨酸的值却没有效果（Gonçalves 等，2018）。即使对于带仔数为 14 头的母猪，泌乳期日粮 SID 缬氨酸∶赖氨酸的值从 0.84 提高到 0.99 也均不影响母猪的泌乳体失重和仔猪的窝增重（Strathe 等，2016）。

目前，对于母猪泌乳期其他几种常见限制性氨基酸适宜量的研究也较少。SID 苏氨酸∶赖氨酸的值为 0.65 时可获得最佳的仔猪生长性能（Greiner 等，2018），SID 色氨酸∶赖氨酸的值为 0.22 时可获得最大的泌乳期采食量，而控制最少的体失重则需要 SID 色氨酸∶赖氨酸的值为 0.26（Fan 等，2016）。但相关结论还需要大规模的现场试验来进行验证。

总结以往对母猪泌乳期氨基酸需要量的研究可以发现，对于特定氨基酸的研究往往存在分歧。经典的氨基酸需要量研究，往往是在赖氨酸水平处于亚缺乏状态，研究提高特定氨基酸水平后性能的响应。值得注意的是，在动物生长期的氨基酸需要研究中，由于生长时对氨基酸的需求主要由日粮氨基酸来提供，因此生长性能对日粮氨基酸水平的响应较为敏感。而对于泌乳母猪而言，泌乳的氨基酸需要往往是由日粮氨基酸和体动用的氨基酸共同来满足。因此，泌乳性能对日粮氨基酸水平的响应相对不敏感，会受到体动用等因素的影响。由于体动用会弥补低水平氨基酸的不足，从而在观测的仔猪生长等性状上没有差别。因此，在很多研究中，母猪的体失重及与其相关的断奶发情间隔是重要的考察指标。值得注意的是，母猪的体失重主要由泌乳期的采食量决定，采食量偏低会导致母猪群的体失重偏高。在这种情况下，受能量摄入的限制，即使提高日粮的氨基酸水平也不会对体失重产生明显影响。因此，在研究母猪泌乳期氨基酸需要时，应首先保证母猪有较高的泌乳期采食量，从而增加性状对氨基酸水平响应的敏感性。

本 章 小 结

　　氨基酸的代谢和利用是保障胎猪生长和泌乳期母猪乳汁产生的基础，它们不仅是合成蛋白质的底物，而且还通过代谢或作为信号分子发挥功能性的作用。在妊娠和泌乳期生理和内分泌变化的调节下，母猪的氨基酸代谢发生了明显的变化。在妊娠前期母体的氨基酸利用效率提高，而在妊娠后期母体的氨基酸利用效率下降，进入泌乳期后母体一般会发生体蛋白动用来满足乳蛋白合成的需要。与此同时，氨基酸在胎盘、胎儿及乳腺中的代谢值得特别关注，因为它们与仔猪的初生性能和母猪的泌乳性能直接相关。因此，应该全面认识繁殖周期不同阶段氨基酸代谢的特点，从而加深对母猪氨基酸营养需要的认识。另外，在确定母猪繁殖阶段的氨基酸营养水平时，应考虑母猪生产水平的高低和胎次的差异。在现有的基于群体营养需要估计的基础上发展个体化的精准营养，估计是未来实现种猪精准饲养的重要方法。

➡ 参考文献

董志岩，林长光，刘亚轩，等，2013. 不同赖氨酸水平的低蛋白质日粮对泌乳母猪生产性能和氮排泄量的影响 [J]. 家畜生态学报，34（9）：32-37.

董志岩，刘亚轩，刘景，等，2014. 饲粮赖氨酸水平对泌乳母猪生产性能、血清指标和乳成分的影响 [J]. 动物营养学报，26（3）：605-613.

李根，高开国，胡友军，等，2015. 缬氨酸在泌乳母猪中的研究与应用 [J]. 养猪（6）：43-46.

李连缺，王爱国，李爱赞，等，2007. 瑞典长白猪泌乳母猪粗蛋白质与赖氨酸适宜水平的研究 [J]. 中国畜牧杂志，43（13）：27-28.

张金枝，卢伟，2000. 饲粮蛋白质（赖氨酸）水平对高产母猪泌乳行为，泌乳量和乳成分的影响研究 [J]. 养猪（3）：11-13.

赵世明，高振川，姜云侠，等，2001. 泌乳母猪饲粮适宜赖氨酸水平的初步研究 [J]. 畜牧兽医学报，32（3）：206-212.

Forvv，张金枝，1995. 猪饲养研究二十五年来的进展 [J]. 国外畜牧学——猪与禽（6）：45-45.

Ballevre O，Houlier M L，Prugnaud J，et al，1991. Altered partition of threonine metabolism in pigs by protein-free feeding or starvation [J]. American Journal of Physiology Endocrinology and Metabolism，261（6）：748-757.

Blachier F，Boutry C，Bos C，et al，2009. Metabolism and functions of L-glutamate in the epithelial cells of the small and large intestines [J]. The American Journal of Clinical Nutrition，90（3）：814-821.

Brosnan J T，2000. Glutamate，at the interface between amino acid and carbohydrate metabolism [J]. The Journal of Nutrition，130（4）：988-990.

Burrin D G，Stoll B，Guan X，et al，2005. Glucagon-like peptide 2 dose-dependently activates intestinal cell survival and proliferation in neonatal piglets [J]. Endocrinology，146（1）：22-32.

Chung M，Teng C，Timmerman M，et al，1998. Production and utilization of amino acids by ovine placenta *in vivo* [J]. American Journal of Physiology-Endocrinology and Metabolism，274（1）：13-22.

Cooper A J，Nieves E，Rosenspire K C，et al，1988. Short-term metabolic fate of ^{13}N-labeled glutamate, alanine, and glutamine (amide) in rat liver [J]. Journal of Biological Chemistry, 263 (25): 12268-12273.

Dourmad J Y, Etienne M, Valancogne A, etal, 2008. InraPorc: a model and decision support tool for the nutrition of sows [J]. Animal Feed Science and Technology, 143 (1/4): 372-386.

Dourmad J Y, Matte J J, Lebreton Y, et al, 2000. Effect of a meal on the utilisation of some nutrient and vitamins by the mammary gland of the lactating sow [J]. Journées de la Recherche Porcine en France, 32: 265-273.

Fan Z Y, Yang X J, Kim J, et al, 2016. Effects of dietary tryptophan: lysine ratio on the reproductive performance of primiparous and multiparous lactating sows [J]. Animal Reproduction Science, 170: 128-134.

Farmer C, Palin M F, Theil P K, et al, 2012. Milk production in sows from a teat in second parity is influenced by whether it was suckled in first parity [J]. Journal of Animal Science, 90 (11): 3743-3751.

Gonçalves M A D, Tokach M, Dritz S S, et al, 2018. Standardized ileal digestible valine: lysine dose response effects in 25-to 45-kg pigs under commercial conditions [J]. Journal of Animal Science, 96 (2): 591-599.

Greiner L, Srichana P, Usry J L, et al, 2018. The use of feed-grade amino acids in lactating sow diets [J]. Journal of Animal Science and Biotechnology, 9 (2): 3.

Hou Y, Yao K, Yin Y, et al, 2016. Endogenous synthesis of amino acids limits growth, lactation, and reproduction in animals [J]. Advances in Nutrition: An International Review Journal, 7 (2): 331-342.

Kim P, Shi L, Majumdar A, et al, 2001. Thermal transport measurements of individual multiwalled nanotubes [J]. Physical Review Letters, 87 (21): 215502.

Kim P W, Easter R A, 2001, Nutrient mobilization from body tissues as influenced by litter size in lactating sows [J]. Journal of Animal Science, 79 (8): 2179-2186.

Kim S W, Hurley W L, Han I K, et al, 1999. Changes in tissue composition associated with mammary gland growth during lactation in sows [J]. Journal of Animal Science, 77 (9): 2510-2516.

Kwon H, Spencer T E, Bazer F W, et al, 2003. Developmental changes of amino acids in ovine fetal fluids [J]. Biology of Reproduction, 68 (5): 1813-1820.

Levesque C L, Moehn S, Pencharz P B, et al, 2011. The threonine requirement of sows increases late in gestation [J]. Journal of Animal Science, 89: 93-102.

Lewis A J, Speer V C, 1974. Tryptophan requirement of the lactating sow [J]. Journal of Animal Science, 38 (4): 778-784.

Père M C, Etienne M, 2000. Uterine blood flow in sows: effects of pregnancy stage and litter size [J]. Reproduction Nutrition Development, 40 (4): 369-382.

Père M C, Etienne M, 2007. Insulin sensitivity during pregnancy, lactation, and postweaning in primiparous gilts [J]. Journal of Animal Science, 85 (1): 101-110.

Quesnel H, Meunier-Salaün M C, Hamard A, et al, 2009. Dietary fiber for pregnant sows: influence on sow physiology and performance during lactation [J]. Journal of Animal Science, 87 (2): 532-543.

Reeds P J, Burrin D G, Stoll B, et al, 1997. Enteral glutamate is the preferential source for mucosal glutathione synthesis in fed piglets [J]. American Journal of Physiology-Endocrinology and

Metabolism, 273 (2): 408-415.

Rémond D, Buffiere C, Godin J P, et al, 2009. Intestinal inflammation increases gastrointestinal threonine uptake and mucin synthesis in enterally fed minipigs [J]. The Journal of Nutrition, 139 (4): 720-726.

Rhoads M L, Meyer J P, Kolath S J, et al, 2008. Growth hormone receptor, insulin-like growth factor (IGF) -1, and IGF-binding protein-2 expression in the reproductive tissues of early postpartum dairy cows [J]. Journal of Dairy Science, 91 (5): 1810-1813.

Samuel R S, Moehn S, Pencharz P B, et al, 2010. Dietary lysine requirements of sows in early-and late-gestation [C]. Eaap International Symposium on Energy and Protoin Metabolisn and Nutrition.

Schaart M W, Schierbeek H, van der Schoor S R D, et al, 2005. Threonine utilization is high in the intestine of piglets [J]. The Journal of Nutrition, 135 (4): 765-770.

Sharma R, Kansal V K, 1999. Characteristics of transport systems of L-alanine in mouse mammary gland and their regulation by lactogenic hormones: evidence for two broad spectrum systems [J]. Journal of Dairy Research, 66 (3): 385.

Srichana P, 2006. Amino acid nutrition in gestating and lactating sows [D]. Columbia: University of Missouri.

Stoll B, Burrin D G, Henry J, et al, 1997. Phenylalanine utilization by the gut and liver measured with intravenous and intragastric tracers in pigs [J]. American Journal of Physiology-Gastrointestinal and Liver Physiology, 273 (6): 1208-1217.

Stoll B, Burrin D G, Henry J F, et al, 1999. Dietary and systemic phenylalanine utilization for mucosal and hepatic constitutive protein synthesis in pigs [J]. American Journal of Physiology-Gastrointestinal and Liver Physiology, 276 (1): 49-57.

Stoll B, Henry J, Reeds P J, et al, 1998. Catabolism dominates the first-pass intestinal metabolism of dietary essential amino acids in milk protein-fed piglets [J]. The Journal of Nutrition, 128 (3): 606-614.

Strathe A V, Bruun T S, Zerrahn J E, et al, 2016. The effect of increasing the dietary valine-to-lysine ratio on sow metabolism, milk production, and litter growth. [J]. Journal of Animal Science, 94 (1): 155-164.

Touchette K J, Allee G L, Newcomb M D, et al, 1998. The lysine requirement of lactating primiparous sows [J]. Journal of Animal Science, 76 (4): 1091-1097.

Trottier N L, Manjarn R, 2014. Amino acids and amino acid utilization in swine [M]. Sustainable Swine Nutrition, 1: 81-108.

Trottier N L, Shipley C F, Easter R A, 1997. Plasma amino acid uptake by the mammary gland of the lactating sow [J]. Journal of Animal Science, 75 (5): 1266-1278.

Tu P K, Duc N L, Hendriks W H, et al, 2010. Effect of dietary lysine supplement on the performance of Mong Cai sows and their piglets. [J]. Asian-Australasian Journal of Animal Sciences, 23 (2010): 385-395.

Valros A, Rundgren M, Špinka M, et al, 2003. Metabolic state of the sow, nursing behaviour and milk production [J]. Livestock Production Science, 79 (2): 155-167.

van den Brand M G J, de Jong H A, Klint P, et al, 2000. Efficient annotated terms [J]. Software: Practice and Experience, 30 (3): 259-291.

van Goudoever J B, Stoll B, Henry J F, et al, 2000. Adaptive regulation of intestinal lysine metabolism [J] . Proceedings of the National Academy of Sciences, 97 (21): 11620-11625.

van Milgen J, Valancogne A, Dubois S, 2008. InraPorc: a model and decision support tool for the nutrition of growing pigs [J] . Animal Feed Science and Technology, 143 (1/4): 387-405.

Wang X U, Qiao S, Yin Y, et al, 2007. A deficiency or excess of dietary threonine reduces protein synthesis in jejunum and skeletal muscle of young pigs [J] . The Journal of Nutrition, 137 (6): 1442-1446.

Windmueller H G, Spaeth A E, 1980. Respiratory fuels and nitrogen metabolism *in vivo* in small intestine of fed rats [J] . Journal of Biological Chemistry, 255 (1): 107-112.

Wu G, 1997. Synthesis of citrulline and arginine from proline in enterocytes of postnatal pigs [J] . American Journal of Physiology-Gastrointestinal and Liver Physiology, 272 (6): 1382-1390.

Wu G, Bazer F W, Dai Z, et al, 2014. Amino acid nutrition in animals: protein synthesis and beyond [J] . Annual Review of Animal Biosciences, 2 (1): 387-417.

Wu G, Bazer F W, Johnson G A, et al, 2017. Functional amino acids in the development of the pig placenta [J] . Molecular Reproduction and Development, 84 (9): 870-882.

Wu G, Bazer F W, Tou W, 1995. Developmental changes of free amino acid concentrations in fetal fluids of pigs [J] . Journal of Nutrition, 125 (11): 2859-2868.

Wu G, van der Helm F C T, Veeger H E J D J, et al, 2005. ISB recommendation on definitions of joint coordinate systems of various joints for the reporting of human joint motion—Part II: Shoulder, elbow, wrist and hand [J] . Journal of Biomechanics, 38 (5): 981-992.

Xia M, Pan Y, Guo L, et al, 2018. Effect of gestation dietary methionine/lysine ratio on placental angiogenesis and reproductive performance of sows [J] . Journal of Animal Science, 97 (8): 3487-3497.

第三章
母猪脂质代谢及对繁殖性能的影响

母猪保持一定程度的体脂沉积对于延长种用年限和提高终身繁殖性能具有重要意义。但是，妊娠期背膘过厚会造成一系列的繁殖障碍，包括增加胎盘脂毒性、增加宫内发育迟缓仔猪数量、降低产健仔数、降低泌乳期采食量、延长断奶发情间隔等。在母猪繁殖周期中，脂质代谢表现出十分明显的规律性，在妊娠早期以合成代谢为主，在妊娠后期和泌乳期以分解代谢为主。作为脂类的代谢产物，胆汁酸不仅是脂肪酸和脂溶性维生素消化吸收的重要媒介，同时在机体免疫调节、能量代谢中也扮演着重要角色。胆汁酸的代谢异常可能是造成胎儿发育受阻和母体繁殖性能降低的因素之一。因此，了解母猪繁殖周期中脂质和胆汁酸代谢规律，揭示母猪膘情影响繁殖性能的机制，对于我们制定最佳的饲喂策略和营养调控方案，从而获得最大的母猪生产潜力具有重要的指导意义。本章内容主要分为三个章节，将分别从母猪繁殖周期脂质代谢特点，母猪繁殖周期胆汁酸代谢特点，以及妊娠母猪体脂过度沉积对繁殖性能的影响三个方面进行介绍。

第一节　母猪繁殖周期脂质代谢特点

一、妊娠期脂质代谢

本书第一章介绍了母体在妊娠期和泌乳期会产生一系列的适应性变化，包括激素水平的改变、血流量及耗氧量的变化，并概述了糖代谢、蛋白质代谢和脂质代谢的变化。脂质代谢在妊娠期变化十分明显，主要表现为：在妊娠早期和妊娠中期，母体本身主要处于以合成代谢为主的状态，脂质合成增加，母体脂肪蓄积增多；而在妊娠晚期，母体本身以分解代谢为主，脂肪组织脂解活性增加，促进脂肪酸通过胎盘进入胎儿体内，影响胎儿代谢及胎儿生长。因此，妊娠早期的脂质大量沉积，以及妊娠后期的高血脂是妊娠期脂质代谢的两大主要特征（Herrera 和 Ortega-Senovilla，2014；Herrera 和 Desoye，2016）。总体而言，在整个妊娠期中，母体血清中的胆固醇，甘油三酯（triglycerides，TG），低密度脂蛋白胆固醇（low-density lipoproteins-cholesterol，LDL-C），以及高密度脂蛋白胆固醇（high-density lipoproteins-cholesterol，HDL-C）均呈显著上升趋势（Vahratian 等，2010）。

（一）妊娠早期脂质代谢特征

在人和鼠上的研究表明，在妊娠的前期和中期，胎盘催乳素水平逐渐升高，促进了胰腺 β 细胞增殖和胰岛素分泌，提高了系统性胰岛素敏感性，导致胰岛素抗脂解作用增强（Herrera 和 Desoye，2016）。同时，脂肪组织脂蛋白脂酶（lipoprotein lipase，LPL）活性增强，增加了脂肪组织从循环系统中摄取的甘油三酯的量，脂肪组织脂质合成的能力增强（Knopp 等，1975）。此外，妊娠早期母体脂肪组织对循环系统中葡萄糖的摄取量增多，对脂解来源的甘油、单酰基甘油，以及游离脂肪酸（non-esterified fatty acid，NEFA）的重利用增强（Herrera 等，2010）。以上这些变化均促进了母体本身脂肪的蓄积。

（二）妊娠中期和妊娠后期脂质代谢特征

在妊娠后期，脂肪沉积的趋势将会停止，转向分解代谢，循环系统中的甘油三酯、游离脂肪酸、胆固醇和磷脂水平升高。其中，甘油三酯的增加幅度最为显著（Ramos 等，2003）。

甘油三酯水平增加的原因，一方面是由于随着妊娠的进行，母体的胰岛素敏感性水平逐渐降低，导致胰岛素诱导脂肪的合成能力下降，同时脂肪组织 LPL 活性减弱，导致脂肪组织对血液中甘油三酯的利用减少（Ramos 等，2003）；另一方面是由于从食物来源的脂质吸收增加，并且肝脏中的甘油三酯合成速度加快。此外，胰岛素敏感性下降也是导致脂解增多的主要原因之一（Dahlgren，2006；Barbour 等，2007）。胰岛素敏感性降低，妊娠后期胰岛素对激素敏感脂肪酶（hormone-sensitive lipase，HSL）的抑制作用减弱，脂肪组织脂解酶活性升高，导致游离脂肪酸和甘油大量释放进入循环中（Herrera 等，2000）。关于妊娠后期母体胰岛素敏感性下降的机制在本书的第一章中有较为完善的阐述。

在生理状态下，妊娠期母体血脂一定水平的升高，有利于胎儿从母体血液中摄取更多的游离脂肪酸及脂类，从而用于各器官的发育。在禁食状态下，甘油三酯能够被母体肝脏高效利用合成酮体，以满足胎儿的代谢需求。

（三）胎盘和胎儿脂质代谢

脂肪酸是妊娠期胎儿生长发育的重要能量来源，同时也是细胞结构的组成成分和重要的功能性分子。此外，胎盘也需要适量的脂肪酸维持自身的发育和功能（Haggarty，2002；Cetin 等，2009）。在妊娠早期，从母体循环系统中摄取的脂肪酸主要用于胎盘自身代谢和生长发育；而在妊娠中期和妊娠后期胎盘发育已接近完全，摄取的脂肪酸主要通过被动转运给胎儿使用（Chavan-Gautam 等，2018）。胎儿需要的脂肪酸主要通过胎盘转运实现，而胎盘脂肪酸转运又受到许多因素影响，如母体的健康状况、母体妊娠期的日粮成分、胎盘的血管生成和胎儿的发育状况等。

1. 胎盘脂肪酸转运　胎盘对短链脂肪酸的摄取主要受母体和胎儿之间脂肪酸浓度梯度的驱动，而对长链脂肪酸的摄取则主要借助胎盘绒毛膜上的脂蛋白受体，来完成从母体血液中摄取脂肪酸的过程（Rani 等，2016）。微绒毛膜上存在高密度脂蛋白（high-density lipoproteins，HDL)、低密度脂蛋白（low-density lipoproteins，LDL）和极低密度脂蛋白（very low-density lipoproteins，VLDL）的特异性受体，它们可以特异性地结合母体血液中的脂蛋白；同时，在微绒毛膜上 LPL 和内皮脂酶（endothelial lipase，EL）的作用下，将脂蛋白中的甘油三酯和磷脂（phospholipids，PLs）水解生成游离脂肪酸，进而被胎盘摄取（Woollett，2008；Haggarty，2010）。血液中与白蛋白结合的游离脂肪酸（占总脂肪酸的 1%～3%）由于不需要水解酶的水解，因而被摄取的速率更高。这与妊娠后期母体脂解作用增强、血液中游离脂肪酸显著升高相适应，表明游离脂肪酸是妊娠后期胎儿快速生长所需脂肪酸的重要来源（Shafrir 和 Barash，1987；Cunningham 和 McDermott，2009）；同时，LPL 和 EL 的活性随着妊娠进展而逐渐增强，这同样有利于满足胎儿脂肪酸需要（Biale，1985；Bonet 等，1992）。

另外，影响胎盘脂肪酸摄取的重要因素是脂肪酸转运蛋白和脂肪酸结合蛋白家族，它们主要参与长链多不饱和脂肪酸（long-chain polyunsaturated fatty acids，LCPUFAs）的转运。其中，血浆膜脂肪酸结合蛋白（plasma membrane fatty acid binding proteins，FABP$_{pm}$）位于合胞体滋养层细胞的微绒毛膜侧（Campbell 和 Dutta-Roy，1995），而脂肪酸移位酶（fatty acid translocase，FAT/CD36）和脂肪酸转运蛋白（fatty acid transportation proteins，FATPs）在合胞体滋养层细胞的微绒毛膜侧和基底膜中均存在。心脏型 FABP（H-FABP）、肝脏型 FABP（L-FABP）、FABP4 和 FABP5 则存在于细胞质中，参与脂肪酸的细胞质转运（Campbell 等，1998a；Biron-Shental 等，2007）。

FAT/CD36 则对脂肪酸无偏好性（Campbell 等，1998a），目前已经鉴定到 3 种 FATP 在胎盘中均有表达（FATP1、FATP4 和 FATP6）（Larque 等，2006）。并且研究发现，胎盘 FATP4 的 mRNA 表达量与胎儿脐带血二十二碳六烯酸（cis-4，7，10，13，16，19-docosahexaenoic acid，DHA）含量呈正相关，FATP4 缺失导致胚胎致死表明其参与 DHA 在母胎间的转移（Gimeno 等，2003；Larque 等，2006）。此外，细胞内长链酰基辅酶 A 合成酶（long chain acyl-CoA synthetases，ACSL）也参与胎盘脂肪酸转运。ACSL1 优先与棕榈酸、油酸和亚油酸结合，而 ACSL5 优先与 C16～C18 不饱和脂肪酸结合，共同协助脂肪酸进入合胞体滋养层细胞存储为 TG 和磷脂，或在线粒体中进行氧化（Johnsen 等，2009）。

在胎盘组织中，FABP$_{pm}$ 完全存在于微绒毛膜中母体循环一侧。与非必需脂肪酸相比，FABP$_{pm}$ 具有优先结合必需脂肪酸和长链多不饱和脂肪酸（long chain polyunsaturated fatty acid，LCPUFA）的能力，特别是 DHA 和花生四烯酸（arachidonic acid，C20：4n-6，ARA）（Campbell 和 Dutta-Roy，1995；Campbell 等，1998b）。当 FABP$_{pm}$ 的活性受到抑制时，LCPUFA 和必需脂肪酸的摄取会受到显著抑制，影响顺序依次为 DHA＞ARA＞ALA＞LA＞OA（Campbell 等，1996，1997）。妊娠中期到妊娠后期胎盘迷宫区域 H-FABP mRNA 的表达量逐渐升高，有利于摄取更多的 EFA 和 LCPUFA，以满足胎儿脑部快速发育的需求（Knipp 等，2000）。与 H-FABP 相比，L-FABP 在摄取脂蛋白中的脂质更为高效（Das 等，1993）。

值得注意的是，在背膘较厚的妊娠母猪中，血液中的甘油三酯水平较高，但是胎儿的甘油三酯水平却较低。同时，在高背膘母猪群体（≥20mm）中，胎盘脂肪酸结合蛋白和转运相关蛋白的表达量也显著下调。表明妊娠期母猪体脂沉积较多时，可能影响了胎盘的脂质转运，进而限制了胎儿的生长。

2. 胎盘脂肪酸的代谢　除向胎儿转运外，从母体血液转运进胎盘的游离脂肪酸也会通过脂肪酸 β 氧化来满足胎盘生长的能量需要。棕榈酸能够在体外培养的滋养层细胞中大量氧化，表明脂肪酸是胎盘重要的代谢能源（Shekhawat 等，2003）。在胎盘中，与脂肪酸 β 氧化相关的 6 种酶，即中链酯酰辅酶 A 脱氢酶（medium-chain acyl-CoA dehydrogenase，MCAD）、短链 L-3-羟基酰基-辅酶 A 脱氢酶（short-chain L-3-hydroxy acyl-CoA dehydrogenase，SCHAD）、长链 3-酮-酰基-辅酶 A 硫解酶（long-chain 3-keto- acyl-CoA thiolase，LKAT）、极长链酰基辅酶 A 脱氢酶（very-long-chain acyl-CoA dehy-drogenase，VLCAD）、长链酰基辅酶 A 脱氢酶（long-chain acyl-CoA de-hydrogenase，LCAD）、长链 L-3-羟酰基-CoA 脱氢酶（long-chain L-3-hydroxyacyl-CoA dehydrogenase，LCHAD）均在胎盘中高表达。

除了从母体摄取脂肪酸以外，胎盘滋养层细胞还具有合成棕榈酸、油酸及 LCPUFA 的能力（Coleman 和 Haynes，1987）。在绵羊胎盘中，以亚油酸和亚麻酸为前体可合成多种 LCPUFA（Shand 和 Noble，1981，1983；Noble 等，1985）。目前已经证实与脂肪合成相关的多种转录因子，如过氧化物酶体增殖物激活受体 γ（peroxisome proliferator activated receptors γ，PPARγ）、固醇调节元件结合蛋白 1c（sterol regulatory element-binding protein-1c，SREBP-1c）及其靶基因均可在胎盘中高表达（Rodie 等，2005；Rodriguez-Cruz 等，2016；Wang 等，2002）。

3. 胎儿的脂质代谢　胎儿白色脂肪发育起源于妊娠早期，位于毛细血管部位的间充质干细胞开始成脂分化，形成早期脂肪细胞（Ailhaud 等，1992；Feng 等，2013）。早期脂肪细胞和血管结构逐步形成白色脂肪小叶（Feng 等，2013），此后脂肪小叶缓慢发展。至妊娠中期，胎儿脂肪小叶总数保持近乎恒定；至妊娠末期，存在于特征性脂肪库区域脂肪小叶才会增多（Poissonnet 等，1983）。

妊娠期胎儿组织脂肪含量变化规律与母体的脂肪含量变化不同。首先，胎儿没有脂质分解代谢期；其次，胎儿脂质合成代谢期开始的时间晚于母体的开始时间，胎儿脂质的大量沉积主要发生在母体妊娠后期并一直持续到出生时（Schwalfenberg 和 Genuis，2017）。对人类而言，胎儿有一半的脂肪来自母体，其余一半则源自胎儿自身合成（Robillard 和 Christon，1993）。自胚胎早期阶段，胎儿组织即可利用碳水化合物合成脂质（Yoshioka 和 Roux，1972）。在妊娠 12～20 周，胎儿肝脏能够利用多种底物合成自身脂肪酸，胎儿合成的脂肪酸用于形成甘油三酯、磷脂和胆固醇（Menon 等，1981）。胎儿脂质的合成速率比母体的要高，而这种合成速率在胎儿出生后迅速降低（Villee 和 Hagerman，1958）。

在能量代谢方面，一般认为胎儿依赖于葡萄糖氧化产生的能量来满足其对能量的需求（Girard 等，1992）。然而，线粒体脂肪酸氧化在胎儿发育中同样不可或缺（Rinaldo 等，2002；Strauss，2005；Oey 等，2006）。例如，VLCAD 和 LCAD 缺失会增加 IUGR 的发生率，并增加胎儿的死亡发生率（Cox 等，2001）。同样，编码脂肪酸氧化的关键转录因子过氧化物酶体增殖物激活受体（PPARs）缺失，也会引起胚胎致死（Kompare 和 Rizzo，2008）。

二、母猪泌乳期脂质代谢

（一）母体的脂质代谢特征

如第一章所述，妊娠后期母猪出现的胰岛素敏感性下降会一直持续到泌乳前期，这使得母猪进入泌乳期后体脂仍处于以分解代谢为主的状态。此外，随着遗传改良和管理水平的不断提高，母猪产仔数和泌乳量均大大增加，这意味母猪泌乳期需要摄入大量的能量才能确保为仔猪提供足够的营养供应（Stein 等，1990）。然而现代高产母猪泌乳期采食量往往不足，需要动用体储以满足仔猪快速生长的需要（Mosnier 等，2010a），这进一步加剧了母猪在泌乳期体脂分解代谢的速度（Tritton 等，1996；Tummaruk，2013；Kim 等，2016）。受生理状态和采食量的限制，母猪的分解代谢和体脂动用在泌乳前期更明显。

（二）乳腺的脂质合成与代谢

相对于体脂在泌乳期主要表现为分解和动用不同，乳腺在泌乳期主要合成甘油三酯。母乳是新生仔猪的唯一营养来源。母猪初乳（分娩后 0～24h 内）中含有约 16% 的蛋白质、3% 的乳糖和 5% 的脂肪；而常乳中约含有 5% 的蛋白质、5% 的乳糖和 7.5% 的脂肪（Devillers 等，2007）。相对于其他哺乳动物，母猪乳脂含量较高（Jelen 和 Jelen，1995）。

FABP 家族参与了乳腺上皮细胞从母体血液中摄取脂肪酸的过程。目前已知的 FABP 有 9 种（Chmurzynska，2006），其中牛和奶山羊中乳腺上皮细胞主要表达 FABP3（Bionaz 和 Loor，2008；Shi 等，2015），抑制 FABP3 会降低奶山羊乳腺中链脂肪酸的合成（Zhu 等，2014）。在猪的乳腺上皮细胞中，同样检测到了 *FABP3* 基因的表达，然而其功能还有待进一步研究（Lü 等，2015）。另外，在猪的乳腺上皮细胞中，与脂肪酸摄取相关的其他基因，如 *VLDLR*、*LPL*、*CD36* 等，都随着哺乳进程到达高峰期时表达量逐渐上调（Lü 等，2015）。

一般而言，猪脂肪合成的主要部位是肝脏和脂肪组织，但泌乳期母猪的乳腺也具有合成脂肪的能力。脂肪酸被摄入乳腺后，可被直接合成为 TG 而进入乳汁（Lü 等，2015）。首先在脂肪酸转运蛋白 CD36 和 SLC27A3 的协助下，长链脂肪酸被摄入猪乳腺上皮细胞后，在长链脂肪酸 CoA 连接酶 3 的作用下被转化为活化形式的长链酰基辅酶 A；然后在脂肪酸结合蛋白 3 的作用下，活化形式的长链酰基辅酶 A 被转运至内质网膜；最后在甘油-3-磷酸酰基转移酶的催化下，脂肪酸结合蛋白被酯化为甘油-3-磷酸和溶血磷脂酸，并进一步生成磷脂酸、二酰甘油和 TG。新形成的 TG 在细胞质中形成脂滴并转移到顶膜，最终释放到猪乳中。

此外，乳腺上皮细胞还具有从头合成脂肪酸的能力。因为乳腺上皮细胞中表达有脂肪酸从头合成相关的基因乙酰辅酶 A 羧化酶 α、脂肪酸合酶、脂肪酸延伸及去饱和酶等，并且随着哺乳进程到达高峰期而逐渐上调。母猪血液中的短链脂肪酸可以在乙酰辅酶 A 合成酶短链家族 2/3 的作用下进入乳腺上皮细胞，并在脂肪酸合酶和乙酰辅酶 A 羧化酶的作用下形成脂肪酸。与上述基因的表达一致，常乳中甘油三酯、从头合成的脂肪酸、饱和脂肪酸和单不饱和脂肪酸的含量均显著高于初乳（Lü 等，2015）。相比牛奶而言，母猪乳 C14：0、C16：0 和 C16：1n-7 的含量较高，表明母猪乳腺具有旺盛的从头合成脂肪酸的能力（Lü 等，2015）。母猪泌乳启动以后，乳腺脂质摄取和合成能力均升高，对于满足乳脂合成、为仔猪的快速生长提供充足能量意义重大（Zhang 等，2018）。

第二节　母猪繁殖周期胆汁酸代谢特点

一、胆汁酸的结构和功能

胆汁酸是在肝脏中以不溶性的胆固醇为原料合成的一类可溶性物质，主要参与脂质的消化和吸收，并且具有多种生物学功能。胆汁酸由 4 个甾体环组成，这 4 个甾体环形成了一个具有凸出的疏水表面和含有羟基的凹下的亲水表面的碳氢化合物晶格。另外，胆汁酸分子中还有一个包含了 5 个碳原子的酸性侧链，该侧链可以与牛磺酸或甘氨酸发生酰胺化（de Aguiar 等，2013）。这种双亲性结构使胆汁酸具有洗涤剂的性质，能够形成胶束，促进脂质消化和吸收，以及促进脂溶性维生素（维生素 A、维生素 D、维生素 E 和维生素 K）的吸收。值得指出的是，胆汁酸分子在甾体骨架的 3 位、6 位、7 位和 12 位的 α 或 β 方向上是否存在羟基，会影响其溶解度和疏水性。这些微小的结构差异使不同胆汁酸对胆汁酸受体的亲和力存在显著差异。

二、胆汁酸的合成途径与分泌途径

（一）胆汁酸的合成途径

胆汁酸在肝脏内通过两种不同的途径合成（图 3-1）。其合成过程较为复杂，至少由 17 种酶参与胆固醇甾体环的修饰和侧链的裂解，以及随后与甘氨酸或牛磺酸结合形成初级胆汁酸的过程。在正常情况下，通过经典途径合成的胆汁酸至少占肝脏合成总胆汁酸的 75％。经典途径由胆固醇 7α-羟化酶（cholesterol 7α-hydroxylase，CYP7A1）催化的胆固醇的 7α-羟基化起始。CYP7A1 是肝脏胆汁酸合成的限速酶，决定肝脏胆汁酸的产量。

胆汁酸合成的替代途径由甾醇-27-羟化酶（sterol-27-hydroxylase，CYP27A1）起始，形成的 27-羟基胆固醇可通过氧固醇 7α-羟化酶（oxysterol 7α-hydroxylase，CYP7B1）进一步羟基化。在随后的几个反应步骤中，由胆固醇和氧固醇产生的 7α-羟基化中间体经过甾醇环修饰和侧变氧化缩短反应，可形成胆酸（cholic acid，CA）和鹅去氧胆酸（chenodeoxycholic acid，CDCA）。经典途径产生胆酸和鹅去氧胆酸，替代途径只产生鹅去氧胆酸。这两种主要胆汁酸的比例由甾醇 12α-羟化酶（sterol 12α-hydroxylase，CYP8B1）决定（Li-Hawkins 等，2002）。除了胆酸和鹅去氧胆酸外，小鼠还可以鹅去氧胆酸为底物，合成鼠胆酸（muricholic acid，MCA）和熊去氧胆酸（ursodeoxycholic acid，UDCA）作为初级胆汁酸（Sayin 等，2013）；猪则可以在细胞

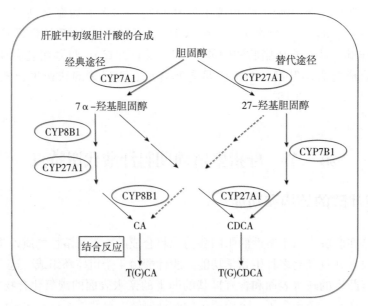

图 3-1　肝脏中初级胆汁酸的合成

色素 P450 3A4 酶（cytochrome P450 3A4，CYP3A4）的作用下通过 C-6α-羟基化将鹅去氧胆酸转化为猪胆酸（hyocholic acid，HCA）。在人的胆汁酸池中，熊去氧胆酸是一种次级胆汁酸，猪胆酸也可以被检测到，但鼠胆酸通常不能被检测到。与啮齿动物相比，猪胆汁酸池的组成和人更接近。

（二）胆汁酸的分泌途径

新合成的胆汁酸在被分泌进入胆小管之前，可通过胆汁酸辅酶 A 合成酶（bile acid-CoA synthetase，BACS）和胆汁酸辅酶 A 氨基酸-N-酰基转移酶，将牛磺酸（主要在小鼠上）或甘氨酸（主要在人和猪上）与胆酸和鹅去氧胆酸的 C24 位结合，形成牛磺胆酸（taurocholic acid，TCA）、牛磺鹅去氧胆酸（taurochenodeoxycholic acid，TCDCA）、甘氨胆酸（glycocholic acid，GCA）和甘氨鹅去氧胆酸（glycochenodeoxycholic acid，GCDCA）。初级胆汁酸与牛磺酸或甘氨酸结合后，增加了胆汁酸的亲水性，能促进胆汁酸在十二指肠的酸性环境中形成胶束，从而发挥其促进脂类消化的作用。

去结合胆汁酸可以通过扩散作用进出细胞，胆盐的跨膜转运则需要依赖特定的转运体。肝细胞向胆小管分泌胆盐需要通过胆盐输出泵（bile salt export pump，BSEP），而磷脂的转运需要依赖多耐药蛋白 2/3（multidrug resistance protein 2/3，MDR 2/3）。胆固醇由肝细胞向胆小管转运不仅需要依赖 ABCG5/ABCG8 转运体，而且还需要磷脂来接收跨膜转运的胆固醇。

肝细胞分泌的胆盐、磷脂和胆固醇进入胆囊后浓缩形成胆汁。胆汁的主要成分是水（85%），剩下的溶质是一种复杂的混合物，由胆盐（67%）、磷脂（22%）和胆固醇（4%）、电解质、矿物质、少量蛋白质、胆红素和胆绿素组成。另外，由于胆汁中存在胆红素和胆绿素，因此胆汁呈现黄绿色，甚至橙色。胆汁中存在的少量黏液和分泌型免疫球蛋白 A（secreted immunoglobulin A，sIgA），可能有助于其发挥抑菌作用。胆盐和磷脂胶束在溶解胆汁中的胆固醇方面起重要作用，从而防止胆固醇结晶的出现和胆固醇结石的形成（Wang 等，2009）。

存在于十二指肠食糜中的脂质可刺激肠黏膜分泌胆囊收缩素（cholecystokinin，CCK）并进入循环系统。CCK 既可作用于胆囊平滑肌细胞促进其收缩，也可作用于Oddi 括约肌并使其放松，从而使胆汁进入十二指肠（Chandra 和 Liddle，2007）。在肠腔内，含胆盐的混合胶束可促进脂溶性维生素的吸收，以及胰酶对日粮中脂质的消化和吸收。

三、胆汁酸的肠肝循环

由胆囊分泌进入十二指肠的胆盐，大约 95% 通过位于回肠远端肠上皮细胞刷状缘上的顶端钠依赖性胆汁酸转运体（apical sodium dependent bile acid transporter，ASBT）被重吸收。在肠上皮细胞内，胆盐可借助肠道胆汁酸结合蛋白（intestinal bile acid-binding protein，IBABP）转运至基底外侧膜，并通过有机溶质转运体 α/β（organic solute transporter α/β，OSTα/β）进入门静脉血液。另外，有一部分没有被重吸收的胆盐可在肠道微生物的作用下发生去结合反应，生成去结合胆汁酸。去结合胆汁酸的一部分，又可在特定肠道微生物的作用下生成次级胆汁酸。次级胆汁酸可通过被动转运被重吸收，或经粪便排出。在肠道被重吸收的胆汁酸通过门静脉循环到达肝脏后，大部分可通过钠-牛磺胆酸共转运多肽（sodium/ taurocholate co-transporting polypeptide，NTCP）和有机阴离子转运体（organic anion transporter，OATP）的主动转运作用进入肝细胞内（Thomas 等，2008；Chiang，2009）。在肝脏中，去结合胆汁酸重新与甘氨酸或牛磺酸结合，之后与新合成的胆盐一起被分泌进入胆囊，从而完成一次胆汁酸的肠肝循环。由于石胆酸（lithocholic acid，LCA）在高浓度时具有肝毒性，因此返回肝脏的少量 LCA 在分泌进入胆囊之前要经过硫酸化处理（由磺基转移酶 2A1催化），之后随粪便排出体外（Wang 等，2009）。

人胆汁酸池中含有 2～4g 胆汁酸，胆汁酸在肝脏和肠道之间每天发生 6～10 次循环。人体每天会有 0.2～0.6g 胆汁酸经粪排泄，这些损失的胆汁酸必须通过胆汁酸的从头合成（以胆固醇为原料）来补充。由于肝脏从门静脉血液（胆汁酸浓度 10～80mol/L）中回收胆汁酸是不完全的，因此在人和小鼠的外周循环中存在低水平的胆汁酸（2～10mol/L）。门静脉和全身血液中胆汁酸的浓度会随着食物的摄入而发生变化，并且胆汁酸的重吸收主要发生在餐后。母猪妊娠中后期血浆总胆汁酸浓度在餐后 8h 趋向于稳定（Wang 等，2019）。

四、法尼醇 X 受体调节胆汁酸的肠肝循环

鉴定法尼醇 X 受体（farnesoid X receptor，FXR），以及证明胆汁酸是 FXR 的内源配体，对于理解调控胆汁酸代谢的分子机制至关重要。

FXR 是人核受体转录因子超家族的 48 个成员之一。和许多核受体一样，FXR 包含

一个 DNA 结合域（DNA binding domain，DBD）、一个配体结合域（ligand binding domain，LBD）和其他激活域（Sonoda 等，2008；Calkin 和 Tontonoz，2012）。FXR 与 RXR 结合形成专性异二聚体后，与特定的 DNA 反应元件（FXR response element，FXRE）结合（Kalaany 和 Mangelsdorf，2006）。

在啮齿动物日粮中，添加胆汁酸可抑制肝脏 CYP7A1 的活性（Russell，2003）。而 FXR 基因敲除的小鼠，其体内的胆汁酸对 CYP7A1 mRNA 表达水平的抑制作用明显减弱，说明 FXR 在调节胆汁酸合成中发挥了重要作用（Sinal 等，2000）。这种对 CYP7A1 和 CYP8B1 的反馈抑制，至少包含两种不同的机制。一种机制是胆汁酸激活肝脏 FXR，导致小异质二聚体伴侣（small heterodimer partner，SHP）的表达量增加。SHP 是一个核受体，其结构中缺乏 DNA 结合域，并可作为转录抑制因子发挥作用（Zhang 等，2011）。在肝脏中，SHP 颉颃肝受体同源物 1 和肝细胞核因子 4α，后者正向调控胆酸和鹅去氧胆酸合成中的限速酶（CYP7A1 和 CYP8B1）的表达（Chiang，2009）。

胆汁酸合成反馈抑制的第二个机制涉及啮齿动物的成纤维细胞生长因子 15（fibroblast growth factor 15，FGF15），或人和猪的成纤维细胞生长因子 19（fibroblast growth factor 19，FGF19）。FGF15 和 FGF19 是 FGF 家的成员，可被分泌到血液中，并需要一种膜结合的共受体蛋白（β-klotho）来激活成纤维细胞生长因子受体 4（FGF receptor 4，FGFR4）。最初的研究表明，FXR 激动剂处理的人源肝脏细胞可诱导其分泌 FGF19（Holt 等，2003；Jones，2012）。然而，随后的研究表明，在人或小鼠的正常肝脏中 FGF15/19 的 mRNA 表达水平较低或是根本检测不到（Schaap 等，2009）。尽管如此，由胰腺肿瘤引起的肝外胆汁瘀积症患者的肝脏中可检测到 FGF19 mRNA 的表达。由此可以说明，至少在某些情况下肝脏 FGF19 具有自分泌的功能（Schaap 等，2009）。

在回肠远端肠上皮细胞中，FGF15 和 FGF19 的表达量相对较高。回肠远端肠上皮细胞重吸收的胆盐可激活肠道 FXR 并诱导 FGF15 和 FGF19 的表达，随后 FGF15 和 FGF19 被分泌进入外周循环。FGF15 和 FGF19 可与肝细胞膜上的 FGFR4/β-klotho 复合物结合，进而启动一个涉及 JNK 的细胞内信号级联反应，随后抑制肝脏 CYP7A1 mRNA 的表达和胆汁酸合成。由此可见，肠道来源的 FGF15 和 FGF19 可调控机体胆汁酸的合成。另外，FGF15 可与胆囊平滑肌细胞上的 FGFR4/β-klotho 复合物结合，促进胆囊平滑肌细胞内信号传导并使其放松，从而使胆囊及时充盈（Potthoff 等，2012）。

法尼醇 X 受体的胆汁酸依赖性激活也可调节肠肝循环的其他方面。在肝脏中，FXR 的激活诱导转运蛋白 BESP、MDR2、MDR3、ABCG5 和 ABCG8 的表达，这些转运蛋白可分别将胆盐、磷脂和胆固醇排入胆小管。同时，NTCP 的表达也被抑制，从而限制了胆盐由血液向肝细胞的转运。NTCP 抑制机制似乎依赖于转录抑制因子 SHP 的表达（Denson 等，2001）。因此，肝脏 FXR 的激活促进胆盐的外排，同时降低了胆汁酸的合成和血液中胆盐的再摄取。这些变化共同维持胆囊和肠道中胆汁酸浓度的适宜水平，同时将胆汁酸在肝脏中的累积限制在毒性水平以下。

在餐后，胆盐可通过回肠远端肠上皮细胞的顶端钠依赖性胆汁酸转运体（apical sodium dependent bile acid transporter，ASBT）重吸收。在回肠末端上皮细胞内，胆盐激活 FXR，诱导肠 FXR 靶基因的表达（Matsubara 等，2013）。同时，回肠末端上皮细胞内 FXR 的激活，可能通过增加 SHP 水平来抑制 ASBT，从而限制潜在毒性胆汁酸的过量摄入。在将胆盐从肠腔运输到门静脉血液的过程中，ASBT 和 OSTα/OSTβ 异二聚体发挥着至关重要的作用。

因此，存在于肝细胞和肠细胞中的 FXR，发挥着监测细胞内胆汁酸水平并改变相关基因表达的重要功能，以维持胆汁酸的肠肝循环，同时防止胆汁酸在细胞内的过度累积。

五、妊娠期胆汁酸代谢的变化

（一）妊娠期血清胆汁酸水平的变化

妊娠期代谢适应的一个显著特征是血清胆汁酸水平的逐渐升高。在人体上的研究发现，一般情况下血清胆汁酸水平增加是适度并且在正常参考范围内的，然而部分妊娠妇女会发生妊娠期肝内胆汁瘀积症（intrahepatic cholestasis of pregnancy，ICP），这是一种与包括死胎在内的不良妊娠结局相关的妊娠特异性疾病。在妊娠母猪上的研究也发现，妊娠母猪的胆汁酸稳态与胎儿的死亡高度相关。因此，妊娠期胆汁酸代谢稳态的维持对母猪正常妊娠至关重要。

随着妊娠的进程，血清胆汁酸呈进行性升高，其中初级胆汁酸的升高最明显。几项研究也报道，妊娠妇女血清中结合胆汁酸的含量较高（Brites，2002；Castano 等，2006），特别是牛磺结合胆汁酸增多（Castano 等，2006）。妊娠母猪血清总胆汁酸在妊娠第 90 天达到峰值（7.10～67.00μmol/L），并且是妊娠第 60 天（4.10～20.00μmol/L）的 1～8 倍（Wang 等，2019）。

（二）影响胆汁酸稳态的妊娠相关因素

导致妊娠期胆汁酸水平升高的主要原因尚不清楚，可能是一些妊娠信号的综合作用影响了胆汁酸代谢及胆汁酸在肝脏和肠道内的转运。临床和试验表明，妊娠激素影响胆汁酸代谢。啮齿动物在妊娠晚期，除了血清胆汁酸升高外，肝脏 FXR 活性也受到了抑制（Milona 等，2010）。在妊娠期，肝脏中相关转运蛋白（NTCP、OATPS、MRP3 和 BSEP）的表达量出现下调。这种下调与血清雌激素和黄体酮水平呈负相关。妊娠 60d 和妊娠 90d 的母猪，肝组织的总胆汁酸（total bile acid，TBA）水平不变，但妊娠 90d 母猪胆汁中的总胆汁酸水平低于妊娠 60d，说明经胆道分泌的胆汁酸减少（Wang 等，2019）。与妊娠 60d 相比，妊娠 90d 母猪肝脏 BESP 的表达量增加，并且负责将胆汁酸由肝脏运输至外周循环中的 OSTβ 的表达量也上调，这可能是妊娠 90d 的母猪其血清总胆汁酸水平升高的原因（Wang 等，2019）。

雌激素可引起胆汁瘀积（Yamamoto 等，2006；Wu 等，2015）。雌激素及其代谢产物可以抑制 FXR 的活性和 BSEP 的表达，增加 CYP7A1 的活性。给健康的非孕妇服用雌激素乙炔雌二醇丙醇磺酸盐后，其血清总胆汁酸水平显著升高，并且血清牛磺酸结合胆汁酸水平最明显（Barth 等，2003）。上述现象可能是由于肝脏钠-牛磺胆酸共转运多肽的表达被抑制，从而使肝细胞从血液中摄取牛磺酸结合胆汁酸的能力下降。与雄性

小鼠相比，雌性小鼠中的雌激素降低了肝脏中钠-牛磺胆酸共转运多肽的表达（Simon
等，1999）。

黄体酮对胆汁酸代谢有直接影响的证据有限，最近的研究主要集中在硫酸黄体酮代
谢产物上。与黄体酮相似，随着妊娠的进程，血清中黄体酮的硫酸盐代谢物水平也会升
高（Kancheva 等，2007）。表异孕甾体硫酸萘咪酮作为黄体酮代谢产物，已被证明能够
竞争性地抑制钠依赖性胆汁酸的转运（Abu-Hayyeh 等，2010），而钠依赖性胆汁酸转
运的抑制可能导致妊娠期高胆烷血症。此外，另一种黄体酮代谢物——异孕酮硫酸酯
（PM4S）已被证明可以抑制 BESP 介导的胆汁酸的外排（Vallejo 等，2006）。体外研究
表明，作为 FXR 的部分激动剂，表异孕甾体硫酸萘咪酮可降低其活性，从而促进胆汁
瘀积（Abu-Hayyeh 等，2013）。因此，硫酸黄体酮可能对妊娠期胆汁酸水平的升高起
到重要的促进作用。

最近在小鼠上的研究也表明，妊娠期回肠 FXR 的活性降低，妊娠晚期回肠
FGF15、SHP 和 IBABP 的 mRNA 表达量显著降低（Moscovitz 等，2016；Moscovitz
等，2017）。另外，FXR 激动剂 GW4064 处理可在一定程度上恢复上述基因的表达
（Moscovitz 等，2016）。妊娠期间回肠 FGF15 的表达量减少，可能会导致其对肝脏胆汁
酸合成的抑制作用减弱。

六、胆汁酸与妊娠期疾病

（一）妊娠期肝内胆汁瘀积

对于大多数女性来说，随着妊娠期的进程，血清总胆汁酸水平会有轻微的升高，但
仍会低于正常参考范围的上限（一般界定为 $10\sim14\ \mu mol/L$）。然而，在某些情况下，
血清总胆汁酸水平会超过这一正常范围。母猪妊娠期的血清正常总胆汁酸浓度目前还没
有相关报道。当孕妇伴有其他无法解释的肝损伤时，可诊断为妊娠期肝内胆汁瘀积症。
胆汁瘀积症的发病机制目前尚不清楚，可能与地域、人种、季节等有关。

对于母体来说，尽管胆汁瘀积症并非是一种恶性疾病，但其与羊水胎粪污染、自发
性早产、胎儿宫内突然死亡等并发症的风险增加有关。胆汁瘀积症表现为肝功能异常引
起的瘙痒，但分娩后该症状消失。血清总胆汁酸水平升高是胆汁瘀积症的主要生化特
征。其他临床特征包括血清丙氨酸转氨酶和天冬氨酸转氨酶浓度轻微升高，并且谷胱甘
肽 S-转移酶 α 浓度也升高（Joutsiniemi 等，2008）。此外，胆汁瘀积症还与血脂异常和
糖耐量受损有关，表明胆汁酸对机体整体代谢产生了广泛影响（Nikkila 等，1996；
Dann 等，2006）。

一般胆汁瘀积症的诊断指标是血清总胆汁酸水平异常升高，但血清胆汁酸谱也发生
了改变。大多数研究一致认为胆酸浓度升高，鹅去氧胆酸浓度略有升高，甚至有所下
降，从而进一步提高了 CA/CDCA 的值（Brites 等，1998）。不同胆汁酸的种类分布很
重要，因为胆酸比鹅去氧胆酸更亲水，因此 CA/CDCA 的值决定了胆汁酸池的疏水性。
疏水性胆汁酸的毒性更强，肝内高水平的疏水性胆汁酸可诱导肝细胞凋亡。因此，亲水
性强的胆汁酸池对肝脏具有保护作用。

与正常孕妇相比，胆汁瘀积症孕妇体内去结合胆汁酸与结合胆汁酸的比例发生了变

化，并且伴有 LCA 浓度的升高。提示胆汁瘀积症孕妇胆汁酸池的疏水性增强，将对孕妇的健康产生不利影响（Castano 等，2006）。事实上，其他研究也有相反的报道。比如研究发现，胆汁瘀积症孕妇血清总胆汁酸水平升高，主要是由于结合胆汁酸水平升高（Estiu 等，2015），尤其是牛磺结合胆汁酸水平的升高，因而降低了甘氨结合胆汁酸与牛磺结合胆汁酸的比值（Brites 等，1998）。次级胆汁酸猪去氧胆酸占母猪妊娠 60d 和 90d 血浆总胆汁酸的比值大约都为 50%，并且母猪妊娠 60~90d 血浆总胆汁酸水平升高主要是由于猪去氧胆酸的水平升高的结果（Wang 等，2019）。

胆汁瘀积症的主要治疗方法是口服熊去氧胆酸。熊去氧胆酸是一种亲水性的次级胆汁酸，在人和鼠的胆汁酸池中所占比例较小，但在猪的胆汁酸池中所占的比例高达 44%（Spinelli 等，2016）。熊去氧胆酸被用于治疗多种胆汁瘀积性肝病，如原发性胆道硬化。临床研究表明，熊去氧胆酸治疗可以降低胆汁瘀积症孕妇血清总胆汁酸和 ALT 水平（Bacq 等，2017）。熊去氧胆酸治疗能够诱导 BSEP、MDR3 和 MRP4 的表达，从而促进胆汁酸的外排。研究显示，熊去氧胆酸治疗在降低胆汁瘀积症孕妇血清总胆汁酸水平，以及减少瘙痒和早产发生率方面是有效的（Bacq 等，2012；Kong 等，2016）。

在人和动物上的研究表明，雌激素和黄体酮及其代谢物都与发生胆汁瘀积症的原因有关。在大约 80% 的病例中，妇女在妊娠晚期出现胆汁瘀积症（Kenyon 等，2002），此时黄体酮和雌激素的水平最高。双胎妊娠中胆汁瘀积症的发病率增加进一步支持了这一观点，因为双胎妊娠的孕妇血清激素水平更高（Gonzalez 等，1989）。与正常妊娠相比，胆汁瘀积症孕妇血清和尿中硫酸黄体酮代谢物水平明显升高，说明硫酸黄体酮代谢物也参与了胆汁瘀积症的发病机制。此外，熊去氧胆酸治疗已被证明可降低血清中硫酸黄体酮代谢物的水平（Glantz 等，2008；Abu-Hayyeh 等，2016）。

（二）妊娠期糖尿病

正常妊娠过程中会出现胰岛素抵抗，但在某些情况下可能会发展为妊娠期糖尿病（gestational diabetes mellitus，GDM）。妊娠期糖尿病被描述为在妊娠期首次被诊断为葡萄糖耐受不良。妊娠期糖尿病的发病机制还不清楚，但是妊娠期糖尿病与妊娠期间发生的其他代谢变化之间存在关系。对啮齿动物和人的研究表明，胆汁酸和 2 型糖尿病之间存在关联，这使人们开始关注胆汁酸在妊娠期糖尿病发展过程中的作用。在 1 型糖尿病和 2 型糖尿病的啮齿动物模型中，*FXR* 基因的表达降低，并且 *FXR* 基因敲除小鼠发生胰岛素抵抗，显示了与妊娠的相似之处。

牛磺酸结合的胆汁酸和血糖指数之间存在强的负相关，能够区分健康受试者和患有妊娠期糖尿病的女性（Dudzik 等，2014）。此外，已有研究显示胆汁瘀积症患者发生妊娠期糖尿病的风险增加（Martineau 等，2014）。胆汁瘀积症与糖耐量受损和胎儿出生后体重增加有关，这两者都是妊娠期糖尿病的特征（Martineau 等，2015）。有证据表明，FXR 和 TGR5 受体都参与了葡萄糖稳态，因此 FXR 和 TGR5 活性的降低可能导致妊娠期糖尿病的易感性增加（Ma 等，2006；Kumar 等，2012）。此外，与正常孕妇相比，妊娠期糖尿病孕妇血浆 FGF19 水平有所下降，这可能是肠道 FXR 激活减少的结果（Wang 等，2013）。

七、胆汁酸和胎盘

(一) 胆汁酸的吸收与外排

成人可通过肝胆和肾脏系统将胆汁酸和胆色素排出体外，但这些系统在胎儿中是不成熟的，因此胎儿不能用于这些代谢废弃物的排泄。有毒化合物通过胎盘转移到母体肝脏后进行生物转化和清除，以防止其在胎儿体内积聚。对啮齿动物的研究表明，这种转运在胆汁瘀积症中受损（Macias 等，2000）。在母猪上的研究显示，母体来源的胆汁酸导致胎盘总胆汁酸水平升高，并且使胎盘参与胆汁酸转运的相关基因表达失调，从而可能损害胎儿来源的胆汁酸的跨胎盘转运。

母体和胎儿之间营养物质和气体的交换是通过胎盘进行的，同时胎盘可保持母体和胎儿循环系统的相对独立。营养物质和气体交换发生在由胎儿毛细血管、绒毛间质和母体滋养层组成的胎盘绒毛树内。滋养层主要由极化的合胞体滋养层细胞组成，具有面向母体的顶膜和面向胎儿的基底侧膜。滋养层可起到限速屏障的作用。一些胎盘中的转运系统已被证明具有清除胎儿体内胆汁酸的功能。胆汁酸可通过简单扩散穿过胎盘，但由于其具有疏脂性，因此这种转运方式的效率很低。利用人和大鼠滋养层细胞进行的体外研究显示，胎盘膜上的一些载体蛋白可运输胆汁酸。

胎盘滋养层基底膜从胎儿循环中摄取胆汁酸是胆汁酸跨胎盘转运的前提。在肝脏中，钠依赖性胆汁酸的摄取是由 NTCP 介导的。这些转运蛋白在胎盘中似乎不具有相同的重要性，并且已发现表达缺失或非常低（Patel 等，2003；Ugele 等，2003）。

许多证据显示，有机阴离子转运体 OATP 家族成员参与了胎儿胆汁酸和胆色素在基底膜上的转运。OATP1A1、OATP1A4 和 OATP1B2 在雌性大鼠正常妊娠期间的表达量较低，但在雌性大鼠发生胆汁瘀积时的表达量上调（Serrano 等，2003）。但有报道称，患有胆汁瘀积症的女性胎盘中，OATP1A2 和 OATP1B3 的表达量下调（Wang 等，2012）。其他转运体，如有机阴离子转运体 4、有机阳离子转运体 3 和 OSTα 在胎盘基底膜中均有表达，但缺乏这些转运体从胎儿循环中摄取胆汁酸的功能性证据（Serrano 等，2007）。

胎盘表达多种 ABC 转运体，如 MDR1 分布于合胞体滋养层细胞顶膜。MRP 家族的成员也存在于胎盘中，MRP2 定位于顶膜，MRP1 和 MRP3 位于胎儿血管的内皮中，并且在顶膜中也有少量表达。ABCG2 也被称为乳腺癌耐药蛋白，已被确定在胎盘运输胆汁酸中起关键作用（Marin 等，1995；Blazquez 等，2012）。ABCG2 位于滋养层细胞的顶膜及胎儿血管绒毛膜中，并且能够运输硫酸化和非硫酸化的胆汁酸（Blazquez 等，2012）。此外已显示，ABCG2 在胆汁瘀积症患者的胎盘中上调，在熊去氧胆酸治疗后进一步增加（Azzaroli 等，2013；Estiu 等，2015），表明熊去氧胆酸可以一定程度上保护胎盘防止高水平的胆汁酸对其产生毒害作用。

除了转运外，胎盘还具有几种类似于肝脏中修饰胆汁酸的酶，这些酶可以修饰一些胎儿来源的胆汁酸以增加其溶解度并促进其排泄。促进胆汁酸葡萄糖醛酸化的葡萄糖醛酸转移酶和催化磺酸盐胆汁酸形成的硫酸基转移酶也被证明可在人类胎盘中表达（Collier 等，2015）。

（二）胎盘中的胆汁酸受体

对啮齿动物和人的研究表明，参与胆汁酸调节的核受体也在胎盘中表达，但不太可能在胎盘胆汁酸代谢中发挥作用（Serrano 等，2007；Geenes 等，2011）。这与胎盘中 BSEP 的低表达有关，说明与肝脏相比，FXR 的靶点对该组织中胆汁酸的外排并不重要。此外，在胆汁瘀积症发生时，胆汁酸核受体信号传导途径中的相关基因在胎盘中的表达量不会上调（Geenes 等，2011）。相比之下，在最近一项关于雌激素诱导的小鼠母体胆汁瘀积的研究中发现，给予 FXR 激动剂能够降低胆汁酸水平，改善胆汁瘀积相关胎盘表型并诱导 BSEP 在胎盘中的表达（Wu 等，2015）。

另一种主要的胆汁酸受体——TGR5，被证实在胎盘中以高水平表达。TGR5 定位于胎儿巨噬细胞，并且也少量存在于滋养层细胞中。在胆汁瘀积症患者和阻塞性胆汁瘀积大鼠的胎盘中，TGR5 基因的表达量出现下调（Keitel 等，2013）。然而，TGR5 对次级胆汁酸 LCA 和 DCA 的亲和力高于胆酸和鹅去氧胆酸，后者在妊娠期和胆汁瘀积症孕妇的血清中浓度较高。

（三）胆汁瘀积症引起的胎盘变化

在胆汁瘀积症患者中，胆汁酸通过胎盘转运受损，并且与转运蛋白的表达变化有关。然而，暴露于高水平的胆汁酸中（如胆汁瘀积症），也被证明对其他生理过程有影响，这突出了胆汁酸在胆汁瘀积症背景下的复杂作用。

妊娠期胆汁瘀积会对胎盘产生多种不利影响。胆汁瘀积症患者胎盘出现形态学异常，如合胞体结的发生率增加（合胞体结被认为是细胞凋亡的区域）、绒毛间隙减少和血管变小。在体外用胆汁酸处理人胎盘外植体，证实了胆汁酸在胎盘病理变化中的作用。此外，胆汁酸已被证明会导致胎盘绒毛膜血管收缩。在接受熊去氧胆酸治疗的妇女的胎盘中观察到，合胞体结构（Geenes 等，2011）和胶原蛋白的数量都减少（Wikstrom 等，2012）。胎盘中的这些结构变化（涉及胆汁酸造成的胎盘病理变化），可能会对胎儿造成严重后果，如胎盘功能不全和使胎儿暴露于缺氧环境中。

高水平的胆汁酸除了会引起形态学上的变化之外，还会在分子水平上引起变化。有研究显示，胆汁瘀积症患者胎盘中许多分子通路发生改变，包括免疫反应和血管生成（Wei 等，2010；Du 等，2014）。此外，蛋白质组分析显示，健康孕妇胎盘和胆汁瘀积症孕妇胎盘的蛋白质谱发生了显著变化（He 等，2014）。在胆汁瘀积症孕妇的胎盘中，氧化应激增加，基因表达研究表明线粒体基因表达也受到影响。此外，在啮齿动物和人的研究表明，胆汁酸通过激活 TGR5/磷酸肌醇 3-激酶/NF-Kb 通路诱导胎盘炎症（Zhang 等，2014；Zhang 等，2016）。

八、胆汁酸和胎儿

（一）胎儿胆汁酸代谢

胎儿早在母体妊娠的第 12 周就能合成胆汁酸。自妊娠中期以后，胎儿肝脏中参与胆汁酸代谢的关键基因，如 *FXR*、*BSEP* 和 *MRP2* 已有表达（Chen 等，2005），但此时胎儿对胆汁酸的运输和代谢效率较低（Balistreri，1991）。引起胎儿血清中胆汁酸浓度高于母体胆汁酸浓度，这种现象一直持续到胎儿出生以后。由于胎儿肝胆系统不成熟，不能将胆汁酸和胆色素分泌到胆汁中，因此必须依靠胎盘将这些潜在的有毒化合物从胎儿一侧清除。另外，胎儿肠肝循环系统也不发达，对回肠中胆汁酸的重吸收有限，并且上述现象在胎儿出生后持续一段时间（Balistreri，1991）。然而，啮齿动物回肠 ASBT 在胎儿期就已表达，但在胎儿出生后下调，并且在断奶后再次上调（Shneider 等，1997）。IBABP 可在出生前的小鼠回肠中表达，并在断奶期间显著增加，但大鼠没有上述现象（Crossman 等，1994）。然而，有限的功能研究显示回肠 FXR 可在胎儿期激活。

孕妇在正常妊娠过程中，胎儿血清中总胆汁酸水平略高于母体。在母猪妊娠 60d、90d 和分娩当天，胎猪脐带血总胆汁酸水平都低于母体的总胆汁酸水平，并且胎猪脐带血总胆汁酸水平在母猪分娩当天最高（Wang 等，2019）。

与成人一样，胎儿血清和胆汁中主要是牛磺和甘氨结合的胆酸和鹅去氧胆酸。胎儿胆汁酸代谢在某些方面与成人不同。在胎儿期，胆汁酸主要通过替代途径合成。与此一致，在妊娠前半期的胎儿血清和胆汁中，胆酸和鹅去氧胆酸的比值发生逆转，鹅去氧胆酸成为主要的胆汁酸。研究表明，鹅去氧胆酸在胎盘中的转运能力低于胆酸，这也是造成胎儿血清及胆汁中胆酸和鹅去氧胆酸的比值发生逆转的原因之一（Monte 等，1995）。然而，随着妊娠的进程，胆酸与鹅去氧胆酸的比值增加。与成人相反，在胎儿胆囊中牛磺结合胆汁酸占总胆汁酸的比例超过 85%。另外，胎儿胆汁中还少量存在某些通常在健康成年人中不存在胆汁酸，如 1-羟基（C-1）胆汁酸、4-羟基（C-4）胆汁酸和 6-羟基（C-6）胆汁酸（Setchell 等，1988）。上述胆汁酸也存在于羊水（Nakagawa 和 Setchell，1990）和新生儿的胎粪（Back 和 Walter，1980）中。通常情况下，这些胆汁酸仅在患有胆汁瘀积性疾病的成人中合成。这是由于胎儿生命中存在一种替代的合成途径，其中胆酸通过 4-羟基化转化为其他胆汁酸，使其更加亲水，从而降低其毒性。

硫酸盐化似乎在胎儿胆汁酸代谢中不起关键作用。胎儿在早期或晚期发育过程中，胆囊中不存在硫酸化胆汁酸（Naritaka 等，2015）。硫酸盐化是增加胆汁酸溶解度以允许胆汁酸通过粪便和尿液排泄的关键步骤，因此这对于发育中的胎儿不是必需的。然而，在胎粪中已经观察到硫酸化胆汁酸，这表明也有胆汁酸从母体向胎儿转移。与此一致，母体胆汁酸存在于羊水中。由于胎儿吞下羊水，因此这些胆汁酸也存在于肠道中。同样，胎儿肝脏无法合成的毒性更强的次级胆汁酸也存在于肠道中。由于胎儿期缺乏肠道菌群，因此次级胆汁酸和硫酸化胆汁酸很可能来自母体。

（二）胆汁瘀积症对胎儿胆汁酸稳态的影响

大多数研究表明，由于患有胆汁瘀积症的女性血清总胆汁酸水平升高，胎盘胆汁酸梯度被逆转，因此胎儿血清总胆汁酸水平也轻微升高。经熊去氧胆酸治疗后，胎盘胆汁酸梯度可正常化，显著降低了胎儿和母体血清总胆汁酸水平（Geenes 等，2014）。虽然熊去氧胆酸治疗可将母体胆汁酸谱恢复到与正常妊娠相似，但其对胎儿胆汁酸池的组成没有影响。

母体血清总胆汁酸水平的这种异常升高，可能是造成胆汁瘀积症相关胎儿并发症的原因。当母体血清总胆汁酸水平超过 $40\mu mol/L$ 时，与不良的妊娠结局存在显著相关性。母体血清总胆汁酸水平在 $40\mu mol/L$ 的基础上每增加 $1\mu mol/L$，胎儿并发症发生的风险可增加 $1\%\sim2\%$（Glantz 等，2004）。胎盘形态和功能的改变也可能与不良的妊娠结局相关。此外，胆汁瘀积症与胎儿心律失常之间存在关联，这可能是患胆汁瘀积症孕妇，胎儿突然发生宫内死亡的原因之一。

第三节　妊娠母猪体脂过度沉积对繁殖性能的影响

背膘厚作为反映母猪体脂含量的指标，在生产中常用作评价母猪饲喂效果的依据。由于妊娠末期背膘过高会显著降低母猪的繁殖性能，增加死胎数和难产率，抑制乳腺发育和泌乳启动，延长断奶发情间隔，并导致母猪运动困难而增加淘汰率；此外，妊娠期过肥还会降低母猪泌乳期采食量，造成仔猪断奶重降低，并会增加母猪泌乳期体损失，影响母猪使用年限。因此，控制妊娠母猪体脂过度沉积，对于提高母猪的繁殖性能具有重要意义。

一、母猪背膘厚对胎盘血管生成和胎儿发育的影响

（一）脂毒性概念及机制

脂毒性（lipotoxicity）概念最早由 Roger Unger 于 20 世纪 90 年代早期提出，他认为过度的脂质沉积是发生糖尿病和代谢紊乱的最初诱因（Unger，1995）。随后 20 多年的研究很好地支持了他的脂毒性假设，当限制脂肪组织贮存脂肪能力，或者促进脂质异位沉积时均会导致代谢障碍（Chaurasia 等，2015）。并且，据此开发出了一系列药物，如噻唑酮类化合物可以促进脂质安全储存，以及促进脂质氧化药物二甲双胍等（Unger 等，2010）。

脂肪酸经过转运进入细胞以后可以在线粒体中进行氧化代谢，或通过内质网合成途径转化为更加复杂的脂质，如二酰甘油酯（diacylglycerol，DAG）、甘油三酯（triglyceride，TG）、磷脂、鞘磷脂、神经酰胺（ceramide）等。其中，DAG 和神经酰胺被认为是最常见的脂毒性物质，可以诱导炎症、氧化应激和细胞损伤（Shulman，2014）。DAG 是甘油三酯生成的中间产物，过多的游离脂肪酸会增加细胞内 DAG 的累积，进而激活蛋白激酶 C（protein kinase C，PKC）。PKC 一方面会激活 NADPH 氧化酶活性，增加活性氧（reactive oxygen species，ROS）产量；另一方面可以抑制胰岛素受体底物 1/2 酪氨酸磷酸化，从而抑制胰岛素信号。另外，高浓度的游离脂肪酸可以作用于细胞膜上的 toll 样受体 4（toll-like receptor 4，TLR4），激活炎症信号（Boden，2008）。乙酰辅酶 A：二酰甘油酰基转移酶（Acyl-CoA：diacylglycerol acyltransferase，DGAT）是催化 DAG 生成 TG 的限速酶，在小鼠中敲除 DGAT 会造成 DAG 累积，甘油三酯含量降低，引发脂毒性（Senkal 等，2017）。

相比之下，只有一小部分脂肪酸进入神经酰胺的生物合成途径中。细胞内的神经酰胺主要有 3 种来源，分别为从头合成途径、鞘磷脂水解途径，以及晚期内体/溶酶体补

救途径，其中从头合成途径占主要部分。

神经酰胺的从头合成以棕榈酰辅酶 A 和丝氨酸为底物，在丝氨酸棕榈转移酶的催化下，于内质网中生成。因此，饱和脂肪酸摄取过多也是造成神经酰胺累积的重要原因之一（Ueda，2015）。与 DAG 类似，细胞中的神经酰胺累积会诱发细胞损伤，一方面神经酰胺可以通过激活蛋白磷酸酶（protein phosphatase 2A，PP2A）和 PKC，降低 AKT 磷酸化从而抑制胰岛素信号；另一方面，神经酰胺可以诱发内质网应激，抑制线粒体脂肪酸氧化，并通过激活 NLRP3 炎性小体促进炎症的发生（Chaurasia 等，2015）。

在 HFD 诱导的小鼠肥胖模型，以及棕榈酸诱导的心肌细胞脂毒性模型中均出现神经酰胺累积，造成线粒体功能失调、氧化应激及细胞凋亡增加。当抑制神经酰胺的生物合成时，棕榈酸诱导的心肌细胞氧化应激、炎症和细胞凋亡会得到显著缓解（Law 等，2018）。神经酰胺可以在神经酰胺合成酶-酯酰辅酶 A 合成酶-乙酰辅酶 A：二酰甘油酰基转移酶复合体的催化下，以神经酰胺和酯酰辅酶 A 为底物，合成酰基神经酰胺贮存于脂滴中。当抑制酰基神经酰胺合成时，细胞内神经酰胺可显著累积，致使细胞凋亡增加（Senkal 等，2017）。

除了从头合成以外，神经酰胺生成途径还涉及鞘磷脂的水解生成，以及晚期内体/溶酶体补救途径两种方式。其中，鞘磷脂的水解反应发生在质膜、溶酶体、内质网、高尔基体和线粒体中，由酸性鞘磷脂酶或中性鞘磷脂酶介导，产生神经酰胺和胆碱，是细胞内神经酰胺生成的最主要来源（Bartke 和 Hannun，2009）。晚期内体/溶酶体补救途径主要涉及鞘氨醇的循环代谢。鞘氨醇是由鞘氨醇脂类和糖类鞘氨醇的分解产生的，并出现在溶酶体和/或晚期内体的酸性亚细胞室中。补救途径可能占细胞内鞘脂生物合成的一半以上（Kitatani 等，2008）。

（二）对胎盘脂毒性的影响

孕妇妊娠期肥胖会增加脂质沉积到胎盘组织中，引发胎盘脂质毒性，导致胎盘 ROS 水平升高，氧化应激增强（Hastie 和 Lappas，2014；Malti 等，2014；Calabuig-Navarro 等，2017）。在生理状态下，ROS 对内皮细胞血管生成具有重要作用，可以引起多种炎症相关转录因子的表达，从而促进血管生成及滋养层细胞入侵（Pereira 等，2015）。然而大量的 ROS 又会造成细胞损伤，影响组织功能，导致一系列的妊娠障碍，包括早产（Kovo 等，2013）、子痫前期胎儿宫内发育迟缓（Barut 等，2010），以及许多情况下的自发流产。与其一致的是，妊娠期肥胖会显著增加妊娠高血压和 PE 风险（Moran 等，2015；Howell 和 Powell，2017）。另外，大规模群体统计结果表明，与推荐的妊娠体重指数（body mass index，BMI）相比，妊娠期肥胖孕妇产出低初生重（<2 500g)胎儿的概率显著升高（Crane 等，2009）。

同时，肥胖引发的胎盘脂质毒性还会显著激活炎症信号通路，抑制胎盘血管生成相关基因的表达。肥胖人群胎盘 NFκB 信号通路显著激活，炎症相关基因表达量上调，而血管生成相关基因低氧诱导因子 1α（hypoxia inducible factors，HIF1α），血管内皮细胞生长因子-A（vascular endothelial growth factor-A，VEGF-A），血管生成素样 6（angiopoietin-like protein 6，ANGPTL6）等表达量显著下调，表明妊娠期肥胖可能会影响胎盘血管生成（Saben 等，2014）。

在母猪上的研究同样发现，与适宜背膘母猪相比（17～18mm），高背膘（≥23mm）母猪胎盘甘油三酯和游离脂肪酸的水平更高，并且胎盘总的脂质含量与仔猪初生重、初生窝重及胎盘效率均呈显著的负相关（Kim 等，2015；Zhou 等，2018）。此外，检测胎盘炎症基因表达和氧化应激时发现，肥胖母猪胎盘脂质过氧化物丙二醛，以及 ROS 水平均显著升高，而胎盘总超氧化物歧化酶（superoxide dismutase，SOD）活性降低（徐涛等，2017）。因此，控制母猪妊娠期的背膘厚，对于减少因肥胖引起的胎盘脂毒性，保障胎盘血管的正常发育，减少胎儿宫内发育迟缓（intrauterine growth restriction，IUGR）仔猪发生率具有积极意义。

二、对乳腺发育和泌乳性能的影响

（一）对乳腺发育和泌乳能力的影响

母猪妊娠期体脂沉积过多或过少都会影响乳腺发育，从而影响母猪妊娠期的泌乳能力。孕妇在妊娠前、妊娠期间和哺乳期间的肥胖均会干扰乳腺的发育（Cleary，2013）。这是因为母体肥胖往往伴随相关激素水平的改变，如胰岛素、瘦素、雌激素和胰岛素样生长因子水平改变，并导致代谢异常（Cleary，2013）。这些变化最终会导致乳汁分泌延迟，增加妊娠并发症的风险，并可能因此导致泌乳停止（Rasmussen，2007）。

对初产母猪而言，妊娠末期的背膘厚度小于 15mm 时，乳腺中的 DNA 含量显著降低，表明乳腺组织的发育受到抑制。但当初产母猪妊娠末期背膘厚度大于 36mm 或经产母猪妊娠 109d 背膘厚度大于 26mm 时，也会显著抑制乳腺发育（Farmer，2015）。妊娠期母猪摄入代谢能增加会损害乳腺发育。妊娠第 75 天代谢能从 2.4×10^7 J 增加到 4.4×10^7 J，会显著降低妊娠第 105 天乳腺实质重量和 DNA 含量（Weldon 等，1991；Farmer，2015）。在泌乳第 2 周和第 4 周时，肥胖母猪产奶量分别比对照组母猪低 10% 和 15%（Revell 等，1998b）。相似的，与低脂饲喂小鼠相比，喂食高脂日粮的小鼠其初情期乳腺导管出现异常性延长，并且乳腺上皮细胞增殖减少（Kamikawa 等，2009；Olson 等，2010）。因此，在生产实践中，维持妊娠母猪适宜的膘情，对乳腺发育和提高母猪泌乳能力具有重要意义。

（二）对乳成分的影响

母猪初乳中含有丰富的脂肪、蛋白质、乳糖和大量的免疫球蛋白（表 3-1），对于仔猪快速获取能量、提高抵御外界应激能力至关重要（Salmon，1999）。仔猪出生时需要大量运动以寻找乳头和争夺占有权，同时也需要较高的产热以维持体温，因此及时吃上初乳对于仔猪存活十分关键（Quesnel，2011）。

表 3-1 母猪初乳和常乳乳成分及免疫球蛋白的含量

项　目	初　乳		早期常乳		成熟乳		SEM
	0	12h	24h	36h	72h	17d	
100g 乳汁中乳脂肪含量（g）	5.1[c]	5.3[c]	6.9[bc]	9.1[a]	9.8[a]	8.2[b]	0.5
100g 乳汁中乳蛋白含量（g）	17.7[a]	12.2[b]	8.6[c]	7.3[cd]	6.1[d]	4.7[e]	0.5

（续）

项　目	初　乳		早期常乳		成熟乳		SEM
	0	12h	24h	36h	72h	17d	
100g 乳汁中乳糖含量（g）	3.5[d]	4.0[c]	4.4[bc]	4.6[b]	4.8[ab]	5.1[a]	0.1
100g 乳汁中干物质含量（g）	27.3[a]	22.4[b]	20.6[b]	21.4[b]	21.2[b]	18.9[c]	0.6
能量（kJ/100g）	260[d]	276[d]	346[c]	435[ab]	468[a]	409[b]	21
IgG（mg/mL）	61.8				1.6		—
IgA（mg/mL）	11.3				4.1		—
IgM（mg/mL）	3.8				1.5		—

注：同行上标不同小写字母表示差异显著（$P<0.05$）；计算能量时，不包含乳蛋白提供。
资料来源：Salmon（1999）和 Theil 等（2014）。

　　母猪体况不仅会影响乳腺发育和泌乳能力，而且可能影响乳成分。母猪妊娠末期体重与初乳中能量和脂肪含量呈显著负相关（分别为-0.429和-0.467），与初乳中亚油酸和亚麻酸呈正相关（分别为-0.417和-0.493）（Rekiel 等，2011）。相似的，妊娠小鼠高脂肪饮食增加了乳腺上皮细胞脂质沉积的概率，泌乳当天窝增重和 α-乳清蛋白含量显著降低。在哺乳的第 10 天，肥胖小鼠中乙酰辅酶 A 羧化酶的活性也降低，表明高脂日粮抑制了乳腺中脂肪酸的从头合成（Flint 等，2005）。

三、对泌乳期采食量的影响

（一）对泌乳期采食量的影响

　　母猪妊娠期的体脂沉积，不仅对乳腺发育、泌乳性能和乳成分有影响，还与母猪泌乳期采食量呈显著负相关。

　　母猪进入泌乳期后，需要大量的能量进行泌乳以满足仔猪快速生长的需要。因此，母猪泌乳期往往会动用自身的体储以合成乳汁。这也就意味着，如果母体的营养储备不足，以过薄的背膘进入泌乳期时，会显著减少泌乳量，进而降低仔猪育成率和断奶重。然而值得注意的是，妊娠期过多的体脂沉积并不预示着母猪泌乳期一定能提供更高的泌乳量。随着妊娠第 109 天背膘厚的增加，美系大白猪泌乳期采食量呈现极显著的线性下降趋势，背膘厚大于 25mm 的母猪其泌乳期平均日采食量比 17～18mm 母猪低 0.7kg 以上（Zhou 等，2018）。

　　由于由摄食提供的能量相对于体成分动用提供的能量更为重要，因此泌乳期采食量不足往往会导致母猪泌乳性能和仔猪生长性能下降。因此，控制分娩时母猪的背膘厚，是提高母猪泌乳期采食量和仔猪生长性能的关键（Eissen 等，2000）。

（二）影响泌乳期采食量的机制

　　在妊娠期，母猪经历了一系列的生理上和代谢上的改变，包括进程性的胰岛素抵抗，以增加血糖和甘油三酯含量，供给胎儿生长发育及泌乳启动（见第四章）。然而，母猪妊娠期背膘过厚引起的胰岛素敏感性降低，不利于母猪泌乳期采食量的提高，并会造成泌乳期更多的体脂动员，影响繁殖性能和种用年限（Mosnier 等，2010a，2010b；

Herrera 和 Desoye，2016）。

1. 胰岛素敏感性对泌乳期采食量的影响 胰岛素是胰岛 β 细胞分泌的一种蛋白质激素，在肥胖和 2 型糖尿病进程中的分泌量增加。中枢神经系统中的胰岛素信号在能量稳态调控中具有重要作用。循环系统中的胰岛素可经过特异性的饱和转运的方式穿过血脑屏障进入下丘脑弓状核，抑制神经肽 Y（neuropeptide Y，NPY）的合成，并增加阿黑皮素原（pro-opiomelanocortin，POMC）的表达，从而抑制采食（Xu 等，2005）。对中枢神经系统特异性缺失胰岛素受体小鼠的研究发现，胰岛素受体缺失不影响小鼠的大脑发育和神经元存活，然而敲除胰岛素受体基因后增加了小鼠的采食量，以及血浆瘦素、胰岛素和甘油三酯水平，并发展为日粮敏感性肥胖（Brüning，2000）。

胰岛素抵抗是指外周胰岛素靶器官，如肌肉、肝脏、脂肪组织等，对正常水平的胰岛素敏感性降低的现象，导致血液中葡萄糖不能尽快被摄取利用，胰腺胰岛素分泌代偿性升高，出现胰岛素抵抗（Derek 等，2003）。长期（3～6 周）向狒狒脑室注射胰岛素后，会减少其采食量和体重，并且具有剂量依赖性（Woods 等，1979）。

母猪妊娠期饲喂低营养水平（$2.7×10^7$ J ME/d）和高营养水平（$4.6×10^7$ J ME/d）日粮后，高营养水平组母猪不仅在妊娠第 105 天时体重和背膘厚均极显著高于低营养水平组的母猪；而且在泌乳期第 15 天时，母猪空腹胰岛素水平及葡萄糖刺激下的胰岛素分泌均显著增高，葡萄糖清除速率显著降低，显示妊娠期高营养水平可导致母猪胰岛素抵抗。同时，泌乳期采食量也显著降低，并显著降低产活仔数和增加断奶发情间隔（Xue 等，1997）。与限制采食组母猪相比，妊娠期自由采食组母猪泌乳期第 1 天对葡萄糖的耐受能力显著降低。而在妊娠期给母猪注射外源胰岛素后，可显著提高泌乳期的采食量（Weldon 等，1994）。在母猪妊娠期日粮添加可溶性纤维后，显著提高了母猪围产期胰岛素敏感性、泌乳期采食量和仔猪生长性能（Tan 等，2016）。这些研究表明，维持母猪妊娠期适宜的膘情，对于提高围产期胰岛素敏感性和母猪繁殖性能具有重要意义。

2. 肥胖对胰岛素敏感性的影响 由肥胖引起的系统性炎症是引发胰岛素抵抗的重要原因（Wellen 和 Hotamisligil，2005；Stienstra 等，2011）。在营养持续过剩的情况下，机体会将多余的能量以甘油三酯的形式，不仅贮存在脂肪组织中，甚至异位沉积在肌肉、肝脏、胎盘等组织中（Olefsky 和 Glass，2010）。这时，脂肪组织，特别是内脏脂肪被大量的巨噬细胞和淋巴细胞浸润，并与密布的毛细血管网接触。这种构造使得能量代谢与免疫应答之间可发生持续、动态的交互作用，并建立起与其他胰岛素靶器官组织之间的通信联系（Hotamisligil，2006）。在肥胖状态下，脂肪组织可以募集大量的巨噬细胞，这些巨噬细胞就是炎症因子的重要来源（Weisberg 等，2003；Morinaga 等，2012）。

巨噬细胞按照分泌的细胞因子可以分为两种极化类型，即经典活化（classically activated）的 M1 型和选择性活化（alternatively activated）的 M2 型（Gordon，2003；周宪宾，2012）。M1 型巨噬细胞以分泌促炎因子为主，在脂多糖（lipopolysaccharide，LPS）、游离脂肪酸（free fatty acid，FFA）等炎性因子的作用下，分泌 TNFα、IL-1β、抵抗素、其他炎性因子和趋化因子，促进宿主免疫功能的发挥。但是，过多分泌的炎性因子也会导致机体正常组织的炎症损伤。M2 型巨噬细胞可以分泌 IL-10 等抗炎的细胞因子，以发挥降低炎症反应为主，尤其在炎症反应后期发挥抗炎作用（Olefsky 和

Glass，2010）。在正常情况下，脂肪细胞可以分泌 IL-4、IL-13 等抗炎的细胞因子，以维持巨噬细胞选择性的活化状态（Gordon，2003）。

随着肥胖进程的加剧，不断增生和肥大的脂肪组织呈现缺氧状态，低氧诱导因子表达量增加，炎症信号通路被激活，脂类分解增加，促炎性因子及游离脂肪酸释放增多，凋亡细胞数增加，引起 M2 型巨噬细胞向脂肪组织中大量募集，以清除凋亡的细胞，并诱导巨噬细胞表型由 M2 型向 M1 型极化（Weisberg 等，2006；Lee 等，2014）。激活了的 M1 型巨噬细胞可产生大量促炎性因子，这些促炎性因子又作用于脂肪细胞，这种正反馈通路的建立进一步放大了炎症效应。

脂肪细胞和巨噬细胞分泌的多种炎性分子以旁分泌或内分泌的方式作用于肌肉、肝脏等胰岛素的靶细胞，继而激活胰岛素靶细胞中 JNK1/AP1 和 IKK/NFκB 等炎性信号，导致大量炎症基因的表达量增多，进而逐步发展为系统性炎症（Olefsky 和 Glass，2010）。持续激活胰岛素靶细胞内的炎症信号通路会导致胰岛素抵抗，而抑制炎症性通路中的 JNK1/IKK，或降低血清 TNFα 水平等可以缓解肥胖引起的胰岛素抵抗（Uysal 等，1997；Hirosumi 等，2002；Nguyen 等，2005；Ishizuka 等，2007；Nguyen 等，2007；Arkan 等，2016）。炎症信号对胰岛素敏感性的损害机制在本书第一章中有较为详细的阐述。

3. 肥胖对其他代谢相关激素的影响　在因肥胖引发的胰岛素抵抗状态下，除了循环系统中胰岛素水平会代偿性地升高以外，其他激素也会发生变化，如瘦素含量升高、脂联素和生长激素含量降低。这些激素均可通过影响下丘脑弓状核和孤束核的活动，进而抑制动物的采食行为（Olefsky 和 Glass，2010；Lee 等，2014）。

（1）瘦素　大约 95% 的瘦素主要由脂肪组织分泌，其余 5% 在胃、垂体及胎盘中被发现。瘦素的分泌具有高度的昼夜节律。一般说来，8：00～12：00 处于基础水平，0：00～4：00 到达高峰，到第 2 天 12：00 又回到基线水平，并呈现脉冲性分泌，昼夜节律只会改变脉冲高度（Sinha 和 Caro，1998）。

与胰岛素转运相似，瘦素同样通过特异性饱和转运的方式穿过血脑屏障进入脑部，主要作用于下丘脑弓状核，抑制 NPY/AgRP 神经元活性，并且激活 POMC/CART 神经元，从而降低采食量（Schwartz，2006）。同时，瘦素还会促进促肾上腺皮质激素释放激素（corticotropin releasing hormone，CRH），促甲状腺素释放激素（thyrotro-pin-releasing hormone，TRH），以及脑源性神经营养因子（brain derived neurotrophic factor，BDNF）等神经肽的分泌，从而影响能量稳态，增加能量消耗（Pelleymounter 等，1995；Suzuki 等，2005；Wynne 等，2005；Densmore 等，2006；Boguszewski 等，2010）。瘦素同样会下调海马生长抑制素系统，从而增加其抑制食欲的效果。除了作用于中枢系统外，瘦素还可以与胆囊收缩素发生协同增效作用，增加其饱感效应（Emond 等，1999）。

在人和猪的研究中都发现，瘦素可以抑制食欲并增加能量消耗（Berthoud，2006；Fox，2006）。人的血浆中瘦素浓度与 BMI 指数和体脂含量正相关（Maffei 等，1995）；猪的 *leptin* 基因表达量与背膘厚呈正相关，在肥胖妊娠末期母猪血液中瘦素含量显著升高（Robert 等，1998；de Rensis 等，2005；Tian 等，2017）。通常情况下，血浆瘦素水平与采食量呈负相关。例如，母猪分娩当天的血浆瘦素含量与泌乳期 3 周内的采食量呈显著负相关（Mosnier 等，2010a）。表明瘦素具有通过调控采食量来保持长期能量稳态、降低体脂含量的作用。

（2）生长激素 生长激素是由垂体分泌的多肽类激素，经过循环系统作用于靶器官的生长激素受体以发挥功能。垂体被切除的动物其采食量显著降低，而使用生长激素持续治疗可以增加采食量并促进其生长，并且在肥胖进程中生长激素分泌持续减少（Makimura 等，2008；Weltman 等，2008）。

脂肪组织中存在大量的生长激素受体，生长激素可以作用于生长激素受体以促进脂质分解（Berryman 等，2004；Freda 等，2008）。由肥胖导致的高胰岛素血症、瘦素抵抗、胰岛素生长因子 1 的生物活性升高，以及游离脂肪酸的水平增加，均会抑制大脑垂体生长激素的分泌，从而进一步加剧脂质积聚和肥胖状态。同时，肥胖的脂肪组织生长激素受体的表达量降低，会加剧肥胖相关并发症的发生概率（Vijayakumar 等，2011）。与人的研究相似，肥胖型猪血液中的生长激素水平更低，并且高背膘母猪后代仔猪血清的生长激素水平也更低（Althen 和 Gerrits，1976；Wangsness，1981）。

（3）脂联素 脂联素是脂肪组织分泌的具有抗炎、抗动脉粥样硬化的脂肪因子，参与糖类和脂质代谢，并提高胰岛素的敏感性。在肥胖个体和 2 型糖尿病患者体内，脂联素的表达量均下调（Qiao 和 Shao，2006；Kassi 等，2011）。给小鼠注射重组脂联素后，会增加外周组织对葡萄糖的摄取，并增加肌肉脂肪酸的氧化，提高系统性胰岛素的敏感性（Berg 等，2001；Fruebis 等，2001；Yamauchi 等，2001）。

研究证实，AMP 活化蛋白激酶（AMP activated protein kinase，AMPK）在调控能量稳态中具有重要作用。在中枢神经系统中，降低下丘脑 AMPK 活性会抑制采食量和能量消耗（Hardie，2004；Carling，2005）。脂联素的生物活性依赖于其本身的多聚体化。循环系统中的脂联素可以三聚体和五聚体的形式进入脑脊液中，激活下丘脑中脂联素受体，增强 AMPK 信号通路，提高动物采食量，并降低能量消耗。而脂联素缺失小鼠的下丘脑中，AMPK 磷酸化水平降低，采食量和能量消耗也降低，并且可以抵抗高脂日粮引起的肥胖（Nawrocki 等，2006）。这进一步证实脂联素是通过 AMPK 通路发挥作用的。

4. 肥胖对游离脂肪酸水平的影响 在因肥胖引发的胰岛素抵抗状态下，循环系统中游离脂肪酸的含量升高，从而抑制动物采食。在妊娠末期由于胎儿快速生长，母猪血浆游离脂肪酸含量升高，且背膘厚的母猪，其游离脂肪酸的水平升高越显著（Revell 等，1998a；Valros 等，2003）。在泌乳期 0～3d，母猪血浆中游离脂肪酸的含量降低；而从泌乳 4～21d，游离脂肪酸含量又逐步升高。因此，游离脂肪酸是反映母猪体储备动员的重要指标。

血液中的长链脂肪酸可以快速进入下丘脑，在较短的时间内降低采食量（Miller 等，1987；Rapoport，1996）。改变大脑脂肪酸代谢也会影响采食量。给脑室注射长链脂肪酸油酸，降低了下丘脑 NPY 的表达，抑制了肝脏葡萄糖产量和采食量（Obici 等，2002）。同时，脂肪酸可以在星形胶质细胞中经过 β 氧化，生成酮体，再作用于神经元细胞，影响其活性，最终影响采食量（Le 等，2014）。

本 章 小 结

在生产实践中，尽管很多猪场采用妊娠期限饲的饲喂方案，但是由于母猪个体本身存在变异，以及生产成本和管理等因素的影响，很难对全群做到精准管理，母猪妊娠期背膘过高的情况非常常见。妊娠期母猪背膘过高不仅会增加饲料成本，还会增加 IUGR 的发生率，导致泌乳期采食量降低，并影响母猪终身繁殖性能。由于妊娠期肥胖引起的胎盘脂毒性和胰岛素敏感性降低是造成母猪繁殖性能降低的重要原因，因此动态监控母猪妊娠期体况，了解母猪在繁殖周期中脂代谢和胆汁酸代谢规律，对于实现母猪个体精准饲喂、提高母猪的繁殖性能和获得最佳的经济效益具有重要意义。

➲ 参考文献

徐涛，周远飞，蔡安乐，等，2017. 母猪妊娠末期背膘厚度对产仔性能和胎盘脂质氧化代谢的影响[J].动物营养学报，29（5）：1723-1729.

周宪宾，2012. 巨噬细胞 M1/M2 极化分型的研究进展[J].中国免疫学杂志（10）：957-960.

Abu-Hayyeh S, Martinez-Becerra P, Kadir S H S A, et al, 2010. Inhibition of Na^+-taurocholate co-transporting polypeptide-mediated bile acid transport by cholestatic sulfated progesterone metabolites[J].Journal of Biological Chemistry, 285 (22): 16504-16512.

Abu-Hayyeh S, Ovadia C, Lieu T M, et al, 2016. Prognostic and mechanistic potential of progesterone sulfates in intrahepatic cholestasis of pregnancy and pruritus gravidarum[J]. Hepatology, 63 (4): 1287-1298.

Abu-Hayyeh S, Papacleovoulou G, Lövgren-Sandblom A, et al, 2013. Intrahepatic cholestasis of pregnancy levels of sulfated progesterone metabolites inhibit farnesoid X receptor resulting in a cholestatic phenotype[J]. Hepatology, 57 (2): 716-726.

Ailhaud G, Grimaldi P, Negrel R, 1992. Cellular and molecular aspects of adipose tissue development[J]. Annual Review of Nutrition, 12 (1): 207-233.

Althen T G, Gerrits R J, 1976. Pituitary and serum growth hormone levels in Duroc and Yorkshire swine genetically selected for high and low backfat[J]. Journal of Animal Science, 42 (6): 1490-1497.

Arkan M C, Hevener A L, Greten F R, et al, 2005. IKK-β links inflammation to obesity-induced insulin resistance[J]. Nature Medicine, 11 (2): 191.

Azzaroli F, Raspanti M E, Simoni P, et al, 2013. High doses of ursodeoxycholic acid up-regulate the expression of placental breast cancer resistance protein in patients affected by intrahepatic cholestasis of pregnancy[J]. PloS One, 8 (5): e64101.

Back P, Walter K, 1980. Developmental pattern of bile acid metabolism as revealed by bile acid analysis of meconium[J]. Gastroenterology, 78 (4): 671-676.

Bacq Y, le Besco M, Lecuyer A I, et al, 2017. Ursodeoxycholic acid therapy in intrahepatic cholestasis of pregnancy: results in real-world conditions and factors predictive of response to treatment[J]. Digestive and Liver Disease, 49 (1): 63-69.

Bacq Y, Sentilhes L, Reyes H B, et al, 2012. Efficacy of ursodeoxycholic acid in treating intrahepatic cholestasis of pregnancy: a meta-analysis[J]. Gastroenterology, 143 (6): 1492-1501.

Balistreri W F, 1991. Fetal and neonatal bile acid synthesis and metabolism—clinical implications [J]. Journal of Inherited Metabolic Disease, 14 (4): 459-477.

Barbour L A，McCurdy C E，Hernandez T L，et al，2007. Cellular mechanisms for insulin resistance in normal pregnancy and gestational diabetes [J] . Diabetes Care，30 (2)：112-119.

Barth A，Klinger G，Rost M，2003. Influence of ethinyloestradiol propanolsulphonate on serum bile acids in healthy volunteers [J] . Experimental and Toxicologic Pathology，54 (5/6)：381-386.

Bartke N，Hannun Y A，2009. Bioactive sphingolipids：metabolism and function [J] . Journal of Lipid Research，50：91-96.

Barut F，Barut A，Gun B D，et al，2010. Intrauterine growth restriction and placental angiogenesis [J] . Diagnostic Pathology，5 (1)：24.

Berg A H，Combs T P，Du X，et al，2001. The adipocyte-secreted protein Acrp30 enhances hepatic insulin action [J] . Nature Medicine，7 (8)：947.

Berryman D E，List E O，Coschigano K T，et al，2004. Comparing adiposity profiles in three mouse models with altered GH signaling [J] . Growth Hormone and IGF Research，14 (4)：309-318.

Berthoud H R，2006. Homeostatic and non-homeostatic pathways involved in the control of food intake and energy balance [J] . Obesity，14 (8)：197-200.

Biale Y，1985. Lipolytic activity in the placentas of chronically deprived fetuses [J] . Acta Obstetricia et Gynecologica Scandinavica，64 (2)：111-114.

Bionaz M，Loor J J，2008. ACSL1，AGPAT6，FABP3，LPIN1，and SLC27A6 are the most abundant isoforms in bovine mammary tissue and their expression is affected by stage of lactation [J] . The Journal of Nutrition，138 (6)：1019-1024.

Biron-Shental T，Schaiff W T，Ratajczak C K，et al，2007. Hypoxia regulates the expression of fatty acid-binding proteins in primary term human trophoblasts [J] . American Journal of Obstetrics and Gynecology，197 (5)：516. e1-516. e6.

Blazquez A G，Briz O，Romero M R，et al，2012. Characterization of the role of ABCG2 as a bile acid transporter in liver and placenta [J] . Molecular Pharmacology，81 (2)：273-283.

Boden G，2008. Obesity and free fatty acids [J] . Endocrinology and Metabolism Clinics of North America，37 (3)：635-646.

Boguszewski C L，Paz-Filho G，Velloso L A，2010. Neuroendocrine body weight regulation：integration between fat tissue，gastrointestinal tract，and the brain [J] . Endokrynologia Polska，61 (2)：194-206.

Bonet B，Brunzell J D，Gown A M，et al，1992. Metabolism of very-low-density lipoprotein triglyceride by human placental cells：the role of lipoprotein lipase [J] . Metabolism，41 (6)：596-603.

Brites D，2002. Intrahepatic cholestasis of pregnancy：changes in maternal-fetal bile acid balance and improvement by ursodeoxycholic acid [J] . Annals of Hepatology，1 (1)：20-28.

Brites D，Rodrigues C M P，van Zeller H，et al，1998. Relevance of serum bile acid profile in the diagnosis of intrahepatic cholestasis of pregnancy in an high incidence area：portugal [J] . European Journal of Obstetrics and Gynecology and Reproductive Biology，80 (1)：31-38.

Brüning J C，Gautam D，Burks D J，et al，2000. Role of brain insulin receptor in control of body weight and reproduction [J] . Science，289 (5487)：2122-2125.

Calabuig-Navarro V，Haghiac M，Minium J，et al，2017. Effect of maternal obesity on placental lipid metabolism [J] . Endocrinology，158 (8)：2543-2555.

Calkin A C，Tontonoz P，2012. Transcriptional integration of metabolism by the nuclear sterolactivated receptors LXR and FXR [J] . Nature Reviews Molecular Cell Biology, 13 (4): 213.

Campbell F M, Bush P G, Veerkamp J H, et al, 1998. Detection and cellular localization of plasma membrane-associated and cytoplasmic fatty acid-binding proteins in human placenta [J] . Placenta, 19 (5/6): 409-415.

Campbell F M, Clohessy A M, Gordon M J, et al, 1997. Uptake of long chain fatty acids by human placental choriocarcinoma (BeWo) cells: role of plasma membrane fatty acid-binding protein [J] . Journal of Lipid Research, 38 (12): 2558-2568.

Campbell F M, Dutta-Roy A K, 1995. Plasma membrane fatty acid-binding protein (FABPpm) is exclusively located in the maternal facing membranes of the human placenta [J] . The FEBS Letters, 375 (3): 227-230.

Campbell F M, Gordon M J, Dutta-Roy A K, 1996. Preferential uptake of long chain polyunsaturated fatty acids by isolated human placental membranes [J] . Molecular and Cellular Biochemistry, 155 (1): 77-83.

Campbell F M, Gordon M J, Dutta-Roy A K, 1998. Placental membrane fatty acid-binding protein preferentially binds arachidonic and docosahexaenoic acids [J] . Life Sciences, 63 (4): 235-240.

Carling D, 2005. AMP-activated protein kinase: balancing the scales [J] . Biochimie, 87 (1): 87-91.

Castaño G, Lucangioli S, Sookoian S, et al, 2006. Bile acid profiles by capillary electrophoresis in intrahepatic cholestasis of pregnancy [J] . Clinical Science, 110 (4): 459-465.

Cetin I, Alvino G, Cardellicchio M, 2009. Long chain fatty acids and dietary fats in fetal nutrition [J] . The Journal of Physiology, 587 (14): 3441-3451.

Chandra R, Liddle R A, 2007. Cholecystokinin [J] . Current Opinion in Endocrinology, Diabetes and Obesity, 14 (1): 63-67.

Chaurasia B, Summers S A, 2015. Ceramides-lipotoxic inducers of metabolic disorders [J] . Trends in Endocrinology and Metabolism, 26 (10): 538-550.

Chavan-Gautam P, Rani A, Freeman D J, 2018. Distribution of fatty acids and lipids during pregnancy [J] . Advances in Clinical Chemistry, 84: 209-239.

Chen H L, Chen H L, Liu Y J, et al, 2005. Developmental expression of canalicular transporter genes in human liver [J] . Journal of Hepatology, 43 (3): 472-477.

Chiang J Y L, 2009. Bile acids: regulation of synthesis [J] . Journal of Lipid Research, 50 (10): 1955-1966.

Chmurzyńska A, 2006. The multigene family of fatty acid-binding proteins (FABPs): function, structure and polymorphism [J] . Journal of Applied Genetics, 47 (1): 39-48.

Cleary M P, 2013. Impact of obesity on development and progression of mammary tumors in preclinical models of breast cancer [J] . Journal of Mammary Gland Biology and Neoplasia, 18 (3/4): 333-343.

Coleman R A, Haynes E B, 1987. Synthesis and release of fatty acids by human trophoblast cells in culture [J] . Journal of Lipid Research, 28 (11): 1335-1341.

Collier A C, Thévenon A D, Goh W, et al, 2015. Placental profiling of UGT1A enzyme expression and activity and interactions with preeclampsia at term [J] . European Journal of Drug Metabolism and Pharmacokinetics, 40 (4): 471-480.

Cox K B, Hamm D A, Millington D S, et al, 2001. Gestational, pathologic and biochemical differences between very long-chain acyl-CoA dehydrogenase deficiency and long-chain acyl-CoA dehydrogenase deficiency in the mouse [J] . Human Molecular Genetics，10 (19)：2069-2077.

Crane J M G，White J，Murphy P，et al，2009. The effect of gestational weight gain by body mass index on maternal and neonatal outcomes [J] . Journal of Obstetrics and Gynaecology Canada，31 (1)：28-35.

Crossman M W，Hauft S M，Gordon J I，1994. The mouse ileal lipid-binding protein gene：a model for studying axial patterning during gut morphogenesis [J] . The Journal of Cell Biology，126 (6)：1547-1564.

Cunningham P，McDermott L，2009. Long chain PUFA transport in human term placenta [J] . The Journal of Nutrition，139 (4)：636-639.

Dahlgren J，2006. Pregnancy and insulin resistance [J] . Metabolic Syndrome and Related Disorders，4 (2)：149-152.

Dann A T，Kenyon A P，Wierzbicki A S，et al，2006. Plasma lipid profiles of women with intrahepatic cholestasis of pregnancy [J] . Obstetrics and Gynecology，107 (1)：106-114.

Dantzer V，1985. Electron microscopy of the initial stages of placentation in the pig [J] . Anatomy and Embryology，172 (3)：281-293.

Das T，Sa G，Mukherjea M，1993. Characterization of cardiac fatty-acid-binding protein from human placenta：comparison with placenta hepatic types [J] . European Journal of Biochemistry，211 (3)：725-730.

de Aguiar Vallim T Q，Tarling E J，Edwards P A，2013. Pleiotropic roles of bile acids in metabolism [J] . Cell Metabolism，17 (5)：657-669.

de Rensis F，Gherpelli M，Superchi P，et al，2005. Relationships between backfat depth and plasma leptin during lactation and sow reproductive performance after weaning [J] . Animal Reproduction Science，90 (1/2)：95-100.

Densmore V S，Morton N M，Mullins J J，et al，2006. 11β-hydroxysteroid dehydrogenase type 1 induction in the arcuate nucleus by high-fat feeding：a novel constraint to hyperphagia? [J] . Endocrinology，147 (9)：4486-4495.

Denson L A，Sturm E，Echevarria W，et al，2001. The orphan nuclear receptor，shp，mediates bile acid-induced inhibition of the rat bile acid transporter，ntcp [J] . Gastroenterology，121 (1)：140-147.

Devillers N，Farmer C，le Dividich J，et al，2007. Variability of colostrum yield and colostrum intake in pigs [J] . Animal，1 (7)：1033-1041.

Dudzik D，Zorawski M，Skotnicki M，et al，2014. Metabolic fingerprint of gestational diabetes mellitus [J] . Journal of Proteomics，103：57-71.

Du Q L，Pan Y D，Zhang Y H，et al，2014. Placental gene-expression profiles of intrahepatic cholestasis of pregnancy reveal involvement of multiple molecular pathways in blood vessel formation and inflammation [J] . BMC Medical Genomics，7 (1)：42.

Eissen J J，Kanis E，Kemp B，2000. Sow factors affecting voluntary feed intake during lactation [J] . Livestock Production Science，64 (2/3)：147-165.

Emond M，Schwartz G J，Ladenheim E E，et al，1999. Central leptin modulates behavioral and neural responsivity to CCK [J] . American Journal of Physiology-Regulatory，Integrative and Comparative Physiology，276 (5)：1545-1549.

Estiú M C，Monte M J，Rivas L，et al，2015. Effect of ursodeoxycholic acid treatment on the altered progesterone and bile acid homeostasis in the mother-placenta-foetus trio during cholestasis of pregnancy [J] . British Journal of Clinical Pharmacology, 79 (2): 316-329.

Farmer C, 2015. The gestating and lactating sow [M] . Wageningen: Wageningen Academic Publishers.

Feng B, Zhang T, Xu H, 2013. Human adipose dynamics and metabolic health [J] . Annals of the New York Academy of Sciences, 1281 (1): 160.

Flenady V, Koopmans L, Middleton P, et al, 2011. Major risk factors for stillbirth in high-income countries: a systematic review and meta-analysis [J] . The Lancet, 377 (9774): 1331-1340.

Flint D J, Travers M T, Barber M C, et al, 2005. Diet-induced obesity impairs mammary development and lactogenesis in murine mammary gland [J] . American Journal of Physiology-Endocrinology and Metabolism, 288 (6): 1179-1187.

Fox E A, 2006. A genetic approach for investigating vagal sensory roles in regulation of gastrointestinal function and food intake [J] . Autonomic Neuroscience, 126: 9-29.

Freda P U, Shen W, Heymsfield S B, et al, 2008. Lower visceral and subcutaneous but higher intermuscular adipose tissue depots in patients with growth hormone and insulin-like growth factor I excess due to acromegaly [J] . The Journal of Clinical Endocrinology and Metabolism, 93 (6): 2334-2343.

Fruebis J, Tsao T S, Javorschi S, et al, 2001. Proteolytic cleavage product of 30 kDa adipocyte complement-related protein increases fatty acid oxidation in muscle and causes weight loss in mice [J] . Proceedings of the National Academy of Sciences, 98 (4): 2005-2010.

Geenes V, Lövgren-Sandblom A, Benthin L, et al, 2014. The reversed feto-maternal bile acid gradient in intrahepatic cholestasis of pregnancy is corrected by ursodeoxycholic acid [J] . PloS One, 9 (1): e83828.

Geenes V L, Dixon P H, Chambers J, et al, 2011. Characterisation of the nuclear receptors FXR, PXR and CAR in normal and cholestatic placenta [J] . Placenta, 32 (7): 535-537.

Gimeno R E, Hirsch D J, Punreddy S, et al, 2003. Targeted deletion of fatty acid transport protein-4 results in early embryonic lethality [J] . Journal of Biological Chemistry, 278 (49): 49512-49516.

Girard J, Ferre P, Pegorier J P, et al, 1992. Adaptations of glucose and fatty acid metabolism during perinatal period and suckling-weaning transition [J] . Physiological Reviews, 72 (2): 507-562.

Glantz A, Marschall H U, Mattsson L Å, 2004. Intrahepatic cholestasis of pregnancy: relationships between bile acid levels and fetal complication rates [J] . Hepatology, 40 (2): 467-474.

Glantz A, Reilly S J, Benthin L, et al, 2008. Intrahepatic cholestasis of pregnancy: amelioration of pruritus by UDCA is associated with decreased progesterone disulphates in urine [J] . Hepatology, 47 (2): 544-551.

Gonzalez M C, Reyes H, Arrese M, et al, 1989. Intrahepatic cholestasis of pregnancy in twin pregnancies [J] . Journal of Hepatology, 9 (1): 84-90.

Gordon S, 2003. Alternative activation of macrophages [J] . Nature Reviews Immunology, 3 (1): 23.

Haggarty P, 2002. Placental regulation of fatty acid delivery and its effect on fetal growth—a review [J] . Placenta, 23: 28-38.

Haggarty P, 2010. Fatty acid supply to the human fetus [J] . Annual Review of Nutrition, 30:

237-255.

Hardie D G, 2004. The AMP-activated protein kinase pathway-new players upstream and downstream [J]. Journal of Cell Science, 117 (23): 5479-5487.

Hastie R, Lappas M, 2014. The effect of pre-existing maternal obesity and diabetes on placental mitochondrial content and electron transport chain activity [J]. Placenta, 35 (9): 673-683.

He P, Wang F, Jiang Y, et al, 2014. Placental proteome alterations in women with intrahepatic cholestasis of pregnancy [J]. International Journal of Gynecology and Obstetrics, 126 (3): 256-259.

Herrera E, 2000. Metabolic adaptations in pregnancy and their implications for the availability of substrates to the fetus [J]. European Journal of Clinical Nutrition, 54 (1): 47.

Herrera E, del Campo S, Marciniak J, et al, 2010. Enhanced utilization of glycerol for glyceride synthesis in isolated adipocytes from early pregnant rats [J]. Journal of Physiology and Biochemistry, 66 (3): 245-253.

Herrera E, Desoye G, 2016. Maternal and fetal lipid metabolism under normal and gestational diabetic conditions [J]. Hormone Molecular Biology and Clinical Investigation, 26 (2): 109-127.

Herrera E, Ortega-Senovilla H, 2014. Lipid metabolism during pregnancy and its implications for fetal growth [J]. Current Pharmaceutical Biotechnology, 15 (1): 24-31.

Hirosumi J, Tuncman G, Chang L, et al, 2002. A central role for JNK in obesity and insulin resistance [J]. Nature, 420 (6913): 333.

Holt J A, Luo G, Billin A N, et al, 2003. Definition of a novel growth factor-dependent signal cascade for the suppression of bile acid biosynthesis [J]. Genes and Development, 17 (13): 1581-1591.

Hotamisligil G S, 2006. Inflammation and metabolic disorders [J]. Nature, 444 (7121): 860.

Howell K R, Powell T L, 2017. Effects of maternal obesity on placental function and fetal development [J]. Reproduction, 153 (3): 97.

Innis S M, 2007. Dietary (n-3) fatty acids and brain development [J]. The Journal of Nutrition, 137 (4): 855-859.

Ishizuka K, Usui I, Kanatani Y, et al, 2007. Chronic tumor necrosis factor-α treatment causes insulin resistance via insulin receptor substrate-1 serine phosphorylation and suppressor of cytokine signaling-3 induction in 3T3-L1 adipocytes [J]. Endocrinology, 148 (6): 2994-3003.

Jelen P, Jelen P, 1995. Handbook of milk composition [J]. Food Science and Technology International (6): 1223-1224.

Johnsen G M, Weedon-Fekjaer M S, Tobin K A R, et al, 2009. Long-chain polyunsaturated fatty acids stimulate cellular fatty acid uptake in human placental choriocarcinoma (BeWo) cells [J]. Placenta, 30 (12): 1037-1044.

Jones S A, 2012. Physiology of FGF15/19 [M]. New York: Springer.

Joutsiniemi T, Leino R, Timonen S, et al, 2008. Hepatocellular enzyme glutathione S-transferase alpha and intrahepatic cholestasis of pregnancy [J]. Acta Obstetricia et Gynecologica Scandinavica, 87 (12): 1280-1284.

Kalaany N Y, Mangelsdorf D J, 2006. LXRS and FXR: the yin and yang of cholesterol and fat metabolism [J]. Annual Review of Physiology, 68: 159-191.

Kamikawa A, Ichii O, Yamaji D, et al, 2009. Diet-induced obesity disrupts ductal development in the mammary glands of nonpregnant mice [J]. Developmental Dynamics: an Official Publication of the American Association of Anatomists, 238 (5): 1092-1099.

Kancheva R, Hill M, Cibula D, et al, 2007. Relationships of circulating pregnanolone isomers and their polar conjugates to the status of sex, menstrual cycle, and pregnancy [J]. Journal of Endocrinology, 195 (1): 67-78.

Kassi E, Pervanidou P, Kaltsas G, et al, 2011. Metabolic syndrome: definitions and controversies [J]. The BMC Medicine, 9 (1): 48.

Keitel V, Spomer L, Marin J J G, et al, 2013. Effect of maternal cholestasis on TGR5 expression in human and rat placenta at term [J]. Placenta, 34 (9): 810-816.

Kenyon A P, Piercy C N, Girling J, et al, 2002. Obstetric cholestasis, outcome with active management: a series of 70 cases [J]. BJOG: an International Journal of Obstetrics and Gynaecology, 109 (3): 282-288.

Kim J S, Yang X, Pangeni D, et al, 2015. Relationship between backfat thickness of sows during late gestation and reproductive efficiency at different parities [J]. Acta Agriculturae Scandinavica, Section A-Animal Science, 65 (1): 1-8.

Kim K H, Hosseindoust A, Ingale S L, et al, 2016. Effects of gestational housing on reproductive performance and behavior of sows with different backfat thickness [J]. Asian-Australasian Journal of Animal Sciences, 29 (1): 142.

King R H, 1987. Nutritional anoestrus in young sows [J]. Pig News and Information, 8: 15-22.

Kitatani K, Idkowiak-Baldys J, Hannun Y A, 2008. The sphingolipid salvage pathway in ceramide metabolism and signaling [J]. Cellular Signalling, 20 (6): 1010-1018.

Knipp G T, Liu B, Audus K L, et al, 2000. Fatty acid transport regulatory proteins in the developing rat placenta and in trophoblast cell culture models [J]. Placenta, 21 (4): 367-375.

Knopp R H, Boroush M A, O'Sullivan J B, 1975. Lipid metabolism in pregnancy. II. Postheparin lipolytic activity and hypertriglyceridemia in the pregnant rat [J]. Metabolism, 24 (4): 481-493.

Kompare M, Rizzo W B, 2008. Mitochondrial fatty-acid oxidation disorders [J]. Seminars in Pediatric Neurology, 15 (3): 140-149.

Kong X, Kong Y, Zhang F, et al, 2016. Evaluating the effectiveness and safety of ursodeoxycholic acid in treatment of intrahepatic cholestasis of pregnancy: a meta-analysis (a prisma-compliant study) [J]. Medicine, 95 (40): 6031-6040.

Kovo M, Schreiber L, Bar J, 2013. Placental vascular pathology as a mechanism of disease in pregnancy complications [J]. Thrombosis Research, 131: 18-21.

Kumar D P, Rajagopal S, Mahavadi S, et al, 2012. Activation of transmembrane bile acid receptor TGR5 stimulates insulin secretion in pancreatic β cells [J]. Biochemical and Biophysical Research Communications, 427 (3): 600-605.

Larqué E, Krauss-Etschmann S, Campoy C, et al, 2006. Docosahexaenoic acid supply in pregnancy affects placental expression of fatty acid transport proteins [J]. The American Journal of Clinical Nutrition, 84 (4): 853-861.

Law B A, Liao X, Moore K S, et al, 2018. Lipotoxic very-long-chain ceramides cause mitochondrial dysfunction, oxidative stress, and cell death in cardiomyocytes [J]. The FASEB Journal, 32 (3): 1403-1416.

le Foll C, Dunn-Meynell A A, Miziorko H M, et al, 2014. Regulation of hypothalamic neuronal sensing and food intake by ketone bodies and fatty acids [J]. Diabetes, 63 (4): 1259-1269.

Lee Y S, Kim J, Osborne O, et al, 2014. Increased adipocyte O_2 consumption triggers HIF-1α, causing inflammation and insulin resistance in obesity [J] . Cell, 157 (6): 1339-1352.

Li-Hawkins J, Gåfvels M, Olin M, et al, 2002. Cholic acid mediates negative feedback regulation of bile acid synthesis in mice [J] . The Journal of Clinical Investigation, 110 (8): 1191-1200.

Lü Y, Guan W, Qiao H, et al, 2015. Veterinary medicine and omics (veterinomics): metabolic transition of milk triacylglycerol synthesis in sows from late pregnancy to lactation [J] . Omics: a Journal of Integrative Biology, 19 (10): 602-616.

Ma K, Saha P K, Chan L, et al, 2006. Farnesoid X receptor is essential for normal glucose homeostasis [J] . The Journal of Clinical Investigation, 116 (4): 1102-1109.

Macias R I, Pascual M J, Bravo A, et al, 2000. Effect of maternal cholestasis on bile acid transfer across the rat placenta-maternal liver tandem [J] . Hepatology, 31 (4): 975-983.

Maffei M, Halaas J, Ravussin E, et al, 1995. Leptin levels in human and rodent: measurement of plasma leptin and ob RNA in obese and weight-reduced subjects [J] . Nature Medicine, 1 (11): 1155.

Makimura H, Stanley T, Mun D, et al, 2008. The effects of central adiposity on growth hormone (GH) response to GH-releasing hormone-arginine stimulation testing in men [J] . The Journal of Clinical Endocrinology and Metabolism, 93 (11): 4254-4260.

Malti N, Merzouk H, Merzouk S A, et al, 2014. Oxidative stress and maternal obesity: feto-placental unit interaction [J] . Placenta, 35 (6): 411-416.

Marin J J, Bravo P, El-Mir M Y, et al, 1995. ATP-dependent bile acid transport across microvillous membrane of human term trophoblast [J] . American Journal of Physiology-Gastrointestinal and Liver Physiology, 268 (4): 685-694.

Martineau M, Raker C, Powrie R, et al, 2014. Intrahepatic cholestasis of pregnancy is associated with an increased risk of gestational diabetes [J] . European Journal of Obstetrics & Gynecology and Reproductive Biology, 176: 80-85.

Martineau M G, Raker C, Dixon P H, et al, 2015. The metabolic profile of intrahepatic cholestasis of pregnancy is associated with impaired glucose tolerance, dyslipidemia, and increased fetal growth [J] . Diabetes Care, 38 (2): 243-248.

Matsubara T, Li F, Gonzalez F J, 2013. FXR signaling in the enterohepatic system [J] . Molecular and Cellular Endocrinology, 368 (1/2): 17-29.

Menon N K, Moore C, Dhopeshwarkar G A, 1981. Effect of essential fatty acid deficiency on maternal, placental, and fetal rat tissues [J] . The Journal of Nutrition, 111 (9): 1602-1610.

Miller J C, Gnaedinger J M, Rapoport S I, 1987. Utilization of plasma fatty acid in rat brain: distribution of [14C] palmitate between oxidative and synthetic pathways [J] . Journal of Neurochemistry, 49 (5): 1507-1514.

Milona A, Owen B M, Cobbold J F L, et al, 2010. Raised hepatic bile acid concentrations during pregnancy in mice are associated with reduced farnesoid X receptor function [J] . Hepatology, 52 (4): 1341-1349.

Monte M J, Rodriguez-Bravo T, Macias R I R, et al, 1995. Relationship between bile acid transplacental gradients and transport across the fetal-facing plasma membrane of the human trophoblast [J] . Pediatric Research, 38 (2): 156.

Moran M C, Mulcahy C, Zombori G, et al, 2015. Placental volume, vasculature and calcification in pregnancies complicated by pre-eclampsia and intra-uterine growth restriction [J] . European Journal of Obstetrics & Gynecology and Reproductive Biology, 195: 12-17.

Morinaga H，Talukdar S，Bae E J，et al，2012 Increased macrophage migration into adipose tissue in obese mice [J]．Diabetes，61 (2)：346-354.

Moscovitz J E，Kong B，Buckley K，et al，2016. Restoration of enterohepatic bile acid pathways in pregnant mice following short term activation of Fxr by GW4064 [J]．Toxicology and Applied Pharmacology，310：60-67.

Moscovitz J E，Yarmush G，Herrera-Garcia G，et al，2017. Differential regulation of intestinal efflux transporters by pregnancy in mice [J]．Xenobiotica，47 (11)：989-997.

Mosnier E，Etienne M，Ramaekers P，et al，2010. The metabolic status during the peri partum period affects the voluntary feed intake and the metabolism of the lactating multiparous sow [J]．Livestock Science，127 (2/3)：127-136.

Mosnier E，le Floc'h N，Etienne M，et al，2010. Reduced feed intake of lactating primiparous sows is associated with increased insulin resistance during the peripartum period and is not modified through supplementation with dietary tryptophan [J]．Journal of Animal Science，88 (2)：612-625.

Nakagawa M，Setchell K D，1990. Bile acid metabolism in early life：studies of amniotic fluid [J]．Journal of Lipid Research，31 (6)：1089-1098.

Naritaka N，Suzuki M，Sato H，et al，2015. Profile of bile acids in fetal gallbladder and meconium using liquid chromatography-tandem mass spectrometry [J]．Clinica Chimica Acta，446：76-81.

Nawrocki A R，Rajala M W，Tomas E，et al，2006. Mice lacking adiponectin show decreased hepatic insulin sensitivity and reduced responsiveness to peroxisome proliferator-activated receptor γ agonists [J]．Journal of Biological Chemistry，281 (5)：2654-2660.

Nguyen M T A，Favelyukis S，Nguyen A K，et al，2007. A subpopulation of macrophages infiltrates hypertrophic adipose tissue and is activated by free fatty acids via toll-like receptors 2 and 4 and JNK-dependent pathways [J]．Journal of Biological Chemistry，282 (48)：35279-35292.

Nguyen M T A，Satoh H，Favelyukis S，et al，2005. JNK and tumor necrosis factor-α mediate free fatty acid-induced insulin resistance in 3T3-L1 adipocytes [J]．Journal of Biological Chemistry，280 (42)：35361-35371.

Nikkilä K，Riikonen S，Lindfors M，et al，1996. Serum squalene and noncholesterol sterols before and after delivery in normal and cholestatic pregnancy [J]．Journal of Lipid Rresearch，37 (12)：2687-2695.

Noble R C，Shand J H，Christie W W，1985. Synthesis of C20 and C22 polyunsaturated fatty acids by the placenta of the sheep [J]．Neonatology，47 (6)：333-338.

Obici S，Feng Z，Morgan K，et al，2002. Central administration of oleic acid inhibits glucose production and food intake [J]．Diabetes，51 (2)：271-275.

Oey N A，Ruiter J P N，Attié-Bitach T，et al，2006. Fatty acid oxidation in the human fetus：implications for fetal and adult disease [J]．Journal of Inherited Metabolic Disease：Official Journal of the Society for the Study of Inborn Errors of Metabolism，29 (1)：71-75.

Olefsky J M，Glass C K，2010. Macrophages，inflammation，and insulin resistance [J]．Annual Review of Physiology，72：219-246.

Olson L K，Tan Y，Zhao Y，et al，2010. Pubertal exposure to high fat diet causes mouse strain-dependent alterations in mammary gland development and estrogen responsiveness [J]．International Journal of Obesity，34 (9)：1415.

Patel P，Weerasekera N，Hitchins M，et al，2003. Semi quantitative expression analysis of MDR3，

FIC1, BSEP, OATP-A, OATP-C, OATP-D, OATP-E and NTCP gene transcripts in 1st and 3rd trimester human placenta [J]. Placenta, 24 (1): 39-44.

Pelleymounter M A, Cullen M J, Baker M B, et al, 1995. Effects of the obese gene product on body weight regulation in ob/ob mice [J]. Science, 269 (5223): 540-543.

Pereira R D, De Long N E, Wang R C, et al, 2015. Angiogenesis in the placenta: the role of reactive oxygen species signaling [J]. BioMed Research International: 1-12.

Poissonnet C M, Burdi A R, Bookstein F L, 1983. Growth and development of human adipose tissue during early gestation [J]. Early Human Development, 8 (1): 1-11.

Potthoff M J, Kliewer S A, Mangelsdorf D J, 2012. Endocrine fibroblast growth factors 15/19 and 21: from feast to famine [J]. Genesand Development, 26 (4): 312-324.

Qiao L, Shao J, 2006. SIRT1 regulates adiponectin gene expression through Foxo1-C/enhancer-binding protein α transcriptional complex [J]. Journal of Biological Chemistry, 281 (52): 39915-39924.

Quesnel H, 2011. Colostrum production by sows: variability of colostrum yield and immunoglobulin G concentrations [J]. Animal, 5 (10): 1546-1553.

Ramos M P, Crespo-Solans M D, Del Campo S, et al, 2003. Fat accumulation in the rat during early pregnancy is modulated by enhanced insulin responsiveness [J]. American Journal of Physiology-Endocrinology and Metabolism, 285 (2): 318-328.

Rani A, Wadhwani N, Chavan-Gautam P, et al, 2016. Altered development and function of the placental regions in preeclampsia and its association with long-chain polyunsaturated fatty acids [J]. Wiley Interdisciplinary Reviews: Developmental Biology, 5 (5): 582-597.

Rapoport S I, 1996. *In vivo* labeling of brain phospholipids by long-chain fatty acids: relation to turnover and function [J]. Lipids, 31 (1): 97-101.

Rasmussen K M, 2007. Association of maternal obesity before conception with poor lactation performance [J]. Annual Review of Nutrition, 27: 103-121.

Rekiel A, Więcek J, Beyga K, 2011. Analysis of the relationship between fatness of late pregnant and lactating sows and selected lipid parameters of blood, colostrum and milk [J]. Annals of Animal Science, 11 (4): 487-495.

Revell D K, Williams I H, Mullan B P, et al, 1998a. Body composition at farrowing and nutrition during lactation affect the performance of primiparous sows: II. milk composition, milk yield, and pig growth [J]. Journal ofAnimal Science, 76 (7): 1738-1743.

Revell D K, Williams I H, Mullan B P, et al, 1998b. Body composition at farrowing and nutrition during lactation affect the performance of primiparous sows: I. voluntary feed intake, weight loss, and plasma metabolites [J]. Journal of Animal Science, 76 (7): 1729-1737.

Rinaldo P, Matern D, Bennett M J, 2002. Fatty acid oxidation disorders [J]. Annual Review of Physiology, 64 (1): 477-502.

Robert C, Palin M F, Coulombe N, et al, 1998. Backfat thickness in pigs is positively associated with leptin mRNA levels [J]. Canadian Journal of Animal Science, 78 (4): 473-482.

Robillard P Y, Christon R, 1993. Lipid intake during pregnancy in developing countries: possible effect of essential fatty acid deficiency on fetal growth [J]. Prostaglandins, Leukotrienes and Essential Fatty Acids, 48 (2): 139-142.

Rodie V A, Young A, Jordan F, et al, 2005. Human placental peroxisome proliferator-activated receptor δ and γ expression in healthy pregnancy and in preeclampsia and intrauterine growth restriction [J] . Journal of the Society for Gynecologic Investigation, 12 (5)：320-329.

Rodríguez-Cruz M, González R S, Maldonado J, et al, 2016. The effect of gestational age on expression of genes involved in uptake, trafficking and synthesis of fatty acids in the rat placenta [J] . Gene, 591 (2)：403-410.

Russell D W, 2003. The enzymes, regulation, and genetics of bile acid synthesis [J] . Annual Review of Biochemistry, 72 (1)：137-174.

Saben J, Lindsey F, Zhong Y, et al, 2014. Maternal obesity is associated with a lipotoxic placental environment [J] . Placenta, 35 (3)：171-177.

Salmon H, 1999. The mammary gland and neonate mucosal immunity [J] . Veterinary Immunology and Immunopathology, 72 (1/2)：143-155.

Sayin S I, Wahlström A, Felin J, et al, 2013. Gut microbiota regulates bile acid metabolism by reducing the levels of tauro-beta-muricholic acid, a naturally occurring FXR antagonist [J] . CellMetabolism, 17 (2)：225-235.

Schaap F G, van der Gaag N A, Gouma D J, et al, 2009. High expression of the bile salt-homeostatic hormone fibroblast growth factor 19 in the liver of patients with extrahepatic cholestasis [J] . Hepatology, 49 (4)：1228-1235.

Schwalfenberg G K, Genuis S J, 2017. The importance of magnesium in clinical healthcare [J] . Scientifica, 2017：1-14.

Schwartz M W, 2006. Central nervous system regulation of food intake [J] . Obesity, 14 (2)：1-8.

Senkal C E, Salama M F, Snider A J, et al, 2017. Ceramide is metabolized to acylceramide and stored in lipid droplets [J] . Cell Metabolism, 25 (3)：686-697.

Serrano M A, Macias R I R, Briz O, et al, 2007. Expression in human trophoblast and choriocarcinoma cell lines, BeWo, Jeg-3 and JAr of genes involved in the hepatobiliary-like excretory function of the placenta [J] . Placenta, 28 (2/3)：107-117.

Serrano M, Côrte L, Opdyke J, et al, 2003. Expression of spo Ⅲ in the prespore is sufficient for activation of σG and for sporulation in Bacillus subtilis [J] . Journal of Bacteriology, 185 (13)：3905-3917.

Setchell K D, Dumaswala R, Colombo C, et al, 1988. Hepatic bile acid metabolism during early development revealed from the analysis of human fetal gallbladder bile [J] . Journal of Biological Chemistry, 263 (32)：16637-16644.

Shafrir E, Barash V, 1987. Placental function in maternal-fetal fat transport in diabetes [J] . Neonatology, 51 (2)：102-112.

Shand J H, Noble R C, 1981. The metabolism of 18：0 and 18：2 (n-6) by the ovine placenta at 120 and 150 days of gestation [J] . Lipids, 16 (1)：68-71.

Shand J H, Noble R C, 1983. The characterization of the linoleic acid desaturation and elongation system in ovine placental tissue [J] . The International Journal of Biochemistry, 15 (11)：1367-1371.

Shekhawat P, Bennett M J, Sadovsky Y, et al, 2003. Human placenta metabolizes fatty acids：implications for fetal fatty acid oxidation disorders and maternal liver diseases [J] . American Journal of Physiology Endocrinology and Metabolism, 284 (6)：1098-1105.

Shi H, Zhu J, Luo J, et al, 2015. Genes regulating lipid and protein metabolism are highly expressed in mammary gland of lactating dairy goats [J] . Functional and Integrative Genomics, 15 (3)：309-321.

Shneider B L，Setchell K D R，Crossman M W，1997. Fetal and neonatal expression of the apical sodium-dependent bile acid transporter in the rat ileum and kidney1 [J] . Pediatric Research，42 (2)：189.

Shulman G I，2014. Ectopic fat in insulin resistance，dyslipidemia，and cardiometabolic disease [J] . New England Journal of Medicine，371 (12)：1131-1141.

Simon F R，Fortune J，Iwahashi M，et al，1999. Characterization of the mechanisms involved in the gender differences in hepatic taurocholate uptake [J] . American Journal of Physiology Gastrointestinal and Liver Physiology，276 (2)：556-565.

Sinal C J，Tohkin M，Miyata M，et al，2000. Targeted disruption of the nuclear receptor FXR/BAR impairs bile acid and lipid homeostasis [J] . Cell，102 (6)：731-744.

Sinha M K，Caro J F，1998. Clinical aspects of leptin [M] //Vitamins & Hormones. Academic Press，54：1-30.

Sonoda J，Pei L，Evans R M，2008. Nuclear receptors：decoding metabolic disease [J] . The FEBS Letters，582 (1)：2-9.

Spinelli V，Lalloyer F，Baud G，et al，2016. Influence of Roux-en-Y gastric bypass on plasma bile acid profiles：a comparative study between rats，pigs and humans [J] . International Journal of Obesity，40 (8)：1260.

Stein T E，Duffy S J，Wickstrom S，1990. Differences in production values between high-and low-productivity swine breeding herds [J] . Journal of Animal Science，68 (12)：3972-3979.

Stienstra R，Van Diepen J A，Tack C J，et al，2011. Inflammasome is a central player in the induction of obesity and insulin resistance [J] . Proceedings of the National Academy of Sciences，108 (37)：15324-15329.

Strauss A W，2005. Surprising? perhaps not long-chain fatty acid oxidation during human fetal development [J] . Pediatric Research，57 (6)：753.

Suzuki K，Jayasena C N，Bloom S R，2014. Obesity and appetite control [J] . Experimental Diabetes Research (13)：1-19.

Tan C Q，Wei H K，Sun H Q，et al，2015. Effects of supplementing sow diets during two gestations with konjac flour and *Saccharomyces boulardii* on constipation in peripartal period，lactation feed intake and piglet performance [J] . Animal Feed Science and Technology，210：254-262.

Tan C，Wei H，Ao J，et al，2016. Inclusion of konjac flour in the gestation diet changes the gut microbiota，alleviates oxidative stress，and improves insulin sensitivity in sows [J] . Applied and Environmental Microbiology，82 (19)：5899-5909.

Theil P K，Lauridsen C，Quesnel H，2014. Neonatal piglet survival：impact of sow nutrition around parturition on fetal glycogen deposition and production and composition of colostrum and transient milk [J] . Animal，8 (7)：1021-1030.

Thomas C，Pellicciari R，Pruzanski M，et al，2008. Targeting bile-acid signalling for metabolic diseases [J] . Nature Reviews Drug Discovery，7 (8)：678.

Tian L，Dong S S，Hu J，et al，2018. The effect of maternal obesity on fatty acid transporter expression and lipid metabolism in the full-term placenta of lean breed swine [J] . Journal of Animal Physiology and Animal Nutrition，102 (1)：242-253.

Tritton S M，King R H，Campbell R G，et al，1996. The effects of dietary protein and energy levels of diets offered during lactation on the lactational and subsequent reproductive performance of first-litter sows [J] . Animal Science, 62 (3): 573-579.

Tummaruk P, 2013. Post-parturient disorders and backfat loss in tropical sows in relation to backfat thickness before farrowing and postpartum intravenous supportive treatment [J] . Asian-Australasian Journal of Animal Sciences, 26 (2): 171.

Ueda N, 2015. Ceramide-induced apoptosis in renal tubular cells: a role of mitochondria and sphingosine-1-phoshate [J] . International Journal of Molecular Sciences, 16 (3): 5076-5124.

Ugele B, St-Pierre M V, Pihusch M, et al, 2003. Characterization and identification of steroid sulfate transporters of human placenta [J] . American Journal of Physiology-Endocrinology and Metabolism, 284 (2): 390-398.

Unger R H, 1995. Lipotoxicity in the pathogenesis of obesity-dependent NIDDM: genetic and clinical implications [J] . Diabetes, 44 (8): 863-870.

Unger R H, Clark G O, Scherer P E, et al, 2010. Lipid homeostasis, lipotoxicity and the metabolic syndrome [J] . Biochimica et Biophysica Acta (BBA) -Molecular and Cell Biology of Lipids, 1801 (3): 209-214.

Uysal K T, Wiesbrock S M, Marino M W, et al, 1997. Protection from obesity-induced insulin resistance in mice lacking TNF-α function [J] . Nature, 389 (6651): 610.

Vahratian A, Misra V K, Trudeau S, et al, 2010. Prepregnancy body mass index and gestational age-dependent changes in lipid levels during pregnancy [J] . Obstetricsand Gynecology, 116 (1): 107-113.

Vallejo M, Briz O, Serrano M A, et al, 2006. Potential role of trans-inhibition of the bile salt export pump by progesterone metabolites in the etiopathogenesis of intrahepatic cholestasis of pregnancy [J] . Journal of Hepatology, 44 (6): 1150-1157.

Valros A, Rundgren M, Špinka M, et al, 2003. Metabolic state of the sow, nursing behaviour and milk production [J] . Livestock Production Science, 79 (2/3): 155-167.

Vijayakumar A, Yakar S, LeRoith D, 2011. The intricate role of growth hormone in metabolism [J] . Frontiers in Endocrinology, 2: 32.

Villee C A, Hagerman D D, 1958. Effect of oxygen deprivation on the metabolism of fetal and adult tissues [J] . American Journal of Physiology Legacy Content, 194 (3): 457-464.

Wang D Q H, Cohen D E, Carey M C, 2009. Biliary lipids and cholesterol gallstone disease [J] . Journal of Lipid Research, 50: 406-411.

Wang D, Zhu W, Li J, et al, 2013. Serum concentrations of fibroblast growth factors 19 and 21 in women with gestational diabetes mellitus: association with insulin resistance, adiponectin, and polycystic ovary syndrome history [J] . PloS One, 8 (11): e81190.

Wang H, Yan Z, Dong M, et al, 2012. Alteration in placental expression of bile acids transporters OATP1A2, OATP1B1, OATP1B3 in intrahepatic cholestasis of pregnancy [J] . Archives of Gynecology and Obstetrics, 285 (6): 1535-1540.

Wang P, Zhong H, Song Y, et al, 2019. Targeted metabolomics analysis of maternal-placental-fetal metabolism in pregnant swine reveals links in fetal bile acid homeostasis and sulfation capacity [J] . American Journal of Physiology-Gastrointestinal and Liver Physiology, 317 (1): 8-16.

Wang Q, Fujii H, Knipp G T, 2002. Expression of PPAR and RXR isoforms in the developing rat and human term placentas [J] . Placenta, 23 (8/9): 661-671.

Wangsness P J, Acker W A, Burdette J H, et al, 1981. Effect of fasting on hormones and metabolites in plasma of fast-growing, lean and slow-growing obese pigs [J] . Journal of Animal

Science，52 (1)：69-74.

Wei J，Wang H，Yang X，et al，2010. Altered gene profile of placenta from women with intrahepatic cholestasis of pregnancy [J]. Archives of Gynecology and Obstetrics，281 (5)：801-810.

Weisberg S P，Hunter D，Huber R，et al，2006. CCR2 modulates inflammatory and metabolic effects of high-fat feeding [J]. The Journal of Clinical Investigation，116 (1)：115-124.

Weisberg S P，McCann D，Desai M，et al，2003. Obesity is associated with macrophage accumulation in adipose tissue [J]. The Journal of Clinical Investigation，112：1796-1808.

Weldon W C，Lewis A J，Louis G F，et al，1994. Postpartum hypophagia in primiparous sows：II. Effects of feeding level during gestation and exogenous insulin on lactation feed intake，glucose tolerance，and epinephrine-stimulated release of nonesterified fatty acids and glucose [J]. Journal of Animal Science，72 (2)：395-403.

Weldon W C，Thulin A J，MacDougald O A，et al，1991. Effects of increased dietary energy and protein during late gestation on mammary development in gilts [J]. Journal of Animal Science，69 (1)：194-200.

Wellen K E，Hotamisligil G S，2005. Inflammation，stress，and diabetes [J]. The Journal of Clinical Investigation，115 (5)：1111-1119.

Weltman A，Weltman J Y，Watson Winfield D D，et al，2008. Effects of continuous versus intermittent exercise，obesity，and gender on growth hormone secretion [J]. The Journal of Clinical Endocrinology and Metabolism，93 (12)：4711-4720.

Wikstrom S E，Thorsell M，Ostlund E，et al，2012. Stereological assessment of placental morphology in intrahepatic cholestasis of pregnancy [J]. Placenta，33 (11)：914-918.

Woods S C，Lotter E C，McKay L D，et al，1979. Chronic intracerebroventricular infusion of insulin reduces food intake and body weight of baboons [J]. Nature，282 (5738)：503.

Woollett L A，2008. Where does fetal and embryonic cholesterol originate and what does it do? [J]. Annual Review of Nutrition，28：97-114.

Wu W B，Xu Y Y，Cheng W W，et al，2015. Agonist of farnesoid X receptor protects against bile acid induced damage and oxidative stress in mouse placenta——a study on maternal cholestasis model [J]. Placenta，36 (5)：545-551.

Wynne K，Park A J，Small C J，et al，2005. Subcutaneous oxyntomodulin reduces body weight in overweight and obese subjects：a double-blind，randomized，controlled trial [J]. Diabetes，54 (8)：2390-2395.

Xu A W，Kaelin C B，Takeda K，et al，2005. PI3K integrates the action of insulin and leptin on hypothalamic neurons [J]. The Journal of Clinical Investigation，115 (4)：951-958.

Xue J L，Koketsu Y，Dial G D，et al，1997. Glucose tolerance，luteinizing hormone release，and reproductive performance of first-litter sows fed two levels of energy during gestation [J]. Journal of Animal Science，75 (7)：1845-1852.

Yamamoto Y，Moore R，Hess H A，et al，2006. Estrogen receptor alpha mediates 17alpha-ethynylestradiol causing hepatotoxicity [J]. Journal of Biological Chemistry，281 (24)：16625-16631.

Yamauchi T，Kamon J，Waki H，et al，2001. The fat-derived hormone adiponectin reverses insulin resistance associated with both lipoatrophy and obesity [J]. Nature Medicine，7 (8)：941.

Yoshioka T，Roux J F，1972. In vitro metabolism of palmitic acid in human fetal tissue [J].

Pediatric Research，6（8）：675.

Zhang S，Chen F，Zhang Y，et al，2018. Recent progress of porcine milk components and mammary gland function［J］. Journal of Animal Science and Biotechnology，9（1）：77.

Zhang Y H，Pan Y D，Lin C D，et al，2016. Bile acids evoke placental inflammation by activating Gpbar1/NF-κB pathway in intrahepatic cholestasis of pregnancy［J］. Journal of Molecular Cell Biology，8（6）：530-541.

Zhang Y，Hagedorn C H，Wang L，2011. Role of nuclear receptor SHP in metabolism and cancer ［J］. Biochimica et Biophysica Acta（BBA）-Molecular Basis of Disease，1812（8）：893-908.

Zhang Y，Hu L，Cui Y，et al，2014. Roles of PPARγ/NF-κB signaling pathway in the pathogenesis of intrahepatic cholestasis of pregnancy［J］. PLoS One，9（1）：e87343.

Zhou Y，Xu T，Cai A，et al，2018. Excessive backfat of sows at 109 d of gestation induces lipotoxic placental environment and is associated with declining reproductive performance［J］. Journal of Animal Science，96（1）：250-257.

Zhu J J，Luo J，Wang W，et al，2014. Inhibition of FASN reduces the synthesis of medium-chain fatty acids in goat mammary gland［J］. Animal，8（9）：1469-1478.

第四章
母猪糖代谢及能量需要

碳水化合物是由碳、氢和氧组成的天然化合物。饲料中的碳水化合物可以根据其聚合度，分成单糖、双糖、寡糖和多糖。在养猪生产中，淀粉是饲料中的主要能量来源，纤维在后肠发酵产生的短链脂肪酸也能为机体提供部分能量。对于母猪而言，在繁殖周期中糖代谢特征表现出随妊娠和泌乳进程的典型变化。在母猪妊娠早期，母体胰岛素敏感性增加，从而有利于母体体重增长。在母猪妊娠中期和妊娠后期和泌乳期，母体胰岛素敏感性降低，血液中葡萄糖水平升高，从而为营养物质优先分配给胎儿和乳腺提供了基础。然而，当母猪出现肥胖或肠道菌群出现紊乱时，会导致围产期出现胰岛素抵抗，引发糖代谢异常。这是降低母猪泌乳期采食量的重要机制，继而降低母猪泌乳量，影响仔猪生长。本章首先概述母猪在妊娠、泌乳阶段中碳水化合物的消化、吸收和代谢，然后介绍母猪繁殖周期中糖代谢特征和代谢异常，最后阐述母猪在妊娠和泌乳周期中的能量需要。

第一节　碳水化合物的消化、吸收和代谢

一、碳水化合物的分类

碳水化合物是非常多样化的分子，可以根据其分子聚合度（degree of polymerization，DP）分为单糖（DP1）、双糖（DP2）、寡糖（DP3～9）和多糖（DP≥10）。其中，多糖由淀粉和非淀粉多糖（non-starch polysaccharides，NSP）组成（Cummings 和 Stephen，2007；Englyst 等，2007）。双糖、寡糖（低聚糖）和多糖是由单糖单位经糖苷键连接而成的（表4-1）。根据连接单糖间的碳原子位置，将连接单糖的糖苷键分为 α-糖苷键和 β-糖苷键。例如，一个单糖上的1位碳原子与另一个单糖上的4位碳原子以 α-糖苷键形式连接，则将这个键命名为 α-1，4-糖苷键。碳水化合物的结构单元和糖残基之间的键合类型决定了其代谢的特点。例如，动物内源的淀粉酶仅能切割 α-1，4-糖苷键，而对 β-糖苷键没有作用。

根据碳水化合物的营养学特征，可将其分为可消化碳水化合物和不可消化碳水化合物。其中，可消化碳水化合物为能被宿主消化酶消化并被小肠吸收的碳水化合物，主要包括单糖、双糖和淀粉；不可消化碳水化合物为可抵抗宿主消化酶消化的碳水化合物，主要包括抗性淀粉（resistant starch，RS）、NSP 和部分低聚糖。

表 4-1　饲料中的碳水化合物在猪肠道中的消化吸收

分类	DP（聚合度）	举例	内源酶	分子吸收
单糖	1	葡萄糖		葡萄糖
	1	果糖		果糖
双糖	2	蔗糖	＋	葡萄糖、果糖
	2	乳糖	＋	葡萄糖、半乳糖
寡糖	3	棉籽糖	—	短链脂肪酸
	4	水苏糖	—	短链脂肪酸
	3～9	低聚糖	—	短链脂肪酸
多糖	≥10	淀粉	＋	葡萄糖
	≥10	非淀粉多糖	—	短链脂肪酸

资料来源：Chiba（2013）。

（一）单糖

自然界中存在 20 种以上的单糖，而通常存在于动物饲料原料中的单糖不超过 10 种（Knudsen 和 Jørgensen，2001）。根据单糖中碳原子的数量对单糖进行分类时，包含 5 个碳原子的单糖被称为戊糖，如阿拉伯糖、核糖和木糖是常见的戊糖；包含 6 个碳原子的单糖被称为己糖，如葡萄糖、果糖和半乳糖。

饲料中单糖的组成差异主要取决于原料的来源。猪饲料中含量最多的单糖是葡萄糖，也含有一定量的果糖、半乳糖、阿拉伯糖、木糖和甘露糖。

（二）双糖

两个单糖通过糖苷键连接就构成了双糖。猪饲料中两种主要的双糖是蔗糖和乳糖。蔗糖存在于许多植物性饲料原料中，由葡萄糖和果糖通过 α-1，2-糖苷键连接而构成；而乳糖则只存在于乳制品中，由葡萄糖和半乳糖通过 β-1，4-糖苷键连接而构成。在一些饲料原料中还有少量的麦芽糖，它是由两个葡萄糖单位通过 α-1，4-糖苷键连接而构成，是淀粉消化的中间产物。初生仔猪小肠中的蔗糖酶、乳糖酶和麦芽糖酶活性不高，1 周龄内的仔猪不能消化这些双糖，因此这些双糖对于 1 周龄内的仔猪而言具有日粮纤维的特征。但是，随着日龄的增长，特别是对于母猪而言，蔗糖和麦芽糖是非常容易消化的糖类。

此外，自然界中还存在其他的双糖，如纤维二糖、龙胆二糖和海藻糖。这些双糖都是两个葡萄糖单位通过 β-1，4-糖苷键（纤维二糖）、β-1，6-糖苷键（龙胆二糖）或 β-1，1-糖苷键（海藻糖）连接而构成。由于猪的小肠中缺乏消化这些双糖的酶，因此这些双糖又被称为抗性低聚糖（见第六章），是日粮纤维的一部分。

（三）寡糖

寡糖是由一些单糖残基组成的具有特定结构的一类化合物，主要包括半乳寡糖（包含反式半乳寡糖）、果寡糖和甘露寡糖。它们可以在 80%（v/v）的乙醇中溶解，从而可以与多糖区分开来。

寡糖不能被猪小肠中的酶消化，但可在动物的小肠或大肠中通过肠道菌群发酵产生短链脂肪酸后被吸收。因此，寡糖也是日粮纤维。"不可消化的寡糖""抗性寡糖""抗性低聚糖""抗性短链碳水化合物"等术语，均属于寡糖的同义词（Englyst 和 Englyst，2005；Englyst 等，2007）。

1. 半乳寡糖

（1）α-半乳糖　α-半乳糖是最主要的一类半乳寡糖，包括棉籽糖、水苏糖和毛蕊花糖（Cumming 和 Stephen，2007；Martinez-Villaluenga 等，2008），主要存在于豆类植物，如豌豆和黄豆的种子中（Cummings 和 Stephen，2007）。棉籽糖是由 1 个半乳糖单位与蔗糖通过 α-1，6-糖苷键连接组成的三糖；水苏糖是由 2 个半乳糖单位与蔗糖通过 α-1，6-糖苷键连接组成的四糖；而毛蕊花糖则是由 3 个半乳糖单位通过 α-1，6-糖苷键与蔗糖连接组成的五糖（Cummings 和 Stephen，2007）。半乳寡糖中连接单糖的糖苷键可以被 α-半乳糖苷酶消化。

（2）反式半乳寡糖　反式半乳寡糖不能在自然状态下合成，但是可以利用乳糖作为底物通过转糖基作用进行商业化生产（Houdijk 等，1999；Meyer，2004）。在 β-半乳糖苷酶的催化作用下，乳糖被转化为由 β-1，6-糖苷键连接的半乳糖单位，末端再由 α-1，4-糖苷键连接一个葡萄糖单位。该化合物的聚合度为 2～5（Meyer，2004）。反式半乳寡糖被认为可以作为益生元，调节肠道某些有益菌群的数量，但这一作用在猪身上还没有确凿的证据被证实。

2. 果寡糖　果寡糖主要是由果糖经过不同程度的聚合后形成的（Han 和 BeMiller，2007），包括菊糖或左聚糖。菊糖是存储型碳水化合物，存在于多种蔬菜中，包括洋葱、洋姜和菊苣。菊糖的链长度为 2～60，聚合度平均为 12（Han 和 BeMiller，2007）。

利用菊苣商业化水解可生产菊糖型果聚糖。它是由果糖单位通过 β-1，2-糖苷键连接起来的线性聚合物，并且在还原端连接一个蔗糖单位（Han 和 BeMiller，2007）。在一些菊糖型果聚糖中也可能存在由 β-2，6-糖苷键连接的一个葡萄糖分子侧链（Meyer，2004）。

左聚糖是由分泌果聚糖蔗糖酶的一些细菌和真菌合成的（Mallem 等，2006）。经过果聚糖蔗糖酶催化转糖基反应，蔗糖被转化为含有 β-1，2-糖苷键连接侧链的左聚糖（Han 和 BeMiller，2007）。

3. 甘露寡糖　甘露寡糖是甘露糖的聚合物。猪日粮中的绝大部分甘露寡糖是添加到日粮中的酵母细胞壁（Zentek 等，2002）。酵母细胞壁是由甘露聚糖、β-葡聚糖和壳多糖组成的一个网状结构。甘露糖单位位于酵母细胞壁的外表面，通过 β-1，3-糖苷键和 β-1，6-糖苷键与细胞壁内侧的 β-葡聚糖连接（Pena 等，1995）。同样，甘露寡糖不能被机体胃肠道分泌的消化酶消化（Zentek 等，2002），但被作为益生元而发挥免疫激活作用。

（四）多糖

饲料中的多糖主要包括淀粉、非淀粉多糖、抗性淀粉。此外，在动物体内的糖原也属于多糖。

1. 淀粉 淀粉是大部分日粮中最重要的碳水化合物，是谷物中的主要存储型碳水化合物。淀粉全部由葡萄糖单位组成，以直链淀粉和支链淀粉聚合物的形式而构成淀粉颗粒（Han 和 BeMiller，2007）。直链淀粉主要是葡萄糖残基以 α-1，4-糖苷键连接形成的一条直链，也可能包含以少量 α-1，6-糖苷键连接的侧链（Cummings 和 Stephen，2007）。支链淀粉是含 α-1，4-糖苷键和 α-1，6-糖苷键的高度分支的大分子聚合物（Cummings 和 Stephen，2007）。大部分谷物淀粉中支链淀粉的含量高于直链淀粉，全部或者几乎完全由支链淀粉构成的淀粉被称为蜡质淀粉（Han 和 BeMiller，2007），而大部分由直链淀粉构成的淀粉则被称为高直淀粉。

2. 非淀粉多糖 非淀粉多糖是日粮纤维的主要成分。与双糖、淀粉和糖原不同的是，组成非淀粉多糖的单糖不是由 α-1，4-糖苷键，或其他可被小肠消化酶消化的糖苷键连接形成（Englyst 等，2007）。因此，猪日粮中的非淀粉多糖不会在小肠中被消化成单糖后吸收，而只能被小肠或大肠微生物发酵以短链脂肪酸的形式被吸收（Englyst 等，2007）。在小肠内难以被消化的这部分碳水化合物也被称为"不能利用的碳水化合物（unavailable carbohydrates）"和"非血糖型碳水化合物（nonglycemic carbohydrates）"（Englyst 等，2007）。

非淀粉多糖又可分为细胞壁成分和非细胞壁成分。纤维素和半纤维素是细胞壁中最常见的非淀粉多糖，但是细胞壁中还包含阿拉伯木聚糖、木葡聚糖、阿拉伯半乳聚糖、半乳聚糖和 β-葡聚糖（Knudsen，2001）。不是细胞壁组成成分，但被认为是非淀粉多糖的碳水化合物包括果胶和树胶。

（1）纤维素 纤维素是由葡萄糖单位以 β-1，4-糖苷键连接形成的无分支型直链聚合物，所以这些链状分子紧密集合并形成微纤维，从而保证植物细胞和组织的结构完整性（Cummings 和 Stephen，2007；Englyst 等，2007）。纤维素自身所含糖苷键的特性，决定了其不能被猪小肠分泌的消化酶消化，但可以被小肠或大肠中的菌群发酵。

（2）半纤维素 半纤维素不同于纤维素，它是由不同类型的己糖和戊糖构成的支链型多糖（Cummings 和 Stephen，2007）。包括谷物在内的一些植物中最常见的半纤维素——木聚糖（Han 和 BeMiller，2007）。构成木聚糖的木糖主链以直链或高度分支的形式存在（Han 和 BeMiller，2007）；侧链会出现在直链或分支的核心结构区，一般由阿拉伯糖、甘露糖、半乳糖和葡萄糖构成（Cummings 和 Stephen，2007）。有些半纤维素也含有由葡萄糖和半乳糖产生的糖醛酸（分别为葡萄糖醛酸和半乳糖醛酸）（Spiller 和 Gates，1978）。这类含糖醛酸的半纤维素能够和金属离子（如钙和锌）结合形成盐类（Cummings 和 Stephen，2007）。

（3）木质素 木质素是由香豆醇、愈创木基醇、松柏醇、芥子醇等交联聚合而成的苯基丙烷类聚合物（Vahouny 等，1988）。从化学结构上看，木质素不属于碳水化合物。但是，由于木质素一般与植物细胞壁紧密联系在一起，因此在日粮纤维测定结果中也包含了木质素。随着植物的成熟，木质素会穿透植物的多糖基质，在细胞壁基质中形成三维结构（Vahouny 等，1988）。由于木质素能够抵抗内源消化酶和细菌的降解，因此木质素含量高的植物最难被消化（Vahouny 等，1988；Wenk，2001）。

（4）果胶　果胶主要是由半乳糖醛酸以 α-1，4-糖苷键连接形成直链多聚物（Han 和 BeMiller，2007），其中也可能含有鼠李糖、半乳糖和阿拉伯糖的侧链（Cummings 和 Stephen，2007）。市场上常见的果胶通常是从柑橘果皮或苹果渣中提取的，另外也有其他来源的果胶（Englyst 等，2007）。

（5）树胶　树胶是天然的植物多糖，也可以通过发酵生产。天然树胶来源于植物或灌木伤裂处的分泌物（如阿拉伯树胶）或种子的胚乳（如瓜尔豆胶）（Han 和 BeMiller，2007）。黄原胶和普鲁兰多糖是通过发酵生产的树胶。阿拉伯树胶（或金合欢树胶）是一种由多种成分组成的物质，半乳糖通过 β-1，3-糖苷键连接形成分支型主链，树胶醛糖、鼠李糖、半乳糖和葡萄糖醛酸通过 α-1，6-糖苷键连接成分支侧链（Shacharhill-Hill 等，1995）。瓜尔豆胶是一种半乳甘露聚糖，由甘露糖以 β-1，4-糖苷键连接形成线性主链，部分甘露糖单位会连接一个半乳糖形成侧链。

3. 抗性淀粉　在小肠内不能被消化的淀粉被称为抗性淀粉（resistant starch）（Brown，2004）。实际上所有含淀粉的饲料原料中都存在抗性淀粉，但抗性淀粉的含量与淀粉的来源、饲料的加工工艺，以及饲喂前饲料的储存条件密切相关（Livesey，1990；Brown，2004；Goldring，2004）。抗性淀粉在大肠中极易被发酵为短链脂肪酸而被机体利用，只有很少量的淀粉通过粪便被排出体外。

4. 糖原　尽管动物体内主要以甘油三酯方式存储能量，但在肝脏和肌肉中，也有以糖原的形式储存的少量葡萄糖。其中，糖原重量占肝脏重量的 $8\% \sim 10\%$，占骨骼肌重量的 $1\% \sim 2\%$。

糖原的结构与支链淀粉相似，葡萄糖残基以 α-1，4-糖苷键和 α-1，6-糖苷键连接，但糖原的分支比支链淀粉的更多。糖原分解的方式和所需的酶系与支链淀粉相同。

二、碳水化合物的消化和吸收

（一）在小肠中的消化和吸收

1. 在小肠中的消化

（1）双糖和寡糖　蔗糖、麦芽糖和乳糖中的糖苷键可以分别被蔗糖酶、麦芽糖酶和乳糖酶酶解。小肠中具有蔗糖酶活性的主要是蔗糖酶-异麦芽糖酶复合物，该复合物还具有麦芽糖酶活性（Treem，1995；van Beers 等，1995）。此外，小肠中的麦芽糖酶-葡萄糖淀粉酶复合物也具有麦芽糖酶活性，而乳糖酶仅由乳糖酶基因表达（van Beers 等，1995）。小肠刷状缘中存在较高水平的蔗糖酶、麦芽糖酶和乳糖酶（Fan 等，2001）。因此，蔗糖、麦芽糖和乳糖很容易被消化成游离的单糖并被吸收。这些双糖分解后产生的葡萄糖被吸收后，表现为血糖浓度迅速升高。因此，这些双糖也被称为血糖碳水化合物（glycemic carbohydrates）（Englyst，2005）。

海藻糖是存在于昆虫和包括酵母在内的真菌中的存储型二糖。如果在猪日粮中添加酵母或酵母产品，则日粮中可能存在少量的海藻糖。海藻糖可以被猪的小肠刷状缘分泌的海藻糖酶分解消化（van Beers 等，1995）。但猪不能分泌消化分解纤维二糖和龙胆二糖的酶，这两种双糖仅能通过后肠发酵方式被利用。

同其他许多动物一样，猪的小肠中也不能分泌 α-半乳糖苷酶。然而，这些半乳寡糖可以很容易地被肠道菌群发酵分解，并且大多数的发酵是在小肠中进行的（Freire等，1988；Smiricky 等，2002）。有意思的是，在猪的日粮中添加 α-半乳糖苷酶和其他碳水化合物酶后，可以提高小肠中寡糖的消化率，但并不一定总是能提高猪的生长性能（Jones 等，2010）。

（2）淀粉　事实上，当饲料与口腔分泌的唾液淀粉酶混合时，淀粉的消化就开始了。但是，由于饲料被吞食进入胃中后，唾液淀粉酶在胃内低 pH 条件下会很快失活，因此这段消化过程非常短暂（Englyst 等，2006）。

淀粉的消化主要在小肠中进行。在胰腺和小肠分泌的 α-淀粉酶和异麦芽糖酶的作用下，淀粉被水解成麦芽糖、麦芽三糖和异麦芽糖（也称 α-糊精）的二级单位（Gropper 和 Smith，2012）。麦芽糖酶将麦芽糖和麦芽三糖水解成葡萄糖单体；而异麦芽糖酶（也称 α-糊精酶）将以 α-1，6-糖苷键连接的异麦芽糖水解为葡萄糖分子（Gropper 和 Smith，2012），后者通过小肠的主动或被动运输途径被吸收。

尽管这些碳水化合物酶能够彻底消化淀粉，但是淀粉在小肠中被消化的速率和程度不同。影响淀粉消化速率的因素包括：①淀粉颗粒的结晶结构或淀粉的来源；②直链淀粉和支链淀粉的比例；③淀粉加工处理的类型和程度（Cummings 等，1997；Svihus等，2005；Englyst 等，2006）。根据淀粉的消化速率和葡萄糖在血液中出现的速率，可将淀粉分为快速消化淀粉和慢速消化淀粉（Englyst 等，2007）。

尽管大部分谷物的淀粉在小肠中的消化率都大于 95%（Knudsen，2001），但如果一部分淀粉被纤维性细胞壁成分包裹时，就无法接触到消化酶，其消化率就会降低，这就是豌豆淀粉消化率低于谷物淀粉的原因之一（Knudsen，2001）。另外，豌豆中直链淀粉和支链淀粉的比例也比谷物中的高，这也可能降低其淀粉消化率（Knudsen，2001）。

2. 在小肠中的吸收　多糖被消化成单糖后的主要吸收部位是小肠上段。葡萄糖被小肠上皮细胞吸收是一个依赖 Na^+ 的主动运输过程，消耗能量，并有特定的载体参与（Englyst 等，2006）。在小肠上皮细胞刷状缘上，存在着与细胞膜结合的 Na^+ 葡萄糖联合转运体。当 Na^+ 经转运体顺浓度梯度进入小肠上皮细胞时，葡萄糖随 Na^+ 一起被移入细胞内，这时对葡萄糖而言是逆浓度梯度转运。这个过程的能量是由 Na^+ 的浓度梯度（化学势能）提供的，它足以将葡萄糖从低浓度转运到高浓度。当小肠上皮细胞内的葡萄糖浓度增高到一定程度时，葡萄糖经小肠上皮细胞基底面，经葡萄糖转运体顺浓度梯度被动扩散到血液中。小肠上皮细胞内增多的 Na^+ 通过钠钾泵（Na^+-K^+ ATP 酶），利用 ATP 提供的能量，从基底面被泵出小肠上皮细胞外，进入血液，从而降低小肠上皮细胞内 Na^+ 浓度，维持刷状缘两侧 Na^+ 的浓度梯度，使葡萄糖能不断地被转运。与葡萄糖的吸收方式不同，果糖、阿拉伯糖、木糖和甘露糖只能通过被动吸收的方式在小肠内被吸收（Englyst 等，2006）。

（二）在大肠中的消化和吸收

大肠是一个低氧、低流速、高含水量的厌氧发酵室，所有这些条件都有利于细菌生长，每克新鲜肠道内容物中活菌数可达 $10^{11} \sim 10^{12}$ 个。在单胃动物的大肠中，碳水化合物浓度从近端结肠到远端结肠和直肠逐渐降低，在小肠中无法被消化的饲料残渣是后肠细菌重要的营养来源。进入后肠被菌群发酵利用的碳水化合物，主要是不被前肠消化的非淀粉多糖、抗性淀粉和抗性寡糖。

尽管在胃和小肠远端就已经有菌群代谢产生的乳酸（lactic acids，LA）和短链脂肪酸（Argenzio 等，1974；Bach 等，2011），表明小肠中的菌群对碳水化合物的消化也有一定的贡献，但大肠菌群在消化不被小肠利用的碳水化合物方面具有无可替代的重要作用。

1. 在大肠中的消化

（1）非淀粉多糖　到达结肠的非淀粉多糖主要包括纤维素、阿拉伯木聚糖、木葡聚糖、β-葡聚糖、甘露聚糖、果胶等。这些非淀粉多糖能被一系列微生物水解酶、酯酶和裂解酶安全降解，但这些微生物酶类对木质素和纤维素的降解往往是不完全的。因此，部分植物细胞壁多糖能到达远端肠道，并随粪便排出体外。

迄今为止，仅在少数瘤胃厌氧菌上详细研究了肠道细菌降解植物细胞壁的系统过程。纤维素分解菌——黄化瘤胃球菌有纤维素酶型的细胞表面酶复合物（Rincon 等，2005；Flint 等；2008）。与纤维素酶相关的瘤胃球菌酶具有特征性的蛋白序列，该序列可与结构组分中的黏合素特异性相互作用，产生的纤维素复合物能锚定在细菌细胞壁上，发挥降解纤维素的作用。

在大肠中，通常更容易被菌群完全分解的非淀粉多糖是半纤维素和果胶。虽然半纤维素最初存在于细胞壁基质中，但这些物质将通过降解初级细胞壁的细菌以可溶性的形式部分释放，并可被其他肠道细菌利用，且一般利用速度快于不溶性的植物细胞壁多糖。在体外，果胶在用粪便接种物分批培养 24h 后便可被完全降解（Dongowski 等，2000）。结肠中只有某些种类的细菌能够利用木聚糖。拟杆菌属卵形芽孢杆菌（*Bacteroides ovatus*）具有类似于瘤胃中相对布氏普雷沃氏菌（*Prevotella bryantii*）的木聚糖利用操纵子（Weaver 等，1992；Xu 等，2003），可以利用木聚糖。在革兰氏阳性菌中，肠炎胎弧氏菌属可以利用木聚糖，而与黄腐菌类似的人肠道菌群也可能降解和利用这些木聚糖（Chassard 和 Bernalier-Donadille，2006）。

（2）抗性淀粉　另一个到达结肠的可发酵底物的重要来源是抗性淀粉，它是不能被宿主淀粉酶降解的一部分淀粉。革兰氏阴性菌中的多形拟杆菌基因组能编码多种基因产物，参与淀粉分子的附着、水解和转移（Xu 等，2003）。淀粉分子首先通过几种外膜蛋白与细胞表面紧密结合（Cho 和 Salyers，2001）。虽然大部分水解发生在周质中，但其中一种外膜蛋白 SusG 能够降解淀粉（Shipman 等，1999），可能释放出更小的分解产物，可以运输到周质中进行完全水解。通过在降解之前紧密结合初始淀粉底物，多形拟杆菌确保其成为自身水解活性的受益者。

某些 DNA 碱基中，G＋C 含量高的双歧杆菌，通过与特定的细胞表面蛋白相互作用，也可以积极地进行淀粉分解并黏附淀粉颗粒（Crittenden 等，2001）。虽然黏附性不是淀粉利用的先决条件，但所有高黏附性菌株都是淀粉利用菌。某些 DNA 碱基中，G＋C 含量低的革兰氏阳性厌氧菌也可能对结肠淀粉的分解有重要作用，但它们的作用很少被研究。来自人结肠的这一类菌的两个代表是丁酸弧菌纤维隔离菌 16 和罗氏菌属 A2-194，它们分别编码了 1 333 个和 1 674 个氨基酸的 α-淀粉酶（Ramsay 等，2006）。

这些多域酶有 13 个 α-淀粉酶催化域，但还携带假定的碳水化合物结合域和 C 端细胞壁锚定域，类似于其他革兰氏阳性细菌中描述的分选酶介导的细胞壁附着系统（Comfort 和 Clubb，2004）。一般而言，这些酶的 N 端信号肽决定酶的定位，而 C 端区域确保其能锚定到细胞表面（Ramsay 等，2006）。这种定位也被认为有利于细胞吸收水解产物。

（3）寡聚糖 大部分寡聚糖能够抵抗前肠消化酶的作用而进入后肠，从而被肠道菌群利用。目前，对肠道菌群利用寡聚糖的过程研究得较为清楚的是低聚果糖。已知的介导后肠菌群利用低聚果糖的主要酶是 β-呋喃果糖苷酶。它具有水解 β-1，2-糖苷键的能力，但不同细菌来源的 β-呋喃果糖苷酶在低聚果糖中裂解 β-1，2-糖苷键的能力不同（Warchol 等，2002）。β-呋喃果糖苷酶在多种双歧杆菌中均存在（Schell 等，2002；Ryan 等，2005），其中以乳双歧杆菌中的 β-呋喃果糖苷酶对 β-1，2-果糖键的切割效率最高（Janer 等，2004）。对菊粉而言，分子质量越大其对 β-呋喃果糖苷酶的敏感性就越低（Janer 等，2004；Ryan 等，2005）。因此，聚合度值越大的菊粉能被后肠微生物利用的程度越低，相对应的益生效果也越差。由于菊粉和低聚果糖均选择性地刺激双歧杆菌和乳酸杆菌的生长，因此它们被归类为益生元（Janer 等，2004）。

（4）简单的糖和糖醇 未吸收的糖和糖衍生物也为结肠菌群提供底物。乳果糖和鼠李糖分别进入后肠，会被菌群利用转化为乙酸和丙酸（Fernandes 等，1994）。值得注意的是，短时间内大量摄入不可吸收的单糖和寡糖，虽然可能调节肠道菌群，但也可能导致一些不良症状，如腹胀和腹痛（Scholtens 等，2006；ten Bruggencate 等，2006）。

2. 在大肠中的吸收 在大肠各段，盲肠和近端结肠营养浓度高，微生物生长速度快，短链脂肪酸浓度高，pH 低（bach Knudsen 等，1993；Jensen 和 Jørgensen，1994；Glitsø 等，1998）。随着大多数碳水化合物被分解，远端结肠的细菌可利用的碳水化合物减少，短链脂肪酸的生成量减少，肠道的 pH 接近中性（Knudsen 和 Hansen，1991；Knudsen 等，1993）。肠道菌群产生的短链脂肪酸通过被动扩散形式被门静脉吸收，或作为肠道细胞生长和更新的底物，而少量未被吸收的短链脂肪酸随粪便排出（Bergman，1990）。

三、碳水化合物的代谢

（一）糖原的合成和分解

糖原的合成是指由葡萄糖合成糖原的过程。这个过程的起始是葡萄糖被 ATP 磷酸化为葡萄糖-6-磷酸，葡萄糖-6-磷酸在葡萄糖变位酶的催化下生成葡萄糖-1-磷酸，葡萄糖-1-磷酸在 UDP-葡萄糖焦磷酸化酶的催化下与尿苷三磷酸合成 UDP-葡萄糖，UDP-葡萄糖在糖原合成酶的作用下生成糖原。

肝糖原不仅可以由葡萄糖、果糖和半乳糖生成，还可以由甘油、乳酸和某些氨基酸等非糖物质合成，但肌糖原只能由葡萄糖生成。由于动物的摄食时间是间断的，因此必须储存一定量的糖以备生理需要。糖原是葡萄糖的储存形式，摄食后过多的葡萄糖可在肝脏、肌肉等组织中合成糖原储存起来，以免血糖浓度过高。胎猪中的葡萄糖部分合成了糖原在机体储存，该部分糖原对新生仔猪的存活率可能有积极意义。

糖原分解是指糖原在有无机磷酸存在下，经磷酸化酶催化，从糖原分子非还原端 α-1，4-糖苷键开始逐步地被磷酸化，释放出葡糖-1-磷酸，直至生成极限糊精。葡糖-1-磷酸经葡糖磷酸变位酶催化生成葡糖-6-磷酸，最后在葡糖-6-磷酸酶催化下，水解成葡萄糖。

当饥饿（血糖低）时，肝糖原则分解成葡萄糖以补充血糖，因此肝糖原对维持血糖的相对恒定十分重要；当肌肉活动剧烈时，肌糖原分解产生大量乳酸，除一部分可氧化供能外，大部分则随血液循环到肝脏，通过糖异生转变成肝糖原或血糖。

（二）葡萄糖分解

1. 糖酵解 糖酵解途径（glycolytic pathway）是指细胞在细胞质中分解葡萄糖生成丙酮酸（pyruvate）的过程，并在缺氧条件下丙酮酸被还原为乳酸，此过程伴有少量 ATP 的生成。糖酵解的主要生理意义是在缺氧时可以迅速为机体提供能量，同时还是糖氧化分解的前段过程，为脂质、氨基酸的合成提供前体。值得注意的是，在妊娠时胎盘即处于微缺氧状态，因此糖酵解途径对胎盘的能量代谢具有重要意义，相关具体内容在本章后续小节中有介绍。

糖酵解分为两个阶段共 10 个反应，每个分子葡萄糖经第一阶段共 5 个反应，消耗 2 个分子 ATP 为耗能过程，第二阶段 5 个反应生成 4 个分子 ATP 为释能过程。丙酮酸激酶是糖有氧氧化过程中的限速酶，具有变构酶性质。其中，ATP 是变构抑制剂，而 ADP 是变构激活剂。Mg^{2+} 或 K^+ 可激活丙酮酸激酶的活性，胰岛素可诱导丙酮酸激酶的生成，烯醇式丙酮酸又可自动转变成丙酮酸。

2. 氧化分解 在有氧条件下，由葡萄糖生成的丙酮酸可进一步氧化分解生成乙酰 CoA 进入三羧酸循环，生成 CO_2 和 H_2O。乙酰 CoA 进入由一连串反应构成的循环体系后，被氧化生成 H_2O 和 CO_2。由于这个循环反应开始于乙酰 CoA 与草酰乙酸（oxaloaceticacid）缩合生成的含有 3 个羧基的柠檬酸，因此称之为三羧酸循环或柠檬酸循环（citratecycle）。在三羧酸循环中，柠檬酸合成酶催化的反应是关键步骤，草酰乙酸的供应有利于循环的顺利进行。

葡萄糖的氧化分解是妊娠期中胎儿生长和泌乳期中乳腺泌乳过程的最主要能量来源。除氧化供能外，三羧酸循环也为一些物质的生物合成提供了前体分子，如草酰乙酸是合成天冬氨酸的前体，α-酮戊二酸是合成谷氨酸的前体。

（三）葡萄糖异生

葡萄糖异生是指由非糖类物质合成葡萄糖的过程，简称糖异生。非糖类物质包括丙酮酸、乳酸、丙酸、甘油及某些氨基酸。对于高等动物而言，糖异生作用尤为重要，因为许多重要组织细胞，如脑、红细胞、眼晶状体等主要利用葡萄糖提供能量。通常情况下，机体通过糖原代谢维持血糖稳态，满足组织细胞对葡萄糖的需求。在处于饥饿或葡萄糖供应不足时，机体会比平常更加强烈地需要葡萄糖的合成，机体必须由非糖类物质转化为葡萄糖提供代谢需求。

糖异生反应过程基本是糖酵解反应的逆过程。主要过程包括：①丙酮酸在磷酸烯醇式丙酮酸羧激酶的作用下，转变为磷酸烯醇式丙酮酸；②1，6-二磷酸果糖转变为 6-磷酸果糖，此反应由 1，6-二磷酸果糖酶 1 催化进行；③6-磷酸葡萄糖转变为葡萄糖，此反应由葡萄糖-6-磷酸酶催化进行，是糖酵解过程中己糖激酶催化葡萄糖生成 6-磷酸葡萄糖的逆过程。

对于母猪而言，由于其具备更为成熟的肠道微生物结构，并且饲料中纤维的含量也相对较高。因此，通过肠道微生物发酵纤维产生的短链脂肪酸也相对较多。这些产生的短链脂肪酸可能提供了母猪约 20% 的能量需要，其中短链脂肪酸中的丙酸是在肝脏中经糖异生途径产生葡萄糖后为机体供能。

（四）乳酸转变为葡萄糖的过程

在刚进行剧烈活动的肌肉细胞中，糖酵解作用会因瞬间加强，而大量消耗 NAD^+，生成 NADH。此时，有氧呼吸链再生成 NAD^+ 的速度无法满足糖酵解的继续进行。为了及时补充 NAD^+，糖酵解产物——丙酮酸便在乳酸脱氢酶的作用下转变为乳酸。为了避免乳酸大量积累造成伤害，机体通过可立氏循环将乳酸变为葡萄糖。可立氏循环是指：在肌肉细胞，葡萄糖经糖酵解生成丙酮酸，丙酮酸转变为乳酸；乳酸扩散进入血液，随血流进入肝脏；在肝细胞内，乳酸先转变为丙酮酸，丙酮酸再通过糖异生途径转变为葡萄糖；葡萄糖再回到血液中，随血液供应肌肉或脑对葡萄糖的需要。

值得注意的是，妊娠期母体也存在该循环，不过葡萄糖发生酵解的位置是在胎盘，而产生的乳酸就大部分进入母体血液而不是胎儿，通过母体肝脏的代谢再次生成葡萄糖。

第二节　母猪繁殖周期中糖代谢特征和代谢异常

一、母猪妊娠期糖代谢特征及其调节

妊娠是一个复杂而特殊的生理过程，为适应胎儿生长发育的需要，母体各系统均发生相应的变化。多种激素的相互作用和代谢的改变，使妊娠期母体易出现糖代谢异常（Butte，2000）。

（一）母体

在妊娠期母体的糖代谢随妊娠的进程发生了适应性变化。在妊娠初期，母体的胰岛素敏感性增加，从而有利于母体的营养储备；在妊娠中期和妊娠后期，母体的胰岛素敏感性逐渐降低，从而有利于血糖更多地向胎儿转运。由于妊娠期母体和胎儿利用的葡萄糖多于非妊娠动物，而且母体葡萄糖排泄量增加，因此空腹血糖低于非妊娠动物。妊娠期糖代谢的变化由各类激素的变化调控。

1. 妊娠期血糖水平变化

（1）空腹血糖水平　为适应胎儿在器官分化期和成熟期发育的能量需要，母体在妊娠期的糖代谢发生着显著性的变化，其中空腹血糖水平及两餐间血糖水平下降。妊娠早期平均空腹血糖水平为 3.9～4.4 mmol/L，妊娠中期血糖水平继续下降，至

妊娠晚期达最低水平。其主要原因为：第一，葡萄糖利用增加。胎儿肝脏缺乏产生肝糖原所需要的酶，胎儿生长发育的主要能源来自于母体血液中的葡萄糖。随着妊娠时间的增加，胎儿对葡萄糖的需求量增多，在妊娠后期达到高峰，此时母体血糖水平降至最低。在妊娠后期，碳水化合物在能量供给中约占 66%，而分娩后即降到 58%；妊娠后期氧化代谢的碳水化合物高达 282g/d，分娩后则降至 210g/d（Butte，2000）。第二，排泄量增加。妊娠期肾血流量及肾小球滤过率增加，肾糖阈降低，而肾小管对糖的再吸收不能相应增加，致使葡萄糖排泄量增加，因而造成空腹血糖下降（Doblado 和 Moley，2007）。

（2）餐后血糖　正常情况下，摄食碳水化合物后内源性葡萄糖产生受抑制而糖利用率增加，因而维持正常血糖。给予非妊娠妇女糖负荷后，大约 30min 血糖达到峰值，1~2h 即恢复正常。妊娠早期母体胰岛素敏感性有所提高，从而有助于母体储存能量，但餐后血糖水平相对较低。

在妊娠中期和妊娠后期，餐后血糖峰值较高，并且恢复至正常水平也较缓慢，胰岛素分泌也呈现类似变化，说明外周组织对胰岛素的敏感性下降。在此阶段，空腹和餐后胰岛素分泌量均大大增加。其中，妊娠后期 24h 胰岛素平均含量可较妊娠前增加 1 倍（Lesser 和 Carpenter，1994）。妊娠中期和妊娠后期胰岛素敏感性下降也尤为明显，胰岛素敏感性可较非妊娠期正常个体降低 40%~80%（Buchanan 等，1990；Catalano 等，1999）。母体在较长时间内保持较高的血糖水平，使得更多的葡萄糖可通过胎盘传递给胎儿。因此，妊娠中期和妊娠后期母体胰岛素敏感性的下降，有利于增加胎儿的葡萄糖转运，并降低母体组织的葡萄糖利用率（Pere 等，2000）。

2. 妊娠各阶段糖代谢的调控

（1）妊娠早期　妊娠早期胎儿已开始不断地从母体血液中摄取葡萄糖，使母体在妊娠早期的血糖略低于非妊娠期。妊娠早期的雌激素和孕激素水平升高，能使组织对胰岛素的敏感性增加。

（2）妊娠中期和妊娠后期　妊娠中期胰岛逐渐肥大，β 细胞增生活跃，分泌胰岛素的量明显增多，母体对葡萄糖的利用率增加，母体空腹血糖下降。但同时，来源于人胎盘的泌乳素增加，其他激素（如泌乳素、可的松）的分泌量亦增多，母体对抗胰岛素的作用加强，母体餐后葡萄糖浓度上升。但此阶段母体尽量使用脂肪代谢来供应能量，以利于节约葡萄糖用于供应胎儿。妊娠后期胰岛素敏感性的下降也与体内激素的改变有关，发挥调控作用的激素主要包括黄体酮、雌激素、肾上腺皮质激素等（Doblado 和 Moley，2007）。

垂体泌乳素是由垂体前叶分泌的多肽类激素，主要作用是引起并维持泌乳。在妊娠期间，垂体泌乳素随着雌激素的升高而升高，并在妊娠后期达到峰值。垂体泌乳素的分子结构与人胎盘泌乳素的基本相同，使血糖利用减少、血糖升高。

除垂体泌乳素外，母体中还存在胎盘泌乳素。胎盘泌乳素由胎盘滋养层合体细胞合成并释放。人胎盘泌乳素在妊娠第 6 周即可在母体血液中被检测到，在妊娠 36~37 周达到高峰，分娩后 24h 内消失。人胎盘泌乳素有促黄体生成、促进糖原合成及红细胞生成的作用。在葡萄糖供应不足时，人胎盘泌乳素能分解脂肪，增加游离脂肪酸浓度，促进糖原异生，并可抑制外周组织胰岛素，使血糖利用减少、血糖升高，以保证胎儿的能量供应（杨慧霞，2011）。

可的松是一种肾上腺皮质激素，妊娠后期母体可的松浓度是非妊娠状态的 2.5 倍以上。用过量糖皮质激素处理骨骼肌组织后，能使胰岛素受体的酪氨酸磷酸化作用下降，降低胰岛素受体底物-1 的含量。据此推测，由糖皮质引起的胰岛素抵抗表现在胰岛素受体方面（Doblado 和 Moley，2007）。

胰高血糖素由胰岛 α 细胞分泌，在妊娠后期浓度达到最大；刺激肝糖原分解，使血浆中葡萄糖浓度升高（Jovanovic 和 Peterson，1991）。

人妊娠 30 周后，母体血浆黄体酮和雌激素明显增高，并持续至分娩。黄体酮和雌激素能增加胰岛素的分泌反应，但降低了胰岛的敏感性。肾上腺皮质激素在妊娠期，尤其是在妊娠后期明显增加，能促进糖异生及酮体生成，颉颃胰岛素，使血糖浓度增高（Doblado 和 Moley，2007）。

（二）胎盘

葡萄糖是胎盘重要的能量来源，也是合成碳骨架的来源。因为胎儿几乎不存在糖异生，所以母体循环是胎儿和胎盘葡萄糖几乎唯一的来源。本部分讲述的关于葡萄糖在胎盘的糖代谢特征，主要参考其他动物的研究结果。

1. 胎盘葡萄糖的摄取　胎盘的葡萄糖摄取依赖葡萄糖转运体（glucose transporter，GLUT）家族的转运蛋白，GLUT 家族的转运蛋白存在于合胞体滋养层细胞的微绒毛膜和基底膜中。在合胞体两个相对面之间存在的不对称转运蛋白排列（微绒毛＞基部），导致合胞内葡萄糖浓度接近于绒毛血液中的浓度。这使得葡萄糖梯度最大化，从而驱动了葡萄糖穿过基膜的运输，这也是母体葡萄糖转运中的限速步骤。

葡萄糖的获取量直接影响新生儿的体重。在猪中，从母猪到胎儿的葡萄糖转运取决于母猪和胎儿之间的血糖浓度差异。一般来说，母猪的血糖水平至少比胎儿的血糖水平高 2.5 倍（Pere，1995），以便将葡萄糖输送到胎儿。胎儿是在葡萄糖转运蛋白的协助下通过胎盘转运获得葡萄糖的。

子宫胎盘血流量是胎盘发挥物质交换功能最重要的一环，血流速率对物质输送至关重要。在整个妊娠期中，子宫胎盘血流量随胎儿重的增加而增加，到妊娠后期子宫胎盘血流量较非妊娠期增加了 10～20 倍。这种血流量增加表现为妊娠期血液稀释状态。妊娠期血浆量增加较非妊娠期增加 42% 左右，以提高血浆对营养物质的运载力和对代谢废物的清除力，并降低血液黏稠度，改善子宫-胎盘循环状态。地塞米松（糖皮质激素的一种）则是直接作用于糖皮质激素受体，或通过降低糖皮质激素受体 α 的表达抑制胎盘葡萄糖的转运功能（Braun 等，2013）。

2. 胎盘葡萄糖的代谢　胎盘具有非常高的葡萄糖消耗率，可达到 0.13～0.33mmol/（min·kg），不仅高于全身葡萄糖的消耗率，而且高于骨骼肌和心肌对葡萄糖的消耗率，是胎儿葡萄糖消耗率的 3 倍（Zamudio 等，2010）。子宫摄取的约 55% 的葡萄糖被胎盘和子宫组织消耗，另外 45% 则转运至胎儿（图 4-1）。在约 55% 被胎盘和子宫代谢的葡萄糖中，绝大部分（约占子宫总摄取量的 50%）通过糖酵解途径代谢（Pere，1995）。

胎盘高葡萄糖消耗与低氧合度，使得胎盘代谢比其他组织更早转变为无氧代谢的趋

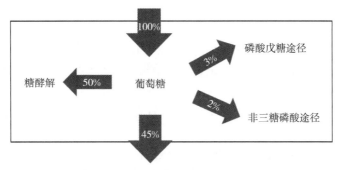

图 4-1　胎盘葡萄糖的代谢去向

势一致。因此，胎盘中葡萄糖发生了较多的糖酵解，并产生了大量的乳酸。外植体和灌注研究表明，胎盘酵解产生乳酸的速率为 $0.1 \sim 0.3$ mmol/（min·kg）。胎盘产生的乳酸可能从胎盘释放到胎儿和母体循环中。在体内常氧条件下，胎盘仅以 0.03 mmol/（min·kg）的速率将乳酸释放到胎儿循环中。这意味着大部分乳酸被释放到母体循环中，与合胞体微绒毛膜的乳酸转运能力大于面向胎儿的基膜的发现一致。

　　胎盘中也存在除糖酵解之外的代谢途径。在妊娠早期合成胎盘中有糖原合成，此外，胎盘还存在葡萄糖代谢的磷酸戊糖途径，可以产生用于 DNA 和 RNA 合成的核糖-5-磷酸，以及用于还原性生物合成的 NADPH。该代谢途径的活性也是妊娠早期较高。这些代谢途径的活性在妊娠期间发生变化。在妊娠早期，胎盘代谢的葡萄糖中，大约 75％的葡萄糖通过糖酵解途径代谢，15％通过非糖磷酸途径（如糖原合成）代谢，10％通过磷酸戊糖途径代谢。在妊娠后期，通过糖酵解途径的消耗达到 90％，非丙糖磷酸和磷酸戊糖途径各占 5％。胎盘的葡萄糖代谢既满足了胎盘缺氧环境的适应性需求，也为胎盘自身的生长提供了必要的能量和底物。

　　（三）胎猪

　　1. 对葡萄糖的摄取　　在对小鼠的研究中发现，胚胎在着床前就已经表达了几种葡萄糖转运蛋白，如 GLUT1、GLUT2、GLUT3、GLUT5、GLUT8、GLUT9 和 GLUT12（Riley 等，2005）。其中，GLUT8 在小鼠胚胎着床前葡萄糖转运中的作用尤为重要。这种葡萄糖转运体在囊胚中高度表达，是胚胎正常发育所必需的。

　　GLUT8 受胰岛素调节。在基础胰岛素水平下，GLUT8 位于外胚层细胞的细胞质中。在胰岛素作用下，GLUT8 开始出现在外胚层细胞的质膜上或附近。这表明胰岛素信号将 GLUT8 从细胞内囊泡移位到了质膜（Carayannopoulos 等，2000）。另外，已知受胰岛素调节的葡萄糖转运体是 GLUT4，但其在着床前的胚胎中不表达。因此，GLUT8 可能是胚泡细胞中细胞内葡萄糖的重要调节因子。

　　葡萄糖转运蛋白的表达也会受母体葡萄糖水平的影响而改变。在糖尿病小鼠胚胎中，GLUT1、GLUT2 和 GLUT3 的转录水平下降，表明促进葡萄糖转运蛋白的表达在高血糖环境中下调（Moley 等，1998）。这种下调可能对胚泡的生长和发育产生负面影响，导致发育畸形。例如，利用杂合 GLUT1 反义基因（*GLUT1AS*）抑制 GLUT1 表达后，小鼠胚胎表现出多种发育缺陷，包括发育迟缓、头部缺失、微小眼病和小颌畸形

（Heilig 等，2003）。这些畸形也曾在糖尿病孕妇的胚胎中有所描述（Lindstrom 等，1971；Mills 等，1998）。

GLUT3 基因也在胚胎生长和存活中发挥重要作用，敲除 *GLUT3* 基因能导致小鼠致死。在母体妊娠晚期和胎儿出生时，杂合子的胎儿体重低于对照组，这与妊娠晚期胎儿生长受限相一致。随着 *GLUT3* 表达量的减少，囊胚凋亡水平则升高（Pantaleon 等，1997；Ganguly 等，2007）。这些结果均表明，调控葡萄糖转运对胚胎的正常生长发育具有重要意义。

因此，母体葡萄糖浓度高或母体胰岛素敏感性低，导致葡萄糖转运蛋白的表达降低或转运至质膜的量减少，会使得胎猪在发育期间葡萄糖摄取减少，可能导致对生长和发育的不可逆影响。此外，IGF-1 和 IGF-2 具有促进胎盘向胎儿传递葡萄糖和氨基酸的能力（Kniss 等，1993）。

2. 氧化供能　在胎猪氧化供能的底物量中，75％为碳水化合物（35％～40％葡萄糖和 25％～30％乳酸）、10％～15％为氨基酸，其余为少量脂肪酸、甘油、酮酸和醋酸盐。因此，提高妊娠母猪血液葡萄糖水平可能有利于胎儿发育，以提高产仔性能。例如，在妊娠第 0～110 天，在母猪淀粉摄入量最低的组，仔猪出生重和窝重都最低（Almond 等，2009）。与每天摄入 540g 淀粉的组相比，如果从妊娠第 85 天到分娩，每天给母猪饲喂 895g 淀粉（加糖），则仔猪出生体重会增加 50g（van der Peet-Schwering 等，2004）。

除氧化供能外，胎猪中的葡萄糖部分合成了糖原在机体储存，该部分糖原对新生仔猪的存活率可能有积极意义。

二、母猪泌乳期糖代谢特征及其调节

乳腺是哺乳动物特有的器官。乳腺的血液供应极其丰富，乳腺上皮细胞从血液中吸收营养物质后将其转化为乳糖、脂肪和蛋白质，因此乳腺上皮细胞是一个重要的"生物工厂"（Bauman 和 Elliot，1983；Bauman 和 Griinari，2003）。由于缺乏葡萄糖-6-磷酸酶，因此猪乳腺不能通过其他前体物质合成葡萄糖（Scott 等，1976；Threadgold 和 Kuhn，1979），乳腺依赖于血液供应的葡萄糖以满足合成乳糖的需求。

（一）母猪乳腺对葡萄糖的摄取

在哺乳期的动物中，提供葡萄糖到乳腺进行乳合成是确保物种生存的一种优先代谢活动（Bell 和 Bauman，1997）。乳腺中的葡萄糖转运调节在满足这一优先级中起关键作用。对于日产奶量为 40kg 的奶牛来说，乳腺每天必须从血液中吸收多达 3kg 的葡萄糖（Kronfeld，1982；Rigout 等，2002），这占进入血液总葡萄糖的 60％～85％（Annison 和 Linzell，1964；Rigout 等，2002）。泌乳母猪乳腺中平均葡萄糖摄取量每 100g 组织约为 9 mg/min（Linzell，1960；Linzell 等，1969），这一数值与荷斯坦奶牛乳腺对葡萄糖摄取的估计值（每 100g 组织 8～10mg）十分接近。母猪乳腺对葡萄糖的摄取量占进入血液总葡萄糖的 20％～31％（Spincer 等，1969；Farmer 等，2014）。

乳腺对葡萄糖摄取是乳腺葡萄糖供应和乳腺分泌上皮细胞膜上葡萄糖转运活性的功能体现。其中，乳腺葡萄糖供应是由动静脉葡萄糖浓度差和流向乳腺的血液流量决定的。乳腺葡萄糖的转运是一种涉及被动转运和异化扩散的运输过程，由 10 倍以上的内葡萄糖浓度梯度驱动跨乳腺上皮细胞的转运（Loizzi 等，1975；Amato 和 Loizzi，1979；Prosser，1988；Xiao 和 Cant，2003）。而实现母猪乳腺对葡萄糖高效摄取的调节主要包括营养调节、内分泌调节、缺氧调节等。

1. 营养对乳腺葡萄糖摄取的调节 对于母猪而言，进入泌乳期后采食量会较妊娠期有较大提升。摄食后泌乳母猪乳腺动脉葡萄糖浓度与静脉葡萄糖浓度的差值会从餐前的 12.2mg/dL 提高到 24.2mg/dL，同时动脉的葡萄糖浓度从 62.4mg/dL 提高到 126.8mg/dL（Dourmad 等，2000）。值得注意的是，在正常生理条件下，动脉葡萄糖浓度可能不是决定乳腺对葡萄糖摄取的主要因素。这是因为当给禁食后的母猪灌注 35mg/kg（以体重计）的葡萄糖后，尽管动脉的葡萄糖浓度显著提高，但是乳腺动脉血糖与静脉血糖的差值仅从 35mg/dL 略微增加到 36.8mg/dL，乳腺从动脉摄取葡萄糖的比例从 25％略微下降到 20％（Farmer 等，2014）。这一发现与在反刍动物中的研究结果一致，即通过向皱胃/肠道或直接向血液输注葡萄糖来提高血浆葡萄糖浓度，通常不会与奶牛和人中乳糖合成和产奶量的增加相关联（Neville 等，1993；Hurtaud 等，1998；Lemosquet 等，2009）。

营养对猪乳腺摄取葡萄糖的影响可能是由其他营养物质介导的（Dourmad 等，2000）。对于奶牛而言，乳腺对葡萄糖的摄取部分依赖于乳腺对乙酸的摄取（Miller 等，1991），表明牛乳腺中这两种营养物质之间存在相互作用。在猪乳腺中，葡萄糖的摄取否与乙酸是否存在关联尚不清楚，但是由于猪血液中的乙酸水平较反刍动物的低，因此该作用可能对猪而言并不敏感。另外，将氨基酸输注到奶牛的皱胃不会改变乳腺对葡萄糖的摄取（Doepel 和 Lapierre，2010）。对猪而言，提高饲料中赖氨酸等氨基酸的水平，对乳汁中的乳糖及血液中的葡萄糖也无显著影响（Davis 和 Mepham，1974）。因此，乳腺对葡萄糖的摄取似乎不受氨基酸利用率的影响。

2. 内分泌对乳腺摄取葡萄糖的调节 泌乳期乳腺对葡萄糖的摄取受催乳素、胰岛素等激素的调控。在泌乳期，血液循环中的 IGF-1 和催乳素并不能有效地进入母猪的乳腺，表现为这两种激素在乳腺动脉和静脉的差值几乎为零（Peters 和 Rillema，1992）。尽管乳腺自身也能表达 IGF-1 和催乳素，但是乳腺条件性地敲入 IGF-1 的母猪其泌乳量和乳成分并未改变（Monaco 等，2005）。这些结果表明，IGF-1 可能并不影响母猪对营养物质的摄取。尽管在奶牛中已经证实，催乳素可刺激乳腺外植体对 2-脱氧葡萄糖的摄取（Peters 和 Rillema，1992），但其对猪乳腺摄取葡萄糖的影响却尚不清楚。

与 IGF-1 和催乳素不同的是，在母猪泌乳高峰期，乳腺动脉和静脉中胰岛素的差值约为 50pmol/L，表明胰岛素可以进入乳腺。血液中的胰岛素浓度与母猪乳中的蛋白质、脂肪和乳糖的含量均呈正相关，表明胰岛素可能有促进乳腺摄取营养物质的作用（Farmer 等，2007）。

此外，乳腺自身还能分泌一些激素，如 17β 雌二醇（Staszkiewicz 等，2004），然而目前尚不清楚 17β 雌二醇是否发挥了调控乳腺摄入营养物质的作用。另外，一些影响血管舒张的因子，如去甲肾上腺素、5-羟色胺、前列腺素 $F_{2\alpha}$ 和前列环素也可能会通过增加血流速度促进乳腺对营养物质的摄入。

在反刍动物中，生长激素、甲状腺激素和血浆葡萄糖依赖性促胰岛素多肽也可以刺激乳腺对葡萄糖的摄取（Davis 等，1988；Faulkner，1999）。注射外源性生长激素会增加乳腺对葡萄糖的摄取（Davis 等，1988）。然而，给泌乳牛使用外源性生长激素 63d 并没有改变乳腺 GLUTl 的 mRNA 和蛋白质的表达（Zhao 等，1996）。因此，外源性生长激素增加乳腺葡萄糖摄取可能是因为流向乳腺的量增加（Tanwattana 等，2003），而非诱导了乳腺上皮细胞 GLUT 的表达（Shao 等，2013）。在母猪生产上关于使用生长激素调控泌乳的研究存在一定的争议。在母猪泌乳期（12～29d）添加重组生长激素会提高母猪的产奶量，提高泌乳 29d 血浆中的葡萄糖的浓度（Harkins 等，1989）。然而，也有研究显示，从妊娠期第 108 天到泌乳期第 28 天添加重组生长激素不会提高母猪的产奶量（Cromwell 等，1992；King'ori，2012）。目前尚不清楚甲状腺激素对猪乳腺葡萄糖转运是否存在影响。

3. 缺氧对乳腺摄取葡萄糖的调节 动物机体或者组织内的氧气供应缺乏会造成缺氧状态，这是一种正常的生理或病理状态。在缺氧状况下，许多组织和细胞会发生一系列的生理变化，包括葡萄糖摄取的增加和无氧代谢增强，以保护自己免受氧气供应不足的伤害。从妊娠到泌乳，乳腺代谢率增加以支持乳腺生长、生乳和泌乳。乳腺对氧气的吸收在妊娠后期稳步增长，并在泌乳早期达到最高水平。这种氧气消耗量的增加可能导致局部慢性缺氧，使得乳腺对葡萄糖的摄取增强（Zhao，2014）。小鼠上缺失低氧诱导因子 1α（HIF1α）使得乳腺分化和脂质分泌受损（Delamaire 等，2006）。这些结果表明，缺氧条件在乳腺发育和泌乳中起一定作用。另外，葡萄糖转运体可被糖基化，以此来对葡萄糖转运进行调节（Zhao，2014）。

4. 调控乳腺摄取葡萄糖的其他生理因素 乳腺血流量在调节乳腺营养供应方面起重要作用（Davis 和 Collier，1985；Prosser 等，1996）。因此，影响血流量的因素都有可能影响乳腺对葡萄糖的摄取。除了上述提到的某些内分泌激素会影响血流速度外，母猪体位的改变、带仔数和仔猪重差异导致的泌乳需求差异、泌乳天数、仔猪的吮乳频率，以及环境温度等都会对母猪乳腺的血流速度产生影响。母猪站立时乳腺的血流速度比趴卧时的血流速度低 6%（Renaudeau 等，2002）。摄食后乳腺的血流速度会提高 7.7%，并在餐后 65min 达到峰值。吮乳对乳腺血流速度的影响较大，在断奶 8h 和 16h 后，乳腺的血流速度会分别下降 40% 和 60%（Renaudeau 等，2002）。吮乳对乳腺血流速度的影响可能与吮乳动作的刺激或乳房的排空有关。此外，母猪的带仔数与乳腺的血流速度呈正相关，当带仔数从 3 头提高到 13 头时，乳腺的血流速度从 2 000L/d 线性增加到 5 000L/d（Nielsen 等，2002）。

此外，组织胺、钾离子、乙酰胆碱和腺苷都可以作用于血管，发挥血管舒张的作用，从而提高血流速度。其中，腺苷能特异性地作用于乳腺静脉，而其他物质对动静脉均有调节作用（Busk 等，1999）。在啮齿类动物和人中，肾上腺神经活动会导致乳腺血管收缩，从而降低乳腺的血流速度（Eriksson 等，1996）。在母猪中，肾上腺神经和乙酰胆碱酯酶阳性的神经在乳房和乳头中均有分布。当环境温度提高到 28℃ 时，虽然不影响泌乳量，但是乳腺动脉和静脉之间的营养物质差，以及葡萄糖和甘油三酯的吸收率却有所提高。

（二）乳腺中葡萄糖的利用和代谢

在泌乳过程中，葡萄糖主要用于以下几个过程：①乳糖合成；②烟酰胺腺嘌呤二核苷酸磷酸生成；③乳脂合成；④能量生成；⑤核酸和氨基酸合成。

乳糖是乳中主要的糖类，是由 1 分子 D-葡萄糖和 1 分子 D-半乳糖构成的双糖。乳糖合成速率是影响产乳量的主要因素，其在调节乳腺渗透压中也起重要作用，负责水分向乳合成场所的运输，因此乳中乳糖的含量基本保持不变。乳糖的合成需要 2 分子葡萄糖，在胞浆内 1 分子葡萄糖转化为 UDP-葡萄糖，随后转化为 UDP-半乳糖；另一分子葡萄糖不经过修饰。葡萄糖和 UDP-半乳糖合成乳糖的过程是乳腺腺泡上皮特有的功能。这个过程在高尔基体内进行，并由乳糖合成酶催化。因此，葡萄糖是乳腺合成乳糖的重要前体物。猪乳中以乳糖形式排出的能量占葡萄糖能量吸收的比例为 34%～43%（Boyd 等，1994；Farmer 等，2008）。

乳糖合成酶由 β-1，4-半乳糖基转移酶及必需辅助因子——α-乳清蛋白组成。β-1，4-半乳糖基转移酶存在于大多数组织中，定位于细胞高尔基体的内表面。α-乳白蛋白是乳中酸性蛋白的一种，本身不具有催化蛋白质的活性，却在乳糖合成中必不可少（Ramakrishnan 等，2001）。有 α-乳白蛋白存在时，β-1，4-半乳糖基转移酶催化合成乳糖。由于 α-乳白蛋白只在乳腺中表达，因此只有乳腺能够合成乳糖。在乳腺高尔基体内，α-乳白蛋白与 β-1，4-半乳糖基转移酶结合，从而改变半乳糖基转移酶的底物特异性，使其结合葡萄糖而不是 N-乙酰葡糖胺（Ramakrishnan 等，2001）。

乳腺中的葡萄糖代谢生成葡萄糖-6-磷酸后，可以进入糖酵解途径或磷酸戊糖途径。在糖酵解过程中，G6P 先转化为磷酸三糖，再转化为丙酮酸。磷酸三糖也是生产 α-甘油磷酸酯的底物，其主要为乳脂三酰基甘油的生物合成提供骨架。丙酮酸被线粒体主动吸收，产生乙酰辅酶 A，然后进入 TCA 循环产生 ATP。TCA 循环的底物柠檬酸也可以离开线粒体，并通过细胞质中的 ATP 柠檬酸裂解酶转化为乙酰-CoA。细胞质中乙酰-CoA 用于脂肪酸的延长。此外，丙酮酸和 TCA 循环底物可产生用于乳蛋白合成的非必需氨基酸（如丙氨酸和谷氨酰胺）。比如，给予 2-脱氧-D-葡萄糖（一种非代谢葡萄糖类似物），可以抑制大鼠乳腺中的乳糖合成，以及蛋白质的合成和分泌（Sasaki 和 Keenan，1978）。磷酸戊糖途径可产生 NADPH 和核糖。前者为脂肪酸生物合成提供必要的还原剂，后者是核酸合成的底物。

与反刍动物类似，在非反刍动物中，如母猪、大鼠和人，乳腺吸收的大部分葡萄糖也用于合成甘油（Linzell 等，1969；Katz 等，1974；Sunehag 等，2002）。在母猪上，至少 40% 的甘油来自血糖（Linzell 等，1969）。然而，与反刍动物相比一个显著的区别是，非反刍动物中乳脂肪酸主要来自于血糖（Linzell 等，1969）。此外，母猪乳腺 54% 的 CO_2 来自于葡萄糖氧化，表明葡萄糖是非反刍动物乳腺中更为重要的能量来源。催乳素是促进乳腺代谢葡萄糖的关键内分泌因子（Jerry 等，1989），其与乳腺的特异性受体结合是控制乳腺代谢速率的关键因素（Plaut 等，1989）。

三、母猪繁殖周期的糖代谢异常

如前所述，母猪在妊娠期会产生进程性的胰岛素抵抗。然而，当母体出现代谢异常，如体质沉积过多或肠道菌群紊乱时，可能会加剧胰岛素抵抗的发生。对于猪而言，背膘过厚的母猪在其妊娠后期胰岛素敏感性更低，但这并没有增加反而是降低了胎儿的初生重。此外，妊娠期胰岛素抵抗的出现，会对母猪的产仔数和泌乳性能产生不利影响。

(一) 母体肥胖导致的糖代谢异常

对于人而言，肥胖个体在妊娠早期就可能会出现胰岛素抵抗。孕妇妊娠期肥胖将伴随妊娠期糖尿病、先兆子痫、胎儿巨大及死胎的风险，而子代将来发展成肥胖症及代谢综合征的风险也将大大增加（Bhattacharya 等，2007）。对妊娠期母体肥胖的个体研究发现，脂肪细胞胰岛素受体激酶活性没有改变，但细胞上胰岛素受体的数量减少，葡萄糖转运体 GLUT4 的表达量显著降低，进而导致胰岛素敏感性受损和妊娠期糖代谢异常（Ciaraldi 等，1994）。对于妊娠期母猪而言，109d 背膘过厚（膘厚度≥23mm）的母猪在妊娠后期的胰岛素敏感性更低，这不仅没有增加仔猪初生重，反而降低了仔猪初生重（徐涛，2017）。背膘过厚导致的胎儿初生重下降可能与胎盘发生脂质异位沉积及引发血管生成障碍有关，相关信息在本书第三章中有较为详细的介绍。

(二) 母体肠道菌群紊乱导致的糖代谢异常

在人的健康中，妊娠期糖尿病的发病率呈上升趋势，这与肠道菌群存在密切关系。母猪在分娩第 3 天胰岛素敏感性下降，同样存在着肠道菌群紊乱（Cheng 等，2018）。前面介绍机体肠道能够直接吸收小分子的葡萄糖或单糖，但是食物中的多种糖类要被完全消化、吸收，并被机体利用，必须要借助肠道中细菌分泌特定的酶。肠道菌群参与机体的糖类代谢包括糖的有氧分解、无氧酵解、磷酸戊糖途径、糖异生等。通过无菌鼠与有菌鼠的对比研究发现，无菌鼠更易出现胰岛素抵抗，认为肠道菌群通过刺激肠道产生了某些特定细胞因子，进而影响胰岛素的敏感性。

母猪在围产期肠道菌群紊乱，肠上皮细胞紧密连接被破坏，引起肠黏膜通透性增加，使得大量的细菌脂多糖被释放入血，激活胰岛的低度慢性炎症（Cheng 等，2018）。炎症可导致胰岛细胞结构受损与功能障碍，促进 β 细胞凋亡，引起胰岛素分泌不足；长期的低度炎症导致胰岛素信号转导减弱和敏感性降低，进而引发围产期糖代谢异常或妊娠期糖尿病（Greiner 和 Bäckhed，2011）。

此外，胆汁酸不仅可以促进脂肪和脂溶性维生素的吸收和转运，而且还可以调节体内能量代谢平衡和抑制肠道细菌过度增殖。妊娠期体内的雌激素水平大幅度增加，可导致胆汁酸代谢障碍，胆汁酸的通透性发生改变，胆汁流出受阻、回流增加，使得体内的胆汁酸代谢发生了很大变化。肠道菌群能不同程度地代谢蛋白质和内源性含氮化合物，通过调节胆汁酸的合成影响胆汁酸的肝肠循环过程。如果肠道菌群发生紊乱，则结合型胆汁酸转化为游离型胆汁酸的过程受阻，会造成体内游离胆汁酸水平下降，进而减弱游离胆汁酸对肠道细菌的抑制，加剧肠道菌群失调，从而严重影响体内糖代谢（Greiner 和 Bäckhed，2011）。

(三) 糖代谢异常对繁殖性能的影响

胰岛素抵抗导致的高血糖还会对卵母细胞产生不利影响。葡萄糖代谢影响卵母细胞发育的原因包括几方面：①葡萄糖代谢异常抑制了卵母细胞的减数分裂；②葡萄糖代谢异常影响卵泡细胞的程序性细胞死亡，导致卵母细胞质量差和胚胎发育异常（Chang 等，2005）；③葡萄糖代谢异常可能通过抑制 NO 通路，加速卵母细胞的衰老（Goud

等，2006）；④葡萄糖代谢异常可能通过抑制 AMP 活化蛋白激酶，降低卵母细胞的质量（Thatcher 和 Jackson，2006）。

此外，母体高血糖对胚胎的早期发育有不利影响（Diamond 等，1989；Moley 等，1998a，1998b），主要会导致胚泡阶段发生细胞凋亡，从而导致着床失败和流产（Chi 等，2000）。对于母猪而言，同样发现了在配种后 48h 内摄入高能量的饲料将降低产仔数。这可能也与高水平血糖对早期胚胎发育的不利影响有关。

另外，进入泌乳期后母体的胰岛素抵抗和高血糖水平会降低母猪的采食量，从而影响母猪的泌乳性能和仔猪的生长。相关具体信息在本书的第一章中有较为详细的介绍。

第三节　母猪在妊娠和泌乳周期中的能量需要

母猪的繁殖、泌乳等生产性能的高低不仅与个体差异有关，而且还与能量营养有直接关系。母猪繁殖周期（发情-配种-妊娠-分娩-哺乳）的各阶段能量营养密切相关，某一阶段的营养水平会影响下一阶段乃至全程的生产性能。由于母猪体重的巨大变化或极端的体况（过瘦或过肥）对繁殖性能都有不利影响，因此有必要对繁殖周期的能量供应提供精确的信息。

一、母猪的能量系统

目前，基于消化能（digestible energy，DE）系统和代谢能（metabolizable energy，ME）系统的饲养标准逐渐被基于净能（net energy，NE）系统的饲养标准取代。消化能是基于表观总消化道消化和能量吸收的被消化的能量，产生包括蛋白质、碳水化合物和脂肪的营养物质。因此，饲料能量和消化能的差值表示粪便中未被消化的物质的能量（粪便能量）。可消化的蛋白质、碳水化合物和脂肪经过消化吸收后，分别以氨基酸、单糖、有机酸和脂肪酸的形式出现在血液循环中。这些营养物质既可用作体内蛋白质、脂肪和乳糖（泌乳母猪）合成的底物，也可用作支持与机体维持功能或生产相关的各种代谢过程。那些不用于合成蛋白质或维持的氨基酸是脱氨基的，得到的氨基氮主要以尿素的形式被排出，因此尿液中的能量损失主要归因于尿素。

代谢能是从消化能中减去尿能和气体能量后剩余的能量。由于猪的气体能量损失非常小，因此在计算中常被忽略。根据母猪的饲料成分可得，代谢能为消化能的92%～98%（NRC，2012）。例如，脂质（脂肪和油）的代谢能含量是消化能的98%（NRC，2012）；相反，高蛋白成分，如豆粕的代谢能含量为消化能的91%（NRC，2012）。

代谢能和净能之间的差值是与饲料消化过程及营养物质吸收代谢相关的热量，统称为热增耗。因此，净能代表在妊娠和哺乳期组织和产品中蛋白质、脂肪、糖原和乳糖中获得的能量。由于淀粉、纤维、蛋白质和脂肪的组成不同，因此不同饲料成分的净能值变化很大。纤维或蛋白质的热增耗大于淀粉和脂肪的热增耗。因此，含有较高水平纤维或蛋白质的饲料具有较低的净能含量。例如，玉米和豆粕含有相似水平的代谢能，均约为 1.4×10^7 J，但玉米的净能（1.1×10^7 J）相对高于豆粕的净能（8.7×10^6 J）。因此，代谢能系统实际高估了纤维或蛋白质水平较高的饲料中的真正可用能量浓度。与消化能或代谢能系统相比，应用净能系统将在越来越多地使用单体氨基酸补充剂和高纤维含量的副产物时更有优势。事实上，为提高现代高产母猪的生产水平，单体氨基酸和高纤维原料的应用已经成为重要手段，具体内容可见第五章和第七章的介绍。

净能系统可以更准确地估算饲料中用于合成和保留蛋白质及脂肪的"真实"能量（Payne 和 Zijlstra，2007）。使用当前净能系统的一个问题是它只考虑饲料能量来源（如饲料中的营养物质）对能量效率的影响，这使得难以将净能系统与身体各种功能（如维持、机体蛋白质和脂质的增加、产奶量等）的能量需求相整合，因为能量效率也受到耗能的机体功能的影响。出于这个原因，NRC（2012）引入了有效代谢能的概念，其考虑了饲料能源对能量效率的影响，基于各种机体功能的能量需求来估计有效的 ME 要求。

二、母猪妊娠期能量需要

妊娠母猪能量需求的主要决定因素是机体的维持、胎儿的增长和母体（包括子宫和乳房组织）能量储存的变化。在某些特定情况下，还需考虑躯体的其他活动或低温下所需的额外能量需要量，该部分需要属于维持的能量需要。如果是净能要求则相当于基础代谢所需的能量和胎儿或母乳中保留的能量。

NRC（2012）中妊娠期的能量模型可用于估计母猪的能量需求和利用率。根据 NRC（2012），优先考虑满足机体维持功能、孕体增长和母体体蛋白沉积的能量需求，超过这三个过程需要的能量则用于体脂沉积。如果能量摄入不足以支持机体维持需求、孕体增长和母体体蛋白沉积，机体就会动员母体脂质，将其用作能量来源。因此，只有在能量摄入十分不足的情况下，孕体的生长才会受到限制。

（一）维持的能量需要

20 世纪对母猪维持需要的测定显示，处于相对无应激和环境温度适中的母猪，其每天维持的能量需要估计为 $418kJ/kg\ BW^{0.75}$。NRC（2012）对母猪维持的代谢能需要估计为 $444kJ/kg\ BW^{0.75}$。值得注意的是，现代母猪的瘦肉率提高，机体的蛋白质周转代谢增强，因此维持的能量需要应有所提高。现代瘦肉型母猪每天维持的代谢能需要被估计为 $(506 \pm 7)\ kJ/kg\ BW^{0.75}$（Farmer，2015）。与该估计相比，NRC（2012）的估计值约低了 14%。由于妊娠期维持需要占总需要的比重较大，因此由母猪体成分变化引起的维持需要的增加值得关注。

应仔细考虑环境条件对妊娠母猪维持能量需要的影响。由于妊娠母猪的采食量通常受到限制，因此与自由采食的泌乳母猪或生长猪相比，限饲的妊娠母猪其体热产生相对较低，这会导致较低的临界温度。如果有效环境温度低于该温度，则维持体温所需的能量就会提高。此外，如果猪舍用混凝土地板，则会导致母猪体内热损失率很高。根据 NRC（2012）的估算，限位栏饲养和群养母猪的适宜环境温度的临界值分别为 20℃ 和 16℃。对于饲养在稻草上的群养母猪，其临界温度还要再低 4℃（即 12℃）。对于限位栏饲养和群养的母猪，当环境温度每低于临界温度 1℃，每千克代谢体重的维持代谢能要求分别增加 $1.8×10^4 J/d$ 和 $1.0×10^4 J/d$。另外，与其他动物相比，猪站立和行走的能量成本相当高。因此，活动水平的提高将增加母猪的维持能量需求，在限位栏中饲养的母猪相对群养母猪的维持能量需要也就较低。根据 NRC（2012）的评估，每天花费超过 4h 站立或行走的母猪，每增加 1min 的站立时间或行走时间，其每千克代谢体重维持的代谢能需求量增加了约 300J。

（二）胎儿和母体增重的能量需要

以前认为，妊娠期胎儿最大生长速度和母体增重的维持能量需要（metabolizable energy intake，MEI）为 $2.5 \times 10^7 J/d$（Whittemore 和 Morgan，1990；NRC，2012）。这相当于 $1.6 \sim 2.4 kg/d$ 的采食量，具体数量取决于日粮 ME 的浓度。目前，随着养殖生产技术的发展，母猪产仔数和仔猪初生重都有一定的增加；因此，MEI 需要量可能需要上调至 $2.7 \times 10^7 J/d$，但必须根据产仔数、平均初生重、泌乳阶段及母猪胎次进行校正。

妊娠期的体增重是母体蛋白质、脂肪沉积和胚胎增重的结果，其中每个组成所需要的总 ME 可以通过 ME 用于体增重（蛋白为 k_p、脂肪为 k_f）和胚胎生长（k_c）的效率进行测定。同时，母体也可以动用自身蛋白质和脂肪用以支持胎儿和组织的发育（k_r）。举一个特殊的例子，如果在整个妊娠期实行固定的饲喂计划，母猪妊娠后期能量或营养摄入可能出现暂时的不足，估计此时动用母体自身蛋白质（k_p）和脂肪（k_f）分别为0.6 和 0.8（Noblet 等，1990），而 k_r 的估计值（0.8）正好与 k_f 相似。提示母体动用自身贮备去支持妊娠的能量大部分可能来自脂肪组织（Noblet 等，1990；Dourmad 等，2008）。

尽管胎儿生长相关的组织涉及胎儿、胎盘、羊水和子宫 4 个部分（Noblet 等，1985），但是估测 k_c 时通常只考虑其与孕体（胎儿＋胎盘＋羊水）的关系。基于对孕体的剖析，计算出的 k_c 大约为 0.5（Noble 和 Etienne，1987；Farmer，2015）；可是，如果子宫维持能量消耗没有划归到母猪的维持需要，则 k_c 的估测值会降低至 0.030（Dourmad 等，1999）。此外，能量用于孕体生长的效率与妊娠阶段、预期的产仔数相关，计算公式如下（Noblet 等，1985）：

$$\ln(ER_c) = 11.72 - 8.62\exp(-0.0138t + 0.0932LS)$$

式中，单位是 kJ，ln（ER_c）是沉积到胎儿能量的自然对数，t 为妊娠期时间（d），LS 是预期的产仔数（头）。

对于一个产仔数为 12 头的母猪，沉积到胎儿的 ER_c 大约等于 $6.4 \times 10^7 J$，或者每头 $5.4 \times 10^6 J$。胎儿生长的代谢能需要量为 ER_c/k_c。

孕体中的能量需要随时间呈指数增长。当每天的采食量在整个妊娠期间保持恒定时，母猪在妊娠后期可能处于较为严重的负能量平衡状态，这可能会对母猪长期繁殖性能产生负面影响。因此，在妊娠后期可以增加饲料投喂量以避免母猪过度动员体脂。NRC（2012）估计，在妊娠 90 d 后，母猪通常需要额外饲喂 400 g/d 的玉米-豆粕饲料，以满足增加的孕体增长对能量的需求。额外的能量需求水平将随预期的产仔数和平均仔猪出生体重而变化，增加的饲料能量摄入量超过孕体生长所需的能量将增加母体脂质沉积。这可能导致母猪分娩时体况过肥，从而增加分娩难度，减少哺乳期的食欲，降低母猪繁殖能力及寿命。关于妊娠后期体脂过度沉积对繁殖性能的不利影响，本书的第三章作了较为详细的介绍。

如第二章所述，妊娠母猪尤其是头胎和二胎母猪在妊娠期有明显的体增重。妊娠母猪体内蛋白质沉积有两种主要方式，表现为时间依赖性体蛋白沉积和能量摄入依赖性体蛋白沉积（NRC，2012）。在妊娠早期，能量流向胎儿之前会发生时间依赖性的体蛋白沉积。能量摄入依赖性体蛋白沉积反映了体内蛋白质沉积随着能量摄入的增加而线性增加。这种依赖能量摄入的体蛋白沉积在头胎母猪中最高。事实上，随着母猪成熟，能量摄入依赖性体蛋白沉积和能量摄入之间关系的斜率下降，估计在四胎或四胎以上母猪中达到零（NRC，2012）。NRC（2012）建立了依赖于时间和能量摄入的体蛋白沉积的一般模式，但是实际的沉积速率可能受母猪基因型的影响，并且受哺乳期间体失重的影响。因此，在NRC（2012）用于估算妊娠母猪营养需求的模型中，允许模型使用者根据母猪的体重和预期妊娠期间背膘变化来确定的每日能量摄入水平调整母体体蛋白沉积。

（三）妊娠不同阶段的能量水平对繁殖性能的影响

妊娠期的能量营养对母猪繁殖性能具有重要影响。妊娠母猪的总体饲养目标是使母猪分娩时达到期望体况，乳腺及胎儿发育良好。根据母猪自身的妊娠生理特点和不同妊娠时期的能量需要，将妊娠母猪分为3个阶段：第一阶段为妊娠1～21d，称为妊娠前期，是胚胎着床及存活阶段；第二阶段为妊娠22～80d，称为妊娠中期，为母体发育及体储恢复阶段；第三阶段为妊娠81d到分娩，为妊娠后期（重胎期），是胎儿及母体呈曲线生长阶段（Boyd等，2000）。

1. 妊娠早期　妊娠早期的营养水平和采食量对胚胎存活率及母体黄体酮水平有很大影响。对于青年母猪或泌乳期间体重损失少、断奶后体况好的母猪而言，妊娠早期饲喂高水平的日粮对胚胎的成活率是有害的（Hughes，1989）。例如，母猪妊娠期头15d将采食量由1.9kg/d增加到2.5kg/d之后，妊娠期第15天时的胚胎存活率由86%降至67%，而第25天时的活胚胎数分别为12.3个与9.8个（Whittemore和Morgan，1990）。早期认为，在妊娠期头21d内母猪的能量摄入应控制在维持需要的1.5倍以下（Boyd等，1997）。但后续的研究发现，高水平能量对胚胎成活的不利影响主要发生在配种后的24～48h。因此，在一些欧洲国家的饲喂模式中，配种48h后，相对提高了能量饲喂量，以快速恢复在泌乳期损失的体重。这对于发生较多体失重的高产母猪可能更为重要。相关饲喂模式的信息在本书的第九章中有阐述。

2. 妊娠中期　妊娠中期的营养目标是维持母猪适度增重及进行营养物质储备。妊娠中期是胎儿肌纤维形成的主要时期，同时也是母体适度生长及乳腺发育的关键时期。仔猪在20～50d胚胎时形成初级肌纤维，在50～80d胚胎时形成次级肌纤维，在80d左右胚胎时肌纤维数量就已经确定，而出生后仔猪的生长与其肌纤维数量呈正相关（Dwyer，1994）。在母猪妊娠中期提高能量饲喂水平可改善仔猪出生后的生长性能，但对胚胎数、胎盘重及胎猪重没有影响。

母猪泌乳力取决于乳腺上皮细胞的数量。如第二章所述，乳腺上皮细胞增殖的关键时期是在母猪妊娠75～90d。此时，乳腺中原先体积较大的脂肪细胞发生了去分化，变为体积较小的梭状去分化脂肪细胞，从而为乳腺上皮细胞的增殖提供了空间。因此，如果妊娠中期母猪能量过剩、体脂沉积过高，就会对乳腺上皮细胞的增殖产生不利影响，从而不利于后续泌乳量的提高。生产上通常饲养标准的能量水平为（2.5～2.9）×10^7J

DE/d，随妊娠时间的推移从低到高逐渐增加，并根据母猪体况差异进行适当的灵活调整。

3. 妊娠后期　妊娠后期是胎儿快速生长阶段。为满足胎儿生长，此期母猪营养需要量呈指数增加。此期母猪能量摄入不足则会动员自身体蛋白及体脂肪弥补繁殖所需。采食量适度渐进增加可提高仔猪初生重，但此在经产母猪中的作用却十分有限。能量过高，不仅降低乳腺细胞数量，减少产奶量；而且过多脂肪沉积会导致难产，降低繁殖寿命。因此，妊娠后期母猪的能量采食量至少应达 3.1×10^7 J DE/d，当适当提高到 3.9×10^7 J DE/d 时可降低母猪泌乳的背膘损失，但未发现其对泌乳性能有影响。

三、泌乳期能量需要

泌乳母猪能量需要由维持能量需要和产奶能量需要组成。其中产奶能量需要远高于维持能量需要，是泌乳母猪能量需要的决定性因素（NRC，2012）。鉴于维持能量需要在总能量需求中占比较小，因此合理估计泌乳母猪的维持能量需要并不重要。如果进行维持能量需要计算，那么 NRC（1998）推荐的泌乳母猪维持能量需要（metabolic energy maintain，ME_m）为 4.4×10^5 J ME/kg $BW^{0.75}$（NRC，1998），这与妊娠母猪的 ME_m 相同。但是，Noblet 和 Etienne（1987）的研究表明，泌乳母猪的 ME_m 要比妊娠母猪高 5%～10%。Noblet 等（1990）报道，泌乳母猪的 $ME_m = 4.6 \times 10^5$ J/kg $BW^{0.75}$，该估计值比妊娠母猪的 ME 高 10%。对于泌乳母猪而言，通常不再仔细考虑影响维持能量需要的环境因素。

对于泌乳，可以通过仔猪的平均日增重（average daily gain，ADG）和产仔数（litter size，LS）（NRC，2012）来合理准确地估算产奶量的有效代谢能要求，具体方程是：产奶的有效代谢能要求（kcal*/d）$= 7.03 \times$ ADG（g）$- 129 \times$ LS。NRC（2012）规定，ME 转化为泌乳的能量效率（k_m）为 0.67～0.72。

在现代高产母猪中，能量摄入通常不足以支持维持需要和产奶需要。因此，泌乳母猪一般从体蛋白和体脂储存中动用能量，但过度地动用可能影响母猪的长期繁殖性能。因此，对泌乳母猪的管理应旨在最大限度地提高能量摄入量。Schinckel（2010）用一个非线性方程的方法描述了 MEI 对泌乳天数的响应。泌乳母猪日粮的 MEI 很少能满足泌乳的能量需要，因此母猪体组织被分解用于产奶的能量（营养）需要。和期望的一样，动员体组织满足产奶的能量效率 k_{mr} 高于 k_m，体组织能量转化为产奶的能量效率范围 0.84（de Lange 等，1980）至 0.89（Noblet 和 Etienne，1987；NRC，1998）。

考虑到葡萄糖对泌乳的重要性，估计用于泌乳的葡糖糖需要可能具有重要意义。一般而言，用于母猪产生乳汁的葡萄糖需要被估计为 140g/L。对于 12.5L 的平均产奶量，这意味着每天需要 1 750g 葡萄糖。有关维持需要的葡萄糖数据还很少。Linzell 等（1969）估计，葡萄糖氧化率为 2.2mg/（min·kg）（以体重计）。这相当于 235kg 母猪每天需要 750g 的葡萄糖量。因此，根据产奶量，对哺乳母猪葡萄糖需要量的临时估计为每天 2 500g。

从妊娠第 60 天到断奶，母猪每千克日粮中含 380g 或 149g 淀粉的等能量饮食，结

---

* 卡为非法定计量单位，1cal≈4.186J。

果高淀粉饮食导致泌乳第 13 天的产奶量显著增加（11.1kg/d 比 10.2kg/d），乳糖含量显著增加（5.8% 比 5.5%），但乳脂含量较低（6.1% 比 7.2%）（Gerritsen 等，2010）。在高淀粉饮食中，每天乳中的能量含量略低（4 718kJ 对 4 797kJ），但却使每头仔猪从乳汁中获取的乳糖和蛋白质增加，并且仔猪的增重也增加。在低淀粉饮食中，氨基酸可能被用于糖异生，从而使用于乳蛋白合成的氨基酸更少。同时，当给母猪喂以高淀粉的泌乳日粮时，泌乳期间母猪的体重下降较少。因此，泌乳期间的葡萄糖是重要的，对母猪和后代的性能均有积极影响。

四、适宜的赖氨酸

母猪在妊娠期和泌乳期的营养供给，需要同时满足母猪维持、子宫组织增长、乳腺发育和仔猪生长所需的能量和氨基酸。在母猪中，能量和氨基酸营养之间存在重要的相互作用。例如，在妊娠母猪中，特别是头胎至三胎母猪尚未达到其体成熟时，略微增加每日能量摄入量将增加母体体蛋白沉积，从而引起氨基酸需要量的增加（Dourmad 等，2008；NRC，2012）。此外，在哺乳期间或者当母猪通常处于负能量平衡时，能量摄入的增加将减少身体蛋白质和体脂的动员（Dourmad 等，2008；NRC，2012）。此时，从动员的体蛋白到乳蛋白的氨基酸转移将减少，就需要更多日粮来源的氨基酸来满足乳蛋白生产的要求。因此，泌乳母猪的每日赖氨酸需求会随着每日能量的摄入而增加（Tokach 和 Dial，1992）。基于以上这些认识，在配制母猪日粮时，通过以每日氨基酸摄入为目标并简单地从估计的每日氨基酸需求除以采食量来获得日粮的目标氨基酸浓度是不合适的。该做法可适用于育肥猪或当能量摄入和瘦肉组织生长（即身体蛋白质增加）之间没有关系时。但对于母猪来说，估计日粮的目标氨基酸浓度更为合理的方法是估计氨基酸和能量的适宜比例。

对于妊娠母猪而言，利用析因法计算可知，母猪在妊娠 100～114d 适宜的标准回肠可消化赖氨酸（standardized ileal digestibility，SID Lys）与代谢能的比值范围为 0.43～0.60 g/MJ（Feyera 和 Theil，2017）。在丹系猪饲养标准中，推荐的 SID Lys 与净能的比值为 0.38。在 Topig 的营养推荐中，头胎母猪、二至三胎母猪和四胎以上母猪妊娠初期（0～49d）日粮适宜的 SID Lys 与净能比分别为 0.51g/MJ、0.45g/MJ 和 0.35g/MJ；妊娠中期（50～84d）分别为 0.58g/MJ、0.43g/MJ 和 0.38g/MJ；妊娠末期（85d～分娩）分别为 0.75g/MJ、0.6g/MJ 和 0.55g/MJ。

对于泌乳母猪而言，利用析因法计算可知，母猪在泌乳期不同天数适宜的 SID Lys 与代谢能比值范围为 0.47～0.56g/MJ，泌乳量越大时适宜比值越高。此外，对于不同个体而言，泌乳量越高或者体重越小的母猪，需要相对高的 SID Lys 与代谢能比值（Feyera 和 Theil，2017）。荷兰 SFR 研究所推荐，对于泌乳量高的母猪而言，SID Lys 与净能的适宜比值为 0.7g/MJ。丹系猪饲养标准中，推荐的赖氨酸与能量的比值为 0.75g SID Lys/MJ NE 或 0.54g SID Lys/MJ ME。

本 章 小 结

在母猪繁殖周期中，饲料中的碳水化合物被小肠、大肠消化吸收，为机体供能。对于母猪而言，在繁殖周期中糖代谢表现出随妊娠和泌乳进程的典型变化。妊娠期胎盘从母体中吸收的葡萄糖，大部分转运至胎儿，为胎猪供能；泌乳期乳腺可优先摄取葡萄糖合成乳糖。在妊娠后期和泌乳期存在生理性胰岛素抵抗，母猪的胰岛素敏感性降低，血液中葡萄糖水平升高，从而为营养物质优先分配给胎儿和乳腺提供了基础。然而，当母猪围产期出现胰岛素抵抗时，母体出现高糖血症，导致母猪泌乳期的采食量降低，从而影响母猪的泌乳，并且并不能提高仔猪的初生重。母猪的繁殖、泌乳等生产性能的高低不仅与个体差异有关，而且与能量营养有直接关系。在母猪繁殖周期（发情-配种-妊娠-分娩-哺乳）的各阶段，能量营养是密切相关的，某一阶段的营养水平会影响下一阶段乃至全繁殖周期的生产性能。在实际生产中，应注意供给母猪适宜的能量需要。在妊娠期，主要通过限饲手段防止母猪体脂过度沉积，引发糖代谢障碍。在泌乳期，要保证足够的能量摄入量以满足泌乳需求。

参考文献

徐涛，2017. 母猪妊娠末期背膘厚度对繁殖性能和胎盘脂质氧化代谢的影响[D]. 武汉：华中农业大学.

杨慧霞，2000. 妊娠合并糖尿病——妊娠合并糖尿病的诊断 [J]. 中国实用妇科与产科杂志，16（11）：648-649.

Almond K，Bikker P，Lomax M，et al，2009. The effect of increased maternal dietary fat intake during pregnancy on glucose tolerance near term and on offspring birth weight [J]. Proceedings of the Nutrition Society，68：90.

Amato P A，Loizzi R F，1979. The effects of cytochalasin B on glucose transport and lactose synthesis in lactating mammary gland slices [J]. EuropeanJournal of Cell Biology，20（2）：150.

Annison E F，Linzell J L，1964. The oxidation and utilization of glucose and acetate by the mammary gland of the goat in relation to their over-all metabolism and to milk formation [J]. The Journal of Physiology，175（3）：372-385.

Argenzio R A，Southworth M，Stevens C E，1974. Sites of organic acid production and absorption in the equine gastrointestinal tract [J]. American Journal of Physiology-Legacy Content，226（5）：1043-1050.

Bach K K E，2011. Triennial growth symposium：effects of polymeric carbohydrates on growth and development in pigs [J]. Journal of Animal Science，89（7）：1965-1980.

Bauman D E，Elliot J M，1983. Control of nutrient partitioning in lactating ruminants [J]. Biochemistry of Lactation，14：437-462.

Bauman D E，Griinari J M，2003. Nutritional regulation of milk fat synthesis [J]. Annual Review of Nutrition，23（1）：203-227.

Bell A W，Bauman D E，1997. Adaptations of glucose metabolism during pregnancy and lactation [J]. Journal of Mammary Gland Biology and Neoplasia，2：265-278.

Bergman E N，1990. Energy contributions of volatile fatty acids from the gastrointestinal tract in various species [J]. Physiological Reviews，70：567-590.

Bhattacharya S，Dey D，Roy S S，2007. Molecular mechanism of insulin resistance [J]. Journal of Biosciences，32（2）：405-413.

Boyd R D，Bauman D E，Butler W R，1994. Use of growth hormone to enhance porcine fetal energy and sow lactation performance：U. S. Patent 5，292，721 [P] .-3-8.

Boyd R D，Touchette K J，Castro G C，et al，2000. Recent advances in the nutrition of the prolific sow [J] . Asian-Australasian Journal of Animal Sciences，13：261-277.

Braun J，Bopp M，Faeh D，2013. Blood glucose may be an alternative to cholesterol in CVD risk prediction charts [J] . Cardiovascular Diabetology，12（1）：24.

Brown I L，2004. Applications and uses of resistant starch [J] . Journal of Aoac International，87 （3）：727-732.

Buchanan T A，Metzger B E，Freinkel N，et al，1990. Insulin sensitivity and B-cell responsiveness to glucose during late pregnancy in lean and moderately obese women with normal glucose tolerance or mild gestational diabetes [J] . American Journal of Obstetrics and Gynecology，162（4）：1008-1014.

Busk H，Sørensen M T，Mikkelsen E O，et al，1999. Responses to potential vasoactive substances of isolated mammary blood vessels from lactating sows [J] . Comparative Biochemistry and Physiology Part C：Pharmacology，Toxicology and Endocrinology，124（1）：57-64.

Butte N F，2000. Carbohydrate and lipid metabolism in pregnancy：normal compared with gestational diabetes mellitus [J] . The American Journal of Clinical Nutrition，71（5）：1256-1261.

Carayannopoulos M O，Chi M M Y，Cui Y，et al，2000. GLUT8 is a glucose transporter responsible for insulin-stimulated glucose uptake in the blastocyst [J] . Proceedings of the National Academy of Sciences，97（13）：7313-7318.

Catalano P M，Huston L，Amini S B，et al，1999. Longitudinal changes in glucose metabolism during pregnancy in obese women with normal glucose tolerance and gestational diabetes mellitus [J] . American Journal of Obstetrics and Gynecology，180（4）：903-916.

Chang A S，Dale A N，Moley K H，2005. Maternal diabetes adversely affects preovulatory oocyte maturation，development，and granulosa cell apoptosis [J] . Endocrinology，146（5）：2445-2453.

Chassard C，Bernalier-Donadille A，2006. H2 and acetate transfers during xylan fermentation between a butyrate-producing xylanolytic species and hydrogenotrophic microorganisms from the human gut [J] . FEMS Microbiology Letters，254（1）：116-122.

Cheng C，Wei H，Xu C，et al，2018. Maternal soluble fiber diet during pregnancy changes the intestinal microbiota，improves growth performance，and reduces intestinal permeability in piglets [J] . Applied and Environmental Microbiology，84（17）：e01047-18.

Chi M M Y，Pingsterhaus J，Carayannopoulos M，et al，2000. Decreased glucose transporter expression triggers BAX-dependent apoptosis in the murine blastocyst [J] . Journal of Biological Chemistry，275（51）：40252-40257.

Chiba L I，2013. Sustainable swine nutrition [M] . New Jersey：Wiley-Blackwell.

Cho K H，Salyers A A，2001. Biochemical analysis of interactions between outer membrane proteins that contribute to starch utilization by bacteroides thetaiotaomicron [J] . Journal of Bacteriology，183：7224-7230.

Ciaraldi T P，Kettel M，El-Roiey A，et al，1994. Mechanisms of cellular insulin resistance in human pregnancy [J] . American Journal of Obstetrics and Gynecology，170（2）：635-641.

Comfort D，Clubb R T，2004. A comparative genome analysis identifies distinct sorting pathways in gram-positive bacteria [J] . Infection and Immunity, 72: 2710.

Cornblath M, Tildon J T, Wapnir R A, 1972. Metabolic adaptation in the neonate [J] . Israel Journal of Medical Sciences, 8: 453-466.

Crittenden R, Laitila A, Forssell P, et al, 2001 Adhesion of bifidobacteria to granular starch and its implications in probiotic technologies [J] . Applied and Environmental Microbiology, 67 (8): 3469-3475.

Cromwell G L, Stahly T S, Edgerton L A, et al, 1992. Recombinant porcine somatotropin for sows during late gestation and throughout lactation [J] . Journal of Animal Science, 70 (5): 1404-1416.

Cummings J H, Roberfroid M B, Andersson H, et al, 1997. A new look at dietary carbohydrate: Chemistry, physiology and health [J] . European Journal of Clinical Nutrition, 51 (7): 417.

Cummings J H, Stephen A M, 2007. Carbohydrate terminology and classification [J] . European Journal of Clinical Nutrition, 61 (1): 5.

Davis D W, Mans A M, Biebuyck J F, et al, 1988. The influence of ketamine on regional brain glucose use [J] . Anesthesiology, 69 (2): 199-205.

Davis S R, Collier R J, 1985. Mammary blood flow and regulation of substrate supply for milk synthesis [J] . Journal of Dairy Science, 68: 1041-1058.

Davis S R, Mepham T B, 1974. Amino acid and glucose uptake by the isolated perfused guinea-pig mammary gland [J] . Quarterly Journal of Experimental Physiology and Cognate Medical Sciences: Translation and Integration, 59 (2): 113-130.

de Lange P G B, Van Kempen G J M, Klaver J, et al, 1980. Effect of condition of sows on energy balances during 7 days before and 7 days after parturition [J] . Journal of Animal Science, 50 (5): 886-891.

Delamaire E, Guinard-Flament J, 2006. Longer milking intervals alter mammary epithelial permeability and the udder's ability to extract nutrients [J] . Journal of Dairy Science, 89 (6): 2007-2016.

Diamond M P, Moley K H, Pellicer A, et al, 1989. Effects of streptozotocin-and alloxan-induced diabetes mellitus on mouse follicular and early embryo development [J] . Reproduction, 86 (1): 1-10.

Doblado M, Moley K H, 2007. Glucose metabolism in pregnancy and embryogenesis [J] . Current Opinion in Endocrinology, Diabetes and Obesity, 14 (6): 488-493.

Doepel L, Lapierre H, 2010. Changes in production and mammary metabolism of dairy cows in response to essential and nonessential amino acid infusions [J] . Journal of Dairy Science, 93: 3264-3274.

Dongowski G, Lorenz A, Anger H, 2000. Degradation of pectins with different degrees of esterification by bacteroides thetaiotaomicron isolated from human gut floras [J] . Applied and Environmental Microbiology, 66: 1321.

Dourmad J Y, Etienne M, Valancogne A, et al, 2008. InraPorc: a model and decision support tool for the nutrition of sows [J] . Animal Feed Science and Technology, 143 (1/4): 372-386.

Dourmad J Y, Guingand N, Latimier P, et al, 1999. Nitrogen and phosphorus consumption, utilisation and losses in pig production: France [J] . Livestock Production Science, 58 (3): 199-211.

Dourmad J Y, Matte J J, Lebreton Y, et al, 2000. Effect of a meal on the utilisation of some nutrient and vitamins by the mammary gland of the lactating sow [J]. Porcine Research Days in France, 32: 265-273.

Dwyer C M, Stickland N C, Fletcher J M, 1994. The influence of maternal nutrition on muscle fiber number development in the porcine fetus and on subsequent postnatal growth [J]. Journal of Animal Science, 72 (4): 911-917.

Englyst K N, Englyst H N, 2005. Carbohydrate bioavailability [J]. British Journal of Nutrition, 94 (1): 1-11.

Englyst K N, Hudson G J, Englyst H N, 2006. Starch analysis in food [M]. Encyclopedia of Analytical Chemistry.

Englyst K N, Liu S, Englyst H N, 2007. Nutritional characterization and measurement of dietary carbohydrates [J]. EuropeanJournal of Clinical Nutrition, 61 (1): 19.

Eriksson M, Lindh B, Uvna K, et al, 1996. Distribution and origin of peptide-containing nerve fibres in the rat and human mammary gland [J]. Neuroscience, 70 (1): 227-245.

Fan Q, Wu C, Li L, et al, 2001. Some features of intestinal absorption of intact fibrinolytic enzyme III-1 from Lumbricus rubellus [J]. Biochimica et Biophysica Acta (BBA) -General Subjects, 1526 (3): 286-292.

Farmer A, Wade A, Goyder E, et al, 2007. Impact of self monitoring of blood glucose in the management of patients with non-insulin treated diabetes: open parallel group randomised trial [J]. British Medical Journal, 335 (7611): 132.

Farmer C, 2015. The gestating and lactating sow [M]. Wageningen: Wageningen Academic Publishers.

Farmer C, Guan X, Trottier N L, 2008. Mammary arteriovenous differences of glucose, insulin, prolactin and IGF-I in lactating sows under different protein intake levels [J]. Domestic Animal Endocrinology, 34 (1): 54-62.

Farmer T D, Jenkins E C, O'Brien T P, et al, 2014. Comparison of the physiological relevance of systemic vs. portal insulin delivery to evaluate whole body glucose flux during an insulin clamp [J]. American Journal of Physiology-Endocrinology and Metabolism, 308 (3): 206-222.

Faulkner A, 1999. Changes in plasma and milk concentrations of glucose and IGF-1 in response to exogenous growth hormone in lactating goats [J]. Journal of Dairy Research, 66 (2): 207-214.

Fernandes L C, Marques-da-Costa M M, Curi R, 1994. Metabolism of glucose, glutamine and pyruvate in lymphocytes from walker 256 tumor-bearing rats [J]. Brazilian Journal of Medical and Biological Research, 27 (11): 2539-2543.

Feyera T, Theil P K, 2017. Energy and lysine requirements and balances of sows during transition and lactation: a factorial approach [J]. Livestock Science, 201: 50-57.

Flint H J, Bayer E A, Rincon M T, et al, 2008. Polysaccharide utilization by gut bacteria: potential for new insights from genomic analysis [J]. Nature Reviews Microbiology, 6 (2): 121.

Freire J B, Peiniau J, Lebreton Y, et al, 1988. Determination of ileal digestibility by shunt technique in the early-weaned pig: methodological aspects and utilisation of starch-rich diets [J]. Livestock Production Science, 20 (3): 233-247.

Ganguly A, McKnight R A, Raychaudhuri S, et al, 2007. Glucose transporter isoform-3 mutations cause early pregnancy loss and fetal growth restriction [J]. American Journal of Physiology-Endocrinology and Metabolism, 292 (5): 1241-1255.

Gerritsen R, Bikker P, van der Aar P, 2010. Glucose metabolism in reproductive sows [J].

Dynamics in Animal Nutrition, 1: 99-110.

Glitsø L V, Brunsgaard G, Højsgaard S, et al, 1998. Intestinal degradation in pigs of rye dietary fibre with different structural characteristics [J]. British Journal of Nutrition, 80 (5): 457-468.

Goldring J M, 2004. Resistant starch: safe intakes and legal status [J]. Journal of AOAC International, 87 (3): 733-739.

Goud A P, Goud P T, Diamond M P, et al, 2006. Activation of the cGMP signaling pathway is essential in delaying oocyte aging in diabetes mellitus [J]. Biochemistry, 45 (38): 11366-11378.

Greiner T, Bäckhed F, 2011. Effects of the gut microbiota on obesity and glucose homeostasis [J]. Trends in Endocrinology and Metabolism, 22 (4): 117-123.

Gropper S S, Smith J L, 2012. Advanced nutrition and human metabolism [M]. 6th ed. Cengage Learning.

Han J A, BeMiller J N, 2007. Preparation and physical characteristics of slowly digesting modified food starches [J]. Carbohydrate Polymers, 67 (3): 366-374.

Harkins M, Boyd R D, Bauman D E, 1989. Effect of recombinant porcine somatotropin on lactational performance and metabolite patterns in sows and growth of nursing pigs [J]. Journal of Animal Science, 67 (8): 1997-2008.

Heilig C W, Saunders T, Brosius F C, et al, 2003. Glucose transporter-1-deficient mice exhibit impaired development and deformities that are similar to diabetic embryopathy [J]. Proceedings of the National Academy of Sciences, 100 (26): 15613-15618.

Houdijk A P J, Nijveldt R J, van Leeuwen P A M, 1999. Glutamine-enriched enteral feeding in trauma patients: Reduced infectious morbidity is not related to changes in endocrine and metabolic responses [J]. Journal of Parenteral and Enteral Nutrition, 23: 52-58.

Hughes P E, 1989. Nutrition-reproduction interactions in the breeding sow [J]. Manipulating Pig Production, 2: 277-280.

Hurtaud C, Rulquin H, Verite R, 1998. Effects of graded duodenal infusions of glucose on yield and composition of milk from dairy cows. 1. Diets based on corn silage [J]. Journal of Dairy Science, 81 (12): 3239-3247.

Janer C, Rohr L M, Peláez C, et al, 2004. Hydrolysis of oligofructoses by the recombinant β-fructofuranosidase from bifidobacterium lactis [J]. Systematic and Applied Microbiology, 27 (3): 279-285.

Jensen B B, Jørgensen H, 1994. Effect of dietary fiber on microbial activity and microbial gas production in various regions of the gastrointestinal tract of pigs [J]. Applied and Environmental Microbiology, 60 (6): 1897-1904.

Jerry D J, Stover R K, Kensinger R S, 1989. Quantitation of prolactin-dependent responses in porcine mammary explants [J]. Journal of Animal Science, 67 (4): 1013-1019.

Jones C K, DeRouchey J M, Nelssen J L, et al, 2010. Effects of fermented soybean meal and specialty animal protein sources on nursery pig performance [J]. Journal of Animal Science, 88 (5): 1725-1732.

Jovanovic P L, Peterson C M, 1991. Glucose metabolism in pregnancy [M]. New York: Springer.

Katz J, Wals P A, van de Velde R L, 1974. Lipogenesis by acini from mammary gland of lactating rats [J]. Journal of Biological Chemistry, 249 (22): 7348-7357.

King'ori A M, 2012. Sow lactation: colostrum and milk yield: a review [J]. Journal of Animal Science Advances, 2 (6): 525-533.

Kniss D A, Zimmerman P D, Su H C, et al, 1993. Expression of functional insulin-like growth factor-I receptors by human amnion cells [J]. American Journal of Obstetrics and Gynecology, 169 (3): 632-640.

Knudsen K E B, 2001. The nutritional significance of "dietary fibre" analysis [J]. Animal Feed Science and Technology, 90 (1/2): 3-20.

Knudsen K E B, Hansen I, 1991. Gastrointestinal implications in pigs of wheat and oat fractions: 1. digestibility and bulking properties of polysaccharides and other major constituents [J]. British Journal of Nutrition, 65 (2): 217-232.

Knudsen K E B, Jensen B B, Hansen I, 1993. Digestion of polysaccharides and other major components in the small and large intestine of pigs fed on diets consisting of oat fractions rich in β-D-glucan [J]. British Journal of Nutrition, 70 (2): 537-556.

Knudsen K E B, Jørgensen H, 2001. Intestinal degradation of dietary carbohydrates—from birth to maturity [M] //Lindberg J E, Ogle B. Digestive physiology of pigs. Wallingford: CABI Publishing.

Kronfeld D S, 1982. Major metabolic determinants of milk volume, mammary efficiency, and spontaneous ketosis in dairy cows [J]. Journal of Dairy Science, 65 (11): 2204-2212.

Lemosquet S, Raggio G, Lobley G E, et al, 2009. Whole-body glucose metabolism and mammary energetic nutrient metabolism in lactating dairy cows receiving digestive infusions of casein and propionic acid [J]. Journal of Dairy Science, 92 (12): 6068-6082.

Lesser K B, Carpenter M W, 1994. Metabolic changes associated with normal pregnancy and pregnancy complicated by diabetes mellitus [J]. Seminars in Perinatology, 18 (5): 399-406.

Lindstrom J A, 1971. A diabetic embryopathy: the caudal regression syndrome [J]. Birth Defects Original Article Series, 7 (6): 278.

Linzell J L, 1960. Mammary-gland blood flow and oxygen, glucose and volatile fatty acid uptake in the conscious goat [J]. The Journal of Physiology, 153 (3): 492-509.

Linzell J L, Mepham T B, Annison E F, et al, 1969. Mammary metabolism in lactating sows: arteriovenous differences of milk precursors and the mammary metabolism of [^{14}C] glucose and [^{14}C] acetate [J]. British Journal of Nutrition, 23 (2): 319-333.

Livesey G, 1990. The effects of α-amylase-resistant carbohydrates on energy utilization and deposition in man and rat [M]. Springer, Boston, MA.

Loizzi R F, de Pont J, Bonting S L, 1975. Inhibition by cyclic AMP of lactose production in lactating guinea pig mammary gland slices [J]. Biochimica et Biophysica Acta (BBA) -General Subjects, 392 (1): 20-25.

Mallem L, Boulakoud M S, Franck M, 2006. Hypothyroidism after medium exposure to the fungicide maneb in the rabbit Cuniculus lepus [J]. Communications in Agricultural and Applied Biological Sciences, 71 (2): 91-99.

Martínez-Villaluenga C, Cardelle-Cobas A, Corzo N, et al, 2008. Optimization of conditions for galactooligosaccharide synthesis during lactose hydrolysis by β-galactosidase from Kluyveromyces lactis (Lactozym 3000 L HP G) [J]. Food Chemistry, 107 (1): 258-264.

Meyer M A, 2004. Radiotherapeutic use of 2-deoxy-2- [18F] fluoro-D-glucose-a comment [J]. Breast Cancer Research, 6: 2-12.

Miller P S, Reis B L, Calvert C C, et al, 1991. Patterns of nutrient uptake by the mammary glands of lactating dairy cows [J]. Journal of Dairy Science, 74 (11): 3791-3799.

Mills J L, Jovanovic L, Knopp R, et al, 1998. Physiological reduction in fasting plasma glucose concentration in the first trimester of normal pregnancy: the diabetes in early pregnancy study [J]. Metabolism, 47 (9): 1140-1144.

Moley K H, Chi M M Y, Knudson C M, et al, 1998a. Hyperglycemia induces apoptosis in pre-implantation embryos through cell death effector pathways [J]. Nature Medicine, 4 (12): 1421.

Moley K H, Chi M M Y, Mueckler M M, 1998b. Maternal hyperglycemia alters glucose transport and utilization in mouse preimplantation embryos [J]. American Journal of Physiology-Endocrinology and Metabolism, 275 (1): 38-47.

Monaco M H, Gronlund D E, Bleck G T, et al, 2005. Mammary specific transgenic over-expression of insulin-like growth factor-I (IGF-I) increases pig milk IGF-I and IGF binding proteins, with no effect on milk composition or yield [J]. Transgenic Research, 14 (5): 761-773.

National Research Council, 2012. Nutrient requirements of swine [M]. Washington DC: National Academies Press.

Neville M C, Sawicki V S, Hay W W, 1993. Effects of fasting, elevated plasma glucose and plasma insulin concentrations on milk secretion in women [J]. Journal of Endocrinology, 139 (1): 165-173.

Nielsen T T, Trottier N L, Stein H H, et al, 2002. The effect of litter size and day of lactation on amino acid uptake by the porcine mammary glands [J]. Journal of Animal Science, 80 (9): 2402-2411.

Noblet J, Etienne M, 1987. Metabolic utilization of energy and maintenance requirements in pregnant sows [J]. Livestock Production Science, 16 (3): 243-257.

Noblet J, Dourmad J Y, Etienne M, 1990. Energy utilization in pregnant and lactating sows: modeling of energy requirements [J]. Journal of Animal Science, 68 (2): 562-572.

Noblet J, Le Dividich J, Bikawa T, 1985. Interaction between energy level in the diet and environmental temperature on the utilization of energy in growing pigs [J]. Journal of Animal Science, 61 (2): 452-459.

Pantaleon M, Harvey M B, Pascoe W S, et al, 1997. Glucose transporter GLUT3: ontogeny, targeting, and role in the mouse blastocyst [J]. Proceedings of the National Academy of Sciences, 94 (8): 3795-3800.

Payne R L, Zijlstra R T, 2007. A guide to application of net energy in swine feed formulation [C]. Advances in Pork Production: Proc. Banff Pork Seminar.

Pere M C, Etienne M, Dourmad J Y, 2000. Adaptations of glucose metabolism in multiparous sows: effects of pregnancy and feeding level [J]. Journal of Animal Science, 78 (11): 2933-2941.

Peters B J, Rillema J A, 1992. Effect of prolactin on 2-deoxyglucose uptake in mouse mammary gland explants [J]. American Journal of Physiology, 262: 627-630.

Plaut K I, Kensinger R S, Jr Griel L C, et al, 1989. Relationships among prolactin binding, prolactin concentrations in plasma and metabolic activity of the porcine mammary gland [J]. Journal of Animal Science, 67 (6): 1509-1519.

Prosser C G, 1988. Mechanism of the decrease in hexose transport by mouse mammary epithelial cells caused by fasting [J]. Biochemical Journal, 249 (1): 149-154.

Prosser C G, Davis S R, Farr V C, et al, 1996. Regulation of blood flow in the mammary microvasculature [J] . Journal of Dairy Science, 79 (7): 1184-1197.

Père M C, 1995. Maternal and fetal blood levels of glucose, lactate, fructose, and insulin in the conscious pig [J] . Journal of Animal Science, 73 (10): 2994-2999.

Ramakrishnan B, Shah P S, Qasba P K, 2001. α-lactalbumin (LA) stimulates milk β-1, 4-galactosyltransferase I (β4Gal-T1) to transfer glucose from UDP-glucose to N-acetylglucosamine [J] . Journal of Biological Chemistry, 276 (40): 37665-37671.

Ramsay A G, Scott K P, Martin J C, et al, 2006. Cell-associated α-amylases of butyrate-producing *Firmicute bacteria* from the human colon [J] . Microbiology, 152 (11): 3281-3290.

Renaudeau D, Lebreton Y, Noblet J, et al, 2002. Measurement of blood flow through the mammary gland in lactating sows: methodological aspects [J] . Journal of Animal Science, 80 (1): 196-201.

Rigout S, Lemosquet S, van Eys J E, et al, 2002. Duodenal glucose increases glucose fluxes and lactose synthesis in grass silage-fed dairy cows [J] . Journal of Dairy Science, 85 (3): 595-606.

Riley J K, Carayannopoulos M O, Wyman A H, et al, 2005. The PI3K/Akt pathway is present and functional in the preimplantation mouse embryo [J] . Developmental Biology, 284 (2): 377-386.

Rincon M T, Čepeljnik T, Martin J C, et al, 2005. Unconventional mode of attachment of the *Ruminococcus flavefaciens* cellulosome to the cell surface [J] . Journal of Bacteriology, 187 (22): 7569-7578.

Ryan S M, Fitzgerald G F, van Sinderen D, 2005. Transcriptional regulation and characterization of a novel β-fructofuranosidase-encoding gene from *Bifidobacterium* breve UCC2003 [J] . Applied and Environmental Microbiology, 71 (7): 3475-3482.

Sasaki M, Keenan T W, 1978. Membranes of mammary gland--XVIII. 2-deoxy-D-glucose and 5-thio-D-glucose decrease lactose content, inhibit secretory maturation and depress protein synthesis and secretion in lactating rat mammary gland [J] . The International Journal of Biochemistry, 9 (8): 579.

Schell M A, Karmirantzou M, Snel B, et al, 2002. The genome sequence of Bifidobacterium longum reflects its adaptation to the human gastrointestinal tract [J] . Proceedings of the National Academy of Sciences, 99 (22): 14422-14427.

Schinckel A P, Schwab C R, Duttlinger V M, et al, 2010. Analyses of feed and energy intakes during lactation for three breeds of sows [J] . The Professional Animal Scientist, 26 (1): 35-50.

Scholtens P A M J, Alles M S, Willemsen L E M, et al, 2006. Dietary fructo-oligosaccharides in healthy adults do not negatively affect faecal cytotoxicity: a randomised, double-blind, placebo-controlled crossover trial [J] . BritishJournal of Nutrition, 95 (6): 1143-1149.

Scott R A, Bauman D E, Clark J H, 1976. Cellular gluconeogenesis by lactating bovine mammary tissue [J] . Journal of Dairy Science, 59 (1): 50-56.

Shachar-Hill Y, Pfeffer P E, Douds D, et al, 1995. Partitioning of intermediary carbon metabolism in vesicular-arbuscular mycorrhizal leek [J] . Plant Physiology, 108 (1): 7-15.

Shao Y, Wall E H, McFadden T B, et al, 2013. Lactogenic hormones stimulate expression of lipogenic genes but not glucose transporters in bovine mammary gland [J] . Domestic Animal Endocrinology, 44 (2): 57-69.

Shipman J A, Cho K H, Siegel H A, et al, 1999. Physiological characterization of Sus G, an outer membrane protein essential for starch utilization by bacteroides thetaiotaomicron [J] . Journal of

Bacteriology, 181 (23): 7206-7211.

Smiricky M R, 2002. The influence of galactooligosaccharides on nutrient digestion, ileal and fecal fermentation characteristics, and intestinal and colonic microflora in growing swine [D]. Urbana-champaign: University of Illinois.

Spiller G A, Gates J E, 1978. Defining dietary plant fibers in human nutrition [M]. Nutritional Improvement of Food and Feed Proteins. Boston: Springer.

Spincer J, Rook J A F, Towers K G, 1969. The uptake of plasma constituents by the mammary gland of the sow [J]. Biochemical Journal, 111 (5): 727-732.

Staszkiewicz J, Franczak A, Kotwica G, et al, 2004. Secretion of estradiol-17β by porcine mammary gland of ovariectomized steroid-treated sows [J]. Animal Reproduction Science, 81 (1/2): 87-95.

Sunehag A L, Toffolo G, Treuth M S, et al, 2002. Effects of dietary macronutrient content on glucose metabolism in children [J]. The Journal of Clinical Endocrinologyand Metabolism, 87 (11): 5168-5178.

Svihus B, Uhlen A K, Harstad O M, 2005. Effect of starch granule structure, associated components and processing on nutritive value of cereal starch: a review [J]. Animal Feed Science and Technology, 122 (3/4): 303-320.

Tanwattana P, Chanpongsang S, Chaiyabutr N, 2003. Effects of exogenous bovine somatotropin on mammary function of late lactating crossbred Holstein cows [J]. Asian-Australasian Journal of Animal Sciences, 16 (1): 88-95.

ten Bruggencate S J M, Bovee-Oudenhoven I M J, Lettink-Wissink M L G, et al, 2006. Dietary fructooligosaccharides affect intestinal barrier function in healthy men [J]. The Journal of Nutrition, 136 (1): 70-74.

Thatcher S S, Jackson E M, 2006. Pregnancy outcome in infertile patients with polycystic ovary syndrome who were treated with metformin [J]. Fertility and Sterility, 85 (4): 1002-1009.

Threadgold L C, Kuhn N J, 1979. Glucose-6-phosphate hydrolysis by lactating rat mammary gland [J]. International Journal of Biochemistry, 10: 683-685.

Tokach M D, Dial G D, 1992. Managing the lactating sow for optimal weaning and rebreeding performance [J]. Veterinary Clinics of North America: Food Animal Practice, 8 (3): 559-573.

Treem W R, 1995. Congenital sucrase-isomaltase deficiency [J]. Journal of Pediatric Gastroenterology and Nutrition, 21: 1-14.

Vahouny G V, Satchithanandam S, Chen I, et al, 1988. Dietary fiber and intestinal adaptation: effects on lipid absorption and lymphatic transport in the rat [J]. The American Journal of Clinical Nutrition, 47 (2): 201-206.

van Beers E H, Al R H, Rings E H H M, et al, 1995. Lactase and sucrase-isomaltase gene expression during Caco-2 cell differentiation [J]. Biochemical Journal, 308 (3): 769-775.

van der Peet-Schwering C M C, Kemp B, Binnendijk G P, et al, 2004. Effects of additional starch or fat in late-gestating high nonstarch polysaccharide diets on litter performance and glucose tolerance in sows [J]. Journal of Animal Science, 82 (10): 2964-2971.

Warchol M, Perrin S, Grill J P, et al, 2002. Characterization of a purified β-fructofuranosidase from *Bifidobacterium infantis* ATCC 15697 [J]. Letters in Applied Microbiology, 35 (6): 462-467.

Weaver J, Whitehead T R, Cotta M A, et al, 1992. Genetic analysis of a locus on the *Bacteroides* ovatus chromosome which contains xylan utilization genes [J]. Applied and Environmental Microbiology, 58 (9): 2764-2770.

Wenk C, 2001. The role of dietary fibre in the digestive physiology of the pig [J]. Animal Feed Scienceand Technology, 90: 21-33.

Whittemore C T, Morgan C A, 1990. Model components for the determination of energy and protein requirements for breeding sows: a review [J]. Livestock Production Science, 26 (1): 1-37.

Xiao C, Cant J P, 2003. Glucose transporter in bovine mammary epithelial cells is an asymmetric carrier that exhibits cooperativity and trans-stimulation [J]. American Journal of Physiology-Cell Physiology, 285 (5): 1226-1234.

Xu J, Bjursell M K, Himrod J, et al, 2003. A genomic view of the human-bacteroides thetaiotaomicron symbiosis [J]. Science, 299 (5615): 2074-2076.

Zamudio S, Torricos T, Fik E, et al, 2010. Hypoglycemia and the origin of hypoxia-induced reduction in human fetal growth [J]. PloS One, 5 (1): e8551.

Zentek J, Marquart B, Pietrzak T, 2002. Intestinal effects of mannanoligosaccharides, transgalactooligosaccharides, lactose and lactulose in dogs [J]. The Journal of Nutrition, 132 (6): 1682-1684.

Zhao F Q, 2014. Biology of glucose transport in the mammary gland [J]. Journal of Mammary Gland Bology and Neoplasia, 19 (1): 3-17.

Zhao F Q, Dixon W T, Kennelly J J, 1996. Localization and gene expression of glucose transporters in bovine mammary gland [J]. Comparative Biochemistry and Physiology Part B: Biochemistry and Molecular Biology, 115 (1): 127-134.

第五章
母猪肠道菌群及其代谢产物

　　成年母猪肠道菌群组成复杂、数量多，不同区段和空间位置的微生物具有明显差异。在正常妊娠和泌乳的不同阶段，母猪肠道菌群的结构和组成会发生明显的改变，主要特征包括菌群 α 多样性减少、促炎菌群增加、抗炎菌群减少等。饲养环境、日粮营养成分（如氨基酸、日粮纤维和功能性添加剂等）和抗生素使用等也是影响母猪肠道菌群组成的重要因素。除菌群组成发生变化外，母猪妊娠期和泌乳期各类菌群代谢产物也发生了明显变化。肠道菌群组成和代谢产物的变化对母猪肠道黏膜屏障结构和肠道局部炎症具有重要的调控作用。同时，肠道菌群还可以通过诱导慢性炎症来导致代谢综合征的发生。肠道菌群影响母猪围产期代谢综合征可能与菌群紊乱引起丁酸产生的减少，以及造成肠道渗透性和血浆内毒素的增加有关。此外，母猪的肠道菌群是母乳菌群和仔猪肠道菌群定植的重要来源，而仔猪肠道菌群对自身肠道屏障和免疫功能发育具有重要的调控作用。因此，母猪肠道菌群与仔猪生长性能的提高和抗病力的增强具有密切联系。近年来，许多高通量测序技术被应用于母猪肠道菌群组成和功能的解析过程，这些技术包括 16S rRNA 基因测序技术、宏基因组测序等。本章重点围绕母猪肠道菌群及其代谢产物组成，以及对母猪生理功能的影响进行阐述。

第一节　母猪肠道菌群特征及其影响因素

一、猪肠道菌群的基本组成

　　成年猪的肠道菌群组成复杂、数量多，总数约为 10^{14} 个，达到了机体细胞数量的 10 倍。近年来，随着高通量测序技术广泛用于肠道菌群检测，猪肠道菌群组成和结构被不断解析。基于 16S rRNA 基因测序结果表明，成年猪肠道不同区段和空间位置的菌群组成和结构具有明显差异（Cheng 等，2018）。

　　从肠道的区段来看，成年猪小肠的优势菌群由好氧菌和兼性厌氧菌组成；而大肠中主要为严格厌氧菌，且菌群的丰富度和 α 多样性更高。从菌群组成来看，在门水平上，厚壁菌门和变形菌门是回肠的优势菌门，占肠腔和肠黏膜菌群的比例分别为 95％ 和 80％（Cheng 等，2018）。从回肠到结肠，肠腔中拟杆菌门的相对丰度从 1.69％ 升高到 40％ 左右，在肠道黏膜的黏液层中则从 9％ 增加到 28％。与此同时，结肠肠腔和肠黏膜中变形菌门相对丰度均显著降低，最终结肠中的优势菌门变成厚壁菌门和拟杆菌门。在属水平上，乳杆菌属（*Lactobacillus*）、梭菌属（*Clostridium*）和大肠埃希氏菌属（*Escherichia-Shigella*）是回肠的优势菌属，而普雷沃氏菌属（*Prevotella*）和粪杆菌属（*Faecalibacterium*）是结肠的优势菌属。事实上，猪不同肠段菌群的差异与消化的底物有关。小肠菌群有助于分解简单的碳水化合物，而结肠菌群有利于降解复杂的碳水化合物（Crespo-Piazuelo 等，2018）。

从肠道的空间位置来看，成年猪肠黏膜和肠腔菌群的组成也具有显著差异。与肠腔菌群相比，回肠黏膜中厚壁菌门的相对丰度较低，而变形菌门和拟杆菌门的相对丰度较高；结肠和盲肠黏膜中变形菌门的丰度较高，拟杆菌门的丰度较低。在属水平上，结肠和盲肠黏膜中弯曲杆菌属（*Campylobacter*）、螺旋杆菌属（*Helicobacter*）、假单胞菌属（*Pseudomonas*）和劳森氏菌属（*Lawsonia*）的相对丰度增加，而普雷沃氏菌属 9（*Prevotella* 9）和普雷沃氏菌属 2（*Prevotella* 2）的相对丰度减少（Zhang 等，2018）。肠腔和肠黏膜的物理条件、化学条件（如氧气分子浓度）和菌群的可利用物质不同，是造成菌群差异的主要原因。例如，弯曲杆菌属和螺旋杆菌属在高黏度下的快速运动性和良好的黏蛋白定植能力，促进了它们在外黏液层中定植（Naughton 等，2013）。

对于母猪而言，由于粪便菌群与结肠菌群最为相似，因此常通过评价繁殖周期不同阶段母猪的粪便菌群来反映肠道菌群的组成和变化。基于 V3～V4 高变区的 16S rRNA 基因测序技术评价了经产母猪粪便菌群的组成情况。在门水平上，厚壁菌门和拟杆菌门分别为第一优势门和第二优势门，所占比例为 56.58%～67.94%和20.27%～35.07%，其次是螺旋体门（3.40%～3.48%）、变形菌门（2.20%～4.66%）和广古菌门（2.15%）；在属水平上，长白经产母猪粪便菌群的前 10 大优势菌属包括产粪甾醇真细菌属（6.47%）、拟杆菌属（5.68%）、普雷沃氏菌科-NK3B31 属（5.45%）、毛螺菌科-XPB1014 属（5.04%）、克里斯滕斯内拉科-R7 属（4.73%）、理研菌科-RC9 属（3.92%）、密螺旋体属 2（3.07%）、狭义梭菌属 1（2.87%）、毛螺旋菌科-NK4A136 属（2.82%）和瘤胃球菌科-UCG-005 属（2.61%）。但值得注意的是，不同品种的猪其肠道菌群组成具有不同的特点。例如，荣昌猪经产母猪中，颤螺菌属（11.24%）是最优势菌属，其次是乳酸杆菌属（4.29%）、盐单胞菌属（3.71%）、密螺旋体属（3.47%）、普雷沃氏菌属（3.08%）、YRC22（2.66%）、甲烷短杆菌属（2.13%）、瘤胃球菌属（1.62%）等，其组成特征与长白猪经产母猪具有显著差异。

二、繁殖周期中母猪肠道菌群的变化

在正常的妊娠和泌乳过程中，除了激素、免疫和代谢出现变化外，母体肠道菌群的结构和组成也发生了明显改变。妊娠前期妇女肠道菌群的组成与未妊娠女性的相似。但妊娠后期肠道菌群组成却发生了显著变化，主要特征包括具有促炎作用的相关菌，如放线菌门和变形菌门细菌的相对丰度增加；而具有抗炎作用的相关菌，如产丁酸相关菌的梭杆菌属（*Faecalibacterium*）的相对丰度降低。同时，反映肠道菌群丰富度的 α 多样性减少，而反映个体间结构差异的 β 多样性显著增加，且这些改变一直持续到产后 1 个月（Koren 等，2012）。小鼠在怀孕期间的肠道菌群也发生了显著变化。怀孕的 C57BL/

6 母鼠，其肠道中具有发酵复杂碳水化合物的拟杆菌属相对丰度明显高于未怀孕母鼠；随着妊娠的进行，与胰岛素敏感性正相关的阿克曼氏菌属（*Akkermansia*）和常见益生菌双歧杆菌科（Bifidobacteriaceae）的相对丰度显著降低（Gohir 等，2015）。

相似的，与非妊娠母猪肠道菌群相比，妊娠母猪的肠道菌群也发生了显著变化。在环江香猪母猪中，随着妊娠的进行，结肠菌群丰富度指数明显减小；结肠远端内容物中厚壁菌门相对丰度增加，拟杆菌门丰度减少。然而，对长大二元杂交母猪的研究却发现，与妊娠前中期相比，围产期粪便菌群 Chao1 指数和拟杆菌门相对丰度明显增加，而厚壁菌门相对丰度显著降低（Zhou 等，2017）。这种差异可能与母猪的遗传背景、日粮组成、胎次、样品采集位置和时间有关。

对妊娠和泌乳过程母猪肠道菌群变化进行系统性研究发现，母猪妊娠期厚壁菌群的相对丰度高于泌乳期，而拟杆菌门的则正好相反（Cheng 等，2018）。一般认为，增加厚壁菌门的丰度是提高机体从日粮中获取能量的一种手段，这有利于后期胎儿的快速生长和为泌乳做好能量储备。值得注意的是，变形菌门和梭杆菌门细菌在泌乳早期大量富集。相似的，在属水平上，志贺氏杆菌属（变形菌门菌）和梭杆菌属（梭杆菌门菌）也在泌乳早期富集。在健康动物体内，变形菌门细菌在肠道中的丰度很低。然而，在发生肠道炎症（如出现炎性肠炎）时，含有兼性厌氧菌的变形菌门细菌就会大量增殖。变形菌门细菌的大量增殖是肠道菌群紊乱和结肠上皮功能障碍的菌群标记物（Shin 等，2015；Litvak 等，2017）。除了变形菌门外，梭杆菌门细菌也在肠道炎症患者的肠道中大量富集（Yang 等，2017）。因此，这种菌群组成的变化，可能反映在母猪围产期，特别是在泌乳早期母猪肠道菌群发生了紊乱性变化。

另外，对母猪肠道菌群多样性的研究结果显示，与妊娠第 30、109 天及泌乳第 14 天相比，泌乳第 3 天母猪肠道菌群的操作分类单元（operational taxonomic units，OTU）数量、Chao 1 指数和 Shannon 指数显著降低，表明泌乳早期母猪肠道菌群的丰富度和 α 多样性均显著降低（Cheng 等，2018）。这些结果均说明，随着妊娠和泌乳的进行，母猪肠道菌群组成和结构发生了明显的变化。主要特征包括：肠道菌群 α 多样性减少，促炎菌群增加和抗炎菌群减少。这些变化与孕体激素、免疫和代谢改变呈现时间的一致性，提示菌群的改变与孕体生理代谢改变存在重要的联系。

三、影响母猪肠道菌群的因素

在妊娠和泌乳过程中，母猪肠道菌群主要受遗传背景、饲养环境、日粮因素、抗生素过度使用等因素的影响。

（一）遗传背景

遗传背景可以塑造母猪肠道菌群的组成。与长白猪母猪相比，荣昌猪母猪肠道中瘤胃球菌科（Ruminococcaceae）菌群的相对丰度明显高于长白猪母猪，这与荣昌猪母猪具备较强的消化复杂纤维日粮的能力相一致。

（二）饲养环境

母猪的饲养环境是影响其肠道菌群组成的因素之一。例如，处于不同的猪舍地板条件下，母猪肠道菌群组成不同。在有秸秆的地板条件下，母猪肠道中具备复杂纤维降解能力的 *Prevotella* 的相对丰度明显增加，而 *Lactobacillus*、*Bulleidia*、*Lachnospira*、*Dorea*、*Ruminococcus* 和 *Oscillospira* 的相对丰度明显降低，这种改变可能与母猪采食秸秆有关（Kubasova 等，2017）。

（三）日粮因素

除了饲养环境外，日粮因素也被证实是影响母猪肠道菌群的重要因素之一。日粮氨基酸及其衍生物、日粮纤维及功能性添加剂的种类和水平，均可能影响母猪肠道菌群组成。

1. 氨基酸及其衍生物 一些研究发现，在母猪妊娠日粮中补充特定氨基酸及其衍生物能影响母猪肠道菌群的组成。妊娠期第 70～84 天饲喂含 1％ L-谷氨酰胺的日粮改善了母猪的便秘，可能与其提高肠道中拟杆菌门相对丰度、降低密螺旋体属的相对丰度有关。而在妊娠日粮中添加 1％脯氨酸后，母猪近端结肠厚壁菌门与拟杆菌门的比值增加，普雷沃氏菌属的比例减少，母猪结肠中乙酸、丁酸和总短链脂肪酸的含量降低（Ji 等，2018）。妊娠后期在日粮中补充 0.5％ N-乙酰-L-半胱氨酸后，可显著提高妊娠第 110 天母猪粪便中梭状芽孢杆菌 XIVa 簇（*Clostridium* XIVa）和益生菌双歧杆菌（*Bifidobacterium*）的相对丰度。由于 *Clostridium* XIVa 与先天性免疫相关基因——*NLRP3* 的表达水平呈负相关，但与营养物质转运相关基因——*Slc7a8* 呈正相关，同时 *Bifidobacterium* 与血管生成相关基因——*VEGF* 的表达呈正相关。因此，补充 0.5％ N-乙酰-L-半胱氨酸引起的肠道菌群的改变，可能与母猪代谢及功能改变相关。尽管现有的试验表明，在母猪日粮中添加不同种类和水平的氨基酸对母猪肠道菌群具有明显影响，但妊娠和泌乳期在日粮中补充氨基酸对母猪肠道菌群影响的研究依然很少。因此，利用日粮氨基酸调控肠道菌群，从而影响母猪代谢健康和繁殖性能的作用及其潜在机制，都还需要更多的研究来证实。

2. 日粮纤维 日粮纤维可以调控母猪肠道菌群的组成，这些日粮纤维包括抗性淀粉、菊粉、魔芋粉、组合功能性日粮纤维等。1985 年，英国科学家 Englyst 首次将抗性淀粉描述为"在体外能抵抗 α-淀粉酶和支链淀粉酶水解的一部分淀粉，并且在小肠 2h 内未被水解为 D-葡萄糖的那部分淀粉"。1992 年，联合国粮农组织将抗性淀粉定义为"不被健康个体小肠吸收的淀粉及其降解物的总称"。抗性淀粉进入后肠后能被肠道菌群发酵利用，能够利用抗性淀粉的菌群大量繁殖，进而改变了肠道菌群的整体结构。高抗性淀粉日粮可以通过提高菌群丰富度来提高母猪肠道菌群的 α 多样性。例如，母猪妊娠和泌乳期饲喂含 33％豌豆淀粉（可视为抗性淀粉）的日粮后，与 33％可消化淀粉的对照组母猪相比，饲喂 33％豌豆淀粉提高了母猪肠道中厚壁菌门和广古菌门的相对丰度，降低了拟杆菌门、螺旋体门和无壁菌门的相对丰度。同时，在属水平上，未分类的 *Ruminococcaceae* 属的相对丰度增加，而 *Treponema* 属的相对丰度显著性减少。

菊粉（inulin）是多种天然果聚糖的混合物，是果糖单元通过 β-1，2-糖苷键连接而成并以葡萄糖单元终止的碳水化合物。菊粉具有热量低、水溶性好、调节肠道菌群组成和改善机体代谢的功能。母猪妊娠期在日粮中添加菊粉被证实可以调节肠道菌群改善母猪的代谢状态。例如，妊娠期母猪的日粮如果是高能量、高蛋白、低日粮纤维的，就会更增加近端结肠中大肠埃希氏菌属的相对丰度（Kong 等，2016）。在此基础上添加1.5%菊粉后，提高了粪便中产短链脂肪酸的相关细菌，如颤螺菌属（Oscillospira）和霍氏真杆菌属（Eubacterium hallii）的相对丰度。这些菌群的增加有利于母猪妊娠后期炎症状态和胰岛素敏感性的改善。

魔芋粉的主要成分为魔芋葡甘露聚糖，是由葡萄糖和甘露糖通过 β-1, 4-糖苷键和β-1, 3-糖苷键连接而成的高分子多糖。魔芋粉具有较强的吸水膨胀性、水结合力和发酵特性，是妊娠期母猪优良的功能性纤维原料。母猪妊娠日粮中添加 2.2%魔芋粉可以改善母猪围产期胰岛素敏感性、提高母猪泌乳期采食量并改善仔猪生长性能。在调控母猪肠道菌群方面，2.2%魔芋粉显著性地提高了母猪肠道中厚壁菌门（Firmicutes）的相对丰度，降低了拟杆菌门（Bacteroidetes）的相对丰度；在属水平上，2.2%魔芋粉组母猪肠道中罗氏菌属（Roseburia）、瘤胃球菌属（Ruminococcus）、乳杆菌属（Lactobacillus）和艾克曼菌氏菌属（Akkermansia）的相对丰度显著性增加，普氏菌属（Prevotella）和拟杆菌属（Bacteroides）的相对丰度显著性降低。Lactobacillus 是猪肠道中常见的益生菌，有助于宿主肠道健康和抑制病原菌的定植和入侵；Roseburia 和 Ruminococcus 是常见的产丁酸菌，与魔芋粉提高母猪血液丁酸水平相一致；Akkermansia 是肠道共生菌，不仅维持宿主的肠道屏障完整，而且与胰岛素抵抗有密切关联（Everard 等，2013）。有趣的是，魔芋粉对 Akkermansia 丰度的影响与胰岛素抵抗标记物-HOMA-IR 呈显著负相关，提示魔芋粉对母猪胰岛素敏感性的改善可能与其促进 Akkermansia 的富集有关。

魔芋粉在调控母猪肠道菌群、改善母猪围产期胰岛素敏感性和仔猪性能方面的作用已经被证实。然而，魔芋粉具有价格昂贵和资源短缺的弊端，这大大限制了其在母猪生产中的推广使用。依据纤维原料理化性质协同增效的原理，研究者筛选到了比魔芋粉有更高吸水膨胀性、更强水结合力和更快速发酵速度的功能性组合纤维（谭成全等，2015）。这种功能性日粮组合纤维以 2%的比例被添加到母猪妊娠期日粮后，促进了颤螺菌（Oscillospira）的富集，丁酸的产生量也显著增加。特别是添加功能性组合纤维后，母猪围产期肠道渗透性和血浆内毒素水平显著降低，控制了母猪围产期胰岛素抵抗和系统性炎症。有趣的是，该功能性日粮纤维还改变了母猪乳中菌群的组成，改善了仔猪早期肠道菌群的定植，提高了仔猪的肠道屏障和免疫功能，降低了哺乳期仔猪腹泻率，最终提高了仔猪的生长性能。因此，运用功能性日粮纤维调控繁殖周期母猪肠道菌群及其代谢产物，是提高母猪繁殖性能的重要途径。

3. 功能性添加剂 除了氨基酸和日粮纤维外，一些饲料添加剂，如溶菌酶、酵母水解物、树脂酸等也可以调控母猪肠道菌群的组成。例如，在母猪妊娠期日粮中添加0.5g/kg 或 1g/kg 溶菌酶后，减少了大肠埃希氏菌属的丰度，增加了嗜淀粉乳杆菌（Lactobacillus amylovorus）的丰度，同时提高了肠道菌群的氧化应激耐受能力。在妊娠日粮中补充 2g/kg 酵母水解物后，提高了母猪肠道产短链脂肪酸的菌群，如Roseburia、Paraprevotella 和真菌属（Eubacterium）的丰度；降低了条件性致病菌，如变形杆菌属（Proteobacteria）、脱硫弧菌属（Desulfovibrio）、大肠埃希氏菌-志贺菌

（*Escherichia-Shigella*）和幽门螺杆菌（*Helicobacter*）的丰度；同时，还有效降低了仔猪肠道中条件性致病菌的数量（Hasan 等，2018）。此外，妊娠后期饲喂 5g/d 树脂酸也可以提高母猪肠道中健康有益菌，如 *Romboutsia* 的丰度；降低条件性致病菌，如巴恩斯氏菌属（*Barnesiella*）、孢子杆菌属（*Sporobacter*）、*Intestinimonas* 和 *Campylobacter* 的丰度。另外，大量摄入脂溶性维生素 D 会降低孕妇肠道菌群的 α 多样性，增加变形菌门的相对丰度。

（四）抗生素过度使用

抗生素过度使用对非妊娠个体肠道菌群的长期性破坏已经被广泛证实。雌性小鼠妊娠期饲喂阿莫西林、头孢克洛和阿奇霉素后，会显著降低肠道菌群 α 多样性，表明肠道菌群丰富度降低。在菌群组成上，抗生素导致变形菌门和肠杆菌属相对丰度升高，厚壁菌门丰度明显下降。另外，妊娠期摄入林可霉素、金霉素和阿莫西林后，增加了肠道中抗生素抗性细菌的比例，促进了编码氨基糖苷类、β-内酰胺酶抗性基因的表达（Sun 等，2014）。因此，饲用抗生素对肠道菌群的影响值得重视。

第二节　母猪肠道菌群代谢产物的变化

一、脂类的肠道菌群代谢产物

脂类是动物体必需的营养素之一，主要包括油脂（甘油三酯）和类脂（磷脂、糖脂、胆固醇及其酯）。不同种类的油脂或类脂其菌群的代谢产物组成存在差异。

（一）胆固醇

关于肠道菌群对脂类代谢作用的研究主要集中在胆固醇上。对成人而言，每天进入结肠内的胆固醇大约有 1g。这些胆固醇主要来自膳食、胆汁分泌的胆固醇和从肠上皮脱落的细胞中的胆固醇组分。另外，肠腔内的胆固醇还包括血浆胆固醇经过肠胆固醇流出（transintestinal cholesterol efflux，TICE）途径，直接排泄到肠腔中的部分。TICE 途径来源的胆固醇占小鼠粪便中性甾醇排泄量的 70%。到达大肠的所有胆固醇都可以被结肠细菌代谢。

胆固醇的菌群代谢产物主要包括粪甾烷酮和粪甾醇，其中粪甾烷酮为主要成分，粪甾醇所占比例不到 1/3。人体肠道中分离出的胆固醇降解菌 *Bacteroides* sp. *strain* D8，能够先将胆固醇转化为 4-胆甾烯-3-酮和粪甾烷酮，并最终转化为粪甾醇。与胆固醇不同，粪甾醇很难被人体肠道吸收，因此菌群对胆固醇的代谢可能是降低血液胆固醇含量，进而降低心脑血管疾病风险的一种重要手段。此外，*Eubacterium coprostanoligenes* 也发挥胆固醇的降解功能（Li 等，1995）。口服 *Eubacterium coprostanoligenes* 可以显著降低日粮诱导的患高胆固醇血症兔的血浆胆固醇含量，并提高胃肠道食糜中粪甾醇和胆固醇的比值。需要指出的是，当前仅分离出少量的降解胆固醇的细菌，且涉及胆固醇降解的关键基因或酶仍然是未知的。与此同时，肠道微生物群对肠道胆固醇的代谢及对机体健康的影响目前尚未证实。因此，需要更多的研究来揭示肠道菌群的胆固醇代谢产物对机体代谢和健康的影响。

(二) 胆汁酸

胆汁酸是胆汁的重要成分，在动物的脂肪代谢中具有重要作用。肠道菌群在胆汁酸的合成和代谢过程发挥了重要作用。分泌到十二指肠的胆盐，大部分（95%）在回肠远端被重吸收；小部分在特定肠道菌分泌的胆盐水解酶（bile salt hydrolase，BSH）的作用下，转化为胆汁酸的去结合形式。菌群对胆汁酸的代谢，增加了机体胆汁酸组成的多样性及胆汁酸池的疏水性，有利于胆汁酸经粪便排泄（Wahlström 等，2016）。

肠道菌群中参与胆盐去结合过程的细菌属有：拟杆菌属、梭菌属、乳酸菌属、双歧杆菌属和李斯特菌属（Jones 等，2008）。随后，去结合的初级胆汁酸在拟杆菌属、梭菌属、乳酸菌属等厌氧菌属的作用下，通过 7α-脱羟基过程将鹅去氧胆酸（chenodeoxycholic acid，CDCA）和胆酸（cholic acid，CA）分别转化为次级胆汁酸脱氧胆酸（deoxycholic acid，DCA）和石胆酸（lithocholic acid，LCA）。在肠道菌群的作用下，从近端肠道至远端肠道，次级胆汁酸所占的比例逐渐增加。肠道菌群不仅影响机体胆汁酸池的组成，还可以影响依赖于法尼醇 X 受体（farnesoid X receptor，FXR）相关基因的表达。FXR 主要在肝脏和小肠中表达，去结合胆汁酸（如 CDCA、LCA、DCA 和 CA）是其高亲和力的配体激动剂。不同的去结合胆汁酸作为配体激活 FXR 的能力不同，CDCA 的激活能力最强，其次是 LCA 和 DCA，最后是 CA。在小鼠中，与牛磺酸结合的初级胆汁酸（TαMCA 和 TβMCA）是 FXR 的抑制剂。在缺乏肠道菌群的情况下，TβMCA 无法被代谢。因此，无菌小鼠表现为 TβMCA 的积累及 FXR 信号的减少，最终导致肝脏胆汁酸的合成量增加（Sayin 等，2013）。肠道菌群降低了小鼠 TβMCA 的水平，增加了去结合胆汁酸的水平。通过激活回肠末端肠上皮细胞的 FXR，提高了成纤维细胞生长因子 15（fibroblast growth factor 15，FGF15）的表达。FGF15 通过门静脉循环到达肝脏后，发挥抑制肝脏胆汁酸合成的作用。

次级胆汁酸还可以影响肠道炎症。次级胆汁酸可通过被动扩散进入结肠上皮细胞，通过激活结肠上皮细胞的 FXR 来控制肠道炎症，进而在维持结肠正常生理功能中发挥重要作用（Ridlon 等，2006）。肝细胞可将次级胆汁酸（如 LCA）硫酸盐化，进而增加它们的亲水性。硫酸盐化的次级胆汁酸细胞毒性小，并且易通过粪便和尿液排泄到体外。然而，疏水性次级胆汁酸的硫酸盐化妨碍了它们作为配体激活 FXR 抗炎作用的能力（Duboc 等，2013）。炎症性肠病（inflammatory bowel disease，IBD）患者粪便中次级胆汁酸的水平降低（Duboc 等，2013），导致次级胆汁酸对肠上皮细胞的抗炎作用减弱，进而加重肠道慢性炎症。

日粮的成分也会影响肠道微生物的结构、胆汁酸池的组成及肠道炎症。比如，在小鼠日粮中添加来源于牛乳的饱和脂肪酸，特异性地提高了小鼠胆汁酸池中牛磺胆酸盐的水平，这为消化道中沃氏嗜胆菌的生长提供了选择性优势（Devkota 等，2012）。与上述一致，在白细胞介素-10 基因敲除小鼠的日粮中添加牛磺胆酸盐，可促进沃氏嗜胆菌的生长及小鼠结肠炎的发生（Devkota 等，2012）。

胆汁酸受体 TGR5（takeda G protein receptor-5，TGR5）是一种胆汁酸特异性 G 蛋白偶联受体，在动物体的许多组织（如棕色脂肪组织、骨骼肌）和器官（如肠道、胎盘、肝脏、胆囊）中都有表达。肠道菌群代谢产生的次级胆汁酸（如 LCA 和 DCA），以及与牛磺酸或甘氨酸的结合形成的结合胆汁酸，是 TGR5 的强激动剂。TGR5 激活的结果具有广泛性和细胞特异性，包括巨噬细胞的抗炎作用、增加棕色脂肪组织中能量消耗、改善葡萄糖代谢和胰岛素敏感性，以及使胆囊松弛及胃肠道蠕动增加（Wahlstrom 等，2016）。

（三）亚油酸

肠道菌群代谢亚油酸（linoleic acid，LA）生成生物活性脂质——共轭亚油酸（conjugated linoleic acid，CLA），CLA 因其广泛的生理作用而受到关注。游离的亚油酸在微生物表达的酶——异构酶的作用下生成 CLA，其主要由顺-9-CLA 和反-11-CLA、反-9-CLA、反-10-CLA 和顺-12-CLA 组成。乳制品是 CLA 的天然来源，其主要是顺-9-CLA。乳制品中 CLA 由瘤胃微生物代谢多不饱和脂肪酸产生。近年来，人源肠道菌群，如人粪便中分离的 *Lactobacillus acidophilus* 和 *Lactobacillus casei* 等被报道可以代谢生成 CLA（Alonso 等，2003）。*Bifidobacterium* 也具有代谢生成 CLA 的能力，其中顺-9-CLA 和反-11-CLA 是主要产物，其次是反-9-CLA 和反-11-CLA（Coakley 等，2003）。此外，肠道菌群中拟杆菌门的相对丰度较高，则粪样中顺-9-CLA 和反-11-CLA 较少；厚壁菌门丰度的增加会促进 CLA 的积累，特别是反式-10-CLA 和顺式-12-CLA。需要指出的是，胃肠道不同部位菌群代谢生成 CLA 的能力不同。总体而言，菌群丰富度和多样性更高的盲肠和结肠中其 CLA 含量高于空肠和回肠。

（四）甘油三酯

肠道菌群产生的脂肪酶能够代谢甘油三酯生成游离脂质。例如，肠道中的 *Lactobacilli*、*Enterococci*、*Clostridia* 及 *Proteobacteria* 可以将甘油三酯还原为 1，3-丙二醇。肠道微生物在甘油三酯代谢中发挥重要的作用。与无菌状态相比，肠道菌群能够降低血清中的甘油三酯水平，增加肝脏和脂肪组织中的甘油三酯水平。此外，血清中不同长链 TAG 的水平与肠道菌群种类有关。例如，长链甘油三酯与 *Blautia* 呈显著正相关；短链甘油三酯与 *Ruminococcus* 呈显著正相关，而与 *Veilonella* 呈显著负相关（Kostic 等，2015）。

（五）胆碱

胆碱是人体的必需营养素。其一方面来自身体内合成，另一方面也可以从肉、蛋、奶、肝、鱼、坚果、大豆等食物中获得。胆碱既是神经递质乙酰胆碱、磷脂酰胆碱和鞘磷脂前体物质，也是 S-腺苷甲硫氨酸（S-adenosyl methionine，SAM）代谢通路中一碳单位甲基的供体。食物中总胆碱含量的 50% 为磷脂酰胆碱。在动物及人上的研究表明，胆碱参与并在多种生理过程中起重要作用，其主要参与维持细胞膜的完整性及胆碱能神经传递。然而，胆碱的缺乏也会导致神经功能受损及一些疾病的发生。

早在 1910 年就已经报道微生物可以代谢胆碱生成三甲胺。近年来，关于肠道菌，如 *Clostridia*、*Proteobacteria* 等对胆碱的代谢也逐渐被证实。利用胆碱的肠道菌群在磷脂酶 D 的作用下，水解磷脂酰胆碱，进一步释放游离胆碱生成三甲胺。肠腔中生成的三甲胺随后被吸收入血，并在肝脏中黄酮单加氧酶的作用下代谢生成氧化三甲胺。已经证实人血浆中氧化三甲胺水平升高，与心血管疾病、肾脏疾病、糖尿病、结肠癌、非酒精性脂肪肝等多种疾病密切相关。而肠道菌群对猪的胆碱代谢及生产性能的影响值得进一步研究。

二、氨基酸的肠道菌群代谢产物

肠道菌群发酵氨基酸会产生多种代谢产物，这些代谢产物可对宿主健康产生不同的生理作用。氨基酸的肠道菌群代谢产物包括：神经调节活性物质，短链脂肪酸和支链脂肪酸，硫化氢和氨，芳香化合物等。

（一）神经调节活性物质

动物体内的肠道菌群能够将氨基酸分解生成一些神经调节化合物，包括 γ-氨基丁酸（γ-aminobutyric acid，GABA）、血清素、酪胺、色胺、组织胺等。γ-氨基丁酸是抑制性神经递质，由肠道菌群（乳酸菌、双歧杆菌和链球菌）利用脱羧酶对谷氨酸脱羧而产生。细菌细胞内生成的 GABA 一部分经过谷氨酸转运蛋白的逆向转运载体排出细胞，另一部分未排出的则通过 GABA 途径被分解生成琥珀酸。

5-羟色胺是"脑-肠"轴中的关键作用物质，可以参与肠道局部免疫、肠道分泌功能、肠胃蠕动等。5-羟色胺主要由色氨酸经过 5-单氧色氨酸酶（色氨酸羟化酶）和 L 型芳香族氨基酸脱羧酶降解而得到。近年来，链球菌、大肠埃希氏菌和肠球菌被报道可以产生 5-羟色胺。色胺是一种 β-芳胺型神经递质，主要由梭状芽孢杆菌利用色氨酸脱羧酶对色氨酸脱羧而产生。色胺在体内扮演着多种角色，包括诱导内分泌细胞分泌 5-羟色胺、调节胃肠蠕动、预防肠炎等。5-羟色胺通过肠神经系统神经元来刺激胃肠动力。用尤斯灌流系统对小鼠结肠黏膜近中段研究发现，色胺本身可诱导电流发生显著变化，证实其可以影响肠上皮细胞的离子分泌，而离子分泌在胃肠运动中起重要作用。因此，色胺可能作为影响肠道转运时间的信号分子。酪胺主要由乳酸菌等革兰氏阳性菌通过酪氨酸脱羧酶而合成，其浓度过高会引发机体中毒和高血压等。肠道菌群来源的酪胺可以促进内分泌细胞分泌 5-羟色氨（Yano 等，2015）。组织胺及其受体不仅是机体免疫系统和胃肠系统的重要组成部分，而且还参与了机体神经系统的运作及能量平衡。革兰氏阳性菌利用丙酮酸依赖性组氨酸脱羧酶对组氨酸脱羧产生组织胺，而革兰氏阴性菌则是利用磷酸吡哆醛依赖性脱羧酶对组氨酸脱羧产生组织胺。此外，肠道菌群通过 L-芳香族氨基酸脱羧酶对苯丙氨酸脱羧还可以产生影响机体饱腹感和情绪的神经递质——苯乙胺（Irsfeld 等，2013）。

（二）短链脂肪酸和支链脂肪酸

不同菌群对同一种氨基酸发酵及同一种细菌对不同氨基酸发酵都可能产生不同的短

链脂肪酸。肠道菌群发酵甘氨酸、丙氨酸、苏氨酸、谷氨酸、赖氨酸和天冬氨酸可产生乙酸；发酵丙氨酸可产生丁酸；发酵丙氨酸和苏氨酸可产生丙酸。蛋白质或氨基酸是肠道菌群发酵产生支链脂肪酸的唯一碳源，这些支链脂肪酸包括异丁酸、2-甲酸丁酯、异戊酸等。支链脂肪酸均来源于缬氨酸、异亮氨酸、亮氨酸等。许多革兰氏阳性菌以缬氨酸、异亮氨酸和亮氨酸来源的乙酰辅酶 A、辅酶 A 为引物，利用特异性支链酮酸脱氢酶复合体合成支链脂肪酸。

（三）硫化氢和氨

硫化氢和氨常由肠道菌群发酵蛋白质类未消化的食物产生，是动物生命活动不可或缺的重要物质。肠道菌群，如条件性致病菌——沃氏嗜胆菌发酵内源性或食物源含硫氨基酸可产生硫化氢。硫化氢的亲脂性促使其穿过细胞膜进入细胞内。当体内硫化氢浓度较低时，细胞呼吸能力加强，ATP 的产量增加；而一旦浓度过高时，线粒体细胞色素 C 酶的活性就受到抑制（Leschelle 等，2005）。此外，过高浓度的硫化氢会诱发溃疡性结肠炎，增加肠道黏膜炎症的发病率。

氨是肠道微生物合成氨基酸的重要氮源，同时肠道菌群降解氨基酸也可以生成氨。微生物生成氨的主要方式是对氨基酸的转氨基作用或对尿素的水解作用。生理条件下，氨在宿主肠道中的浓度较低，其浓度主要取决于肠道微生物对氨利用和合成的净差值。

（四）芳香化合物

肠道细菌发酵苯丙氨酸、酪氨酸、色氨酸等芳香族氨基酸可以产生酚类和吲哚类化合物。在体外试验中，酪氨酸经好氧菌降解生成苯酚，而被厌氧菌降解为甲酚（Bone 等，1976）。当苯酚浓度大于 1.25 mmol/L 时，会损伤结肠上皮细胞屏障的完整性。

此外，吲哚是色氨酸在细菌中色氨酸酶的作用下分解形成的。菌群将色氨酸生成的吲哚经肠上皮细胞转运至肝脏中，经过羟基化将吲哚生成 3-羟基-吲哚，最终磺化为硫酸吲哚酚和尿毒症毒素，损害机体健康。需要指出的是，适量的吲哚可以通过刺激肠上皮黏膜屏障相关基因的表达来改善机体肠道上皮的屏障功能，发挥抗炎性作用。此外，吲哚作为细胞间的信号分子可在芽孢形成、质粒稳定性、机体耐药性、生物膜形成和毒性方面发挥重要作用，从而影响微生物群落。目前，吲哚乙醇已被确定为真菌中的群体感应分子，对金黄色葡萄球菌、肠道沙门氏菌和乳杆菌都具有抗菌活性。不仅如此，吲哚乙醇还能抑制嗜热细菌 *Geobacillus* sp. E263 的噬菌体复制、虾体内病毒复制和寄生原生动物的增殖。

三、日粮纤维的肠道菌群代谢产物

（一）短链脂肪酸

肠道菌群发酵日粮纤维通过不同的途径可产生不同的短链脂肪酸。乙酸的生成途径包括乙酰辅酶 A 和 Wood-Ljungdahl 这两种途径。丙酸可以通过丙烯酸酯途径、琥珀酸途径和丙二醇途径生成；丁酸主要由两分子乙酰辅酶 A 缩聚形成丁酰辅酶 A，在磷酸转丁酸酶和丁酸激酶的作用下生成；丁酸辅酶 A 也可以通过丁酰-CoA-转移酶和乙酸-

CoA-转移酶途径转化为丁酸。此外，一些菌群还可以利用乳酸和乙酸来生成丁酸，进而防止乳酸积累并稳定肠道环境（Koh 等，2016）。

正常生理状态下，胃肠道不同位置短链脂肪酸的浓度差异较大，其中以盲肠和近端结肠中短链脂肪酸的浓度最高。肠道短链脂肪酸可以通过与 Na^+ 偶联的单羧酸转运蛋白 SLC5A8，以及与 H^+ 偶联的低亲和力单羧酸转运蛋白 SLC16A1，转运吸收进入门静脉，最终运输到外周循环以作用于肝脏和外周组织（Koh 等，2016）。

丁酸是结肠细胞的主要能量物质。90％以上的丁酸在肠道中被局部消耗，只有少部分吸收进入门静脉。由于大部分丙酸在肝脏中被代谢，因此只有乙酸是外周循环中浓度最高的短链脂肪酸。在外周循环中，短链脂肪酸可以充当重要的信号分子调节宿主不同的生物过程（Koh 等，2016）。

（二）其他物质

除短链脂肪酸外，肠道菌群发酵日粮纤维还可以产生其他功能性物质或营养性物质。阿魏酸（ferulic acid，FA）是一种存在于植物细胞壁中，用于增强细胞壁刚性和强度的酚类化合物。谷物麸皮中某些特定的日粮纤维，经过含有阿魏酸酯酶基因的发酵乳杆菌 NCIMB5221 发酵后，释放阿魏酸进入肠腔中，从而发挥重要的功能调控作用（Tomaro-Duchesneau 等，2012）。在肠腔内，阿魏酸既能局部调节肠道生理，也能以游离的形式运输到血液中影响机体健康。阿魏酸具有抗氧化和抗炎特性，被认为是各种慢性病，如肥胖、糖尿病和癌症的潜在治疗方式。

此外，日粮纤维还可以结合并运输大量营养素，包括铜、钙、锌等离子。当日粮纤维被后肠菌群代谢时，这些被结合的大量元素就被释放出来。与此同时，发酵产生的短链脂肪酸的酸化作用，促进了矿物质元素的溶解和吸收（Baye 等，2017）。其中一些离子在特定条件下发挥了抗菌作用，有助于预防肠道感染。例如，锌可以提高断奶仔猪肠道菌群的代谢活性，改善断奶仔猪的生长性能和代谢状态。相反，在鸡上面的研究表明，长期摄入缺锌日粮时，肠道菌群的多样性降低，同时短链脂肪酸产量明显下降（Reed 等，2015）。

四、母猪肠道菌群代谢产物的变化

事实上，除日粮纤维和氨基酸以外，对妊娠母猪肠道菌群代谢产物变化的研究很少。如前所述，与妊娠第 30 天、泌乳第 3 天和第 14 天相比，妊娠第 109 天母猪粪便中乙酸、丙酸和总短链脂肪酸的含量明显增加。由于乙酸可以在肝脏中被合成脂肪，而丙酸吸收进入肝脏后可以作为肝脏糖异生的底物。因此，妊娠后期菌群代谢生产乙酸和丙酸的水平增加有利于母体为泌乳能量需要做储备。

值得注意的是，与其他三个阶段相比，泌乳第 3 天粪便中丁酸的含量显著下降。该结果与产丁酸菌，如 *Oscillospira*、*Ruminococcus* 和 *Lachnospiraceae* XPB1014 的相对丰度降低相一致。

微生物来源的丁酸不仅可以维持肠道上皮的完整性，而且还能缓解结肠局部性炎症的发生（Kelly 等，2015）。因此，泌乳早期肠道中丁酸产量降低，可能提示母猪肠道上皮屏障功能受到损伤。

妊娠和泌乳时母猪粪便中异丁酸、异戊酸、戊酸和总支链脂肪酸的含量基本保持稳定；而远端结肠 1，7-庚基二胺、色胺、酪胺、总生物胺和吲哚的含量变化很明显，特别是妊娠中期和妊娠后期结肠远端吲哚含量明显增加。值得注意的是，妊娠阶段日粮营养水平与繁殖阶段对母猪氨基酸菌群代谢产物的影响存在交互作用。例如，妊娠期日粮能量和蛋白质水平过高时，近端结肠氮氨的含量增加，低营养水平日粮提高了吲哚的含量（Kong 等，2016）。此外，妊娠中期环江香猪母猪日粮中添加 1％脯氨酸提高了母猪妊娠后期近端结肠 1，7-庚基二胺和苯乙胺的含量，有降低亚精胺和总生物胺含量的趋势。

此外，妊娠过程中肠道微生物区系的改变可以影响机体胆汁酸的代谢。随着妊娠的进程，小鼠和猪的肠道微生物区系中拟杆菌门的丰度呈现增加趋势（Liu 等，2019；Ovadia 等，2019）。正常妊娠过程中，FXR 介导的肠肝反馈受损，从而使得肝脏胆汁酸的合成增加。机体胆汁酸合成的肠肝反馈受损是由于妊娠期肠道拟杆菌门对胆汁酸的去结合作用增强，并且妊娠期回肠末端上皮细胞 ASBT 蛋白水平降低使胆汁酸的重吸收减少，从而抑制肠道对胆汁酸合成的负反馈调节作用（Ovadia 等，2019）。因此，肠道菌群可以通过对胆汁酸的修饰，进而影响 FXR 和 TGR5 信号，从而对宿主代谢造成广泛而深刻的影响。

第三节　母猪肠道菌群与肠道健康

一、肠道黏膜屏障结构组成

肠道黏膜屏障系统在阻止肠腔内病原菌、内毒素、抗原性蛋白等有害物质穿过肠黏膜进入循环系统发挥重要作用。肠道黏膜屏障系统由肠道上皮细胞连接复合体及其分泌物、肠内正常菌群、肠相关免疫细胞及免疫活性物质构成，主要包括肠道黏膜机械屏障、肠道黏膜化学屏障、肠道黏膜免疫屏障和肠道黏膜生物屏障。

（一）肠道黏膜机械屏障

肠道黏膜机械屏障由肠道上皮细胞（intestinal epithelial cells，IECs）、细胞间的紧密连接（tight junction，TJ）与黏液层组成。紧密连接是决定肠黏膜渗透性的关键部位，由闭合蛋白（claudin）、ZO 蛋白（zona occludens，ZO）、咬合蛋白（occludin）、连接黏附分子（junctional adhesion molecule，JAM）等多种紧密连接蛋白组成。肠道紧密连接结构有效阻止了无电荷大分子物质，如细菌脂多糖（内毒素、肽聚糖等）和多种抗原物质以渗透方式进入血液循环。

（二）肠道黏膜化学屏障

肠道黏膜化学屏障由肠道黏膜绒毛下侧的隐窝组织分泌的、具有杀菌作用或溶菌作用的黏液和消化酶构成。肠道上皮层被覆的黏液主要成分是杯状细胞分泌的黏液蛋白。

黏液蛋白能够有效隔离肠道内容物和肠道黏膜，阻止致病菌或有害物质对黏膜的损伤。此外，肠道黏液层的防御素、抗菌肽、溶菌酶等均可杀灭外来病原菌，以保护肠道黏膜的完整性。

（三）肠道黏膜免疫屏障

肠道黏膜免疫屏障由肠道相关淋巴组织、免疫细胞及相关免疫分子构成。肠道相关淋巴组织主要由肠道固有层、肠系膜淋巴组织、肠上皮淋巴组织与派伊氏结构成；免疫细胞则包括肠道上皮及固有层内淋巴细胞、树突状细胞、巨噬细胞、派伊氏结内的微皱褶细胞等；免疫因子主要包括 IL-6、IL-10、sIgA、肠三叶因子、防御素、补体等。

（四）肠道黏膜生物屏障

肠道黏膜生物屏障主要由肠道共生微生物组成。正常生理状态下，肠道共生微生物与动物机体形成一个互利共生的微生态系统，肠道共生菌附着在肠道黏膜层上，形成一道由菌群构成的微生物屏障。人和动物体肠道中有 1 000 多种微生物，但占总量 99％以上的肠道菌群是由几十种细菌组成的。近年来，肠道黏膜生物屏障对机体的作用被逐渐认识，下面将详细介绍肠道菌群对肠道黏膜屏障功能的影响。

二、肠道菌群对肠道黏膜屏障功能的影响

（一）在机械屏障中的作用

肠道上皮细胞每 4～5d 更新一次，这有效地维持了肠道消化、吸收和抵御外源性微生物的入侵。肠道菌群对机械屏障的作用包括直接途径和间接途径。当肠道菌群处于稳态时，菌群发酵碳水化合物生成的短链脂肪酸，尤其是丁酸，被结肠上皮细胞吸收后，可以为肠上皮细胞直接供能，从而确保了肠道上皮细胞功能的正常发挥。另外，肠道微生物来源的丁酸还可以促进肠上皮细胞内氧气分子的消耗，激活低氧诱导因子（hypoxia-inducible factor，HIF）的表达，通过促进紧密连接蛋白的表达来间接改善结肠上皮屏障功能（Kelly 等，2015）。

另外，肠道内有益菌，如双歧杆菌能促进紧密连接蛋白 ZO-1 的表达，修复肠上皮屏障，减少肠道渗透性。相反，致病性大肠埃希氏菌（enteropathogenic *Escherichia coil*，EPEC）及福氏痢疾杆菌均可使 *Occludin* 去磷酸化，从而破坏其紧密连接结构而进入循环系统（Simonovic 等，2000）。

（二）在化学屏障中的作用

特定的肠道有益菌可以促进肠道黏液蛋白的分泌，保护肠道的化学屏障。常见的益生菌，如罗伊乳杆菌（*Lactobacillus reuteri*）、嗜酸乳杆菌（*Lactobacillus acidophilus*）等均可促进肠道上皮杯状细胞分泌黏液蛋白 Muc-1、Muc-2 和 Muc-3，阻止病原菌与肠黏膜接触和对肠壁的黏附。此外，益生菌枯草芽孢杆菌可提高 TFF3 的表达水平，TFF3 与黏液蛋白结合形成弹性凝胶，增加了黏液黏度，进而增强了肠道黏膜的防御能力。

（三）在生物屏障中的作用

一般而言，肠道共生菌群可以通过以下方式来发挥生物屏障的作用：竞争营养物质和定植位点、产生酸性物质降低肠腔 pH、产生细菌素、诱导适度的炎症反应等。

（四）在免疫屏障中的作用

近年来，肠道菌群对肠道黏膜免疫的影响越来越受到研究和关注。总结而言，肠道菌群主要通过以下几种方式来影响肠道黏膜免疫功能：①促进特异性 sIgA 的分泌；②活化抗原递呈通路；③调控肠道黏膜免疫耐受能力；④激活免疫效应因子与免疫应答。

sIgA 是肠道黏膜中最常见和分泌量最多的免疫球蛋白，其产生依赖于菌群的刺激。在无菌小鼠中检测到 sIgA 和浆细胞有明显缺失，将共生菌移植到无菌小鼠肠道内可以逆转这种缺陷。菌群诱导 sIgA 产生的途径依赖于树突状细胞获取肠道共生细菌，并迁移至肠系膜淋巴结，与 B 细胞相互作用诱导产生的 IgA。当肠上皮细胞释放到肠腔内的 sIgA 和肠黏膜表面的正常菌群混合存在时，可以降低致病菌在黏膜表面的附着，中和细菌毒素并使其凝集，从而限制肠道致病菌的繁殖，以维持肠道菌群的平衡。

三、肠道菌群对母猪肠道黏膜屏障功能的影响

在非妊娠个体中，肠道渗透性增加与低度炎症、胰岛素抵抗相关的几种疾病有关，如肥胖、2 型糖尿病等（Teixeira 等，2012）。其潜在机制与细菌组分，如脂多糖（lipopolysaccharide，LPS）通过肠道屏障进入循环系统增加有关。系统性脂多糖水平增加可导致代谢性内毒素血症，进而造成机体出现低度炎症和代谢紊乱。肠道菌群紊乱可能导致肠道渗透性增加（Shen 等，2013）。

与非妊娠的母猪相比，妊娠过程伴随黏膜降解菌群和肠道渗透性的增加（Gohir，2016）。与妊娠前期和泌乳后期相比，围产期母猪的肠道渗透性标记物——血浆连蛋白水平显著升高，并且泌乳早期母猪血浆内毒素水平明显升高。母猪围产期肠道渗透性增加可能与肠道产丁酸菌和丁酸产量降低有关，提示母猪肠道菌群及其代谢产物影响了妊娠泌乳过程母猪肠道的屏障功能（Cheng 等，2018）。

四、肠道菌群对母猪肠道局部炎症的影响

炎症是一种正常的防御机制，可以保护机体免受病原体感染。正常情况下，当炎症发生时，机体会启动负反馈机制包括分泌抗炎因子、抑制促炎信号、激活调节细胞等来阻止炎症对机体的过度损伤。然而，当炎症反应过度时，就会对宿主组织造成不可修复的损害，进而诱发疾病（Cahenzli 等，2013）。炎症可在肠道局部发生，其慢性形式可导致炎症性肠病（inflammatory bowel disease，IBD）、结直肠癌或者系统性炎症。

近年来，IBD 的发病率逐年上升，其中高蛋白高脂肪饮食、肠道菌群多样性降低、产丁酸菌减少，被认为是导致 IBD 患病率上升的主要原因（Ott 和 Schreiber，2006）。同时，日粮纤维摄入低与克罗恩病发病率增加及小鼠结肠炎加重呈现明显的正相关。日

粮纤维在改善人和小鼠肠道炎症方面发挥着重要的作用（Nie 等，2017）。其潜在机制包括提高机体免疫能力、调节肠道菌群、缓解氧化应激、促进肠上皮细胞增殖、减少毒素入侵、促进短链脂肪酸的产生等（Suchecka 等，2016）。

日粮纤维可增加后肠短链脂肪酸，尤其是丁酸的产生，是日粮纤维缓解肠道炎症的主要机制。丁酸能抑制 NF-κB 信号通路的激活，进而减少髓过氧化物酶、环氧化酶 2、促炎因子等的产生（Elce 等，2017）。此外，丁酸可以结合并激活转录因子 PPARγ，进而颉颃 NF-κB 信号转导，从而在肠道内产生抗炎作用。不仅如此，丁酸还可以通过发挥组蛋白去乙酰化酶抑制剂的作用来提高组蛋白的乙酰化，促进初始 T 细胞中 FOXp3 的表达，进而促进结肠调节性 T 细胞的产生。丁酸抑制结肠炎症还可能与其直接与结肠上皮细胞表面的 GPR G 蛋白偶联受体（G protein-coupled receptor，GPCR）109a 结合诱导 IL-18 的表达有关。

妊娠和哺乳过程母猪肠道局部炎症的变化情况很少被报道。通过检测母猪肠道炎症的 4 种生物标记物的变化发现，与妊娠第 30 天和泌乳第 14 天相比，妊娠第 109 天和泌乳第 3 天母猪粪样中，脂钙蛋白-2、促炎症细胞因子 IL-6 和 TNF-α 的水平显著升高；相反，抗炎症因子 IL-10 的水平显著降低。这意味着，围产期母猪的肠黏膜表面出现了低度炎症。该结果与泌乳早期母猪肠道中炎症相关菌，如变形菌门和梭杆菌门丰度大量增加相一致。值得注意的是，相关性分析结果表明，*Fusobacterium* 属与粪便中抗炎因子 IL-10 呈负相关，提示泌乳早期梭杆菌门细菌的富集可能导致了肠道黏膜上皮发生炎症。

第四节　母猪肠道菌群与围产期代谢综合征

一、肠道菌群引起代谢综合征的机制

（一）增加能量的吸收和存储

肠道菌群能够提高机体从食物获取更多能量的能力、调节宿主基因的表达及能量存储，从而引起肥胖相关代谢综合征。正常情况下，肠道菌群可以通过增加小肠绒毛的毛细血管密度，刺激肠上皮细胞生长，从而促进机体对能量的摄取。但肥胖小鼠的肠道菌群中，降解复杂碳水化合物的相关基因的表达水平更高，有助于更多地降解食物中难以被消化的碳水化合物，促进肥胖小鼠从食物中获得更多的能量，加速肥胖的形成（Turnbaugh 等，2008）。同时，肠道菌群发酵碳水化合物的产物进入肝脏和脂肪细胞后，可以激活转录因子 ChREBP 和 SREBP-1，提高脂肪合成相关酶，即乙酰-CoA 羧化酶和脂肪酸合成酶的活性，促进三酰甘油的合成及其在肝脏和脂肪组织的堆积。

利用无菌小鼠证实，肠道菌群可以促进脂肪合成相关基因的表达（Rabot 等，2010）。此外，无菌小鼠骨骼肌和肝脏组织中磷酸化腺苷酸活化蛋白激酶（AMP-activated protein kinase，AMPK）的活性较普通小鼠明显增强，这进一步激活了脂肪酸氧化的关键酶，从而增加脂肪酸的氧化和减少脂肪组织合成。因此，肠道菌群可以通过促进能量吸收和三酰甘油合成及抑制脂肪酸氧化来调节宿主能量代谢，从而导致机体代谢紊乱。

(二) 诱导慢性炎症

肠道菌群可能诱导慢性炎症，参与母猪围产期代谢综合征的发生和发展。内毒素可能是肠道菌群参与代谢性疾病的早期触发分子。脂多糖（lipopolysaccharide，LPS）是革兰氏阴性细菌细胞壁外膜上的糖脂，是内毒素产生毒性效应的主要生物活性成分。正常情况下，肠黏膜能够阻止 LPS 的过度入侵。但是，在高脂饮食条件下或过度肥胖时，会造成肠道菌群紊乱，如具有改善肠道黏膜屏障功能的双歧杆菌数量明显下降，损伤肠道黏膜屏障，使 LPS 能通过损伤的肠道上皮进入血液循环（Artis，2008）。

内毒素入侵与代谢综合征的发生密切相关（Cani 等，2008）。通过注射 LPS 构建代谢性内毒素血症大鼠模型 4 周后，该大鼠表现出明显的空腹血糖升高和胰岛素抵抗现象，肥胖或超重个体的内毒素结合蛋白水平明显高于正常体重个体，也表明内毒素可能参与了机体代谢紊乱的发生。

革兰氏阴性菌的内毒素是强烈的致炎因子，主要通过激活 NF-κB 信号通路来诱发哺乳动物的炎症反应。内毒素诱导机体促炎因子产生包括识别、递呈和激活 3 个过程。血液中的内毒素结合蛋白（ligand binding protein，LBP）可以凝集内毒素并将内毒素递呈给免疫细胞膜上的 CD14 分子形成 LPS-LBP-CD14 复合物；该复合物进一步与单核细胞膜上的 toll 样受体 4 结合，促进信号向胞浆内递呈，激活 NF-κB 级联信号传导反应，最终促进白介素-1 受体（interleukin-1 receptor，IL-1R）、肿瘤坏死因子-α（tumor necrosis factor-α，TNF-α）和白介素-6（interleukin-6，IL-6）的表达，诱导机体炎症反应的发生。

除了刺激促炎因子产生外，内毒素入侵后还可能通过增加循环系统中先天性免疫蛋白，即中性粒细胞明胶酶相关载脂蛋白（neutrophil gelatinase associated lipocalin，NGAL）来诱发胰岛素抵抗。血浆内毒素结合蛋白和可溶性肿瘤坏死因子对循环中 NGAL 浓度增加的贡献率为 68%。利用 LPS 刺激糖尿病和正常人全血，只有 2 型糖尿病患者全血中 NGAL 水平明显增加（Sun 等，2014）。综上所述，肠道菌群参与了宿主代谢紊乱的形成，其中代谢内毒素血症引起的低水平炎症是重要的潜在机制。

(三) 其他途径

除了增加能量的吸收存储和诱发慢性低度炎症外，肠道菌群还可以通过调节肠肽激素分泌、胆汁酸代谢及内源性大麻素系统来诱发肥胖及相关代谢性疾病。例如，肠道菌群发酵产物短链脂肪酸，可以与肠上皮细胞表面受体 GPR41 及 GPR4 结合，促进肽YY（peptide YY，PYY）的释放。PYY 作为肠道 L 细胞分泌的激素，可以减慢肠道的蠕动，延长食物通过肠道的时间，增加肠道对食物的吸收。

内源性大麻素系统与肥胖发生密切相关。一方面，该系统能够通过调节下丘脑不同区域的食欲中枢，进而控制食物的摄入；另一方面，通过定位紧密连接蛋白调控肠道屏障功能，控制 LPS 入血来影响机体代谢。肠道菌群可以调控大鼠肠道和脂肪组织内源性大麻素受体 1，从而调控机体的代谢状态（Muccioli 等，2010）。

二、肠道菌群与母猪围产期代谢综合征

妊娠后期肠道菌群的紊乱性变化与围产期代谢综合征密切相关。将孕妇妊娠早期和妊娠后期的肠道菌群分别移植到无菌小鼠肠道后发现，小鼠的血清促炎症因子干扰素-γ（interferon-γ，IFN-γ）、IL-6 和 TNF-α 的水平均显著升高，同时机体也发生了胰岛素抵抗现象。表明妊娠后期肠道菌群的改变直接导致了孕妇的胰岛素抗性和低水平炎症状态。

肠道菌群与母猪围产期代谢状态也可能存在紧密联系。妊娠日粮补充可溶性纤维后，改善了母猪围产期胰岛素敏感性和低度炎症，可能与其对肠道菌群的正向调控作用有关（Tan 等，2015；Zhou 等，2017）。

如前所述，妊娠和泌乳过程中母猪肠道菌群及其代谢产物发生了明显的改变，产丁酸水平显著降低（Cheng 等，2018）。而丁酸产生减少，导致肠道渗透性和血浆内毒素水平增加，是菌群影响胰岛素敏感性和炎症的潜在机制（Cheng 等，2018）。尽管日粮纤维引起的这些改变同时发生在围产期母猪中，但是它们之间的直接因果关联需要进一步研究证实。

第五节　母猪肠道菌群与仔猪菌群、健康和生产性能

一、对母乳菌群组成的影响

（一）母乳菌群的组成和来源

母乳对新生个体的早期发育至关重要，它不仅为子代提供必需的营养素和生物活性物质（如免疫球蛋白、脂肪酸、多胺、寡糖、溶菌酶等），而且还提供了共生细菌。利用 16S rRNA 基因测序技术检测妇女乳汁的菌群组成时发现，母乳中含有 100 多种细菌，包括链球菌属、葡萄球菌属、沙雷氏菌属、假单胞菌属、棒状杆菌属、罗斯氏通菌属、丙酸杆菌属、鞘氨醇单胞菌属、慢生根瘤菌属等。

哺乳母猪乳汁中也含有复杂多样的细菌（Chen 等，2018）。同时随着泌乳的进行，母乳菌群组成和多样性也发生了明显的变化。新生儿每天大约摄入 800mL 的乳汁，意味着每天有 $10^5 \sim 10^7$ 个细菌进入肠道内，提示母乳菌群是新生子代肠道菌群的主要来源。

母乳菌群的来源包括外源和内生两种途径。外源途径指婴儿吮吸乳汁时，婴儿口腔和乳头皮肤附近的细菌通过逆行回流进入乳腺导管中的现象。外源途径依赖于哺乳的启动且提供的细菌主要是好氧菌和兼性厌氧菌（Cephas 等，2011）。因此，母乳中占大部分比例的严格厌氧菌主要通过内生途径获得。肠道黏膜固有层的树突状细胞可以打开肠道单层上皮细胞间的紧密连接，把树突伸向上皮细胞外直接抓取肠腔中的细菌，同时通过表达紧密连接蛋白，如闭锁小带蛋白（zonula occludens 1，ZO-1）来保持肠道紧密连接的完整性。被树突状细胞吞噬的活菌进一步易位进入肠系膜淋巴结中，并可以在肠

系膜淋巴结内存活数天（Macpherson 等，2004），最后通过淋巴-血液循环进入乳腺中。以上过程构成了母乳菌群的"肠道-乳腺"内生途径（Albesharat 等，2011）。

（二）子代肠道菌群的来源

新生个体肠道菌群的来源情况可以借助根源分析（SourceTracker）软件进行剖析（Knights，2011）。在该方法中，目标样品为 Sink，菌群来源样品为 Source；然后利用贝叶斯算法，计算目标样品中菌群来源样品所占的比例。Dominguez-Bello（2016）利用 SourceTracker 软件计算出婴儿口腔、肠道和皮肤的菌群来源于孕妇阴道、肠道、口腔和皮肤的比例情况，并指出剖宫产婴儿患代谢疾病的风险增加与缺乏接触母亲生殖道菌群有关。Chen 等（2018）利用 SourceTracker 软件解析了仔猪肠道菌群的来源情况，结果表明母猪粪便和乳汁处的菌群对新生仔猪肠道菌群的定植具有重要影响。

二、对仔猪肠道屏障和免疫功能的影响

（一）对肠道屏障的影响

肠道单层肠上皮结构将复杂多样的肠道菌群和机体组织隔离，阻止了细菌的大量入侵。肠道屏障结构在胎儿时期便开始装配，并在出生后早期继续装配。因此，出生后早期仔猪肠道屏障功能尚未发育完全，而出生后早期肠道菌群的定植可能对肠道屏障功能的发育产生了重要影响。

肠道菌群定植可以改变宿主胃肠道形态结构包括绒毛高度、隐窝深度、血管密度、黏液层理化性质等。特定共生细菌通过抑制与致病细菌相关的上皮细胞促凋亡途径的激活来提高肠上皮细胞的存活率。肠道共生菌群也参与了肠道屏障功能的维持。共生细菌的发酵产物通过激活 AMP-活化蛋白激酶促进紧密连接结构的组装来增强肠屏障功能。此外，口服万古霉素、新霉素和氨苄西林 4 周后，肠道中所有可检测的共生菌群均被杀灭，这导致了用右旋糖酐硫酸钠诱导的结肠炎的小鼠出现更严重的肠黏膜损伤，同时胃肠道基因表达谱和肠屏障发育也被改变。这进一步证实了菌群定植在肠屏障发育和维持中的重要性（Rakoff-Nahoum 等，2004）。

（二）对免疫功能的影响

1. 分娩前的影响　在小鼠中，胎儿免疫系统的发育受到母体肠道菌群的驱动。与无菌小鼠相比，定植菌群的孕鼠其所产仔鼠的肠道固有层中含有更多的 3 型固有淋巴细胞，同时回肠和结肠中表达 CD11c 和 F4/80 的单核细胞的数量也明显增加。值得注意的是，母鼠菌群对仔鼠免疫系统的这种促进作用一直持续到仔鼠出生后的 60d。此外，仔鼠肠道上皮细胞的转录模式也发生显著改变（Gomez-Arango 等，2016）。通过标记细菌的代谢产物发现，肠道菌群代谢产生的多种代谢物，包括芳香烃受体配体、类视色素等，都会经过胎盘进入胎儿体内，而这类代谢物已经被证实可以影响免疫系统的发育和成熟（Gomez-Arango 等，2016）。另外，妊娠过程母体肠道菌群的变化会进一步影响免疫系统的功能，改变母体相关免疫抗体及免疫分子的浓度，影响通过胎盘进入胎儿体内抗体和免疫因子的浓度，最终影响胎儿免疫系统的建立。

2. 分娩后的影响　出生过程和出生后，存在于母猪产道、皮肤、粪便、母乳及外界环境的微生物，被初生仔猪随机摄取并迅速在肠道中定植。如前所述，仔猪肠道菌群的定植与成熟发生在出生至断奶后的 2 周内，伴随着菌群多样性的逐渐增加及菌群组成结构的变化。整体而言，猪肠道菌群的定植是一个从无到有、先有氧后严格厌氧、组成从简单到复杂、动态向相对稳定的过渡过程。在出生后 0～2d、出生后 7d 至断奶前的仔猪肠道中，微生物组成从以好氧和兼性厌氧菌为主（主要为葡萄球菌、链球菌和大肠埃希氏菌属），过渡到严格厌氧菌为优势菌群（主要为厚壁门菌和拟杆门菌）（Slifierz 等，2015）。出生早期的好氧或兼性厌氧菌有助于消耗肠腔中的氧气分子，从而为后续严格厌氧菌，如拟杆菌属、乳酸菌属、普氏菌属等的定植提供良好的环境基础（Petri 等，2010）。断奶以后，仔猪肠道菌群发生了明显的变化，主要特征为菌群 α 多样性降低、β 多样性增加和菌群组成发生改变。35d 左右（断奶后 2 周），仔猪肠道菌群基本发育成熟，菌群的结构、组成和功能与成年猪十分相似。多糖、维生素 B 等的生物合成增加可作为肠道菌群成熟的标志物。母猪肠道菌群是仔猪肠道菌群的重要来源，母猪肠道菌群的变化可能影响仔猪肠道菌群的定植和发育，而子代肠道菌群的早期定植还会进一步影响肠道屏障和免疫功能的成熟。

近年来，无菌级（germ free，GF）、悉生级（gnotobiotic，GN）、无特定病原体级（specific pathogen free，SPF）等动物模式被越来越多地应用于肠道菌群定植影响宿主免疫发育的研究中。从 GF 级、GN 级和 SPF 级动物模型的免疫器官结构来看，GF 级动物的免疫器官存在明显的发育不良。其主要特征包括：溶酶体变小、外周淋巴结发育受限、肠壁变薄、肠系膜淋巴结和派氏淋巴结较小，同时浆细胞数量减少等（Macpherson 和 Harris，2004）。表明宿主免疫器官的发育是受肠道菌群刺激的。

肠道菌群定植在免疫球蛋白的产生过程中也发挥着重要的调节作用。无菌幼猪的肠道派氏淋巴结发育不成熟，分泌 sIgA 的能力显著降低，而在其肠道定植菌群后，血液中 IgA 和 IgM 的水平明显升高。肠道菌群定植主要提高了浆细胞分泌抗体特别是 IgA 的能力，而不影响 B 细胞的增殖（Hansson 和 Hermansson，2011）。这是因为肠道菌群定植诱导 IgA 产生的途径，包括 T 淋巴细胞依赖型和 T 淋巴细胞非依赖型两种。其中，前者常见于肠道派氏淋巴结处，后者主要发生在肠道固有层和孤立淋巴滤泡处。肠道派氏淋巴结中的树突状细胞（dendritic cells，DC）通过 M 细胞捕获并递呈肠道中的菌群抗原，诱导初始 CD4$^+$ T 淋巴细胞分化为滤泡辅助性 T 细胞亚群；滤泡辅助性 T 细胞分泌的 IL-21 可以进一步诱导 B 细胞产生活化诱导胞嘧啶脱氨酶（activationinduced cytidine deaminase，ACD），促使 IgA 的类别转换，同时发生体细胞高频突变，进而产生高亲和力 IgA。T 淋巴细胞非依赖型诱导 IgA 过程则不需要诱导 CD4$^+$ T 淋巴细胞分化为滤泡辅助性 T 细胞，同时不发生体细胞高频突变，主要产生低亲和力 IgA。共生菌诱导机体产生的 IgA 与病原菌不同，共生菌主要通过 T 淋巴细胞非依赖途径产生低亲和力 IgA，而病原菌则可以通过 T 淋巴细胞依赖途径产生高亲和力 IgA。然而，机体如何区分共生菌、病原菌和自身抗原，协调产生不同亲和力的 IgA，确保菌群与宿主的共生关系的机制有待进一步研究证实。

需要指出的是，对于新生个体而言，共生菌越早定植在肠道中，外周血中分泌IgA 的 B 细胞则越早出现，这有助于整个机体免疫系统的构建。此外，无菌小鼠 IgA 和 IgG 的分泌减少，然而出生 1 个月后血清中 IgE 的水平明显升高，IgE 水平升高会导致哮喘等过敏性疾病发生率的增加。这间接表明，肠道菌群可以调节免疫调节网络的建立，进而抑制 IgE 的过度产生（Cahenzli 等，2013）。

（三）对仔猪生产性能的影响

在母猪生产和营养调控研究中，"母仔一体化"（sow and piglet integration，SPI）理论受到了广泛关注和认可。"母仔一体化"是基于母仔猪特定的生理阶段，围绕母猪和仔猪间的相互关联而进行的系统化营养工程。"母仔一体化"理论的核心是对仔猪生长发育的调控应该从母猪开始。

研究证实，母猪妊娠期摄入功能性日粮纤维不仅可以调控母猪肠道菌群，而且影响子代肠道菌群，从而有利于出生后仔猪肠道免疫的建立和机体生长。对于哺乳动物而言，出生后的生长受到生长激素轴的控制，生长激素诱导肝脏和外周组织产生 IGF-1，进而促进器官和全身性的生长（Butler 和 Roith，2001）。而肠道菌群可以增强生长激素的敏感性，增加 IGF-1 的产生和活性，进而促进新生个体的生长（Schwarzer 等，2016）。由于母猪妊娠期日粮中添加纤维可以提高母乳菌群中 *Lactobacillus* 属的相对丰度，并使 *Lactobacillus* 属在 14d 仔猪肠道中富集，而 *Lactobacillus* 属与仔猪平均日增重、血浆生长激素和 IGF-1 水平呈明显正相关，与腹泻率呈负相关。表明妊娠期日粮纤维促进了 *Lactobacillus* 属在哺乳仔猪肠道中的富集，可能与仔猪生长性能和抗病能力的提高密切相关（Cheng 等，2018）。

此外，妊娠期功能性日粮纤维提高了哺乳仔猪血浆抗炎因子 IL-10、免疫耐受介质 TGF-β 及粪样 β-防御素 2 的含量（Cheng 等，2018）。粪样 β-防御素 2 不仅可以直接抵抗病原菌，而且还可以促进 T 细胞的趋化和增殖，增强机体免疫应答能力（Bonder 等，2016）。这些免疫因子水平的增加可以防止免疫应答的过度激活，以减少免疫耗能，从而使营养物质更多地用于生长和发育。另外，*Bacteroides* 属代谢产生的多糖和丁酸可以通过刺激 CD4 的增殖，以及抗炎因子 IL-10 的产生来增强肠道的免疫能力（Tanoue 等，2016）。由于母猪肠道菌群和母乳菌群是仔猪肠道菌群的重要来源，妊娠期母猪营养调控改变母猪肠道菌群可以间接影响仔猪的断奶性能（Tan 等，2015）。因此，有必要进一步加强研究，形成"母仔一体化"菌群调控技术，促进仔猪的生长发育和抗病力。

第六节　肠道菌群研究技术

一、细菌纯培养分离法

纯培养分离法是最传统的微生物检测方法，即利用各种选择培养基对胃肠道细菌进行培养，并通过革兰氏染色、生物化学、血清学试验等方法来确定微生物种类，通过倍比稀释和菌落计数来测定菌落数量。尽管该方法最传统和最常用，但却有较大的局限性。一方面，胃肠道中绝大多数细菌属于严格厌氧菌，在实验室条件下很难被分离培养；另一方面，菌株的富集或减少无法避免，原始的菌群结构被改变，使得研究结果存在较大偏差。因此，对于种类繁多、数量庞大的肠道菌群而言，细菌纯培养分离法无法从整体角度全面反映整个微生态系统与疾病发生、发展的关系，分析结果与真实结论存在较大的局限性。

混合培养或共培养技术有望突破细菌纯培养分离法的局限性。目前，纯培养到混合培养的转变主要依赖于 3 项技术的进步，即微流体技术、单细胞代谢组学和下一代 3D 生物打印技术。这些技术的进步促进了 3 种及以上微生物系统性、大规模共生培养的发展。

二、16S rRNA 基因测序

16S rRNA 基因测序技术是最常用的高通量组学技术之一，可以实现对肠道微生物群落菌种组成的解析。16S rRNA 基因含有比较完整的参考数据库，而作为保守标记基因应用于微生物多样性研究中。16S rRNA 基因是原核生物核糖体小亚基 rRNA 的序列，是微生物多样性研究中常用的理想指针序列。细菌 16S rRNA 基因具有保守区与可变区间隔排列的特征。其中，可变区一般具有菌种特异性，并且可以反映细菌间亲缘关系的远近，因此通过分析可变区的序列即可得到各细菌的分类学特征。16S rRNA 基因测序技术具备两个优点：一是几乎所有细菌都含有 16S rRNA 基因，因此进行一次性分析就能获得所有细菌的分类学信息；二是细菌 16S rRNA 基因保守区和可变区特征很少受到水平基因转移的影响，因此可以针对保守区设计合适的 PCR 或杂交引物，依据可变区实现对菌群物种的划分。

（一）测序平台的选择

目前常用的 16S rRNA 基因高通量测序平台主要包括 Roche 公司的 454 GS FLX 平台、Illumina 公司的 Hiseq 和 Miseq 测序平台，以及 Life Technologies 的 Ion Torrent 测序平台。测序平台的选择依据是测序长度和序列数。具体而言，454 GS FLX 平台的测序长度较长可达到 400～500 bp，但获得的序列数通常只有 1 万～2 万个。比较而言，尽管 Hiseq 2000 测序仪单端测序长度只有 100 bp，但可以得到 20 万～200 万个序列数；Miseq 测序仪的单端测序长度可达到 250 bp，同时可以保证序列数达到 4 万～6 万个，且测序周期短、价格较低。Hiseq 和 Miseq 常使用双端测序，有效地弥补了测序长度短的缺点。

（二）测序片段和数据量的选择

16S rRNA 基因总长约 1 540 bp，包含了 9 个可变区。由于测序平台对测序长度有限制，因此往往选择 1～3 个可变区作为扩增片段进行 PCR 扩增。对于 454 GS FLX 平台而言，V4＋V5（引物为 563F/926R）组合能最准确地反映微生物的组成情况；Hiseq 测序仪的测序长度较短，选用双端测序时常选择 V3 区和 V6 区；Miseq 测序仪的双端测序长度可达到 500bp，选择 V4 区被证实效果最佳。由于测序数据量的选择受到测序平台、可变区选择、动物类型及生理代谢状态的影响，因此对数据量的选择没有统一的标准和要求。应用稀疏曲线检验测序数据是否达到测序要求是评估数据量较常用的办法。

（三）测序数据分析策略

从测序平台获得的原始数据常需要通过数据预处理和序列聚类与注释后，才能进一步进行微生物结构和不同分类水平的分析。每条原始数据上都有标签、引物等人为添加的片段，同时数据质量也需要进行预处理才能开展下游分析。*16S rRNA* 基因测序原始数据的预处理共包括 3 个步骤，即根据样品标签进行序列分类、去除标签序列和引物序列、去除低质量序列。获得高质量序列后，根据一定的相似性标准对序列进行聚类，常见的序列聚类方法是可操作分类单元（operational taxonomic unit，OTU）聚类。该方法按照 97% 的相似性将序列划分为不同的 OTU，每一个 OTU 则被视为一个微生物物种。OTU 注释常选用每个 OTU 中丰度最高的序列为该 OTU 的代表序列，进行微生物物种注释。Ribosomal Database Project（RDP）Classifier 是完成这一过程常用的软件。

微生物多样性分析包括群落结构分析和不同分类单位分析。分析方法包括 α 多样性分析和 β 多样性分析。α 多样性是样本内物种多样性，反映每个样本物种的丰富度和均匀度。α 多样性的表征指数常包括香浓指数、辛普森指数、Chao 1 指数、ACE 指数等。β 多样性是样本间物种多样性，反映组内样品之间或不同处理组间群落物种组成的差异大小。目前而言，常利用基于不同距离的主成分分析（principal component analysis，PCA）和主坐标分析（principal coordinates analysis，PCoA）作图方法将所有样品在二维坐标系中表现出来，从而直观地反映出样品之间菌群结构的关系。微生物不同分类单位分析则是从物种不同分类水平揭示菌群组成上的差异。近年来，Metastats 和 LefSe 分析被开发用于 16S rRNA 测序数据分类单位相对丰度比较和 Biomarker 筛选。

尽管 *16S rRNA* 基因测序技术价格低廉、操作简单，在消化道微生物群落和分类研究中被广泛使用，但该方法具有较大的局限性。例如，*16S rRNA* 基因测序技术只能在门和属水平阐明微生物的组成情况，不能准确地显示种和株水平的分布情况，因此需要进一步借助宏基因组测序技术来挖掘更深层次的菌群组成。此外，虽然 *16S rRNA* 基因序列能够反映微生物群落的组成，但是却无法提供微生物的基因组及其功能信息。不仅如此，*16S rRNA* 基因序列仅呈现细菌的组成，而宏基因组测序不仅包括所有细菌的信息，还包括了用于分析动物和真菌分类的 18S rRNA 序列及内部转录间隔区的序列信息。

三、宏基因组测序

宏基因组（metagenome）是指环境中全部微生物群体遗传物质的总和，目前主要指环境样品中细菌和真菌基因组总和。宏基因组测序的步骤包括 4 个方面，即提取样品中微生物总 DNA、进行高通量测序、数据统计和生物信息学分析。宏基因组学将环境中全体微生物的遗传物质看作一个整体，系统而全面地研究微生物与其生存环境之间的关系。相对于 *16S rRNA* 基因测序而言，宏基因组能够从种和株水平揭示微生物的组成情况。但宏基因组学的研究方法也具有自身局限性，在宏基因组中 *rRNA* 基因所占的比例很低，甚至不到 1%，需要加大测序深度才能获得较为完整的微生物多样性信息，然而测序深度会给数据分析带来更大的挑战；同时，宏基因组学的研究对象是基因水平，其本质上是对微生物具有某种功能的预测，并不能对基因是否表达及表达程度给出明确的结论。

四、宏转录组测序

宏转录组（metatranscriptome）是在宏基因组学之后兴起的一门新学科，研究特定环境、特定时期、特定状态下群体细胞转录的所有 RNA（包括 mRNA 和非编码 RNA）的类型及拷贝数。宏转录组学不仅具备宏基因组技术的全部优点，而且能将特定条件下的生物群落及其功能联系到一起，对群落整体进行各种相关功能的研究。宏转录组学研究方法常包括 5 个步骤，即样品收集、提取样品中微生物总 RNA、总 RNA反转录成 cDNA、高通量测序和生物信息学分析。在这 5 个步骤中，样品微生物总RNA 提取和生物信息学分析是其中关键的步骤。由于 RNA 的稳定性较 DNA 差，特殊样品放置时间不能超过 1min，因此必须通过立即速冻或者及时放置于 RNA 储存液中，并尽快反转录来防止被降解。此外，由于 mRNA 仅占总 RNA 的 1％～5％，因此提取总 RNA 后需要对 mRNA 进行富集。目前，一些商业化试剂盒，如 Ambion 的MICROBExpress 试剂盒可用于 mRNA 的富集。生物信息学分析部分主要涉及数据库的选择，目前用于宏转录组分析的数据库主要是 SEED 数据库，该数据可用于细菌和古菌的转录组学基因标注。宏转录组具有两方面的优势，即测序量小和发现新基因的能力强；可以同时对微生物群落结构和功能进行研究。宏转录组研究获得的 mRNA 序列多数是未知的，分析过程不需要已知基因注释，因此对于发现新种类的蛋白质具有较大的潜力。另外，宏转录组的数据包括 rRNA 和 mRNA，可以实现对样品微生物群落结构和原位功能进行解释，有效地监控特定环境下群落结构和功能的变化。

五、宏蛋白组测序

1995 年，Wasinger 等首次提出了"蛋白质组（proteome）"的概念，即细胞、组织或机体所表达的全部蛋白质的总和。2004 年，基于对环境微生物蛋白质的研究，Rodr-Guez-Valera 提出了"宏蛋白质组（metaproteome）"的概念，即环境微生物的全部蛋白质的总和。蛋白质是生命活动的主要体现者，宏蛋白质组学有助于监测环境微生物群落中蛋白质的组成、数量及相互作用。宏蛋白质组的研究流程包括蛋白质样品制备、蛋白质分离和蛋白质鉴定 3 个部分。蛋白质样品制备是蛋白质组学研究的关键步骤，但由于研究对象的复杂性和微生物群落的多样性，因此目前还没有一种提取宏蛋白的通用方法。蛋白质的分离和鉴定主要包括凝胶染色结合质谱分析（如二维凝胶电泳）和多重色谱分离与质谱联用这两种策略。二维凝胶电泳分离技术的分辨率高，可以直观地呈现整个宏蛋白组中特定蛋白质的变化，但对低丰度蛋白、极端等电点的蛋白质和疏水性蛋白质的分离效果不佳。多重色谱法操作方便，且对蛋白质的分离效果优于二维凝胶电泳法，可以获得精确的蛋白质信息，因此在宏蛋白质组学研究中被广泛应用。宏蛋白的鉴定常采用质谱法，这些方法包括串联质谱、四级杆-飞行时间串联质谱、基质辅助激光解析时间-飞行质谱等。需要指出的是，在宏蛋白的鉴定中，选择合适的数据库也尤为重要，一般可根据研究对象的特性选择合适的数据库。数据库中蛋白质来源相似度越高，则蛋白质鉴定的准确性也越高。近年来，随着宏基因组数据库的扩大和完善，宏蛋白组学也被广泛应用于环境生态系统研究中，目前主要集中在废水生物处理、土壤生态系统、食品发酵等方面。随着蛋白质样品制备方法及高通量测序技术的发展，宏蛋白组学必将在动物肠道微生物研究中发挥重要的作用。

随着宏组学（宏基因组、宏转录组、宏蛋白组和宏代谢组）的发展，宏蛋白组学和另外几种宏组技术的联系将越来越紧密。宏基因组可以提供环境中总DNA的信息及微生物群落的组成；宏转录组可以用来实时检测基因的表达信息，可以提供微生物的潜在功能信息；宏代谢组则可以提供环境中代谢产物的总体信息。整合宏基因组、宏转录组、宏蛋白组及宏代谢组的研究结果，可以从全局的角度在不同水平对环境微生物群落结构及功能进行解析，获得新的功能性微生物及功能性代谢产物资源，为环境生态领域的进一步发展提供新的研究动力。

六、宏代谢组测序

宏代谢组学是以微生物群落所有小分子代谢物为研究对象，研究肠道微生物在宿主生理、代谢和健康中的作用。寻找宿主病理生理变化过程的关键代谢物，为微生物组-宿主互作机制的研究提供线索，成为微生物组学研究的重要补充。

七、多组学联合分析

微生物组学分析促进了人们对微生物与健康和疾病关系的认识。然而16S rRNA基因测序不能直接反映微生物的功能活性，无法筛选和鉴定微生物中的关键功能分子。同时，单一的微生物组测序无法准确回答肠道菌群中哪些关键成员通过何种方式影响宿主等关键科学问题。因此，单一组学研究的局限性越来越明显，多组学联合分析越来越受到关注。多组学数据是指同一样品的多种不同生物学指标，如基因、代谢物或操作分类单元。

多组学数据整合方法按照是否基于已有知识分为统计学检验方法和知识驱动的整合分析方法。统计学检验方法采用单变量或多变量分析阐明和解释不同组学所属的生物学指标之间的关联性，该方法得到的结论不具生物学意义，需联合其他技术手段使用；而知识驱动的整合分析方法将从单一组学获取的关键生物学指标投射到已有知识库或数据库中，进而解释各生物学指标之间的相互联系，得到的结论可靠程度高，但通常为关联网络，单独使用难以聚焦生物学指标之间的关键相互联系。

本 章 小 结

正常妊娠和泌乳时，母猪的肠道菌群及其代谢产物发生了明显的改变，其中日粮营养成分、抗生素使用等环境因素是影响母猪肠道菌群的重要因素。肠道菌群组成和代谢产物的改变，一方面会调控母猪肠道黏膜屏障功能和肠道局部炎症状态，另一方面还可以通过诱导系统性低度炎症来导致围产期代谢综合征的发生。后者的机制与产丁酸菌丰度及丁酸产量减少，造成的肠道渗透性和血浆内毒素增加有关。此外，母猪的肠道菌群可以通过影响母乳菌群来调控仔猪肠道菌群的定植，而仔猪肠道菌群的定植对自身肠道屏障和免疫功能发育具有重要的调控作用。因此，母猪肠道菌群与仔猪生长性能的提高和抗病力的增强具有密切联系。随着高通量测序技术在母猪肠道菌群组成和功能的应用，母猪肠道菌群与自身生理代谢状态和仔猪生长及肠道发育的关系将被逐步阐明。

参考文献

谭成全，2016. 妊娠日粮中可溶性纤维对母猪妊娠期饱感和泌乳期采食量的影响及其作用机理研究 [D]. 武汉：华中农业大学.

Albesharat R，Ehrmann M A，Korakli M，et al，2011. Phenotypic and genotypic analyses of lactic acid bacteria in local fermented food, breast milk and faeces of mothers and their babies [J]. Systematic and Applied Microbiology, 34 (2)：148-155.

Alonso L，Cuesta E P，Gilliland S E，2003. Production of free conjugated linoleic acid by *Lactobacillus acidophilus* and *Lactobacillus casei* of human intestinal origin [J]. Journal of Dairy Science, 86 (6)：1941-1946.

Artis D，2008. Epithelial-cell recognition of commensal bacteria and maintenance of immune homeostasis in the gut [J]. Nature Reviews Immunology, 8 (6)：411.

Baye K，Guyot J P，Mouquet-Rivier C，2017. The unresolved role of dietary fibers on mineral absorption [J]. Critical Reviews in Food Science and Nutrition, 57 (5)：949-957.

Bonder M J，Tigchelaar E F，Cai X，et al，2016. The influence of a short-term gluten-free diet on the human gut microbiome [J]. Genome Medicine, 8 (1)：45.

Bone R C，Francis P B，Pierce A K，1976. Intravascular coagulation associated with the adult respiratory distress syndrome [J]. American Journal of Medicine, 61 (5)：585-589.

Butler A A，Roith D L，2001. Control of growth by the somatropic axis: growth hormone and the insulin-like growth factors have related and independent roles [J]. Annual Review of Physiology, 63 (1)：141-164.

Cahenzli J，Köller Y，Wyss M，et al，2013. Intestinal microbial diversity during early-life colonization shapes long-term IgE levels [J]. Cell Host and Microbe, 14 (5)：559-570.

Cani P D，Delzenne N M，Amar J，et al，2008. Role of gut microflora in the development of obesity and insulin resistance following high-fat diet feeding [J]. Pathologie Biologie, 56 (5)：305-309.

Cephas K D，Kim J，Mathai R A，et al，2011. Comparative analysis of salivary bacterial microbiome diversity in edentulous infants and their mothers or primary care givers using pyrosequencing [J]. PloS One, 6 (8)：e23503.

Chen W，Mi J，Lv N，et al，2018. Lactation stage-dependency of the sow milk microbiota [J]. Frontiers in Microbiology, 9：945.

Cheng C，Wei H，Xu C，et al，2018. Metabolic syndrome during perinatal period in sows and the link with gut microbiota and metabolites [J]. Frontiers in Microbiology, 9：1989.

Coakley M，Ross R P，Nordgren M，et al，2003. Conjugated linoleic acid biosynthesis by human-derived Bifidobacterium species [J]. Journal of Applied Microbiology, 94 (1)：138-145.

Crespo-Piazuelo D，Estellé J，Revilla M，et al，2018. Characterization of bacterial microbiota compositions along the intestinal tract in pigs and their interactions and functions [J]. Scientific Reports, 8 (1)：12727.

Cummings J H，Pomare E W，Branch W J，et al，1987. Short chain fatty acids in human large intestine, portal, hepatic and venous blood [J]. Gut, 28 (10)：1221-1227.

Devkota S, Wang Y, Musch M W, et al, 2012. Dietary-fat-induced taurocholic acid promotes pathobiont expansion and colitis in Il10$^{-/-}$ mice [J]. Nature, 487 (7405): 104.

Dominguez-Bello M G, de Jesus-Laboy K M, Shen N, et al, 2016. Partial restoration of the microbiota of cesarean-born infants via vaginal microbial transfer [J]. Nature Medicine, 22 (3): 250.

Duboc H, Rajca S, Rainteau D, et al, 2013. Connecting dysbiosis, bile-acid dysmetabolism and gut inflammation in inflammatory bowel diseases [J]. Gut, 62 (4): 531-539.

Elce A, Amato F, Zarrilli F, et al, 2017. Butyrate modulating effects on pro-inflammatory pathways in human intestinal epithelial cells [J]. Beneficial Microbes, 8 (5): 841-847.

Everard A, Belzer C, Geurts L, et al, 2013. Cross-talk between Akkermansia muciniphila and intestinal epithelium controls diet-induced obesity [J]. Proceedings of the National Academy of Sciences, 110 (22): 9066-9071.

Gohir W, 2016. High-fat diet-induced obesity modulates pregnancy gut microbiota and alters maternal intestinal adaptations to pregnancy [D]. Hamilto: McMaster University.

Gohir W, Whelan F J, Surette M G, et al, 2015. Pregnancy-related changes in the maternal gut microbiota are dependent upon the mother's periconceptional diet [J]. Gut Microbes, 6 (5): 310-320.

Gomez-Arango L F, Barrett H L, McIntyre H D, et al, 2016. Connections between the gut microbiome and metabolic hormones in early pregnancy in overweight and obese women [J]. Diabetes, 65 (8): 2214-2223.

Hansson G K, Hermansson A, 2011. The immune system in atherosclerosis [J]. Nature Immunology, 12 (3): 204.

Hasan S, Saha S, Junnikkala S, et al, 2018. Late gestation diet supplementation of resin acid-enriched composition increases sow colostrum immunoglobulin G content, piglet colostrum intake and improve sow gut microbiota [J]. Animal, 27: 1-8.

Irsfeld M, Spadafore M, Prüß B M, 2013. β-phenylethylamine, a small molecule with a large impact [J]. Webmedcentral, 4 (9): 4409.

Jones B V, Begley M, Hill C, et al, 2008. Functional and comparative metagenomic analysis of bile salt hydrolase activity in the human gut microbiome [J]. Proceedings of the National Academy of Sciences, 105 (36): 13580-13585.

Kelly C J, Zheng L, Campbell E L, et al, 2015. Crosstalk between microbiota-derived short-chain fatty acids and intestinal epithelial HIF augments tissue barrier function [J]. Cell Host and Microbe, 17 (5): 662-671.

Knights D, Kuczynski J, Charlson E S, et al, 2011. Bayesian community-wide culture-independent microbial source tracking [J]. Nature Methods, 8 (9): 761.

Koh A, De Vadder F, Kovatcheva-Datchary P, et al, 2016. From dietary fiber to host physiology: Short-chain fatty acids as key bacterial metabolites [J]. Cell, 165 (6): 1332-1345.

Kong X, Ji Y, Li H, et al, 2016. Colonic luminal microbiota and bacterial metabolite composition in pregnant Huanjiang mini-pigs: effects of food composition at different times of pregnancy [J]. Scientific Reports, 6: 37224.

Koren O, Goodrich J K, Cullender T C, et al, 2012. Host remodeling of the gut microbiome and metabolic changes during pregnancy [J]. Cell, 150 (3): 470-480.

Kostic A D, Gevers D, Siljander H, et al, 2015. The dynamics of the human infant gut microbiome in development and in progression toward type 1 diabetes [J] . Cell Host and Microbe, 17 (2): 260-273.

Kubasova T, Davidova-Gerzova L, Merlot E, et al, 2017. Housing systems influence gut microbiota composition of sows but not of their piglets [J] . PLoS One, 12 (1): e0170051.

Leschelle X, Goubern M, Andriamihaja M, et al, 2005. Adaptative metabolic response of human colonic epithelial cells to the adverse effects of the luminal compound sulfide [J] . Biochimica et Biophysica Acta (BBA) -General Subjects, 1725 (2): 201-212.

Li L, Freier T A, Hartman P A, et al, 1995. A resting-cell assay for cholesterol reductase activity inEubacterium coprostanoligenes ATCC 51222 [J] . Applied Microbiology and Biotechnology, 43 (5): 887-892.

Litvak Y, Byndloss M X, Tsolis R M, et al, 2017. Dysbiotic proteobacteria expansion: a microbial signature of epithelial dysfunction [J] . Current Opinion in Microbiology, 39: 1-6.

Liu H, Hou C, Li N, et al, 2018. Microbial and metabolic alterations in gut microbiota of sows during pregnancy and lactation [J] . The FASEB Journal, 33 (3): 4490-4501.

Macpherson A J, Uhr T, 2004. Induction of protective IgA by intestinal dendritic cells carrying commensal bacteria [J] . Science, 303 (5664): 1662-1665.

Muccioli G G, Naslain D, Bäckhed F, et al, 2010. The endocannabinoid system links gut microbiota to adipogenesis [J] . Molecular Systems Biology, 6 (1): 392.

Naughton J A, Mariño K, Dolan B, et al, 2013. Divergent mechanisms of interaction of Helicobacter pylori and Campylobacter jejuni with mucus and mucins [J] . Infection and Immunity, 81 (8): 2838-2850.

Nie Y, Lin Q, Luo F, 2017. Effects of non-starch polysaccharides on inflammatory bowel disease [J] . International Journal of Molecular Sciences, 18 (7): 1372.

Ott S J, Schreiber S, 2006. Reduced microbial diversity in inflammatory bowel diseases [J] . Gut, 55 (8): 1207.

Ovadia C, Seed P T, Sklavounos A, et al, 2019. Association of adverse perinatal outcomes of intrahepatic cholestasis of pregnancy with biochemical markers: results of aggregate and individual patient data meta-analyses [J] . The Lancet, 393 (10174): 899-909.

Petri D, Hill J E, van Kessel A G, 2010. Microbial succession in the gastrointestinal tract (GIT) of the preweaned pig [J] . Livestock Science, 133 (1/3): 107-109.

Rabot S, Membrez M, Bruneau A, et al, 2010. Germ-free C57BL/6J mice are resistant to high-fat-diet-induced insulin resistance and have altered cholesterol metabolism [J] . The FASEB Journal, 24 (12): 4948-4959.

Rakoff-Nahoum S, Paglino J, Eslami-Varzaneh F, et al, 2004. Recognition of commensal microflora by toll-like receptors is required for intestinal homeostasis [J] . Cell, 118 (2): 229-241.

Reed S, Neuman H, Moscovich S, et al, 2015. Chronic zinc deficiency alters chick gut microbiota composition and function [J] . Nutrients, 7 (12): 9768-9784.

Ridlon J M, Kang D J, Hylemon P B, 2006. Bile salt biotransformations by human intestinal bacteria [J] . Journal of Lipid Research, 47 (2): 241-259.

Sayin S I, Wahlström A, Felin J, et al, 2013. Gut microbiota regulates bile acid metabolism by reducing the levels of tauro-beta-muricholic acid, a naturally occurring FXR antagonist [J] . Cell Metabolism, 17 (2): 225-235.

Schwarzer M, Makki K, Storelli G, et al, 2016. Lactobacillus plantarum strain maintains growth of infant mice during chronic undernutrition [J]. Science, 351 (6275): 854-857.

Shen J, Obin M S, Zhao L, 2013. The gut microbiota, obesity and insulin resistance [J]. Molecular Aspects of Medicine, 34 (1): 39-58.

Shin N R, Whon T W, Bae J W, 2015. Proteobacteria: microbial signature of dysbiosis in gut microbiota [J]. Trends in Biotechnology, 33 (9): 496-503.

Simonovic I, Rosenberg J, Koutsouris A, et al, 2000. Enteropathogenic *Escherichia coli* dephosphorylates and dissociates occludin from intestinal epithelial tight junctions [J]. Cellular Microbiology, 2 (4): 305-315.

Slifierz M J, Friendship R M, Weese J S, 2015. Longitudinal study of the early-life fecal and nasal microbiotas of the domestic pig [J]. BMC Microbiology, 15 (1): 184.

Suchecka D, Harasym J, Wilczak J, et al, 2016. Hepato-and gastro-protective activity of purified oat 1-3, 1-4-β-d-glucans of different molecular weight [J]. International Journal of Biological Macromolecules, 91: 1177-1185.

Sun B, Song L, Tamashiro K L K, et al, 2014. Large litter rearing improves leptin sensitivity and hypothalamic appetite markers in offspring of rat dams fed high-fat diet during pregnancy and lactation [J]. Endocrinology, 155 (9): 3421-3433.

Sun J, Li L, Liu B, et al, 2014. Development of aminoglycoside and β-lactamase resistance among intestinal microbiota of swine treated with lincomycin, chlortetracycline, and amoxicillin [J]. Frontiers in Microbiology, 5: 580.

Tan C Q, Wei H K, Sun H Q, et al, 2015. Effects of supplementing sow diets during two gestations with konjac flour and *Saccharomyces boulardii* on constipation in peripartal period, lactation feed intake and piglet performance [J]. Animal Feed Science and Technology, 210: 254-262.

Tanoue T, Atarashi K, Honda K, 2016. Development and maintenance of intestinal regulatory T cells [J]. Nature Reviews Immunology, 16 (5): 295.

Teixeira T F S, Souza N C S, Chiarello P G, et al, 2012. Intestinal permeability parameters in obese patients are correlated with metabolic syndrome risk factors [J]. Clinical Nutrition, 31 (5): 735-740.

Tomaro-Duchesneau C, Saha S, Malhotra M, et al, 2012. Probiotic ferulic acid esterase active *Lactobacillus fermentum* NCIMB 5221 APA microcapsules for oral delivery: preparation and *in vitro* characterization [J]. Pharmaceuticals, 5 (2): 236-248.

Turnbaugh P J, 2017. Microbes and diet-induced obesity: fast, cheap, and out of control [J]. Cell Host and Microbe, 21 (3): 278-281.

Wahlström A, Sayin S I, Marschall H U, et al, 2016. Intestinal crosstalk between bile acids and microbiota and its impact on host metabolism [J]. Cell Metabolism, 24 (1): 41-50.

Wasinger V C, Cordwell S J, Cerpa - Poljak A, et al, 1995. Progress with gene-product mapping of the Mollicutes: *Mycoplasma genitalium* [J]. Electrophoresis, 16 (1): 1090-1094.

Yang Y, Weng W, Peng J, et al, 2017. Fusobacterium nucleatum increases proliferation of colorectal cancer cells and tumor development in mice by activating toll-like receptor 4 signaling to nuclear factor-κB, and up-regulating expression of microRNA-21 [J]. Gastroenterology, 152 (4): 851-866.

Yano J M, Yu K, Donaldson G P, et al, 2015. Indigenous bacteria from the gut microbiota regulate host serotonin biosynthesis [J] . Cell，161（2）：264-276.

Zhou P，Zhao Y，Zhang P，et al，2017. Microbial mechanistic insight into the role of inulin in improving maternal health in a pregnant sow model [J] . Frontiers in Microbiology，8：2242.

第六章
应用功能性纤维提高母猪繁殖性能的研究现状

作为日粮的重要组成部分，日粮纤维已经被认定为第七大营养素。日粮纤维的来源广泛，性质多样，具有重要的生理作用。日粮纤维的理化性质，如水合特性、黏度、发酵特性等是其发挥生理作用的基础。在母猪生产中，妊娠期添加具有特定功能的日粮纤维后，能通过调节母猪的饱腹感，发挥对采食量的短期调节作用，减少妊娠母猪的采食量，达到采食量"低妊娠"的效果；与此同时，功能性的日粮纤维还能通过对肠道菌群和体脂的调节，提高围产期胰岛素敏感性，改善母猪的代谢状态和应激水平，从而发挥对采食量的长期调节作用，提高泌乳母猪的采食量，实现母猪采食量"高泌乳"的目标，提高母猪泌乳量和仔猪生长性能。本章概述了功能性日粮纤维提高母猪繁殖性能的研究现状，主要从日粮纤维的基本特点，以及对母猪繁殖性能的调控作用和机制方面进行阐述。

第一节　日粮纤维的定义、分类和性质

一、日粮纤维的定义

对食物中纤维的研究有非常悠久的历史。早在公元前 600 年至公元前 350 年，古希腊和波斯的医生就将粗粮作为人类健康饮食的重要组成部分而加入日常饮食中，这是关于粗粮（或纤维）有益健康的最早记录。希波克拉底在公元前 371 年观察到，食用由粗麸皮制作而成的面包后人更健康。随后，一些希腊医生和波斯医生在当时的医学文献中进一步建议，含麸皮的面包能促进肠道有规律地排便，更有益于肠道健康。

日粮纤维（dietary fiber，DF）这一概念最早由 Hipsley 于 1953 年提出，他认为日粮纤维指的是纤维素、半纤维素和木质素。此后，经过广泛的讨论和多次修改，日粮纤维的定义有了相当大的变化。直到 20 世纪 70 年代，日粮纤维仍从物质的角度被定义为非淀粉多糖（non-starch polysaccharides，NSP）和木质素的总和。1972 年，Trowell 首次给出了日粮纤维的生理定义，强调在肠道内的可消化性，将不能被胃肠道消化酶降解的所有植物性多糖和木质素都定义为日粮纤维。进入 21 世纪以来，日粮纤维的定义被修订为"不能被消化的一类碳水化合物聚合物和低聚物，并且不能在小肠被消化而部分或全部到达大肠，从而被肠道微生物发酵"。聚合度（degree of polymerization，DP）

指的是碳水化合物聚合物和低聚物中单糖单元的数量（Fuller 等，2016）。在食品和与农业相关的行业协会，如国际食品法典委员会（Codex Alimentarius Commission）、美国谷物化学家协会（American Association of Cereal Chemists）等的努力下，制定了世界范围内被普遍认可和接受的"日粮纤维"定义（表 6-1）。在该定义中，日粮纤维是指"不能在胃和小肠中被消化和吸收的、聚合度不小于 3 的碳水化合物"，包括：

（1）在水果、蔬菜、谷物和块茎中天然存在或者提纯，通过化学、物理、酶等方法变性或者合成的非淀粉多糖（聚合度不小于 10）；

（2）抗性（不可消化）的低聚糖（聚合度为 3～9）；

（3）抗性淀粉。

值得注意的是，一些较新的日粮纤维定义，强调了日粮纤维应具有有益的生理作用（表 6-1）。

表 6-1　日粮纤维的主要定义

组　织	定　义	定义中包含的 MU 成分可作为纤维
国际食品法典委员会	日粮纤维是指不被人体小肠内源性酶水解的含有 10 个或 10 个以上单体的碳水化合物聚合物，包含以下几类： ——天然存在于食物中的可食用碳水化合物聚合物； ——经物理、酶或化学方法从食品原料中提取的碳水化合物聚合物，经主管部门提供的普遍接受的科学证据证明有益于健康的生理作用； ——经向主管部门提供的普遍接受的科学证据证明，合成碳水化合物聚合物有益于健康的生理作用 　a. 从植物中提取的日粮纤维可能包括木质素和/或与植物细胞壁多糖有关的其他化合物的部分，这些化合物也可以用某些分析方法测定日粮纤维；然而，如果提取和重新引入食品，这些化合物不包括在日粮纤维的定义； 　b. 由各国管理部门决定是否包括 3～9 个 MU 的碳水化合物	$DF = NSP + RS + RO$（当 MU 为 3～10 时）＋木质素和其他化合物（当与植物细胞壁中的多糖结合时） $MU \geqslant 10$（一般定义） $MU \geqslant 3$（当地批准）
欧盟	"日粮纤维"是指含有 3 种或 3 种以上 MU 的碳水化合物聚合物，在人体小肠内既不被消化也不被吸收，包含以下类别： ——天然存在于食物中的可食用碳水化合物聚合物； ——以物理、酶、化学方法从食品原料中提取的、具有公认科学依据的、有益生理作用的可食用碳水化合物聚合物； ——可食用的合成碳水化合物聚合物，已被普遍接受的科学证据证明具有良好的生理作用； —— "日粮有一个或多个有益的生理效应，如减少肠转运时间、增加粪便体积、可被结肠微生物群发酵、降低血总胆固醇水平、降低餐后血糖水平或降低血液胰岛素水平；纤维的定义应该包括有一个或多个有益的生理效应的碳水化合物聚合物"	$DF = NSP + RS + RO$ $MU \geqslant 3$
美国谷物化学家协会	日粮纤维是植物或类似碳水化合物的可食用部分，它们在人体小肠中不被消化和吸收，在大肠中完全或部分发酵，包括多糖、低聚糖、木质素和相关的植物物质，具有通便、和/或降低血液胆固醇水平、和/或降低血糖水平的有益生理作用	$DF = NSP + RS + RO$＋木质素和其他次要组分（当与植物的 DF 多糖相关时） $MU \geqslant 3$
Englyst 等（UK，1987）	Englyst 法测定日粮纤维作为 NSP（非淀粉多糖），即植物性食物中的非 α-葡聚糖多糖	$DF = NSP = $多聚糖－淀粉（包括抗性淀粉）

（续）

组　织	定　义	定义中包含的 MU 成分可作为纤维
美国食品和药物管理局，新提案（2014 年 3 月）	FDA 新提案，日粮纤维的新定义，即只允许添加到食品中的日粮纤维，FDA 已确定具有有益健康的生理作用，作为营养成分标签上的"日粮纤维"将是： ——在植物中是固有的和完整的可溶性和非可溶性不可消化碳水化合物（NDC）（含有 3 个或更多 MU）和木质素； ——分离的和合成的 NDC（$MU \geqslant 3$）；FDA 已批准纳入日粮纤维的定义，以回应提交给 FDA 的请愿书，证明此类碳水化合物具有有益于人类健康的生理效应；据 FDA 称，目前只有 2 种不可消化的碳水化合物，即 β-葡聚糖和大麦 β-纤维，符合日粮纤维的建议定义； ——碳水化合物（$MU \geqslant 3$）是经授权的健康声明的主题	$DF = NSP + RS + RO$ $MU \geqslant 3$

注：MU，聚合单元；NSP，非淀粉多糖；RS，抗性淀粉；RO，抗性低聚糖。

资料来源：修改自 Stephen 等（2017）。

二、日粮纤维分类

日粮纤维有多种分类方法。根据来源，可将其分为植物来源、人工合成来源，以及动物来源、微生物来源和真菌来源（图 6-1）。根据化学组成，可将其分为非淀粉多糖、抗性低聚糖、抗性淀粉等。根据获得的方式，还可将其分为天然的或人工合成的，如抗性淀粉和抗性低聚糖可以通过人工合成的方式得到（Livingston 等，2016）。

（一）非淀粉多糖

非淀粉多糖（non-starch polysaccharides，NSP）主要包括纤维素、半纤维素、果胶、胶质及黏质等（Livingston 等，2016；Nie 等，2017）。NSP 主要存在于蔬菜、豆类、坚果和谷物类原料中，如蔬菜的茎、豆皮、燕麦壳、玉米皮等；以及一些植物种子的细胞内，如十字花科的油菜籽细胞内。

1. 纤维素　纤维素是自然界中最丰富的多糖，是大多数植物细胞壁的主要组成部分，广泛存在于水果、蔬菜和谷物中。谷物和水果中约 1/4 的日粮纤维由纤维素组成，蔬菜和坚果中约 1/3 的日粮纤维由纤维素组成。

纤维素是一种线性的、不分支的多糖，每个分子含有多达 10 000 个以上的葡萄糖单体，以 β-1，4-糖苷键连接成直链，以纤维二糖为重复单位。线性分子在链的内部和链之间可以延伸，从而形成结实的、键合很紧的、强度很大的纤维素结构，可以阻止水分子的进入。因此，纤维素非常不溶于水，因而不易被消化酶消化。

尽管不溶于水，但纤维素有结合水的能力，从而有助于增加粪便体积，促进正常排便。虽然人、猪等的内源消化酶不能消化纤维素，但后肠中的菌群具有部分降解纤维素的能力。约 50% 的纤维素在结肠内被菌群发酵降解，产生短链脂肪酸，但纤维素的发酵速度较慢。

2. 半纤维素　半纤维素是一类溶于碱的结构多糖。与纤维素一样，半纤维素也是植物细胞壁的成分，主要存在于谷物籽实的胚乳中。β-1，4-葡聚糖是燕麦和大麦中细

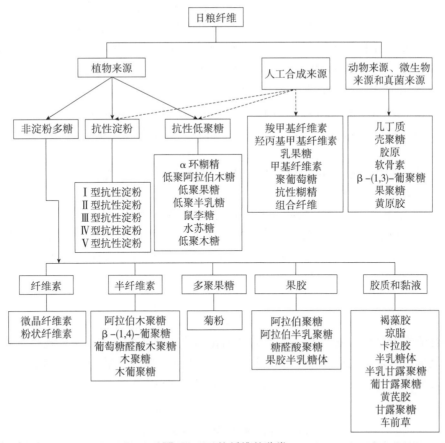

图 6-1　日粮纤维的分类

胞壁物质的主要成分，在小麦中仅少量存在。蔬菜、水果、豆类和坚果中约 1/3 的日粮纤维由半纤维素组成。

半纤维素包括直链分子和支链分子，分子质量小于纤维素。与纤维素不同的是，半纤维素的单体通常是戊糖单位的木糖和阿拉伯糖，有时还有己糖单位的葡萄糖、半乳糖、甘露糖、鼠李糖、葡萄糖醛酸和半乳糖醛酸。一般而言，半纤维素含有 $50\sim200$ 个戊糖单位和己糖单位。其中，比较常见的 β-1，4-葡聚糖是葡萄糖单体通过 β-1，4-糖苷键连接而成的线性多糖。

值得注意的是，尽管半纤维素也有与纤维素相似的 β-1，4-糖苷键连接成的直链，但其 β-葡聚糖单元之间的键是可变的，具有侧链结构，并且其侧链的长度较小。这种性质决定了半纤维素的 β-葡聚糖能分散于水中，并具有形成黏性溶液的特点。因此，半纤维素这个名称描述了植物性饲料中以水溶性和不溶性形式存在的一组不均匀的化学结构。

由于半纤维素可以结合一部分水，可以增加粪便中的含水量，因此具有软化粪便的作用，有助于排便。另外，半纤维素还可以直接结合肠道中的胆固醇，减少肠道中胆固醇的吸收，降低血液中胆固醇的浓度。与纤维素类似，大多数半纤维素也能被后肠菌群利用并产生短链脂肪酸；另外，还可能增加肠道中有益细菌数量。

3. 果胶　果胶是分布在植物细胞壁和果蔬外皮中的多糖。柑橘类水果皮中含有

0.5%～3.5%的果胶，其他的水果果皮中也含有大量的果胶。

果胶的主链主要由半乳糖醛酸链和鼠李糖单位组成，并由戊糖和己糖单位组成侧链分支。构成果胶的主要糖苷键是 α-1，4-糖苷键和 α-1，2-糖苷键。果胶能溶于热水，冷却后形成凝胶，因此在各种食品中用作凝胶剂和增稠剂。

果胶不能被猪小肠的消化酶消化，但很容易被结肠菌群降解。果胶具有降低胆固醇的作用，一方面是果胶通过结合肠道中的胆固醇和胆汁酸并促进其排泄；另一方面是果胶通过被微生物的利用改变了菌群结构，可能增强菌群对胆固醇和胆汁酸的代谢。

4. 胶质和黏质　胶质和黏质都是亲水性胶体，是由多种黏性多糖组成的混合物，如魔芋葡甘露聚糖等。胶质和黏质有不同的来源，如来源于植物分泌物（阿拉伯胶和黄芪胶）、种子的胚乳部分（瓜尔胶和刺槐豆胶）、海藻提取物（琼脂、卡拉胶和海藻酸钠）、微生物多糖（黄原胶）等。这些亲水胶体可以在某些食品中用作凝胶剂、增稠剂、稳定剂和乳化剂。正是因为具有良好的水合特性和发酵特性，因此胶质和黏质的功能性特点较为突出。

（二）抗性低聚糖

抗性低聚糖是聚合度为 3～9、不易被消化的低聚糖（表 6-2）。主要包括低聚果糖、低聚半乳糖、低聚葡萄糖、低聚异麦芽糖、低聚木糖、低聚乳果糖、乳果糖、低聚麦芽糖、水苏糖等（表 6-2；Singh 等，2017）。其中，应用最多的是低聚果糖和低聚半乳糖。

表 6-2　抗性低聚糖的种类及其组成

分　类	分子排布	键合方式
低聚果糖	G-(F)$_n$	β-(1, 2) 或 β-(2, 6)
低聚半乳糖	G-(Ga)$_n$	β-(1, 3) 或 β-(1, 4)
龙胆低聚糖	(G)$_n$	β-(1, 6)
低聚异麦芽糖	(G)$_n$	α-(1, 6)
异麦芽糖	(G～F)$_n$	α-(1, 6)
低聚乳果糖	Ga-G-F	β-(1, 4) 或 α-(1, 2)
乳果糖	Ga-F	β-(1, 4)
低聚麦芽糖	(G)$_n$	α-(1, 4)
棉籽糖	Ga-G-F	α-(1, 6) 或 α-(1, 2)
环糊精	(G)$_n$	α-(1, 4)
低聚木糖	(X)$_n$	β-(1, 4)
水苏糖	(Ga)$_2$-G-F	α-(1, 6) 或 α-(1, 2)
阿拉伯低聚糖	(A)$_n$	α-(1, 5)
壳聚糖	(GlcNAc)$_n$	β-(1, 4)

（续）

分 类	分子排布	键合方式
果胶源低聚糖	$(GalA)_n$	α-（1, 4）
低聚琼脂糖	$(Gal)_n$	β-（1, 4）或 α-（1, 3）
麦芽糖基蔗糖	$F(G)_2$	$^6F\alpha$-（1, 6）或$^6G\alpha$-（1, 6）

注：A 指阿拉伯糖，G 指葡萄糖，F 指果糖，Ga 指半乳糖，X 指木糖，ClcNAc 指 N-乙酰氨基葡萄糖，GalA 指半乳糖醛酸，Gal 指琼脂糖，上标"6"指键合位置。

菊芋、牛蒡、菊苣、蒲公英根、韭菜、洋葱、芦笋等植物中存在天然的低聚果糖，低聚果糖也可以用蔗糖酶法合成。大豆中存在天然的低聚半乳糖。低聚半乳糖也可以由乳糖合成，或者通过酶水解从多糖生成。由于抗性低聚糖具有和很多其他多糖类日粮纤维原料类似的生理作用，因而也被当作日粮纤维。

抗性低聚糖会抵抗胃肠道消化酶的水解作用，但能在大肠中被微生物发酵。抗性低聚糖被微生物发酵后，不仅能产生短链脂肪酸，降低肠腔中的 pH；而且还会抑制病原菌的生长，促进有益微生物，如双歧杆菌和乳酸杆菌生长。

（三）抗性淀粉

抗性淀粉指被动物食入 120min 后，仍不能被水解成葡萄糖，进入动物大肠后被菌群发酵的淀粉。根据性质、来源和产生抗消化性的原因，可将抗性淀粉分为 5 种类型：物理不可消化淀粉（resistant starch 1，RS1）、天然颗粒淀粉（resistant starch 2，RS2）、回生淀粉（resistant starch 3，RS3）、化学变性淀粉（resistant starch 4，RS4）和淀粉-脂质复合物（resistant starch 5，RS5）（Dupuis 等，2015）。

RS1 是由于物理限制而不能被消化酶消化的，如完整的外壳和不充分的研磨使谷物或种子部分保持完整。在这种情况下，由于动物的胃肠道缺乏降解细胞壁的酶，因此被细胞壁包裹的淀粉也无法被淀粉酶消化（Leszczyñski，2004）。RS2 是由于具有特殊的淀粉粒结构和结晶类型，因此不能被消化，如生马铃薯淀粉、绿色香蕉淀粉和高直链淀粉等。RS3 是在淀粉糊化或者食物经烹饪后，在常温或者低温下冷却回生过程中形成的回生和重结晶淀粉。RS3 是在一定的温度和湿度下形成的、具有一定热稳定性的物理变性淀粉，常常作为原料在食品中被广泛应用。RS4 是淀粉通过酯化或者醚化葡萄糖环上的游离羟基氧化成羰基或者羧基，或者通过 γ 辐射产生不易消化的 β-键而形成的化学改性淀粉。RS5 是近年来被细分出来的一个部分，是由直链淀粉和脂质形成的复合体。

抗性淀粉的水溶性和水合特性一般较差，但是发酵特性较好、发酵速度较快。被菌群降解后，抗性淀粉还可以选择性地调节肠道菌群的结构，促进有益菌的生长。抗性淀粉被菌群降解后可产生大量的短链脂肪酸，其中丙酸和丁酸的相对比例较高，乙酸、丙酸和丁酸都可以发挥不同的生理作用。

（四）人工合成的日粮纤维

根据日粮纤维上含有游离羟基和糖苷键所具有的理化性质，通过一定的工艺加工，可以人工合成出一些日粮纤维，如纤维素衍生物、聚葡萄糖和抗性糊精等。

1. 纤维素衍生物　是指通过化学方法在纤维素上添加其他官能团而得到的产品，包括甲基纤维素、羟丙基甲基纤维素、羧甲基纤维素、乳果糖等。纤维素分子上添加了新的官能团以后，原有的结晶结构被打破，溶解性大大增加，但仍然很难被结肠菌群发酵降解。

2. 聚葡萄糖　是以葡萄糖和山梨醇为原料，在有机酸或无机酸（柠檬酸、磷酸等）的作用下合成的，平均聚合度为 12。由于合成聚葡萄糖的过程会形成羧基、酯键等消化酶无法消化的化学键，因此聚葡萄糖不能被消化，只能进入大肠后被发酵产生短链脂肪酸。

3. 抗性糊精　又称难消化糊精，一般由淀粉原料通过高温酸解等工艺加工制成。高粱淀粉、豆类淀粉、玉米淀粉、土豆淀粉等均可以通过加工得到抗性糊精。在抗性糊精的加工过程中，通过高温和酸的作用，淀粉发生了解聚、转糖苷、再聚合等复杂的反应，催化淀粉水解而产生很多小分子物质，如单糖、双糖、低聚糖及小分子糊精。当这些小分子重新聚合后，葡萄糖分子间的糖苷键不再单纯是 α-1，4-糖苷键和 α-1，6-糖苷键，而有可能形成 α-1，2-糖苷键和 α-1，3-糖苷键，并在部分还原末端上有分子内脱水的缩葡聚糖及 β-1，6-糖苷键存在。除了直链部分，还有很多不规则的结构。在这种情况下生成的抗性糊精是在酶作用的位点形成了空间位阻。另外，糊精化的过程虽然消耗了 α-1，4-糖苷键和 β-1，6-糖苷键，但形成了 α-1，2-糖苷键和 α-1，3-糖苷键（Wang 等，2001）。新键的形成使糊精对消化酶的敏感性降低，减少酶潜在作用目标的数量（Leszczyński，2004；Cho 和 Samuel，2009）。因此，含有 α-1，2-糖苷键和 α-1，3-糖苷键的抗性糊精和抗性淀粉，表现出了类似于日粮纤维和益生元的性质（Slavin，2013）。由于抗性糊精也可以抵抗消化酶的作用，因此也可以被归类到 RS4。

与其他日粮纤维相似，抗性糊精在小肠中不能被消化酶水解，只有进入大肠中被微生物利用后，通过改变肠道菌群结构和产生代谢产物两种途径来对动物产生影响。

三、日粮纤维的性质

日粮纤维来源广泛，性质各异。由于日粮纤维的理化性质和其在胃肠道的生理功能密切相关，因此了解日粮纤维的理化性质对认识日粮纤维的生理作用十分重要。日粮纤维的主要理化性质包括水合特性、黏度、发酵特性、对阳离子的交换能力等（Mudgil 等，2014）。

（一）水合特性

日粮纤维的水合特性主要指溶解性、吸水膨胀性及水结合力，这些性质与日粮纤维的类型、分子质量和结构密切相关（Knudsen，2001）。

1. 溶解性　日粮纤维的溶解性并不是指日粮纤维溶解在水中，而是指日粮纤维与水分子相互作用以后形成的稳定的分散体系。根据日粮纤维与水混合后是否形成分散体，可以将日粮纤维分为可溶性日粮纤维和不溶性日粮纤维。

可溶性日粮纤维包括低聚糖、果胶、胶体、胶质、β-葡聚糖、部分半纤维素等，它们很容易分散于水中；而不溶性日粮纤维包括抗性淀粉、木质素、纤维素和不溶性半纤维素，它们很难或者不容易分散于水中（表 6-3）。对于聚合度较低的原料，如低聚糖，由于其分子质量小，与水混合后的相互作用和形成分散体系的能力比较强，因此其溶解性较强；而聚合度较大的日粮纤维，其溶解性根据来源和组成不同，差异很大。

表 6-3　可溶性日粮纤维和不溶性日粮纤维分类

日粮纤维	可溶性日粮纤维	不溶性日粮纤维
特点	溶于水形成分散体系	不溶于水
成分	低聚糖、果胶、胶体、胶质、β-葡聚糖、部分半纤维素等	抗性淀粉、木质素、纤维素和部分半纤维素
来源	燕麦、燕麦麸、干豆、豌豆、坚果、大麦、车前草、魔芋、水果、蔬菜等	麦麸、豆皮、玉米皮、苜蓿草、种子、坚果、蔬菜茎、蔬菜皮、水果皮、根等

在高聚合度日粮纤维的分子中，除主链外还存在支链结构。由于支链会削弱主链分子间的作用力，防止氢键和规则晶体结构的形成，因此能增加日粮纤维和水的相互作用，从而增加日粮纤维的溶解性（Knudsen，2001）。

大多数可溶的非淀粉多糖结构都具有较多的支链，并且支链基团具有较高的亲水性，如大麦纤维和燕麦纤维的支链基团即以亲水性 β-葡聚糖为主（Nie 等，2017）。果胶之所以能在热水中溶解，并且在温度下降时能形成凝胶，是和其主链上半乳糖醛酸和鼠李糖的亲水性有关（Nie 等，2017）。在胶质类的 NSP 中，魔芋胶和瓜尔胶都是溶解性非常好的纤维原料。魔芋胶是由葡萄糖和甘露糖通过 β-1，4-糖苷键聚合而成的，通常每隔 9～20 个单糖就会随机在 C-4 或者 C-6 位上出现葡萄糖、甘露糖或者乙酰基支链。瓜尔胶主要是高分子质量的半乳甘露聚糖，含有由 β-1，4-糖苷键连接的呋喃甘露糖构成的主链，以及由 β-1，6-糖苷键连接的呋喃半乳糖构成侧链（Mudgil 等，2014）。D-呋喃构型的糖在水溶液中具有很强的亲水性，可能与魔芋胶和瓜尔胶溶解性非常好有关（谭成全，2016）。

日粮纤维的不溶性主要是因为分子间形成了稳定的晶体结构，所以很难分散到水相中。比如，纤维素中纤维二糖通过氢键相互连接形成有规则的晶体（Lunn 和 Buttriss，2010）；抗性淀粉分子内部的直链淀粉会形成结晶区，直链分子之间通过氢键形成稳定的双螺旋结构，双螺旋结构又相互聚合形成结晶状结构（Sajilata 等，2006）。

日粮纤维的溶解性在发挥生理作用时具有重要意义。不溶性日粮纤维具有多孔性，不容易在结肠被发酵，因此能够增加粪便体积，抑制胰腺脂肪酶活性，具有促进肠道排空、防止便秘的作用。而大分子可溶性日粮纤维因其能和水充分混合而相互作用，具有更强的凝胶形成能力和更高的黏度。这种凝胶形成和黏性，对于幼雏和幼畜来说，是不利于饲料消化吸收的，因而被称为抗营养的性质。但是，对于成年猪特别是母猪而言，由于其较大的消化道容积和饮水量，因此并不显著增加食糜的黏度，也并未影响饲料营养物质的消化率（Sun 等，2014）。

值得注意的是，日粮纤维的溶解性和发酵性并不总是呈正相关，这和人们对日粮纤维的一般认识有很大出入。一般认为，可溶性的日粮纤维，其发酵特性也较好。比如，不管从可发酵的程度、发酵速度和发酵以后的代谢产物来评价，溶解性较低的纤维素和半纤维素，其发酵能力总是低于菊粉、水溶性胶体和可溶性低聚糖。但是，尽管抗性淀粉的溶解性非常差，但其发酵能力却远远强于其他日粮纤维的成分。不溶性抗性糊精的发酵特性并不比可溶性的黄原胶、车前草等差。因此，尽管日粮纤维的溶解性可能对于预测发酵特性有一定意义，即溶解性高的日粮纤维分散在水中以后，有更多的接触面积来和肠道菌群相互作用，促进菌群在日粮纤维表面附着。但是从另一个方面来看，肠道菌群发酵日粮纤维的一个必要的条件是，菌群必须要产生水解日粮纤维的碳水化合物水解酶。这个性质不仅与菌群的组成有关，而且还和日粮纤维本身所含有的糖苷键也有关。如果直接用日粮纤维的溶解性判断其发酵特性，可能得到不正确的结论。因此，日粮纤维的发酵特性，需要用更直接的方式去测定其产气和产酸的特点。这一特性将在本节的（三）部分进行详述。

2. 吸水膨胀性 吸水膨胀性是指日粮纤维原料和水相互作用形成稳定的分散体系，在水中沉降稳定后所占的体积。日粮纤维和水相互作用的过程，即是日粮纤维吸水膨胀的过程。随着相互作用的进行，多糖分子吸水膨胀的同时，分子也逐渐被打开直至完全扩散在水中，导致其吸水后体积膨大（Knudsen，2001）。

吸水膨胀性常用日粮纤维吸水前后的体积变化和日粮纤维样品的质量比来表示，其单位一般为 mL/g（Serena 等，2008）。日粮纤维的吸水膨胀性变异很大（表 6-4），如胶质类原料和一些非淀粉多糖类的原料吸水膨胀性好，但是菊粉、低聚糖和抗性淀粉类原料的吸水膨胀性较差。不同日粮纤维吸水膨胀性的差异，与其来源和结构有关。比如，抗性淀粉的吸水性差，是因为其分子间的双螺旋结构容易形成稳定的结晶结构而严重抑制了其吸水膨胀（Dupuis 等，2015）。

表 6-4 不同日粮纤维原料的吸水膨胀性

原 料	魔芋粉	甜菜渣	苹果渣	红枣粉	苜蓿粉	麸 皮
吸水膨胀性（mL/g）	31.11	7.62	3.10	1.41	6.75	2.68

资料来源：孙海清（2013）。

3. 水结合力 日粮纤维的水结合力是指日粮纤维在规定的温度、浸泡时间、离心持续时间和速度条件下，已知重量的干纤维所保留的水量。水结合力通常用保留水的质量与日粮纤维样品的质量之比来表示，单位通常为 g/g。

一般来说，日粮纤维的多糖成分具有较强的亲水性，水被保留在纤维本身的亲水性位点或分子结构中的空隙内。可溶性日粮纤维的水结合力，主要由分子结构对水分子的网络和水分子与日粮纤维形成氢键的强弱来决定；不溶性日粮纤维的水结合力，则主要由范德华力、离子力决定（Lunn 和 Buttriss，2010）。

一般来讲，可溶性纤维含量越高，吸水膨胀性越大；吸水膨胀性越大，水结合力越强。因此，日粮纤维的结构中存在支链，并且支链单元的亲水性越强时，日粮纤维的水合特性就越强。

(二) 黏度

日粮纤维的黏度是指一些日粮纤维与液体混合时，由液体和分散在溶液中多糖组分之间的物理缠结而增加溶液的黏度，形成凝胶的能力。日粮纤维溶液的黏度受多种因素的影响，如日粮纤维的类型、加工方式、分子质量、溶液的浓度、pH 等（Dikeman 和 Fahey，2006）。

不同类型日粮纤维的黏度不同。果胶、瓜尔胶、黄原胶等胶质类具有较大的黏度，并且经过提纯的精粉黏度更大。燕麦中的 β-葡聚糖、豆类种子胚乳中的半乳甘露聚糖等可溶性纤维含量与黏度呈强相关，而小麦籽粒中可溶性阿拉伯木聚糖的浓度与相对黏度呈弱相关。低聚糖、菊粉、抗性淀粉等和纤维素的水溶液几乎没有黏性。

日粮纤维的加工过程也会影响日粮纤维的黏度。用燕麦麸提纯 β-葡聚糖时的工艺不同，所得到的产物黏度也不同。

日粮纤维的分子质量会影响溶液的黏度。分子质量越大，黏度也越大，但分子质量和黏度之间并不呈线性相关。

日粮纤维在溶液中的浓度也对溶液的黏度有影响，当溶液中日粮纤维含量增加时，溶液的黏度也呈非线性增加。

另外，尽管 pH 对日粮纤维黏度的影响存在一定争议，但溶液的 pH 也是影响黏度的一个重要因素。一方面，降低溶液的 pH 会增加溶液的黏度；另一方面，当日粮纤维溶液酸化以后，黏度会降低。因此，可能存在一个最佳的 pH 范围。这个范围取决于非淀粉多糖的来源和结构，其中非淀粉多糖释放导致溶液黏度增加。而超出这个范围后，黏度会因为非淀粉多糖的分解而降低。了解 pH 对黏度的影响极为重要，因为日粮纤维通过动物的胃肠道时，受到胃肠道 pH 极端变化的影响。

日粮纤维改变食糜黏度后，也会影响动物机体的生理变化，如改变机体对胰岛素和血糖的反应。例如，研究发现受试者食入加了瓜尔胶的面包后，餐后血浆胰岛素水平显著降低。低分子质量和高分子质量瓜尔胶在蒸馏水中完全水化后的黏度差异（分别约200 mPa·s 和4 500mPa·s），不仅意味着食糜黏度发生变化，而且改变了机体的胰岛素分泌量（Ellis 等，1991）。

(三) 发酵特性

人和其他哺乳动物体内消化碳水化合物的酶主要是胰淀粉酶、肠淀粉酶、小肠上皮刷状缘的二糖酶等。这些酶只能降解淀粉、蔗糖、果糖等中的糖苷键，而不能降解日粮纤维中的糖苷键。在胃和小肠中不能被消化的日粮纤维进入大肠后，可以被菌群发酵，进而参与宿主代谢（Holscher，2017）。

在哺乳动物的消化道中，肠道微生物由 10^{13} ～ 10^{14} 个微生物组成的接近 1 000 种不同的菌群构成（Qin 等，2010）。母猪肠道菌群主要有厚壁菌门（Firmicutes）、拟杆菌门（Bacteroidetes）、变形菌门（Proteobateria）和螺旋菌门（Spirochaetes）4 个门类，分别占 67.94%、20.27%、4.66% 和 3.48%。不能被动物消化道前段的消化酶所消化的碳水化合物，随着食糜进入大肠后，被定植于大肠内的菌群发酵降解，产生乙酸、丙酸、丁酸等短链脂肪酸；并选择性地调节肠道菌群的生长，从而改变肠道菌群的结构

（Lattimer 和 Haub，2010）。肠道菌群降解发酵日粮纤维产生短链脂肪酸的同时，也会发酵产生甲烷、氢气等气体（Jackie 等，2013），同时会伴随部分热量的产生（Sandra 和 Macfarlane，2003）。

日粮纤维的发酵特性，可以从产气特性、产短链脂肪酸特性和选择性改变肠道微生物 3 个方面来进行评价。

1. 产气特性 肠道菌群发酵日粮纤维后产生气体，但是日粮纤维在体内发酵时产生过量的气体会导致胃肠道不适和胀气（Serra 等，1998）。另外，发酵产生的 H_2，又能被产甲烷菌利用生成 CH_4，或者被用硫酸盐的微生物生成 H_2S，这两个途径对结肠上皮细胞都是有害的（Roberfroid 等，2010）。

日粮纤维发酵时产生气体的特性可以在一定程度上反映日粮纤维的发酵特性。先采用体外发酵的方法来评价日粮纤维发酵时的产气量，然后再采用数学模型分析产气曲线的特点可评估日粮纤维的发酵动力学。

目前用得比较多的产气曲线模型有两个：第一个模型是采用数学模型 $CV=A/[1+(C/t)B]$ 对产气曲线进行拟合。式中，CV 表示累积产气量（mL），A 表示渐进产气量（mL），C 表示达到半数渐进产气量的时间（h），t 表示产气时间（h），B 表示特征参数。通过以上参数可计算最大产气速度和出现最大产气速度的时间，用以评价日粮纤维的发酵特性（Bosch 等，2008）。

第二个模型是采用 Logistic-Exponential（LE）模型对产气量进行非线性拟合来评价日粮纤维的发酵动力学（Wang 等，2011）。采用 LE 模型拟合的发酵曲线，分为一相拟合和二相拟合。一相拟合是考虑发酵过程的整体情况，评价日粮纤维在发酵过程中的理论最大产气量（the final asymptotic gas volume，V_f，mL/g）、起始反应速率（initial fractional rate of degradation at t－value＝0，FRD0，h^{-1}）、反应速率（k，h^{-1}）、达到最大产气量一半所需的时间（half-life to asymptote，$t_{1/2}$，h）、曲线特征参数（b）；二相拟合是将日粮纤维发酵的过程剖析出快速发酵部分和慢速发酵部分两个发酵类型，然后根据 LE 模型拟合出快速发酵部分产气曲线的特征值和慢速发酵部分产气的特征值（Wang 等，2011）。

通常情况下，体外发酵过程中产气量越大的日粮纤维，其产酸量也越高。因此，可以用理论最大产气量间接反映发酵后短链脂肪酸的产量。反应速率和达到最大产气量一半所需的时间，则反映了日粮纤维在发酵中被菌群利用的特征。起始反应速率越大，表明菌群越容易对日粮纤维进行发酵，反应速率则表明发酵过程的平均发酵速度。达到最大产气量一半所需的时间长短则反映日粮纤维被菌群发酵所用时间的长短（Wang 等，2011）。

2. 产短链脂肪酸特性 如前所述，日粮纤维被肠道菌群发酵后不仅产气，也可以产生短链脂肪酸。其中，以乙酸、丙酸和丁酸为主，其占短链脂肪酸总量的 95％以上。此外，还有非常少量的异丁酸、异戊酸和戊酸（Chambers 等，2015）。

肠道菌群发酵日粮纤维产生的短链脂肪酸，可以作为能量来源参与机体代谢，大约能满足妊娠母猪维持能量需要的 30％。值得注意的是，短链脂肪酸中的乙酸、丙酸和丁酸的代谢功能各异。其中，丁酸通常可以作为结肠上皮细胞的能量来源，为肠上皮细胞提供所需总能量的 70％（Leblanc 等，2017）。丙酸常常作为糖异生的底物，在肝脏中进行糖异生产生葡萄糖，这个过程会提高机体葡萄糖耐受和胰岛素的敏感性，由这部分丙酸糖异生产生的葡萄糖占糖异生产生葡萄糖总量的 69%（Chambers 等，2015）。丙酸也能在肠道中进行糖异生作用，产生的葡萄糖被吸收进入门静脉以后，通过门静脉感受器将信号传递到大脑，产生一些有益的代谢影响，如帮助动物控制血糖和提高胰岛素敏感性（de Vadder 等，2014）。此外，丙酸还能进入肝脏参与奇数碳脂肪酸的从头合成，奇数碳脂肪酸参与机体代谢能帮助机体提高胰岛素的敏感性（Weitkunat 等，2017）。肝脏合成棕榈酸和胆汁酸则以盲肠丁酸和乙酸为底物（Gijs 等，2013）。乙酸还在外周组织中发挥作用，如可以通过血脑屏障作用于下丘脑从而降低食欲（Frost 等，2014）。

日粮纤维的来源和肠道菌群是影响日粮纤维发酵产短链脂肪酸的两大因素（Akira 等，2003）。

由于理化性质和分子结构不同，因此，在肠道菌群的作用下，不同来源的日粮纤维其产酸能力也不同。例如，以难发酵的纤维素、半纤维素和木质素类为主的原料，其产酸量很小；以抗性低聚糖、抗性淀粉、瓜尔胶等为主的原料，其产酸量比较高；以瓜尔胶、魔芋胶为主的原料，其产短链脂肪酸以乙酸为主，丁酸占比不到 10%，而抗性淀粉发酵产生的丁酸占比较高。因此，日粮纤维添加到母猪日粮中，肠道中短链脂肪酸的含量也不一样。比如，给母猪饲用快速发酵型的日粮纤维后，粪便中的短链脂肪酸浓度高于饲用慢速发酵型日粮纤维母猪粪便中的短链脂肪酸浓度。

母猪肠道菌群的结构，对日粮纤维发酵短链脂肪酸的含量影响也很大。母猪在不同繁殖阶段，肠道菌群的结构存在显著差异，肠道中短链脂肪酸的含量不同，如围产期时拟杆菌门和厚壁菌门的相对丰度下降，丁酸产量下降。如前所述，围产期母猪处于应激和代谢紊乱状态，当机体出现疾病或者应激时，肠道菌群结构发生紊乱，肠道菌群对日粮纤维的代谢下降，对蛋白质的代谢增加，引起肠道中短链脂肪酸的含量降低，微生物对蛋白质代谢的增加会使肠道中氨和胺的含量增加，影响母猪健康。

大肠中短链脂肪酸的浓度随着肠段的不同差异比较大，盲肠和近端结肠中的浓度最高，然后到结肠远端依次降低（Koh 等，2016）。肠道中产生的短链脂肪酸能降低肠道食糜和粪便中的 pH。例如，给健康的志愿者每天分 3 次服用 20g 含有 70%直链淀粉的抗性淀粉 14d 后，处理组志愿者粪便的 pH 比对照组的低（Clarke 等，2011）。肠腔内较低的 pH 能抑制肠道内病原菌的生长、提高矿物质元素的吸收率，并可能降低患结肠癌的风险。

短链脂肪酸的测定通常有活体检测和体外检测两种方式。活体检测一般为收集盲肠内容物或者粪便来代表结肠中的短链脂肪酸。但是，由于肠上皮细胞对短链脂肪酸的吸收比较迅速，因此这一部分样品很难直接反映日粮纤维在体内被菌群代谢产生的短链脂肪酸（Koh 等，2016）。采用粪便或者肠道食糜中的微生物作为菌源进行体外发酵，可用于模拟菌群对日粮纤维的发酵，反映其产生短链脂肪酸的能力。体外发酵方法具有省时、省力和消除个体差异的优势（Koh 等，2018）。

3. 选择性改变肠道微生物　肠道中寄居着数万亿个微生物，已经鉴定出超过有 1 000 个物种（Gill 等，2006）。肠道微生物的定植起始于胎儿出生前的早期阶段，受到各种因素的影响（Aagaard 等，2014）。比如在分娩过程中，自然分娩的胎儿其肠道微生物最开始被阴道和粪便中的微生物，如 *Lactobacillus* spp. 和 *Prevotella* spp. 定植，而剖宫产胎儿的菌群结构则主要受皮肤和环境中的微生物影响（Simpson 和 Campbell，2015）。随后在断奶时，进食方式和饮食结构改变会对肠道微生物的结构产生剧烈影响，完成由早期菌群向成年菌群的改变,并趋于稳定(Albenberg 和 Wu,2014)。

日粮纤维会显著改变肠道菌群的结构 (Lattimer 和 Haub,2010)。例如,在妊娠期母猪日粮中添加 2% 的魔芋粉,改善了母猪妊娠 109d 肠道菌群的群落结构,增加了菌群多样性,并且选择性地增加了 *Akkermansia* 和 *Roseburia* 的相对丰度。特别令人欣喜的是,这种菌群的变化和母猪繁殖性能的变化显著相关 (Tan 等,2016a)。日粮纤维改变肠道菌群结构的原因,一方面,是因为日粮纤维被大肠中的厌氧菌发酵成短链脂肪酸,降低了肠道内的 pH,抑制了革兰氏阴性菌 (如常见的沙门氏菌和大肠埃希氏菌)的生长 (Scott 等,2010);另一方面,可以选择性地改变一些菌群的丰度,摄食抗性淀粉和非淀粉多糖能选择性地改变肠道菌群,如 *Ruminococcus bromii* 和 *Eubacterium rectale* 的丰度 (Walker 等,2011)。

(四) 对阳离子的交换能力

日粮纤维的阳离子交换能力指的是日粮纤维能吸附和/或结合各种阳离子的总量,是日粮纤维重要的理化性质。日粮纤维将金属阳离子吸附在其表面的过程,取决于日粮纤维对金属阳离子和电荷的结合能力,与日粮纤维结构中糖残基上游离羧基的数量及多糖中醛酸的含量有关。此外,基团上的氢离子也可以和金属离子相互作用。

日粮纤维结合阳离子的能力可以提高粪便中阳离子和电解质的含量。较高的阳离子交换量有助于日粮纤维在胃肠道中结合重金属离子并将其排出体外。例如,脱脂米糠纤维能有效地结合汞、铅、镉等重毒性阳离子,表现出对其的解毒作用 (Ning 等,2011)。

日粮纤维具有较高的阳离子交换力的另一个作用是可以结合胆固醇、脂质、胆汁酸等物质。日粮纤维由于具有较高的阳离子交换能力,因此通常会和上述物质形成复杂的复合体,成为吸收的屏障使脂质和胆固醇不能被有效吸收和利用,从而降低血液中的胆固醇水平。

日粮纤维对金属阳离子的结合作用受到纤维类型的影响。不溶性日粮纤维具有较高的阳离子结合能力,这是因为木质素、纤维素、半纤维素等不溶性日粮纤维中含有酚基、羧基等基团。

四、日粮纤维的测定方法

日粮纤维分析方法是建立在采用物理方法分离不同类别日粮纤维基础之上的,本部分内容主要介绍日粮纤维常用的测定方法。

(一) 早期方法

测定日粮纤维最早采用的是粗纤维含量和范氏纤维含量的测定方法。粗纤维含量测定的原理是,先用特定的酸和碱消煮样品,再用醚、丙酮除去醚溶物,经高温灼烧后扣除矿物质的量,所剩余的部分称为粗纤维。具体方法和试验步骤,参照现行国家标准《饲料中粗纤维的含量测定 过滤法》(GB/T 6434—2006)。

测定粗纤维含量的方法所包含的成分一般是不可溶性纤维,这部分不可溶性纤维包括纤维素、一部分木质素和少量的半纤维素。日粮纤维中大部分的可溶性纤维并不能被测定出来,因此粗纤维测定并不是一个可以准确测定饲料原料中日粮纤维的方法。

范氏纤维含量测定采用的是洗涤纤维分析的基本思路，分别采用中性洗涤剂和酸性洗涤剂洗涤后测定饲料原料中的纤维成分。中性洗涤剂洗涤后的残渣主要有纤维素、半纤维素、木质素和硅酸盐，主要是细胞壁成分；酸性洗涤后的残渣主要是纤维素、木质素和硅酸盐（van Soest 等，1991）。具体方法和操作步骤，可以参照现行国家标准《饲料中酸性洗涤纤维（ADL）的测定》（GB/T 20805—2006）、《饲料中中性洗涤纤维（NDF）的测定》（GB/T 20806—2006）和农业部标准《饲料中酸性洗涤纤维的测定》（NY/T 1459—2007）。

以上两种方法均不能测定诸如低聚糖、抗性淀粉、果聚糖等日粮纤维成分，而准确测定日粮纤维的含量对于评价饲料或者饲料原料的营养价值非常重要。因此建立能准确测定不同日粮纤维成分，或者能测定包含绝大多数日粮纤维成分的测定方法非常有必要。

（二）酶重量法

国外经典的分析方法是 AOAC 985.29 和 AOAC 991.43，这两种方法是官方推荐的测定食品中日粮纤维的方法。这两种测定方法的基本原理都是先采用消化酶体外消化样品中的可消化性碳水化合物和蛋白质，经高温灼烧后扣除原料中矿物质的量，剩余的部分就为日粮纤维的含量。第一种方法直接测定食品中的总日粮纤维；第二种方法是在第一种方法的基础上进行的改进，可以区分日粮中的可溶性日粮纤维和不溶性日粮纤维。两种方法都只能分析日粮中大分子质量的日粮纤维。但菊粉、低聚果糖、低聚半乳糖、聚葡萄糖等其他低分子质量日粮纤维则会在测定中被遗漏（Westenbrink 等，2013）。国家卫生和计划生育委员会颁布的《食品中膳食纤维的测定》，在测定原理和测定方法上与上述相同，具体步骤和试验方法可参照 GB 5009.88—2014。

（三）综合方法

1. AOAC 2009.01 2007 年，McClery（2007）提出了一种测定总日粮纤维（包括非消化性低聚糖）的综合方法。该方法现在被称为总日粮纤维的测定方法（AOAC 2009.01），它通过酶-重量法测量高分子质量日粮纤维（high molecular weight dietary fiber，HMWDF）的含量，通过高效液相色谱法测量低分子质量日粮纤维（low molecular weight dietary fiber，LMWDF）的含量（图 6-2）。

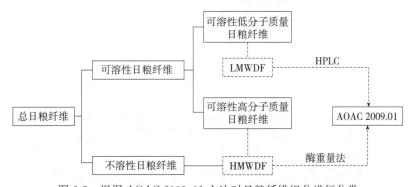

图 6-2 根据 AOAC 2009.01 方法对日粮纤维组分进行分类

大致的测定步骤是样品先在 37℃下用 α-淀粉酶孵育，然后在 60℃下用蛋白酶消化，再用重量法测定不溶性纤维和可溶性高分子质量纤维（用78％乙醇沉淀），最后采用高效液相色谱法测定乙醇滤液中不易消化的低聚糖含量。该方法（AOAC 2009.01）对于分析富含小分子可溶性低聚糖、低聚糖等原料日粮纤维的含量特别有价值。

2. AOAC 2011.25 AOAC 2011.25 是在 AOAC 2009.01 基础上进一步发展的分析方法。在这个方法中，高分子质量日粮纤维被分为可溶性高分子质量日粮纤维和不溶性高分子质量日粮纤维，它们的总和才代表高分子质量日粮纤维。可以分别测定如下的特定日粮纤维组分：①不可溶日粮纤维，即高分子质量的不溶性日粮纤维和低分子质量不溶性日粮纤维；②总日粮纤维，即高分子质量日粮纤维和低分子质量可溶性日粮纤维。

图 6-3 列举了用于分析日粮纤维含量的不同方法。从此图可以看出，当采用经典方法和其他特定组分的分析方法时，存在一定的重叠。因此，综合来看，AOAC 2009.01 和 AOAC 2011.25 是最有效的方法，因为它们能分析出几乎所有日粮纤维的组分。但是这两种方法对于分析设备的要求相对较高，需要具备高效液相色谱分析技术的基础。表 6-5 比较了近期采用传统 AOAC 方法（985.29 和 991.43）和采用 AOAC 2009.01 分析得到的一些食品中日粮纤维的含量。

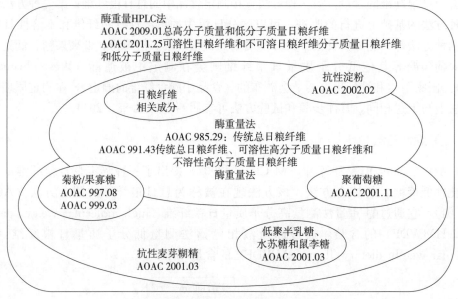

图 6-3 日粮纤维组分分析方法

（资料来源：修改自 Westenbrink 等，2013）

表 6-5 采用传统 AOAC 方法（985.29 和 991.43）和采用 AOAC 2009.01 分析得到的一些食品中的日粮纤维含量

样 品	100g 食品中的日粮纤维含量（g）						
	传统方法				综合方法		
	AOAC 985.29		AOAC 991.43		AOAC 2009.01		
	TDF	IDF	SDF	TDF	HMWDF	LMWDF	TDF
白面包	3.0	—	—	—	3.0	1.1	4.1

（续）

样 品	100g 食品中的日粮纤维含量（g）						
	传统方法				综合方法		
	AOAC 985.29		AOAC 991.43		AOAC 2009.01		
	TDF	IDF	SDF	TDF	HMWDF	LMWDF	TDF
全麦面包	7.5	—	—	—	7.7	0.9	8.6
干面包	3.2	—	—	—	3.5	1.3	4.8
粗面	6.7	—	—	—	6.5	2.1	8.6
小麦粉	2.4	—	—	—	3.4	2.9	6.3
小麦	12.8	—	—	—	12.4	2.8	15.2
次粉	46.6	—	—	—	45.6	3.5	49.1
黑麦全麦面包	—	6.3	2.7	9	8.9	2.1	11
小麦和黑麦面包	—	3.2	2.2	5.4	5.5	1.4	6.9
奶油菊粉曲奇	—	2.5	1.4	3.9	2.1	5.1	7.2
米片	—	2.6	0.9	3.5	2.8	1.9	4.7
盐棒	—	3.4	1.6	5.0	4.0	2.3	6.3
橙汁	0.7	—	—	—	1.0	1.4	2.4

注：TDF，total dietary fiber，总日粮纤维；IDF，insoluble dietary fiber，不可溶性日粮纤维；SDF，soluble dietary fiber，可溶性日粮纤维；HMWDF，high molecular weigh dietary fiber，高分子质量日粮纤维；LMWDF，low molecular weigh dietary fiber，低分子质量日粮纤维。

从表 6-5 可以看出，用传统方法分析得到的总日粮纤维含量和用新方法分析得到的高分子质量日粮纤维含量非常一致。然而，使用 AOAC 2009.01 方法得到的结果表明，食品中还含有大量的低分子质量日粮纤维（从 0.9％到 5.1％，具体情况视食品类型而定），这使测定的总日粮纤维值含量增加，并且增加的这部分是以前用传统方法无法对其进行定量分析的部分。表明经典的 AOAC 方法会使测定中的总日粮纤维含量偏低，从而影响了它们的最终能量价值。这样的差异对于评价含有高水平抗性淀粉和低分子质量纤维的原料，或由这些物质制成的产品尤其显著。

另外，一些研究者对 AOAC 提出的新方法做了新的优化和整合，如提出了和葡萄糖苷酶一起进行体外消化（McCleary，2014），或优化了 α-淀粉酶和糖苷酶培养时酶的水平等（McCleary 等，2015）。

（四）特定成分的测定方法

1. β-葡聚糖的测定方法 AOAC 官方推荐的 β-葡聚糖测定方法是 AOAC 995.16，其主要原理是，在特定条件下，用聚糖酶水解 β-葡聚糖，然后测定其中水解释放出的葡萄糖含量。该方法主要适用于大麦、麦芽等葡聚糖含量较高的纤维原料的测定。

2. 果聚糖的测定方法 果聚糖测定的官方推荐方法是 AOAC 999.03，其原理为用热水提取产物以溶解果聚糖。将等份的提取物用特定的蔗糖酶处理以将蔗糖水解成葡萄糖和果糖，并用纯淀粉降解酶的混合物将淀粉水解成葡萄糖。所有的还原糖用碱性硼氢化物还原成糖醇。果聚糖先用纯化的果聚糖酶（外切菊粉酶、内切菊粉酶）水解成果糖和葡萄糖，然后测定这些还原糖含量。该方法主要适用于测定低聚果糖、多聚果糖和菊粉含量。

3. 抗性淀粉的测定方法　抗性淀粉的官方推荐测定方法是 AOAC 2002.02，其原理是，先将可消化的淀粉用淀粉酶水解，将不能水解的沉淀用碱膨化后用淀粉酶水解，测定这部分水解后释放的葡萄糖含量，最后将其转化为抗性淀粉的含量。还有一种快速测定抗性淀粉的方法，是将食用后 120min 仍不能消化的抗性淀粉，在 37℃用淀粉酶水解，然后测定 120min 水解释放的葡萄糖含量，再以此为依据换算成抗性淀粉的含量。

表 6-6 是对官方推荐的测定日粮纤维及其组分或单个组分的方法说明。

表 6-6　食品中日粮纤维分析的官方推荐方法

分　组	方　法	描　述
无法测定较低分子质量（DP≤9）成分的常规方法	AOAC 985.29	酶重量法
	AOAC 991.43	抗性可溶性多糖和不溶性多糖
	AOAC 992.16	木质素和植物细胞壁
	AOAC 993.21	非酶重量法，测定淀粉含量低于 2%原料
	AOAC 994.13	酶化学法，中性糖、糖醛酸和木质素
能测定较高分子质量（DP＞9）和较低分子质量（DP≤9）的常规方法	AOAC 2001.03	酶重量法和液相色谱法，测定成分包括抗性多糖、抗性麦芽糊精、木质素、植物细胞壁，但不包括抗性淀粉
	AOAC 2009.01	酶重量法和高压液相色谱
	AOAC 2011.25	测定内容包括抗性多糖、木质素、抗性淀粉和低聚糖。适用于含有或者不含有抗性淀粉的样品
测定特定成分的方法	AOAC 991.42	酶重量法，测定不溶性纤维
	AOAC 992.28	酶法，测定 β-（1，3；1，4）-D-葡聚糖
	AOAC 993.19	酶重量法，测定可溶性纤维
	AOAC 995.16	酶法，测定 β-（1，3；1，4）-D-葡聚糖
	AOAC 997.08	酶法和 HPAEC-PAD，测定果聚糖
	AOAC 999.03	酶法和比色法，测定果聚糖
	AOAC 2000.11	HPAEC-PAD，测定聚葡萄糖
	AOAC 2001.02	HPAEC-PAD，测定低聚半乳糖
	AOAC 2002.02	酶法，测定抗性淀粉（RS2 和 RS3）

第二节　功能性纤维对母猪繁殖周期采食量的调控

母猪繁殖周期的采食量是影响母猪繁殖性能的重要因素。在繁殖周期中，母猪妊娠期采食量对泌乳期采食量具有显著影响，而为达到母猪的最佳生产性能，应采用"低妊娠，高泌乳"的饲喂方式。但是在实际生产中，却常常因为妊娠期采食量偏高而导致背膘沉积过多，从而降低母猪总产仔数、产活仔数、仔猪的初生重和初生均匀度，以及母猪的泌乳期采食量。泌乳期母猪采食量不足时，不仅会降低泌乳量，影响仔猪的生长速度、断奶重和育成率；而且会导致母猪在泌乳期过度失重，影响再繁殖性能。因此，调控母猪繁殖周期的采食量，对于提升母猪的繁殖性能具有重要意义。

一、功能性纤维的定义

在食品中，功能性纤维是指一类从天然纤维中提纯或人工合成的日粮纤维。它们一般不含有其他营养成分，同时具有一定的生理调节功能，如改善胰岛素敏感性、控制血糖等。从功能性纤维的定义上来看，传统意义上属于日粮纤维但是不具备任何生理调节作用的组分，如木质素等不被认为是功能性纤维。功能性纤维发挥生理调节功能与其理化性质和发酵特性密切相关。

如前所述，妊娠母猪应该采用限制饲喂的方式，以防止体脂过度沉积从而影响繁殖性能。然而，妊娠期限饲会导致便秘、刻板行为等严重问题。因此，控制妊娠期采食量的同时，应通过满足饱感，减少其刻板行为，并防止母猪发生便秘；而该阶段的另一个目标是通过妊娠期的调控，改善仔猪的初生性能，并提高其在泌乳期的采食量。能够发挥以上调控效果的纤维可以被称为妊娠母猪的功能性纤维。根据不同理化和发酵性质纤维的比较研究，妊娠母猪的功能性纤维应具有"高水结合力、强吸水膨胀性和快速发酵能力"。本章后续内容将分别介绍妊娠母猪功能性纤维发挥调控作用的效果和机制。

二、功能性纤维调控采食量的机制

（一）短期调控机制

1. 调控饱腹感　饱腹感（satiation）和饱感（satiety）是机体食欲调控系统的组成部分，参与采食量的调控。饱腹感是指动物采食过程中产生饱腹满足的感觉，并随后终止采食的过程。其中，餐模式分析度量指标为每餐采食量（meal size）和每餐采食时间（Bassil 等，2012）。胃肠激素和肠-脑轴信号参与动物饱腹感的调控。

食物进入胃后，使其处于充盈膨胀状态，进而刺激胃壁，使得饱感信号传入中枢神经系统，从而产生饱腹感。在研究动物的饱腹感时，将生理盐水灌注大鼠的胃或者十二指肠，前者引起胃膨胀促进饱腹感并降低了采食量，而后者刺激十二指肠后却没有影响（Heijboer 等，2006）。这说明胃膨胀可作为饱腹感的标志（Benelam，2009）。此外，胃膨胀会抑制 Ghrelin 的释放，减缓胃蠕动，促进饱腹感（Burton-Freeman，2000）。胆囊收缩素（cholecystokinin，CCK）被认为是促进饱腹感的另一生物标志（de Graaf 等，2004）。CCK 由十二指肠和空肠 L 细胞合成并分泌，可通过延缓胃排空和刺激消化酶的分泌和释放，进而调节饱腹感（Liou，2012）。在大鼠日粮和人食物中添加 CCK 降低了随后每餐的采食量（Benelam，2009）。

当日粮纤维具有良好的水合特性，如高水结合力和强吸水膨胀性时，日粮在从食管进入胃部的过程中，会和水发生充分的水合作用，此时日粮纤维的理化特性就会改变食糜的理化特性。例如，在大鼠的日粮中添加高吸水膨胀性和强水结合力的魔芋粉和组合纤维后，会提高食糜在胃中的吸水膨胀性和水结合力（Tan 等，2016b）。高水结合力的日粮纤维通过吸水膨胀使食糜的体积发生膨胀，日粮的体积增大为原有基础体积的 8

倍，从而使胃部保持充盈，刺激胃壁，通过迷走神经将机械刺激传递到大脑产生饱腹感。

2. 调控饱感 饱感是指动物采食后维持一段饱腹感的时间，延缓下次采食的启动，度量指标为采食次数和采食间隔时间（Bassil 等，2012）。

动物的饱感受胃肠激素和肠-脑轴信号的调控。小肠肠腔接触营养物质后，会通过释放神经递质 5-羟色胺，触发迷走神经传入饱感信号至中枢神经系统，促进饱感，降低采食量（Benelam，2009）。小肠黏膜长期与未消化的营养物质诱导肠多肽物质释放入血，作为激素激活神经通路的物质促进动物产生饱感（Cummings 等，1987）。这些多肽物质包括 P 细胞分泌的瘦素（Friedman 和 Jeffery，2014），回肠末端 L 细胞分泌的胰高血糖肽-1（glucagon-like pepide-1，GLP-1）和酪酪肽（peptide-tyrosine tyrosine，PYY），以及胰腺 F-细胞分泌的胰多肽（Geraedts 等，2010）。此外，这些释放的胃肠道多肽物质还能延缓胃排空，促进饱感，延缓随后采食启动。另外，血液中葡萄糖水平的维持时间对饱感的维持也有重要作用，当血糖浓度高于启动下次摄食的阈值时，饱感将持续维持。

功能性纤维的水合特性可以促进动物产生饱感。日粮中添加功能性日粮纤维，会改变日粮的理化特性，如提高水合特性和发酵特性。日粮的吸水膨胀性和水结合增加以后，会使动物胃中食糜的吸水膨胀性和水结合力增加，然后通过降低胃的排空速率或者引起回肠制动，导致胃体积膨胀，通过迷走神经传入中枢神经引起饱腹感，延长动物的采食间隔（Tan 等，2016b）。另外，食糜黏度的增加会延缓食糜中营养物质的吸收，同时具有发酵特性的纤维能产生丙酸，并进一步通过糖异生途径产生葡萄糖。但这部分产生的葡萄糖滞后于前肠消化淀粉产生的葡萄糖，并且产生的速度较慢，因此可以起到在摄食后持续向血糖库补充葡萄糖的作用，从而在更长的时间内维持血糖水平在启动摄食的阈值水平之上（de Leeuw 等，2004）。此外，日粮纤维发酵产生的乙酸会通过血液循环进入下丘脑抑制采食；并且产生的短链脂肪酸可以作为肠道中 G 蛋白偶联受体的信号分子，促进食欲调节相关神经递质和神经因子，如多巴胺、五羟色胺和脑源性神经营养因子的释放，并促进 GLP-1 和 PYY 的释放，以抑制母猪采食，提升饱感。因此，具有良好发酵特性的日粮纤维具有增加饱感的作用。

3. 缓解限饲母猪的刻板行为 刻板症是一种无目的、无功能，在形态学上则表现为一系列有规律的重复行为，如出现空口咀嚼、拱料槽或饮水器、咬栏等行为。刻板症会增加母猪的肢蹄损伤，导致母猪的淘汰率和非生产天数增加，从而影响母猪的繁殖性能（Quesnel 等，2005）。由于母猪在大规模集约化养殖模式中容易出现刻板行为，因此，刻板行为被作为母猪福利的指标来反映养殖场的养殖水平。

为了维持适宜的体况，母猪在妊娠期的采食量必须受到限制。因此，妊娠期的母猪在大部分时间都处于饥饿状态，这也是引起妊娠母猪刻板行为的主要原因。日粮中添加日粮纤维可以满足母猪对咀嚼和食欲的需求，从而减少刻板行为的发生。比如，在母猪日粮中增加日粮纤维或者让母猪自由采食秸秆，都能改善母猪饥饿和刻板症。尽管这两种措施并不能降低母猪的采食动机，但是增加日粮纤维会降低母猪饮水和嗅探地板的行为，同时血浆中短链脂肪酸水平升高和饥饿素水平降低，这共同表明日粮纤维可以降低饥饿引起的刻板行为。另外，自由咀嚼秸秆虽然不能降低母猪的摄食动机，但是增加了母猪侧卧的次数，也表明缓解了母猪限饲引起的刻板行为（Jensen 等，2015）。相似的，妊娠期母猪日粮中添加 1.2% 和 2.2% 魔芋粉后，也显著降低了采食后与外物有关行为的发生率；并且随着日粮纤维添加量的增加，采食后与外物有关的行为呈线性减少；不仅如此，血浆中与应激相关的激素皮质醇也随着魔芋粉的添加线性减少。这些结果都表明，日粮中添加了能快速发酵的可溶性纤维魔芋粉后，缓解了母猪的刻板行为和因采食得不到满足而产生的应激（孙海清，2013）。

（二）长期调控机制

动物采食量的长期调控，主要取决于能量储备，如一定的脂肪储备。胰岛素既能调控脂肪合成和分解，也能作用于下丘脑对采食量进行负调控，因此在采食量的长期调控中发挥作用。日粮纤维不仅能影响胰岛素的分泌，还会影响胰岛素的敏感性。如本书第一章所述，动物胰岛素敏感与采食量呈正相关。

在人的膳食中增加可溶性纤维后，很好地改善了胰岛素的敏感性（Weickert 等，2006）。动物血液中游离脂肪酸含量的增加，是造成胰岛素敏感性下降的重要原因（Robertson 等，2003）。日粮纤维在大肠中发酵产生的短链脂肪酸，特别是乙酸能降低血液中游离脂肪酸的浓度，提高胰岛素的敏感性（Tarini 和 Wolever，2010）。其原因可能是乙酸进入血液中，通过氧化为肌肉组织活动提供能量，从而减少脂肪组织的分解，因此降低游离脂肪酸的释放。另外，在乙酸供能有限的情况下，机体会加速血液中游离脂肪酸的氧化速度，从而进一步降低血液中游离脂肪酸的浓度（Fernandes 等，2012）。这些机制共同提高了胰岛素的敏感性。

丙酸也可以改善胰岛素的敏感性。哺乳动物血液中丙酸的浓度和胰岛素的敏感性具有较高的相关性，其可能的机制是丙酸可以在肝脏中从头合成奇数碳脂肪酸（odd-chain fatty acids，OCFAs），使外周循环中奇数碳脂肪酸的浓度升高。而奇数碳脂肪酸在线粒体中的氧化会产生丙酰辅酶 A，丙酰辅酶 A 的氧化可以防止线粒体功能发生紊乱，从而降低氧化自由基的含量，降低氧化自由基对胰岛素受体的攻击，进而提高胰岛素的敏感性（Pfeuffer 和 Jaudszus，2016）。此外，十七碳酸与日粮中总日粮纤维和可溶性纤维显著相关。用相同总浓度、不同乙酸与丙酸比例的脂肪酸培养人肝脏癌细胞证明，丙酸含量的增加可以促进细胞中十五碳酸和十七碳酸的生成，并且总奇数碳脂肪酸含量和丙酸浓度极显著相关（$R^2=0.99$），表明奇数碳脂肪酸的从头合成也可以在哺乳动物中通过丙酸进行。因此，奇数碳脂肪酸可能是摄食日粮纤维的生物标记物（Weitkunat 等，2017）。

日粮纤维改善胰岛素敏感性的另一个可能途径是日粮纤维改变了肠道菌群的结构。在妊娠母猪日粮中添加 2% 的魔芋粉，母猪围产期的 HOMA-IR 降低而 HOMA-IS 增加，表明胰岛素的敏感性得到改善。魔芋粉促进了肠道中 *Akkermansia* 和 *Roseburia* 丰度的增加，而这两个菌属的丰度和胰岛素敏感性显著正相关（Tan 等，2016a）。富含日粮纤维的饮食可以通过促进短链脂肪酸生成菌，如 *Roseburia*、*Bacteroides* 和 *Akkermansia*，然后提高其对日粮纤维的降解，产生的短链脂肪酸能通过与肠道上皮上的短链脂肪酸受体结合，调控相关激素的分泌，从而改善胰岛素敏感性。另外，丁酸的产生提高了母猪分娩后的肠道屏障功能，降低了血液 LPS 水平和系统性炎症的发生，从而改善了分娩后母猪的胰岛素敏感性。

具有发酵特性是日粮纤维能发挥长期采食量调控作用的关键。例如，在母猪妊娠期日粮中分别添加可溶性纤维含量相近，但是发酵特性不同的日粮纤维原料魔芋粉和甜菜粕后，具有快速发酵能力的魔芋粉提高了母猪妊娠期的采食量，而慢速发酵型的甜菜渣则没有改变母猪泌乳期的采食量（Tan 等，2017b）。因此，日粮纤维的发酵速度，对于提高母猪繁殖性能具有重要影响。这是因为，妊娠母猪结肠食糜的通过时间约为 30h，因此如果不能在 30h 内有效发酵产生短链脂肪酸的将不能发挥上述调控作用。事实上，在母猪妊娠日粮中添加具有快速发酵能力的可溶性纤维，还显著提高了泌乳期母猪的采食量，以及仔猪的断奶重和断奶窝重（Sun 等，2014；Cheng 等，2018）。

综上所述，具有快速可发酵性特征的纤维具有短期和长期调控采食量的效果。在妊娠期添加这类功能性日粮纤维后，有利于实现母猪"低妊娠，高泌乳"的采食量，并改善其繁殖性能。

第三节　功能性纤维对母猪肠道健康的调控

一、便秘调控

养猪生产中，母猪妊娠后期和泌乳前期（称为围产期）常常发生便秘问题。原因是：①妊娠期限制采食量，食糜在大肠中滞留的时间延长；②母猪在临近分娩时，胎儿的生长使子宫挤占了原本属于肠道的空间而导致肠道活动性降低；③母乳合成的需要使得肠道对食糜中水分的重吸收增加；④肠道中魏氏梭菌增加。

便秘会产生或加重很多繁殖问题。妊娠后期母猪出现便秘导致在分娩时更容易发生难产，造成产程更长（Oliviero 等，2010），增加死胎的发生率，降低仔猪初生后的活力和育成率（Peltoniemi 等，2016）。另外，便秘还会显著提高母猪乳腺炎的发生率。

妊娠期母猪日粮中添加日粮纤维能改善便秘。给妊娠后期母猪分别饲喂含 7% 和 3% 粗纤维的日粮纤维后，分娩前后 5d 内高纤维组母猪的便秘情况可得到缓解，并且高纤维组母猪所产仔猪的生长速度也较快（Oliviero 等，2009）。

日粮纤维改善便秘症状的效果与其水分特性、促进肠道蠕动的特性及对肠道菌群的改善有关。不溶性日粮纤维改善便秘主要是通过机械刺激结肠黏膜，加速结肠运输，增加分泌和蠕动，增加排便频率和粪便体积来实现的；而高水结合力纤维进入肠道后会增加粪便中的水分，使粪便变得软，更有利于排便。例如，在妊娠母鼠日粮中分别用 2% 的高水结合力纤维魔芋粉或组合纤维替代麸皮，食糜的水结合力会显著增加，粪便中的含水量也显著提高（Tan 等，2017）。另外，具有高水结合力的日粮纤维，如部分水解瓜尔胶和组合纤维（包括果聚糖、菊粉、阿拉伯胶、抗性淀粉、大豆多糖和纤维素）等，能加快食糜在结肠中的通过速度，增加排便次数（Polymeros 等，2014；Weber 等，2014）。在日粮中分别添加葡甘露聚糖、菊粉和车前草纤维，也能在不同程度上缓解便秘，粪便的硬度也显著性降低。日粮纤维选择性改善菌群组成的作用，也与改善便秘有关。例如，魔芋粉会提高常见益生菌 *Lactobacillus* 的含量，同时降低母猪肠道中

Clostridium 的含量。而 *Clostridium* 的过度增殖是导致便秘的一个主要原因。

二、胀气调控

母猪胀气，也被称为"母猪猝死症"，是母猪中发生的一种病程急、死亡率高的疾病。由于该病在临床上的发病率不高，因此在大多数猪场并没有被引起足够的重视。

母猪胀气主要发生在妊娠期，尤其是妊娠前期。发病前母猪并没有任何明显的征兆，但发病时表现为腹部疼痛、躁动不安，有排便的趋势和动作，背部弓起，但无法排出粪便。随后母猪腹部迅速胀大如球，内脏器官受到压迫，导致血液循环障碍，甚至可引起呼吸受阻，母猪突然倒地呻吟，面部及耳部发紫，肛门外翻，体温一般无明显变化，从出现症状到死亡历时仅 1~2h，死亡率接近 100%。

母猪胀气发生的原因主要有环境、饲养管理、便秘、病原菌感染等。在秋、冬季节，遇到天气和气温骤变时，或当母猪饮用温度较低的水时均会引起母猪应激，使交感神经兴奋，肾上腺髓质分泌增加，引起去甲肾上腺素和肾上腺素分泌量的显著升高，从而导致胃肠道分泌功能和蠕动紊乱，消化吸收功能出现障碍，胃肠道运动不足。这种变化使食糜排空出现障碍，导致食糜停滞时间增加，梭菌或产气荚膜杆菌等大量繁殖，发酵产生大量气体，引起胀气。

母猪食用发霉饲料后，饲料中含有大量的真菌，也会促进梭菌在胃肠道的大量繁殖。有害菌的生长和繁殖会产生大量的气体，当这部分气体超过胃肠道对气体吸收的能力但不能被排出体外后，会造成胃肠道胀气。

便秘也是引起胀气的一个重要原因。母猪发生便秘时，胃肠道的蠕动能力下降，微生物发酵产生的气体无法被排出体外，因而产生胀气。胀气发生的另一个原因是母猪感染了一些病原菌，如艰难梭菌、产气荚膜杆菌等。这些病原菌的生长和定植会产生大量的气体，使母猪产生胀气的现象，引起母猪在没有任何征兆的情况下突然死亡，腹部鼓胀非常明显，病程非常短，母猪死后皮肤发白。

如前所述，在妊娠期饲料中添加功能性纤维，一方面能预防便秘发生，从而减少胀气发生的风险；另一方面具有快速可发酵特性的纤维能够有效改善肠道的菌群结构，防止胀气相关的病原菌增殖，因此可能对胀气的发生也有一定的预防作用。

三、肠漏调控

"肠漏"是指肠道屏障的正常结构和完整性受到损害，肠道渗透性增加，一些大分子抗原物质直接穿过肠道屏障进入循环系统。一旦发生肠漏，一般会导致系统性的炎症状态发生，或导致肠外器官的疾病。肠漏的发生可能由多种原因引起，如应激、肠道血流量减少、炎症、病原菌感染等。对于母猪而言，妊娠期肠道菌群的变化，导致了肠道的通透性增加，这是引发母猪代谢综合征发生的重要原因。因此，控制妊娠期肠道通透性的改变，可能是改善母猪代谢综合征的重要调控靶点。

（一）肠道屏障

肠道不仅是动物消化和吸收的器官，而且还具有重要的屏障功能。肠道内环境和动物的组织内环境被肠道分隔开，从而保护动物不受肠腔中的有害物质、病原微生物及其有害代谢产物的伤害。一般而言，肠道屏障主要由微生物屏障、化学屏障、机械屏障和免疫屏障组成。微生物屏障由寄居在肠道内的微生物构成；化学屏障主要由胃酸、胆汁、溶菌酶、黏多糖、水解酶等构成；机械屏障主要由肠上皮细胞、上皮细胞侧面的紧密连接蛋白、上皮细胞的基膜和上皮细胞表面的菌膜构成；免疫屏障主要由肠道相关的淋巴组织、肠黏膜表面的主要体液免疫成分（如分泌型的免疫球蛋白）等构成。完整的肠道屏障对于保持母猪内环境的相对稳定，以及维持其正常生长和繁殖都具有重要意义。

1. 微生物屏障　肠道中和宿主相互依赖、相互作用的稳定微生态体系，构成了肠道的微生物屏障。母猪的肠道是一个定植有大量微生物并且具有生物多样性的微环境，其中生长的微生物包括几百种细菌、古生菌及真菌，占粪便湿重的 20%～30%，这些微生物绝大部分是厌氧菌。正常情况下，肠道微生物之间保持着相对稳定的结构和多样性，以厌氧菌占优势，并且绝大部分都是有益菌。它们和肠道黏膜结合、黏附、嵌合，通过产生抗菌物质与病原菌竞争性占位，从而抑制病原菌的生长。肠道菌群在肠道的新陈代谢、免疫调节、炎症反应等方面均有着重要的作用。

母猪的生理阶段和代谢状况发生改变时，或者母猪遭受应激、使用抗生素治疗时，肠道菌群的组成和结构均会发生改变，严重时会导致菌群多样性降低、有益微生物相对丰度减少、条件性致病菌和致病菌相对丰度增加，并导致肠道通透性增加。

2. 化学屏障　化学屏障由消化道分泌的胃酸、溶菌酶、黏多糖、蛋白分解酶、胆汁和肠腺潘氏细胞分泌的抗菌肽构成。胃酸是胃液中分泌的盐酸，肠道中的胃酸主要在小肠的起始端发挥作用，可灭活一些不耐酸的病原微生物。肠腺中潘氏细胞产生和分泌的抗菌肽在肠上皮表面和肠腔内发挥杀菌和抑菌作用。黏多糖是大分子的糖蛋白，一方面起到润滑肠腔的作用，使肠腔保持润滑，保护肠黏膜免受物理性的损伤；另一方面具有一定的缓冲作用，可以结合酸性或者碱性的消化液，保护肠黏膜免受酶和消化液的酶解、消化等侵袭性的损伤。胆汁酸在肠道内对内毒素的作用也是其作为化学屏障的重要功能，一方面胆盐在肠道内结合内毒素，从而阻止内毒素在肠道内被吸收而进入门静脉；另一方面胆盐和胆酸还可以作为去污剂，将内毒素分解为无毒性的亚单位或形成微聚物后随粪便排出体外。

3. 机械屏障　机械屏障又叫物理屏障，是肠道屏障中最重要、研究最广泛的组成部分。机械屏障主要由排列致密的单层肠上皮细胞构成。在健康状态下，肠上皮的机械屏障对毒素、病原体和抗原是不可渗透的，并同时保持对营养、离子、水的运输和吸收的选择性渗透。

肠上皮细胞间的连接复合体，如紧密连接、黏附连接和缝隙连接是机械屏障的重要组成部分，其中紧密连接作用最为重要。从肠上皮细胞的顶端到基底区域，有 3 组细胞间连接，即紧密连接、黏附连接和桥粒。它们共同组成顶端连接复合体，支撑浓密的微绒毛刷状缘，调节上皮屏障功能和细胞间转运。上皮细胞表面也存在一层菌膜，其对机械屏障极为重要。这层菌膜是肠道中微生物与上皮细胞上的特异性受体结合后，有序地结合、黏附和嵌入肠道细胞之间构成的有层次的空间结构。除此以外，肠壁的固有层结缔组织细胞间质中还充盈着一些凝胶状的基质，以蛋白多糖为主。这些结构共同组成机械屏障，使肠腔内的细菌、外源有害物质和内毒素无法穿越。

4. 免疫屏障　肠道是人体重要免疫器官之一，肠道中的免疫系统是由分散在肠道黏膜上皮和固有层中的免疫细胞、免疫分子及一些淋巴系统共同组成。其中，免疫细胞有巨噬细胞、树突状细胞、B 细胞和 T 细胞；免疫分子有分泌性免疫球蛋白（sIgA）和各种细胞因子；淋巴系统有派伊尔结、固有层内淋巴结和上皮淋巴结。它们共同防御和抵制毒素、病原体及抗原的入侵，在维持肠道免疫屏障中发挥着重要的作用。肠道免疫系统受到抗原的刺激后，会激活免疫细胞分泌免疫球蛋白、白细胞介素、干扰素等蛋白或细胞因子，从而进行免疫调剂作用，使肠道免受侵害，保证母猪健康。其中，B 细胞会转化为效应 B 细胞，然后分泌 sIgA；分泌后的 sIgA 会穿过肠上皮细胞，进入肠腔中发挥作用，这是肠道免疫的重要内容。免疫球蛋白和细胞因子不仅能抵抗病毒、中和有害物质和其他具有生物活性的抗原，其更重要的作用是防止病原菌对上皮细胞表面的黏附。

肠道屏障通过相互作用来响应各种刺激是一个动态过程，由以下多个阶段共同组成。首先，当病原菌或者抗原进入肠腔中时，肠腔中的胆汁、胃酸、胰液及其他抗菌物质共同抑制病原菌的定植和对共生细菌的降解。随后，未受束缚的水层、糖蛋白和黏液层会阻止病原菌或者抗原的黏附。由顶端复合连接物连接的上皮细胞通过分泌氯化物和抗菌肽来对有害刺激做出应对。同时，上皮层中的潘氏细胞还会在肠道长期暴露在有害菌和有害菌产物时，产生大量的防御素和其他几种抗菌肽及蛋白分子。除上皮细胞外，固有层中还有大量的免疫细胞。这些细胞在受到有害刺激时会分泌 sIgA、细胞因子、趋化因子等，并通过肠道神经系统介导的分泌，来共同维持肠道正常的结构和功能。

肠道的 4 个屏障功能是一个相互作用的整体，任何一个部分受到破坏都会影响其他屏障功能正常发挥作用，严重的甚至引起黏液层厚度降低、肠上皮细胞死亡、黏膜层破损直至发生肠漏。

（二）功能性日粮纤维调节肠漏的机制

如第一章所述，母猪妊娠后期和泌乳前期肠道菌群会发生剧烈变化，并伴随肠道通透性的增加，进入血液中的细菌内毒素水平提高，从而成为诱发母猪代谢综合征的重要原因。如果母猪处于应激或者被病原菌感染，肠道屏障可能会进一步损伤，加剧肠漏状态的发生。

功能性日粮纤维在调节肠漏上具有重要的作用。日粮纤维调节肠漏的作用机制主要依赖于菌群代谢日粮纤维后产生的物质：①肠道菌群可以利用未被消化吸收的日粮纤维作为其代谢的底物。值得重视的是，如果没有足够的日粮纤维作为菌群代谢的底物，肠道菌群会倾向于降解黏液层，使得黏液层变薄，这增加了病原菌穿过黏液层与上皮细胞黏附的可能性。②菌群代谢纤维产生的短链脂肪酸可以对肠道的免疫屏障和肠道上皮细胞产生直接影响（有关短链脂肪酸对肠道屏障的调控作用和机制在本书的第五章中有较为详细的阐述）。③具有可发酵特点的日粮纤维可能会影响微生物屏障。这是因为日粮纤维的吸水膨胀性和水结合力特性，会增加食糜中的含水量和减少胃肠道排空过程对微生物的影响。④可发酵纤维能作为微生物代谢的底物，是其生长和增殖的直接能量来源，从而调节微生物的结构和组成，维持甚至促进肠道的微生物屏障功能。

一般而言，具有快速发酵特点的功能性纤维能在随粪便排出前被充分发酵；而不溶性纤维可发酵程度较低、发酵速度慢，因此能发挥调节肠道菌群的益生作用也较差。总体来看，可发酵的日粮纤维能增加肠道内有益微生物的丰度，降低致病菌的相对丰度，有利于健康的微生物在肠道内成为优势菌群，在维持肠道结构和功能上，尤其是在保持肠道屏障完整、防止肠漏的发生方面发挥重要的作用。

第四节　功能性纤维对母猪繁殖性能的调控

在生猪产业中，母猪繁殖性能的高低是决定盈利能力和生产效率高低的关键（Ek-Mex 等，2015）。母猪的繁殖性能主要包括产仔性能、泌乳性能、断奶后性能等。每头母猪每年提供的断奶仔猪数（pigs weaned per sow per year，PSY）能有效量化母猪的繁殖性能，同时也是国际上常用的衡量种用母猪生产力的基准指标（Koketsu 等，2017）。关于母猪繁殖性相关指标的介绍可在本书的第十章中查阅。根据英国农业和园艺发展委员会（Agriculture and Horticulture Development Board，AHDB）和美国 PigCHAMP 数据，美国在 2017 年前 10% 的猪场 PSY 可达 28.65 头，平均 PSY 达 24.95 头；欧洲前 10% 的猪场 PSY 已达到了 30.40 头，平均 PSY 为 25.50 头。中国母猪的平均 PSY 在 2017 年和 2018 年分别为 17.38 头和 18.23 头，远远低于美国和欧洲水平，因此仍有很大的提升空间。在母猪日粮中添加适宜的功能性纤维，能改善母猪的繁殖性能，包括产仔性能、泌乳性能和断奶后性能。

一、调控仔猪的初生性能

1. 调控母猪总产仔数　母猪的产仔数受母猪排卵率、受精率和总胚胎数的影响。母猪的排卵过程受下丘脑-垂体-性腺轴的调控，主要体现在促黄体激素（luteinizing hormone，LH）、促卵泡激素（follicle stimulating hormone，FSH）、类固醇及代谢激素（如胰岛素）之间的相互影响。胰岛素能作用于母猪的生殖轴，通过作用于性腺轴向生殖系统传递信号，来提高母猪的排卵率。

日粮纤维能加速清除血液循环中的类固醇。小肠中未被消化的日粮纤维，能结合类固醇或修饰细菌酶活性，调节肠肝循环中的雌二醇水平（Arts 等，1992）。循环中雌二醇浓度的降低将会减弱下丘脑-垂体轴的负反馈作用（Ferguson 等，2007），提高促黄体激素脉冲率，进而促进卵巢发育，有利于卵母细胞成熟。例如，母猪从配种前发情周期起在其日粮中添加甜菜粕，能提高本情期第 18 天的 LH 脉冲，降低 17～19d 雌二醇的浓度，提高成熟卵泡的数量（Ferguson 等，2007）。另外，日粮纤维还可能通过缓解氧化应激，减少自由基对卵母细胞的攻击，保证精子和卵子的结合和受精卵的着床，从而提高母猪产仔数。日粮纤维对母猪产仔数的影响会在连续多个繁殖周期中表现得更明显。例如，在母猪的连续 3 个繁殖周期饲喂由麦麸和玉米芯组成的日粮纤维，则在第一个繁殖周期纤维对其繁殖性能没有影响，但是随后两个繁殖周期母猪的产活仔数显著提高。另一项研究中，母猪连续多个繁殖周期饲喂高水平纤维日粮，则其产活仔数和断奶仔猪数分别提高了 0.4 头和 0.5 头；而使用单个繁殖周期反而有降低的趋势（Reese 等，2009）。连续使用多个繁殖周期的效果更好的原因是，使用单个繁殖周期意味着母猪配种前不再给其饲喂高纤维日粮；而在多个繁殖周期的研究中，母猪可以在断奶至配种前再次饲喂高纤维日粮；而且通过提高前一个繁殖周期的泌乳期采食量，影响繁殖及相关代谢激素，从而提高随后繁殖周期的繁殖性能。

日粮纤维对母猪产仔数的影响依据其理化性质的差别而呈现不同的效果。日粮添加较高可溶性纤维组母猪其胚胎存活率提高，而不溶性纤维组母猪其胚胎存活率降低（Renteria-Flores 等，2008）。但也有研究指出，母猪妊娠期日粮添加不同类型的日粮纤维，即可溶性纤维和不溶性纤维，并未影响母猪的产仔数。这意味着考虑日粮纤维的单一理化性质，如溶解特性对母猪产仔性能的影响不足以阐明其内在的机理。因此，日粮纤维的其他理化性质，如可发酵性、水合特性等，对母猪繁殖性能的影响可能更加值得重视。

2. 减少母猪所产死胎数 过去几十年，为了提高母猪的 PSY，通过基因选择选育具有较高产仔数和育成率的效果非常显著。然而，产仔数的提升往往伴随产死胎数的增加，从而严重影响了母猪的繁殖效率。

母猪分娩时死胎的发生率为 3%～8%（Vanderhaeghe 等，2010）。根据死亡发生的时间，死胎分为两类：一类是在妊娠结束前死亡的胎儿，一般由感染引起；一类是在分娩过程中死亡的胎儿，通常和感染无关但与妊娠和分娩管理有关，如宫内窒息和难产等（Sprecher 等，1974）。所有的死胎中，10% 的死胎在分娩前不久死亡，75% 的死胎在分娩过程中死亡，还有 15% 的死胎是在分娩结束后不久死亡（Leenhouwers 等，1999）。由此可见，分娩时是发生死胎的主要阶段。

导致胎儿分娩死亡最主要的原因是产程过长而引起的窒息死亡。母猪分娩的平均时间一般为 2.5～4.5h，一般产程超过 5h 就被认为超过平均产程，会有提高死胎的风险（Oliviero 等，2010）。当产程由 3h 增加到 8h 时，死胎的发生率从 2.4% 提高到了 10.5%（Alonso-Spilsbury 等，2005）。当产程超过 5h 时，平均所产死胎数会达到 1.4 头；而产程低于 5h 时，平均所产死胎数仅为 0.4 头。产程的长短与母猪所产胎次、妊娠末期的体况、便秘及产仔数、胎猪重相关。其中，胎猪重及母猪妊娠末期的体况和便秘情况是受饲养管理影响的因素。当仔猪的初生均匀度差时，体重过大的仔猪可能会挤占在产道中而难以被排出体外，从而导致窒息而死亡（Canario 等，2006）；妊娠末期体况适宜的母猪产程较短，死胎数低（Oliviero 等，2010）；而便秘也会导致母猪产程延长，死胎的发生率提高。

如前所述，具有强吸水膨胀性和快速发酵特性的功能性纤维能调控母猪的食欲，帮助母猪在限饲条件下维持适宜的体况，使猪群中背膘过厚或者过肥的母猪数量降低，提高适宜背膘母猪在猪群中的比例（张红，2019）。另外，水合特性或发酵特性好的日粮纤维还可以预防母猪围产期发生便秘，从而减少因便秘导致的母猪产程延长和死胎增加风险。母猪妊娠 102d 后，用富含葵花粕、甜菜和豆皮的高纤维日粮部分替换原有日粮饲喂 1 周后，高纤维组的死胎率为 6.6%，显著低于低纤维组的 8.8%（Feyera 等，2017）。

3. 调控仔猪初生重 仔猪的初生重会影响其在断奶前的存活率和生长性能，甚至对断奶后的生长性能都有影响。因此，低初生重会降低猪场经济效益。一般而言，仔猪从出生到断奶的死亡率为 11.3% 左右，其中仔猪初生重过低导致其在断奶前的死亡率为 0.9%；初生重低于 800g 的仔猪，有 62% 会在分娩前死亡（Spicer 等，1986）。仔猪的均匀度也会影响仔猪的活力和断奶前的存活率。当均匀度降低时，体重过低的个体由于活力较差等原因在断奶前的存活率降低；而体重过大的仔猪可能于母猪分娩时在产道中停留时间过长，发生窒息，降低活力，严重的甚至产生宫内窒息而死亡。

猪是多胎动物，胎儿在子宫内的位置、子宫容量、胎盘效率等因素决定了胎儿初生重和均匀度的变异。如本书的第三章所述，母体的体况会影响胎盘形态、血流、母体和胎儿营养物质交换及内分泌功能。母猪体况过肥，会引起胎盘中脂质异位沉积和更加明显的脂毒性环境，诱导促炎反应和氧化应激，影响胎盘的血管生成，从而影响母体和胎儿的营养物质交换，导致仔猪初生重过低和不均匀。仔猪的初生重和母猪 109d 的背膘存在显著的二次曲线关系，母猪背膘过高和过低都会影响仔猪的初生重，表现为低初生重个体增加和均匀度下降。

在母猪妊娠日粮中，添加快速发酵能力、强吸水膨胀性和高水结合力的组合纤维，显著增加了仔猪的平均初生重（Xu 等，2019）。此外，连续多个周期添加日粮纤维提高仔猪初生窝重的效果显著。例如，在连续两个繁殖周期中，给妊娠母猪的日粮中添加了 2% 的魔芋粉，第二个繁殖周期的仔猪初生窝重有提高的趋势（孙海清，2013）；在连续三个繁殖周期中，在妊娠母猪日粮中添加 13.35% 的麦秸，三个繁殖周期中仔猪的初生窝重分别为 15.18kg、15.92kg 和 16.23kg（Veum 等，2009）。

此外，日粮纤维可以降低弱仔数或低初生重仔猪的数量，并提高仔猪的均匀度。饲喂以豆皮、麦麸和葵花籽为纤维来源的含有 23.4% 总纤维妊娠日粮后，仔猪初生重低于 900g 的数量比饲喂含 13.3% 日粮纤维的少 0.07 头（Loisel 等，2013）。给初情期的母猪饲喂含有 0.8% 可溶性纤维的日粮，第一胎中所产仔猪的初生重没有差异，但是初生重低于 2 倍标准差的仔猪数量和占总产仔数的比例均出现显著差异，日粮中添加 0.8% 可溶性纤维组母猪产弱仔的概率显著低于对照组母猪（Zhuo 等，2017）。

在妊娠期母猪日粮中添加理化性质较为理想的功能性日粮纤维，使日粮中纤维含量达到一定的水平，可以促进母猪的饱腹感和饱感，缓解母猪因为饥饿而产生的刻板症，从而缓解因此而出现的应激等负面影响，提高母猪福利和母猪的产仔性能。此外，给妊娠期母猪饲喂日粮纤维能调控母猪的背膘，使其以合适的体况进入分娩，防止胎盘脂质异位沉积而产生的氧化应激，从而维持正常的胎盘功能。

二、调控母猪的泌乳性能

母猪的泌乳性能主要由泌乳期的采食量决定。如前所述，具有"高水合力、强吸水膨胀性、快速发酵性"的日粮纤维既有控制短期采食量的作用，也能通过增加胰岛素敏感性、提高泌乳期采食量、实现长期采食量调控，最终帮助母猪实现"低妊娠，高泌乳"的目的。关于"高水合力、强吸水膨胀性、快速发酵性"日粮纤维对母猪泌乳期采食量的调控效果已经在大样本试验和大规模示范中得到多次验证。

此外，日粮纤维还会改善乳成分。乳脂是乳成分中变异较大的组分，纤维发酵产生的乙酸可以作为乳腺脂肪酸合成的前体物，同时丙酸可以作为甘油代谢的前体物，从而影响乳脂合成。母猪妊娠的最后1周，给其饲喂以豆皮、麦麸、葵花粕和甜菜粕为主要纤维来源的日粮，虽然没有改变母乳的产量，但是提高了乳脂含量，最终提高了低出生重仔猪的母乳摄入量和仔猪哺乳期的育成率（Loisel等，2013；Feyera等，2017）。日粮纤维不仅能增加乳汁中的乳脂含量，还能增加乳汁中的乳蛋白和乳糖含量。向母猪妊娠全期日粮中添加不同含量的发酵膨化玉米秸秆，添加量分别为0、10％、15％和20％，随着纤维原料含量的增加，母乳中蛋白质和乳糖含量也会增加（Ngalavu等，2018），但变化的机制尚不清楚。给妊娠期母猪饲喂可溶性、发酵能力强的魔芋粉，提高了母猪初乳中乳蛋白和去脂干物质含量，而免疫球蛋白的含量却没有变化。母乳中的乳蛋白主要是免疫球蛋白和酪蛋白，表明魔芋粉可能增加了初乳中酪蛋白的含量。

给妊娠期母猪饲喂功能性日粮纤维，除了通过提高母猪采食量和乳成分、改善仔猪生长性能以外，还能通过改善仔猪肠道微生物的结构来促进仔猪生长。母猪妊娠期日粮添加具有快速发酵能力的可溶性日粮纤维可以提高仔猪的生长速度，降低仔猪的腹泻率，增加粪便和血液中乙酸和丁酸的水平，促进有益菌拟杆菌属（Bacteroides）、乳酸菌属（Lactobacillus）和产丁酸菌-罗氏菌属（Roseburia）在仔猪肠道中的富集，降低条件性致病菌嗜胆菌属（Bilophila）和螺旋体属（Spirochaetes）的相对丰度。表明具有快速发酵特点的日粮纤维，能提高仔猪早期肠道菌群组成，能提高仔猪肠道的屏障功能，能降低仔猪断奶后腹泻的发生率，能提高仔猪的生长性能（Cheng等，2018）。相关内容在本书的第五章中有详细介绍。

第五节　母猪生产中常用的日粮纤维原料及其特性

由于纤维性原料的能量浓度低、容重小，因此在妊娠母猪饲料中使用一定量的纤维原料，有利于妊娠期母猪的限制饲养。然而仅仅是低能量浓度和容重小的特点并不能帮助在生产中真正实现"低妊娠，高泌乳"的饲养方案。选择具有"高水合性、强吸水膨胀性、快速发酵性"的功能性纤维，能够实现对母猪繁殖周期采食量的调控，是实现"低妊娠，高泌乳"的重要工具。同时，具有这种特点的纤维还能改善仔猪的初生性能，因此在生产实践中有良好的应用价值。本节将介绍当前母猪生产中常用的纤维性及新型功能性纤维原料的特点。

根据原料的发酵特性，将原料分为发酵特性较好的日粮纤维原料和发酵特性较差的日粮纤维原料两大类。其中，魔芋粉、组合纤维、豆皮和甜菜粕属于发酵特性较好的日粮纤维原料，而米糠、玉米皮、麸皮、燕麦壳和苜蓿粉是发酵特性较差的日粮纤维原料。表6-7为妊娠期母猪中常用的日粮纤维原料及其性质。

表 6-7　妊娠期母猪常用的日粮纤维原料及其性质（%）

纤维来源	CF	NDF	ADF	ADL	发酵能力	持水力
麦秸	38.2	72.1	45.8	7.5		
豆皮	34.2	56.4	40.4	2.2	+++	++
燕麦皮	29.0	73.5	35.3	6.9	+	+
脱水苜蓿	28.4	46.1	32.6	8.3	+++	++
葵籽饼粕	28.0	46.3	33.0	11.4	++	
脱水甜菜粕	19.4	45.5	23.1	2.1	++++	+++
葵花籽	16.0	31.0	20.1	6.1	+	
麦芽大麦粒	15.4	52.8	20.4	5.4	++	
燕麦皮	14.0	35.4	16.2	2.7	++	++
菜籽粉	13.9	31.7	20.6	9.9	+	+
大豆纤维					+++	++
麦麸	10.6	45.5	13.7	3.9	++	+
玉米麸	8.5	38.4	10.0	1.3		
玉米粒	8.3	39.2	13.9	2.3	++	+
小麦粒	7.9	23.7	10.8	4.6		
豌豆	6.0	14.3	7.1	0.4	++	++
小麦	2.5	12.6	3.2	0.9	+	-
抗性淀粉					+++	++

一、发酵特性较好的日粮纤维原料

（一）魔芋粉

魔芋是多年生草本植物，起源于印度和斯里兰卡。我国魔芋资源丰富，主要分布在长江流域。魔芋粉的主要成分是魔芋葡甘露聚糖，魔芋精粉中总纤维占71%、可溶性纤维占60%以上。魔芋粉的水合特性和发酵特性特别突出。魔芋粉吸水膨胀性特别好，水溶液的黏度也比较高。另外，魔芋粉在大肠中能被肠道微生物快速发酵产生短链脂肪酸，并且具有调节肠道微生物结构的功能。

在母猪日粮中添加魔芋粉，可以改善日粮的理化性质，如提高日粮的水合特性、使日粮的吸水膨胀性增加、提高食糜在胃肠道的滞留时间、延缓胃的排空速率、提高母猪的饱腹感等。另外，还能改善日粮的发酵特性、提高母猪大肠中发酵产生短链脂肪酸含量、调节肠道菌群、改善母猪肠道健康。给妊娠母猪日粮中添加魔芋粉，改善了母猪围产期的胰岛素敏感性，提高了母猪泌乳期的自由采食量和母猪的繁殖性能。值得一提的是，连续两个繁殖周期给母猪使用魔芋粉，母猪在第二个繁殖周期中泌乳期的采食量显著高于第一个周期。

添加到母猪日粮中的魔芋粉虽然具备了比较理想的理化性质，但是魔芋在我国的种植范围不大，产量低下，因而价格昂贵，其在生产中被大量推广使用受到了限制。

（二）组合纤维

组合纤维是根据不同种类日粮纤维的性质，进行共混合复配，来改善日粮纤维某种或某几种性质而得到的混合纤维原料。日粮纤维来源广泛，性质多样，但想要得到在各方面性质都比较理想的原料却比较困难。在食品行业，常用多糖共混来改善多糖的凝胶性、水结合力和稳定性，从而达到协同增效的目的。当组合纤维的混合比例不同时，得到的理化性质也不一样。

组合纤维能弥补单一原料性质不佳的缺点。通过纤维的协同增效，能获得符合妊娠母猪生理需求的，具有"高水合性、强吸水膨胀性、快速发酵性"特性的组合纤维。在实际生产中，常用1％的该组合纤维替代母猪妊娠日粮中的常规纤维。母猪妊娠日粮中添加1％组合纤维有效缓解了母猪在围产期的氧化应激，提高了粪便中的益生菌含量，降低了致病菌含量，提高了仔猪的平均初生重和平均日增重（Xu等，2018）。如前所述，在母猪连续多个繁殖周期添加日粮纤维，更有助于提高母猪的繁殖性能。

（三）豆皮

大豆的生产大部分都采用先脱皮的生产工艺，因而大豆皮作为副产物而产生，我国大豆皮年产量到2014年就已经超过660万t。大豆皮一般是指大豆最外层的包裹物质，主要含有果胶、纤维素、半纤维素等物质，约占大豆总质量的8％。大豆皮含有90％的干物质，其中粗纤维含量为35％、中性洗涤纤维含量为59％、酸性洗涤纤维含量为41％（NRC，2012）。大豆皮中含有的可溶性日粮纤维较少，不溶性日粮纤维的含量较高。并且其水合特性，如水结合力、吸水膨胀性也较低。

豆皮的发酵特性较好。体外发酵试验发现，豆皮发酵后产生的短链脂肪酸比甜菜粕和麸皮高。猪可通过盲肠中的菌群发酵来消化利用大豆皮中的纤维和果胶，因此大豆皮在育肥猪、妊娠期母猪日粮中均有一定的应用。如前所述，妊娠母猪日粮中添加豆皮，可以提高胚胎存活率和仔猪初生重等。另外，大豆中还含有一些和糖基结合的异黄酮类糖苷，其可能引起动物发情和促进母猪发情。母猪的日粮中使用豆皮，还可能促进纤维分解菌的生长和定植，但是其作用效果因添加量和饲喂时间而异。

（四）甜菜粕

甜菜渣是糖用甜菜作为制糖工业原料的加工副产物，为淡灰色或灰色，略有甜味，干燥后呈丝状、颗粒状或粉状，被广泛用作饲料。

甜菜渣中总日粮纤维含量高，达到73％。其中，可溶性日粮纤维达18％，不溶性日粮纤维达55％，是良好的日粮纤维原料。虽然粗纤维含量较高，不能被胃和小肠消化吸收，但是可以用作后肠微生物发酵的底物，从而调节肠道微生物的结构；同时，其纤维含量高，体积大，可用作母猪限饲状态下日粮中，有助于缓解限饲而产生的饥饿感。

然而，如果想达到改变饲料水合特性，从而增加饱感和饱腹感的作用，需要在饲料中添加30％以上的甜菜渣，这给饲料配合和加工带来了一定的困难。此外，尽管甜菜渣的发酵潜力较好，但是其发酵速度较慢，不能在母猪结肠中充分发酵。因此，如前所述，妊娠母猪日粮中添加甜菜渣提高母猪繁殖性能的作用十分有限。另外，甜菜粕的使用还有一些要注意的问题，如甜菜渣中含有较多的游离酸，超量饲喂易引起动物酸中毒和腹泻，并且存在钙多磷少、维生素含量不均衡等问题，因此使用时需要搭配其他原料。

二、发酵特性较差的日粮纤维原料

米糠、玉米皮、麸皮、燕麦壳和苜蓿粉也是母猪饲料中常用的日粮纤维原料，但是由于这几种原料主要含有纤维素、半纤维素、木质素等，因而发酵特性较差，发酵后产生的短链脂肪酸较少，发酵所需的时间也较长。这几种原料除可在一定程度上预防妊娠母猪便秘外，几乎不具有其他生理调节作用；而且这些原料还有一个突出的缺点就是易霉变，受霉菌毒素污染的程度可能较高。尽管如此，这几种原料仍是妊娠母猪日粮必不可少的成分。

（一）米糠

米糠是糙米精制时的加工副产物，是果皮、种皮、外胚乳、糊粉层等的混合物。米糠的品质和成分，取决于糙米精制的程度，精制程度越高时得到的米糠饲用价值就越高。米糠含脂肪多，容易被氧化和发生酸败，不宜长期保存，因此饲用米糠常常脱脂后再保存。全脂米糠脱脂后为脱脂米糠，压榨法脱脂产生的米糠是米糠饼，采用有机溶剂浸提脱脂后的是米糠粕。

米糠的粗纤维含量较高，含有26.28%的中性洗涤纤维和11.87%的酸性洗涤纤维。米糠质地疏松，容重较轻。其中，无氮浸出物的含量比较低，含量一般在50%以下。米糠中还含有多种非淀粉多糖，如阿拉伯木聚糖、果胶、β-葡聚糖等。米糠的适口性良好，在生长猪、育肥猪和母猪饲料中的添加量通常控制在15%以下，因为过量使用米糠会引起腹泻。米糠饼和米糠粕由于去除了大部分的脂肪，因此属于低能量的纤维类饲料原料，质量稳定，耐储存，适口性好，并且对机体无不良影响，是很好的纤维类系列原料。

米糠水合特性不佳，发酵速度和产酸能力也都比较差。作为不溶性日粮纤维在母猪生产中的应用也比较常见，其能量密度低，有助于提高母猪饱腹感，发酵特性和水合特性都比较差，在调控肠道微生物方面的作用有限。米糠中不可溶性的纤维素、半纤维素和木质素含量较高，能提高胃肠道的蠕动，促进排便，可以防治母猪便秘。

（二）玉米皮

玉米皮是玉米淀粉加工过程中的副产物，其产量占玉米总量的14%～20%。玉米皮中富含日粮纤维，水溶性差，适口性不佳，一般不能被充分利用。玉米皮中的日粮纤维成分主要为半纤维素和纤维素，分别约占70%和28%。其中，木质素含量较低，约占1%。除此以外，玉米皮中还含有5%～10%的蛋白质和4%～10%的淀粉。

玉米皮水合特性差，发酵速度慢，产酸能力也相对较弱。但由于玉米皮具有消化性差、能值低、容重低、能量浓度低的特性，因此添加到母猪妊娠期日粮中能降低日粮的能量浓度，使母猪产生饱腹感。玉米皮的粗纤维含量高，具有轻泻作用，有助于胃肠道蠕动和通便润肠，能防止母猪发生便秘。

（三）麸皮

麸皮又称小麦麸，是小麦加工面粉的主要副产品，主要由种皮、糊粉层、少量胚及胚乳组成。因为小麦的品种、制粉工艺和加工精度不同，混入的胚和胚乳比例不同，因此麦麸中日粮纤维的含量差异较大。按面粉的加工精度，将小麦麸分为精粉麸和标粉麸；按小麦品种，将小麦麸分为红麦麸和白麦麸；按照制粉工艺产出麸的形态、成分等，将小麦麸分为大的麦麸、小的麦麸、次粉和粉头。小麦麸来源广、数量大，在我国是畜禽常用的日粮纤维来源。

小麦麸中的无氮浸出物含量高，约为 60%；粗纤维含量高达 10% 左右；矿物质含量丰富，其中钙少（0.1%～0.2%）磷多（0.9%～1.4%），钙、磷比例极不平衡（约为 1∶8），且磷多为植酸磷（约 75%）。因此，小麦麸的有效能值较低，属于能量价值较低的能量饲料。但是粗纤维和总日粮纤维含量高，是很好的纤维饲料原料，而且质地疏松、容重小、适口性好，具有轻泻作用，能防止便秘，同时又能调节日粮能量浓度。

麦麸是猪的优质饲料原料。麦麸质地疏松，适口性好，在妊娠母猪日粮中的添加量一般为 15%～20%，其有效能值低，但粗纤维含量多。小麦中含有的轻泻性盐类，有助于胃肠道蠕动和通便润肠，因此是妊娠期母猪的良好饲料原料。但是麦麸中主要含有中性洗涤纤维，其主要为不可溶性非淀粉多糖，水合特性和发酵特性都较差。由于其能值低、质地疏松、容重轻，因此通常在限饲情况下被大量使用，有助于控制体况。

（四）燕麦壳

燕麦是一年生的禾亚科燕麦属植物，分为有壳燕麦和无壳燕麦两种。燕麦壳是燕麦研磨脱壳后的副产品，相当于总重量的 25%～30%。其主要功能是保证燕麦籽实的清洁，防止受病原体感染。可用作食品或饲料原料，其总能为 16.6 MJ/kg，但是消化能只有 6.3 MJ/kg，容重也较小。

燕麦壳由纤维素（29.26%）、半纤维素（28.35%）、木质素（22.22%）等组成，只含有不到 1% 的可溶性纤维，其水合特性和发酵特性也比较差。将燕麦壳添加到幼龄动物饲料中会降低饲料的消化率，但是在母猪中的影响较小。在母猪日粮中添加燕麦壳会降低日粮的能量浓度，增加日粮体积，有利于维持母猪体况。另外，日粮中纤维含量的提升有利于促进肠道蠕动，防止便秘。

（五）苜蓿粉

常用作牧草的苜蓿是紫花苜蓿，它是一种多年生的草本植物，具有产量大、利用年限长等优势，适应性和抗逆性都强，适口性也好。苜蓿营养含量丰富，其中粗蛋白含量约为 18%，微生物和微量元素丰富。

苜蓿中碳水化合物含量丰富，但其中能被吸收利用的较低，约为 5％，其余大部分为不能被消化吸收的碳水化合物即日粮纤维。苜蓿草日粮纤维含量丰富，但其中大部分为难以发酵的日粮纤维成分，如纤维素、半纤维素和木质素。用洗涤纤维法分析苜蓿草中日粮纤维成分的含量发现，其中纤维素约占 36％、半纤维素约占 15％、酸性洗涤木质素约占 10％。苜蓿时常用作反刍动物的饲料。苜蓿的发酵性能较差，在单胃动物（如母猪）日粮中添加时需要先将其进行粉碎。苜蓿粉碎成苜蓿粉以后，可以增加苜蓿粉在大肠中和微生物的作用面积，有利于提升其发酵特性。

本 章 小 结

日粮纤维在母猪生产中的应用越来越广泛，但是不同的日粮纤维具有不同的理化特性，可以产生不同的生理效果。日粮纤维的消化性低，能降低饲料的能量含量，在提供相同采食量的情况下降低母猪摄入的能量，从而有助于控制母猪体况，防止背膘过厚。日粮纤维的吸水膨胀性可以缓解母猪的饥饿感，从而缓解母猪在妊娠期因采食得不到满足而产生的刻板症及其引起的一系列负面影响。日粮纤维水结合力能促进食糜中的水分含量，有助于缓解母猪便秘。发酵特性能促进肠道健康和调节免疫，改善围产期的胰岛素敏感性。日粮纤维的这些性质在提高母猪繁殖性能，如维持母猪适宜体况、提高泌乳期采食量、提高母猪泌乳量、提高仔猪性能等效果上发挥作用。

因此，在妊娠母猪日粮中应当使用具有强吸水膨胀性、高水结合力和具有快速发酵能力的日粮纤维。然而，绝大部分的日粮纤维都不能同时兼有上述理想的理化性质。大多数不溶性日粮纤维，如麸皮、豆皮等的水合特性和发酵特性都很差；发酵特性好的日粮纤维，如抗性淀粉、低聚糖等的水合特性又很差。另外，将功能性日粮纤维应用于母猪生产中，建议连续使用多个繁殖周期。母猪日粮中长期添加功能性纤维，一方面可以帮助母猪维持适宜的体况进入下一个繁殖周期，为下一个繁殖周期的生产性能提供较好的身体储备；另一方面长期饲喂日粮纤维会使母猪肠道处于较好的健康状态，发酵特性保证了肠道微生物的多样性和有益微生物的丰度，防止有害微生物定植。不仅如此，母体微生物的改善作用还能够向后代仔猪传递。

➡ 参考文献

孙海清，2013. 母猪妊娠日粮中可溶性纤维调控泌乳期采食量的机制及改善母猪繁殖性能的作用 [D]. 武汉：华中农业大学.

谭成全，2016. 妊娠日粮中可溶性纤维对母猪妊娠期饱感和泌乳期采食量的影响及其作用机理研究 [D]. 武汉：华中农业大学.

张红，2019. 妊娠期精准饲喂联合益维素提高加系母猪繁殖性能的效果 [D]. 武汉：华中农业大学.

Aagaard K，Ma J，Antony K M，et al，2014. The placenta harbors a unique microbiome [J]. Science Translational Medicine，6（237）：237-237.

Albenberg L G，Wu G D，2014. Diet and the intestinal microbiome：associations，functions，and implications for health and disease [J]. Gastroenterology，146（6）：1564-1572.

Alonso-Spilsbury M，Mota-Rojas D，Villanueva-García D，et al，2005. Perinatal asphyxia pathophysiology in pig and human：a review［J］．Animal Reproduction Science，90 (1/2)：1-30.

Arts C J M，Govers C A R L，van den Berg H，et al，1991. *In vitro* binding of estrogens by dietary fiber and the *in vivo* apparent digestibility tested in pigs［J］．The Journal of Steroid Biochemistry and Molecular Biology，38 (5)：621-628.

Bassil M S，Hwalla N，Obeid O A，2012. Meal pattern of male rats maintained on histidine-，leucine-，or tyrosine-supplemented diet［J］．Obesity，15 (3)：616-623.

Benelam B，2009. Satiety and the anorexia of ageing［J］．British Journal of Community Nursing，14 (8)：332-335.

Bosch G，Pellikaan W F，Rutten P G P，et al，2008. Comparative *in vitro* fermentation activity in the canine distal gastrointestinal tract and fermentation kinetics of fiber sources［J］．Journal of Animal Science，86 (11)：2979-2989.

Burton-Freeman B，2000. Dietary fiber and energy regulation［J］．The Journal of Nutrition，130 (2)：272-275.

Canario L，Roy N，Gruand J，et al，2006. Genetic variation of farrowing kinetics traits and their relationships with litter size and perinatal mortality in French Large White sows［J］．Journal of Animal Science，84 (5)：1053-1058.

Chambers E S，Morrison D J，Frost G，2015. Control of appetite and energy intake by SCFA：what are the potential underlying mechanisms？［J］．Proceedings of the Nutrition Society，74 (3)：328-336.

Cheng C，Wei H，Xu C，et al，2018. Maternal soluble fiber diet during pregnancy changes the intestinal microbiota，improves growth performance，and reduces intestinal permeability in piglets［J］．Applied and Environmental Microbiology，84 (17)：e01047-18.

Cho S，Samuel P，2009. Fiber ingredients：food applications and health benefits［M］．New York：CRC Press.

Clarke J M，Topping D L，Christophersen C T，et al，2011. Butyrate esterified to starch is released in the human gastrointestinal tract［J］．The AmericanJournal of Clinical Nutrition，94 (5)：1276-1283.

Cummings J H，Bingham S A，1987. Dietary fibre，fermentation and large bowel cancer［J］．Cancer Surveys，6 (4)：601-621.

de Graaf C，Blom W A M，Smeets P A M，et al，2004. Biomarkers of satiation and satiety［J］．The American Journal of Clinical Nutrition，79 (6)：946-961.

de Leeuw J A，Jongbloed A W，Verstegen M W A，2004. Dietary fiber stabilizes blood glucose and insulin levels and reduces physical activity in sows (*Sus scrofa*)［J］．The Journal of Nutrition，134 (6)：1481-1486.

de Vadder F，Kovatcheva-Datchary P，Goncalves D，et al，2014. Microbiota-generated metabolites promote metabolic benefits via gut-brain neural circuits［J］．Cell，156 (1/2)：84-96.

Dikeman C L，Fahey Jr G C，2006. Viscosity as related to dietary fiber：a review［J］．Critical Reviews in Food Science and Nutrition，46 (8)：649-663.

Dupuis J H，Liu Q，Yada R Y，2014．Methodologies for increasing the resistant starch content of food starches：a review［J］．Comprehensive Reviews in Food Science and Food Safety，13 (6)：1219-1234.

Ek-Mex J E，Segura-Correa J C，Alzina-López A，et al，2015. Lifetime and per year productivity of sows in four pig farms in the tropics of Mexico［J］．Tropical Animal Health and Production，47 (3)：503-509.

Ellis P R，Dawoud F M，Morris E R，1991. Blood glucose，plasma insulin and sensory responses to guar-containing wheat breads：effects of molecular weight and particle size of guar gum [J]．British Journal of Nutrition，66 (3)：363-379.

Ferguson E M，Slevin J，Hunter M G，et al，2007. Beneficial effects of a high fibre diet on oocyte maturity and embryo survival in gilts [J]．Reproduction，133 (2)：433-439.

Fernandes J，Vogt J，Wolever T M S，2012. Intravenous acetate elicits a greater free fatty acid rebound in normal than hyperinsulinaemic humans [J]．European Journal of Clinical Nutrition，66 (9)：1029.

Feyera T，Højgaard C K，Vinther J，et al，2017. Dietary supplement rich in fiber fed to late gestating sows during transition reduces rate of stillborn piglets [J]．Journal of Animal Science，95 (12)：5430-5438.

Friedman J，2014. Leptin at 20：an overview [J]．Journal of Endocrinology，223 (1)：1-8.

Frost G，Sleeth M L，Sahuri-Arisoylu M，et al，2014. The short-chain fatty acid acetate reduces appetite via a central homeostatic mechanism [J]．Nature Communications，5：3611.

Fuller S，Beck E，Salman H，et al，2016. New horizons for the study of dietary fiber and health：a review [J]．Plant Foods for Human Nutrition，71 (1)：1-12.

Geraedts M C P，Troost F J，Saris W H M，2009. Peptide-YY is released by the intestinal cell line STC-1 [J]．Journal of Food Science，74 (2)：79-82.

Gijs D B，Katja L，Rick H，et al，2013. Gut-derived short-chain fatty acids are vividly assimilated into host carbohydrates and lipids [J]．American Journals of Physiology Gastrointestinal and Liver Physiology，305 (12)：900-910.

Gill S R，Pop M，DeBoy R T，et al，2006. Metagenomic analysis of the human distal gut microbiome [J]．Science，312 (5778)：1355-1359.

Heijboer A C，Pijl H，van den Hoek A M，et al，2006. Gut-brain axis：regulation of glucose metabolism [J]．Journal of Neuroendocrinology，18 (12)：883-894.

Hipsley E H，1953. Dietary "fibre" and pregnancy toxaemia [J]．British Medical Journal，2 (4833)：420.

Holscher H D，2017. Dietary fiber and prebiotics and the gastrointestinal microbiota [J]．Gut Microbes，8 (2)：172-184.

Jackie N，Derek T，Ashok H，et al，2013. Fermentation profiles of wheat dextrin, inulin and partially hydrolyzed guar gum using an *in vitro* digestion pretreatment and *in vitro* batch fermentation system model [J]．Nutrients，5 (5)：1500-1510.

Jensen M B，Pedersen L J，Theil P K，et al，2015. Hunger in pregnant sows：effects of a fibrous diet and free access to straw [J]．Applied Animal Behaviour Science，171：81-87.

Knudsen K E B，2001. The nutritional significance of "dietary fibre" analysis [J]．Animal Feed Science and Technology，90 (1/2)：3-20.

Koh A，de Vadder F，Kovatcheva-Datchary P，et al，2016. From dietary fiber to host physiology：short-chain fatty acids as key bacterial metabolites [J]．Cell，165 (6)：1332-1345.

Koh A，Molinaro A，Ståhlman M，et al，2018. Microbially produced imidazole propionate impairs insulin signaling through mTORC1 [J]．Cell，175 (4)：947-961.

Koketsu Y，Tani S，Iida R，2017. Factors for improving reproductive performance of sows and herd productivity in commercial breeding herds [J]．Porcine Health Management，3 (1)：1.

Lattimer J M，Haub M D，2010. Effects of dietary fiber and its components on metabolic health [J]．Nutrients，2 (12)：1266-1289.

LeBlanc J G, Chain F, Martín R, et al, 2017. Beneficial effects on host energy metabolism of short-chain fatty acids and vitamins produced by commensal and probiotic bacteria [J]. Microbial Cell Factories, 16 (1): 79.

Leenhouwers J I, van der Lende T, Knol E F, 1999. Analysis of stillbirth in different lines of pig [J]. Livestock Production Science, 57 (3): 243-253.

Leszczyński W, 2004. Resistant starch-classification, structure, production [J]. Polish Journal of Food and Nutrition Sciences, 13 (54): 37-50.

Liou A P, 2013. Digestive physiology of the pig symposium: G protein-coupled receptors in nutrient chemosensation and gastrointestinal hormone secretion [J]. Journal of Animal Science, 91 (5): 1946-1956.

Livingston K A, Chung M, Sawicki C M, et al, 2016. Development of a publicly available, comprehensive database of fiber and health outcomes: rationale and methods [J]. PloS One, 11 (6): e0156961.

Loisel F, Farmer C, Ramaekers P, et al, 2013. Effects of high fiber intake during late pregnancy on sow physiology, colostrum production, and piglet performance [J]. Journal of Animal Science, 91 (11): 5269-5279.

Lunn J, Buttriss J L, 2010. Carbohydrates and dietary fibre [J]. Nutrition Bulletin, 32 (1): 21-64.

McCleary B V, 2014. Modification to AOAC official methods 2009.01 and 2011.25 to allow for minor overestimation of low molecular weight soluble dietary fiber in samples containing starch [J]. Journal of AOAC International, 97 (3): 896-901.

McCleary B V, Sloane N, Draga A, 2015. Determination of total dietary fibre and available carbohydrates: A rapid integrated procedure that simulates *in vivo* digestion [J]. Starch-Stärke, 67 (9/10): 860-883.

Mudgil D, Barak S, Khatkar B S, 2014. Guar gum: processing, properties and food applications—a review [J]. Journal of Food Science and Technology, 51 (3): 409-418.

Ngalavu A, Jiang H, Che D, et al, 2018. Effect of feeding fermented extruded corn stover on reproductive performance of pregnant sows [J]. Indian Journal of Animal Research, 16 (5): 6025-6031.

Nie Y, Lin Q, Luo F, 2017. Effects of non-starch polysaccharides on inflammatory bowel disease [J]. International Journal of Molecular Sciences, 18 (7): 1372.

Ning Z, Huang C, Ou S, 2011. *In vitro* binding capacities of three dietary fibers and their mixture for four toxic elements, cholesterol, and bile acid [J]. Journal of Hazardous Materials, 186 (1): 236-239.

Oliviero C, Heinonen M, Valros A, et al, 2010. Environmental and sow-related factors affecting the duration of farrowing [J]. Animal Reproduction Science, 119 (1/2): 85-91.

Oliviero C, Kokkonen T, Heinonen M, et al, 2009. Feeding sows with high fibre diet around farrowing and early lactation: impact on intestinal activity, energy balance related parameters and litter performance [J]. Research in Veterinary Science, 86 (2): 314-319.

Peltoniemi O A T, Björkman S, Oliviero C, 2016. Parturition effects on reproductive health in the gilt and sow [J]. Reproduction in Domestic Animals, 51: 36-47.

Pfeuffer M, Jaudszus A, 2016. Pentadecanoic and heptadecanoic acids: multifaceted odd-chain fatty acids [J]. Advances in Nutrition, 7 (4): 730-734.

Polymeros D，Beintaris I，Gaglia A，et al，2014. Partially hydrolyzed guar gum accelerates colonic transit time and improves symptoms in adults with chronic constipation [J]. Digestive Diseases and Sciences，59 (9)：2207-2214.

Qin J，Li R，Raes J，et al，2010. A human gut microbial gene catalogue established by metagenomic sequencing [J]. Nature，464 (7285)：59.

Quesnel H，Mejia-Guadarrama C A，Pasquier A，et al，2005. Dietary protein restriction during lactation in primiparous sows with different live weights at farrowing：II. consequences on reproductive performance and interactions with metabolic status [J]. Reproduction Nutrition Development，45 (1)：57-68.

Reese D，Prosch A，Travnicek D A，et al，2008. Dietary fiber in sow gestation diets-an updated review [J]. Animal Science Abroad，1 (1)：14-18.

Renteria-Flores J A，Johnston L J，Shurson G C，et al，2008. Effect of soluble and insoluble dietary fiber on embryo survival and sow performance [J]. Journal of Animal Science，86 (10)：2576-2584.

Roberfroid M，Gibson G R，Hoyles L，et al，2010. Prebiotic effects：metabolic and health benefits [J]. British Journal of Nutrition，104 (2)：1-63.

Robertson M D，Currie J M，Morgan L M，et al，2003. Prior short-term consumption of resistant starch enhances postprandial insulin sensitivity in healthy subjects [J]. Diabetologia，46 (5)：659-665.

Sajilata M G，Singhal R S，Kulkarni P R，2006. Resistant starch—a review [J]. Comprehensive Reviews in Food Science and Food Safety，5 (1)：1-17.

Sandra M，Macfarlane G T，2003. Regulation of short-chain fatty acid production [J]. Proceedings of the Nutrition Society，62 (1)：67-72.

Scott K P，Duncan S H，Flint H J，2008. Dietary fibre and the gut microbiota [J]. Nutrition Bulletin，33 (3)：201-211.

Serena A，Jørgensen H，Bach Knudsen K E，2008. Digestion of carbohydrates and utilization of energy in sows fed diets with contrasting levels and physicochemical properties of dietary fiber [J]. Journal of Animal Science，86 (9)：2208-2216.

Serra J，Azpiroz F，Malagelada J R，1998. Intestinal gas dynamics and tolerance in humans [J]. Gastroenterology，115 (3)：542-550.

Singh S P，Jadaun J S，Narnoliya L K，et al，2017. Prebiotic oligosaccharides：special focus on fructooligosaccharides，its biosynthesis and bioactivity [J]. Applied Biochemistry and Biotechnology，183 (2)：613-635.

Simpson H L，Campbell B J，2015. Dietary fibre-microbiota interactions [J]. Alimentary Pharmacology and Therapeutics，42 (2)：158-179.

Slavin J，2013. Fiber and prebiotics：mechanisms and health benefits [J]. Nutrients，5 (4)：1417-1435.

Spicer E M，Driesen S J，Fahy V A，et al，1986. Causes of preweaning mortality on a large intensive piggery [J]. Australian Veterinary Journal，63 (3)：71-75.

Sprecher D J，Leman A D，Dziuk P D，et al，1974. Causes and control of swine stillbirths [J]. Journal of the American Veterinary Medical Association，165 (8)：698-701.

Stephen A M，Champ M M J，Cloran S J，et al，2017. Dietary fibre in Europe：current state of knowledge on definitions，sources，recommendations，intakes and relationships to health [J]. Nutrition Research Reviews，30 (2)：149-190.

Sun H Q，Zhou Y F，Tan C Q，et al，2014. Effects of konjac flour inclusion in gestation diets on the nutrient digestibility, lactation feed intake and reproductive performance of sows [J]. Animal, 8 (7): 1089-1094.

Tan C, Wei H, Ao J, et al, 2016a. Inclusion of konjac flour in the gestation diet changes the gut microbiota, alleviates oxidative stress, and improves insulin sensitivity in sows [J]. Applied and Environmental Microbiology, 82 (19): 5899-5909.

Tan C, Wei H, Zhao X, et al, 2016b. Soluble fiber with high water-binding capacity, swelling capacity, and fermentability reduces food intake by promoting satiety rather than satiation in rats [J]. Nutrients, 8 (10): 615.

Tan C, Wei H, Zhao X, et al, 2017. Effects of dietary fibers with high water-binding capacity and swelling capacity on gastrointestinal functions, food intake and body weight in male rats [J]. Food and Nutrition Research, 61 (1): 1308118.

Tarini J, Wolever T M S, 2010. The fermentable fibre inulin increases postprandial serum short-chain fatty acids and reduces free-fatty acids and ghrelin in healthy subjects [J]. Applied Physiology, Nutrition, and Metabolism, 35 (1): 9-16.

Trowell H, 1972. Ischemic heart disease and dietary fiber [J]. The American Journal of Clinical Nutrition, 25 (9): 926-932.

van Soest P J, Robertson J B, Lewis B A, 1991. Methods for dietary fiber, neutral detergent fiber, and nonstarch polysaccharides in relation to animal nutrition [J]. Journal of Dairy Science, 74 (10): 3583-3597.

Vanderhaeghe C, Dewulf J, de Vliegher S, et al, 2010. Longitudinal field study to assess sow level risk factors associated with stillborn piglets [J]. Animal Reproduction Science, 120 (1/4): 78-83.

Veum T L, Crenshaw J D, Crenshaw T D, et al, 2009. The addition of ground wheat straw as a fiber source in the gestation diet of sows and the effect on sow and litter performance for three successive parities [J]. Journal of Animal Science, 87 (3): 1003-1012.

Walker A W, Ince J, Duncan S H, et al, 2011. Dominant and diet-responsive groups of bacteria within the human colonic microbiota [J]. The ISME Journal, 5 (2): 220.

Wang M, Tang S X, Tan Z L, 2011. Modeling *in vitro* gas production kinetics: derivation of logistic-exponential (LE) equations and comparison of models [J]. Animal Feed Science and Technology, 165 (3/4): 137-150.

Wang Y J, Kozlowski R, Delgado G A, 2001. Enzyme resistant dextrins from high amylose corn mutant starches [J]. Starch-Stärke, 53 (1): 21-26.

Weber T K, Toporovski M S, Tahan S, et al, 2014. Dietary fiber mixture in pediatric patients with controlled chronic constipation [J]. Journal of Pediatric Gastroenterology and Nutrition, 58 (3): 297-302.

Weickert M O, Möhlig M, Schöfl C, et al, 2006. Cereal fiber improves whole-body insulin sensitivity in overweight and obese women [J]. Diabetes Care, 29 (4): 775-780.

Weitkunat K, Schumann S, Nickel D, et al, 2017. Odd-chain fatty acids as a biomarker for dietary fiber intake: a novel pathway for endogenous production from propionate [J]. The American Journal of Clinical Nutrition, 105 (6): 1544-1551.

Westenbrink S, Brunt K, van der Kamp J W, 2013. Dietary fibre: challenges in production and use of food composition data [J]. Food Chemistry, 140 (3): 562-567.

Xu C, Xia X, Lai W, et al, 2018. The dietary supplement of the combined soluble fiber during gestation alleviate oxidative stress and improve sow and piglet performance [J]. Journal of

Animal Science, 96: 268-269.

Zhuo Y, Shi X, Lv G, et al, 2017. Beneficial effects of dietary soluble fiber supplementation in replacement gilts: pubertal onset and subsequent performance [J]. Animal Reproduction Science, 186: 11-20.

第七章
应用功能性氨基酸对母猪繁殖性能的调控

妊娠期和哺乳期母猪的营养生理状况直接影响胎猪和新生仔猪的生长发育和健康。现代母猪产仔数提高，并且后代的生长潜力增加。然而，产仔数增加的同时，弱仔的发生率却随之提高，并且母猪泌乳期的采食量往往偏低，不能满足后代快速生长的需要。提供具有特定功能的氨基酸可以通过调节关键的代谢途径，提高母猪的产仔性能和泌乳性能。这些营养物质包括精氨酸家族氨基酸、支链氨基酸、含硫氨基酸等，这些功能性氨基酸不仅对动物的正常生长和维持至关重要，而且对许多生物活性化合物的合成也至关重要。它们可以提高受孕率、胚胎发育、胎盘发育、血液流动、抗氧化活性、食欲、蛋白质合成的翻译起始、免疫细胞增殖和肠道发育等，最终能够提高母猪的繁殖性能，以及胎猪和新生仔猪的生长和健康。因此，功能性氨基酸在母猪日粮中的应用对于优化母猪和仔猪的营养策略、提高健康水平和生产性能具有重要意义。

第一节　提高母猪繁殖性能的需求

一、提高母猪产仔性能的需求

当前规模化生产中使用的母猪品种的产仔数已经较 30 年前有了长足的进步，但随之而来的问题是宫内发育受限（intrauterine growth retardation，IUGR）仔猪的发生率随之提高，IUGR 仔猪显著特征是低初生重。不同研究中对于衡量低初生重的标准并不一致，一般认为低于初生个体重平均值与 2 倍标准差的个体为低初生重个体。此外，在生产中，IUGR 仔猪还表现出死亡率高和生长速度慢的特点，严重影响养猪经济效益。因此，降低 IUGR 仔猪的发生率，是妊娠猪营养管理的重要目标之一。

此外，仔猪窝内变异大是全球养猪业面临的另一个主要问题。仔猪的初生重在同一窝中可相差 3 倍，与之相应的是猪胎盘的大小，长度和表面积在同一子宫内中有显著差异。同一猪场内仔猪出生体重的异质性提高了现代养猪生产管理系统的成本和挑战。因此，降低仔猪初生重的窝内变异是妊娠期营养管理的另一重要目标。

IUGR 仔猪的发生和初生窝内变异均与胚胎期的生长直接相关。而胚胎期的生长则与胎盘的发育和代谢功能密切相关。胎儿 60% 的增重发生在母体妊娠的最后 24d。如本书第一章所述，胎儿增重依赖于以胎盘血管系统为基础的营养物质转运。胎盘血管密度对于妊娠后期胎儿迅速生长的大量营养供应具有重要影响，与仔猪初生重和弱仔的发生率密切相关。因此，任何促进胎盘血管生成的因素都将可能有助于改善母猪的产仔性能。此外，某些氨基酸或其代谢产物具有调控蛋白质沉积的重要作用，因此可能对胎儿的生长有重要影响。另外，对于胎儿生长而言，谷氨酸和谷氨酰胺是相对最为缺乏的，有效地提高相关氨基酸的供给可能也有利于胎儿的生长。

二、提高母猪泌乳性能的需求

泌乳母猪摄入的营养物质主要用于满足泌乳的需要，因此带仔数的增加导致现代高产母猪的营养需要量大大提高。然而对猪瘦肉率的遗传选择，使现代母猪只能储备更少的脂肪，并且降低了母猪的食欲和泌乳期采食量。这就导致母猪为了满足其泌乳需要而大量动员体蛋白或体脂，进而引起母猪在泌乳期过度失重和掉膘，使母猪断奶-发情间隔延长，种用年限缩短。因此，提高母猪采食量，不仅是提高母猪泌乳性能的关键，而且是减少泌乳母猪的过度体贮动员，提高母猪哺育性能和母猪终身繁殖性能的有效途径之一。

乳中的含氮物质（β-酪蛋白、α-乳清蛋白、游离氨基酸等）是乳中最丰富的有机营养物质，这些有机营养物质的合成需要氨基酸的参与。此外，乳中特定氨基酸的含量对乳品质有重要影响，与后代仔猪哺乳期的生长和发育密切相关。因此，为泌乳母猪提供适宜浓度的氨基酸营养不仅能够提高母猪的泌乳性能，还能改善后代仔猪的生长和健康。

第二节　精氨酸家族氨基酸对母猪繁殖性能的调控

精氨酸家族的氨基酸包括谷氨酰胺、谷氨酸、脯氨酸、天冬氨酸、天冬酰胺、鸟氨酸、瓜氨酸和精氨酸，它们能在大多数哺乳动物，包括猪体内通过复杂的器官间代谢相互转换（图 7-1）。除不能作为蛋白质合成底物的鸟氨酸和瓜氨酸外，精氨酸家族中的

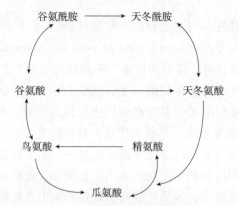

图 7-1　猪精氨酸氨基酸家族氨基酸的相互转化

（资料来源：Wu 等，2008）

其他氨基酸通常在植物蛋白（如玉米和豆粕）和动物组织蛋白（如鱼粉和血粉）中含量丰富。因此，玉米-豆粕型日粮中提供的精氨酸家族氨基酸通常被认为足以满足猪生长、育肥和妊娠的营养需要。然而，最近的生物化学研究表明，这些氨基酸在营养代谢和免疫反应中起着关键的调节作用，尤其是对母猪的繁殖性能有重要调控作用。

一、精氨酸家族氨基酸间的代谢转化

精氨酸家族的氨基酸之间存在密切的代谢联系。就日粮来源的精氨酸而言，大约40％的精氨酸被肠上皮和肠道微生物代谢分解或者在肠黏膜合成蛋白质；剩下的60％进入门静脉后，有约8％精氨酸进入肝脏合成蛋白和尿素。经过肝脏代谢后剩余的部分，进入靶组织（如肌肉或乳腺等）中。

此外，精氨酸可在体内通过鸟氨酸循环合成，合成前体主要是谷氨酸、谷氨酸盐和脯氨酸。谷氨酸和谷氨酸盐在5-羧基-吡咯磷合成酶的作用下生成5-羧基-吡咯磷；脯氨酸在脯氨酸氧化酶的作用下也可以生成5-羧基-吡咯磷。5-羧基-吡咯磷在脯氨酸氧化酶的作用下生成鸟氨酸，鸟氨酸与氨甲酰磷酸合成酶-Ⅰ催化合成的氨甲酰磷酸反应生成瓜氨酸，瓜氨酸进一步反应生成精氨酸。

肠上皮细胞几乎是内源性精氨酸合成前体（瓜氨酸）的唯一来源。精氨酸线粒体产生的鸟氨酸在小肠中很容易被转化为瓜氨酸。此外，小肠黏膜上皮细胞还可以将谷氨酰胺和谷氨酸转化为瓜氨酸。在以瓜氨酸为原料合成精氨酸的过程中需要天冬氨酸参与。由于新生动物肠黏膜细胞中几乎没有精氨酸酶，因此小肠能大量的输出精氨酸，然而研究发现大多数哺乳动物的乳汁中都缺乏精氨酸。精氨酸家族氨基酸间的相互转化具有适应母猪繁殖周期不同阶段的营养需求变化的潜力。

N-氨甲酰谷氨酸（N-carbamylglutamate，NCG）是尿素循环中鸟氨酸生成瓜氨酸的中间体 N-乙酰谷氨酸的代谢稳定类似物，也是精氨酸内源合成酶——氨甲酰磷酸合成酶-Ⅰ的激活剂，可以促进谷氨酸和谷氨酸盐向5-羧基-吡咯磷转化。此外，NCG 可以通过激活氨甲酰磷酸合成酶-Ⅰ的活性，为鸟氨酸向瓜氨酸转化提供足够的氨甲酰磷酸。因此，NCG 促进肠道瓜氨酸和精氨酸的合成主要是通过增加肠道氨甲酰磷酸和鸟氨酸的可用量来实现的。因此，NCG 被当作是一种能有效地提高内源性精氨酸合成与供给的物质。本节将一并介绍 NCG 对母猪产仔性能的影响。

二、精氨酸家族氨基酸的生物学功能

（一）精氨酸对蛋白质沉积的调控

精氨酸作为信号分子能够调节蛋白质合成或分解，从而促进蛋白质的沉积。哺乳动物雷帕霉素受体（mammalian target of rapamycin，mTOR）是控制细胞蛋白质合成的关键元件，而且具有促进细胞增殖的作用。精氨酸促进蛋白质合成与激活 mTOR 有关，它能通过干扰 CASTOR（精氨酸感受器）对蛋白复合体 GATOR2 进行抑制，或通过 SLC38A9（溶酶体氨基酸转运体）的介导来激活 mTOR。除促进蛋白质合成外，精氨酸还能通过激活 mTOR 抑制细胞自噬诱导的蛋白质降解。向培养基中添加 $100\mu mol/L$

和 350μmol/L 精氨酸剂量能依赖性地激活猪滋养外胚层细胞中 mTOR、核糖体蛋白 S6 激酶 1 和真核翻译起始因子 4E 结合蛋白-1（Kong 等，2011）。因此，生理浓度的精氨酸能提高猪滋养层细胞的蛋白质合成，并导致滋养层细胞增殖水平提高。此外，多胺中的腐胺也有激活 mTOR、提高蛋白质合成效率的作用。哺乳动物体内的多胺除来源于日粮外，还可以由体内的精氨酸通过代谢途径合成。腐胺已被证实能激活 mTOR 并促进胎盘细胞中的蛋白质合成。

（二）精氨酸含氮代谢物对细胞增殖的调控

精氨酸家族的主要含氮代谢产物是多胺和一氧化氮（nitric oxide，NO），其中多胺对细胞的增殖有显著的促进作用。在妊娠 40d（胎盘发育速度最快）时，多胺在母猪的胎盘组织、尿囊液和羊膜液中的含量达到最高，合成速度也是最快。说明胎盘生长发育速度与多胺的需求量和合成速度相一致。当胎盘发育到最大时，猪尿囊中多胺产物和鸟氨酸大量聚集，说明胎盘胎儿发育过程中需要大量的多胺。另外，研究证实胎盘大小也会受到多胺含量的影响，从而影响胎儿的正常发育。抑制小鼠体内多胺的合成会减小胎盘重量，损害胎儿生长（Ishida 等，2002）。给体外培养的羊滋养层细胞中添加腐胺，能使羊滋养层细胞增殖水平显著升高 6.7 倍。给体外培养的猪子宫腺上皮和基质细胞添加外源腐胺和亚精胺，能够促进细胞 DNA 的合成，提高细胞的增殖能力。在猪的二细胞期孤雌激活胚胎的培养基中添加外源性多胺，能够增加其囊胚率及囊胚期的细胞数，且囊胚期的细胞凋亡数量减少。

（三）精氨酸含氮代谢物对血管发育和血流速率的调控

精氨酸代谢产生的 NO 能刺激血管生成和血管扩张，从而增加血流量，而这些功能都与胎儿或母体泌乳功能密切相关。在妊娠期，精氨酸代谢产生的 NO 能调节血液流入组织（子宫和胎盘），促进母体-胎儿营养物质转运。NO 影响胎盘血管生成的生物学事件包括细胞外基质降解、内皮细胞增殖、迁移并形成血管网络结构及管腔的形成。NO 对血管扩张的影响主要通过与可溶性鸟苷酸环化酶（NO 的敏感器和受体）上的血红素结合来发挥其调节作用的，NO 与血红素的结合增加了从鸟苷-5′-三磷酸（GTP）转化生成的环鸟苷酸（cGMP）。cGMP 激活 cGMP 依赖性蛋白激酶和靶蛋白的磷酸化，从而引起一系列的生理反应（如促进血管平滑肌细胞的松弛、抑制血小板凝聚、血管重塑和线粒体生物合成）。精氨酸是 NO 的合成前体，NO 合成酶（NOS）催化该反应。NOS 有 3 种亚型，分别为神经元 NOS（NOS1）、诱导型 NOS（NOS2）和内皮 NOS（NOS3）。NOS1 和 NOS3 在细胞中表达并能催化产生较低水平的 NO，而 NOS2 在免疫刺激条件下能诱导大量 NO 的生成，另外 NOS3 催化生成的 NO 主要作为内皮细胞依赖性舒张因子。*NOS3* 基因敲除的小鼠被证明会降低子宫动脉的重构能力，在缺乏 *NOS3* 基因表达的情况下，会出现子宫蜕膜血管细胞减少和细胞壁增厚的现象。

此外，由于 NO 能通过提高血流速度增加氨基酸的转运，可能通过增加可利用的底物来提高蛋白质合成并抑制蛋白质降解。但 NO 对蛋白质合成和降解效率的影响不大，因为即使抑制 76% 的 NO 合成对滋养外胚层细胞的蛋白质合成也仅减少 13%，蛋白水解仅增加 20%（Kong 等，2011），表明精氨酸主要通过 NO 非依赖性途径促进猪胎盘细胞的蛋白质周转效率。

（四）精氨酸家族氨基酸对免疫功能的调控

非特异性免疫和特异性免疫受高度互动的化学信号网络调控（图 7-2），其中包括抗原递呈机制、免疫球蛋白和细胞因子的合成（Calder，2006）。这两种免疫系统都高度依赖足够的氨基酸合成这些蛋白质和多肽，以及其他具有重要生物学意义的分子，包括 NO、超氧化物、过氧化氢、组织胺、谷胱甘肽、邻氨基苯甲酸等（Kim 等，2007）。

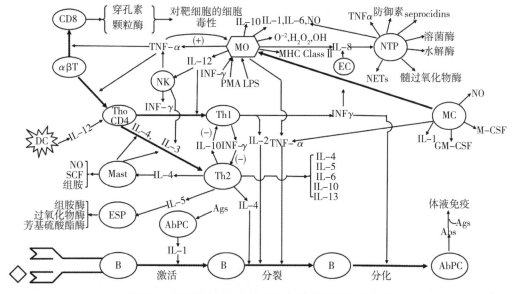

图 7-2 免疫细胞之间通过产生调节分子来相互作用

1. 精氨酸的免疫调节功能 精氨酸不仅能通过影响 B 细胞调控抗体生成，而且还能调控 T 细胞受体的表达及 B 细胞发育。因此，精氨酸在先天免疫和后天免疫中都发挥着重要的作用。在哺乳动物、鸟类、陆生动物、低等动物中，精氨酸对病毒、细菌、真菌、恶性细胞、细胞内原生动物和寄生虫的防御是必需的。例如，淋巴细胞增殖和发育需要足够的精氨酸，而动物日粮中添加精氨酸可以增强免疫系统在各种免疫生物学刺激模型中的反应。此外，在移植肿瘤的大鼠或者患败血症的大鼠日粮中添加 1％精氨酸或 2％精氨酸（为常规饮食中的 1 倍或 2 倍），大鼠胸腺重量、胸腺淋巴细胞的数量、T 淋巴细胞增殖、特定细胞（T 淋巴细胞、巨噬细胞和 NK 细胞）的细胞毒性、T 淋巴细胞中 IL-2 的生成和 IL-2 受体表达，以及延迟型过敏反应水平都发生了显著升高。在妊娠母猪中关于精氨酸免疫调控功能的研究发现，在妊娠 30～114d 日粮中添加 1.0％精氨酸-HCL，会提高母猪分娩时对猪繁殖与呼吸障碍综合征病毒疫苗的免疫应答，以及血清免疫球蛋白和猪繁殖与呼吸障碍综合征病毒抗体水平的升高（Che 等，2013）。日粮添加 0.5％L-精氨酸增加白蛋白抗体 IL-2 和 IFN-γ 的血清浓度，并改善了免疫刺激猪的性能（Han 等，2009）。这些结果均表明，日粮添加精氨酸可以改善免疫反应。

2. 谷氨酰胺的免疫调节功能 谷氨酰胺是哺乳动物体内和乳汁中最丰富的游离氨基酸。除作为快速分裂细胞，如小肠的肠上皮细胞和白细胞的主要能源物质外，谷氨酰胺还涉及许多代谢过程，包括糖异生、免疫应答和细胞氧化还原状态的调节。谷氨酰胺和谷氨酸存在广泛的相互转换。相反，谷氨酸可以在几种途径中部分替代谷氨酰胺，包括 ATP 产生及精氨酸、鸟氨酸、瓜氨酸、丙氨酸、脯氨酸和天冬氨酸的合成。作为谷氨酸的前体，谷氨酰胺能通过影响谷胱甘肽的合成来对细胞氧化应激状态产生一定作用。另外，谷氨酰胺作为核苷酸（嘌呤和嘧啶）的前体，通过影响核酸合成调控淋巴细胞的增殖。在用大肠埃希氏菌感染的早期断奶仔猪中，4% L-谷氨酰胺相对高的补充量增加了白细胞计数，并增强了淋巴细胞功能（Yoo 等，1997）。仔猪日粮摄入的谷氨酰胺有大约 70% 在首过代谢时被小肠消耗，故胃肠腔中只有 30% 的谷氨酰胺进入门静脉血池（Stoll 和 Burrin，2006）。因为大量谷氨酰胺在肠道中代谢氧化为肠道发挥功能供能，所以谷氨酰胺对于维持肠屏障完整性和免疫功能有重要意义。

三、精氨酸家族氨基酸对母猪产仔性能的调控

精氨酸家族影响母猪产仔性能的途径可能包括以下几方面。首先，精氨酸代谢生成 NO 和多胺增加子宫和胎盘-胎儿的血流量，因此可能影响胎儿的存活和生长；其次，谷氨酰胺、精氨酸及精氨酸代谢产物有促进蛋白质沉积的作用，从而可能促进胎儿生长；最后，精氨酸导致妊娠期激素分泌发生变化，可能会影响胎儿和母体的代谢。以下将分别阐述精氨酸、NCG 和谷氨酰胺对母猪产仔性能的影响。

（一）精氨酸对妊娠母猪产仔性能的调控

在玉米-豆粕型日粮中添加 L-精氨酸是提高血浆精氨酸浓度的有效手段。在过去的十几年中，已经开展了精氨酸对动物繁殖性能调控作用的广泛研究。无精氨酸日粮可导致胎儿吸收、IUGR 和胎儿死亡，而日粮补充精氨酸可增加小鼠的产活仔数。在妊娠母猪饲粮中添加精氨酸，能提高胎盘内皮细胞合成 NO 和多胺的能力，但在不同妊娠阶段添加精氨酸对母猪繁殖性能的影响并不相同（表 7-1）。

1. 妊娠前期添加精氨酸 胚胎死亡的第一个高峰发生在母猪妊娠第 12～15 天。在妊娠早期添加精氨酸一般认为可以提高胚胎的存活率。例如，妊娠第 1～7 天（胚胎定植期）将大鼠日粮中的精氨酸含量提高到 1.3%，则产仔数增加了 30%。在妊娠第 14～25 天，日粮中添加 0.4% 或 0.8% 的精氨酸能提高初产母猪的胚胎存活率（Li 等，2014）。在妊娠第 1～30 天，添加 1.3% 精氨酸-HCl 也显著提高了初产母猪和经产母猪的总产仔数、产活仔数，以及仔猪初生均重和窝重。但是也有研究指出，在妊娠期第 0～25 天，日粮中添加 0.8% 的精氨酸显著降低了母猪的子宫重量、胚胎数、黄体数、胎儿总重量、尿囊液和羊水总量，但是对胚胎重和胎盘重没有显著影响（Li 等，2013）。

2. 妊娠中期和妊娠后期添加精氨酸 在母猪妊娠中期和妊娠后期补充精氨酸后，一般均观测到了仔猪初生重、初生均匀度或产活仔数的改善。例如，在妊娠第 77 天至分娩期间，经产母猪妊娠日粮添加精氨酸（25.5g/d），对产仔数、产活仔数和仔猪初生重无显著影响，但是显著降低了仔猪出生体重的变异（降低了 19%）（Quesnel 等，2014）。在妊娠第 90～114 天，在经产母猪妊娠日粮中补充 1.0% 精氨酸-HCl 可使产活仔的初生体重增加 16%，并且显著降低了每窝死胎数（Wu 等，2012）。在初产母猪妊

娠第 30～114 天，日粮中添加 1.0% 精氨酸-HCl，可使产活仔数显著增加 2 头，新生仔猪窝重增加 24%，并且死胎数也显著降低（Mateo 等，2008）。在妊娠期第 90 天至分娩期间，在母猪日粮中添加 1.0% 精氨酸能显著提高活仔初生均重，但对仔猪初生窝重、活仔窝重及仔猪初生均重没有显著影响。

在母猪妊娠期补充精氨酸对仔猪初生性能的改善与其改善胎盘的血管网有关。如前所述，精氨酸的代谢产物 NO 和多胺能促进血管生成。在人、小鼠和猪上研究都发现，食物中添加精氨酸能促进胎盘和胎儿的 NO 合成，其结果是促进了胎盘血管生成和生长，提高了子宫-胎盘血流量和营养物质从母体转移到胎儿的效率。在妊娠母猪日粮中分别添加 0.4% 精氨酸和 0.8% 精氨酸，能提高妊娠第 25 天胎盘血管密度（Li 等，2010）。母猪妊娠第 14～28 天，添加 L-精氨酸（25 g/d），显著增加了胎盘血管的通透性。在妊娠第 90 天到分娩期间，母猪日粮中添加 1.0% 精氨酸，能提高母猪胎盘中 NO 和诱导型 NOS 含量。此外，精氨酸还有促进胎盘 VEGF-A 生成的作用。VEGF-A 是一种有效的内皮细胞存活因子，通过增加 NO 的生成，诱导血管舒张，促进血液流动，从而在改善胎盘血管功能和促进胎儿营养供应方面发挥重要作用。在妊娠第 90 天至分娩，在母猪日粮中添加 1.0% 精氨酸提高了 VEGF-A 蛋白水平，以及 NO 和诱导型一氧化氮合酶水平，但是内皮型一氧化氮合酶蛋白水平却显著降低。类似的结果也在另一研究中被发现，这可能是胎儿脐静脉和胎盘中精氨酸生成 NO 的一种反馈调节机制（Wu 等，2012）。

表 7-1　日粮添加精氨酸对母猪繁殖性能的影响

母猪信息		日粮处理信息		繁殖性能信息	资料来源
胎次	品种	日粮精氨酸水平	添加时期		
1～9 胎	二元杂交	不添加	妊娠 77～114d	对产仔数初生重没有显著影响，但是能显著降低仔猪均匀度	Quesnel 等（2014）
		25.5g/d L-精氨酸	妊娠 77～114d		
(3.2±0.7) 胎	二元杂交	对照组	妊娠 90～114d	对产仔数没有显著影响，但是能显著提高初生活仔重	Wu 等（2012）
		1.0% 精氨酸-HCl	妊娠 90～114d		
1～9 胎	二元杂交	对照组	妊娠 85～114d	0.5% 精氨酸对产仔数和仔猪均匀度没有显著影响，但是能显著提高仔猪初生重；1.0% 精氨酸对产仔数和仔猪均匀度以及仔猪初生重没有显著影响，但是能降低母猪体损失。两种处理都能提高仔猪血氧饱和度和降低心率	Nuntapaitoon 等（2018）
		0.5% L-精氨酸	妊娠 85～114d		
		1.0% L-精氨酸-HCl	妊娠 85～114d		
2～3 胎	二元杂交	对照组	妊娠 22～114d	能显著提高总产仔数和产活仔数，提高仔猪初生窝重和初生活仔窝重及活仔胎盘总重，但是对仔猪初生均重没有显著影响	Gao 等（2012）
		1% L-精氨酸-HCl	妊娠 22～114d		
3～4 胎	二元杂交	对照组	妊娠 0～114d	妊娠 0～90d 添加精氨酸对产仔数、初生重以及死胎数均无显著影响；但是妊娠 0～114d 添加精氨酸能显著提高产活仔数、降低死胎数、提高总初生窝重和提高活仔初生窝重	Che 等（2013）
		1.0% L-精氨酸-HCl	妊娠 0～90d		
		1.0% L-精氨酸-HCl	妊娠 0～114d		

（续）

母猪信息		日粮处理信息		繁殖性能信息	资料来源
胎次	品种	日粮精氨酸水平	添加时期		
初产	长白	对照组	妊娠 0～30d	显著提高总产仔数和产活仔数，显著提高仔猪初生均重和窝重	Li 等（2015）
		1.3％ L-精氨酸-HCl	妊娠 0～30d		
≥2 胎	长白	对照组	妊娠 0～30d	显著提高总产仔数和产活仔数，显著提高仔猪初生均重和窝重	Li 等（2015）
		1.3％ L-精氨酸-HCl	妊娠 0～30d		
初产	约克×长白和杜洛克×汉普夏	对照组	妊娠 0～25d	添加 0.4％精氨酸对总胎儿数、活胎数、黄体数和胚胎存活率都没有显著影响，但是添加 0.8％精氨酸能显著降低子宫重、总胎数、活胎数、黄体数、胚胎存活率和胎儿体重均匀度。	Li 等（2010）
		0.4％ L-精氨酸	妊娠 0～25d		
		0.8％ L-精氨酸	妊娠 0～25d		
初产	NA	1.0％ L-精氨酸-HCl	妊娠 30～114d	显著提高产活仔数和活仔初生重，显著降低死胎数	Mateo 等（2008）
		1.0％ L-精氨酸-HCl	妊娠 30～114d		

（二）N-氨甲酰谷氨酸对妊娠母猪产仔性能的调控

虽然精氨酸对母猪产仔性能的调控效果得到了较为广泛的认可。但是，由于精氨酸的添加成本较高，因此其在生产实践中的广泛应用受到了限制。由于 NCG 能有效提高精氨酸内源生成，并且具有一定的价格优势，因此近年来开展了一系列利用 NCG 调控母猪繁殖性能的研究。

如表 7-2 所示，从不同阶段来看，在妊娠末期之前添加 NCG 主要影响产活仔数。例如，在经产长大二元杂交母猪妊娠 9～28d 添加 0.05％NCG 能显著提高产活仔数；妊娠 1～28d 添加 NCG 能显著提高总产仔数和产活仔数；在经产长大二元杂交母猪从妊娠 30～90d 期间日粮添加 0.1％NCG，虽然对产仔数、初生窝重、初生活仔窝重、初生均重和初生均重没有显著影响，但提高了产活仔数和妊娠血浆 IgG 和 IgM 水平。值得注意的是，在经产长大二元杂交母猪妊娠 1～8d 添加 0.05％NCG，对母猪繁殖性能没有显著影响；在妊娠末期添加 NCG，主要影响仔猪的初生窝重或死胎数。例如，在长大母猪妊娠后期第 90 天到分娩期间添加 1.0％精氨酸和 0.1％NCG，均能显著提高活仔窝重并减少死胎数，但是对产仔数、产活仔数和初生窝重都没有显著影响，并且两者的效果无显著差异，表明 NCG 在使用成本上更具有优势。如果在长白×约克夏二元杂交母猪中，从配种到分娩期间持续添加 0.1％NCG，也能达到显著提高初生窝重和降低弱仔率的效果。

对于不同 NCG 添加剂量的研究发现，在初产母猪从配种到分娩期间日粮添加 0.05％NCG 能显著提高活仔均重、活仔窝重、活仔胎盘重和活仔胎盘效率，添加 0.10％NCG 和 0.15％ NCG 能显著提高活仔窝重、活仔胎盘重和活仔胎盘效率，添加 0.20％ NCG 对母猪繁殖性能没有显著影响。说明在初产母猪中，日粮添加 0.05％ NCG 对提高母猪繁殖性能的效果最佳。另外，在经产母猪妊娠后期第 80 天到分娩期间，添加不同水平 NCG（0.04％、0.08％和 0.12％）对产仔数、产活仔数、仔猪初生均重和活仔均重均无显著影响，但添加 0.08％NCG 和 0.12％NCG 能显著提高活仔窝重和降低死胎数。表明在经产母猪中，有效的 NCG 添加量至少为 0.08％。

妊娠后期添加 NCG 对仔猪初生重的影响，可能与 NCG 内源生成精氨酸、精氨酸代谢产物 NO 和多胺，以及进一步促进胎盘血流有关。日粮中添加 0.08％NCG 和 0.12％NCG 能提高母猪血浆 NO 含量。此外，在妊娠后期添加 0.1％NCG，可显著提高脐静脉中的 VEGF-A 含量，但显著降低血浆中 VEGF 水平和内皮型一氧化氮合酶水平，表明 0.1％NCG 可能是特异性地促进了胎盘血管的生成或提高了血流速度。

表 7-2 日粮添加 NCG 对母猪繁殖性能的影响

母猪信息		日粮处理信息		繁殖性能信息	资料来源
胎次	品种	日粮 NCG 水平	添加时期		
胎次相近	长大母猪	0.04％NCG	妊娠 80～110d	日粮添加 NCG 对产仔数、产活仔数、仔猪初生均重和活仔均重无显著影响，但是日粮添加 0.08％NCG 和 0.12％NCG 能显著提高活仔窝重和降低死胎数	刘星达等（2011）
		0.08％NCG			
		0.12％NCG			
3～4 胎	长白×约克夏	对照组	配种当天到分娩	日粮添加 NCG 对产仔数、产活仔数和仔猪初生均重均没有显著影响，但是能显著提高初生窝重及降低弱仔率	江雪梅等（2011）
		0.10％ NCG			
3～5 胎	长白×约克夏	对照组	妊娠 30d 到分娩	对产仔数、初生窝重、初生活仔窝重、初生均重和初生活仔均重均没有显著影响，但是能显著提高产活仔数；另外还能显著提高妊娠 90d 血浆 IgG 水平	杨平等（2011）
		0.10％ NCG	妊娠 30～90d		
（3.2±0.7）胎	大白×长白	对照组	妊娠 90d 到分娩	对产仔数、产活仔数和仔猪初生均重没有显著影响，但是能显著提高初生活仔窝重和降低死胎数	Liu 等（2012）
		0.10％ NCG			
3～4 胎	长白×约克夏	对照组	妊娠 1～28d	妊娠 1～8d 添加日粮 NCG 对母猪繁殖性能没有显著影响；妊娠 9～28d 添加日粮 NCG 能显著提高产活仔数；妊娠 1～28d 添加 NCG 能显著提高总产仔数和产活仔数	Cai（2018）
		0.05％ NCG	妊娠 1～8d		
		0.05％ NCG	妊娠 9～28d		
		0.05％ NCG	妊娠 1～28d		
初产	大白×长白	对照组	妊娠第 1 天到分娩	日粮添加 0.05％NCG 能显著提高活仔均重、活仔窝重、活仔胎盘重和活仔胎盘效率，日粮添加 0.10％NCG 和 0.15％NCG 能显著提高活仔窝重、活仔胎盘重和活仔胎盘效率；日粮添加 0.20％NCG 对母猪繁殖性能没有显著影响；日粮添加 0.05％NCG 效果最佳	Zhang（2014）
		0.05％ NCG			
		0.10％ NCG			
		0.15％ NCG			
		0.20％ NCG			

（三）谷氨酰胺对妊娠母猪产仔性能的调控

谷氨酰胺是胎儿组织蛋白中丰富的氨基酸。在母体血液中的所有氨基酸中，子宫摄取的谷氨酰胺是最多的，并且谷氨酰胺从母体到胎儿血液的胎盘转移对胎儿生长是必不可少的。谷氨酰胺对胎儿生长的重要性体现在：一是，谷氨酰胺能够促进胎儿的蛋白质合成，抑制蛋白质降解；二是，谷氨酰胺是胎儿小肠的主要能量底物，是胎儿早期肠道快速发育的必需营养素。另外，考虑到谷氨酰胺体内合成的主要前体是支链氨基酸，因此谷氨酰胺可能降低胎盘和母体肝外组织中支链氨基酸的分解代谢速度，从而间接增加亮氨酸用于激活胎儿骨骼肌中 mTOR 信号传导和蛋白质合成。如第二章所述，与妊娠早期（第 10 天）相比，妊娠后期（第 110 天）母猪血浆中谷氨酰胺的浓度降低了42％。因此，母体日粮中谷氨酰胺供应不足可能是导致猪 IUGR 的一个因素。

事实上，在母猪的妊娠第 90～114 天，在玉米-豆粕型日粮（含有 12.2％粗蛋白和1.22％谷氨酰胺）中补充 1.0％谷氨酰胺可使 IUGR 仔猪的发生率降低 39％，仔猪分娩的变异体重增加 33％，活产仔猪断奶前死亡率降低 46％（Wu 等，2011）。值得注意的是，谷氨酰胺会在哺乳动物小肠上皮细胞被广泛氧化，因此日粮中大部分谷氨酰胺都不会进入门静脉。循环血中的谷氨酰胺是由骨骼肌、脂肪组织、心脏及胎盘中的支链氨基酸和酮戊二酸酯（主要来源于葡萄糖）合成的。氨基酸在肠道和肝脏中的代谢特点，很好地解释了在大多数研究中仔猪日粮添加谷氨酰胺并没有提高血液中相应氨基酸浓度及生长性能，而主要作用是改善小肠的形态结构的原因。因此，提高谷氨酰胺的内源合成可能是进一步提高胎猪蛋白质合成的关键。然而，目前尚没有关于通过增加日粮支链氨基酸，提高谷氨酰胺水平，从而调控胎儿生长的研究。

另外，日粮中添加精氨酸可持续降低妊娠母猪血浆中谷氨酰胺的浓度，可能是通过促进氨转化为尿素而不是谷氨酰胺。因此，同时补充精氨酸和谷氨酰胺可能可以缓解谷氨酰胺缺乏，改善胚胎及胎儿存活和生长。中后备母猪的妊娠第 30～114 天，在基础日粮（含有 0.70％精氨酸和 1.22％谷氨酰胺）中添加 0.4％精氨酸和 0.6％谷氨酰胺，可使每窝产活仔猪数增加 1.4 头，活仔初生体重变异减少 24％，但活仔的初生量减少15％（Wu 等，2011）。

四、精氨酸家族氨基酸对母猪泌乳性能的调控

（一）精氨酸对母猪泌乳性能的影响

大多数哺乳动物（包括猪）的乳中都缺乏精氨酸，母猪初乳或常乳中游离精氨酸含量极低，仅占总精氨酸含量的 0.7％以下。母猪泌乳第 7 天所产乳中的精氨酸/赖氨酸的值为 0.35，初生仔猪组织蛋白精氨酸含量为 0.97％。在泌乳中期和泌乳后期，母猪乳腺每天可以摄取 31.3g 游离形式的精氨酸，而普通玉米-豆粕型日粮中所含精氨酸的量并不能满足母猪乳腺最大吸收的需要。此外，如前所述，精氨酸代谢产生的 NO 是一种主要的血管扩张剂，日粮中添加精氨酸可以提高血管内皮细胞 NO 的含量，从而增加乳腺生成乳汁所需的血流量和营养物质供给（刘星达等，2011）。故而，母猪补饲一定量精氨酸具有潜在意义和一定可行性（谷琳琳等，2014）。

在实践中，在母猪哺乳期饲喂添加 1.0％L-精氨酸饲料，后代仔猪在 0～7d 和0～21d 的增重都有显著提高（Mateo 等，2008）。妊娠母猪日粮中添加精氨酸对后代仔猪生长性能的影响可能也与乳中蛋白质、脂肪等含量增加有关。妊娠母猪日粮添加 0.7％精氨酸后，母猪乳中乳脂含量显著提高，但对乳中精氨酸浓度的影响却不大，并且乳中精氨酸的浓度远低于猪血清中的浓度，其含量与母体精氨酸添加量并

非呈线性关系（Roth-Maier 等，1991）。在泌乳期母猪日粮中添加 1.0％精氨酸能显著提高泌乳第 7 天乳蛋白和乳中总氨基酸水平，但是对第 21 天乳蛋白和乳中总氨基酸水平没有显著影响（Mateo 等，2008）。另外，初产母猪泌乳期每日添加 1.0％L-精氨酸，并未影响母猪的采食量，表明乳中总氨基酸浓度的提高并不是因为蛋白质摄入量的增加。此外，初产母猪泌乳期每天添加 1.0％L-精氨酸，尽管没有改变背膘损失，但是显著降低了血浆尿素氮的水平。表明在添加精氨酸的情况下，母猪对日粮氨基酸的利用率提高。

（二）谷氨酸和谷氨酰胺对母猪泌乳性能的影响

谷氨酰胺和谷氨酸是几乎所有哺乳动物乳汁中含量最丰富的氨基酸，在新生儿的生长发育中起着重要作用。通过每天两次灌胃，或断奶前在饲喂器中补充谷氨酰胺和谷氨酸，可以改善哺乳仔猪的生长和健康。因此，提高乳中谷氨酰胺的含量可能是促进哺乳仔猪生长的有效途径。

猪乳中游离谷氨酰胺的浓度随着哺乳期的延长而逐渐增加，在第 28 天达到最高值（3.5 mmol/L），而泌乳母猪血浆中谷氨酰胺浓度仅有 0.3～0.4 mmol/L。因此，乳腺需要大量谷氨酰胺，包括来源于其他组织内源合成的谷氨酰胺，以及来源于自身蛋白质动用产生的谷氨酰胺；同时，乳腺组织自身利用支链氨基酸合成谷氨酰胺的能力也较强。

单独使用谷氨酰胺或谷氨酰胺和谷氨酸的混合物补充哺乳期母猪可以减少母猪体内蛋白质的部分损失，并使得乳中谷氨酰胺和谷氨酸含量增加。此外，在母猪体内添加谷氨酰胺和谷氨酸会导致乳汁中脂质含量也显著增加，并伴随着仔猪生长性能的提高（de Aquino 等，2014）。母猪从分娩前一周到哺乳期结束（第 21 天），添加 1.5％的谷氨酸和谷氨酰胺混合物，母猪初乳中脂肪含量提高 60％，常乳中脂肪含量提高 33％。说明日粮添加谷氨酰胺可能对乳腺中乳脂的合成有促进作用。但是日粮添加谷氨酸和谷氨酰胺对乳蛋白、乳糖和乳总固体含量无影响。

第三节 支链氨基酸对母猪繁殖性能的调控

一、支链氨基酸的生物学功能

（一）支链氨基酸对蛋白质沉积的调控

支链氨基酸属于必需氨基酸，包括亮氨酸、异亮氨酸和缬氨酸，占总必需氨基酸的 35％～40％，占总氨基酸的 14％～18％。它们不仅是构建肌肉组织的基本成分，而且还参与促进蛋白质周转的调控。亮氨酸作为信号分子具有调节蛋白质合成或分解的作用，从而能促进蛋白质沉积。亮氨酸被发现可以通过 mTOR 信号通路刺激细胞的蛋白质合成和抑制蛋白质降解（Kim 等，2006）。如前所述，mTOR 是控制细胞蛋白质合成的关键元件，而且有促进细胞增殖的作用。亮氨酸促进蛋白质合成与激活 mTOR 有关，亮氨酸通过干扰 Sestrin（亮氨酸感受器）对 GATOR1 的抑制激活 mTOR。除促进蛋白质合成外，亮氨酸还有抑制蛋白质降解的作用。亮氨酸能通过激活 mTOR 抑制细胞自噬诱导的蛋白质降解。此外，亮氨酸还可以抑制泛素蛋白酶通路关键基因 *MuRF 1* 的表达，从而抑制蛋白质降解（Duan 等，2018）。

支链氨基酸在体内还有其他重要的代谢途径。例如，支链氨基酸能在体内代谢生成重要的代谢产物，如 α-酮戊二酸和 2-羟基-4-甲硫基丁酸 ［2-hydroxy-4-（methylthio）butyric acid，HMB］。支链氨基酸及其代谢产物 α-酮戊二酸和 HMB 均被证实在多种细胞中有促进蛋白质合成和抑制蛋白质降解的作用。另外，支链氨基酸还可以进行氧化供能。在胎盘中，支链氨基酸较多地通过转氨作用部分代谢为酮酸，并产生氨供胎盘利用来高速合成谷氨酸。

（二）支链氨基酸对非必需氨基酸合成的调控

以转氨代谢为主的支链氨基酸代谢，是非必需氨基酸谷氨酸、谷氨酰胺和天冬氨酸内源合成的主要途径。因此，在日粮中添加支链氨基酸后，可能增加血液循环中相应底物浓度，从而增加其在骨骼肌内的代谢，生成更多的合成蛋白质所需的谷氨酸、谷氨酰胺和天冬氨酸。骨骼肌内支链氨基酸的代谢分两个步骤（图 7-3）：第一步是支链氨基酸经转氨基作用生成支链 α 酮酸（branched chain α-keto acids，BCKAs）。由于碳骨架不同，因此亮氨酸、异亮氨酸和缬氨酸经转氨后的产物依次是 α-酮异己酸、α-酮-β-甲基戊酸和 α-酮异戊酸。支链氨基酸转氨反应需要支链氨基酸转氨酶（branched chain amino acid aminotransferase，BCAT）的催化。BCAT 广泛分布于各个组织中，且主要分布在骨骼肌中，约占总体的 80%（Hutson 等，2005）。此外，支链氨基酸的 α-氨基转移到 α-酮戊二酸上，生成谷氨酸，以及经后续一系列酶的作用生成谷氨酰胺和天冬氨酸。第二步反应需要支链酮酸脱氢酶（branched chain α-keto acid dehydrogenase，BCKAD）的参与，将 BCKAs 脱去 1 个羧基形成氨酰-CoA，并进入三羧酸循环被彻底氧化生成 CO_2。该步反应是不可逆的、限速的步骤。BCKAD 主要分布于肝脏中，而在其他组织中的活性都较低（Hutson 等，2005）。

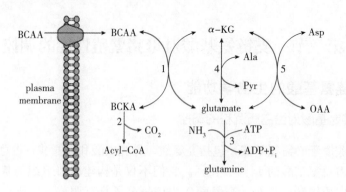

图 7-3　骨骼肌的支链氨基酸代谢

注：血液中的 BCAA 通过细胞膜上特定的转运体转运至胞内，并经一系列的酶催化发生代谢。相关的代谢酶依次为：BCAT，支链氨基酸转氨酶；BCKAD，支链酮酸脱氢酶；GS，谷氨酰胺合成酶；GPT，谷氨酸-丙酮酸转氨酶；GOT，谷氨酸-草酰乙酸转氨酶。

（资料来源：Chen 等，2009）

由于亮氨酸、异亮氨酸和缬氨酸都是动物组织中谷氨酰胺合成的底物，因此谷氨酰胺可能在一定程度上介导了支链氨基酸在动物体内的合成代谢作用。这种特性可能对胎盘和胎儿很重要，因为它们大量利用了支链氨基酸产生谷氨酸。值得注意的是，谷氨酸的首过代谢比率高达 95％以上，而支链氨基酸的首过代谢则要低得多，仅有40％～60％。因此，通过日粮添加支链氨基酸的方式，让其在胎盘等肠外器官代谢生成谷氨酸可能是向靶组织提供谷氨酸的一种更有效的方式。目前，尚未见妊娠母猪日粮添加支链氨基酸后对胎盘或胎儿谷氨酸生成影响的研究，但在泌乳母猪乳腺及断奶仔猪肌肉中已有类似报道。其中，关于乳腺的研究在本节后续的内容中将有介绍。

二、支链氨基酸对母猪产仔性能的调控

IUGR 羊在胎儿发育中，从母体循环进入胎儿循环的亮氨酸经胎盘通量明显减少。与健康胎儿相比，怀有 IUGR 胎儿的孕妇脐动脉和静脉中支链氨基酸的血浆浓度较低。蛋白质合成对早期胚胎发育具有重要意义。所有的支链氨基酸均能通过 mTOR 信号通路刺激骨骼肌和其他组织的蛋白质合成。在怀孕大鼠日粮中补充支链氨基酸（1.8％ L-亮氨酸、1.2％ L-缬氨酸和1％ L-异亮氨酸）可通过激活 mTOR 信号通路，减轻低蛋白组日粮引起的 IUGR 综合征。此外，小鼠日粮补充支链氨基酸可以改善胎儿肝脏中 IGF-1 和 IGF-2 的基因和蛋白表达，从而改善胎儿生长受限。因此，支链氨基酸除通过促进蛋白质合成改善胎儿生长外，还可能影响激素分泌而上调胎儿生长。

尽管对支链氨基酸妊娠母猪繁殖性能的研究很少见，但是在仔猪中的研究普遍发现支链氨基酸能显著促进骨骼肌的生成。因此，支链氨基酸对猪妊娠期间胎儿发育过程中的蛋白质合成也具有潜在促进作用，可能对胎儿发育产生积极的意义。需要特别注意的是，由于支链氨基酸之间存在显著的颉颃作用，因此单独添加某种支链氨基酸可能会降低其他支链氨基酸的利用效率，故可能需要以同时添加的方式补充支链氨基酸。在仔猪的研究中已经证实，单独添加亮氨酸虽然提高了肌肉蛋白质合成信号的活性，但是由于其他可利用氨基酸的量减少，因此肌肉的蛋白质合成速率并未增加。而同时添加 3 种支链氨基酸时，则可以显著提高蛋白质合成及肌肉生长速度。

三、支链氨基酸对母猪泌乳性能的调控

支链氨基酸与母猪产奶量和仔猪生产性能之间存在明显的联系。与非泌乳母猪相比，泌乳母猪全身支链氨基酸分解代谢速度明显增加。支链氨基酸分解代谢可促进乳腺中谷氨酸、谷氨酰胺、天门冬氨酸、丙氨酸和天冬酰胺的合成，能提高哺乳期新生儿乳汁摄入量。在母猪中进行的一项试验表明，增加母猪日粮中支链氨基酸水平（对照组：0.72％缬氨酸、0.50％异亮氨酸和 1.35％异亮氨酸；处理组：0.72％缬氨酸、1.20％异亮氨酸和 1.35％亮氨酸），乳中的干物质、乳脂和酪蛋白含量增加，乳清水平降低，并显著提高断奶仔猪窝重，但是对断奶仔猪数和仔猪断奶死亡率没有显著影响（Richert 等，1997）。

(一) 亮氨酸对母猪泌乳性能的调控

在所有的支链氨基酸中，亮氨酸对蛋白质沉积的促进作用最为明显。在乳腺上皮细胞中，亮氨酸可促进细胞的生长和增殖，增强细胞功能分化，延长细胞寿命。亮氨酸可以通过 mTOR 和 rpS6 的磷酸化来提高牛乳腺细胞的蛋白质合成率，同时降低蛋白酶体蛋白、泛素化蛋白的丰度和降解速度。在早期泌乳奶牛中，不加亮氨酸或支链氨基酸分别显著降低乳蛋白质产量 12% 和 21%。表明日粮中亮氨酸水平对乳成分中蛋白质含量的变化有重要影响。

泌乳母猪日粮添加亮氨酸对泌乳量、乳成分等泌乳性能的研究较少，但是有关于亮氨酸代谢产物 HMB 对泌乳母猪性能影响的研究。亮氨酸在肝外组织首先经支链氨基酸转移酶作用生成 α-KIC，然后 KIC (5%) 在细胞质中经 α-KIC 二氧化酶合成 HMB。哺乳期母猪日粮中添加 HMB 2g/d，初乳的乳脂率增加了 41%，泌乳第 14 天 HMB 添加组常乳乳脂、乳蛋白、乳糖、非脂固形物含量高于对照组，仔猪 21 日龄断奶时体重增加了 7.7% (Nissen 等，1994)。从妊娠第 35 天到断奶，给母猪补充 HMB (4g/d) 增加了新生仔猪骨骼肌中肌原蛋白基因的表达，但降低了母猪哺乳期的饲料摄入量。从妊娠第 108 天至分娩，给每头母猪每天饲喂 2.5g HMB 发现，HMB 组每头仔猪的乳摄入量显著提高，乳中乳脂率、干物质和能量显著升高，仔猪哺乳期间的死亡率显著降低。

(二) 缬氨酸对母猪泌乳性能的调控

泌乳母猪日粮缬氨酸水平从 0.8% 提高到 1.2% 时，乳氮含量增加，并且能提高断奶仔猪重。日粮中异亮氨酸水平在 0.50% 时，缬氨酸的含量从 0.72% 增加到 1.42%，乳中的干物质、乳脂和其他含氮物质（游离氨基酸和尿素）含量增加，乳糖含量降低，但是对乳蛋白含量没有显著影响。另外，提高缬氨酸的含量还能显著提高泌乳期间 0~14d 仔猪窝增重。

缬氨酸被认为是排在赖氨酸和苏氨酸之后的第三大泌乳母猪限制性氨基酸。然而，关于哺乳期母猪日粮缬氨酸与赖氨酸比值 (Val∶Lys) 的研究较少。在断奶仔猪为 10~11 头或更少的条件下，哺乳母猪日粮中，不同的 Val∶Lys 不影响母猪的产奶量。此外，当日粮中 Val∶Lys 为 0.64~0.84 时，对乳汁中干物质、粗蛋白、脂肪、乳糖和尿素的浓度及平均日产量没有影响 (Strathe 等，2016)。但是增加哺乳母猪日粮 Val∶Lys，可以增加乳汁中缬氨酸、异亮氨酸和丙氨酸的浓度，降低乳中的精氨酸浓度。当日粮中 Val∶Lys 从 0.40 增加到 1.17 时，乳中蛋白质含量增加。但当 Val∶Lys 进一步增加到 1.43 时，蛋白质含量并未增加。另一项研究也指出，当 Val∶Lys 降至 0.45 以下时，泌乳量和乳蛋白含量下降，乳脂百分比增加 (Paulick 等，2003)。因此，Val∶Lys 为 1.17 是促进乳蛋白合成的最佳比例 (Rousselow 和 Speer，1980)。值得注意的是，在一般情况下，缬氨酸是泌乳母猪重要的限制性氨基酸，因此提高缬氨酸水平可能更主要的是满足乳蛋白合成的需求，而不是发挥功能性的调节作用。而且，由于母猪内源动用对乳蛋白合成的支持，从日粮中补充缬氨酸对母猪泌乳性能或仔猪生长性能的影响可能在大规模群体中难以观察到。相关具体内容见本书第二章。

（三）异亮氨酸对母猪泌乳性能的调控

日粮中异亮氨酸水平也会影响乳成分，提高日粮中异亮氨酸水平不仅会增加乳中干物质、粗蛋白质和脂肪水平，而且还会增加乳中的酪蛋白含量，降低乳清含量。例如，当日粮中缬氨酸水平在 0.72％或 1.07％时，增加日粮中异亮氨酸水平，乳中干物质、粗蛋白质和乳脂含量增加，但乳清蛋白不受日粮中异亮氨酸水平增加的影响（Richert 等，1997）。

第四节　含硫氨基酸对母猪繁殖性能的调控

一、含硫氨基酸的生物学功能

（一）含硫氨基酸代谢产物的抗氧化作用

蛋氨酸通过硫基转移反应能生成活性含硫化合物（图 7-4），即谷胱甘肽、牛磺酸和 H_2S。硫基转移是蛋氨酸循环中的同型半胱氨酸（homocysteine，Hcy）代谢出口。通过硫基转移级联反应，胱硫醚 β 合酶将 Hcy 和丝氨酸合成胱硫醚，然后由胱硫醚 γ 裂解酶分解为半胱氨酸、α-酮丁酸和氨。蛋氨酸的碳架由 Hcy 转移到 α-酮丁酸上，并随后进入三羧酸循环，而 Hcy 上的硫醇基与丝氨酸聚合成半胱氨酸，半胱氨酸既可以合成牛磺酸和谷胱甘肽，也可以降解生成 H_2S。

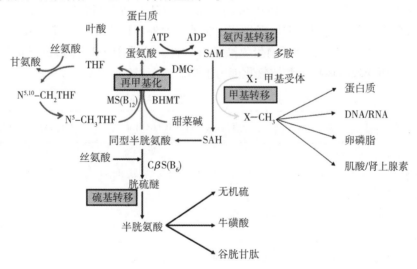

图 7-4　蛋氨酸代谢

注：SAM，S-腺苷蛋氨酸，SAH，S-adenosyl methionine；S-腺苷同型半胱氨酸，THF，S-adenosyl homocysteine；四氢叶酸，$N^{5,10}$-CH$_2$THF，tetrahydrofolic acid；$N^{5,10}$-亚甲基四氢叶酸，$N^{5,10}$-methylenetetrahydrofolate；N^5-CH$_3$THF：N^5-甲基四氢叶酸，DMG，N^5-methyl tetrahydrofolate；二甲基甘氨酸，MS，dimethyl glycine；蛋氨酸合酶，BHMT，methionine synthase；甜菜碱同型半胱氨酸甲基转移酶，CβS，betaine homocysteine methyl transferase；胱硫醚 β 合酶，B$_6$，cystathionine β synthase；维生素 B$_6$，B$_{12}$，vitamin B$_6$；维生素 B$_{12}$，vitamin B$_{12}$。

（资料来源：修改自 Kalhan 和 Marczewski，2012）

蛋氨酸硫基转移代谢反应能生成谷胱甘肽和牛磺酸两种重要抗氧化物质。蛋氨酸硫基转移主要发生在同时具备胱硫醚合酶与胱硫醚裂解酶的器官，如肝脏、胰脏、小肠及肾脏中。胱硫醚合酶是硫基转移级联反应的限速酶。由于胱硫醚合酶位于再甲基化、SAH 合成和硫基转移的分支节点处，因此是一种高效调节酶。SAM 可作为胱硫醚合酶的变构调节剂，当 SAM 与胱硫醚合酶 C 端结合后能使胱硫醚合酶处于激活状态。另外，胱硫醚合酶还需要维生素 B_6 作为辅酶来发挥作用。由于 Hcy 与胱硫醚合酶的 km 值比再甲基化酶（蛋氨酸合酶和甜菜碱同型半胱氨酸甲基转移酶）低一个数量级，因此 Hcy 用于转硫代谢的比例高于用于再甲基化代谢的比例。例如，在人体禁食状态下，38%Hcy 经过再次甲基化生成蛋氨酸，剩下 62%Hcy 经过硫基转移发生了分解代谢（Storch，1998）。

妊娠期硫基转移水平高于非妊娠期女性，可能是胎儿生长需要更多的半胱氨酸或其他转硫代谢产物。需要强调的是，硫基转移作为蛋氨酸的主要降解途径，妊娠期硫基转移水平提高会使得蛋氨酸在该时期的需求量提高。在妊娠后期（妊娠第 90 天至分娩）的经产母猪日粮中将蛋氨酸含量从 0.28% 提高到 0.48%，不仅能显著提高仔猪初生重和断奶存活率，而且还能显著改善母猪健康包括改善局部炎症和抗氧化水平。

另外值得注意的是，IUGR 仔猪通过转硫和再甲基化途径代谢 Hcy 的能力较低，甲基在卵磷脂合成中的参与度也较低。如表 7-3 所示，低初生重仔猪蛋氨酸代谢相关酶活性较正常仔猪的更低，包括蛋氨酸重新合成所需的甜菜碱同型半胱氨酸甲基转移酶（betaine：homocysteine methyltransferase，BHMT）和蛋氨酸降解途径中调控硫基转移反应的胱硫醚 γ 裂解酶（cystathionine γ-lyase，CGL）活性都会显著降低，并且这两种酶在肝脏的含量与仔猪初生重呈现显著正相关。另外，仔猪肌酐合成需求的增加或再甲基化营养物质的补充，都会影响蛋氨酸的有效性。说明 IUGR 仔猪对于蛋氨酸代谢能力较差，进而导致机体抗炎和抗氧化能力下降。

表 7-3　正常仔猪和 IUGR 仔猪肝酶的总容量随体重的变化

项　目	正常仔猪	IUGR 仔猪	与仔猪初生重相关性
再甲基化			
蛋氨酸合酶	2.02 ± 0.72	1.96 ± 0.58	0.05
甜菜碱同型半胱氨酸甲基转移酶	2.43 ± 0.64*	1.71 ± 0.46	0.49[a]
甲基四氢叶酸还原酶	1.57 ± 0.20	1.59 ± 0.16	−0.07
蛋氨酸硫基转移			
蛋氨酸腺苷转移酶	2.49 ± 1.01	2.49 ± 0.51	−0.27
胱硫醚 β 合酶	26.70 ± 6.90	25.40 ± 14.80	0.03
胱硫醚 γ 裂解酶	36.60 ± 11.30*	29.20 ± 13.00	0.43[b]

注：结果以"平均±标准差"表示（$n=6$）；* $P<0.05$；[a]$P=0.10$，[b]$P=0.15$，线性回归。

（二）含硫氨基酸代谢产物的促血管生成作用

如第一章内容所述，在妊娠期胎盘发育过程中，胎盘血管会经过血管发生和血管生成两个过程，其中胎盘血管生成贯穿整个胎盘发育过程，对于胎盘自身生长发育和胎儿的营养供应至关重要。蛋氨酸代谢产物中 H_2S 和多胺都具有促进血管生成的作用。

蛋氨酸硫基转移是 H_2S 生成的主要来源。H_2S 是细胞内普遍存在的第二信使，在血管内皮细胞中发挥了抗氧化、抗炎、抗凋亡的作用，并且具有促进血管生成的重要功能。胎盘滋养层细胞产生的 H_2S 可显著促进胎盘动脉内皮细胞血管生成。宫内发育迟缓胎儿对应胎盘 H_2S 产量显著降低，胎盘血管生成和血流速度显著减弱。母猪妊娠期日粮添加适量蛋氨酸能显著提高血浆 H_2S 水平和胎盘血管密度。

蛋氨酸合成 SAM、SAM 转化为脱羧 SAM 后可以将氨丙基转移到腐胺和亚精胺上合成亚精胺和精胺。肝脏中多胺合成增加时，氨丙基转移所消耗的 SAM 占 SAM 的总量比例会显著升高（Mato，1997），但是 SAM 脱羧酶只能消耗 10%～30% 的可利用 SAM（Giulidori 等，1984）。多胺不仅能控制细胞生长，还是血管生成、胎盘滋养层生长和早期子宫内胚胎发育的关键调节剂。由于母体在胎盘发育高峰期会生成大量多胺，因此在妊娠前期胎盘发育高峰期对 SAM 的氨丙基转移的需求可能会显著提高。

（三）含硫氨基酸的免疫调节功能

动物的体液免疫会受到日粮中蛋氨酸浓度的影响，适宜的蛋氨酸水平有利于机体免疫力的维持，而过高或过低的蛋氨酸水平都不利于机体的免疫力。例如，给仔猪饲喂蛋氨酸水平不同（0.18%、0.24%、0.30%、0.36%、0.42% 或 0.48%）的日粮，仔猪血清中的 IL-2 浓度呈现显著的凸二次曲线变化，0.30% 蛋氨酸组最高。在肉鸡日粮中添加 0.063%、0.125% 或 0.25% 的蛋氨酸后发现，随着日粮蛋氨酸添加量的增加，肉鸡中 IgG 的浓度明显增加，但对 IgM 的含量则无显著性影响（Tsiagbe 等，1987）。在断奶仔猪日粮（含 0.33% 基础蛋氨酸）中添加蛋氨酸（0.30%）后会抑制机体淋巴细胞的增生（van Heugten 等，1994）。尽管目前蛋氨酸对母猪免疫功能的影响还未见报道，但是繁殖母猪蛋氨酸营养对提高胎儿及哺乳仔猪的免疫功能具有潜在利用价值。

胱氨酸是非必需氨基酸，它可以从半胱氨酸合成，是蛋氨酸转硫代谢后的产物但不能转化为蛋氨酸。半胱氨酸也被认为是一种功能氨基酸，是参与生长、维持、繁殖和免疫的关键代谢途径的重要调控因子。半胱氨酸是合成谷胱甘肽（glutathione，GSH）的限速底物，谷胱甘肽是主要的细胞内抗氧化剂，由谷氨酸、半胱氨酸和甘氨酸三肽组成。GSH 参与免疫功能，因为它是 T 淋巴细胞和白细胞活化及细胞因子产生所必需的。

半胱氨酸还可以用于生产牛磺酸，牛磺酸通过充当细胞膜稳定剂和抗氧化剂而对免疫功能的发挥很重要，并且它在白细胞中的含量特别丰富。对于免疫功能，半胱氨酸用于产生参与免疫应答的化合物（如 GSH、牛磺酸）增加。这意味着在免疫攻击情况下，蛋氨酸向胱氨酸代谢的需求也增加。

（四）蛋氨酸的毒性作用

蛋氨酸在体内的代谢过程中产生的重要代谢物——Hcy 是一类胚胎致畸因子。血浆中 Hcy 含量异常上升会导致多个物种胚胎发育畸形和胚胎死亡率增加。Hcy 的致畸作用可能与其抑制视黄醇转化为视黄酸有关。视黄酸有调节母猪孕期快速滋养层细胞生长之前和其间的基因表达的作用，也可以参与猪胎盘的生长和发育。在小鼠的早期胚胎发育过程中，高半胱氨酸会充当甲基化抑制剂，减少蛋氨酸的摄取和 S-腺苷蛋氨酸池中的 SAM 水平，并且将在一定程度上削弱胚泡形成。与正常妊娠母猪比较，经历早期妊娠失败的母猪血浆中 Hcy 含量较高（van Wettere，2015）。

高剂量蛋氨酸饮食可诱导胱硫醚 β 合酶活性上调，从而促进转硫反应合成 GSH 和牛磺酸。但是，提高蛋氨酸水平也可能会造成 Hcy 积累。例如，给大鼠分别饲喂含 1.2%蛋氨酸或 1.5%蛋氨酸的饲料时都会出现高 Hcy 血症（Velezcarrasco，2008）。高水平的日粮蛋氨酸导致高 Hcy 血症可能与连续摄入高剂量蛋氨酸的时间有关。当只饲喂大鼠高蛋氨酸含量（1%、2%或 3%）的饲料 1 周时，血液 GSH 含量在第 1 周显著提高，Hcy 变化不明显；但继续饲喂高蛋氨酸含量饲料 2 周后，血液 GSH 较之前显著下降但仍然高于对照组。然而，此时大鼠血清中 Hcy 水平达到 28.65 μmol/L，超过高 Hcy 血症的警戒线 15 μmol/L（孟斌，2011）。

Hcy 代谢调节与 B 族维生素有密切关系，蛋氨酸重新合成（辅酶为维生素 B_{12}）和硫基转移反应（辅酶为维生素 B_6）都会促进 Hcy 的转化和降解。妊娠期初产母猪日粮缺乏 B 族维生素会导致妊娠后期母猪血浆 Hcy 水平显著升高和死胎数增加。可能的主要原因是维生素 B_6 是胱硫醚合酶的重要辅酶，B 族维生素的缺乏会抑制蛋氨酸硫基转移，导致 Hcy 积累。

二、含硫氨基酸对母猪产仔性能的调控

蛋氨酸是蛋白质合成的重要底物，随着现代母猪繁殖性能提高，胎儿数的增加提高了妊娠期胎儿蛋白质合成对蛋氨酸的需要量。NRC（2012）推荐 205kg 母猪妊娠期 SID 蛋氨酸需要量为 0.09%（90d 以前）和 0.14%（90d 以后），SID 蛋氨酸与赖氨酸比例分别为 0.28%（90d 以前）和 0.27%（90d 以后）。而母猪繁殖性能最高的国家之一——荷兰的猪营养需要标准中，妊娠母猪 SID 蛋氨酸推荐量是 0.16%，与赖氨酸的比例为 0.32，不论是 SID 蛋氨酸的需要量和蛋赖比都比 NRC 的推荐量更高。此外，蛋氨酸作为必需氨基酸中唯一的甲基供应氨基酸，对满足妊娠期胎儿和胎盘发育过程中对甲基供体的大量需求有重要意义。

提高日粮蛋氨酸和赖氨酸的比值（蛋赖比）能显著提高初产母猪的繁殖性能，当日粮蛋赖比提高到 38.2%时，能显著提高仔猪初生重和初生窝重（赵丽红，2016）。对于 3 胎的长大二元杂交母猪，当母猪总产仔数≤12 头时，将妊娠日粮蛋赖比从 0.27（NRC，2012）分别提高到 0.32、0.37、0.42 和 0.47 时，对仔猪的初生重和弱仔率都没有影响。但是，当母猪总产仔数≥13 头时，日粮蛋赖比 0.37 组可以获得最佳的仔猪初生个体均重、初生活仔窝重和弱仔率。同时，日粮蛋赖比 0.37 组母猪分娩时，胎盘褶皱区域血管密度显著提高（Xia 等，2019）。另外，0.37 组胎盘组织中 *VEGF-A* 和 *VEGF 164* 基因的表达量显著提高，且与胎盘血管密度也呈正相关（Xia 等，2019）。因此，蛋氨酸能提高高产母猪仔猪初生重和降低弱仔率，并与蛋氨酸对母猪胎盘血管发育的调节有关。

含硫氨基酸中的半胱氨酸也被认为是一种功能氨基酸，是参与生长、维持、繁殖和免疫的关键代谢途径的重要调控因子。半胱氨酸主要作为含硫氨基酸中蛋氨酸的补充，在妊娠母猪上的研究发现，在妊娠后期至哺乳期间母猪日粮中添加 0.4%的胱氨酸能增

加了仔猪的初生重，增加了有利于对抗胚胎抗氧化应激的代谢物谷胱甘肽的含量，提高了母猪肠道微生物丰度，增加了母猪粪便微生物群的多样性。

三、含硫氨基酸对母猪泌乳性能的调控

母猪的泌乳量及乳蛋白含量是影响仔猪生长性能的重要因素。蛋氨酸是决定母猪泌乳量高低和乳蛋白含量多少的两个主要限制性氨基酸之一，另外一个则是赖氨酸。同时，蛋氨酸也是乳蛋白合成的潜在调控因子。因此，含硫氨基酸可能具有调控母猪泌乳性能的作用。

当满足乳腺最大氨基酸吸收量时，乳汁合成所需的蛋氨酸为 6.92g，而此时所需的赖氨酸为 20.15g，蛋氨酸与赖氨酸的比例约为 0.34（Guan 等，2004），这一比值与蛋氨酸、赖氨酸刺激体外培养的牛乳腺细胞分泌酪蛋白的最佳蛋赖比一致（Nan 等，2014）。但是 NRC（2012）的理想蛋氨酸与赖氨酸的推荐比例为 0.27，低于乳腺达到最大氨基酸吸收量时的蛋氨酸与赖氨酸比例。说明目前泌乳母猪日粮中含硫氨基酸可能不足以满足现代母猪泌乳的需要。

然而提高日粮含硫氨基酸水平对母猪泌乳性能的影响并不一致。日粮含有不同含硫氨基酸与赖氨酸的比例（0.50 组、0.55 组、0.60 组、0.65 组和 0.70 组）不影响母猪的日平均采食量、失重和背膘损失，以及仔猪生长性能（Schneider 等，2006）。此外，当赖氨酸摄入量为 70.6g/d、苏氨酸摄入量为 42.9g/d 时，将含硫氨基酸摄入量从 29g/d 提高到 33.7g/d（蛋氨酸＋半胱氨酸与赖氨酸比值从 0.41 提高到 0.48）时，并没有显著提高初产大白母猪的泌乳期增重及仔猪增重（Grandhi，2002）。尽管日粮添加蛋氨酸对母猪背膘、体重及仔猪断奶重均无显著影响，但是在产后 0～14d 饲喂 1.34kg/d 的 DL-蛋氨酸，能调控泌乳期间的乳成分，包括乳中乳蛋白、非脂肪固体、赖氨酸、组氨酸和鸟氨酸浓度均有所下降，但是血浆 Hcy 和尿素氮浓度升高。日粮添加蛋氨酸（1.34kg/d）还会导致母猪血浆赖氨酸、酪氨酸、葡萄糖和乙酸盐水平降低，而柠檬酸、乳酸、甲酸盐、甘油、肌醇和 N-乙酰糖蛋白水平升高。总体来说，乳蛋白合成受日粮蛋氨酸水平调控，这导致氨基酸、脂质和糖原代谢发生显著变化（Zhang 等，2015）。

不同日粮蛋赖比（0.27 组、0.37 组、0.47 组和 0.57 组）对母猪泌乳期总泌乳量及平均日泌乳量均无显著性影响。不同日粮蛋赖比对初乳、7d 常乳和断奶前一天常乳中的乳常规成分没有显著性影响。但提高日粮蛋氨酸水平，会显著增加乳中蛋氨酸代谢产物牛磺酸和胱氨酸的含量。在泌乳 7d 时，0.37 组和 0.47 组母猪常乳中的牛磺酸浓度要分别比 0.27 组高出 21% 和 9.2%；在断奶前一天，0.37 组和 0.57 组乳中的牛磺酸浓度均显著高于 0.27 组，且 0.37 组、0.47 组和 0.57 组中的牛磺酸浓度要分别比 0.27 组高出 20.5%、15.8% 和 33.4%；此外，在断奶前一天，处理组（0.37 组、0.47 组和 0.57 组）常乳中的胱氨酸浓度也分别比 0.27 组高出 68.7%、69.2% 和 40.3%，均要远高于对照组（赵曦晨，2017）。

四、蛋氨酸羟基类似物对母猪繁殖性能的调控

DL-蛋氨酸（DL-methionine，DL-Met）和 DL-2-羟基-4-（甲硫基）丁酸〔DL-2-

hydroxy-4-cmethy（thio）butyric acid，DL-HMTBA〕是 2 种常用的蛋氨酸添加剂。HMTBA 不同于 DL-Met，它在 α 碳链上有一个羟基，因此不是氨基酸，而是有机酸。与合成的 DL-Met 一样，HMTBA 具有一个不对称的碳原子，因此以 50％L-异构体和 50％D-异构体的混合物形式出现。在转化为 L-Met 之前，HMTBA 的抗菌性能类似于乳酸等有机酸。从化学组成而言，商品 DL-HMTBA 中 DL-HMTBA 的含量为 88％，其中单体、二聚体和寡聚体各占 65％、20％和 3％。

　　由于是参与中间代谢或用于蛋白质合成的唯一蛋氨酸，因此 D-Met 和 DL-HMTBA 在被动物利用之前必须先转化为 L-Met。在动物组织内，DL-HMTBA 须经两个步骤才能转化为 L-Met（图 7-5），即一碳原子的氧化反应和转氨基反应。DL-HMTBA 转化为 L-Met 的第一步是 L-HMTBA 和 D-HMTBA 的氧化，催化反应的酶分别是 L-2-羟基酸氧化酶和线粒体的 D-2-羟基酸脱氢酶，对应的主要产物是 2-酮基-4-甲硫基-丁酸。D-2-羟基酸脱氢酶存在于多种组织，包括肝脏、肾脏、骨骼肌、小肠、胰腺、脾脏、大脑等。第二步反应是 2-酮基-4-甲硫基-丁酸通过转氨基反应转化为 L-Met 的过程，该反应普遍存在，因此不是 DL-HMTBA 完全转化的限速步骤。在转化为 L-Met 后，HMTBA 在甲基转移或半胱氨酸合成方面与 L-Met 具有相同的可用性。

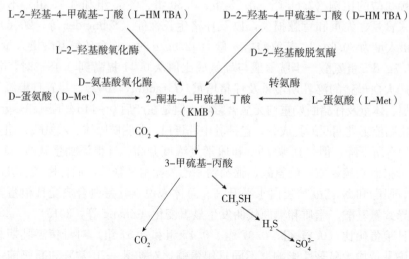

图 7-5　蛋氨酸及蛋氨酸羟基类似物的代谢
（资料来源：吕美和陈代文，2007）

　　L-Met 和 HMTBA 在代谢效率上可能存在差异。例如，HMTBA 可能较 L-Met 生成更少的 SAM 和 Hcy。对鸭的研究发现，与等摩尔的 DL-Met 相比，摄入 HMTBA，可降低血浆 Hcy。此外，30％～40％的日粮蛋氨酸在第一次通过肠道时即被利用，但是 HMTBA 在肠道首过代谢的比例较蛋氨酸低。这也意味着 HMTBA 的潜在毒性更小，肠外利用率更高，因此 HMTBA 作为蛋氨酸源时可能产生与 DL-Met 不同的调控效果。

　　二元杂交母猪在产后 0～14d，基础对照日粮中分别添加 1.34g/kg DL-Met（99％）和 1.51g/kg HMTBA（88％），出生后第 14 天，HMTBA 组仔猪的体重高于对照组和蛋氨酸组仔猪，空肠脂肪酸结合蛋白 2 丰度也显著高于对照组和蛋氨酸组仔猪。与对照组相比，日粮添加 DL-Met 组母猪的乳蛋白、非脂肪固体，以及赖氨酸、组氨酸和鸟氨酸浓度较低；而日粮添加 HMTBA 组母猪的乳脂肪、乳糖、半胱氨酸和牛磺酸浓度较高。另外，日粮添加 HMTBA 导致赖氨酸、酪氨酸、葡萄糖和醋酸盐的血浆水平较低，以及柠檬酸、乳酸、甲酸盐、甘油、肌醇和 N-乙酰糖蛋白的血浆水平较高。总体来说，新生儿的生长和乳合成受日粮中蛋氨酸水平和来源的调节，导致了氨基酸、脂类和糖原代谢的显著改变（Zhang 等，2015）。

第五节　其他功能性氨基酸对母猪繁殖性能的调控

一、色氨酸

色氨酸除参与蛋白质合成和血清素调节外，还能通过两种酶引发的犬尿氨酸途径调节免疫功能。犬尿氨酸代谢途径限速酶是吲哚胺 2，3-双加氧酶（indoleamine 2，3-dioxygenase，IDO）。表达 IDO 的细胞主要分布胸腺脊髓和次级淋巴管的 T 细胞，以及免疫耐受或免疫特赦组织中（如胎盘、胃肠道黏膜、胸腺与附睾）。色氨酸是 T 细胞增殖所必需的，细胞微环境缺乏色氨酸时，会抑制 T 细胞增殖。母-胎界面是由母体虹膜组织和胎盘滋养层组织共同组成的，IDO 在母-胎界面的表达能保证母体对胎儿的耐受免疫，避免母体对胎儿的排斥，如流产和胚胎丢失。

初产母猪和经产母猪在妊娠第 109 天至断奶期间饲喂 5 种试验泌乳日粮，日粮中 SID 色氨酸：赖氨酸为 0.18、0.22、0.26、0.30 和 0.33。泌乳母猪的最佳 SID 色氨酸：赖氨酸在 0.22～0.26。有趣的是，经产母猪仔猪死亡率随日粮色氨酸的增加呈线性下降，当 SID 色氨酸：赖氨酸达到 0.26（0.23% SID Trp）时，死亡率明显降低。在随后的胎次中，多胎母猪的死产仔猪数随色氨酸水平的增加呈线性下降，其他性能未受日粮处理的显著影响。色氨酸可能是提高了免疫蛋白等乳蛋白关键成分，从而降低了母猪的死胎率。根据前文所述，尽管对色氨酸代谢在妊娠母猪上的研究还不够清楚，但是上述研究说明，色氨酸代谢特别是犬尿氨酸途径代谢对早期妊娠的正常进行和避免流产有重要意义。

二、苏氨酸

苏氨酸通过与免疫球蛋白结合，在免疫功能中发挥关键作用。苏氨酸是免疫球蛋白中含量最高的氨基酸，如在牛奶免疫球蛋白中约占 10.0%（Bowland，1966）。此外，胃肠道中黏蛋白富含大量的苏氨酸，其占猪回肠消化物中总黏蛋白氨基酸的约 30% 和总内源蛋白的 11%。这意味着黏液分泌的增加将直接增加氨基酸的内源性损失，特别是苏氨酸损失。因此，苏氨酸是胃肠道完整性和免疫力的关键氨基酸。

饲喂含足量苏氨酸日粮的母猪，其血浆中的 IgG 比分娩时苏氨酸缺乏的母猪多 20%。在妊娠期间添加 0.14%L-苏氨酸的低蛋白质日粮，会增加分娩时和哺乳期间乳中的 IgG 浓度（Hsu 等，2001）。

如前所述，功能性氨基酸对母猪繁殖性能的调控可能与其免疫调节功能有关。一般而言，如表 7-4 所示，氨基酸调节免疫系统的方式有：①增强免疫状态以预防感染；②减少或消除已确定的感染，如炎症和自身免疫。其中，跟炎症或肠道屏障相关的氨基酸对母猪繁殖性能的调控值得进一步探索。

表 7-4 氨基酸在免疫反应中的作用

氨基酸	产　物	主要功能
用于合成蛋白质的氨基酸	蛋白质	体液和细胞免疫因子及酶
丙氨酸	直接作用	抑制细胞凋亡；刺激淋巴细胞增殖；增强 Ab 的产生可能是通过细胞信号机制实现
精氨酸	NO	信号分子；杀死病原体；调节细胞因子的产生；自身免疫性疾病的介质
支链氨基酸	直接作用	通过细胞 mTOR 信号通路调控蛋白质合成、细胞因子和抗体产生的活化
	谷氨酰胺	免疫系统细胞的主要燃料；调节 T 淋巴细胞增殖、蛋白合成，以及细胞因子和抗体产生；巨噬细胞功能激活；抑制细胞凋亡
	牛磺酸	抗氧化剂；细胞氧化还原状态的调节
	氨基丁酸	神经递质；抑制 T 细胞反应和炎症
	谷氨酸和天冬氨酸	神经递质；苹果酸盐梭子组件；细胞代谢
甘氨酸	直接作用	钙通过细胞膜上的甘氨酸门控通道流入
	丝氨酸	一碳单位代谢；神经酰胺和磷脂酰丝氨酸的形成
	血红素	血红蛋白（如血红蛋白、肌红蛋白、过氧化氢酶和细胞色素 c）；一氧化碳（CO，一种信号分子）的产生
组氨酸	组织胺	过敏反应；血管舒张药；中枢分泌乙酰胆碱
	尿刊酸	调节皮肤的免疫反应
亮氨酸	β-羟基-β-甲基丁酸	免疫反应调节
赖氨酸	直接作用	NO 合成的调节；抗病毒活性
蛋氨酸	同型半胱氨酸	氧化剂；NO 合成抑制剂
	甜菜碱	同型半胱氨酸甲基化成蛋氨酸一个碳单位新陈代谢
	胆碱	甜菜碱、乙酰胆碱、磷脂酰胆碱的合成
	半胱氨酸	谷胱甘肽的合成与 H_2S（信号分子）的合成
	脱羧 S-腺苷蛋氨酸	蛋白质和 DNA 的甲基化；聚胺合成；基因表达
苯丙氨酸	直接作用	四氢生物蝶呤（NO 合成的辅助因子）合成的调控
	酪氨酸	调节神经元功能和细胞代谢的中性粒细胞的合成
脯氨酸	H_2O_2	杀死病原体；肠道的完整性；一个信号分子；免疫力
	吡咯啉	细胞氧化还原状态；DNA 合成；淋巴细胞增殖；鸟氨酸和多胺的形成；基因表达
丝氨酸	甘氨酸	抗氧化剂；一碳单位代谢；神经递质
	直接作用	抑制细胞凋亡；刺激淋巴细胞增殖；增强抗体的产生可能是通过细胞信号机制实现的
牛磺酸	牛磺酸氯胺	抗炎
苏氨酸	直接作用	合成维持肠道免疫功能所需的黏蛋白；抑制细胞凋亡；刺激淋巴细胞增殖；提高抗体产量

（续）

氨基酸	产　物	主要功能
色氨酸	血清素	神经递质；抑制炎症细胞因子和超氧化物的产生
	酰血清素	四氢生物蝶呤合成抑制剂；抗氧化剂；抑制炎症细胞因子和超氧化物的产生
	褪黑素	抗氧化剂；抑制炎症细胞因子和超氧化物的产生
	邻氨基苯甲酸	抑制促炎 T-helper-1 细胞因子的产生；防止自身免疫性神经炎症；增强免疫力
酪氨酸	多巴胺	神经递质；免疫反应调节
	肾上腺素和去甲肾上腺素	神经递质；细胞代谢
	黑色素	抗氧化剂；抑制炎症细胞因子和超氧化物的产生
精氨酸和蛋氨酸	多胺	基因表达；DNA 和蛋白质合成；离子通道功能；细胞凋亡；信号转导；抗氧化剂；细胞的功能；淋巴细胞增殖和分化
精氨酸、蛋氨酸和甘氨酸	肌酸	抗氧化剂；抗病毒；抗肿瘤
精氨酸、脯氨酸和谷氨酰胺	鸟氨酸	谷氨酸、谷氨酰胺和多胺的合成；线粒体的完整性
半胱氨酸、谷氨酸和甘氨酸	谷胱甘肽	自由基清除剂；抗氧化剂；细胞代谢（如形成白三烯、巯基、谷胱甘肽亚精胺、谷胱甘肽-NO 加合物和谷胱甘肽蛋白）；信号转导；基因表达；细胞凋亡；细胞氧化还原状态；免疫反应
谷氨酰胺、天冬氨酸和甘氨酸	核酸	遗传信息编码；基因表达；细胞周期与功能；蛋白质与尿酸合成；淋巴细胞增殖
	尿酸	抗氧化
谷氨酰胺、谷氨酸和脯氨酸	瓜氨酸	抗氧化剂；精氨酸合成
谷氨酰胺和色氨酸	NAD（P）	氧化还原酶的辅酶；多聚（ADP-核糖）聚合酶的底物
赖氨酸、蛋氨酸和丝氨酸	卡尼汀	长链脂肪酸进入线粒体氧化；储存能量的乙酰肉碱

资料来源：Li 等（2013）。

本　章　小　结

功能性氨基酸作为蛋白质合成底物，不仅能以自身为信号分子促进蛋白质合成，满足母猪繁殖周期蛋白质合成需要，还能通过其代谢产物发挥其调节功能。它们能合成各种分子的重要前体，对动物的健康、生长、发育、繁殖和功能完整性至关重要。目前的母猪饲养策略旨在提供氨基酸，以优化蛋白质合成。然而，鉴于功能氨基酸及其代谢产物的关键调控作用，母猪的日粮中添加功能性氨基酸不仅能满足妊娠泌乳母体、胎儿及仔猪的营养需要，提高母猪繁殖性能，而且还有助于母猪避免繁殖周期中的各种代谢综合征，并保持机体和后代的健康。

➡ 参考文献

谷琳琳，姜海龙，王鹏，等，2014. 精氨酸营养对母猪泌乳性能及哺乳仔猪的影响 [J]. 养猪 (5)：21-23.

江雪梅，吴德，方正锋，等，2011. 饲粮添加 L-精氨酸或 N-氨甲酰谷氨酸对经产母猪繁殖性能及血液参数的影响 [J]. 中国畜牧兽医文摘，23 (7)：1185-1193.

刘星达，彭瑛，吴信，等，2011. 精氨酸和精氨酸生素对母猪泌乳性能及哺乳仔猪生长性能的影响 [J]. 饲料工业，32 (8)：14-16.

吕美，陈代文，2007. 蛋氨酸羟基类似物的吸收和代谢研究进展 [J]. 饲料与畜牧：新饲料 (5)：5-8.

孟斌，高蔚娜，杨继军，等，2011. 高蛋氨酸饲料喂养的大鼠高同型半胱氨酸血症模型的实验研究 [J]. 氨基酸和生物资源，33 (2)：53-56.

杨平，吴德，车炼强，等，2011. 饲粮添加 L-精氨酸或 N-氨甲酰谷氨酸对感染 PRRSV 妊娠母猪繁殖性能及免疫功能的影响 [J]. 动物营养学报，23 (8)：1351-1360.

赵丽红，2016. 日粮蛋氨酸与赖氨酸比值对后备母猪生长及繁殖性能的影响 [J]. 中国畜牧杂志，52 (9)：32-36.

赵曦晨，2017. 日粮蛋/赖比对泌乳母猪性能及蛋氨酸代谢影响的研究 [D]. 武汉：华中农业大学.

van Wettere W H E J，Smits R J，Hughes P E，等，2015. 日粮中添加甲基供体对妊娠母猪妊娠状况和产仔数的影响 [J]. 中国饲料 (20)：37-43.

Bowland J P，Standish J F，1966. Growth, reproduction, digestibility, protein and vitamin a retention of rats fed solvent-extracted rapeseed meal or supplemental thiouracil [J]. Canadian Journal of Animal Science, 46 (1)：1-8.

Cai S，Zhu J，Zeng X，et al，2018. Maternal N-carbamylglutamate supply during early pregnancy enhanced pregnancy outcomes in sows through modulations of targeted genes and metabolism pathways [J]. Journal of Agricultural and Food Chemistry, 66 (23)：5845-5852.

Calder P C，2006. Branched-chain amino acids and immunity [J]. The Journal of Nutrition, 136 (1)：288-293.

Che L，Yang P，Fang Z，et al，2013. Effects of dietary arginine supplementation on reproductive performance and immunity of sows [J]. Czech Journal of Animal Science, 58 (4)：167-175.

Chen L，Li P，Wang J，Li X，et al，2009. Catabolism of nutritionally essential amino acids in developing porcine enterocytes [J]. Amino Acids, 37：143-152

de Aquino R S，Junior W M D，Manso H，et al，2014. Glutamine and glutamate (amino gut) supplementation influences sow colostrum and mature milk composition [J]. Livestock Science, 169：112-117.

Doelman J，Kim J J M，Carson M，et al，2015. Branched-chain amino acid and lysine deficiencies exert different effects on mammary translational regulation [J]. Journal of Dairy Science, 98 (11)：7846-7855.

Duan Y，Li F，Guo Q，et al，2017. β-hydroxy-β-methyl butyrate is more potent than leucine in inhibiting starvation-induced protein degradation in C2C12 myotubes [J]. Journal of Agricultural and Food Chemistry, 66 (1)：170-176.

Gao K，Jiang Z，Lin Y，et al，2012. Dietary L-arginine supplementation enhances placental growth and reproductive performance in sows [J]. Amino Acids, 42 (6)：2207-2214.

Giulidori P, Galli-Kienle M, Catto E, et al, 1984. Transmethylation, transsulfuration, and amin-opropylation reactions of S-adenosyl-L-methionine in *vivo* [J]. Journal of Biological Chemistry, 259 (7): 4205-4211.

Grandhi R R, Nyachoti C M, 2002. Effect of true ileal digestible dietary methionine to lysine ratios on growth performance and carcass merit of boars, gilts and barrows selected for low backfat [J]. Canadian Journal of Animal Science, 82 (3): 399-407.

Guan X, Bequette B J, Ku P K, et al, 2004. The amino acid need for milk synthesis is defined by the maximal uptake of plasma amino acids by porcine mammary glands [J]. The Journal of Nutrition, 134 (9): 2182-2190.

Han J, Liu Y L, Fan W, et al, 2009. Dietary L-arginine supplementation alleviates immunosuppression induced by cyclophosphamide in weaned pigs [J]. Amino Acids, 37: 643-651.

Hsu C B, Cheng S P, Hsu J C, et al, 2001. Effect of threonine addition to a low protein diet on IgG levels in body fluid of first litter sows and their piglets [J]. Asian-Australian Journal of Animal Science, 14: 1157-1163.

Hutson S M, Sweatt A J, LaNoue K F, 2005. Branched chain amino acid metabolism: implications for establishing safe intakes [J]. Journal of Nutrition, 135: 1557-1564.

Ishida M, Hiramatsu Y, Masuyama H, et al, 2002. Inhibition of placental ornithine decarboxylase by DL-α-difluoro-methyl ornithine causes fetal growth restriction in rat [J]. Life Sciences, 70 (12): 1395-1405.

Kalhan S C, Bier D M, 2008. Protein andamino acid metabolism in the human newborn [J]. Annual Review of Nutrition, 28 (1): 389-410.

Kalhan S C, Marczewski S E, 2012. Methionine, homocysteine, one carbon metabolism and fetal growth [J]. Reviews in Endocrine and Metabolic Disorders, 13 (2): 109-119.

Kim S W, Mateo R D, Yin Y L, et al, 2007. Functional amino acids and fatty acids for enhancing production performance of sows and piglets [J]. Asian-Australia Journal Animal Science, 20: 295-306.

Kong X, Tan B, Yin Y, et al, 2012. L-Arginine stimulates the mTOR signaling pathway and protein synthesis in porcine trophectoderm cells [J]. The Journal of Nutritional Biochemistry, 23 (9): 1178-1183.

Li J, Xia H, Yao W, et al, 2015. Effects of arginine supplementation during early gestation (day 1 to 30) on litter size and plasma metabolites in gilts and sows [J]. Journal of Animal Science, 93 (11): 5291-5303.

Li P, Yin Y L, Li D, et al, 2013. Amino acids and immune function [M]. Nutritional and Physiological Functions of Amino Acids in Pigs. Springer: Vienna.

Li X, Bazer F W, Johnson G A, et al, 2010. Dietary supplementation with 0.8% L-arginine between days 0 and 25 of gestation reduces litter size in gilts [J]. The Journal of Nutrition, 140 (6): 1111-1116.

Li X, Bazer F W, Johnson G A, et al, 2014. Dietary supplementation with L-arginine between days 14 and 25 of gestation enhances embryonic development and survival in gilts [J]. Amino Acids, 46 (2): 375-384.

Liu X D, Wu X, Yin Y L, et al, 2012. Effects of dietary L-arginine or N-carbamylglutamate supplementation during late gestation of sows on the miR-15b/16, miR-221/222, VEGFA and eNOS expression in umbilical vein [J] . Amino Acids, 42 (6): 2111-2119.

Mateo R D, Wu G, Bazer FW, et al, 2007. Dietary L-arginine supplementation enhances the reproductive performance of gilts [J] . The Journal of Nutrition, 137: 652-656.

Mateo R D, Wu G, Moon H K, et al, 2008. Effects of dietary arginine supplementation during gestation and lactation on the performance of lactating primiparous sows and nursing piglets [J] . Journal of Animal Science, 86 (4): 827-835.

Mato J M, Alvarez L, Ortiz P, et al, 1997. S-adenosylhomocysteine synthesis: molecular mechanisms and implications [J] . Pharmacology and Therapeutics, 73: 265-280.

Nan X, Bu D, Li X, et al, 2014. Ratio of lysine to methionine alters expression of genes involved in milk protein transcription and translation and mTOR phosphorylation in bovine mammary cells [J] . Physiol Genomics, 46 (7): 268-275.

Nissen S, Faidley T D, Zimmerman D R, et al, 1994. Colostral milk fat percentage and pig performance are enhanced by feeding the leucine metabolite β-hydroxy-β-methyl butyrate to sows [J] . Journal of Animal Science, 72 (9): 2331-2337.

Nuntapaitoon M, Muns R, Theil P K, et al, 2018. L-arginine supplementation in sow diet during late gestation decrease stillborn piglet, increase piglet birth weight and increase immunoglobulin G concentration in colostrum [J] . Theriogenology, 121: 27-34.

Paulicks B R, Ott H, Roth-Maier D A, 2003. Performance of lactating sows in response to the dietary valine supply [J] . Journal of Animal Physiology and Animal Nutrition, 87 (11/12): 389-396.

Quesnel H, Quiniou N, Roy H, et al, 2014. Supplying dextrose before insemination and L-arginine during the last third of pregnancy in sow diets: effects on within-litter variation of piglet birth weight [J] . Journal of Animal Science, 92 (4): 1445-1450.

Richert B T, Goodband R D, Tokach M D, et al, 1997. Increasing valine, isoleucine, and total branched-chain amino acids for lactating sows [J] . Journal of Animal Science, 75 (8): 2117-2128.

Roth-Maier D A, Raeder G, Kirchgessner M, 1991. On the effect of a varying energy supply and arginine supplement on the lactational performance of sows [J] . Journal of Animal Physiology and Animal Nutrition, 82 (4): 817-825.

Rousselow D L, Speer V C, 1980. Valine requirement of the lactating sow [J] . Journal of Animal Science, 50 (3): 472-478.

Schneider J D, Nelssen J L, Tokach M D, et al, 2006. Determining the total sulfur amino acid to lysine requirement of the lactating sow [J] . Pigs and Poultry, 4: 47-51.

Stoll B, Burrin D G, 2006. Measuring splanchnic amino acid metabolism *in vivo* using stable isotopic tracers [J] . Journal of Animal Science, 84 (13): 60-72.

Storch K J, Wagner D A, Burke J F, et al, 1988. Quantitative stud *in vivo* of methionine cycle in humans using [methyl-2H3] -and [1-13C] methionine [J] . American Journal of Physiology-Endocrinology and Metabolism, 255 (3): 322-331.

Strathe A V, Bruun T S, Zerrahn J E, et al, 2016. The effect of increasing the dietary valine-to-lysine ratio on sowmetabolism, milk production, and litter growth [J] . Journal of Animal Science, 94 (1): 155-164.

Tsiagbe V K, Cook M E, Harper A E, et al, 1987. Enhanced immune responses in broiler chicks fed methionine-supplemented diets [J] . Poultry Science, 66 (7): 1147-1154.

van Heugten E，Spears J W，Coffey M T，et al，1994. The effect of methionine and aflatoxin on immune function in weanling pigs [J] . Journal of Animal Science，72（3）：658-664.

Velezcarrasco W，Merkel M，Twiss C O，et al，2008. Dietary methionine effects on plasma homocysteine and HDL metabolism in mice [J] . Journal of Nutritional Biochemistry，19（6）：362.

Wu G，Bazer F W，Davis T A，et al，2008. Important roles for the arginine family of amino acids in swine nutrition and production [J] . Pigs and Poultry，112（1）：8-22.

Wu G，Bazer F W，Hu J，et al，2015. Polyaminesynthesis from proline in the developing porcine placental [J] . Biology of Reproduction，72（4）：842-850.

Wu G，Bazer F W，Johnson G A，et al. 2011. Triennial growth symposium：important roles for L-glutamine in swine nutrition and production [J] . Journal of Animal Science，89（7）：2017-2030.

Wu X，Yin Y L，Liu Y Q，et al，2012. Effect of dietary arginine and N-carbamoylglutamate supplementation on reproduction and gene expression of eNOS，VEGFA and PlGF1 in placenta in late pregnancy of sows [J] . Animal Reproduction Science，132（3/4）：187-192.

Xia M，Pan Y，Guo L，et al，2019. Effect of gestation dietary methionine/lysine ratio on placental angiogenesis and reproductive performance of sows [J] . Journal of Animal Science，97（8）：3487-3497.

Yoo S S，Field C J，McBurney M I，1997. Glutamine supplementation maintains intramuscular glutamine concentrations and normalizes lymphocyte function in infected early weaned pigs [J] . The Journal of Nutrition，127（11）：2253-2259.

Zhang B，Che L Q，Lin Y，et al，2014. Effect ofdietary N-carbamylglutamate levels on reproductive performance of gilts [J] . Reproduction in Domestic Animals，49（5）：740-745.

Zhang X，Li H，Liu G，et al，2015. Differences in plasma metabolomics between sows fed DL-methionine and its hydroxy analogue reveal a strong association of milk composition and neonatal growth with maternal methionine nutrition [J] . British Journal of Nutrition，113（4）：585-595.

第八章 应用功能性脂肪酸对母猪繁殖性能的调控

母猪群的繁殖性能是决定现代猪场盈利能力的关键因素。近年来的研究发现，母猪妊娠期和泌乳期补充饲喂功能性脂肪酸，对于提高母猪繁殖性能具有重要作用。母猪缺乏 Δ-15-去饱和酶，因此 n-3 和 n-6 脂肪酸不能在猪体内自身合成，是猪的必需脂肪酸。一般认为，必需脂肪酸亚油酸（C18：2n-6）和 α-亚麻酸（C18：3n-3），在哺乳动物体内可代谢生成花生四烯酸（C20：4n-6，ARA），二十碳五烯酸（eicosapentaenoic acid，C20：5n-3，EPA）和二十二碳六烯酸（docosahexaenoic acid，C22：6n-3，DHA）。除必需脂肪酸以外，在母猪生产中应用较多的功能性脂肪酸，还包括短链脂肪酸中的丁酸，中链脂肪酸中的偶数链脂肪酸，以及长链多不饱和脂肪酸中的共轭亚油酸（conjugated linoleic acid，CLA）。除作为基本的供能和贮能物质以外，功能性脂肪酸对胚胎定植、胎儿发育和存活、母猪泌乳能力、母乳脂肪酸组成，以及仔猪的免疫系统发育和生长性能均有一定积极影响。

第一节 母猪对必需脂肪酸的营养需要

一、妊娠期

必需脂肪酸对母猪的繁殖性能具有重要的影响。亚油酸和 α-亚麻酸作为 n-3 和 n-6 多不饱和脂肪酸（polyunsaturated fatty acid，PUFAs）的前体，不仅可以进入卵母细胞膜，改变类花生酸的产生；面明还可以通过调节前列腺素和类固醇代谢生成关键酶的表达，影响卵母细胞数量和质量，并影响胎儿神经系统发育（Innis，2007；Odle 等，2014；Rosero 等，2016a）。由于母猪妊娠期多采用限制饲养的饲喂模式，因此必需脂肪酸发挥作用的阶段，可能主要是在胚胎发育的早期，以及妊娠 90d 以后的胎儿快速生长期。由于亚油酸和 α-亚麻酸可以经过动员体脂分解而获得，并且能以两者为底物合成更长链的 n-3 PUFA 和 n-6 PUFA，因此很难具体衡量妊娠期必需脂肪酸的需要量。NRC（2012）推荐的母猪妊娠期亚油酸的需要量为 2.1g/d，但是并没有考虑胎次、品种、妊娠阶段及采食量的影响。常见的母猪妊娠日粮为玉米-豆粕型，在不额外添加油脂的情况下，其亚油酸含量已经大于 1%，因此在妊娠期通常不会出现亚油酸的缺乏。但猪的常规日粮 α-亚麻酸的含量则很低，通常每千克日粮不超过 1g，因此可能需要额外进行补充（Jin 等，2017）。妊娠期第 45 天添加 0.5%、1% 或 2% 的亚麻籽油对本繁殖周期内产仔数、产活仔数，以及仔猪生长性能均无显著性的影响；但在下一繁殖周期中，与添加棕榈油的母猪相比，食用亚麻籽油的母猪可多产出活仔猪 1.5 头（Tanghe 等，2014）。因此，妊娠期添加必需脂肪酸对母猪的终身繁殖性可能具有十分有益的影响。

二、泌乳期

相比于妊娠期，母猪泌乳期由于仔猪的快速生长，对必需脂肪酸的需要量也显著高于妊娠期。另外，由于现代高产母猪背膘普遍较薄，泌乳期食欲较差，当泌乳日粮必需脂肪酸缺乏或者营养不能满足生产需要时，会增加体脂动员来提高母猪的淘汰率（Rosero 等，2016b）。而母猪泌乳期体重损失与断奶发情间隔之间呈显著正相关（$R^2 = 0.63$）（King，1987）。因此，在生产中应该尽量减少母猪泌乳期的背膘损失，使泌乳期背膘损失控制在 2mm 以内，从而保持后续繁殖周期生产性能的最优化（Hughes，1993）。

母猪泌乳期添加脂肪作为能量和必需脂肪酸的来源，在生产中曾被广泛使用。母猪泌乳所需要的脂肪酸来源于日粮及代谢生成两个途径。由于泌乳期母猪乳汁中含有大量的必需脂肪酸，因此有必要从日粮中补充必需脂肪酸。即使母猪日粮中不添加脂质，猪乳中仍含有 90g/d 的亚油酸和 4g/d 的亚麻酸（Rosero 等，2015）。对于没有补充亚油酸的母猪，哺乳期间亚油酸的净损失为 25.49g/d，亚麻酸净损失为 2.75g/d。NRC（2012）推荐泌乳期亚油酸添加量为 6g/d，但并未推荐亚麻酸的添加量。因此，NRC（2012）的推荐量可能偏低。一般认为，现代泌乳母猪日粮中可能应至少添加 10g/d 亚麻酸和 125g/d 的亚油酸才能满足泌乳需要（Rosero 等，2016b）。

在母猪泌乳日粮添加亚油酸和亚麻酸后，可以显著缩短断奶发情间隔，并减少母猪淘汰率（Rosero 等，2016b）。另外，母猪泌乳期日粮添加亚麻籽粉，可以增加仔猪免疫力并提高仔猪存活率（Farmer 等，2010；Yao 等，2012）。尽管在哺乳动物中由亚麻酸生成更长链的 DHA 和 EPA 存在一定的限制，但是母猪泌乳期添加亚麻籽油会增加仔猪大脑中 n-3 PUFA 浓度（Gunnarsson 等，2009）。同时，由于 n-3 PUFA：n-6 PUFA 对 $\Delta6$-去饱和酶具有更大的亲和力，减少花生四烯酸衍生类二十烷酸含量，增加母猪初乳中免疫球蛋白的浓度，因此合适的日粮 n-6：n-3 对于提高母猪和仔猪的免疫力非常重要（Sprecher，2000；Yao 等，2012）。

第二节　短链脂肪酸与母猪繁殖性能

一、来源

在母猪生产中所指的短链脂肪酸（short chain fatty acids，SCFAs）通常为乙酸、丙酸和丁酸，主要由日粮纤维及部分没有在宿主小肠中被消化的蛋白质和肽在盲肠和结肠中被微生物代谢产生。乙酸，也叫醋酸，化学式为 CH_3COOH。丙酸是一种 3 个碳短链的饱和脂肪酸，化学式为 CH_3CH_2COOH。丁酸是一种含有 4 个碳原子的饱和脂肪酸，化学式为 $CH_3(CH_2)_2COOH$。当日粮中的可发酵纤维无法满足肠道微生物的需求时，肠道微生物会利用其他底物作为其能量来源，如日粮或内源蛋白质中的氨基酸，或者是日粮中的脂质。这种发酵底物的变化，会使肠道微生物发酵产生短链脂肪酸的能力降低。如本书第五章内容所述，蛋白质发酵也可以产生部分短链脂肪酸，但主要产生支链脂肪酸，如异丁酸、2-甲基丁酸和异戊酸。这些支链脂肪酸来源于支链氨基酸，如缬氨酸、异亮氨酸和亮氨酸，并可能与胰岛素抵抗有关（Newgard 等，2009）。

二、生物学功能

（一）调控炎症反应

短链脂肪酸可作为组蛋白去乙酰化酶抑制剂调控炎症反应。组蛋白乙酰化修饰可以改变染色体构象，进而调控基因表达。组蛋白乙酰化主要发生在组蛋白 3 和组蛋白 4 的 N-末端尾部赖氨酸残基的 ε 氨基上，通常认为这种修饰会促进转录的发生。乙酰基可通过组蛋白乙酰基转移酶添加到组蛋白尾部，并可通过组蛋白去乙酰化酶去除。组蛋白去乙酰化酶抑制剂已广泛应用于癌症治疗，其在抗炎或免疫抑制方面的作用也有报道。丁酸及丙酸由于可作为组蛋白去乙酰化酶抑制剂，因而在癌症治疗和免疫稳态中可发挥一定的功能。

在所有短链脂肪酸中，对丁酸的研究最为广泛。丁酸在肠腔中的浓度较高，可通过抑制组蛋白去乙酰化酶来预防结肠癌和结肠炎症，并且可以影响细胞增殖、凋亡、分化等功能的基因表达。与可利用丁酸的正常结肠细胞相比，由于癌变结肠细胞更偏爱葡萄糖，因此丁酸在癌细胞的核提取物中累积了 3 倍，并且在癌变上皮细胞中存在更高浓度的丁酸。在这种情况下，丁酸发挥了高效的组蛋白去乙酰化酶抑制剂的作用，从而抑制癌细胞的增殖。

但是，丁酸并不会抑制健康小鼠结肠上皮细胞或体外培养非癌变结肠细胞的增殖，而是正常结肠细胞的首选能量底物。在正常细胞中，丁酸是组蛋白乙酰基转移酶的激动剂，从而维持结肠上皮细胞的完整性。正常结肠细胞可消耗肠腔中的丁酸，从而保护结肠中的干细胞/祖细胞免受高浓度丁酸的影响，并减轻丁酸依赖的组蛋白去乙酰化酶抑制和干细胞功能受损（Kaiko 等，2016）。相比之下，丁酸可诱导小肠干细胞组蛋白去乙酰化酶的抑制，从而促进干细胞的增殖（Yin 等，2014）。

短链脂肪酸除可作为一种抗肿瘤剂外，也可介导组蛋白去乙酰化酶的抑制作用，以及发挥有效的抗炎作用。原因是丁酸能抑制固有层巨噬细胞的促炎因子，并通过组蛋白去乙酰化酶抑制骨髓干细胞向树突状细胞分化，使动物机体的免疫系统对有益的共生菌的反应不过度。短链脂肪酸还可通过抑制组蛋白去乙酰化酶来调节细胞因子在 T 细胞中的表达和调节性 T 细胞的生成。效应 T 细胞（Th1 细胞、Th2 细胞和 Th17 细胞）可增加有氧情况下糖酵解的比率，抑制糖酵解可促进调节性 T 细胞生成（Shi 等，2011）。因此，活化 T 细胞的代谢转变将使其对短链脂肪酸介导的组蛋白去乙酰化酶的抑制更加敏感，这可能导致叉状头转录因子 P3（forkhead box P3，FoxP3）结合位点乙酰化并使 FoxP3 的诱导增加。有趣的是，乙酸也可抑制活化 T 细胞中组蛋白去乙酰化酶的活性（Park 等，2015）。这些研究表明，短链脂肪酸通过抑制组蛋白去乙酰化酶的活性，在肠道发挥了调控炎症反应、保护肠道健康的作用。

（二）调控糖脂代谢

短链脂肪酸可以作为 G 蛋白偶联受体（G protein coupled receptor，GPCR）的配体调控糖脂代谢。人类基因组拥有大约 800 个编码 GPCR 的基因，在猪上也同样存在大量 *GPCR* 基因。其中，人染色体 19q13.1 上的 *CD22* 基因附近有 4 种 G 蛋白偶联受体基因组成的簇（命名为 GPR40 至 GPR43），也被称为游离脂肪酸受体（free fatty acid receptors，FFARs），它们可以被游离脂肪酸激活，从而感知游离脂肪酸。FFAR2 是 $G_{i/o}$-和 G_q-双偶联的 G 蛋白偶联受体，其功能主要由 $G_{i/o}$ 介导。但肠道的 FFAR2 是 G_q 偶联的，并促进肠道 L 细胞分泌胰高血糖素样肽-1（glucagon-like peptide-1，GLP-1）（Tolhurst 等，2012）。

乙酸和丙酸是 FFAR2 有效的激活剂。乙酸和丙酸的半数有效浓度为 $250\sim500\mu\mathrm{mol/L}$。FFAR2 在结肠上皮细胞中表达，而在结肠中乙酸和丙酸的浓度范围为 $10\sim100\mathrm{mmol/L}$（Poul 等，2003）。因此，理论上 FFAR2 可不断被配体饱和，短链脂肪酸浓度的细微变化不应该影响其信号传导。然而，结肠黏液层的存在，使得在结肠肠腔内存在短链脂肪酸的浓度梯度，并可浓度依赖性地调控肠道上皮细胞 FFAR2 信号。

FFAR2 在白色脂肪组织中同样具有重要作用。与野生型小鼠相比，*FFAR2* 基因敲除小鼠即使在正常日粮的条件下也会出现肥胖，而脂肪特异性表达 FFAR2 会改善糖脂代谢并提高胰岛素敏感性。当使用抗生素处理抑制肠道短链脂肪酸生成时，这种作用消失，表明肠道来源的乙酸可通过脂肪组织 FFAR2 发挥调控机体能量代谢的作用（Kimura 等，2013）。

与 FFAR2 不同，FFAR3 仅与 G_i 偶联，其配体亲和力大小的顺序为丙酸＞丁酸＞乙酸，丙酸的半数有效浓度为 $12\sim274\mu\mathrm{mol/L}$（le Poul 等，2003），但也存在物种间的差异。如乙酸作为配体对小鼠 FFAR2 和 FFAR3 的激活是等效的（Hudson 等，2012）。*FFAR3* 与微生物诱导的肥胖有关，因为正常饲养的 *FFAR3* 基因敲除小鼠与野生型小鼠相比更瘦，但这种差异在无菌条件下消失。此外，短链脂肪酸以 FFAR3 依赖的方式诱导肽 YY（peptide YY，PYY）的表达。因此，GPCR 依赖的短链脂肪酸信号可对动物机体的代谢产生深远的影响。

给小鼠饲喂富含丁酸钠的日粮，可增加其产热和能量消耗，进而能在一定程度上预防高脂日粮引起的肥胖（Gao 等，2009）。给肥胖和糖尿病的模型大鼠灌服乙酸，可降低其体重增加，提高葡萄糖耐受量（Yamashita 等，2007）。其他研究表明，补充丙酸或丁酸可以改善啮齿动物的葡萄糖稳态（Lin 等，2012；de Vadder 等，2014）。在人上的研究显示，急性给药一定量的菊粉丙酸酯（可在结肠中被肠道微生物代谢为丙酸），可显著增加餐后胰高血糖素 1 和 PYY 的水平，同时减少自由进食过程中的能量摄入。此外，长期摄入菊粉丙酸酯可显著降低体重增加（Chambers 等，2015）。在人类受试者中，通过直肠灌注乙酸和静脉注射乙酸钠可增加胰高血糖素 1 和 PYY 的血浆浓度

（Frost 等，2014）。健康女性补充丙酸钠 7 周后，在口服葡萄糖耐量试验中空腹血糖水平降低，胰岛素的释放增加（Venter 等，1990）。这些研究结果反映了短链脂肪酸、肠内分泌激素和葡萄糖稳态之间的密切联系。

肠道糖异生被认为介导了丁酸和丙酸对机体的有益代谢作用（de Vadder 等，2014）。通常情况下，糖异生是指将非糖类物质，如乳酸、甘油、生糖氨基酸等转变为葡萄糖或糖原的过程，并且主要发生在肝脏。然而肠道上皮细胞可以利用谷氨酰胺、甘油合成葡萄糖（谢媛和马向华，2013）。与肝脏糖异生不同的是，通过肠道糖异生产生的葡萄糖不仅可以维持机体的血糖平衡，还能控制食欲；并且能增加机体的胰岛素敏感性。丙酸是一种高效的肝糖异生底物，但丙酸在到达肝脏之前，作为一种糖异生底物存在于肠道中。丁酸盐也能诱导肠道糖异生，但这是通过增加结肠细胞中 cAMP 的浓度来实现的。因此，由丙酸和丁酸诱导的一些有益的代谢作用，可能是通过肠道上皮细胞从头合成的葡萄糖介导的（de Vadder 等，2014）。

（三）对宿主代谢与肠道免疫的影响

短链脂肪酸还参与了宿主代谢，从而对肠道免疫产生影响。肠道作为一个独特的免疫器官，其内存在大量共生菌；并且在肠道中，宿主与微生物存在复杂的相互作用。宿主免疫系统和肠道微生物之间的平衡出现扰动会影响机体炎症反应，并可能导致肠道发生炎症。

肠道免疫系统必须在对共生菌的耐受和对致病菌的免疫之间保持微妙的平衡，在稳态下不对共生菌产生免疫反应。因此，免疫抑制机制对肠道内稳态必不可少。一般认为，肠道的免疫抑制机制可以通过增加肠上皮细胞 IL-18 的分泌，以及通过丁酸激活的 GPR109A 信号通路，产生调节性 T 细胞和可分泌 IL-18 的 T 细胞来实现（Singh 等，2010）。另外，高纤维饮食可诱导 GPR43 和 GPR109A 激活，进而维持肠道稳态（Macia 等，2015）。

短链脂肪酸通过短链脂肪酸-GPVR 或抑制组蛋白去乙酰化酶活性，对调节性 T 细胞的增殖或生成产生影响。尽管越来越多的证据支持短链脂肪酸对调节性 T 细胞的特殊作用，短链脂肪酸在 T 细胞分化为效应 T 细胞和调节性 T 细胞方面也具有重要功能。在宿主正处于对抗病原体的情况下，短链脂肪酸将促进初始 T 细胞分化为 Th1 细胞和 Th17 细胞，从而提高机体免疫力（Park 等，2015）。因此，短链脂肪酸在调节 T 细胞功能和肠道免疫中发挥了积极的作用。

三、在母猪生产上的应用

短链脂肪酸中的丁酸及丁酸盐制品在母猪生产中的应用较多。如前所述，丁酸对于维持动物的肠道健康至关重要，并且丁酸还可以在一定程度上改善饲料品质。但丁酸的稳定性差，且容易挥发，但丁酸的钠盐或钾盐则相对稳定，因此被广泛应用于畜牧业和饲料工业。

丁酸盐对母猪泌乳期采食量、泌乳期仔猪生长性能及断奶后仔猪生长速度均具有较好的效果。在母猪妊娠第 90 天至泌乳第 21 天的日粮中添加 0.15％ 的丁酸钾，可提高泌乳母猪的采食量和仔猪日增重，改善乳品质（王二红，2010）。而从母猪配种开始至泌乳期第 25 天的日粮中添加 0.05％或 0.1％包膜丁酸钠，母猪哺乳期平均采食量分别提高了 12.70％和 12.10％，并可显著提高仔猪的初生重、断奶重和哺乳期间的日增重，以及母猪在分娩第 12 天乳中的乳脂和乳总固形物含量（方翠林，2014）。在妊娠后期和哺乳期的母猪日粮中添加 0.3％丁酸钠，可提高仔猪在 12 周龄时的生长速度（Lu 等，2012）。

丁酸盐在母猪妊娠和泌乳日粮中的添加量为 0.05％～0.3％时，均可取得较好的繁殖成绩和较高的仔猪生长性能，这可能与短链脂肪酸改善母猪繁殖周期代谢稳态有关。近年来的研究证实，高可溶性纤维和高发酵特性纤维在母猪日粮中的应用，很大程度上与肠道微生物代谢生成短链脂肪酸增多有关。由于短链脂肪酸具有提高母猪围产期胰岛素敏感性，以及缓解代谢综合征的作用，因此值得在生产实践中进一步探索。

第三节　中链脂肪酸与母猪繁殖性能

一、来源、化学结构和特性

中链脂肪酸（medium chain fatty acids，MCFAs）是一类含有 6～12 个碳原子的饱和脂肪酸，分为偶数碳中链脂肪酸（even-numbered MCFAs）和奇数碳中链脂肪酸（odd-numbered MCFAs）。其中，偶数碳中链脂肪酸包括己酸（caproic acid，C6：0），辛酸（caprylic acid，C8：0），癸酸（capric acid，C10：0）和月桂酸（lauric acid，C12:0）。偶数碳中链脂肪酸存在于天然食物中，如椰子油、棕榈仁油、牛奶和母乳中（Sprong 等，2001；Jensen，2002；Zentek 等，2011）。奇数碳中链脂肪酸包括庚酸（heptanoic acid，C7：0），壬酸（nonanoic acid，C9：0）和十一烷酸（undecanoic acid，C11：0）。奇数碳中链脂肪酸在天然食物中含量极少，主要由化工合成。与长链脂肪酸（long-chain fatty acids，LCFAs）相比，中链脂肪酸熔点低，水溶性相对较高，在中性环境中基本被解离。中链脂肪酸的化学性质见表 8-1。

表 8-1　中链脂肪酸的化学性质

中链脂肪酸	分子质量（ku）	熔点（℃）	解离常数
己酸	116.2	−3.4	4.88
辛酸	144.2	16.7	4.89
癸酸	172.3	31.9	4.89
月桂酸	200.3	44.0	5.13
庚酸	130.2	−7.5	4.89
壬酸	158.2	12.4	4.96
十一烷酸	186.3	28～31	5.03

资料来源：王俊（2018）。

中链脂肪酸在各种植物油中作为甘油三酯的一部分存在。通常椰子油的中链脂肪酸含量较高，其中包含 3.4%～15% 的辛酸（C8：0），3.2%～15% 的癸酸（C10：0）和 41%～56% 的月桂酸（C12：0）。棕榈仁油中也含有较高含量的辛酸（2.4%～6.2%），癸酸（2.6%～7.0%）和月桂酸（41%～55%）（Young，1983）。对于幼龄动物，母乳是中链脂肪酸的一个重要来源，且不同物种母乳中的中链脂肪酸浓度不同。在小鼠、大鼠、兔、马和大象的乳汁中，含有高浓度的中链脂肪酸；而在牛奶、羊奶及人母乳中，只含有少量的中链脂肪酸；但在母猪、骆驼和豚鼠中，只检测到了痕量的中链脂肪酸（Witter 和 Rook，1970；Decuypere 和 Dierick，2003）。

二、消化、吸收及代谢

中链脂肪酸/中链脂肪酸酯具有碳链短、分子质量小和水溶性较高的特点。因此，两者的消化、吸收和代谢过程与长链脂肪酸和长链脂肪酸酯（long-chain triglycerides，LCTs）明显不同（Greenberger 和 Skillman，1971）。因为中链甘油三酯具有较高的水溶性，所以一般不需要胆盐乳化即可被胰脂酶快速水解为中链脂肪酸和甘油单酯（Ferreira 等，2014）。中链脂肪酸可在胃和十二指肠上段被快速吸收。少部分中链甘油三酯也可以不经过水解而直接被肠上皮细胞被吸收（Ramırez 等，2001；Ferreira 等，2014）。例如，当机体的胰腺功能不足时，肠上皮细胞可以部分摄取完整的中链甘油三酯，并且在细胞中对其进行水解（Playoust 和 Isselbacher，1964）。肠上皮细胞以被动扩散的方式吸收大部分未经降解的中链脂肪酸，也有一部分被酯化后吸收（Carvajal 等，2000）。在肠上皮细胞中，中链脂肪酸与脂肪酸结合蛋白亲和力低，因此不会被再次酯化而是扩散到门静脉中与白蛋白结合直接进入肝脏（Guillot 等，1993，1994），只有一小部分的中链脂肪酸以乳糜微粒的形式被吸收（Bach 和 Babayan，1982）。而长链脂肪酸酯不溶于水，因此需要经过胆盐乳化才能被胰脂酶水解成长链脂肪酸和相应的甘油单酯。在肠上皮细胞中，长链脂肪酸和长链甘油单酯会被重新酯化成甘油三酯，然后与脂蛋白结合形成可溶性的乳糜微粒，通过淋巴系统进入血液循环被运输到肝脏（Costa 等，2012）。

抵达肝脏后，中链脂肪酸不依赖卡尼汀的转运就可以通过线粒体膜进入线粒体（Sidossis 等，1996；Rasmussen 等，2002）。在氧化之前，中链脂肪酸被中链辛酰辅酶 A 合成酶活化，这种酶在仔猪中会被卡尼汀激活（van Kempen 和 Odle，1993）。由于相比长链脂肪酸可以自由地进入肝细胞线粒体，因此中链脂肪酸更容易合成酮体，可作为外周组织的能量底物（Odle，1997）。

在猪的结肠细胞中，中链脂肪酸可被中链脂肪酸 CoA 连接酶激活，并且在肠上皮细胞中被利用产生能量（Vessey，2001）。除此之外，还有小部分中链脂肪酸被储存在脂肪组织中（Sarda 等，1987），或者被延长为长链脂肪酸来重新合成甘油三酯（Hill 等，1990；Carnielli 等，1996）。而长链脂肪酸供能慢，进入线粒体依赖于卡尼汀转运。进入肝细胞内的长链脂肪酸多用于脂类合成直接被转运到脂肪组织储存起来。中链脂肪酸酯与长链脂肪酸酯的性质比较见表 8-2。

表 8-2　中链脂酸酯和长链脂肪酸酯的特性比较

性　质	长链脂肪酸酯	中链脂肪酸酯
水溶性	不相溶，形成微泡	形成悬浮液
消化	需要胆盐乳化和脂肪酶	不需要胆盐乳化和脂肪酶
吸收	经由淋巴系统进入血液循环	通过门静脉进入肝脏
代谢	需要与脂肪酸结合蛋白、脂肪酸转运蛋白或脂肪酸转位酶结合；在肌肉组织中被氧化，绝大部分储存于脂肪组织中	不需要与脂肪酸结合蛋白、脂肪酸转运蛋白或脂肪酸转位酶结合；在肝脏中被氧化，极少储存于脂肪组织中
进入线粒体	依赖卡尼汀	不依赖卡尼汀
氧化速率	慢	快

资料来源：王俊（2018）。

三、中链脂肪酸的生物学功能

（一）抗菌作用及机制

中链脂肪酸具有抗菌的效果，体外试验已经证明中链脂肪酸和其甘油单酯可以杀灭细菌、病毒和寄生虫（Freese 等，1973；Woolford，1975），因此中链脂肪酸最初用于青贮饲料和食物的保存。在大多数研究中，辛酸和癸酸对许多革兰氏阳性菌有效。然而，它们对革兰氏阴性菌效果的研究却很少且不一致。使用猪连续培养系统来模拟猪盲肠环境，也证实了 15mmol/L 辛酸盐对鼠伤寒沙门氏菌和大肠埃希氏菌有抑制作用，而双歧杆菌和链球菌受影响较小（Messens 等，2010）。此外，许多研究发现月桂酸（C12：0）具有明显的抗菌作用，并且在许多研究中，癸酸和月桂酸的甘油单酯比它们本身更有效（Kabara 等，1972；Bergsson 等，1998；Petschow 等，1998；Bergsson 等，1999，2002；Sprong 等，1999）。另外，中链脂肪酸抑菌作用具有协同效应，在模拟猪胃的条件下（pH=5）发现，辛酸和癸酸联合效果优于同浓度单个脂肪酸的使用（Dierick 等，2002）。

中链脂肪酸及其单酯具有抑菌和杀菌作用与其可作为阴离子表面活性剂这一特性有关（Mroz 等，2006）。一方面，中链脂肪酸与细菌细胞壁和细胞膜结合，导致细胞膜稳态被破坏；另一方面，细菌定植必须要细菌脂肪酶参与，而中链脂肪酸则抑制了细菌脂肪酶的活性（Isaacs 等，1995；Bergsson 等，1998，2002）。除此之外，中链脂肪酸还可以激活与细菌自溶相关的酶，而这可能也在其对抗病原菌的过程中发挥了重要的作用（Tsuchido 等，1985）。研究还发现，未解离的脂肪酸被细菌摄入后可能具有细胞毒性作用。中链脂肪酸在细胞质中可解离成质子和阴离子，使得细胞质的 pH 降低，降低的 pH 抑制了细胞质中各种酶的活性，最终导致了细菌细胞的死亡（Freese 等，1973；Hsiao 和 Siebert，1999）。为了保持胞质内 pH 的稳定，细菌被迫利用能量启动 H^+-ATPase 泵产生出多余的 H^+，但是此过程会消耗大量能量，将造成细菌代谢障碍和衰竭，最终引起细菌的死亡（Suiryanrayna 和 Ramana，2015）。除直接作用于细菌外，中链脂肪酸还对细菌的黏附有影响。己酸钠可以阻止鼠伤寒沙门氏菌对大鼠回肠黏膜的黏附和入侵（Cox 等，2008）。

（二）抗炎和抗氧化作用

胃肠道不仅是营养物质消化、吸收和代谢的重要场所，而且还是重要的免疫器官，含有大量的免疫细胞。致病或非致病的刺激因素都可以激活胃肠道的免疫系统，产生多种特化的细胞和信号分子，如促炎因子 TNF-α、IL-1β 和 IL-6（Xiong，等，2016；Wei 等，2017）。但是，过多的促炎因子会导致肠道黏膜损伤和功能紊乱。研究表明，中链脂肪酸具有抗炎作用。痤疮丙酸杆菌（*P. acnes*）可以诱导 ICR 小鼠产生炎症反应，而注射月桂酸后可以缓解小鼠的炎症反应（Nakatsuji 等，2009）。除月桂酸外，癸酸也具有抗炎作用，添加癸酸后可显著改善 IPEC-J2 细胞和小型猪肠道的炎症状态。除改善炎症状态外，体内外试验均表明，癸酸还可以通过提高超氧化物歧化酶和谷胱甘肽过氧化物酶的水平，以降低脂质过氧化物水平来缓解环磷酰胺诱导的氧化应激（Kang 和 Lee，2017）。

（三）潜在毒性

在模式动物上的急性毒性试验表明，中链脂肪酸的毒性很低，即便中链脂肪酸酯提供能量占总能量 15%，或中链脂肪酸酯占日粮总脂肪 50% 时也未观察到明显毒性发生（Traul 等，2000）。到目前为止还没有发现中链脂肪酸会引起过敏反应，在眼部和皮肤刺激测试中发现，中链脂肪酸酯几乎没有刺激性，即使延长与眼睛或皮肤接触的时间，在活体动物试验中的结果同样表明，中链脂肪酸酯对大鼠的繁殖性能没有显著影响，并且未发现胎儿毒性或致畸作用（Traul 等，2000）。然而在哺乳动物细胞（海拉细胞、人纤维母细胞和小鼠神经母细胞瘤细胞）体外培养过程中发现，毫摩尔水平剂量的 C6：0 和 C10：0 脂肪酸处理细胞后，细胞生长停滞且形态发生改变（Sheu 等，1975）。体内试验和体外试验的结果差异表明，中链脂肪酸可能具有潜在的毒性效果。

四、中链脂肪酸在母猪生产中的应用

（一）对母猪繁殖性能的影响

由于在母猪生产中实行"低妊娠，高泌乳"的饲喂方式，因此现代母猪生产管理中很少会在妊娠日粮中大量添加油脂。尽管有一些研究发现妊娠后期通过添加一定水平的油脂能够起到提高仔猪初生重的作用（Cromwell 等，1989；Coffey 等，1994），然而大部分研究发现，妊娠后期添加中链脂肪酸酯对产仔数、产活仔数和初生重均无显著的影响。

从大白猪母猪妊娠第 85 天至仔猪断奶结束，利用 0.6% 纯中链脂肪酸酯等量替换基础饲粮中 0.6% 的豆油，对产仔数、产活仔数和初生重均无显著影响，但是可以显著缩短母猪产程，这可能与中链脂肪酸酯能够快速供能、提高母猪分娩时体力有关（张文飞等，2016）。初产母猪分娩前一周开始饲喂 0.1% 中链脂肪酸酯日粮至断奶，并不能提高其繁殖性能（Craig 等，2019）。然而，当有机酸和中链脂肪酸酯复合同时添加时，可能具有协同抗菌作用，可以促进仔猪泌乳期生长。近期的一项研究发现，分娩前 42d

和整个泌乳期添加 0.1%～0.2% 的有机酸和中链脂肪酸酯复合物，对母猪哺乳期体重损失、平均采食量、背膘厚及饲料消化率均无显著性影响，但是可以线性提高仔猪在泌乳期的平均日增重（Lan 和 Kim，2018）。

尽管大量研究表明，妊娠中期和妊娠后期添加中链脂肪酸酯不会对初生重和活仔数产生影响；但是较早的研究指出，妊娠后期母猪的饲料中添加中链脂肪酸酯能够增加新生仔猪的成活率（Newcomb 等，1991；Azain，1993；Jean 和 Chiang，1999）。对于妊娠母猪，日粮中添加 10% 的中链脂肪酸酯虽然不会对初生重和活仔数产生影响，但会增加出生后第 3 天至断奶这一阶段仔猪的成活率，并且初生重低于 900g 的仔猪存活率提高得最多（Azain，1993）。仔猪成活率的提高可能与短链脂肪酸缩短母猪产程有关。此外，出生当天仔猪的血糖浓度上升及能量状况的改善，可能也是仔猪出生后成活率增加的原因。

（二）对母猪乳成分的影响

对于新生儿和幼龄动物，中链脂肪酸是体内能量的重要来源。临床上中链脂肪酸被用于脂质吸收障碍、吸收障碍综合征、胰腺功能不全、胆囊相关疾病、肠胃炎、糖尿病等的治疗，并且也是早产儿的能量来源（Borum，1992；Heird 等，1992）。研究表明，新生仔猪具有较强的氧化脂肪酸的能力（van Kempen 和 Odle，1993；Odle 等，1994；Heo 等，2002）。对于仔猪的营养而言，中链脂肪酸酯这种供能的特性具有很高的研究价值，中链脂肪酸可以直接被仔猪的肠细胞利用来产生能量，从而可以较好地维持肠道组织结构的完整性（Guillot 等，1993）。中链脂肪酸酯可增加仔猪小肠绒毛高度，降低隐窝深度，并减少上皮内淋巴细胞数目，抑制肠细胞凋亡（Dierick 等，2003）。

由于肝脏对中链脂肪酸的代谢率很高，并且乳糜微粒的含量也十分有限，因此日粮添加的中链脂肪酸酯并不能被有效地转移到母猪乳汁中，从而增加仔猪中链脂肪酸的摄入量。无论是经产母猪还是初产母猪，分娩前一周开始饲喂 0.1% 中链脂肪酸酯日粮至断奶，并不能提高乳脂率、乳蛋白、乳糖及乳脂中的 IgG 含量（Craig 等，2019）。在大白母猪妊娠第 85 天至仔猪断奶结束，利用 0.6% 纯中链脂肪酸酯等量替换基础饲粮中 0.6% 的豆油，对母猪初乳乳脂含量和乳成分均无显著影响（张文飞等，2016）。因此，在母猪日粮中添加中链脂肪酸酯可能并不是补充哺乳仔猪中链脂肪酸最有效的方法。

第四节　长链多不饱和脂肪酸对母猪繁殖性能的影响

长链多不饱和脂肪酸是日粮脂肪酸的重要成分，特别是 n-3 PUFA 中的 EPA、DHA，以及 n-6 PUFA 中的花生四烯酸对于胎儿生长、大脑和视网膜发育至关重要（Carlson，2007；Novak 等，2008）。与中链脂肪酸不同，母猪日粮添加长链多不饱和脂肪酸可以显著地改变循环系统，以及各种器官中的脂肪酸组成，并影响脂质含量。例如，母猪妊娠和泌乳日粮中添加 n-3 PUFA 可显著增加母体血浆、乳汁、子宫内膜和卵巢中 n-3 PUFA 的浓度，并改变新生仔猪和断奶仔猪肠脑轴中的脂肪酸组成、结构和生理特性，影响仔猪的生长发育（Farmer 和 Petit，2009；Gabler 等，2009；Rooke 等，

2001）。本节将重点对 n-3 PUFA 中的 EPA 和 DHA，n-6 PUFA 中的花生四烯酸生物学功能及在母猪生产中的应用进行总结。

一、来源

植物种子及动物油脂是母猪日粮长链多不饱和脂肪酸的重要来源。由于母猪妊娠期通常需要限饲，并且哺乳动物自身不能合成亚油酸和亚麻酸，因此它们必须从日粮中供给，所以是猪的必需脂肪酸。大多数谷物和植物油中含有较高的 PUFA 及单不饱和脂肪酸（monounsaturated fatty acid，MUFA），但是 PUFA 中大多数脂肪酸为 n-6 PUFA，n-3 PUFA 含量很低（表 8-3）（Glencross，2009）。除亚麻籽油和蓝蓟籽油含有较高水平的 n-3 PUFA 外，其他植物油中的含量均较低。常用油脂中的豆油和菜籽油也含有一定水平的亚麻酸，可以部分作为长链 n-3 PUFA 生成的底物。并且，大多数植物油中并不含有 n-6 PUFA 中的花生四烯酸和 20 个碳原子以上的 PUFA。

相反，在海洋鱼类和海藻类中含有高水平的 n-3 PUFA 和较低水平的 n-6 PUFA，且 20 个碳原子以上的 EPA 和 DHA 含量较高。而陆生动物油脂中多以饱和脂肪酸（saturated fatty acid，SFA）、MUFA 和 n-6 PUFA 为主（表 8-4）。几乎所有的动、植物油中花生四烯酸的含量均很低，其更多地来源于动物机体内源代谢。

表 8-3 典型谷物和植物油脂肪酸组成

脂肪酸	含 量（%）												
	豆油	棕榈油	菜籽油	葵花籽油	椰子油	红花油	亚麻籽油	芝麻油	橄榄油	玉米油	棉籽油	花生油	蓝蓟籽油
C8:0					9								
C10:0					7								
C12:0					47								
C14:0	1	1			18						1	1	
C16:0	8	44	6	7	9	7	5	10	11	11	23	10	7
C16:1n-7	2	1	1						1		1	1	
C18:0	3	5	3	6	3	3	4	6	4	2	3	2	4
C18:1n-9	21	39	54	23	7	16	16	41	76	24	17	45	18
C18:2n-6	57	11	20	64		73	19	43	7	58	52	32	18
C18:3n-3	7		13			1	56		1	1	1		32
C18:4n-3													14
C20:0			1						1				
C20:1n-9	1		2										1
C20:4n-3	2												
C20:4n-6													
C20:5n-3													
C22:0						1							
C22:1n-11			1										
C22:5n-3													

（续）

脂肪酸	含量（%）												
	豆油	棕榈油	菜籽油	葵花籽油	椰子油	红花油	亚麻籽油	芝麻油	橄榄油	玉米油	棉籽油	花生油	蓝蓟籽油
C22：6n-3													
SFA	13	50	9	13	94	10	9	17	15	13	27	12	11
MUFA	24	40	57	23	7	16	16	41	77	24	18	46	19
PUFA	64	11	33	64	0	74	75	43	8	59	52	32	64
n-3	7	0	13	0	0	1	56	0	1	1	1	0	46
n-6	57	11	20	64	0	73	19	43	7	59	52	32	18

注：SFA，饱和脂肪酸；MUFA，单不饱和脂肪酸；PUFA，多不饱和脂肪酸。

资料来源：Glencross（2009）。

表 8-4　海洋和陆生动物油的典型脂肪酸组成

脂肪酸	含量（%）											
	鳀	杰克鲭	鳕	毛鳞鱼	鲱	鱿鱼	破囊壶菌	海藻类	牛油	羊油	禽油	猪油
C8：0												
C10：0												
C12：0												
C14：0	8	6	6	8	8	4	9	11	4	2	1	2
C16：0	18	17	14	11	19	18	26	14	25	18	22	24
C16：1n-7	11	8	8	11	9	5	1		4	2	6	3
C18：0	6	4	3	1	4	3	1		19	16	6	14
C18：1n-9	15	25	19	17	13	18	2	15	36	38	38	41
C18：2n-6	1	4	2	2	2	2	1	3	3	13	20	10
C18：3n-3	1	1	1	1	1	2			1	4	1	1
C18：4n-3	3	2	3	2	3	4	1			1		
C20：0	4					1						
C20：1n-9	3	4	10	19	2	9			1	1	1	1
C20：4n-3	1	1	1		2	1						
C20：4n-6	1	1	1				3					
C20：5n-3	12	13	9	5	11	11	2					
C22：0	1		1			2						
C22：1n-11	2		13	15	1	4						
C22：5n-3	2	2	2		2	1	1					
C22：6n-3	12	8	9	3	9	12	37	45				
SFA	36	26	23	20	31	28	36	25	48	35	29	39
MUFA	30	37	49	62	25	35	3	15	41	41	44	45
PUFA	5	6	6	4	5	5	8	3	4	17	22	11
n-3	30	26	24	11	26	31	42	45	1	4	2	1
n-6	2	5	3	2	2	3	3	3	3	13	20	10

注：SFA，饱和脂肪酸；MUFA，单不饱和脂肪酸；PUFA，多不饱和脂肪酸。

资料来源：Glencross（2009）。

二、合成途径

由于高级哺乳动物缺乏 Δ-15-去饱和酶，因此不能合成亚油酸和亚麻酸，必须通过日粮供给。在动物机体内，日粮亚油酸和亚麻酸可经过一系列去饱和酶、延长酶和过氧化物酶的作用生成长链多不饱和脂肪酸（图 8-1）（Sprecher，2000a；Jacobi 等，2011）。在 n-6 系列脂肪酸中，以亚油酸为底物可以生成 γ-亚麻酸（C18：3n-6）、二十碳三烯酸（C20：3n-6）、花生四烯酸（C20：4n-6）和其他脂肪酸。在 n-3 系列脂肪酸中，以 α-亚麻酸（C18：3n-3）为底物可以生成二十碳四烯酸（C20：4n-3）、二十碳五烯酸（C20：5n-3）、二十二碳六烯酸（C22：6n-3）等重要的长链多不饱和脂肪酸（Jeromson 等，2015）。亚油酸和 α-亚麻酸转化生成 n-3 或 n-6 系列脂肪酸共用一套酶，相对于 n-6 系列脂肪酸，这些酶对 n-3 系列脂肪酸具有更高的亲和力。因此，当增加 n-3 脂肪酸的比例或者降低 n-6：n-3 脂肪酸比例时，n-6 脂肪酸转化生成长链多不饱和脂肪酸的比例降低（Jeromson 等，2015）。

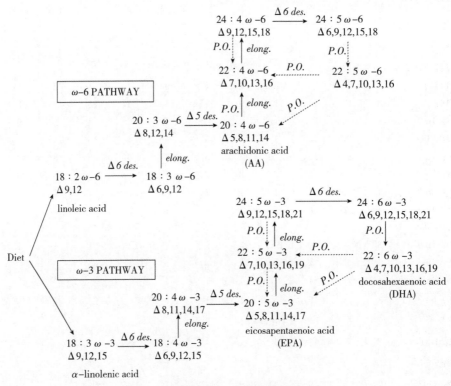

图 8-1　日粮 PUFA 去饱和及延长示意

注：*des.*：去饱和酶，desaturase；*elong.*：延长酶，elongase；*P.O.*：过氧化物酶体氧化，peroxisomal oxidation。

（资料来源：Herrera，2002）

三、生物学功能

长链多不饱和脂肪酸既是生物膜的组成成分，也是重要的功能物质，可以作为信号分子或功能介质调节基因表达，在缓解肥胖引起的炎症胰岛素抵抗，以及改善血管功能方面具有重要的作用。

（一）花生四烯酸的代谢及其对系统性炎症的影响

1. 花生四烯酸的代谢　花生四烯酸近些年来已经成为婴幼儿配方奶粉中必须添加的营养物质之一，能够促进婴幼儿大脑智力的发育。特别是在早产儿配方奶粉中，添加花生四烯酸不仅能促进早产儿的生长发育，而且能够促进其免疫成熟，增强抗病力，降低疾病的发生。

花生四烯酸是 n-6 多不饱和脂肪酸家族的二十碳脂肪酸，具有 4 个顺式双键，并具有 1 个"发夹"结构（Hanna 和 Hafez，2018）。花生四烯酸是生物膜的重要组成成分，也是类二十烷酸的前体物（Tallima 和 Ridi，2018）。花生四烯酸在某些苔藓、海藻、一些低等植物中广泛存在，但只有很少的高等植物中含有花生四烯酸，且含量很低（Singh 和 Ward，1997）。哺乳动物体内的花生四烯酸主要有两种来源：一种是，花生四烯酸由外源性富含花生四烯酸的营养物质直接提供，如肉、蛋、奶和鱼类产品含有丰富的花生四烯酸（Taber 等，1998）；另一种是，花生四烯酸可以由亚油酸在去饱和酶和延长酶的作用下合成（Hastings 等，2001）。

花生四烯酸通常以结构性磷脂的形式广泛存在于机体细胞膜或免疫细胞的脂质中（Weller，2016），在大脑、肝脏、脾脏和骨骼肌中含量丰富（Tallima 等，2015）。游离花生四烯酸在宿主三大类酶促反应中能够合成类二十烷酸类物质（Zhu 等，2015）。在环氧合酶（cyclooxygenase，COX）通路中，花生四烯酸能够代谢生成前列腺素（prostaglandins，PGs）和血栓素（thromboxanes，TXs）；在脂氧化酶（lipoxygenase，LOX）通路中，花生四烯酸主要代谢生成白三烯（leukotrienes，LTs）和羟基二十碳四烯酸（hydroxyeicosatetraenoic acids，HETES）；在细胞色素 P450（cytochrome P450，CYP450）的作用下，花生四烯酸代谢生成环氧二十碳三烯酸（epoxyeicosatrienoic acids，EETs）、二羟基二十碳三烯酸（dihydroxyeicosatetraenoic acids，DHETs）和羟基二十碳四烯酸（hydroxyeicosatetraenoic acids，HETEs）通常称为类二十烷酸（Borin 等，2017）。

COX 通路主要由包含 COX-1 和 COX-2 两种酶。在机体处于健康条件下时，COX-1主要在小肠和结肠隐窝上皮细胞，以及固有层单核细胞中表达，COX-2 在正常肠道上皮细胞中的表达量较低（Singer 等，1998）。因此，在健康时，COX-1 是产生前列腺素的主要酶，在脂多糖（lipopolysaccharide，LPS）的刺激下能够引起急性炎症，生成前列腺素，调控机体稳态。COX-2 在生长因子和内毒素的刺激下能够大量表达，并参与炎症、细胞增殖和分化等过程（Matsuyama 和 Yoshimura，2009）。游离的花生四烯酸在 COX 酶的作用下生成前列腺素 G2（PGG2）。前列腺素 G2 是一个不稳定的代谢产物，随后生成中间物前列腺素 H2（Matsuyama 和 Yoshimura，2009）。然后，PGH2 在特定的合成酶催化下，生成前列腺素 PGD2、前列腺素 PGE2、前列腺素 PGF2α、前列腺素 PGI2 和血栓素 A2（Greene 等，2011）。

脂氧化酶通路中主要存在 4 种 LOX 酶，即 5-LOX 酶、8-LOX 酶、12-LOX 酶和 15-LOX 酶。这 4 种酶分别氧化花生四烯酸的 5 位碳、8 位碳、12 位碳和 15 位碳，分别生成相应氢过氧化二十碳四烯酸（hydroperoxy-eicosatetraenoic acid，HPETE），并进一步代谢生成 LXs、LTs 和 HETEs（Ding 等，2003；Moore 和 Pidgeon，2017）。5-LOX 酶能够代谢生成关键促炎因子——白三烯 A4（leukotriene A4，LTA4）和白三烯 B4（leukotriene B4，LTB4）。LTA4 是不稳定的白三烯，可以进一步生成 LTB4、LTC4、LTD4 和 LTE4。其中，LTC4、LTD4 和 LTE4 称为半胱氨-白三烯（Cys-LT）（Greene 等，2011）。LOX 通路还可以生成脂氧素（lipoxins，LXs），中性粒细胞中的 5-LOX 酶在血小板和白细胞相互作用下可以生成 LXA4，血小板中的 12-LOX 通过黏附于白细胞可以生成 LXA4 和 LXB4（Janakiram 等，2011）。

CYP450 是一个含有血红素蛋白的大家族，主要在肝脏及其他组织中表达（Dennis 和 Norris，2015）。在小鼠中由 18 个基因编码，而人类则由 57 个基因编码（Panigrahy 等，2010；Nebert 等，2013）。根据如何将 NADPH 的电子传递到催化部位，CYP 家族分为 4 个亚类，分别为 CYP1 家族、CYP2 家族、CYP3 家族和 CYP4 家族（Lewis 和 Hlavica，2000）。编码 ω-羟化酶和 CYP450 表氧化酶的两种酶，可由饮食、化学诱导剂、药物、信息素等因素诱导表达，参与二十碳脂肪酸的代谢（Nebert 等，2013）。以花生四烯酸为底物代谢生成类花生酸，羟化酶主要是来自 CYP4 家族的 4A 亚类和 4F 亚类，代谢花生四烯酸生成 7-HETE、10-HETE、12-HETE、13-HETE、15-HETE、16-HETE、17-HETE、18-HETE、19-HETE 和 20-HETE，表氧化酶主要由基因 C 和 J 编码的 CYP2 酶组成，并能够生成 5-EET、6-EET、8-EET、9-EET、11-EET、12-EET、14-EET 和 15-EET，最后在环氧水解酶作用下生成 DHET（Panigrahy 等，2010；Greene 等，2011）。

2. 花生四烯酸对系统性炎症的影响 类二十烷酸在哺乳动物炎症反应中具有重要作用。正常情况下，一定水平的炎症反应能够保护机体免受病原攻击造成的损伤，并有助于受损组织恢复正常生理功能，然而高水平的炎症反应会加剧机体损伤。类二十烷酸发挥炎症反应的效果与其浓度有关。一般情况下，PGs、LTs 和 LXs 在多种炎症性疾病病理或炎症性疾病的试验模型中，都出现含量升高，表现出促进炎症的效果。例如，PGE2 通过诱导发热，增加血管通透性和血管舒张及引发疼痛，表现出促炎作用（Calder，2006）。在炎性肠道疾病研究中发现，PGE2 能够促进 Th17 介导的结肠性炎症（Monk 等，2014），而敲除 *COX-2* 基因可抑制炎症反应的发生（Dinchuk 等，1995）。PGI2 也是水肿和疼痛的重要介质，可引起组织损伤或炎症（Bombardieri 等，1981）。此外，LOX 通路代谢生成的 LTs 同样参与炎症反应的调控。例如，LTC4、LTD4 和 LTE4 不仅引起肿胀、疼痛和黏液分泌增加，还可以增加促炎细胞因子 TNFα、IL-1β 和 IL-6 的表达，ω-羟化酶代谢产生的 HETE 可以引发炎症、血管收缩，并促进细胞增殖（Calder，2006）。

尽管类二十烷酸通常被认为是促炎分子，但是部分类二十烷酸却具有抗炎和促进炎症消解的功能。例如，LXA4 类似物能够显著缓解葡聚糖硫酸钠（dextran sulfate sodium，DSS）诱导的结肠炎，并通过抑制 NFκB 通路，抑制肠道上皮细胞促炎基因的表达（Gewirtz 等，2002）。在体外细胞培养的试验中，LXA4 能够抑制 LPS 诱导的 TNF-α 的产生，进而发挥抗炎的作用（Kure 等，2010）。又如，表氧化酶代谢产物 EET，能够消除炎症、保护心血管功能，并促进细胞增殖（Nie 等，2004；Medhora

等，2007；Panigrahy 等，2010）。

（二）EPA 和 DHA 的代谢及其对炎症的影响

1. EPA 和 DHA 的代谢　环氧合酶 COX、脂氧合酶 LOX 和细胞色素 P450 除可以代谢花生四烯酸之外，还能够代谢 EPA 和 DHA（Serhan 和 Petasis，2011）。这些氧化酶在代谢花生四烯酸和 EPA/DHA 生成类二十烷酸物质时，是一套共用酶系统。与EPA 和 DHA 相比，花生四烯酸对这些酶具有更强的竞争性，从而生成更多的具有促炎特征的类二十烷酸产物。因此，适当增加日粮中的 n-3 PUFA，平衡 n-3/n-6 PUFA，对于调节猪体内的抗炎和促炎状态具有非常积极的意义。例如，在断奶仔猪日粮中添加n-3 PUFA 后，有利于减轻因断奶、转群等管理因素造成的断奶应激，与提高抗炎细胞因子的产生有关。

2. EPA 和 DHA 及其代谢产物对炎症的影响　自从 Storlien 等（1987）首次报道21％鱼油（富含 EPA 和 DHA）等热量替换高脂日粮中红花油（富含亚油酸），显著提高了大鼠肝脏、肌肉和脂肪组织胰岛素敏感性以来（Storlien 等，1987），n-3PUFA 调控炎症反应和胰岛素敏感性机制的研究大量被报道。EPA 和 DHA 可与花生四烯酸竞争 COX-2，抑制炎性介质 PGs 和 LTs 的产生（Gill 和 Valivety，1997）。在巨噬细胞中，饱和脂肪酸月桂酸可激活 TLR 受体，增加 COX-2 及 PGs 的表达，而DHA 可以竞争性地抑制 LPS 对 TLR 受体的激活效应，缓解炎症介质的产生。在巨噬细胞和 3T3-L1 细胞中，DHA 可以显著激活 GPR120，提高胰岛素敏感性，缓解炎症，饱和脂肪酸如棕榈酸 PLA 则没有这个效果（图 8-2）。同时，在小鼠上的研究证明，n-3 PUFA 可以通过激活过氧化物酶体增殖物激活受体 γ（peroxisome proliferator activated receptors，PPARγ），促进脂肪组织分泌脂联素和瘦素，增加胰岛素的敏感性；通过激活 PPARα，促进脂肪酸氧化，减少肝脏甘油三酯的生成，减少肝脏葡萄糖的输出量（Susanne 等，2006；Neschen 等，2007）。

与花生四烯酸的代谢产物类二十烷酸相反，EPA 和 DHA 来源的代谢产物通常表现出良好的抗炎特性。n-3 PUFA 是类花生酸的天然抑制剂，能够降低花生四烯酸衍生代谢物 PGE2 和 LTB4 的产量（James 等，2000）。在人类上的研究证实，n-3 PUFA 具有抑制肿瘤细胞增殖和促进癌细胞凋亡的功能（Chen 和 Istfan，2000），并可改变雌激素代谢，减少自由基和活性氧的产生（Larsson 等，2004）。

3. 长链多不饱和脂肪酸过氧化产物对系统性炎症的影响　长链多不饱和脂肪酸骨架中存在多个碳碳双键结构，使得 PUFA 很容易发生氧化分解。除经典的脂氧合酶或环加氧酶氧化之外，PUFA 还十分容易被自由基或光介导的非酶促氧化，生成羧基乙基吡咯加合物（Yakubenko 和 Byzova，2016）。其中，DHA 磷脂可在磷脂酶 A2（phospholipase A2，PLA2）和氧气的作用下水解，生成中间产物 9-羟基-12-氧代十二碳-10-烯酸，然后通过与蛋白质赖氨酸残基的缩合生成 2-ω-羧基乙基吡咯-蛋白质衍生物［2-（ω-carboxyethyl）pyrrole，CEP］。或者 DHA 先氧化分解生成磷脂 γ-羟基烯醛，再与蛋白质赖氨酰残基形成 CEP 修饰。其他 PUFA，如 EPA 和花生四烯酸氧化能够生成 2-（ω-羧基丙基）吡咯，油酸和亚油酸氧化可生成 2-（ω-羧基庚基）吡咯［2-（ω-carboxyheptyl）pyrrole，CHP］（Kaur 等，1997）。研究证实，在愈伤组织中，

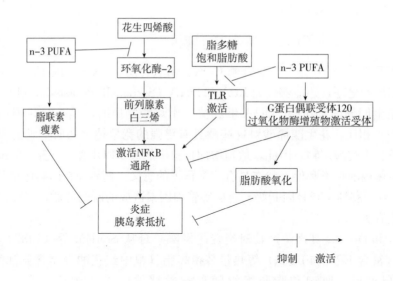

图 8-2　n-3 PUFA 抑制炎症提高胰岛素敏感性的机制

注：①n-3 PUFA 可以通过促进脂肪组织分泌脂联素和瘦素，提高胰岛素敏感性（Susanne 等，2006）；②可与花生四烯酸竞争环氧化酶-2，抑制炎性介质前列腺素和白三烯的产生；③可竞争性抑制脂多糖和饱和脂肪酸对 TLR 受体的激活效应；④可通过激活 G 蛋白偶联受体 120 或过氧化物酶体增殖物激活受体家族发挥抗炎效应。

PUFA 的这些氧化产物，可以通过与 TLR2 特异性结合，激活 NFκB 入核，进而增强炎症的发生，并促进伤口愈合（Gu 等，2003；West 等，2010；Yakubenko 和 Byzova，2016）。此外，在动脉粥样硬化、高脂血症、衰老、黄斑变性及肿瘤发生过程中，均存在 CEP 的累积。因此，及时对 CEP 进行清除，可能是缓解上述疾病的重要途径。已有研究表明，CEP 清除主要由抗炎的 M2 巨噬细胞模式识别受体 TLR2 和 CD36 介导（Kim 等，2015）。因此，在使用 PUFA 时特别需要注意抗氧化剂的使用，以避免过多的过氧化产物生成，从而加剧炎症反应的发生。

（三）对免疫系统发育的影响

花生四烯酸及其代谢产物类二十烷酸在宿主免疫系统发育中发挥重要作用（Calder 等，2010）。在早产婴儿配方中添加花生四烯酸和 DHA（0.49％花生四烯酸和 0.35％ DHA）后，有助于 T 细胞的发育和成熟。而 T 细胞的发育和成熟对于尽早建立先天免疫至关重要（Field 等，2000）。在断奶仔猪上同样发现，日粮中添加 0.63％花生四烯酸和 0.34％DHA 可以提高机体抵御流感病毒的侵袭能力，并促进淋巴细胞中 IL-10 的表达，促进 T 细胞发育（Bassaganya-Riera 等，2007）。在肠道免疫细胞的发育和成熟过程中，类二十烷酸同样具有重要作用（Nieves 和 Moreno，2006；Kalinski，2012）。PGE2 可以与细胞膜上的 G 蛋白偶联受体结合，从而激活 EP4，促进 ILC3s 的发育成熟，并分泌 IL-22，维持肠道屏障的完整性，并抑制系统性炎症的发生（Duffin 等，2016）。

（四）对血管生成的影响

胎盘是妊娠期联系母体和胎儿的唯一媒介，良好的胎盘血管生成对于胎儿发育至关重要。母猪的胎盘血管密度与胎儿初生重呈现极显著的正相关（Xia 等，2019）。因此，促进胎盘血管生成可能是促进胎儿发育的重要途径。一些研究指出，在血管内皮细胞中 n-6 PUFA 促进血管生成，而 n-3 PUFA 主要起抑制作用。原因是 EPA 和 DHA 可以通过多种机制抑制炎症反应。一方面，n-3 PUFA 可以减少促进血管生成的类二十烷酸，以及抑制血管内皮生长因子（vascular endothelial growth factor，VEGF），血小板源生长因子（platelet-derived growth factor，PDGF），COX-2 和 PGE2 的表达（Spencer 等，2009；Kang 和 Liu，2013）。另一方面，n-3 PUFA 本身可以抑制促炎细胞因子的生成，并产生新的抗炎介质分解素和保护素（Weylandt 和 Kang，2005）。

然而，在人和鼠的胎盘中，n-3 PUFA 却表现为促进血管发育的作用。例如，在人早期妊娠胎盘绒毛细胞滋养层细胞系中（HTR8/SVneo），n-3 PUFA 可以上调促进胎盘血管网生成的血管内皮细胞生长因子 A 及血管生成素样 4 基因的表达（Johnsen 等，2011；Basak 和 Duttaroy，2013）。n-3 PUFA 促进早期妊娠胎盘绒毛细胞滋养层细胞血管生成，与提高了脂肪酸结合蛋白 4（fatty acid binding protein 4，FABP4）基因表达有关，但是否为 FABP4 直接介导的血管生成还不清楚（Basak 和 Duttaroy，2013）。在母鼠妊娠期添加 n-3 PUFA 可以促进胎盘血管生成，并提高胎儿初生重和胎盘效率（Jones 等，2013；Peng 等，2019）。妊娠期添加 n-3 PUFA 促进胎盘血管生成可能与其氧化产物激活胎盘炎症信号通路有关。小鼠妊娠期添加 EPA 会增加胎盘炎症和氧化应激水平，使胎盘血管生成增多（Peng 等，2019）。由于胎盘是一种代谢高度旺盛的组织，胎盘和胎儿的生长都需要丰富的脂肪酸作为能量来源（Rakheja 等，2002；Rani 等，2016），并且妊娠进程通常伴随着胎盘线粒体活性增加，氧化应激增强（Myatt 和 Cui，2004）。因此，高剂量的 PUFA 摄入可能会增加脂质过氧化的发生，从而加剧胎盘炎症，并促进胎盘血管生成。但相关结论在母猪上尚未证实，值得进一步研究。

四、在母猪生产中的应用

由于长链多不饱和脂肪酸是母猪必需脂肪酸，因此在现代多产和高产母猪日粮中进行补充可能发挥提高繁殖性能的作用。如前所述，当母猪泌乳日粮中不含必需脂肪酸时，母猪就会动用体脂来获得每天约 25.49g 亚油酸及 2.75g 亚麻酸，以满足泌乳需要（Rosero 等，2016b）。而泌乳期体脂动用过多，可能是延长断奶发情间隔的重要原因。因此，母猪日粮添加特定长链多不饱和脂肪酸，可能对稳定母猪必需脂肪酸水平，以及改善母猪后续繁殖周期潜力具有意义。

在母猪生产中很少添加脂肪酸成分单一的油脂，多以动物油或植物油单独或者混合添加，以研究不同水平添加量对母猪生产性能的影响，因此很难准确衡量油脂添加效果具体是来源于长链多不饱和脂肪酸水平的增加，还是源于其他脂肪酸水平的改变或者是混合效应。尽管如此，由于不同来源油脂的主要脂肪酸比例相对固定，因此仍可大致比较不同类型油脂的饲喂效果。

（一）对母猪产活仔数和初生重的影响

日粮中添加 n-3 PUFA 对母猪妊娠早期胚胎存活率的作用并不一致。在初产母猪初情期后 10～17d 开始添加 4％的鲱鱼油，至妊娠 37d 屠宰，有提高胚胎存活率的趋势（$P<0.06$），但是在经产母猪中并不能提高胚胎存活率。在初产母猪配种前 35d 开始补充 1％的 n-3 PUFA 至妊娠 27d，也可能对胚胎存活率并无显著影响（Estienne 等，2006）。

母猪妊娠期添加 n-3 PUFA 对产活仔数的影响也不一致（表 8-5）。母猪整个妊娠期添加 0.5％海洋动物油后，显著降低了总产仔数和产活仔数（Smit 等，2015）。但妊娠后期至泌乳期添加 n-3 PUFA，可以提高下一繁殖周期母猪产活仔数（Smits 等，2011）。因此，n-3 PUFA 的添加量、试验的样本量，以及母猪本身生产成绩和体况需要在使用中重点考虑。

母猪妊娠期添加 n-3 PUFA 对仔猪初生重的影响有限（Tanghe 和 de Smet，2013），n-3 PUFA 可以部分提高仔猪初生重。如在 PIC 母猪中研究发现，妊娠期 85d 开始饲喂富含 DHA 的微藻粉（28g/d）（Posser 等，2018）；或从妊娠 80d 到断奶，母猪日粮额外添加 32g/d 富含 n-3 PUFA 鲨肝油（Mitre 等，2005），都显著提高了仔猪初生重。而在母猪妊娠期开始至妊娠 60d 补充饲喂 10％的鱼油至分娩，可以显著提高泌乳期第14 天及断奶时仔猪重（Laws 等，2007）。

表 8-5　妊娠期添加 n-3PUFA 对产活仔数的影响

阶　段	剂　量	对产仔数和初生重的影响	资料来源
G57～L26	4％鲱鱼油，对照组为等量饱和油脂	提高初产母猪产活仔数，降低初生重	Petrone 等（2019）
G85～L21d	微藻（DHA 含量 120g/kg）28.0g/d，对照组不含微藻	对产活仔数和死胎率无显著性影响，提高初生重	Posser 等（2018）
G90～L17d	3.9％鱼油，对照组为 4.1％棕榈油	对产活仔数和初生重无显著性影响	Jin 等（2017）
G0～L21d	0.5％海洋动物油，对照组不含海洋动物油	产活仔数显著降低，不影响初生重	Smit 等（2015）
G45d	0.5％鱼油、1％鱼油和 2％鱼油，对照组为棕榈油	不影响产活仔数，但 2％鱼油增加了死胎数，不影响初生重	Tanghe 等（2014）
G85～L21d	妊娠期 2％鱼油，泌乳期 4.2％鱼油，对照组为玉米淀粉	不影响产活仔数和初生重	Shen 等（2015b）
G106～L21d	0.3％鱼油，对照组 0.3％牛油	不影响产活仔数和初生重，但可显著增加下一繁殖周期产活仔数	Smits 等（2011）

注：G 表示妊娠期，L 表示泌乳期。

（二）对母猪泌乳性能的影响

在母猪泌乳期日粮添加不同来源的脂肪，对母猪泌乳性能可能有不同的影响。例如，母猪分娩前一周和哺乳期分别添加 8％动物脂肪（富含饱和单不饱和脂肪酸）、棕桐油（富含饱和单不饱和脂肪酸）、向日葵油（富含 n-6 PUFA）和菜籽油（富含 n-6 PUFA）、鱼油（富含 n-3 PUFA）、椰子油（富含中链脂肪酸）后，添加动物脂肪、棕榈油、向日葵油均可显著提高仔猪哺乳期的增重；除椰子油外，其他膳食脂肪均增加了母猪泌乳期每日能量摄入量（Lauridsen 和 Danielsen，2004）。表明在 8% 浓度下，长链多不饱和脂肪酸并未表现出优于饱和脂肪酸的效果。相似的，高温〔（27±3）℃〕环境下，母猪泌乳期添加了不同的动植物混合油脂后，随着日粮添加油脂水平含量的增加（0、2%、4% 及 6% 的油脂，油脂含亚油酸 24.4%、亚麻酸 2.17%），母猪泌乳期能量摄入量线性增加，断奶 8d 内受孕率线性升高，但是仔猪窝增重只在 3 胎母猪中表现出显著的线性增加，同时泌乳期添加油脂可提高后续繁殖周期的受孕率、分娩率及产活仔数，并且相同添加水平的动植物混合油脂并未表现出优于猪油添加的效果（Rosero 等，2012）。

通过改变 n-6：n-3，比较了不同类型长链多不饱和脂肪酸对母猪繁殖性能的影响。如在母猪妊娠期 108d 至泌乳期全期，按照 n-6：n-3 比分别为 13：1、9：1 和 3：1 添加 4% 的脂肪后，当 n-6：n-3 为 9：1 时有增加 0～14d 窝重的趋势（$P<0.1$）（Yao 等，2012）。在相同的时期，n-6：n-3 分别为 20：1、15：1 和 10：1，对母猪泌乳期采食量并无显著影响，但是母猪泌乳期掉膘和仔猪平均日增重在 10：1 组显著升高，说明提高泌乳日粮中 n-3 PUFA 的含量可促进母猪脂质分解（Yin 等，2017）。

泌乳期添加 n-3 PUFA 对仔猪生长性能的效果也是不一致的。从妊娠 80d 到断奶，在母猪日粮额外添加 32g/d 富含 n-3 PUFA 鲨肝油，提高了仔猪断奶重（Mitre 等，2005）。从妊娠 90d 到断奶，相对于等能量的棕榈油，添加 3.9% 的鱼油可显著提高仔猪断奶窝重，但鱼油与等能量的豆油效果无显著差异（Jin 等，2017）。这些结果表明，是否能在母猪泌乳期添加长链多不饱和脂肪酸来提高泌乳性能，可能需要更多的研究。

（三）对母猪乳成分和仔猪脂肪酸组成的影响

母猪乳汁脂肪酸组成很容易受到日粮的影响，进而影响哺乳仔猪体组织的脂肪酸组成，并可能因此影响仔猪的免疫力。从妊娠 107d 到断奶期间，母猪日粮中添加鱼肝油后，提高了初乳和常乳中的 EPA 和 DHA 含量（Arbuckle 和 Innis，1993；Taugbol 等，1993）。增加母猪日粮 n-3PUFA 含量带来的这种变化可能对仔猪免疫力的提高有一定益处。通过添加 n-3 PUFA 来降低日粮 n-6：n-3 后，可显著增加初乳和常乳中的 IgG 和 IgM 含量（Jin 等，2017），显著增加仔猪 21d 血浆 IgG 和 IgA 的含量（Yao 等，2012）。

第五节　共轭亚油酸对母猪繁殖性能的影响

一、共轭亚油酸的化学结构和特性

共轭亚油酸（conjugated linoleic acid，CLA）是一类含有共轭双键的十八碳二烯酸（亚油酸）的统称，具有多种异构体。其主要的异构体为顺式 9 反式 11 共轭亚油酸（cis-9 trans-11 conjugated linoleic acid，c9t11-CLA），其次为 t10c12-CLA 、t7c9-CLA、 c11t13-CLA、c8t10-CLA（Belury，2002；Kim 等，2016）。其中，c9t11-CLA 和 t10c12-CLA 是最丰富的天然物质，分别占所有天然存在的 CLA 异构体的 85％和 10％（Parodi，1976；Kramer 等，1998；Lawson 等，2001），也是目前被证实的具有较强生物活性的两个异构体，化学结构如图 8-3 所示。

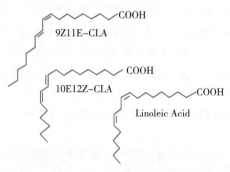

图 8-3　共轭亚油酸的两种主要异构体及亚油酸的示意

注：异构体 c9t11-CLA 也称为 9Z11E-CLA，t10c12-CLA 也称为 10E12Z-CLA。

（资料来源：Belury，2002）

共轭亚油酸是反刍动物来源的食品中天然存在的多不饱和脂肪酸，广泛存在于牛肉、羊肉、黄油和乳制品中（Schmid 等，2006；Hadas 等，2015）。羔羊肉中 CLA 的浓度最高，每克羊脂中 CLA 含量为 4.3～19.0mg，每克牛脂中 CLA 含量为 1.2～10.0mg，猪肉、鸡肉和马肉的 CLA 含量通常低于每克脂质 1mg，火鸡也具有相对较高的 CLA 含量（2～2.5mg）（Chin 等，1991；Badiani 等，2004；Schmid 等，2006）。

共轭亚油酸的体内合成主要来自反刍动物瘤胃微生物的氢化作用，当反刍动物采食富含多不饱和脂肪酸的干草饲料时，这些不饱和脂肪酸在瘤胃中通过一系列脂肪酸中间体进行生物氢化。例如，亚油酸在亚油酸异构酶的生物加氢过程中，产生了中间副产物，如 c9t11-CLA 和 t10c12-CLA（Bauman 和 Griinari，2003）。CLA 还可以由富含亚油酸的油合成制备（如红花油、向日葵油、玉米油和大豆油），利用碱性催化反应将亚油酸转化为 CLA，这种合成制剂使得最常见的 CLA 异构体的比例不同，产生 40％～45％的 c9t11-CLA 和 40％～45％的 t10c12-CLA，其余部分由少量其他 CLA 异构体组成（Ma 等，1999）。由于 c9t11-CLA 和 t10c12-CLA 的比例约为 1∶1，因此 CLA 的合成物通常称为"混合 CLA"（den Hartigh，2019）。

二、消化、吸收及代谢

关于 CLA 在机体内吸收情况的研究较少。以大鼠为模型研究共轭亚油酸淋巴吸收率发现，共轭亚油酸的表观淋巴吸收率显著低于亚油酸，两者的表观淋巴吸收率分别为 55％和 80％。相对于 CLA 的不同异构体组成，ct-异构体或 tc-异构体共轭亚油酸的回收率高于 tt-异构体。

CLA 在转运过程中主要以乳糜微粒形式存在，仅有约 20％以极低密度脂蛋白形式存在。被小肠吸收的 CLA，绝大部分与甘油三酯结合（95％），仅有少部分与磷脂结合（5％）（Sugano 等，1997）。CLA 的异构体通过多种代谢途径在体内代谢。在大鼠的肝脏和乳腺组织中发现，共轭亚油酸可在去饱和酶和碳链延长酶的作用下生成相应的共轭脂肪酸衍生物。例如，经 Δ6-去饱和酶、Δ9-去饱和酶和碳链延长酶作用后形成的衍生物，如共轭 C18：3、共轭 C20：3 和共轭 20：4（Banni 等，1999；Banni 等，2001）。不同的 CLA 异构体在碳链延长或去饱和过程中表现不同，如大鼠体内 t10c12-CLA 主要被代谢为共轭 C16：2 和共轭 C18：3，而 c9t11-CLA 代谢为共轭 C20：3。

三、生物学功能

（一）对脂质代谢的影响

在过去的 20 年里，关于 CLA 的研究主要集中在对肥胖的缓解效应上。早期在 ICR 小鼠的研究发现，日粮中添加混合 CLA 能够促进脂肪分解和脂肪氧化，在短期内迅速降低体脂（Park 等，1997，1999）。在 SD 大鼠的研究同样发现，经过 3 周的混合 CLA 饲养后，白色脂肪组织中的甘油三酯和非酯化脂肪酸水平呈现剂量依赖性方式降低（Yamasaki 等，1999）。在母猪生产中也发现类似的结果，分别饲喂含有 0、1.25g、2.5g、5.0g、7.5g 或 10.0g CLA 异构体（CLA-55）日粮 8 周后，母猪脂肪含量呈剂量依赖性的方式降低（Ostrowska 等，2003）。

CLA 已被证实在多个物种及多种细胞中具有降脂作用，目前提出的几种可能机制包括：基础代谢率和能量消耗（West 等，1998），促进脂质氧化基因表达，增加脂肪酸氧化，并增加去甲肾上腺素和肾上腺素分泌，激活交感神经活动（Ohnuki 等，2001）。然而，CLA 降脂的同时，可能对机体代谢存在一定的副作用。脂联素是一种由脂肪细胞分泌的激素，具有抗炎、抗动脉粥样硬化、抗糖尿病作用。然而，补充 CLA 会降低脂联素的分泌，造成体重减轻的同时会造成葡萄糖代谢受损，因此使用 CLA 并不是一种健康的减肥方式（Yamauchi 等，2001；Maeda 等，2002）。

（二）对免疫的调控作用

体外研究发现，CLA 能减轻免疫过度激活造成的不利影响，减少炎症反应及超敏反应的发生（Bhattacharya 等，2006）。CLA 对体外培养的内皮细胞、单核细胞和巨噬细胞有多种作用，c9t11-CLA 和 t10c12-CLA 均能抑制内皮细胞中关键单核细胞黏附分子的表达（Stachowska 等，2012）。此外，混合 CLA 可减弱外周血单核细胞分化簇 18 和 CXC 趋化因子受体 4 表达簇的表达，从而抑制动脉粥样硬化小鼠模型的单核细胞黏附（van Gaetano 等，2013）。同时，c9t11-CLA 和 t10c12-CLA 可以抑制巨噬细胞极化，从而表现出炎症水平降低（Lee 等，2009；Kanter 等，2018）。

四、在母猪生产中的应用

（一）对母猪乳成分的影响

仔猪出生时体脂极少，糖原储量低，因此出生后快速吸收能量物质非常重要。仔猪出生时，体内的血糖含量很低，只能满足大脑和红细胞对葡萄糖的需要。体脂肪的沉积在很大程度上取决于脂肪的摄入量，因此提高初生仔猪生长速度的最优策略是提高母乳中的脂肪含量。母猪乳中的脂肪酸组成易受到日粮中油脂来源、添加时间、添加比例及其脂肪酸组成的影响，生产中常通过调控妊娠母猪和泌乳母猪饲粮中脂肪来源和脂肪含量来控制初乳和常乳的产量及其脂质组成（Fritsche 等，1993）。泌乳期母猪日粮中添加 CLA 能显著提高乳脂中饱和脂肪酸的含量，降低乳脂中单不饱和脂肪酸的含量，对多不饱和脂肪酸的含量无显著影响（Bee，2000；Peng 等，2010；Cordero 等，2011）。

此外，添加 CLA 后能显著增加母猪初乳中 IgG 含量及仔猪血清 IgG 含量（Bontempo 等，2004）。从分娩前 7d 至产后 7d，日粮添加 0.5%～1% 的 CLA 后，可显著提高母猪初乳中的 IgG 含量，母乳中 IgG 水平增加了 23%；乳中非脂固形物及蛋白质脂肪比率也显著升高；仔猪血清中 IgG 水平甚至提高 35%，28 日龄断奶时仔猪窝重显著增加（Corino 等，2009；Lee 等，2014）。

（二）对哺乳仔猪生长性能和免疫性能的影响

母猪日粮添加 CLA 可能是提高仔猪免疫力和改善肠道健康的有效策略。从妊娠第 85 天开始，在母猪日粮添加 2%CLA 至仔猪 28d 断奶，然后对断奶仔猪进行肠产毒性大肠埃希氏菌 K881 攻毒。结果发现，母猪日粮添加 CLA 后，并没有提高仔猪平均日增重和饲料效率，但攻毒后仔猪腹泻率显著降低。原因是仔猪肠道大肠菌群和乳酸菌群数量并不受 CLA 补充的影响，但 CLA 处理组仔猪的血清免疫球蛋白 A 和免疫球折 G 的水平均显著增加，肠黏膜炎症水平降低（Patterson 等，2008）。

在断奶仔猪中同样发现，日粮分别添加 0、1%、2% 和 3% 的 CLA，可显著提高断奶仔猪平均日增重和平均日采食量，并显著增加特异性的卵清抗体水平与外周血淋巴细胞转化率（Lai 等，2005）。此外，饲料添加 CLA 可促进断奶仔猪淋巴细胞增殖，增加 $CD8^+$ 淋巴细胞的数量，抑制 PGE2 和 IL-1β 的产生（Lai 等，2005）。CLA 对于缓解注射脂多糖引起的断奶仔猪生长抑制也有效，添加 CLA 可显著降低促炎性细胞因子的产生，并增强脾和胸腺中 IL-10 和 PPAR-γ 的表达（Lai 等，2005）。因此，CLA 对提高断奶仔猪的免疫力和生长性能可能有非常有益的作用。

本 章 小 结

功能性脂肪酸除可作为基本的能源物质，在母猪繁殖周期中供给母猪妊娠和泌乳需要之外，在缓解母体围产期代谢综合征、促进胎盘和胎儿发育、改善乳成分、提高仔猪免疫力和肠道发育方面的功能日益受到人们的重视。目前，短链脂肪酸在母猪上的效果已经比较确切，具有提高母猪泌乳期采食量和提高仔猪生长性能的作用，在实际生产中得到了广泛的应用。而中链脂肪酸在提高新生仔猪的存活率、改善仔猪肠道健康方面有一定的应用潜力，但是由于其碳链较短在体内代谢较快，因而限制了在母猪生产中的应用。长链多不饱和脂肪酸作为母猪必需脂肪酸，鉴于不同来源的油脂特性不同，以及多不饱和脂肪酸易发生氧化，造成其在生产中的应用效果并不一致，因此生产中要注意 n-6 与 n-3 的比例、添加量，并考虑抗氧化剂的结合使用。共轭亚油酸在提高仔猪免疫力方面具有一定的应用潜力，值得开展更加深入的研究。

参考文献

方翠林，2014. 包膜丁酸钠对母猪及后代仔猪生产性能的影响 [D]. 杭州：浙江大学.

王二红，2010. 日粮添加丁酸钾对经产母猪繁殖性能、血液生化指标和乳成分的影响 [D]. 雅安：四川农业大学.

王俊，2018. 中链脂肪酸与有机酸复合物的抗菌机理及预防仔猪细菌性腹泻的效果 [D]. 武汉：华中农业大学.

谢媛，马向华，2013. 小肠糖异生与糖代谢调节 [J]. 国际内分泌代谢杂志，33（1）：26-28.

张文飞，张红菊，管武太，等，2016. 饲粮中添加中链脂肪酸甘油三酯对母猪繁殖性能，血清生化指标及初乳成分的影响 [J]. 动物营养学报，28（10）：3256-3263.

Arbuckle L D，Innis S M，1993. Docosahexaenoic acid is transferred through maternal diet to milk and to tissues of natural milk-fed piglets [J]. The Journal of Nutrition，123（10）：1668-1675.

Azain M J，1993. Effects of adding medium-chain triglycerides to sow diets during late gestation and early lactation on litter performance [J]. Journal of Animal Science，71（11）：3011-3019.

Bach A C，Babayan V K，1982. Medium-chain triglycerides：an update [J]. The American Journal of Clinical Nutrition，36（5）：950-962.

Badiani A，Montellato L，Bochicchio D，et al，2004. Selected nutrient contents，fatty acid composition，including conjugated linoleic acid，and retention values in separable lean from lamb rib loins as affected by external fat and cooking method [J]. Journal of Agricultural and Food Chemistry，52（16）：5187-5194.

Banni S，Angioni E，Casu V，et al，1999. Decrease in linoleic acid metabolites as a potential mechanism in cancer risk reduction by conjugated linoleic acid [J]. Carcinogenesis，20（6）：1019-1024.

Banni S，Carta G，Angioni E，et al，2001. Distribution of conjugated linoleic acid and metabolites in different lipid fractions in the rat liver [J]. Journal of Lipid Research，42（7）：1056-1061.

Basak S，Duttaroy A K，2013. Effects of fatty acids on angiogenic activity in the placental extravillious trophoblast cells [J]. Prostaglandins，Leukotrienes and Essential Fatty Acids，88（2）：155-162.

Bassaganya-Riera J，Guri A J，Noble A M，et al，2007. Arachidonic acid-and docosahexaenoic acid-enriched formulas modulate antigen-specific T cell responses to influenza virus in neonatal piglets [J]. The American Journal of Clinical Nutrition，85（3）：824-836.

Bauman D E，Griinari J M，2003. Nutritional regulation of milk fat synthesis [J]. Annual Review of Nutrition，23（1）：203-227.

Bee G，2000. Dietary conjugated linoleic acid consumption during pregnancy and lactation influences growth and tissue composition in weaned pigs [J]. The Journal of Nutrition，130（12）：2981-2989.

Belury M A，2002. Dietary conjugated linoleic acid in health：physiological effects and mechanisms of action [J]. Annual Review of Nutrition，22（1）：505-531.

Bergsson G，Arnfinnsson J，Karlsson S M，et al，1998. In vitro inactivation of Chlamydia trachomatis by fatty acids and monoglycerides [J]. Antimicrobial Agents and Chemotherapy，42（9）：2290-2294.

Bergsson G，Steingrímsson Ó，Thormar H，1999. In vitro susceptibilities of Neisseria gonorrhoeae to fatty acids and monoglycerides [J]. Antimicrobial Agents and Chemotherapy, 43 (11): 2790-2792.

Bergsson G, Steingrímsson Ó, Thormar H, 2002. Bactericidal effects of fatty acids and monoglycerides on *Helicobacter pylori* [J]. International Journal of Antimicrobial Agents, 20 (4): 258-262.

Bhattacharya A, Banu J, Rahman M, et al, 2006. Biological effects of conjugated linoleic acids in health and disease [J]. The Journal of Nutritional Biochemistry, 17 (12): 789-810.

Bombardieri S, Cattani P, Ciabattonii G, et al, 1981. The synovial prostaglandin system in chronic inflammatory arthritis: differential effects of steroidal and nonsteroidal anti-inflammatory drugs [J]. British Journal of Pharmacology, 73 (4): 893-901.

Bontempo V, Sciannimanico D, Pastorelli G, et al, 2004. Dietary conjugated linoleic acid positively affects immunologic variables in lactating sows and piglets [J]. The Journal of Nutrition, 134 (4): 817-824.

Borin T, Angara K, Rashid M, et al, 2017. Arachidonic acid metabolite as a novel therapeutic target in breast cancer metastasis [J]. International Journal of Molecular Sciences, 18 (12): 2661.

Borum P R, 1992. Medium-chain triglycerides in formula for preterm neonates: implications for hepatic and extrahepatic metabolism [J]. The Journal of Pediatrics, 120 (4): 139-145.

Calder P C, 2006. Polyunsaturated fatty acids and inflammation [J]. Prostaglandins, Leukotrienes and Essential Fatty Acids, 75 (3): 197-202.

Calder P C, Kremmyda L S, Vlachava M, et al, 2010. Is there a role for fatty acids in early life programming of the immune system? [J]. Proceedings of the Nutrition Society, 69 (3): 373-380.

Carlson S E, 1999. Long-chain polyunsaturated fatty acids and development of human infants [J]. Acta Paediatrica, 88: 72-77.

Carnielli V P, Rossi K, Badon T, et al, 1996. Medium-chain triacylglycerols in formulas for preterm infants: effect on plasma lipids, circulating concentrations of medium-chain fatty acids, and essential fatty acids [J]. The American Journal of Clinical Nutrition, 64 (2): 152-158.

Carvajal O, Nakayama M, Kishi T, et al, 2000. Effect of medium-chain fatty acid positional distribution in dietary triacylglycerol on lymphatic lipid transport and chylomicron composition in rats [J]. Lipids, 35 (12): 1345-1352.

Chambers E S, Viardot A, Psichas A, et al, 2015. Effects of targeted delivery of propionate to the human colon on appetite regulation, body weight maintenance and adiposity in overweight adults [J]. Gut, 64 (11): 1744-1754.

Chen Z Y, Istfan N W, 2000. Docosahexaenoic acid is a potent inducer of apoptosis in HT-29 colon cancer cells [J]. Prostaglandins, Leukotrienes and Essential Fatty Acids, 63 (5): 301-308.

Chin S F, Storkson J M, Liu W, et al, 1991. Dietary sources of the anticarcinogen CLA (conjugated dienoic derivatives of linoleic-acid) [J]. The FASEB Journal, 5 (5): 1444.

Coffey M T, Diggs B G, Handlin D L, et al, 1994. Effects of dietary energy during gestation and lactation on reproductive performance of sows: a cooperative study [J]. Journal of animal science, 72 (1): 4-9.

Cordero G, Isabel B, Morales J, et al, 2011. Conjugated linoleic acid (CLA) during last week of gestation and lactation alters colostrum and milk fat composition and performance of reproductive sows [J]. Animal Feed Science and Technology, 168 (3/4): 232-240.

Corino C, Pastorelli G, Rosi F, et al, 2009. Effect of dietary conjugated linoleic acid supplementation in sows on performance and immunoglobulin concentration in piglets [J]. Journal of Animal Science, 87 (7): 2299-2305.

Costa A C R, Rosado E L, Soares-Mota M, 2012. Influence of the dietary intake of medium chain triglycerides on body composition, energy expenditure and satiety: a systematic review [J]. Nutricion Hospitalaria, 27 (1): 103-108.

Cox A B, Rawlinson L A, Baird A W, et al, 2008. *In vitro* interactions between the oral absorption promoter, sodium caprate (C 10) and *S. typhimurium* in rat intestinal ileal mucosae [J]. Pharmaceutical Research, 25 (1): 114.

Craig J R, Dunshea F R, Cottrell J J, et al, 2019. Feeding conjugated linoleic acid without a combination of medium-chain fatty acids during late gestation and lactation improves pre-weaning survival rates of gilt and sow progeny [J]. Animals, 9 (2): 62.

Cromwell G L, Hall D D, Clawson A J, et al, 1989. Effects of additional feed during late gestation on reproductive performance of sows: a cooperative study [J]. Journal of Animal Science, (1): 67.

de Gaetano M, Dempsey E, Marcone S, et al, 2013. Conjugated linoleic acid targets β2 integrin expression to suppress monocyte adhesion [J]. The Journal of Immunology, 191 (8): 4326-4336.

de Vadder F, Kovatcheva-Datchary P, Goncalves D, et al, 2014. Microbiota-generated metabolites promote metabolic benefits via gut-brain neural circuits [J]. Cell, 156 (1/2): 84-96.

Decuypere J A, Dierick N A, 2003. The combined use of triacylglycerols containing medium-chain fatty acids and exogenous lipolytic enzymes as an alternative to in-feed antibiotics in piglets: concept, possibilities and limitations [J]. Nutrition Research Reviews, 16 (2): 193-210.

den Hartigh L J, 2019. Conjugated linoleic acid effects on cancer, obesity, and atherosclerosis: A review of pre-clinical and human trials with current perspectives [J]. Nutrients, 11 (2): 370.

Dennis E A, Norris P C, 2015. Eicosanoid storm in infection and inflammation [J]. Nature Reviews Immunology, 15 (8): 511.

Dierick N A, Decuypere J A, Degeyter I, 2003. The combined use of whole *Cuphea* seeds containing medium chain fatty acids and an exogenous lipase in piglet nutrition [J]. Archives of Animal Nutrition, 57 (1): 49-63.

Dierick N A, Decuypere J A, Molly K, et al, 2002. The combined use of triacylglycerols (TAGs) containing medium chain fatty acids (MCFAs) and exogenous lipolytic enzymes as an alternative to nutritional antibiotics in piglet nutrition: II. *in vivo* release of MCFAs in gastric cannulated and slaughtered piglets by endogenous and exogenous lipases: effects on the luminal gut flora and growth performance [J]. Livestock Production Science, 76 (1/2): 1-16.

Dinchuk J E, Car B D, Focht R J, et al, 1995. Renal abnormalities and an altered inflammatory response in mice lacking cyclooxygenase II [J]. Nature, 378 (6555): 406.

Ding X Z, Hennig R, Adrian T E, 2003. Lipoxygenase and cyclooxygenase metabolism: new insights in treatment and chemoprevention of pancreatic cancer [J]. Molecular Cancer, 2 (1): 10.

Duffin R, O'Connor R A, Crittenden S, et al, 2016. Prostaglandin E2 constrains systemic inflammation through an innate lymphoid cell-IL-22 axis [J]. Science, 351 (6279): 1333-1338.

Estienne M J, Harper A F, Estienne C E, 2006. Effects of dietary supplementation with omega-3 polyunsaturated fatty acids on some reproductive characteristics in gilts [J]. Reproductive

Biology, 6 (3): 231-241.

Farmer C, Giguère A, Lessard M, 2010. Dietary supplementation with different forms of flax in late gestation and lactation: effects on sow and litter performances, endocrinology, and immune response [J]. Journal of Animal Science, 88 (1): 225-237.

Farmer C, Petit H V, 2009. Effects of dietary supplementation with different forms of flax in late-gestation and lactation on fatty acid profiles in sows and their piglets [J]. Journal of Animal Science, 87 (8): 2600-2613.

Ferreira L, Lisenko K, Barros B, et al, 2014. Influence of medium-chain triglycerides on consumption and weight gain in rats: a systematic review [J]. Journal of Animal Physiology and Animal Nutrition, 98 (1): 1-8.

Field C J, Thomson C A, van Aerde J E, et al, 2000. Lower proportion of CD45R0$^+$ cells and deficient interleukin-10 production by formula-fed infants, compared with human-fed, is corrected with supplementation of long-chain polyunsaturated fatty acids [J]. Journal of Pediatric Gastroenterology and Nutrition, 31 (3): 291-299.

Freese E, Sheu C W, Galliers E, 1973. Function of lipophilic acids as antimicrobial food additives [J]. Nature, 241 (5388): 321.

Fritsche K L, Huang S C, Cassity N A, 1993. Enrichment of omega-3 fatty acids in suckling pigs by maternal dietary fish oil supplementation [J]. Journal of Animal Science, 71 (7): 1841-1847.

Frost G, Sleeth M L, Sahuri-Arisoylu M, et al, 2014. The short-chain fatty acid acetate reduces appetite via a central homeostatic mechanism [J]. Nature Communications, 5: 3611.

Gabler N K, Radcliffe J S, Spencer J D, et al, 2009. Feeding long-chain n-3 polyunsaturated fatty acids during gestation increases intestinal glucose absorption potentially via the acute activation of AMPK [J]. The Journal of Nutritional Biochemistry, 20 (1): 17-25.

Gao Z, Yin J, Zhang J, et al, 2009. Butyrate improves insulin sensitivity and increases energy expenditure in mice [J]. Diabetes, 58 (7): 1509-1517.

Gewirtz A T, Collier-Hyams L S, Young A N, et al, 2002. Lipoxin a4 analogs attenuate induction of intestinal epithelial proinflammatory gene expression and reduce the severity of dextran sodium sulfate-induced colitis [J]. The Journal of Immunology, 168 (10): 5260-5267.

Gill I, Valivety R, 1997. Polyunsaturated fatty acids, part 1: occurrence, biological activities and applications [J]. Trends in Biotechnology, 15 (10): 401-409.

Glencross B D, 2009. Exploring the nutritional demand for essential fatty acids by aquaculture species [J]. Reviews in Aquaculture, 1 (2): 71-124.

Gonçalves M A D, Gourley K M, Dritz S S, et al, 2016. Effects of amino acids and energy intake during late gestation of high-performing gilts and sows on litter and reproductive performance under commercial conditions [J]. Journal of Animal Science, 94 (5): 1993-2003.

Greenberger N J, Skillman T G, 1969. Medium-chain triglycerides [J]. New England Journal of Medicine, 280 (19): 1045-1058.

Greene E R, Huang S, Serhan C N, et al, 2011. Regulation of inflammation in cancer by eicosanoids [J]. Prostaglandins and other Lipid Mediators, 96 (1/4): 27-36.

Gu X, Meer S G, Miyagi M, et al, 2003. Carboxyethylpyrrole protein adducts and autoantibodies, biomarkers for age-related macular degeneration [J]. Journal of Biological Chemistry, 278 (43): 42027-42035.

Guillot E, Lemarchal P, Dhorne T, et al, 1994. Intestinal absorption of medium chain fatty acids: *In vivo* studies in pigs devoid of exocrine pancreatic secretion [J]. British Journal of Nutrition, 72 (4): 545-553.

Guillot E, Vaugelade P, Lemarchali P, et al, 1993. Intestinal absorption and liver uptake of medium-chain fatty acids in non-anaesthetized pigs [J]. British Journal of Nutrition, 69 (2): 431-442.

Gunnarsson S, Pickova J, Högberg A, et al, 2009. Influence of sow dietary fatty acid composition on the behaviour of the piglets [J]. Livestock Science, 123 (2/3): 306-313.

Hadaš Z, Čechová M, Nevrkla P, 2014. Analysis of possible influence of conjugated linoleic acid on growth capacity and lean meat content in gilts [J]. Reasearch in Pig Breeding, 8 (1): 1-4.

Hanna V S, Hafez E A A, 2018. Synopsis of arachidonic acid metabolism: a review [J]. Journal of Advanced Research, 11: 23-32.

Hastings N, Agaba M, Tocher D R, et al, 2001. A vertebrate fatty acid desaturase with $\Delta5$ and $\Delta6$ activities [J]. Proceedings of the National Academy of Sciences, 98 (25): 14304-14309.

Heird W C, Jensen C L, Gomez M R, 1992. Practical aspects of achieving positive energy balance in low birth weight infants [J]. The Journal of Pediatrics, 120 (4): 120-128.

Heo K N, Lin X, Han I K, et al, 2002. Medium-chain fatty acids but not L-carnitine accelerate the kinetics of [14C] triacylglycerol utilization by colostrum-deprived newborn pigs [J]. The Journal of Nutrition, 132 (7): 1989-1994.

Herrera E, 2002. Lipid metabolism in pregnancy and its consequences in the fetus and newborn [J]. Endocrine, 19 (1): 43-55.

Hill J O, Peters J C, Swift L L, et al, 1990. Changes in blood lipids during six days of overfeeding with medium or long chain triglycerides [J]. Journal of Lipid Research, 31 (3): 407-416.

Hsiao C P, Siebert K J, 1999. Modeling the inhibitory effects of organic acids on bacteria [J]. International Journal of Food Microbiology, 47 (3): 189-201.

Hudson B D, Tikhonova I G, Pandey S K, et al, 2012. Extracellular ionic locks determine variation in constitutive activity and ligand potency between species orthologs of the free fatty acid receptors FFA2 and FFA3 [J]. Journal of Biological Chemistry, 287 (49): 41195-41209.

Hughes P E, 1993. The effects of food level during lactation and early gestation on the reproductive performance of mature sows [J]. Animal Science, 57 (3): 437-445.

Innis S M, 2007. Dietary (n-3) fatty acids and brain development [J]. The Journal of Nutrition, 137 (4): 855-859.

Isaacs C E, Litov R E, Thormar H, 1995. Antimicrobial activity of lipids added to human milk, infant formula, and bovine milk [J]. The Journal of Nutritional Biochemistry 6 (7): 362-366.

Jacobi S K, Lin X, Corl B A, et al, 2011. Dietary arachidonate differentially alters desaturase-elongase pathway flux and gene expression in liver and intestine of suckling pigs [J]. The Journal of Nutrition, 141 (4): 548-553.

James M J, Gibson R A, Cleland L G, 2000. Dietary polyunsaturated fatty acids and inflammatory mediator production [J]. The American Journal of Clinical Nutrition, 71 (1): 343-348.

Janakiram N B, Mohammed A, Rao C V, 2011. Role of lipoxins, resolvins, and other bioactive lipids in colon and pancreatic cancer [J]. Cancer and Metastasis Reviews, 30 (3/4): 507-523.

Jean K B, Chiang S H, 1999. Increased survival of neonatal pigs by supplementing medium-chain triglycerides in late-gestating sow diets [J]. Animal Feed Science and Technology, 76 (3/4):

241-250.

Jensen R G, 2002. The composition of bovine milk lipids: January 1995 to December 2000 [J]. Journal of Dairy Science, 85 (2): 295-350.

Jeromson S, Gallagher I, Galloway S, et al, 2015. Omega-3 fatty acids and skeletal muscle health [J]. Marine Drugs, 13 (11): 6977-7004.

Jin C, Fang Z, Lin Y, et al, 2017. Influence of dietary fat source on sow and litter performance, colostrum and milk fatty acid profile in late gestation and lactation [J]. Animal Science Journal, 88 (11): 1768-1778.

Johnsen G M, Basak S, Weedon-Fekjaer M S, et al, 2011. Docosahexaenoic acid stimulates tube formation in first trimester trophoblast cells, HTR8/SVneo [J]. Placenta, 32 (9): 626-632.

Jones M L, Mark P J, Keelan J A, et al, 2013. Maternal dietary omega-3 fatty acid intake increases resolvin and protectin levels in the rat placenta [J]. Journal of Lipid Research, 54 (8): 2247-2254.

Kabara J J, Swieczkowski D M, Conley A J, et al, 1972. Fatty acids and derivatives as antimicrobial agents [J]. Antimicrobial Agents and Chemotherapy, 2 (1): 23-28.

Kaiko G E, Ryu S H, Koues O I, et al, 2016. The colonic crypt protects stem cells from microbiota-derived metabolites [J]. Cell, 165 (7): 1708-1720.

Kalinski P, 2012. Regulation of immune responses by prostaglandin E2 [J]. The Journal of Immunology, 188 (1): 21-28.

Kang J X, Liu A, 2013. The role of the tissue omega-6/omega-3 fatty acid ratio in regulating tumor angiogenesis [J]. Cancer and Metastasis Reviews, 32 (1/2): 201-210.

Kanter J, Goodspeed L, Wang S, et al, 2018. Conjugated linoleic acid-driven weight loss is protective against atherosclerosis in mice and is associated with alternative macrophage enrichment in perivascular adipose tissue [J]. Nutrients, 10 (10): 1416.

Kaur K, Salomon R G, O'Neil J, et al, 1997. (Carboxyalkyl) pyrroles in human plasma and oxidized low-density lipoproteins [J]. Chemical Research in Toxicology, 10 (12): 1387-1396.

Kim J H, Kim Y, Kim Y J, et al, 2016. Conjugated linoleic acid: Potential health benefits as a functional food ingredient [J]. Annual Review of Food Science and Technology, 7: 221-244.

Kim Y W, Yakubenko V P, West X Z, et al, 2015. Receptor-mediated mechanism controlling tissue levels of bioactive lipid oxidation products [J]. Circulation Research, 117 (4): 321-332.

Kimura I, Ozawa K, Inoue D, et al, 2013. The gut microbiota suppresses insulin-mediated fat accumulation via the short-chain fatty acid receptor GPR43 [J]. Nature Communications, 4: 1829.

King R H, 1987. Nutritional anoestrus in young sows [J]. Pig News and Information, 8: 15-22.

Kramer J K G, Parodi P W, Jensen R G, et al, 1998. Rumenic acid: a proposed common name for the major conjugated linoleic acid isomer found in natural products [J]. Lipids, 33 (8): 835-835.

Kure I, Nishiumi S, Nishitani Y, et al, 2010. Lipoxin A4 reduces lipopolysaccharide-induced inflammation in macrophages and intestinal epithelial cells through inhibition of nuclear factor-κB activation [J]. Journal of Pharmacology and Experimental Therapeutics, 332 (2): 541-548.

Li C H, Yin J D, Li D F, et al, 2005. Conjugated linoleic acid attenuates the production and gene expression of proinflammatory cytokines in weaned pigs challenged with lipopolysaccharide [J]. The Journal of Nutrition, 135 (2): 239-244.

Lai C，Yin J，Li D，et al，2005. Effects of dietary conjugated linoleic acid supplementation on performance and immune function of weaned pigs [J] . Archives of Animal Nutrition，59 (1)：41-51.

Lan R，Kim I，2018. Effects of organic acid and medium chain fatty acid blends on the performance of sows and their piglets [J] . Animal Science Journal，89 (12)：1673-1679.

Larsson S C，Kumlin M，Ingelman-Sundberg M，et al，2004. Dietary long-chain n-3 fatty acids for the prevention of cancer：a review of potential mechanisms [J] . The American Journal of Clinical Nutrition，79 (6)：935-945.

Lauridsen C，Danielsen V，2004. Lactational dietary fat levels and sources influence milk composition and performance of sows and their progeny [J] . Livestock Production Science，91 (1/2)：95-105.

Laws J，Laws A，Lean I J，et al，2007. Growth and development of offspring following supplementation of sow diets with oil during early to mid gestation [J] . Animal，1 (10)：1482-1489.

Lawson R E，Moss A R，Givens D I，2001. The role of dairy products in supplying conjugated linoleic acid to man's diet：a review [J] . Nutrition Research Reviews，14 (1)：153-172.

le Poul E，Loison C，Struyf S，et al，2003. Functional characterization of human receptors for short chain fatty acids and their role in polymorphonuclear cell activation [J] . Journal of Biological Chemistry，278 (28)：25481-25489.

Lee S H，Joo Y K，Lee J W，et al，2014. Dietary conjugated linoleic acid（CLA）increases milk yield without losing body weight in lactating sows [J] . Journal of Animal Science and Technology，56 (1)：11.

Lee Y，Thompson J T，de Lera A R，et al，2009. Isomer-specific effects of conjugated linoleic acid on gene expression in RAW 264.7 [J] . The Journal of Nutritional Biochemistry，20 (11)：848-859. e5.

Lewis D F V，Hlavica P，2000. Interactions between redox partners in various cytochrome P450 systems：functional and structural aspects [J] . Biochimica et Biophysica Acta（BBA）-Bioenergetics，1460 (2/3)：353-374.

Lin H V，Frassetto A，Jr Kowalik E J，et al，2012. Butyrate and propionate protect against diet-induced obesity and regulate gut hormones via free fatty acid receptor 3-independent mechanisms [J] . PloS One，7 (4)：e35240.

Lu H，Su S，Ajuwon K M，2012. Butyrate supplementation to gestating sows and piglets induces muscle and adipose tissue oxidative genes and improves growth performance [J] . Journal of Animal Science，90 (4)：430-432.

Ma D W L，Wierzbicki A A，Field C J，et al，1999. Preparation of conjugated linoleic acid from safflower oil [J] . Journal of the American Oil Chemists' Society，76 (6)：729-730.

Macia L，Tan J，Vieira A T，et al，2015. Metabolite-sensing receptors GPR43 and GPR109A facilitate dietary fibre-induced gut homeostasis through regulation of the inflammasome [J] . Nature Communications，6：6734.

Maeda N，Shimomura I，Kishida K，et al，2002. Diet-induced insulin resistance in mice lacking adiponectin/ACRP30 [J] . Nature Medicine，8 (7)：731.

Matsuyama M，Yoshimura R，2009. Arachidonic acid pathway：a molecular target in human testicular cancer [J] . Molecular Medicine Reports，2 (4)：527-531.

Medhora M, Dhanasekaran A, Gruenloh S K, et al, 2007. Emerging mechanisms for growth and protection of the vasculature by cytochrome P450-derived products of arachidonic acid and other eicosanoids [J]. Prostaglandins and Other Lipid Mediators, 82 (1/4): 19-29.

Messens W, Goris J, Dierick N, et al, 2010. Inhibition of *Salmonella typhimurium* by medium-chain fatty acids in an in vitro simulation of the porcine cecum [J]. Veterinary Microbiology, 141 (1/2): 73-80.

Mitre R, Etienne M, Martinais S, et al, 2005. Humoral defence improvement and haematopoiesis stimulation in sows and offspring by oral supply of shark-liver oil to mothers during gestation and lactation [J]. British Journal of Nutrition, 94 (5): 753-762.

Monk J M, Turk H F, Fan Y Y, et al, 2014. Antagonizing arachidonic acid-derived eicosanoids reduces inflammatory Th17 and Th1 cell-mediated inflammation and colitis severity [J]. Mediators of Inflammation: 917149.

Moore G, Pidgeon G, 2017. Cross-talk between cancer cells and the tumour microenvironment: the role of the 5-lipoxygenase pathway [J]. International Journal of Molecular Sciences, 18 (2): 236.

Mroz Z, Koopmans S J, Bannink A, et al, 2006. Carboxylic acids as bioregulators and gut growth promoters in nonruminants [M]. Biology of Growing Animals. Amsterdam, the Netherlands: Elsevier.

Myatt L, Cui X, 2004. Oxidative stress in the placenta [J]. Histochemistry and Cell Biology, 122 (4): 369-382.

Nakatsuji T, Kao M C, Fang J Y, et al, 2009. Antimicrobial property of lauric acid against Propionibacterium acnes: its therapeutic potential for inflammatory acne vulgaris [J]. Journal of Investigative Dermatology, 129 (10): 2480-2488.

Nebert D W, Wikvall K, Miller W L, 2013. Human cytochromes P450 in health and disease [J]. Philosophical Transactions of the Royal Society B: Biological Sciences, 368 (1612): 20120431.

Neschen S, Morino K, Dong J, et al, 2007. n-3 fatty acids preserve insulin sensitivity *in vivo* in a peroxisome proliferator-activated receptor-α-dependent manner [J]. Diabetes, 56 (4): 1034-1041.

Newcomb M D, Harmon D L, Nelssen J L, et al, 1991. Effect of energy source fed to sows during late gestation on neonatal blood metabolite homeostasis, energy stores and composition [J]. Journal of Animal Science, 69 (1): 230-236.

Newgard C B, An J, Bain J R, et al, 2009. A branched-chain amino acid-related metabolic signature that differentiates obese and lean humans and contributes to insulin resistance [J]. Cell Metabolism, 9 (4): 311-326.

Nie D, Che M, Zacharek A, et al, 2004. Differential expression of thromboxane synthase in prostate carcinoma: role in tumor cell motility [J]. The American Journal of Pathology, 164 (2): 429-439.

Nieves D, Moreno J J, 2006. Effect of arachidonic and eicosapentaenoic acid metabolism on RAW 264. 7 macrophage proliferation [J]. Journal of Cellular Physiology, 208 (2): 428-434.

Novak E M, Dyer R A, Innis S M, 2008. High dietary ω-6 fatty acids contribute to reduced docosahexaenoic acid in the developing brain and inhibit secondary neurite growth [J]. Brain Research, 1237: 136-145.

Odle J, 1997. New insights into the utilization of medium-chain triglycerides by the neonate:

observations from a piglet model [J]. The Journal of Nutrition, 127 (6): 1061-1067.

Odle J, Lin X, Jacobi S K, et al, 2014. The suckling piglet as an agrimedical model for the study of pediatric nutrition and metabolism [J]. Annual Review of Animal Biosciences, 2 (1): 419-444.

Odle J, Lin X I, Wieland T M, et al, 1994. Emulsification and fatty acid chain length affect the kinetics of [14C] -medium-chain triacylglycerol utilization by neonatal piglets [J]. The Journal of Nutrition, 124 (1): 84-93.

Ohnuki K, Haramizu S, Oki K, et al, 2001. A single oral administration of conjugated linoleic acid enhanced energy metabolism in mice [J]. Lipids, 36 (6): 583-587.

Ostrowska E, Suster D, Muralitharan M, et al, 2003. Conjugated linoleic acid decreases fat accretion in pigs: evaluation by dual-energy X-ray absorptiometry [J]. British Journal of Nutrition, 89 (2): 219-229.

Panigrahy D, Kaipainen A, Greene E R, et al, 2010. Cytochrome P450-derived eicosanoids: the neglected pathway in cancer [J]. Cancer and Metastasis Reviews, 29 (4): 723-735.

Park J, Kim M, Kang S G, et al, 2015. Short-chain fatty acids induce both effector and regulatory T cells by suppression of histone deacetylases and regulation of the mTOR-S6K pathway [J]. Mucosal Immunology, 8 (1): 80.

Park Y, Behre R A, McGuire M A, et al, 1997. Dietary conjugated linoleic acid (CLA) and CLA in human milk [J]. The FASEB Journal, 11 (3): 239.

Park Y, Storkson J M, Albright K J, et al, 1999. Evidence that the trans-10, cis-12 isomer of conjugated linoleic acid induces body composition changes in mice [J]. Lipids, 34 (3): 235-241.

Parodi P W, 1976. Distribution of isometric octadecenoic fatty acids in milk fat [J]. Journal of Dairy Science, 59 (11): 1870-1873.

Patterson R, Connor M L, Krause D O, et al, 2008. Response of piglets weaned from sows fed diets supplemented with conjugated linoleic acid (CLA) to an *Escherichia coli* K88[+] oral challenge [J]. Animal, 2 (9): 1303-1311.

Peng J, Zhou Y, Hong Z, et al, 2019. Maternal eicosapentaenoic acid feeding promotes placental angiogenesis through a Sirtuin-1 independent inflammatory pathway [J]. Biochimica et Biophysica Acta (BBA) -Molecular and Cell Biology of Lipids, 1864 (2): 147-157.

Peng Y, Ren F, Yin J D, et al, 2010. Transfer of conjugated linoleic acid from sows to their offspring and its impact on the fatty acid profiles of plasma, muscle, and subcutaneous fat in piglets [J]. Journal of Animal Science, 88 (5): 1741-1751.

Petrone R C, Williams K A, Estienne M J, 2019. Effects of dietary menhaden oil on growth and reproduction in gilts farrowed by sows that consumed diets containing menhaden oil during gestation and lactation [J]. Animal, 13 (9): 1944-1951.

Petschow B W, Batema R P, Talbott R D, et al, 1998. Impact of medium-chain monoglycerides on intestinal colonisation by *Vibrio cholerae* or enterotoxigenic *Escherichia coli* [J]. Journal of Medical Microbiology, 47 (5): 383-389.

Playoust M R, Isselbacher K J, 1964. Studies on the intestinal absorption and intramucosal lipolysis of a medium chain triglyceride [J]. The Journal of Clinical Investigation, 43 (5): 878-885.

Posser C J M, Almeida L M, Moreira F, et al, 2018. Supplementation of diets with omega-3 fatty acids from microalgae: Effects on sow reproductive performance and metabolic parameters [J]. Livestock Science, 207: 59-62.

Rakheja D, Bennett M J, Foster B M, et al, 2002. Evidence for fatty acid oxidation in human placenta, and the relationship of fatty acid oxidation enzyme activities with gestational age [J]. Placenta, 23 (5): 447-450.

Ramirez M, Amate L, Gil A, 2001. Absorption and distribution of dietary fatty acids from different sources [J]. Early Human Development, 65: 95-101.

Rani A, Wadhwani N, Chavan P, et al, 2016. Altered development and function of the placental regions in preeclampsia and its association with long-chain polyunsaturated fatty acids [J]. Wiley Interdisciplinary Reviews: Developmental Biology, 5 (5): 582-597.

Rasmussen B B, Holmbäck U C, Volpi E, et al, 2002. Malonyl coenzyme A and the regulation of functional carnitine palmitoyltransferase-1 activity and fat oxidation in human skeletal muscle [J]. The Journal of Clinical Investigation, 110 (11): 1687-1693.

Rooke J A, Sinclair A G, Ewen M, 2001. Changes in piglet tissue composition at birth in response to increasing maternal intake of long-chain n-3 polyunsaturated fatty acids are non-linear [J]. British Journal of Nutrition, 86 (4): 461-470.

Rosero D S, Boyd R D, McCulley M, et al, 2016a. Essential fatty acid supplementation during lactation is required to maximize the subsequent reproductive performance of the modern sow [J]. Animal Reproduction Science, 168: 151-163.

Rosero D S, Boyd R D, Odle J, et al, 2016b. Optimizing dietary lipid use to improve essential fatty acid status and reproductive performance of the modern lactating sow: a review [J]. Journal of Animal Science and Biotechnology, 7 (1): 34.

Rosero D S, Odle J, Mendoza S M, et al, 2015. Impact of dietary lipids on sow milk composition and balance of essential fatty acids during lactation in prolific sows [J]. Journal of Animal Science, 93 (6): 2935-2947.

Rosero D S, van Heugten E, Odle J, et al, 2012. Sow and litter response to supplemental dietary fat in lactation diets during high ambient temperatures [J]. Journal of Animal Science, 90 (2): 550-559.

Sarda P, Lepage G, Roy C C, et al, 1987. Storage of medium-chain triglycerides in adipose tissue of orally fed infants [J]. The American Journal of Clinical Nutrition, 45 (2): 399-405.

Schmid A, Collomb M, Sieber R, et al, 2006. Conjugated linoleic acid in meat and meat products: a review [J]. Meat Science, 73 (1): 29-41.

Serhan C N, Petasis N A, 2011. Resolvins and protectins in inflammation resolution [J]. Chemical Reviews, 111 (10): 5922-5943.

Sébédio J L, Angioni E, Chardigny J M, et al, 2001. The effect of conjugated linoleic acid isomers on fatty acid profiles of liver and adipose tissues and their conversion to isomers of 16 : 2 and 18 : 3 conjugated fatty acids in rats [J]. Lipids, 36 (6): 575-582.

Shen Y, Wan H, Zhu J, et al, 2015. Fish oil and olive oil supplementation in late pregnancy and lactation differentially affect oxidative stress and inflammation in sows and piglets [J]. Lipids, 50 (7): 647-658.

Sheu C W, Salomon D, Simmons J L, et al, 1975. Inhibitory effects of lipophilic acids and related compounds on bacteria and mammalian cells [J]. Antimicrobial Agents and Chemotherapy, 7 (3): 349-363.

Shi L Z, Wang R, Huang G, et al, 2011. HIF1α-dependent glycolytic pathway orchestrates a metabolic checkpoint for the differentiation of TH17 and Treg cells [J]. Journal of Experimental Medicine, 208 (7): 1367-1376.

Sidossis L S, Stuart C A, Shulman G I, et al, 1996. Glucose plus insulin regulate fat oxidation by controlling the rate of fatty acid entry into the mitochondria [J]. The Journal of Clinical Investigation, 98 (10): 2244-2250.

Singer I I, Kawka D W, Schloemann S, et al, 1998. Cyclooxygenase 2 is induced in colonic epithelial cells in inflammatory bowel disease [J]. Gastroenterology, 115 (2): 297-306.

Singh A, Ward O P, 1997. Production of high yields of arachidonic acid in a fed-batch system by *Mortierella alpina* ATCC 32222 [J]. Applied Microbiology and Biotechnology, 48 (1): 1-5.

Singh N, Thangaraju M, Prasad P D, et al, 2010. Blockade of dendritic cell development by bacterial fermentation products butyrate and propionate through a transporter (Slc5a8) -dependent inhibition of histone deacetylases [J]. Journal of Biological Chemistry, 285 (36): 27601-27608.

Smit M N, Spencer J D, Patterson J L, et al, 2015. Effects of dietary enrichment with a marine oil-based n-3 LCPUFA supplement in sows with predicted birth weight phenotypes on birth litter quality and growth performance to weaning [J]. Animal, 9 (3): 471-480.

Smits R J, Luxford B G, Mitchell M, et al, 2011. Sow litter size is increased in the subsequent parity when lactating sows are fed diets containing n-3 fatty acids from fish oil [J]. Journal of Animal Science, 89 (9): 2731-2738.

Spencer L, Mann C, Metcalfe M, et al, 2009. The effect of omega-3 FAs on tumour angiogenesis and their therapeutic potential [J]. European Journal of Cancer, 45 (12): 2077-2086.

Sprecher H, 2000. Metabolism of highly unsaturated n-3 and n-6 fatty acids [J]. Biochimica et Biophysica Acta, 1486: 219-231.

Sprong R C, Hulstein M F, van der Meer R, 1999. High intake of milk fat inhibits intestinal colonization of Listeria but not of *Salmonella* in rats [J]. The Journal of Nutrition, 129 (7): 1382-1389.

Sprong R C, Hulstein M F E, van der Meer R, 2001. Bactericidal activities of milk lipids [J]. Antimicrobial Agents and Chemotherapy, 45 (4): 1298-1301.

Stachowska E, Siennicka A, ba Kiewcz-Hałasa M, et al, 2012. Conjugated linoleic acid isomers may diminish human macrophages adhesion to endothelial surface [J]. International Journal of Food Sciences and Nutrition, 63 (1): 30-35.

Storlien L H, Kraegen E W, Chisholm D J, et al, 1987. Fish oil prevents insulin resistance induced by high-fat feeding in rats [J]. Science, 237 (4817): 885-888.

Sugano M, Tsujita A, Yamasaki M, et al, 1997. Lymphatic recovery, tissue distribution, and metabolic effects of conjugated linoleic acid in rats [J]. The Journal of Nutritional Biochemistry, 8 (1): 38-43.

Suiryanrayna M V A N, Ramana J V, 2015. A review of the effects of dietary organic acids fed to swine [J]. Journal of Animal Science and Biotechnology, 6 (1): 45.

Taber L, Chiu C H, Whelan J, 1998. Assessment of the arachidonic acid content in foods commonly consumed in the American diet [J]. Lipids, 33 (12): 1151-1157.

Tallima H, El Ridi R, 2018. Arachidonic acid: physiological roles and potential health benefits-a review [J]. Journal of Advanced Research, 11: 33-41.

Tallima H, Hadley K, El Ridi R, 2015. Praziquantel and arachidonic acid combination—an innovative approach to the treatment of Schistosomiasis [M]. An Overview of Tropical Diseases.

Tanghe S, de Smet S, 2013. Does sow reproduction and piglet performance benefit from the addition of n-3 polyunsaturated fatty acids to the maternal diet? [J]. The Veterinary Journal, 197 (3):

560-569.

Tanghe S，Missotten J，Raes K，et al，2014. Diverse effects of linseed oil and fish oil in diets for sows on reproductive performance and pre-weaning growth of piglets [J]. Livestock Science, 164：109-118.

Taugbøl O，Framstad T，Saarem K，1993. Supplements of cod liver oil to lactating sows. Influence on milk fatty acid composition and growth performance of piglets [J]. Journal of Veterinary Medicine Series A, 40 (1/10)：437-443.

Tolhurst G，Heffron H，Lam Y S，et al，2012. Short-chain fatty acids stimulate glucagon-like peptide-1 secretion via the G-protein-coupled receptor FFAR2 [J]. Diabetes, 61 (2)：364-371.

Traul K A，Driedger A，Ingle D L，et al，2000. Review of the toxicologic properties of medium-chain triglycerides [J]. Food and Chemical Toxicology, 38 (1)：79-98.

Tsuchido T，Hiraoka T，Takano M，et al，1985. Involvement of autolysin in cellular lysis of Bacillus subtilis induced by short-and medium-chain fatty acids [J]. Journal of Bacteriology, 162 (1)：42-46.

van Kempen T A T G，Odle J，1993. Medium-chain fatty acid oxidation in colostrum-deprived newborn piglets：stimulative effect of L-carnitine supplementation [J]. The Journal of Nutrition, 123 (9)：1531-1537.

Venter C S，Vorster H H，Cummings J H，1990. Effects of dietary propionate on carbohydrate and lipid metabolism in healthy volunteers [J]. American Journal of Gastroenterology, 85 (5)：549-553.

Vessey D A，2001. Isolation and preliminary characterization of the medium-chain fatty acid：CoA ligase responsible for activation of short-and medium-chain fatty acids in colonic mucosa from swine [J]. Digestive Diseases and Sciences, 46 (2)：438-442.

Wei H K，Xue H X，Zhou Z X，et al，2017. A carvacrol-thymol blend decreased intestinal oxidative stress and influenced selected microbes without changing the messenger RNA levels of tight junction proteins in jejunal mucosa of weaning piglets [J]. Animal, 11 (2)：193-201.

Weller P F，2016. Leukocyte lipid bodies-structure and function as "eicosasomes" [J]. Transactions of the American Clinical and Climatological Association, 127：328-340.

West D B，Delany J P，Camet P M，et al，1998. Effects of conjugated linoleic acid on body fat and energy metabolism in the mouse [J]. American Journal of Physiology, 275：667-672.

West X Z，Malinin N L，Merkulova A A，et al，2010. Oxidative stress induces angiogenesis by activating TLR2 with novel endogenous ligands [J]. Nature, 467 (7318)：972-976.

Weylandt K H，Kang J X，2005. Rethinking lipid mediators [J]. The Lancet, 366：618-620.

Witter R C，Rook J A F. 1970. The influence of the amount and nature of dietary fat on milk fat composition in the sow [J]. British Journal of Nutrition, 24 (3)：749-760.

Woolford M K，1975. Microbiological screening of the straight chain fatty acids (C1-C12) as potential silage additives [J]. Journal of the Science of Food and Agriculture, 26 (2)：219-228.

Xia M，Pan Y，Guo L，et al，2019. Effect of gestation dietary methionine/lysine ratio on placental angiogenesis and reproductive performance of sows [J]. Journal of Animal Science, 97 (8)：3487-3497.

Xiong H，Guo B，Gan Z，et al，2016. Butyrate upregulates endogenous host defense peptides to enhance disease resistance in piglets via histone deacetylase inhibition [J]. Scientific Reports, 6：27070.

Yakubenko V P，Byzova T V，2017. Biological and pathophysiological roles of end-products of DHA oxidation［J］. Biochimica et Biophysica Acta（BBA）-Molecular and Cell Biology of Lipids，1862（4）：407-415.

Yamasaki M，Mansho K，Mishima H，et al，1999. Dietary effect of conjugated linoleic acid on lipid levels in white adipose tissue of Sprague-Dawley rats［J］. Bioscience，Biotechnology，and Biochemistry，63（6）：1104-1106.

Yamashita H，Fujisawa K，Ito E，et al，2007. Improvement of obesity and glucose tolerance by acetate in type 2 diabetic otsuka long-evans tokushima fatty（OLETF）rats［J］. Bioscience，Biotechnology，and Biochemistry，71（5）：1236-1243.

Yamauchi T，Kamon J，Waki H，et al，2001. The fat-derived hormone adiponectin reverses insulin resistance associated with both lipoatrophy and obesity［J］. Nature Medicine，7（8）：941.

Yao W，Li J，Wang J J，et al，2012. Effects of dietary ratio of n-6 to n-3 polyunsaturated fatty acids on immunoglobulins，cytokines，fatty acid composition，and performance of lactating sows and suckling piglets［J］. Journal of Animal Science and Biotechnology，3（1）：43.

Yin J，Lee K Y，Kim J K，et al，2017. Effects of different n-6 to n-3 polyunsaturated fatty acids ratio on reproductive performance，fecal microbiota and nutrient digestibility of gestation-lactating sows and suckling piglets［J］. Animal Science Journal，88（11）：1744-1752.

Yin X，Farin H F，van Es J H，et al，2014. Niche-independent high-purity cultures of Lgr5[+] intestinal stem cells and their progeny［J］. Nature Methods，11（1）：106.

Young F V K，1983. Palm kernel and coconut oils：analytical characteristics，process technology and uses［J］. Journal of the American Oil Chemists' Society，60：374-379.

Zentek J，Buchheit-Renko S，Ferrara F，et al，2011. Nutritional and physiological role of medium-chain triglycerides and medium-chain fatty acids in piglets［J］. Animal Health Research Reviews，12（1）：83-93.

Zhu Q F，Hao Y H，Liu M Z，et al，2015. Analysis of cytochrome P450 metabolites of arachidonic acid by stable isotope probe labeling coupled with ultra high-performance liquid chromatography/mass spectrometry［J］. Journal of Chromatography A，1410：154-163.

第九章

母猪精准饲养技术

在现代养猪生产中，母猪的繁殖效率是直接影响猪场经济效益的关键。母猪繁殖效率越高，其年生产力越高，种用年限越长。在母猪生产中，性成熟以后的后备母猪经过配种就进入了繁殖周期。必须指出的是，后备母猪的培育方式，不仅影响其性成熟的时间和进入繁殖群的比例，而且影响其肢蹄结实度和营养储备，从而影响终身繁殖性能。由于头胎母猪免疫不成熟，而且还要同时满足生长和繁殖的营养需要，因此采用分胎次饲养的方式，能充分满足头胎母猪的特点和需要，对提高母猪群的终身繁殖性能具有重要意义和作用。而繁殖周期中各阶段相互影响，其中妊娠期是影响母猪繁殖效率的关键。因此，母猪的饲养重点包括后备母猪的培育和初产母猪的饲养，以及从妊娠期到泌乳期的营养供给和精准饲养。

所谓母猪精准饲养，就是确定准确的饲养目标，建立精准的饲养技术，在大规模群体水平上获得可重复的效益。利用大数据分析手段和智慧化饲养设备，有利于协助饲养目标的准确制定和手段的精确实施，实现饲养效果的准确评估。本章将首先介绍母猪精准饲养的目标、关键点和内涵；然后重点介绍后备母猪、初产母猪和经产母猪的精准饲养技术，为规模化猪场进一步降低养殖成本、提高管理效率和养猪水平、获得最佳经济效益提供参考。

第一节　母猪精准饲养的内涵

母猪的繁殖周期包括发情、配种、妊娠、泌乳、断奶到再发情全过程。在这个过程中，各个事件是相互联系又相互制约的，其中的任何一个环节出现问题，都会影响随后的其他环节，进而影响母猪的整个繁殖性能（Koketsu 等，2017）。在母猪繁殖周期中，每个环节的营养需要和饲养目标不同（Whitney 等，2007），不同品种、不同来源、不同组合的母猪适宜营养水平也有差异（Knox，2014）。此外，母猪胎次和环境因素对营养需要也有重要影响（Kim 等，2013）。由此可见，在母猪生产中，应根据不同的生产对象和生产条件，对母猪实施精准饲养。

一、母猪精准饲养的目标

母猪精准饲养的目标不仅要提高每胎母猪的断奶仔猪数，而且要提高年生产力和终身繁殖性能。在第一章中已经讨论过，母猪的年生产力通常用每头母猪每年提供的断奶仔猪数（pigs weaned per sow per year，PSY）来衡量，终身繁殖性能则是指在母猪一生的种用年限中提供的断奶仔猪数（pigs weaned per sow lifetime，PSL）（Koketsu 等，2017）。PSY 取决于每胎产活仔猪数、断奶育成率和母猪年产胎次，而 PSL 则由 PSY 和母猪生产的胎数决定。因此，PSY 越高，同时母猪维持相对高产的胎数越多，则 PSL 就越多。

在 PSY 方面，根据英国农业和园艺发展委员会（Agriculture and Horticulture Development Board，AHDB）和美国 PigCHAMP 数据显示，美国在 2017 年前 10% 的猪场 PSY 可达 28.65 头，平均 PSY 达 24.95 头；欧洲前 10% 的猪场 PSY 已达到 30.40 头，平均 PSY 为 25.50 头。中国母猪的平均 PSY 在 2017 年和 2018 年分别为 17.38 头和 18.23 头，远远低于美国和欧洲水平，因此仍有很大的上升空间。

在 PSL 方面，现代瘦肉型母猪群普遍存在 PSL 不足 40 头的情况，这种情况即使在 PSY 高于 25 头的情况下仍然存在。其主要原因是现代瘦肉型母猪的平均生产胎数不足四胎，而我国的一些规模化猪场母猪的平均生产胎数仅有 2.27 胎（Wang 等，2019）。在这样的生产胎次下，即使 PSY 达到 30 头，PSL 也非常低。事实上，国外大多种猪公司提出的 PSL 的基准点（bench marker）为 40～45 头，而育种目标多在 60 头以上。提高母猪的生产胎数，是提高 PSL、降低母猪群的更新率和种猪的培育成本的关键，对提高猪场养猪生产效益具有重要意义。

母猪的 PSL 受多种因素影响，包括基因型、营养水平、生产管理等。在基因型相对固定的情况下，提高饲养管理水平对改善 PSL 就显得尤为重要。如前所述，PSL 由 PSY 和母猪生产胎数共同决定。对于 PSY 而言，提高母猪的产仔数、断奶育成率，并减少母猪的非生产天数是提高 PSY 的途径；对于母猪的生产胎数而言，重点就在于降低猪群中母猪在 3 胎前的淘汰率。这主要是因为，后备母猪进入繁殖周期前及前 2 胎的淘汰率约占总淘汰率的 62.76%；而能够留存到第 3 胎的母猪，大约 66.78% 都能使用到第 6 胎（Wang 等，2019）。

因此，提高产仔数和断奶育成率、减少非生产天数，以及增加母猪前 3 胎的留存率，是母猪精准饲养的主要目标。

二、母猪精准饲养的关键点

本书第一至五章阐述了母猪繁殖周期的生理变化特点及与繁殖性能的关系。需要特别指出的是，母猪繁殖周期各阶段是一个相互联系的整体过程，其中的任何一个环节出现问题，都会影响随后的其他环节，进而影响母猪的整个繁殖性能（Koketsu 等，2017）。笔者等强调在繁殖周期中，做好妊娠期的饲养管理是获得优秀繁殖性能的起点和关键。这是因为妊娠的好坏不仅直接决定了产仔数，而且决定了仔猪的初生重和均匀度，从而影响仔猪的断奶育成率。此外，母猪妊娠期的体况还是泌乳期采食量的重要决定因素，因此它不仅影响泌乳量从而影响仔猪的生长速度和育成率，而且会影响母猪泌乳期的体失重，进而可能造成断奶发情间隔的差异（见本书第三章）。新的研究证据还证实，妊娠期母猪的肠道菌群也可能影响母猪代谢综合征的发生，并继而影响仔猪的出生性能和断奶性能（见本书第五章）。因此，妊娠期的饲养管理对决定 PSY 的 3 个因素，即产仔数、断奶育成率和减少非生产天数均有重要影响。而在繁殖周期中，以控制母猪妊娠膘情和维持肠道菌群健康为目标，以实现采食量的"低妊娠"为抓手，以功能性纤维的应用为切入点，对于实现"抓妊娠、促泌乳；抓出生、强断奶"的效果具有重要的作用。

如前所述，后备母猪第 3 胎的留存率是决定母猪群平均使用胎次的关键，而后备母猪的生长发育对能否进入繁殖周期和前 3 胎的留存率有重要影响。初产母猪的断奶膘情则决定了能否进入下一个繁殖周期，是决定初产母猪的淘汰率的关键。而且，如果初产母猪断奶时膘情较差时，即使能进入下一个繁殖周期，可能还是会由于进一步的泌乳期体动用，在第 2 个胎次结束后不能发情。因此，母猪饲养中应对后备母猪培育和初产母猪饲养进行重点关注。保障后备母猪良好的生长发育，以适宜的体重较早地进入初情期并完成初配，是后备母猪饲养的关键。对于头胎母猪而言，保障充分的营养摄入，维持较好的断奶体况，是初产母猪饲养管理的关键点。

三、母猪精准饲养的内涵

"精准"一词包括两方面的内涵：所谓"精"是指测定结果的重复性和再现性高，多次结果间偏差很小，即精确；所谓"准"是指测定结果与实际完全符合，即准确。

在畜牧业生产中，已经有很多研究者也提出了精准饲养的概念，但其内涵主要是指按动物的营养需要进行精准的营养供给。但母猪精准饲养是精准的营养供应，其内涵包括：目标准确，包括根据母猪品系/品种、胎次的不同，确定准确的妊娠期背膘控制目标和营养供给目标、环境控制目标等；手段精确，包括建立精确动态调膘方案、实现精确营养供给量及精确控制环境效果等，从而保障母猪获得优秀的繁殖效率。

值得注意的是，准确目标的确定不仅依赖于对母猪生理特点的认识，还依赖于大数据分析对影响特定猪群繁殖效率因素的解析。例如，利用大数据分析方法可用于判断背膘、与配公猪等关键因素对繁殖效率的贡献，并可依据历史数据计算理想背膘的厚度，提供与配公猪淘汰的准确决策等。

在实际生产中，母猪的品种/品系、来源、杂交组合、胎次等因素存在差异。此外，母猪的繁殖性能也很容易受到环境等因素的影响。因此，母猪的精准饲养技术就是要针对影响母猪繁殖性能的各种因素，确定关键因素，建立关键技术。由于母猪繁殖性能的遗传力低，因此要应用大样本试验和大规模示范，以获得可重复的效果，并且能取得明显的经济效益。而对精准饲养技术效果的准确评估及经济效益的准确量化，均离不开大数据分析手段。

随着智能化饲养设备应用于养猪生产，对实现精确营养供给和环境控制发挥了越来越积极的作用。因此，母猪精准饲养技术，还包括了应用大数据分析方法准确制定饲养目标；利用智能化饲养设备精确实施环境和采食量控制；运用大数据分析方法对饲养效果进行准确评估。

第二节　后备母猪的培育技术

后备母猪作为养猪场用于繁育后代的贮备力量，是基础母猪群的保障，对养猪场生产与经济效益至关重要。后备母猪在母猪群中占有相当大的比例，如果按照年更新率30%左右计算，即每年有 1/3 的母猪被淘汰，同时有 1/3 的后备母猪进入基础母猪群。如果需要母猪扩群，实际上进入母猪群的后备母猪数量更多。然而，如果后备母猪管理不当，就会增加因为繁殖障碍、肢蹄病和体况较差等导致的过早淘汰，严重影响母猪的繁殖效率和养殖者的经济效益。

因此，建立规范的后备母猪选留标准、饲养标准和培育与管理方案，是提高母猪群繁殖性能的关键，对提高养猪场的生产效益具有重要意义。

一、选留标准

后备母猪的选择是养猪生产者非常关注的问题。除需要生长性能和胴体性能优秀以外，还通常把体型外貌特征、背膘厚、肢蹄结实度、乳头数等指标作为后备母猪选择的重要指标（Stalder 等，2005）。"完美"的后备母猪除必须具有该品种/品系的毛色、耳型等外貌特征外，还应该拥有粗壮的四肢和宽厚的蹄部，以及具有较长的躯干、平直的背腰和优美的肌肉曲线（Stalder 等，2004）。理想的母猪应拥有丰满的臀部，很容易站立和卧下，走动时非常流畅，在对关节的持续压迫下不容易出现关节炎和关节的僵硬症状（Stalder 等，2004）。同时，母猪的乳头应在复线两侧均匀而整齐地排列；阴户大小适中、位置恰当，并且生长速度在同伴中处于中上水平（Stalder 等，2004）。一般认为，具有以上特点的母猪有更好的繁殖潜力。

美国艾奥瓦州立大学制定的后备母猪的选择标准，描述了可以用来评估后备母猪的特征指标（图 9-1）。

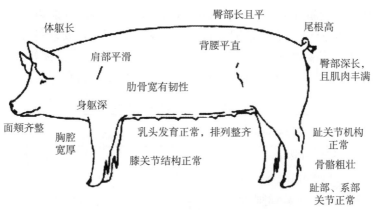

图 9-1　后备母猪的理想体貌特征

（资料来源：Stalder 等，2010）

(一) 生长情况

选择同一窝猪中生长速度快的猪只。生长速度快的母猪可以拥有较长的使用年限；生长速度慢的母猪可能出现发情延迟的现象，并且在以后的饲养过程中问题较多（Stalder 等，2004）。

(二) 背膘厚

背膘厚度对于后备母猪的选择是一个非常重要的指标。对于良种猪群而言，可以根据《美国猪群改进指导方针》获得合适的测量和调整标准，而特定的猪场会根据遗传、环境和终端市场的需求而有所改变。

(三) 肢蹄结实度

肢蹄问题是母猪淘汰的主要原因之一，对于第 1、2 和 3 胎母猪尤为重要（Stalder 等，2004）。应选择有宽厚蹄部的个体，且前后 4 个蹄部方向朝外部，之间拥有足够的宽度。此外，单个脚趾的大小也非常重要，要注意内侧的小趾，特别是后肢小趾的大小（Stalder 等，2004）。理想的蹄趾应该有较大、匀称和分布有间距的特点。如果蹄趾的尺寸和分布适当，受力情况就会均匀（Stalder 等，2004）。另外，在选择后备母猪时，需检查蹄部裂开、脚垫擦伤的情况（Stalder 等，2004）。

二、饲养目标

后备母猪的饲养目标是及时、高效地培育出优良后备母猪，用于更新繁殖母猪群，提高母猪繁殖效率。因此，后备母猪培育中关注的关键指标就是，要提高后备母猪的配种比例、较高的窝产仔数，以及进入繁殖周期后较高的留存率，特别是 3 胎以上留存率能达到 75％以上。

不同的国家或地区制定了不同后备母猪饲养目标。比较有代表性的包括英国 PIC 育种公司的后备母猪饲养目标，如表 9-1 所示。PIC 标准要求，全群后备母猪在第二次发情后配种的比例超过 70％，进入繁殖周期后留存率目标 3 胎以上超过 75％。荷兰 Topigs 国际种猪公司后备母猪饲养目标，如表 9-2 所示，要求每胎产活仔数大于 15 头，每窝断奶仔猪数超过 13 头。美国推荐的后备母猪饲养目标如表 9-3 所示，要求每窝产仔数在 11.8 头以上，进入繁殖周期后 3 胎以上的留存率在 75％以上。

表 9-1　英国 PIC 育种公司后备母猪饲养目标

关键的性能指标	目　标
3～25 周的死亡率（％）	≤3
25 周选择的比例（％）	70～80
母猪在第二次发情后配种的比例（％）	>70
一胎分娩率（％）	>93

（续）

关键的性能指标	目 标
一胎产仔数（头）	总产仔数≥15.5 活仔数≥14.5 断奶仔猪数≥13.5
一胎复配率（%）	≥90
一胎的断奶发情间隔（d）	≤6
留存率（以至少100头母猪计算,%）	一胎≥95 二胎≥85 三胎≥75

表 9-2 荷兰 Topigs 国际种猪公司后备母猪饲养目标

性能指标	目 标
分娩率（%）	90
一胎的断奶发情间隔（d）	<6
总产仔数（头）	>16
总产活仔数（头）	>15
死胎数（头）	<0.8
断奶死亡率（%）	<12
断奶头数（头）	>13

表 9-3 美系后备母猪饲养目标

性能指标	目 标
分娩率（%）	92
产仔数（头）	>11.8
培育合格率（%）	>95
前三胎留存率（%）	>75
全繁殖周期提供的断奶仔猪数（头）	>55

资料来源：Knauer 等（2012）。

三、培育与管理方案

实现上述饲养目标的关键，是保障后备母猪的良好发育，使后备母猪达到适宜的体成熟状态，尽早发情和配种。因此，后备母猪在达到初情或初配时的日龄和体重是决定其后续繁殖效率的关键。生产中通常将后备母猪分为多个阶段来培育，以及运用公猪诱情和加强环境管理等措施，促进后备母猪尽早和更多地进入配种。此外，后备母猪培育的效果，还要考虑让后备母猪具有更结实的肢蹄，以及适应更长久地繁殖利用的营养储备。

(一) 初情或初配前的生长目标

不同遗传背景的后备母猪配种时的生长目标，包括日龄、体重、生长速度和背膘厚，以及眼肌直径和面积。其中，日龄和体重是最重要的生长目标。

在过去的 10 年中，瘦肉型后备母猪较为公认的培育目标范围如下：达到初情前培育期的生长速度不低于 550g/d，不高于 850g/d；诱情 6 周后 90% 的后备母猪进入初情；初配体重为 135~170kg；初配日龄为 220~270d；初配背膘厚为 12~18mm；初配体况评分为 3~3.5 分；配种时为第二次或第三次发情。

绝大多数的后备母猪初情或初配前的生长目标均在上述范围内。例如，150 日龄左右的 PIC Camborough 22© 后备母猪适宜的生长速度为 600~770g/d（Filha 等，2010）。对国内 12 个养殖场从 1998 年到 2014 年的 19 300 头大白母猪和 18 378 头长白母猪繁殖性能记录的调查显示，大白母猪日增重在 550~611g、长白母猪日增重在 610~670g 时，可以提高后备母猪的种用年限和产仔数（Hu 等，2016）。

需要注意的是，如果日增重过高可能会引起初配时体况过肥，容易对产仔性能产生不利影响（Hu 等，2016）。此外，初配体重过大的另一个风险是增加肢蹄病的发生率。在生产中，肢蹄问题是后备母猪淘汰的主要原因之一，而且发生肢蹄问题的后备母猪几乎都无法存留到第 3 胎（Wang 等，2019）。一般认为，增加肢蹄病发生率的体重界限是 170kg。因此，后备母猪在培育的过程中，在满足营养供给的同时，需要控制适宜的生长速度，从而达到配种时适宜体重和日龄的要求。

(二) 分阶段饲养

依据后备母猪配种前的生长目标，通常对选育的后备母猪分阶段饲养。其中，有代表性阶段饲养方案的包括 NRC（2012）、荷兰 Topigs、丹麦 SEGES 猪研究中心和加拿大 Genesus 等。

NRC（2012）将后备母猪分为 3 个阶段，即 50~75kg、75~100kg 和 100~135kg，3 个阶段预期日增重依次为 866g、897g/d 和 853g。推荐各阶段代谢能水平依次为 27 870kJ/d、33 124kJ/d 和 37 297kJ/d，SID Lys 水平依次为 17.56g/d、18.46g/d 和 17.28g/d。

此外，NRC（2012）认为，达到母猪最大生长速度所需的钙、磷并不一定能满足骨骼强度和灰分含量最高的需要。因此，为使骨骼强度和灰分含量最大化，钙和磷需要量应在最高生长所需基础上提高 10%。3 个生长阶段的标准全肠可消化钙磷需要量（standardized total tract digestibility，STTD）依次为：钙 12.22g/d、磷 5.68g/d；钙 13.36g/d、磷 6.21g/d；钙 13.11g/d、磷 6.10g/d。

荷兰 Topigs 国际种猪公司依据配种时需达到的目标是配种日龄 230~250d；配种体重 140~150kg；背膘厚度 16~18mm；发情次数是至少处于第二个发情期。分为 3 个饲喂阶段，即日龄 9~14 周，体重 24~50kg；日龄 15~22 周，体重 51~90kg；日龄 23~32 周，体重 90~210kg，其中最后 2 周为"短期优饲"的时间。每个阶段的采食量、饮水量和营养需要见表 9-4。

表 9-4 荷兰 Topigs 国际种猪公司后备母猪的饲喂推荐程序

阶 段	年龄（周）	年龄（d）	体重（kg）	采食量（kg）	最低净能（MJ/d）	最高净能（MJ/d）	最低标准回肠可消化赖氨酸（g/d）	最高标准回肠可消化赖氨酸（g/d）
第一阶段	9	63	24	1.1	10.7	11.0	10.7	11.0
	10	70	28	1.3	12.6	13.0	12.6	13.0
	11	77	32	1.5	14.5	15.0	14.5	15.0
	12	84	36	1.6	15.5	16.0	15.5	16.0
	13	91	41	1.9	17.4	18.0	17.4	18.0
	14	98	46	2.1	19.4	20.0	19.4	20.0
第二阶段	15	105	51	2.2	20.3	21.0	20.3	21.0
	16	112	56	2.3	20.8	21.5	17.7	18.3
	17	119	61	2.4	21.8	22.5	18.5	19.1
	18	126	67	2.5	22.7	23.5	19.3	20.0
	19	133	72	2.6	23.7	24.5	20.1	20.8
	20	140	78	2.7	24.6	25.4	20.9	21.6
	21	147	84	2.7	24.6	25.4	20.9	21.6
	22	154	89	2.7	24.8	25.7	21.1	21.8
第三阶段	23	161	95	2.7	24.8	25.7	21.1	21.8
	24	168	100	2.7	24.8	25.7	21.1	21.8
	25	175	105	2.8	25.2	26.0	17.6	18.2
	26	182	110	2.8	25.2	26.0	17.6	18.2
	27	189	115	2.8	25.2	26.0	17.6	18.2
	28	196	120	2.8	25.2	26.0	17.6	18.2
	29	203	125	2.8	25.2	26.0	17.6	18.2
	30	210	129	2.8	25.2	26.0	17.6	18.2
短期优饲	31	217	134	4.0	38.4	39.2	25.2	24.8
	32	224	138	4.0	38.4	39.2	25.2	24.8
配种	33	231	142	4.0	38.4	39.2	25.2	24.8
	34	238	145	4.0	38.4	39.2	25.2	24.8
	35	245	149	4.0	38.4	39.2	25.2	24.8
	36	252	152	4.0	38.4	39.2	25.2	24.8

资料来源：Topigs 20（2016）。

丹麦 SEGES 猪研究中心制定的丹系后备母猪的配种目标是：配种日龄 225～250d，配种体重 135～150kg，背膘厚度不低于 12mm，发情次数是至少处于第二个发情期。同样制定了三阶段饲喂方案，即第一阶段 30～65kg，第二阶段 65～105kg，第三阶段 105kg 以上。每个阶段的营养需要量推荐如表 9-5 所示。3 个饲喂阶段推荐的采食曲线和营养水平如图 9-2 所示。

表 9-5　丹系后备母猪不同阶段营养标准

项　目	30～65kg	65～105kg	＞105kg
代谢能（kcal/kg）	3 210	3 100	3 060
净能（kcal/kg）	2 350	2 310	2 210
SID 赖氨酸（%）	0.83	0.53	0.41
钙含量（%）	0.86	0.76	0.72
可消化磷（%）	0.33	0.25	0.21

资料来源：Danish Nutrient Standards（2019）。

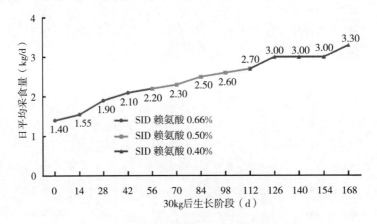

图 9-2　丹系后备母猪的饲喂量曲线
（资料来源：Annual Report，2014）

此外，加拿大 Genesus 育种公司的配种目标是，理想的配种日龄为 210～220d，理想的配种体重为 135～145kg（Genesus，2018）。该公司推荐 75～120kg 后备母猪的培育采用自由采食，营养推荐水平如表 9-6 所示（Genesus，2018）。

表 9-6　加系后备母猪不同阶段的营养标准

项　目	75～120kg
净能（kcal/kg）	2 300
SID 赖氨酸（%）	0.66
钙（%）	0.85
有效磷（%）	0.40

（三）短期优饲

短期优饲又称催情补饲，是指生产上为提高种母猪的排卵数，在配种前 7～10d 增加 50%～100% 的饲喂水平，或者给予其较高能量水平的日粮（Kraeling 和 Webel，2015）。短期优饲可刺激母猪产生胰岛素，提高雌激素和促卵泡激素在血液中的水平，有利于增加排卵数和提高受孕率，从而提高产仔率。

在国外，短期优饲技术逐步得到了成功应用。后备母猪在 100kg 左右开始，限饲 1～2 周，然后在配种前 2 周增加饲喂量和营养水平，饲喂量从原来 2.5kg 或 2.8kg 增加到 3.5kg，提高了后备母猪的排卵数（Kraeling 和 Webel，2015）。在丹麦的养猪经验是，在第 2～3 个情期配种，配种前 10～14d 开展短期优饲，将饲喂量从 2.5kg 增加到 3.0～3.5kg，可以提高产仔数 1～2 头（Tauson，2015）。

短期优饲一般采用专用饲料，其中强调饲料能量来源于碳水化合物成分（特别是淀粉和糖），氨基酸和矿物质的水平应遵循泌乳期的推荐水平（Topigs，2016）。每天补充 150g 的葡萄糖；提高维生素 A、维生素 E、维生素 B_{12} 和叶酸水平；采用自由采食，增加每天的饲喂次数到 4 次；以及提高自由饮水并保持地面干燥等方式，均有利于提高短期优饲的效果。

（四）公猪诱情

公猪诱情是养猪生产中促进母猪发情排卵的重要手段之一。通常把公猪和后备母猪关在同一个圈舍，用公猪不断追逐母猪。这一过程中，公猪对母猪的接触、爬跨等行为刺激，以及公猪本身的气味，可以通过神经反射作用引起母猪脑垂体产生促卵泡激素，以促进母猪发情和排卵。

在实践中，通常在后备母猪初情期的前 2～3 周（160～180 日龄）使其与公猪接触的效果比较好（Knox，2014）。一般情况下，母猪接触公猪 10～20d 后，有 20%～40% 的母猪发情（Patterson，2010）。理想情况下，公猪在母猪栏内对母猪的刺激持续时间为 10～15min，公猪口中分泌的激素及鼻对鼻的接触，是刺激母猪发情的重要诱导方式（Knox，2014）。在诱情时要做好记录，发现有发情征兆的后备母猪，需要准确地统计记录，初情期记录以静立为准。大多数生产者会选择让出生 200d 之前已发情的母猪于第二次发情时配种，以促进母猪生殖系统的成熟发育（Knox，2014）。

在使用公猪诱情的情况下，后备母猪发情的期望参数如表 9-7 所示。

表 9-7　公猪诱情对母猪的发情期望

日龄（d）	累计发情比例（%）	体重（kg）
160	1	78～85
180	20	85～93
200	50	93～101
220	80	101～112

资料来源：Knox（2014）。

在后备培育期间，80% 以上的后备母猪都会正常发情配种而进入基础母猪群。然而，生产中也会有一些达到配种日龄但未发情的后备母猪。对于这些未正常发情的后备母猪，建议采用转栏合群的方法刺激后备母猪发情。因为同一栏后备母猪待在一起的时间太久，并且一直待在同样的栏位，就会变得互相熟悉，不利于后备母猪的发情。因此，将后备母猪同时转移到一个新的栏位，或者不同栏位之间的后备母猪相互混群，新环境或互相打架有利于后备母猪发情（Farmer 等，2000）。需要注意的是，在转栏混群时，应该尽可能遵循体况相同或相近的原则，以避免后备母猪过度争斗造成损伤。此外，还可通过注射外源生殖激素刺激后备母猪进入发情状态，如 PG600，即含有绒毛膜促性腺激素和孕马血清促性腺激素的激素，每头猪注射 1 头份，一般用后 4～5d 母猪即可出现发情（张敏婕等，2018）。

（五）环境管理

给后备母猪提供良好的环境条件，如适宜的光照、适应的饲养密度、温度等，有利于获得良好的培育效果。

1. 光照 光照能够影响后备母猪激素分泌和初情期（Peltoniemi 和 Virolainen，2006）。一般来讲，后备母猪生产中的光照应该包括光照时间、光照强度和光色 3 个方面。对光照时间而言，一般认为每天应至少保证 14～16h 的光照时间，当每天光照时间超过 12h 时，光照时间每延长 1h，后备母猪初配日龄可以提前 1～2d（Iida 和 Koketsu，2013）。

光照强度也是影响后备母猪发情的重要因素。一般认为，光照强度低于 90lx 时，会延长后备母猪初情期，并降低 270 日龄内后备母猪发情比例（Diekman 和 Green，1997）。需要强调的是，对于母猪配种区域，光照强度则应高于 350lx 以促进新转入配种的后备母猪发情（Gadd，2003）。

此外，光色也会影响后备母猪性成熟，相对于白光、全谱日光和紫外光，饲养于红光下的后备母猪性成熟延迟，且体重和松果体重量更大，说明红光不利于后备母猪的性成熟（Wheelhouse 等，1982）。在生产中，白光是保证生长性能和繁殖性能的最经济、最有效的光源。

由于猪只通过眼睛感应光照（强度和光色），因此光线必须能到达母猪眼睛，灯管需安装在母猪头部的上方或前方，而不是其背部上方。光源设计标准可参照图 9-3。

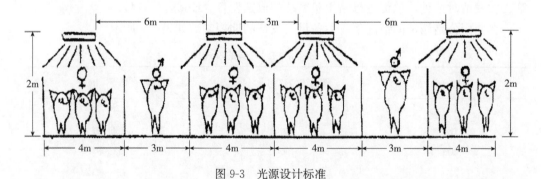

图 9-3 光源设计标准

2. 饲养密度 一般情况下，后备母猪采用群养的方法饲喂，每栏的饲喂头数为 8～15 头（王彦丽和卓卫杰，2017；Callahan 等，2017）。无论群体大小，必须为后备母猪提供足够的空间（Rozeboom 等，2015）。后备母猪的最小占地面积应该达到 $0.035 \times BW^{0.667}$（m^2）。对于 75～200d 后备母猪，尽管每头 $1.13m^2$ 与 $0.77m^2$ 相比不影响生长速度，但是更大的面积增加母猪在相对较低日龄就进入发情期的比例；并且发情期相对提前的母猪一直持续到第 3 胎都会生产更多的仔猪（Young 等，2008）。由此可见，适当的饲养面积可能是后备母猪尽早发情和保证后续繁殖性能正常发挥的重要保证因素之一。

3. 环境温度　后备母猪培育时要保持栏舍内清洁、干燥、冬暖夏凉。一般认为，后备母猪猪舍温度为 20℃左右，是理想的温度。

第三节　经产母猪的精准饲养技术

经产母猪占繁殖群 60%～70%，是繁殖猪群的主要组成部分。经产母猪的饲养目标不仅是提高每胎的繁殖性能，而且要减少母猪的被动淘汰，延长种用年限，提高终身繁殖效率。

经产母猪已经完全体成熟，保证经产母猪在整个繁殖周期适宜的体况，建立体况管理的动态调控技术，是提高终身繁殖性能的重要手段。此外，还应配合精准营养方案等饲养技术，最大限度地提高经产母猪的繁殖性能。

一、妊娠期精准膘情管理技术

母猪在妊娠阶段一般表现为增重。母体增重主要由以下几部分构成，即母体本身的增重、子宫和乳腺的生长及孕体的增重（胎儿、胎盘和羊水）（Young 等，2005）。母体增重的成分以体蛋白和体脂肪的沉积为主，蛋白质增重主要发生在孕体胎儿、胎盘和羊水、母体子宫和乳腺，以及头胎母猪的瘦肉组织（Einarsson 和 Rojkittikhun，1997），而脂肪主要沉积在母体本身。妊娠母猪摄入的能量中，未用于机体的维持需要、孕体增重和母体蛋白质沉积的部分，则用于体脂沉积（Young 等，2005）。而当能量摄入不能满足维持需要、孕体增重和母体蛋白质沉积的需要时，母体脂肪将被动员后用作能量来源，以满足妊娠生理需要（NRC，1998）。本书第三章详细介绍了母猪妊娠期保持适宜体脂沉积的重要性，以及体质过度沉积或体存储不足对产仔和泌乳性能的影响。因此，应根据母猪妊娠期的生理特点，确保母猪妊娠阶段体况良好，从而保障获得良好的产仔性能和泌乳性能。

（一）背膘的精准测定

对母猪来说，体况过肥和过瘦均会对其繁殖性能产生不利影响（Close 和 Cole，2000）。妊娠期，背膘过厚会增加弱仔数（Zhou 等，2018），甚至会增加死胎的数量（Kim 等，2013），降低泌乳期的采食量，引起母猪泌乳期失重增加，影响母猪再发情（Kim 等，2015）。因此，维持母猪背膘厚适中，可改善窝产活仔数和出生窝重，提高母猪的繁殖性能（Ferguson 等，2007）。

以往主要通过体况评分来开展妊娠母猪的体况管理，然而体况评分存在一定的主观性，其准确性存疑。随着便携式 A 超和 B 超设备的应用，通过建立以背膘为标准的体况管理技术成为可能。实践已经证明，通过测膘进行体况管理相比传统的体况评分，可使得分娩前母猪群体况的一致性更好，并获得更优秀的繁殖性能（Young 等，2004）。

背膘的精准测定是实施背膘精准管理的技术基础。P2 点背膘是国际养猪业通用的一个基础数据，是指猪最后一根肋骨处距背中线 6.5cm 处的背膘厚度。通过对母猪的

P2点背膘厚度进行测定，以数字化的方法来对母猪体况进行测定就可以减少误差。

1. A超测定背膘

（1）安装　把探头和导线、导线和仪器连接起来，按住并旋转直至锁定即可，校验好，并按下开关按钮。

（2）找最后一根肋骨　由臀部向头部方向，用手指在肋部移动，找到最后一根肋骨的弯曲点，用蜡笔标记，记作A点（图9-4）。

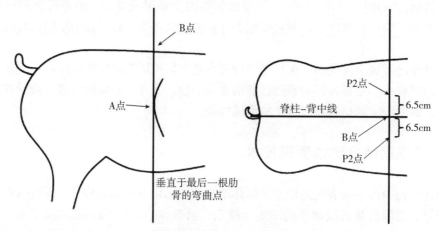

图 9-4　测定 P2 点背膘

（3）找背中线参考点　A点垂直背中线（背脊骨）向上，找到与背中线交叉的点，用蜡笔标记，标记为B点。

（4）找P2点　B点垂直背中线向左或向右方向6.5cm位置，用蜡笔标记，记作P2点。

（5）剃毛并涂液状石蜡　将P2点位置的毛剃干净，并涂液状石蜡，以确保探头与皮肤紧密接触。

（6）测定和读数　测定时，母猪保持安静站立的姿势；A超探头和母猪的体表呈垂直角度，探头按压力度保持适中，数据显示稳定时才能读数。

2. B超测定背膘　B超测定的原理是将各层组织反射的回声转变为强弱不同的光点，回声信号就以光点明暗即灰阶的形式显示出来。与A超测定背膘不同的是，B超定背膘是将A超定背的幅度调制显示改为灰度调制显示，并且B超测定背膘的深度扫描加在显示器的垂直方向，在水平方向加入声束的位移扫描信号，构成二维图像，以显示组织切面信息。

有研究比较A超和B超测定的母猪背膘厚与真实值之间的关系发现，B超活体测量值与胴体实际值的差异要小于A超与胴体的差异（McLaren等，2004）。因此，B超比A超在相同位点所测背膘更接近真实背膘厚度，这很可能与A超及B超的探头类型不同有关。实际生产中也可以根据猪场的实际情况来选择背膘仪器，虽然B超比A超准确，但A超读数方便且便宜、便携，猪场可以建立A超、B超的直线回归关系，A超测量的结果可以通过直线回归转换成B超的测量结果。

（二）背膘管理目标的准确确定

实施精准背膘管理的首要任务就是准确确定背膘管理目标。在生产中可通过以下几个步骤来确定母猪群妊娠期的最佳背膘管理目标。

（1）收集母猪的背膘数据和繁殖性能数据；

（2）建立母猪背膘厚与繁殖性能的模型；

（3）确定母猪的最佳背膘范围。

需要特别注意的是，不同品种、不同来源和杂交组合的母猪最适的产前背膘存在差异，这主要是由于体成分的差异造成的。因此，在确定背膘管理目标时应考虑母猪遗传背景的差异。如有可参考的标准可依据执行，但应记录产前背膘和繁殖性能数据，以便后期利用上述方法对背膘目标进行修正。此外，尽管同一繁殖周期内不同阶段（配种、妊娠 30d、妊娠 60d、妊娠 90d 及上产床）的最适背膘也存在差异（徐涛等，2017；张夏鸣，2017；Zhou 等，2018），但差距并不大（1～2mm），并且对繁殖性能影响最大的是妊娠后期的膘情。因此，为方便现场实施膘情精准管理技术，一般将产前最适背膘作为全程背膘的监控和调整目标。

另外需要注意的是，A 超测定背膘和 B 超测定背膘的结果存在差异。因此，如果不清楚现有背膘管理目标是基于哪种设备的测定结果，应谨慎参考。

（三）妊娠母猪的饲喂模式

如前所述，妊娠期母猪的饲喂目标是在满足母猪维持和胎儿生长的情况下，保持母猪体况适中，使母猪具有适宜的膘情并在分娩时不致过肥。妊娠母猪的饲喂模式指根据妊娠期生理特点和营养需求，对妊娠期生理阶段进行划分，并确定不同妊娠阶段营养需要量的策略（Boyd 等，2000）。

饲喂模式的合理选择是实现母猪膘情控制的基础。目前，国内外母猪妊娠期饲养模式主要包括两种模式，以美国、加拿大等北美地区为代表的北美模式（north american system），以及以丹麦、荷兰等欧洲国家为代表的丹麦模式（danish system）（图 9-5）。

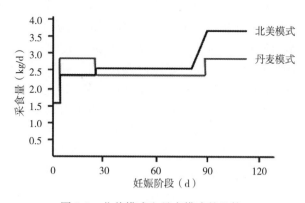

图 9-5　北美模式和丹麦模式的比较

1. 北美模式　北美模式母猪妊娠期分为 3 个阶段：第一阶段是妊娠早期（0～28d），关注胚胎成活率，限制采食量，通常建议母猪的饲喂量为 1.8～2.0kg/d；第二阶段是妊娠中期（29～74d），关注母猪体况，增加采食水平，通常建议母猪的饲喂量为 2.2kg/d 左右；第三阶段是妊娠后期（75d 至分娩），关注胎儿的生长，进一步提高采食水平，通常建议母猪的饲喂量为 3.5kg/d。北美模式下，推荐的饲喂量是基于代谢能 12.558MJ/kg 的玉米-豆粕型基础日粮。由于从妊娠前期到妊娠中期再到妊娠后期母猪的饲喂量逐渐升高，因此这样饲喂模式也被称为"步步高"模式。

2. 丹麦模式 丹麦模式也包括 3 个采食量调节的主要阶段。如图 9-5 所示，第一阶段是妊娠早期（0～28d），此期让母猪尽快恢复膘情体况，配种后 3d 是受精卵着床的关键期，也需要限制采食量，通常建议母猪的饲喂量为 1.8kg/d 左右；而 4～28d，建议母猪的饲喂量为 2.8kg/d 左右。第二阶段是妊娠中期（29～90d），此期关注母猪体况的维持，通常建议母猪的饲喂量为 2.3kg/d 左右。第三阶段是妊娠后期（91d 至分娩），为满足胎儿快速生长发育的营养需要，提高营养水平，此期通常建议母猪的饲喂量为 3.0kg/d 左右。丹麦模式下，推荐的饲喂量也是基于代谢能 12.558MJ/kg 的玉米-豆粕型基础日粮。由于母猪妊娠期饲喂量是前期升高、中期降低、后期又升高，因此形成了"高低高"的饲养模式。

3. 两种模式比较 北美模式和丹麦模式都将母猪的妊娠期划分为早期、中期和后期 3 个阶段，而且整个妊娠期总的饲喂量是相近的。但是，在母猪妊娠各阶段的喂料量显著不同。

"高低高"模式在妊娠前期（配种至 30d）的饲喂量较高，但在配种后 3d 内仍需要采用严格的低饲喂水平。这是因为母猪在妊娠 2～3d 时能量摄入过高，导致肝脏血流量增加，加快血浆中黄体酮的清除速率，从而导致胚胎存活率降低（Liao 和 Veum，1994；Jindal 等，1997）。但是，在配种 3d 后饲喂母猪高能量水平饲粮对胚胎存活率和出生仔猪数并没有显著影响（Dourmad 等，1996；Virolainen 等，2005）。值得注意的是，对于哺乳期体损失较为严重的经产母猪而言，妊娠早期（发情后 48h 至妊娠 25d）较低营养水平反而会显著降低妊娠前期胚胎存活率（Kirkwood 等，1990）。考虑到现代高产母猪在泌乳期可能发生较为严重的体损失，而母体增重效率在前期较高，因此配种时的体况应是选择适宜饲喂模式的重要依据。

妊娠中期是指妊娠 30～90d。妊娠 21～50d 是胎儿肌纤维发育的关键时期，其肌纤维的数量受到营养的调控（Boyd 和 Touchette，1997）。如果营养不足，仔猪出生后生长缓慢（Pond 和 Mersmann，1988；Noblet 等，1997）。根据公式 $y = 0.00108x^3 - 62.922$ 计算。式中，y 表示胎儿重（g）；x 表示妊娠期天数（d）（McPherson 等，2004）。这意味着胎儿的重量尚小，对营养物质的绝对需要量并不多。因此，生产中应更加强调饲料的品质而并非数量。因此在妊娠中期，母猪仍然可以维持比较低的饲喂量，能尽快达到并维持最佳的体况（Boyd 等，2000），但并不会导致母猪过肥。

91～114d 是母猪妊娠后期。这个阶段的营养主要用于乳腺发育和胎儿生长。母猪妊娠 75～85d 是乳腺发育的关键时期，将决定母猪乳腺细胞数量和乳汁合成的能力。但摄入过度的能量（43.95MJ/d 与 23.86MJ/d 相比），会降低乳腺细胞数量，并降低母猪进入泌乳期后的产奶量（Weldon 等，1994）。因此，"高低高"模式在该时期继续沿用了中期相对较低的饲喂水平，而"步步高"模式则开始将饲喂量提高。

妊娠 85～114d 是胎儿快速增长的时期，母猪对营养物质的需求增加（Weldon 等 1994）。此时期，"高低高"和"步步高"模式均采用了较高的饲喂水平。能量摄入量过低或过高均会影响胎儿的发育，母猪只摄入维持需要（消化能 25.12 MJ/d，体重

182kg）的营养物质，使母猪在妊娠后期处于能量负平衡的状态，胎儿出生重降低（Noblet 等，1990）。当摄入消化能达到 30.56MJ/d 时，可以防止出现胎儿出生重降低的负面影响（Noblet 等，1990）。妊娠后期母猪的能量摄入为 39.77MJ/d（消化能）时，可以维持妊娠母猪 90d 至分娩时的背膘厚。

在美系大白猪的大群体试验表明，以上两种饲养模式在整个妊娠期的总采食量一致（张夏鸣，2017）。与"步步高"相比，"高低高"母猪妊娠 30d 时背膘厚显著提高（从 15.11mm 增加到 16.11mm），加快了母猪妊娠早期恢复背膘的效果（张夏鸣，2017）。此外，还能显著提高母猪总产仔数（从 12.23 头增加到 12.75 头）及产活仔数（从 12.02 头增加到 12.42 头）（张夏鸣，2017）。因此，对于现代高产母猪而言，在妊娠期采用"高低高"模式更有利于提高母猪的繁殖性能。

需要特别提醒的是，饲喂模式中推荐的饲喂量是针对体况良好的母猪，而对于体况偏瘦和偏肥的母猪均需要适当调整饲喂量；另外，对于畜舍的温度变化等，也应该考虑适当调整饲喂量。相关内容将在后续中介绍。

4. 攻胎　根据胚胎的生长发育规律，在母猪怀孕后期，胚胎的生长速度最快，生产者往往于母猪妊娠后期在执行正常饲喂模式的基础上，进一步通过增加饲料中的能量、蛋白浓度，或提高母猪的饲喂量，来增加仔猪出生重，这也就是所谓的"攻胎"（Goncalves 等，2016a）。

事实上，近十年的研究并不支持在经产母猪中采用"攻胎"的策略。这是因为对于经产母猪而言，"攻胎"对于提高仔猪初生重的效果十分有限，而且考虑到增加的饲料成本和可能发生的繁殖性能降低的风险，"攻胎"似乎并不能为养殖经产母猪带来额外的经济效益。这是因为，"攻胎"增加了母体发生脂肪过度沉积的风险（Goncalves 等，2016b）。妊娠后期饲喂量增加 1kg/d，母猪妊娠后期体增重大约提高 7kg（Goncalves 等，2016a）。一旦发生体脂沉积过度，则会阻碍胎盘血管发育，降低仔猪出生重和均匀度；引起母猪难产，增加死胎发生率；降低泌乳期采食量，并缩短母猪的使用年限（Dourmad 等，1996）。

在大规模群体试验中，背膘厚小于或等于 18mm 的美系长大二元杂交母猪，妊娠 90d 后饲喂量从 2.8kg/d 提高至 4.0kg/d，产仔数、仔猪出生重和仔猪出生重均匀度无显著差异，而增加了母猪分娩前背膘厚及母猪泌乳期失重（刘祖红，2018）。因此，提高母猪妊娠后期"攻胎"并不会增加仔猪的性能，甚至增加了母猪泌乳期体损失，而且妊娠期饲喂量的提高也意味着饲养成本的增加。只有对那些进入妊娠后期体况过瘦，或者产仔数特别多的母猪，才有必要考虑提高饲喂量。

（四）精确饲喂量的动态调整

妊娠期对母猪的膘情进行科学合理的调控是获得良好繁殖性能的关键环节。目前，对母猪妊娠期膘情进行调控的手段主要包括根据体况评分调控饲喂量、体重调控饲喂量，以及根据背膘厚调控妊娠期饲喂量（Young 和 Aherne，2005）。如前所述，与体况评分调控饲喂量相比，根据母猪背膘厚调控饲喂量能获得更好的体况。

母猪妊娠期背膘管理原则是，保证"全群"母猪妊娠期"全程"都处于适宜的背膘范围。目前，有很多研究或公司材料均推荐了基于体况或背膘的饲喂量调整方案。例如，Topigs（2016）基于经产母猪上一个泌乳期母猪体重和背膘损失的程度，推荐了本次妊娠期的饲喂量调整的依据（表9-8）。以泌乳期体重损失8％或背膘损失2～5mm为正常的情况，不同的日粮类型（大麦-小麦-豆粕型日粮对比玉米-豆粕型日粮），饲喂量略有差异。根据母猪在泌乳期体况损失的多少，妊娠期饲喂量额外补充相应的饲料量。并认为在妊娠第85天，所有母猪应恢复其适宜的身体状况、体重和背膘（Topigs，2016）。

表9-8　根据泌乳期体损失推荐的妊娠期饲喂量

妊娠阶段（d）	大麦-小麦-豆粕型日粮（kg/d）			玉米-豆粕型日粮（kg/d）		
	偏瘦[2]	正常[1]	偏肥[3]	偏瘦[2]	正常[1]	偏肥[3]
0～49	+0.25	2.65	−0.20	+0.25	2.55	−0.20
50～85	+0.15	2.55	−0.10	+0.15	2.45	−0.10
86～110	+0.10	3.05	0	+0.10	2.95	0

注：[1]正常的情况，母猪体重泌乳期损失8％。

[2]偏瘦的情况，母猪体重泌乳期损失16％。妊娠0～49d，额外饲喂0.25kg/d；妊娠50～85d，额外饲喂0.15kg/d；妊娠86～110d，额外饲喂0.10kg/d。

[3]偏肥的情况，母猪体重泌乳期无损失。妊娠0～49d，减少饲喂0.20kg/d；妊娠50～85d，减少饲喂0.10kg/d；妊娠86～110d，与正常情况饲喂量一致。

实践中在选择适宜的饲喂模式的基础上，应在配种时、妊娠前期、妊娠中期、妊娠后期、上产房时等各时间点对母猪的背膘进行评定，根据评定结果及时调整饲喂量。如果仅在配种后或妊娠初期依据母猪体况调整饲喂量，则不能很好地监控猪群体况变化的情况，导致分娩前母猪群背膘的离散度仍较大。因此，在母猪妊娠过程中，应结合实际情况，尽可能多地测定妊娠不同阶段的多个时间点母猪体况，并依据体况情况及时调整饲喂量。一般而言，至少应该在配种后、妊娠30d及妊娠60d进行背膘测定，并调整采食量，在妊娠109d再次测膘进行调膘效果评估。值得注意的是，由于母体增重效率在妊娠前期较高，因此对于妊娠起始膘情较差的母猪应在妊娠60d前尽快使其恢复膘情。

此外，还应根据畜舍温度等条件的变化，适时调整饲喂量。据估计，一头单独饲养的妊娠母猪，环境温度在最适临界温度以下每下降1℃，其每日维持产热量就会增加约0.022 6MJ/kg BW$^{0.75}$（Harmon和Levis，2006），即环境温度每降低1℃，200kg母猪的日采食量应增加约0.1kg（妊娠母猪日粮代谢能12.56MJ，赖氨酸0.6％）。因此，在冬季或环境温度低于20℃时，应根据温度的变化和实际生产需要及时增加饲喂量，以满足母猪妊娠期维持体温的需要。

另外，母猪因品种、来源、胎次、饲养环境等的不同会有不同的营养需要（Solà-Oriol和Gasa，2017）。实际生产中如果按照统一的饲喂量调整方案进行饲喂，就容易导致部分母猪营养摄入超过需要或未满足需要，影响背膘调整的预期（Young和Aherne，2005）。因此，母猪妊娠期的背膘精准管理实际应是针对性的个体水平的精细化管理。

（五）功能性纤维的应用

由于母猪妊娠期的饲喂量远低于自由采食量，容易导致便秘和刻板行为，从而影响繁殖性能。此外，母猪的饱感和饱腹感不能得到满足也给严格执行饲喂量标准带来困难。因此，需要在控制母猪采食量的基础上，帮助通过测膘调料实现背膘控制目标。在妊娠日粮中合理利用具有"高水合特性、强吸水膨胀性和快速发酵"特性的功能性纤维，有助于增加妊娠期母猪的饱感，改善刻板行为。

此外，具有以上特点的功能性纤维还能够改善围产期母猪的胰岛素敏感性，从而提高泌乳期的采食量和仔猪断奶性能（见第六章）。因此，这类功能性纤维是配合测膘调料技术开展的重要工具，不仅能实现背膘控制，还能在应用测膘调料技术的基础上，进一步提高母猪的繁殖性能。例如，在都采用测膘调料技术的情况下，应用具有高水合特性、强吸水膨胀性和快速发酵特性的功能性纤维，母猪健仔数能进一步提高 1.5 头（张红，2019）。

（六）效果准确评估

建立母猪按膘调料的动态精准饲养技术，是为了提高母猪的繁殖性能，增加养殖效益。需要对按膘调料的效果进行评估，其中反映效果的指标包括直接的调膘效果，如各阶段达到目标背膘的母猪比例及母猪群背膘的离散度。一般而言，实施测膘调料的精准饲养技术会显著提高猪群膘情的整齐度和达标率。即使是初始膘情分布较差的猪群，在一个妊娠期运用按膘调料的动态精准饲养技术后，母猪上产房时达到最适背膘范围的个体比例也能在 50% 以上；进行连续两个繁殖周期的动态调控后，母猪上产房时达到最适背膘范围的比例在 70% 以上，可以显著改善全群母猪的体况（张红，2019）。

此外，母猪妊娠期的总采食量也是按膘调料效果的观测指标。一般情况下，理想的妊娠期总采食量应为 250～270kg。如果耗料量较多，而母猪群体况也偏肥，则说明饲喂量仍偏高；如果耗料量较多，而母猪群体况正常，则有可能是因为母猪群初配膘情较差。但是经过一个繁殖周期的测膘调料后，泌乳期的体失重一般会有所改善，从而在下一妊娠周期的耗料量会减少。

母猪的繁殖性能则是最终效果的观测。在测膘调料技术使用时，应重点关注仔猪出生重、初生均匀度、断奶窝重，母猪产活仔数、产健仔数，母猪的断奶发情间隔等指标。如前所述，母猪的精准饲养技术应能在大规模现场应用中体现效果和价值。而对于技术效果的评估则需要依赖适宜的统计方法，从错综复杂的因素中准确剖析出技术的影响。关于利用大数据分析方法评价繁殖性能影响因素的内容在第十章中有较为详细的介绍。

由此可见，经产母猪的精准饲养应以控制妊娠期的膘情为靶标，以准确确定膘情标准、合理选择饲喂模式、动态调整饲喂量为核心的测膘调料技术为抓手，以功能性纤维的应用为切入点。在效果的评估上应利用大数据分析方法，不仅要关注当前胎次的性能，还要关注连续胎次的性能改变。

二、全繁殖周期精准营养

在利用测膘调料技术实现母猪"低妊娠，高泌乳"的基础上，还需进一步优化特定营养素，尤其是氨基酸的水平，以进一步提高母猪的繁殖性能。母猪繁殖周期中的营养需要是动态变化的，并且不同胎次母猪的营养需要存在差别。另外，由于体重、预期产仔数等的差别，即使是处于同一阶段的相同胎次的母猪，其营养需要也存在差别。因此，准确估计母猪的营养需要，并实现在各阶段、分胎次的精确营养供给就显得尤为重要。

（一）精确营养需要

母猪妊娠期的营养需要由母体维持需要、妊娠内容物生长需要和母体增重需要组成。NRC（2012）等模型中，一般用胎次、母猪重、预期产仔数、预期出生重和环境条件（温度、地板类型和母猪随意活动量）等因素进行估计。因此，当这些因素不同时，妊娠母猪的营养需要也并不相同。妊娠期母体的增重主要发生在早期，而胎儿增重则主要发生在妊娠后期。由于在妊娠期不同时间增重的量和质（如氨基酸组成）有差异，妊娠期不同时间的营养需要也是动态变化的（见第二至三章）。值得注意的是，妊娠期能量需要和氨基酸需要的变化并不同步。例如，与妊娠104d相比，妊娠114d的能量需要提高了60%，但SID赖氨酸的需要却提高了149%（Feyera和Theil，2017）。这意味着即使是采用阶段饲喂的策略，在用同一种日粮的情况下几乎不能做到精准地符合动物的营养需求。

对于泌乳母猪而言，营养需要主要由维持需要、泌乳需要和体重变化需要组成。一般而言，可以通过将胎次、母猪重、仔猪预期增重、带仔数、预期母体体重变化等参数引入模型进行营养需要量的估计。由于泌乳需要在决定总需要量中占绝对主导地位，因此在泌乳期中泌乳量和乳成分的动态变化，实际决定了泌乳期的营养需要也处于动态变化中。在泌乳期中，乳成分的变化实际上并没有引起氨基酸需要模式的太大变化，并且适宜的赖氨酸和能量比（Lys：DE为0.65g/MJ）在泌乳期也相对固定（Garcia-Rodenas等，2016）。但是，母猪的泌乳量在泌乳期会有显著变化，分娩后母猪的泌乳量会逐渐提高，直到10～14d达到最大。因此，在泌乳期前2周，实际上母猪每天的营养需要并不一致。

一般而言，模型估计的营养需要多是基于群体的平均营养需要，即所选用的参数是群体平均值。这也意味着该营养需要并不能满足部分个体的营养需要，而对另外的部分个体而言则超出了其真实的营养需要量。而以胎次、阶段、性能水平等特征来分类计算营养需要，则可以实现亚群体水平的准确营养需要估计。对不同组织在妊娠期生长速度和氨基酸组成的认识，以及对泌乳期各阶段泌乳量、乳成分和预期体重变化进行估计，可为实现胎次和阶段特异性的精确营养需要估计提供基础。

另外，各类传感器和便携式测定仪器的研发和应用，使得快速识别动物个体，并测定动物的体重和随意活动量，以及环境温度等参数成为现实，这为在个体水平实现实时营养需要估计提供了可能。目前，已有包括法国国家农业科学院在内的多个研究团队建立了个体水平的实时营养需要估计模型（Strathe等，2015；Gauthier等，2019）。从模拟数据可以看出，泌乳期低产母猪（带仔数10头）与高产母猪（带仔数14头）平均每天的SID赖氨酸需要量差在50%以上（分别是45.1g/d和70.8g/d），并且同样带仔数母猪营养需要的差异也接近10%。

值得注意的是，一些使用模型估计的营养需要参数正受到挑战。尽管近5年中，大部分的母猪氨基酸营养研究支持 NRC（2012）推荐的妊娠母猪氨基酸需要，其可以满足高产母猪的营养需要，包括赖氨酸、缬氨酸和苏氨酸等（见第二章），但蛋氨酸的推荐量可能偏低。尽管对于产仔数少于 12 头的二胎母猪，NRC（2012）推荐的蛋氨酸与赖氨酸比值（0.27）可以满足需要；但是当产仔数大于 12 头时，获得最佳产仔性能的蛋氨酸与赖氨酸比值需提高到 0.37（Xia 等，2019）。而另一研究也发现了在妊娠后期提高蛋氨酸水平可以改善产仔性能。尽管相关结果还需要更多的大规模试验的验证，但是已经提示模型估计需要时可能会存在部分偏差。偏差产生的原因可能与氨基酸利用效率参数的估计不准确，或因纤维水平改变影响了维持需要估计的准确性有关（见第二章）。

目前鲜有营养模型将背膘作为营养估计参数。然而，作为确定妊娠期能量饲喂量的重要依据，背膘的重要性已经越发突出。将背膘纳入营养估计模型，同时建立可快捷、准确的背膘精准测定技术，可能会提高目前营养估计的准确性和实用性。此外，通过氨基酸利用率等营养需要参数的准确测定，以及基于个体基因型的饲料利用效率估计，将在未来进一步提高个体水平营养需要估计的准确性。不仅如此，营养参数和性能水平的大数据记录，也为建立优化营养参数的机器学习技术提供了可能。

（二）准确营养供给

1. 调整不同阶段的饲料营养水平　在实际生产中，妊娠期往往采用基于同一种饲料的阶段饲喂方案，即通过调整饲喂量来控制营养摄入。如前所述，母猪妊娠期各阶段饲喂量的确定应以控制背膘在整个妊娠期始终处于适宜水平为目标，即在个体水平实现了精确的能量供应。但考虑到适宜的 SID 赖氨酸与能量的比值在妊娠后期相对于前期发生了较大提高，因此仅改变饲喂量往往难以匹配对氨基酸的需求（Ball 等，2013）。实际上，在标准的饲喂模式下，常用的妊娠饲料中的氨基酸供应水平往往超出了需要量，但在妊娠后期只提高氨基酸水平却还能够降低产死胎数（Goncalves 等，2016b）。这里需要特别注意的是，同时提高氨基酸和能量水平或只提高能量水平时，对产死胎没有影响，甚至会有不利影响。因此，在现有测膘调料饲喂技术的基础上，可以考虑在妊娠前期和妊娠中期（0～84d）使用低氨基酸水平的日粮，而在妊娠后期（85～114d）使用高氨基酸水平的日粮。在实践中，该方案的使用会节约妊娠期饲料的投入成本（Ball 等，2013）。但是该操作方案的执行需要同时配备两条料线。对于泌乳母猪而言，由于其需求的 SID 赖氨酸与能量的比值在泌乳不同阶段中基本恒定，因此在不同阶段使用营养水平或比例不同的日粮，并不会对母猪的体损失、泌乳量或仔猪的生长产生显著影响（Garcia-Rodenas 等，2016）。

2. 电子饲喂技术　随着物联网的发展和母猪精确饲喂理念的提出，电子饲喂系统已在养猪生产中被逐步使用。一般而言，一个妊娠母猪饲喂电子系统对一群母猪（40～60 头）提供一个饲喂站，母猪按照顺序逐一进食（Rioja-Lang 等，2013）。一旦一头母猪进入饲喂站后，入口的门将会关闭，我们可以通过该母猪的电子耳牌来感应识别母猪的信息（Rioja-Lang 等，2013）。电脑中控系统会根据相关的信息给母猪分配相对应的饲料量，在投料期间和投料后几分钟内，饲喂站入口的门一直关闭，防止其他母猪进入（Rioja-Lang 等，2013）。母猪可以随时离开饲喂站，投料结束后，为一头母猪打开入口的门（Rioja-Lang 等，2013）。电脑系统记录每次母猪的投料量，通常每天循环一次，每 24h 为每头母猪分配一次新的饲料量（Jang 等，2017）。

传统上，大多数养猪生产者都是手工饲喂泌乳母猪，每天饲喂 2～3 次，以期最大限度地提高母猪的采食量和提高仔猪的生长性能。然而，提供大量的饲料既可能导致饲料的浪费或变质，也可能导致母猪饲料供应过剩，从而对随后的繁殖性能产生负面影响（Verdon 等，2015）。目前，国内外已经有很多猪场开始使用泌乳期的电子饲喂系统。这些饲喂系统有干料饲喂系统、湿拌料饲喂系统和液体饲喂系统。与人工饲喂相比，使用电子饲喂系统来饲喂母猪具有诸多优点，包括可以记录和收集母猪采食量数据、输送新鲜的饲料、降低人力成本、减少饲料浪费等，以及便于对单头母猪进行采食量管理（Verdon 等，2015）；此外，它可以根据母猪产后的进食特点，即初产进食少，随后食量逐渐增加及少食多餐，设定母猪哺乳期每天的饲喂量及每天的饲喂次数。每次的饲喂量设为 200～300g，避免饲料的浪费。然而，电子饲喂系统的安装和维护成本也较高。

以上的这些电子饲喂系统的应用配合前文提到的个体水平的实时营养需要估计，可以实现个体水平的准确饲喂。用于母猪准确饲喂的系统需配备 2 条以上的料线，可接收不同营养水平（如蛋白质含量）的饲料，当电脑计算出特定个体当日的营养需要时，可快速计算出饲料配合方案，并混合出所需的饲料供动物采食（Buis，2016）。实践证明，在母猪妊娠期使用这种精准饲喂方案，可以显著降低妊娠期的饲料投入，提高泌乳期采食量 7%，并提高初产母猪的产活仔数（Buis，2016）。对于泌乳母猪而言，通过两种不同营养浓度饲料的配合来精确满足泌乳期每天的能量需要，可以显著提高泌乳 3～4 周的泌乳量，在带仔 14 头的情况下，仔猪 28d 断奶重从 6.5kg 提高到 7.1kg。虽然这种基于电子饲喂的技术是实现母猪精准饲养的优选方案，但是相关硬件设备的投入限制了其在生产中的广泛应用。

（三）营养调控

在妊娠和泌乳期，利用功能性营养物质或其他靶向调控进程性氧化应激和胰岛素敏感性的物质，可有效改善母猪的繁殖性能。相关内容可在本书的第一、第七和第八章中查阅。

第四节　初产母猪的精准饲养技术

通过精准饲养技术培育的后备母猪可以获得理想的初配日龄、初配体重和初配膘情，然后接受配种进入基础母猪群开始生产，成为初产母猪（primiparous sow）。也就是说，后备母猪配种后需要经历第一次妊娠-分娩-泌乳-断奶-断奶后再配种（Whttemor，1996）。初产母猪在母猪种用年限中非常重要，它不仅受到后备母猪培育期饲养管理的影响，而且还影响了后续种用年限中的繁殖性能。因此，初产母猪在整个种用生涯中发挥着枢纽的作用。

一、初产母猪的特点

与经产母猪（multiparous sow）相比，初产母猪在分娩时没有足够的体组织储存，并且在断奶前自身没有发育完全，摄取的营养物质一方面要满足自身生长发育的需要，另一方面在泌乳期还要分泌乳汁供仔猪生长（Clowes 等，2003），因此初产母猪比经产母猪对泌乳期采食量更为敏感（Hoving 等，2012）。当初产母猪分娩体重过小，或者泌乳期采食量不足时，会造成泌乳期体损失增加，减少 LH 和 FSH 的分泌，抑制卵泡的生长发育。当泌乳期体损失超过 9％～12％ 时，则会导致初产母猪断奶发情间隔（weaning toestrus interval，WEI）延长，发情排卵率和胚胎存活率降低。因此，与经产母猪相比，初产母猪断奶时卵泡尺寸更小，WEI 更长，淘汰率更高（Gerritsen，2008）。并且进入二胎后出现分娩率下降，产仔性能降低，这在母猪生产中被称为二胎综合征（second litter syndrome）（Morrow 等，1989；Hoving 等，2012）。这种现象会导致猪群非生产天数（non-production days，NPD）增加，母猪种用年限缩短，最终导致猪群经济效益减少，母猪终身繁殖性能降低。

初产母猪与经产母猪各胎次的淘汰率和淘汰原因也不相同。在母猪整个种用年限内，后备母猪和初产母猪的淘汰率最高，其中初产母猪淘汰率高达 20.3％～41.3％（Masaka 等，2014；Wang 等，2019）。而经产母猪 3 胎以上各胎次淘汰比例分别为三胎13.1％、四胎11.9％、五胎8.2％、≥六胎4.0％（Wang 等，2019）。说明与经产母猪相比，初产母猪生产中的问题更多。

除淘汰率不同外，初产母猪与经产母猪的主要淘汰原因也不尽相同。除疾病因素外，导致初产母猪高淘汰率的原因主要包括繁殖障碍、断奶后不发情、肢蹄病等；而经产母猪则主要是产仔性能差、泌乳期奶水不足、高龄等（Masaka 等，2014；Wang 等，2019）。由此可见，经产母猪出现的一些主要淘汰原因，可能是由于初产母猪饲养管理不善造成的，如二胎母猪产仔性能差。

与经产母猪相比，初产母猪在繁殖周期的营养需要也不同。初产母猪妊娠前期和妊娠中期赖氨酸的需要量较妊娠后期大约高 35％，然而四胎以上的经产母猪整个妊娠期赖氨酸的需要量较初产母猪降低近 36％（NRC，2012）。此外，尽管在整个泌乳期内，初产母猪泌乳量少于经产母猪（Strathe 等，2017），但是初产母猪在泌乳期采食量较低，因此从营养浓度上看仍比经产母猪稍高。

此外，初产母猪性能会影响终身繁殖性能（Iida 和 Koketsu，2015）。产活仔数较高的初产母猪，其随后几胎及整个种用年限内提供的产活仔数也较高，母猪淘汰率降低，种用年限延长（Sasaki 等，2008；Pinilla 等，2014；Iida 和 Koketsu，2015）。与产活仔数低于 8 头的初产母猪相比，当产活仔数提高到 13 头以上时，其随后每胎平均产活仔数提高 1.0～1.4 头，平均每胎分娩率提高 1.2％～1.5％，整个种用年限内提供的总产活仔数提高 3.4～3.7 头（Iida 和 Koketsu，2015）。

二、初产母猪的饲养技术

根据初产母猪的特点，以及初产母猪对后续终身繁殖性能的影响，初产母猪的饲养目标应包括两方面：一方面应提高产活仔数，为母猪后续胎次获得良好的繁殖性能打下基础；另一方面，应尽可能减少泌乳期体损失，并使初产母猪断奶后尽早发情排卵，从而减少头胎母猪的淘汰率。

1. 分群饲养初产母猪　由于初产母猪的健康状况对整个母猪群的健康水平有重要影响，生病的初产母猪会破坏整个猪场的健康（Knox 等，2013）。另外，初产母猪营养需要上与经产母猪存在差异，如果将其与经产母猪混养，将难以兼顾其营养需要的特殊性。因此，将初产母猪分开单独饲养，为其提供专用的饲料，将能有效地解决这一问题。此外，采用分批次断奶等管理技术，将初产母猪与经产母猪分开饲养也有利于管理。

2. 妊娠期精准饲喂技术　与经产母猪相似，初产母猪妊娠期的饲养也应采用动态测膘调料技术。但"步步高"饲喂模式可能更适合初产母猪。这主要是因为，初产母猪没有经历泌乳期哺乳的过程，所以在妊娠前期不需要摄入更多的能量恢复体损失。

3. 分批断奶技术　分批断奶（split weaning）是将同批次、同窝仔猪中体重较大、体型和体重基本一致的仔猪先行断奶培育，其他较弱小的仔猪则继续哺乳一段时间，使之达到适宜的断奶指标再进行断奶的一种措施。该技术降低了泌乳后期仔猪对母猪的吮吸刺激，可改善母猪泌乳后期的机体能量平衡，缩短 WEI，促进卵泡发育，提高初产母猪下一胎次的繁殖性能（Soede 和 Kemp，2015）。

分批断奶对初产母猪 WEI 的影响与泌乳后期分批断奶时保留仔猪头数有关。当对泌乳后期母猪执行分批断奶时，保留仔猪头数为 3 头并继续哺乳 5d，初产母猪 WEI 最短（Matte 等，1992）。有趣的是，分批断奶对母猪 LH 的分泌和卵泡发育的作用还受到保留仔猪吮吸母猪乳头位置的影响，当在泌乳后期保留 5 头仔猪哺乳 7d 时，如果前 3 对乳头不被仔猪吮吸，此时分批断奶后的母猪其黄体生成素（luteinizing hormone，LH）分泌水平和卵泡发育都较好（Varley 和 Foxcroft，1990）。分批断奶缩短初产母猪 WEI 的原因与 LH、FSH 和催乳素的分泌有关。泌乳期 16～19d 开始分批断奶的母猪，机体催乳素水平降低，FSH 水平升高（Degenstein 等，2006）；此外，在泌乳期 18d 开始分批断奶后 10h，机体 LH 水平显著升高。分批断奶对初产母猪下一胎次的影响主要包括增加了初产母猪断奶后的排卵率（从 15.5% 增加到 17.7%）和进入二胎后的分娩率（从 86% 增加到 97%），但是对胚胎存活率和二胎产仔数没有不利影响（Vesseur 等，1997；Zak 等，2008）。

因此，对于泌乳期体损失较大的初产母猪，在完全断奶前 3～7d，保留 2～6 头的分批断奶技术可以促进 LH 和 FSH 的分泌，促进初产母猪断奶后的发情排卵，并且有助于提高下一胎次的分娩率，而不会对下一胎次胚胎存活率和产仔数产生不利影响。

4. 间歇性哺乳技术　由于仔猪吮吸会刺激内源性阿片肽的释放，下丘脑-垂体系统感应后 GnRH/LH 脉冲释放受到抑制，因而母猪在泌乳期不会发情（Armstrong 等，1988）。而通过减少仔猪吮吸刺激可能会促进母猪发情，并且促进卵泡发育和排卵（Soede 和 Kemp，2015）。在母猪生产中，间歇性哺乳（intermittent suckling，IS）可以作为实现这个目的的有效途径之一。所谓间歇性哺乳，是指在泌乳期的一段时间内每天让母猪与仔猪分开一定时间的一项措施（Matte 等，1992）。当母猪在泌乳期间失重达到体重的 12.5% 时将会导致 WEI 延长，特别是对初产母猪的影响更大。IS 则可以通过减弱泌乳期间母猪的能量负平衡及哺乳仔猪的吮乳刺激提高母猪的繁殖性能。值得注意的是，遗传选育缩短了现代母猪的 WEI，因此现代母猪可能对 IS 更为敏感，效果也可能较传统母猪更好。

在执行间歇性哺乳措施时，一定要保证母猪和仔猪完全分开。此外，IS 的开始时间和每天的间隔时间是决定母猪发情排卵的关键因素。当 IS 在泌乳早期开始时（早于14d），可能会导致一些母猪发生卵巢囊肿，这也影响排卵前 LH 峰的出现（Gerritsen，2008）。当 IS 从泌乳第 14 天开始时，多数母猪 LH 分泌规律由低频率/高振幅模式向断奶时的高频率/低振幅模式转变，这也说明泌乳第 14 天开始 IS 可以促进母猪的发情排卵（Langendijk 等，2007）。而当 IS 从泌乳第 21 天开始时，与 IS 从泌乳第 14 天开始相比，母猪发情率进一步从 70% 提高到 83%，发情率提高了 13 个百分点（Gerritsen等，2009）。在母猪与仔猪每日分开时间方面，当母猪与仔猪重新一起饲养 12h 后，LH分泌规律由断奶时的高频率/低振幅模式向不发情时的低频率/高振幅模式转变；然后再将母猪与仔猪分开 12h，LH 分泌规律又从低频率/高振幅模式向高频率/低振幅模式转变（Langendijk 等，2007）。说明每天母猪与仔猪分离时间在 10～12h 较为合适。此外，执行 IS 后泌乳期母猪开始发情的平均时间为 4.2～6.8d（表 9-9）。

表 9-9　间歇性哺乳对母猪泌乳期发情率的影响

泌乳期开始时间 （h）	每天分开时间 （h）	泌乳天数 （d）	胎次	泌乳期发情率 （%，n/N）	IS 后开始发情天数 （d）	资料来源
4	12	28	经产母猪	22（11/49）	ND	Kuller 等（2004）
13～18	12	20～25	经产母猪	83（10/12）	<7	Langendijk 等（2007）
14	12	0～42	经产母猪	100（14/14）	4.2±1	Gerritsen 等（2008）
	2×6			92（12/13）	4.9±0.7	
14	12	0～42	经产母猪	70（21/30）	4.7±0.3	Gerritsen 等（2009）
21				83（19/23）	4.4±0.1	
14	12	>21	经产母猪	25（4/16）	5.3±0.6	Langendijk 等（2009）
	12+公猪			19（3/16）	5.8±0.9	
19	10	26	混合胎次	50（20/40）	5.0±0.1	Soede 等（2012）
		35		64（27/42）		
26		35		61（25/41）		

注："n" 为实际发情母猪数，N 为总泌乳母猪数，"ND" 表示没有测定。

综上所述，间歇性哺乳可以减少仔猪吮吸对母猪下丘脑-垂体系统的刺激，通过激发 LH 峰的出现促进母猪发情排卵。尽管目前的研究主要集中在经产母猪上，在初产母猪方面研究较少，并且结果并不一致，但是有理由相信间歇性哺乳对体损失过大的初产母猪的发情排卵更能起到积极的作用。在执行间歇性哺乳措施时，应该从泌乳后期（18～21d）开始，每天保证母猪与仔猪分离 10～12h，该措施执行周期为 5～7d。

5. 同期发情　在实际生产中，饲养管理者一般期望母猪断奶后能尽快发情配种以缩短 WEI，减少猪群 NPD，以此提高母猪的繁殖效率。这种理念对于经产母猪非常适用，但是对于初产母猪，则要根据实际情况进行管理上的调整。由于初产母猪在分娩时体储不足，加之断奶前自身仍然处于生长发育阶段，当泌乳期采食量不足时，初产母猪相较于经产母猪对体损失更加敏感，因而产生二胎综合征（Morrow 等，1989；Hoving

等，2012），降低猪群繁殖性能。所以，适当延长泌乳期体损失过大的初产母猪断奶后的发情时间，可使得这些母猪有较多时间进行体况恢复，减少二胎综合征的发生。此外，对于实行批次生产的集约化猪场，保证母猪同期发情配种更有助于生产管理（Kemp 等，2018）。

在国外，烯丙孕素（altrenogest）被广泛用于母猪同期发情，给药期间可抑制母猪发情，停止给药后母猪会重返发情，以达到同步发情。烯丙孕素是一种人工合成的孕激素类似物，化学名为 17α-丙烯基-17-羟基雌甾-4，9，11-三烯-3-酮。它的作用机制与天然孕激素类似，具有拟黄体酮和抗促性腺激素的作用，主要通过降低血浆中内源性促性腺激素（gonadotropin）、LH 和 FSH 的浓度起作用（Patterson 等，2016）。经烯丙孕素处理后的母猪，血浆中低水平的促性腺激素能够防止卵泡增大（<3mm），母猪表现乏情及不排卵；停药后 LH 水平得到恢复，允许卵泡生长，母猪便可达到同步发情（Kemp 和 Soede，2012）。

烯丙孕素被母猪摄入后能够快速地被机体吸收，给药 1~6h 后达到血浆峰浓度。肝脏是烯丙孕素的主要靶组织和代谢器官，烯丙孕素的消除半衰期约为 14h，主要通过胆汁以粪便和尿液的形式排泄（20%）（EMA，2012）。用药后肝脏、肾脏、肌肉、肾周围脂肪中烯丙黄体酮残留量依次降低，但是 30d 后肝脏和肾脏中检测不到烯丙孕素（EMA，2012）。此外，烯丙孕素毒性较低，大鼠和小鼠腹腔注射给药后的 LD_{50} 分别为 176mg/kg（以体重计）和 233mg/kg（以体重计）。烯丙孕素无致癌、致畸和致突变作用，无免疫毒性和神经毒性（EMEA，2004）。

使用烯丙孕素可以推迟母猪断奶后发情，给母猪提供额外的时间恢复在泌乳期的体损失，使母猪同期发情，建立批次生产并便于管理。这种措施针对批次生产的集约化猪场，尤其对于二胎综合征明显的初产母猪可以考虑采用。更重要的是，使用烯丙孕素后可以促进卵泡发育，提高胚胎存活率，提高下一胎次母猪分娩率和产仔数（表 9-10）。在使用烯丙孕素时，以液体形式按照 15~20mg/d 连续给药 14~18d，停药期为 4~9d。

表 9-10　烯丙孕素处理对不同胎次母猪繁殖性能的影响

开始	处理剂量 (mg/d)	使用周期 (d)	胎次	哺乳天数 (d)	分娩率（%）		产仔数（头）		资料来源
					对照组	烯丙孕素	对照组	烯丙孕素	
					断奶前时间（h）				
−48	15	7	2~7	18	—	—	11.8	ns	Patterson 等（2008）
−48	15	17	2~7	18	—	—	11.8	+1.8	
−24	20	4	1	20	89	ns	11.9	ns	van Leeuwen 等（2011）
−24	20	8	1	20	89	ns	11.9	ns	
−24	20	15	1	20	89	ns	11.9	+2.5	
−24	20	8	1	21	88	ns	11.9	+1.5	van Leeuwen 等（2011）
−24	20	8	2-3	21	93	ns	13.7	ns	

（续）

开始	处理剂量（mg/d）	使用周期（d）	胎次	哺乳天数（d）	分娩率（%）		产仔数（头）		资料来源
					对照组	烯丙孕素	对照组	烯丙孕素	
				断奶后时间（h）					
0	20	3	1	35	—	—	10.5	ns	Boland（1983）
0	20	7	1	35	—	—	10.5	ns	
0	20	7	1	28	46	+22	8.9	ns	Stevenson 等（1985）
0	20	7	1	35	—	—	10.7	ns	Kirkwood 等（1986）
+3	20	5	1	21	84	−14	11.1	−1.7	Werlang 等（2011）
+3	20	5	1	21	97	−30	10.7	ns	
+24	20	12	1	12			10.3	+2.6	Koutsotheodoros 等（1998）
+24	20	5	1	21	—	—	12.3	ns	Fernandez 等（2005）

注："—"代表没有测定；"ns"代表不显著；加号和减号均代表增加量。

本 章 小 结

母猪的繁殖效率是决定猪场经济效益的关键。提高母猪繁殖效率，应首先明确母猪饲养各环节的目标。对于后备母猪培育而言，其饲养目标是及时、高效地培育出优良后备母猪，并保障其有良好的终身繁殖性能；对于初产母猪而言，其饲养目标是提高产活仔数，并减少泌乳期体损失，促进初产母猪断奶后尽早发情排卵；对经产母猪而言，其饲养目标是提高产仔数和断奶育成率、减少非生产天数，以及增加种用年限。

后备母猪应实施阶段饲养，并配合公猪诱情、短期优饲、环境管理等措施使其在适宜的体重尽早发情和配种。进入繁殖周期后，应以妊娠期的饲养为重点，以控制母猪妊娠膘情和维持肠道菌群健康为靶标，以实现采食量的"低妊娠"为抓手，以功能性纤维的应用为切入点，实现"抓妊娠，促泌乳；抓初生，强断奶"的效果。在此基础上，应结合精准营养供应和营养调控技术，保障母猪的繁殖效率。对于初产母猪而言，应重视其区别于经产母猪的营养需要特点，实行与经产母猪的分群饲养。而通过运用分批次断奶、间歇性哺乳等技术可能有利于初产母猪的体况维持和恢复，防止二胎综合征的发生。

⊙ **参考文献**

刘祖红，2018. 母猪妊娠后期不同饲喂量对仔猪初生重的影响［D］. 武汉：华中农业大学.

王彦丽，卓卫杰，2017. 后备母猪的精细化饲养管理［J］. 猪业科学（4）：122-123.

徐涛，周远飞，蔡安乐，等，2017. 母猪妊娠末期背膘厚度对产仔性能和胎盘脂质氧化代谢的影响［J］. 动物营养学报，9（5）：1723-1729.

张红，2019. 妊娠期精准饲喂技术联合益维素提高加系母猪繁殖性能的效果［D］. 武汉：华中农业大学.

张敏婕，王士维，张萌萌，等，2018. 后备母猪培育及其配套技术措施［J］. 中国畜牧杂志，54（9）：21-24.

张夏鸣，2017. 妊娠期不同饲养模式对美系大白母猪繁殖性能的影响［D］. 武汉：华中农业大学.

Armstrong J D, Kraeling R R, Britt J H, 1988. Effects of naloxone or transient weaning on secretion of LH and prolactin in lactating sows [J]. Journal of Reproduction and Fertility, 83: 301-308.

Ball R O, Samuel R S, Moehn S, 2008. Nutrient requirements of prolific sows [J]. Advances in Pork Production, 19: 223-236.

Boyd R D, Touchette K J, Castro G C, et al, 2000. Recent advances in the nutrition of the prolific sow [J]. Asian-Australasian Journal of Animal Sciences, 13: 261-277.

Boyd R D, Touchette K J, Johnston M, 1997. Current concepts in feeding prolific sows [C]. Proceedings Carolina Swine Nutrition conference.

Buis R Q, Wey D, de Lange C F M, 2016. Development of precision gestation feeding program using electronic sow feeders and effects on gilt performance [J]. Journal of Animal Science, 94: 125.

Callahan S R, Cross A J, DeDecker A E, et al, 2017. Effects of group-size-floor space allowance during the nursery phase of production on growth, physiology, and hematology in replacement gilts [J]. Journal of Animal Science, 95 (1): 201-211.

Close W H, Cole D J A, 2000. Nutrition of sows and boars [M]. UK: Nottingham University Press.

Clowes E J, Aherne F X, Schaefer A L, et al, 2003. Parturition body size and body protein loss during lactation influence performance during lactation and ovarian function at weaning in first-parity sows. [J]. Journal of Animal Science, 81 (6): 1517-1528.

Degenstein K, Wellen A, Zimmerman P, et al, 2006. Effect of split weaning on hormone release in lactating sows [C]. Banff Pork Seminar 2006 Proceedings: 17-20.

Diekman M A, Green M L, 1997. Serum concentrations of melatonin in prepubertal or postpubertal gilts exposed to artificial lighting or sunlight [J]. Theriogenology, 47 (4): 923-928.

Dourmad J Y, Etienne M, Noblet J, 1996. Reconstitution of body reserves in multiparous sows during pregnancy: effect of energy intake during pregnancy and mobilization during the previous lactation [J]. Journal of Animal Science, 74 (9): 2211-2219.

Einarsson S, Rojkittikhun T, 1997. Effects of nutrition on pregnant and lactating sows [J]. Journal of Reproduction and Fertility, 48: 229-239.

Farmer C, Palin M F, Sorensen M T, 2000. Mammary gland development and hormone levels in pregnant Upton-Meishan and large white gilts. [J]. Domestic Animal Endocrinology, 18 (2): 241-251.

Ferguson E M, Slevin J, Hunter M G, et al, 2007. Beneficial effects of a high fibre diet on oocyte maturity and embryo survival in gilts [J]. Reproduction, 133 (2): 433-439.

Feyera T, Theil P K, 2017. Energy and lysine requirements and balances of sows during transition and lactation: A factorial approach [J]. Livestock Science, 201: 50-57.

Filha W S A, Bernardi M L, Wentz I, et al, 2010. Reproductive performance of gilts according to growth rate and backfat thickness at mating [J]. Animal Reproduction Science, 121 (1/2): 139-144.

Gadd J, 2003. Pig production problems: John Gadd's guide to their solutions [M]. Nottingham: Nottingham University Press.

Garcia-Rodenas C, Affolter M, Vinyes-Pares G, et al, 2016. Amino acid composition of breast milk from urban chinese mothers [J]. Nutrients, 8 (10): 606.

Gauthier R, Largouët C, Gaillard C, et al, 2019. Dynamic modeling of nutrient use and individual requirements of lactating sows [J]. Journal of Animal Science, 97 (7): 2822-2836.

Gerritsen R，Soede N M，Hazeleger W，et al，2009. Intermittent suckling enables estrus and pregnancy during lactation in sows：effects of stage of lactation and lactation during early pregnancy［J］. Theriogenology，71（3）：432-440.

Gerritsen R，2008. Lactational oestrus in sows：follicle growth，hormone profiles and early pregnancy in sows subjected to intermittent suckling［D］. Wageningen：Wageningen University.

Goncalves M A D，Dritz S S，Tokach M D，et al，2016a. Fact sheet-impact of increased feed intake during late gestation on reproductive performance of gilts and sows［J］. Journal of Swine Health and Production，24（5）：264-266.

Goncalves M A，Gourley K M，Dritz S S，et al，2016b. Effects of amino acids and energy intake during late gestation of high-performing gilts and sows on litter and reproductive performance under commercial conditions［J］. Journal of Animal Science，94（5）：1993.

Harmon J D，Levis D G，2010. Sow housing options for gestation［M］. Pork Information Gateway. National Pork Board.

Hoving L L，Soede N M，Feitsma H，et al，2012. Lactation weight loss in primiparous sows：consequences for embryo survival and progesterone and relations with metabolic profiles［J］. Reproduction in Domestic Animals，47（6）：1009-1016.

Hu B，Mo D，Wang X，et al，2016. Effects of back fat，growth rate，and age at first mating on Yorkshire and Landrace sow longevity in China［J］. Journal of Integrative Agriculture，15（12）：2809-2818.

Iida R，Koketsu Y，2013. Delayed age of gilts at first mating associated with photoperiod and number of hot days in humid subtropical areas［J］. Animal Reproduction Science，139（1/4）：115-120.

Iida R，Koketsu Y，2015. Number of pigs born alive in parity 1 sows associated with lifetime performance and removal hazard in high-or low-performing herds in Japan［J］. Preventive Veterinary Medicine，121（1/2）：108-114.

Iida R，Piñeiro C，Koketsu Y，2015. High lifetime and reproductive performance of sows on southern European Union commercial farms can be predicted by high numbers of pigs born alive in parity one［J］. Journal of Animal Science，93（5）：2501-2508.

Jang J C，Hong J S，Jin S S，et al，2017. Comparing gestating sows housing between electronic sow feeding system and a conventional stall over three consecutive parities［J］. Livestock Science，199：37-45.

Jindal R，Cosgrove J R，Foxcroft G R，1997. Progesterone mediates nutritionally induced effects on embryonic survival in gilts［J］. Journal of Animal Science，75（4）：1063-1070.

Kemp B，da Silva C L A，Soede N M，2018. Recent advances in pig reproduction：focus on impact of genetic selection for female fertility［J］. Reproduction in Domestic Animals，53：28-36.

Kemp B，Soede N M，2012. Should weaning be the start of the reproductive cycle in hyper-prolific sows? a physiological view［J］. Reproduction in Domestic Animals，47（4）：320-326.

Kim J S，Yang X，Pangeni D，et al，2015. Relationship between backfat thickness of sows during late gestation and reproductive efficiency at different parities［J］. Acta Agriculturae Scandinavica，Section A-Animal Science，65（1）：1-8.

Kim S W，Weaver A C，Shen Y B，et al，2013. Improving efficiency of sow productivity：nutrition and health［J］. Journal of Animal Science and Biotechnology，4（1）：26.

Kirkwood R N，Baidoo S K，Aherne F X，1990. The influence of feeding level during lactation and gestation on the endocrine status and reproductive performance of second parity sows［J］.

Canadian Journal of Animal Science, 70 (4): 1119-1126.

Knauer M T, Cassady J P, Newcom D W, et al, 2012. Gilt development traits associated with genetic line, diet and fertility [J]. Livestock Science, 148 (1/2): 159-167.

Knox R V, Rodriguez Zas S L, Sloter N L, et al, 2013. An analysis of survey data by size of the breeding herd for the reproductive management practices of North American sow farms [J]. Journal of Animal Science, 91 (1): 433-445.

Knox R V, 2014. Impact of swine reproductive technologies on pig and global food production [M] // Current and future reproductive technologies and world food production. New York: Springer.

Koketsu Y, Tani S, Iida R, 2017. Factors for improving reproductive performance of sows and herd productivity in commercial breeding herds [J]. Porcine Health Management, 3 (1): 1.

Kraeling R R, Webel S K, 2015. Current strategies for reproductive management of gilts and sows in North America [J]. Journal of Animal Science and Biotechnology, 6 (1): 3.

Langendijk P, Dieleman S J, van den Ham C M, et al, 2007. LH pulsatile release patterns, follicular growth and function during repetitive periods of suckling and non-suckling in sows [J]. Theriogenology, 67 (5): 1076-1086.

Liao C W, Veum T L, 1994. Effects of dietary energy intake by gilts and heat stress from days 3 to 24 or 30 after mating on embryo survival and nitrogen and energy balance [J]. Journal of Animal Science, 72 (9): 2369-2377.

Masaka L, Sungirai M, Nyamukanza C, et al, 2014. Sow removal in a commercial pig herd in Zimbabwe [J]. Tropical Animal Health and Production, 46 (5): 725-731.

Matte J J, Pomar C, Close W H, 1992. The effect of interrupted suckling and splitweaning on reproductive performance of sows: a review [J]. Livestock Production Science, 30 (3): 195-212.

McLaren J W, Nau C B, Erie J C, et al, 2004. Corneal thickness measurement by confocal microscopy, ultrasound, and scanning slit methods [J]. American Journal of Ophthalmology, 137 (6): 1011-1020.

McPherson R L, Ji F, Wu G, et al, 2004. Growth and compositional changes of fetal tissues in pigs [J]. Journal of Animal Science, 82 (9): 2534-2540.

Morrow W E M, Leman A D, Williamson N B, et al, 1989. Improving parity-two litter size in swine [J]. Journal of Animal Science, 67 (7): 1707-1713.

Noblet J, Dourmad J Y, Etienne M, et al, 1997. Energy metabolism in pregnant sows and newborn pigs [J]. Journal of Animal Science, 75 (10): 2708-2714.

Noblet J, Dourmad J Y, Etienne M, 1990. Energy utilization in pregnant and lactating sows: modeling of energy requirements [J]. Journal of Animal Science, 68: 562-572.

NRC, 1998. Nutrient requirements for swine [M]. 10th ed. Washington, DC: The National Academies Press.

NRC, 2012. Nutrient requirements for swine [M]. 11th ed. Washington, DC: The National Academies Press.

Patterson J L, Beltranena E, Foxcroft G R, 2010. The effect of gilt age at first estrus and breeding on third estrus on sow body weight changes and long-term reproductive performance [J]. Journal of Animal Science, 88 (7): 2500-2513.

Patterson J, Triemert E, Gustafson B, et al, 2016. Validation of the use of exogenous gonadotropins (PG600) to increase the efficiency of gilt development programs without affecting lifetime productivity in the breeding herd [J]. Journal of Animal Science, 94 (2): 805-815.

Peltoniemi O A T, Virolainen J V, 2006. Seasonality of reproduction in gilts and sows [J]. Reproduction, 62: 205-218.

Pinilla J C, Molinari R, Coates J, et al, 2014. Gilt management for 35 PSY. In, Proceeding of the American Association of Swine Veterinarians, Dallas, TX, USA.

Pond W G, Mersmann H J, 1988. Comparative response of lean or genetically obese swine and their progeny to severe feed restriction during gestation [J]. The Journal of Nutrition, 118 (10): 1223-1231.

Quesnel H, Farmer C, Devillers N. 2012. Colostrum intake: influence on piglet performance and factors of variation [J]. Livestock Science, 146 (2/3): 105-114.

Rioja-Lang F C, Stephanie M H, Harold W G, 2013. The effect of pen design on free space utilization of sows group housed in gestation pens equipped with free access stalls [J]. Applied Animal Behaviour Science, 148 (1/2): 93-98.

Rozeboom D W, 2015. Conditioning of the gilt for optimal reproductive performance [M] //The gestating and lactating sow [M]. Wageningen: Wageningen Academic Publishers.

Rutherford K, Baxter E, D'Eath R, et al, 2013. The welfare implications of large litter size in the domestic pig I: biological factors [J]. Animal Welfare, 22 (2): 199-218.

Sasaki Y, Koketsu Y, 2008. Sows having high lifetime efficiency and high longevity associated with herd productivity in commercial herds [J]. Livestock Science, 118, 140-146.

SEGES Pig Research Centre, 2019. Danish nutrient standards. VSPårsberetning UK.

Soede N M, Kemp B, 2015. Best practices in the lactating and weaned sow to optimize reproductive physiology and performance [M]. Wageningen: Wageningen Academic Publishers.

Solà-Oriol D, Gasa J, 2017. Feeding strategies in pig production: sows and their piglets [J]. Animal Feed Science and Technology, 233: 34-52.

Stalder K J, Knauer M, Baas T J, et al, 2004. Sow longevity [J]. Pig News and Information, 25: 53-74.

Stalder K J, Saxton A M, Conatser G E, et al, 2005. Effect of growth and compositional traits on first parity and lifetime reproductive performance in U. S. Landrace sows [J]. Livestock Production Science, 97: 151-159.

StalderK J, Johnson C, Miller D P, et al, 2010. Replacement gilt evaluation pocket guide. National Pork Board, Des Moines, IA USA.

Stevenson J S, Pollmann D S, Davis D L, et al, 1983. Influence of supplemental light on sow performance during and after lactation [J]. Journal of Animal Science, 56 (6): 1282-1286.

Strathe A V, Bruun T S, Hansen C F, 2017. Sows with high milk production had both a high feed intake and high body mobilization [J]. Animal, 11 (11): 1-9.

Strathe A V, Strathe A B, Theil P K, et al, 2015. Determination of protein and amino acid requirements of lactating sows using a population-based factorial approach [J]. Animal, 9 (8): 1319-1328.

Tauson A H 2015. Reproduction [M]. Nutritional physiology of pigs: with emphasis on Danish production conditions Videncenter for Svineproduktion, Landbrug & Fødevarer.

The Danish Pig Research Centre, 2014. Annual report 2014 [R]. Danish Agriculture & Food Council.

Topigs 20, 2016. Feed Manual Topigs 20 [M]. Topigs Norsvin, Helvoirt, The Netherlands.

Varley M A, Foxcroft G R, 1990. Endocrinology of the lactating and weaned sow [J]. Journal of Reproduction and Fertility, Supplement, 140: 47-61.

Verdon M, Hansen C F, Rault J L, et al, 2015. Effects of group housing on sow welfare: a review

［J］. Journal of Animal Science, 93 (5): 1999-2017.

Vesseur P C, 1997. Causes and consequences of variation in weaning to oestrus interval in the sow Oorzaken en gevolgen van verschillen in interval spenen-bronst van zeugen ［M］. The Netherlands: Research Institute for Pig Husbandry.

Virolainen J V, Peltoniemi O A T, Munsterhjelm C, et al, 2005, Effect of feeding level on progesterone concentration in early pregnant multiparous sows［J］. Animal Reproduction Science, 90 (1/2): 117-126.

Wang C, Wu Y, Shu D, et al, 2019. An analysis of culling patterns during the breeding cycle and lifetime production from the aspect of culling reasons for gilts and sows in southwest China［J］. Animals, 9 (4): 160.

Weldon W C, Lewis A J, Louis G F, et al, 1994. Postpartum hypophagia in primiparous sows: I. Effects of gestation feeding level on feed intake, feeding behavior, and plasma metabolite concentrations during lactation［J］. Journal of Animal Science, 72 (2): 387-394.

Wheelhouse R K, Hacker R R, 1982. The effect of four different types of fluorescent light on growth, reproductive performance, pineal weight and retinal morphology of Yorkshire gilts［J］. Canadian Journal of Animal Science, 62 (2): 417-424.

Whitney M H, Maxwell C, Miller P, 2007. Factors affecting nutrient recommendations for swine ［J］. National Swine Nutrition Guide, 1: 1-5.

Whittemore C T, 1996. Nutrition reproduction interactions in primiparous sows ［J］. Livestock Production Science, 46 (2): 80-83.

Xia M, Pan Y, Guo L, et al, 2019. Effect of gestation dietary methionine/lysine ratio on placental angiogenesis and reproductive performance of sows ［J］. Journal of Animal Science, 97 (8): 3487-3497.

Young M G, Tokach M D, Aherne F X, et al, 2008. Effect of space allowance during rearing and selection criteria on performance of gilts over three parities in a commercial swine production system［J］. Journal of Animal Science, 86 (11): 3181-3193.

Young M G, Tokach M D, Aherne F X, et al, 2004. Comparison of three methods of feeding sows in gestation and the subsequent effects on lactation performance ［J］. Journal of Animal Science, 82 (10): 3058-3070.

Young M, Aherne F, 2005. Monitoring and maintaining sow condition ［J］. Advances in Pork Production, 16: 299-313.

Zak L, Foxcroft G R, Aherne F X, et al, 2008. Role of luteinizing hormone in primiparous sow responses to split weaning［J］. Reproduction in Domestic Animals, 43 (4): 445-450.

Zhou Y, Xu T, Cai A, et al, 2018. Excessive backfat of sows at 109 d of gestation induces lipotoxic placental environment and is associated with declining reproductive performance ［J］. Journal of Animal Science, 96 (1): 250-257.

第十章
母猪生产大数据分析方法的建立与应用

随着信息技术的应用与发展，猪场记录和储存了大量的生产数据和管理信息。尽管新技术可以最大限度地实现数据的采集、交换和分析，但目前对猪场数据的分析和挖掘并不充分，所记录的数据大多只是用于记录猪群状况和进行绩效考评。事实上，猪场生产数据不仅可以用于掌握猪群状况，监控性能指标，开展绩效考评和出具财务报告，还可以进一步通过数据分析，以便改进工作计划，查找问题根源，并对生产成绩和成本/利润进行准确的预测。更重要的是，生产大数据分析是进行正确决策的重要依据，它可以帮助管理者以数据为依据，去合理调整生产模式，准确评估技术方案，明确制定目标成绩，高效开展营销和财务管理。因此，母猪生产大数据分析方法是提高现代化养猪企业生产水平、管理水平和经营水平的重要工具。本章将先讨论反映母猪繁殖成绩的关键指标——母猪每年提供的断奶仔猪数（pigs weaned per sow per year，PSY），分析PSY的构成指标和影响因素；然后介绍如何建立大数据的分析方法对PSY及其影响因素进行分析；最后以实际案例介绍母猪生产数据分析模型的建立和应用。

第一节　母猪繁殖性能的评价方式及其影响因素

一、母猪繁殖性能的评价指标

母猪繁殖性能主要性状包括初生性能，即总产仔数、产活仔数、健仔数、弱仔数、死胎数、初生个体均重及初生窝重；断奶性能，即断奶仔猪数、断奶个体均重、断奶窝重及断奶发情间隔（weaning to estrus interval，WEI）。通常在评价母猪繁殖成绩的高低时，可以用母猪每胎提供的断奶头数（即"母猪每胎生产性能"）、母猪每年提供的断奶仔猪数（即"母猪年生产性能"）（pigs weaned per sow per year，PSY）和母猪在其一生的繁殖年限内提供的断奶头数（即"母猪终身繁殖性能"）3种方式（Serenius 和 Stalder，2006）。母猪每胎性能取决于每胎产活仔数的多少和哺乳仔猪育成率的高低；PSY取决于每胎断奶仔猪数和母猪年产胎次；母猪终身繁殖性能则是在更长的时间内，即母猪的种用年限内对母猪的繁殖成绩进行评价。因此，终身繁殖性能应该是衡量母猪繁殖性能的最佳方式（Serenius 和 Stalder，2006）。但是在实际生产中，由于PSY这个指标既反映了一个生产年度中的生产成绩，又反映了出生阶段、断奶阶段和断奶后阶段的生产成绩和管理水平，因此是目前最常用的一个反映猪场母猪群繁殖性能水平的指标。

二、PSY 的计算方法及其影响因素

(一) PSY 的计算方法

PSY 是指 1 头母猪 1 年提供的断奶仔猪数。对于 1 头或几头母猪而言，PSY 的计算往往比较容易，可根据下面公式计算：

$$PSY = [(365 - NPD) / (L + WEI + K_1)] \times (100 - M) \, N/100$$

(Gill，2007)

式中，NPD 为非生产天数（non-production days）；L 为泌乳天数（lactation length in days）；K_1 为恒定的妊娠天数（gestation length in days）；M 为仔猪断奶前的死亡率（pre-weaning mortality）；N 为产活仔数（number of piglets born alive per litter）。

然而当母猪群体较大时，关于 PSY 的计算方法就出现了争议，这也造成国内外不同猪场在核算和报告 PSY 时没有可比性，甚至影响对母猪群生产效率的误判。针对此问题，本章汇总了生产中 3 种比较常见的 PSY 的算法，并分析每种计算方法的优缺点。

方法 1：校正的 $PSY = \dfrac{\text{本月断奶合格的仔猪数}}{\text{本月母猪的平均存栏数}} \times \dfrac{365}{30}$

注：该母猪平均存栏是指本月所有接受过一次配种的母猪的累积在场日除以 30（本方法以月为例，下同），其中分娩舍的母猪数量也需计算在内。该方法的优点是软件处理比较容易，整体计算比较便捷，在满负荷生产的母猪群可操作性强，能反映猪群的实际效率。缺点是由于在猪场扩群减群或者新场没有达到满负荷状态时，可能影响本月参与配种的母猪头数统计的准确性。因此，在猪群数量不稳定的情况下，用方法 1 计算得出的 PSY 可能误差较大。

方法 2：是对方法 1 的校正，主要是把方法 1 中的母猪存栏数计算准确。在统计存栏数时，是根据平均妊娠期 114d + 平均哺乳期 21d，来倒推配种时母猪平均存栏头数。但是，如果这些存栏母猪妊娠后，发生空怀、返情和流产的问题比较多，导致母猪群体分娩率过低时，按照这种方法计算得到的 PSY 就会显著降低。

方法 3：

校正的 $PSY = \text{本月断奶合格仔猪数} \times \dfrac{\text{本月妊娠母猪在场天数} \times \text{头数}}{\text{本月已配母猪在场总天数} \times \text{头数}} \times \dfrac{365}{114}$

方法 3 公式中，妊娠母猪的在场天数使用 114d 妊娠期换算成分娩窝数，计算出在场妊娠母猪比例，再用理论年产窝数（365/114）算出每头母猪每年提供的断奶仔猪数。方法 3 的优点是同时校正了母猪妊娠总天数与在群总天数之和计算出理论分娩母猪所产仔猪的效率。但是，因为计算时段内近期的妊娠母猪不一定能最终分娩，而该公式把这些妊娠母猪都考虑成 114d 后能分娩。因此，方法 3 的缺点是计算出的 PSY 往往偏高。

需要强调的是，计算猪群的 PSY，就是要考核猪群中全部生产母猪数，即"已配种母猪数"的生产成绩。"已配种母猪数"是指所有配过种的母猪，包括分娩的和没有

分娩（空怀、返情、流产、淘汰和死亡）的全部母猪，不包括已进入生产群但未配过种的后备母猪。因此，在计算猪场 PSY 时，凡是配过种在场 1d 的母猪都应该计入，而不是单纯地计算分娩母猪的断奶仔猪数（闫之春，2015）。3 种计算 PSY 方法都可能存在误差，比如要准确统计猪群的 PSY，必须是猪群保持稳定的群体数量，生产成绩稳定，没有严重的疾病影响。实际上说明，这个指标能很好地反映猪场的生产水平和成绩。

（二）影响 PSY 的因素

PSY 是一个有效评估母猪群生产效率的综合指标，研究和明确影响 PSY 的关键因素，可以帮助管理者确定母猪生产管理中的关键点，并制定明确的管理目标。

从 PSY 的定义来看，它受到每胎断奶仔猪数和年产胎次的影响。断奶仔猪数受产活仔数和仔猪育成率的影响；而年产胎次受到妊娠期、泌乳期的长短及 NPD 的影响。由于妊娠期和泌乳期的长短是固定的，因此变量 NPD 成为决定年产胎次的关键因素。本部分内容将从产仔数、断奶仔猪数和 NPD 3 个方面探讨影响 PSY 的因素。

1. 影响产仔性能的因素　反映母猪产仔性能的指标包括总产仔数、产活仔数、产健仔数、产死胎数、产木乃伊胎数、仔猪出生重等。一般认为，母猪产仔性能受遗传因素、胎次因素、季节因素、猪舍条件因素等的影响。但是，与配公猪的性能和母猪妊娠期膘情对产仔性能的影响值得更加重视。

（1）遗传　遗传因素是指猪的品种和品系，以及纯繁或杂交对产仔性能的影响。一般而言，大白猪和长白猪的产仔性能好于杜洛克猪。长大二元杂交母猪具有长白和大白母猪的杂种优势，是商品猪生产中最主要的母本（Hossain 等，2016）。在同一个品种内，母猪产仔性能常常表现为丹系＞加系＞新美系＞旧美系。由于丹系母猪的产仔数已经达到或超过 15 头以上，因此在现代母猪生产中，如何减少高产仔性能母猪的弱仔数及提高仔猪育成率，成为饲养管理者最关心的问题。

（2）公猪　俗话说"母猪好，好一窝；公猪好，好一坡"。公猪不仅提供了生猪的遗传改良资源，还决定了母猪的分娩率和产仔数（Whitney 等，2010）。随着猪人工授精技术的迅速推广和应用，公猪对母猪繁殖性能的影响也更加突出。

公猪精液品质是由反映"量"和"质"的指标组成，其中"量"的指标包括精液量和精子密度，它们一起决定了公猪精液的总精子数，主要反映睾丸的生精能力（Flower，2002）；"质"的指标包括精子活力和精子畸形率，它们与母猪受胎率密切相关。精子活力低和畸形率高是母猪配种受胎率低的直接原因，进而会对母猪繁殖性能产生不利影响（Knox 等，2008）。国家标准《种猪常温精液》（GB 23238—2009）规定，只有精子活力≥70％，且畸形率≤20％的达标精液，才能使用稀释液进行稀释处理，分装成每头每份精液产品，用于母猪配种。此外，输精方式和输精量也会影响母猪的繁殖性能。与常规输精方式相比，深部输精（一种能够将精液直接输送至母猪子宫体内，从而高效利用公猪精液的繁殖技术）不仅能够有效降低输精量，而且还能提高母猪的繁殖性能。使用 10 亿个精子进行深部输精与 30 亿个精子常规输精后，母猪分娩率和产仔数差异不显著；而当用 10 亿个精子常规输精后，母猪分娩率和产仔数却显著降低。因此，常规输精时输精量为（2.5～3.0）$\times 10^9$ 个，深部输精时可将输精量降低至 1.0×10^9 个（Mezalira 等，2005；谢景兴等，2017）。

（3）胎次　胎次是影响母猪群分娩率和产仔数的主要因素之一（Koketsu 和 Dial，1998；Iida 和 Koketsu，2015）。通常初产母猪比 3～5 胎经产母猪的分娩率低、返情率高、产活仔数少，且 WEI 长。初产母猪 WEI 延长的原因，一方面是因为内分泌系统还不完善，哺乳期采食量不足导致黄体生成素（luteinizing hormone，LH）分泌水平较低（Koketsu 等，1996），从而抑制了卵巢卵泡的生长发育；另一方面，头胎母猪的营养需要量高于经产母猪，但采食量却更低，因此头胎母猪泌乳期的背膘和体重损失更大，是延长 WEI 的主要原因。

值得注意的是，很多进入二胎的母猪出现二胎综合征，即二胎母猪久不发情，屡配不上，产仔数减少和淘汰率升高（Morrow 等，1989；Hoving 等，2012）。二胎母猪综合征的主要原因，实际上是头胎母猪的能量和蛋白质摄入不足，使其在哺乳期体损更大，从而影响了断奶后卵泡的发育，并对随后的繁殖周期中排卵率和胚胎存活产生负面影响，减少下一个繁殖周期的分娩率和产仔数（Clowes 等，2003）。

随着生产胎次的增加，母猪的繁殖性能在 3～5 胎时达到峰值，然后又会下降。六胎以上的高胎次母猪繁殖性能降低的原因，一方面与排卵率和受胎率降低有关；另一方面，高胎次母猪对胎儿生长空间需求的刺激及分娩刺激的反应减弱，也会导致胚胎死亡率、流产率和死胎数增加（Almond 等，2006；Iida 等，2016）。因此，猪场建立稳定的胎次结构对猪群维持稳定的生产至关重要，生产上一般建议零至六胎母猪存栏的适宜比例分别为 22%、16%、14%、13%、12%、10% 和 7%（Koketsu，2007）。

（4）分娩前膘情　在妊娠期间，母猪膘情能够反映母体在不同繁殖阶段的营养状况和体能储备，也被认为是获得最佳母猪生产力的重要手段（Young 等，2004；Kim 等，2013）。分娩前膘情较差的母猪，通常出生仔猪个体重偏轻，从而降低了初生仔猪的存活率。膘情特别差的母猪，常不能在整个泌乳期保持很好的泌乳性能；或者影响母猪下一次发情，导致母猪被提前淘汰（Kim 等，2013）。此外，分娩前膘情特别好的母猪，妊娠末期母猪背膘厚≥23 mm 以上时，容易使母猪在分娩过程中发生难产，导致母猪产弱仔和产死胎的风险增加（徐涛，2017；Zhou 等，2018）。分娩前背膘过厚还常增加分娩时弱仔的比例。值得指出的是，分娩前背膘厚与泌乳期采食量呈负相关。这意味着分娩前膘情越好，泌乳期采食量越低，泌乳量越低，仔猪断奶重降低（徐涛，2017）。因此，分娩前膘情是母猪生产中一个特别需要重视的控制指标，也是提高母猪繁殖性能的关键控制靶点。

需要指出的是，分娩前背膘是母猪整个妊娠期体脂沉积的结果，能反映母猪妊娠期饲养方案是否正确，以及方案的落实是否到位。妊娠母猪的饲养是从配种开始的。在生产中，一般根据配种时的膘情决定喂料量。背膘过薄会降低母猪配种受胎率和产仔数，而膘情过肥则会导致机体内分泌紊乱和基础代谢水平降低，降低母猪繁殖性能（Kim 等，2013）。在生产中，配种时背膘厚应维持在 16～17mm，以确保母猪分娩时能够获得较高的总产仔数和产活仔数（Filha 等，2010）。事实上，尽管已经认识到背膘对母猪的重要性，但实际生产中如何用正确的饲养方案饲喂母猪，获得适宜的分娩前背膘厚度，精准饲养技术的建立和落实十分重要。这一部分内容详见第九章。

（5）季节　季节是影响母猪繁殖性能最直接的环境因素之一。一般而言，春季配种母猪产仔性能最高，冬季最低，并且春季和秋季的产仔性能显著高于夏季和冬季。季节对母猪繁殖性能的影响，主要是由于环境温度的剧烈变化所导致（Love 等，1993）。妊娠早期胚胎的存活和附植受温度影响较为严重，当环境温度过高时容易造成母猪子宫内温度升高，影响早期胚胎的发育和定植，进而引起死胎和流产，降低母猪繁殖性能（潘新尤和徐杰，2012）。此外，夏季高温还会影响母猪内分泌系统，降低促性腺激素释放激素的分泌水平，同时卵巢卵泡发育受损和黄体功能受损，孕激素的分泌水平降低，这些因素导致母猪夏季繁殖性能降低（Bertoldo 等，2012）。

（6）猪舍类型　妊娠期猪舍类型会影响母猪繁殖性能和福利（Choe 等，2017）。目前，我国妊娠母猪饲养的栏舍类型主要包括限位栏饲养模式（individual housing system）和大栏群养模式（group housing system）两种。典型的母猪限位栏长 2.0～2.1m、宽 0.6～0.7m，面积为 1.2～1.5m^2；而大栏饲养面积则由于猪场实际情况不同变异较大。

在土地短缺的情况下，用集约化限位栏饲养妊娠母猪可能是最好的选择。不仅有利于节约用地，而且便于饲喂、查情、配种，降低饲养员的劳动强度。但是母猪在限位栏饲养时，由于缺乏运动，妊娠母猪出现肢蹄问题的比较多，体质较差，容易出现难产或者产弱仔等问题。

与限位栏饲养模式相比，同样规模的猪场如果采用大群饲养模式将会增加 1/3 的建筑面积和建筑费用（李少宁和宋春阳，2015）。在国外，由于对动物福利越来越重视，因此一些国家提倡妊娠母猪采取群养的模式。群养的母猪采取分区化管理即分为采食、趴卧、排泄 3 个区。这种方式可以增加母猪运动量，增强母猪体质和抵抗力。群养有利于减少母猪的异常行为次数、刻板行为持续时间，而使母猪表现出更多的社会行为，同时能够满足母猪动物福利的要求（周勤，2012）。

综合母猪繁殖性能和动物福利两个方面，可以考虑妊娠前期采用限位栏饲养模式以确保胚胎附植和母猪受胎，中后期转群进行大栏群养以增加母猪运动量，增强母猪体质和抵抗力。

2. 影响断奶性能的因素　母猪 PSY 与仔猪断奶头数直接相关。仔猪断奶头数主要受到产活仔数、死胎数，特别是健仔数的影响，因为只有健壮的出生仔猪才可能在断奶时有更高的育成率。母猪产仔性能的影响因素在上文"（二）PSY 的影响因素"中已作探讨，本部分将围绕仔猪育成率的影响因素进行阐述。

（1）产活仔数、健仔数和死胎数　产活仔数不仅是决定 PSY 的关键源头，而且可以作为高产母猪的预测指标（Iida 和 Koketsu，2015）。产活仔数由遗传、品种、环境、营养和管理因素共同决定（Hoving 等，2011）。一般情况下产活仔数较高的初产母猪，其前三胎分娩率也比较高，并且表现出较高的终身繁殖性能。

在统计母猪的产仔数时，包括活仔数、死胎和木乃伊胎儿。在影响产活仔数的几个因素中，遗传因素对产仔数的影响最大；而木乃伊胎儿是在妊娠中期或更早一些时候死亡的胎儿，受病原，如猪繁殖与呼吸综合征病毒（Almond 等，2006）的影响更多。而死胎通常发生在妊娠后期或者分娩前后。出生前产生的死胎通常是疾病因素造成的，而围产期死亡的胎儿更多是管理不善的结果。断奶前仔猪死亡数占产活仔数的 20％以上，而 85％以上的断奶前死亡发生在分娩过程中或分娩后的 1～3d，即围产期胎儿死亡，其中产死胎是第一位的。30％的母猪在分娩过程中有 1～2 头的仔猪发生死亡，且子宫中有5％～10％正常发育的仔猪在分娩过程中死亡（李想，2015）。因此，加强围产期仔猪护理可以减少死胎的发生率，从而提高断奶仔猪数。

在生产中，通常把出生体重<0.8kg仔猪定义为弱仔。一般而言，产仔数较高的窝中，弱仔数一般会更多。弱仔的存活率低，是降低仔猪断奶育成率的关键影响因素（Zhou等，2018）。因此，相对于产活仔数，母猪产健仔数对断奶头数的影响更大。除产仔数以外，妊娠母猪过肥也是弱仔增加的关键因素。因此，加强妊娠母猪的饲养管理，控制妊娠母猪的膘情，成为减少弱仔的关键技术措施之一。

（2）母猪泌乳期采食量　除活仔数或健仔数以外，母猪泌乳期采食量是影响泌乳量，从而影响仔猪断奶育成率和断奶重的关键。母猪泌乳量不足，不仅降低仔猪断奶个体重，而且常导致泌乳期过度失重或掉膘，延长断奶后发情间隔；而且还造成下一胎次分娩率降低、返情率升高，增加因繁殖障碍导致的淘汰率和下一胎产活仔数（Koketsu等，1996）。尤其是对初产母猪的影响更严重。因此，围绕提高母猪泌乳期采食量的饲养管理措施都有助于提高仔猪断奶性能。

由于母猪妊娠期采食量与泌乳期采食量呈负相关（Xue等，1997），因此在母猪的饲养中，有效控制妊娠期的"低"采食量，是为泌乳期的"高"采食量打下基础。这是因为，妊娠期饲喂量过高会引起母猪肥胖，造成血浆中游离脂肪酸水平升高，胰岛素敏感性降低，从而降低母猪泌乳期采食量（孙海清，2013；谭成全，2015）。实际上，母猪妊娠期的采食量是"按膘饲喂"的。具体方案见第九章。

提高泌乳期母猪的采食量是获得高的泌乳量和好的断奶成绩的关键。在养猪生产中，常按照逐步提高喂料量的方案，在母猪分娩后的5～7d使母猪达到自由采食的状态。也有的猪场为了尽早提高母猪采食量，分娩后直接采用自由采食的方案。支持"逐步提高"理论的学者认为，泌乳早期高饲喂量会引起母猪消化不良，从而导致泌乳后期采食量降低，泌乳量不足，引起泌乳期母猪体损失增加，仔猪断奶重下降（Beyer等，2007）。而支持"自由采食"理论的学者认为，泌乳期总采食量不会受到泌乳早期采食量的影响，并且泌乳早期限饲会降低泌乳期总采食量（Aherne，2001）。但是泌乳早期自由采食会导致母猪乳房充血和乳腺疾病，并且还可能会引起消化道障碍。

目前，泌乳母猪的饲喂方式主要包括饲喂球方式、液体饲喂系统和自动饲喂系统3种方式。饲喂球方式具有方便控制采食量、保持饲料新鲜的优点，但是存在饲料浪费、增加成本的缺点。液体饲喂系统具有促进泌乳母猪采食量、降低饲料价格的优点，但是该方法需要较高的初始投资成本，并且对系统管理和清洁程度要求较高。而自动饲喂系统可根据泌乳母猪的需求创建不同的饲喂曲线，从而更容易增加总饲料摄入量，减少饲料浪费，自动饲喂系统是基于自由采食模式设计的智能养殖设备，能够24h给有采食欲望的母猪提供饲料。与传统人工饲喂模式相比，自动饲喂系统饲养的母猪日均采食量提高0.8～1.0kg（张子云等，2017）。此外，人工喂料的情况下适当增加饲喂次数又有利于提高泌乳母猪的采食量，如每天饲喂3～4次比每天饲喂2次日均采食量提高了0.4～0.6kg（连瑞营等，2010）。

（3）疾病　母猪和仔猪的健康状态均会影响仔猪断奶育成率。母猪主要通过泌乳量和乳品质影响仔猪育成率，而仔猪自身健康状态直接决定了其在泌乳期的存活

（Kirkden 等，2013）。

母猪泌乳量不足或乳品质不佳会影响仔猪免疫机能，降低仔猪育成率和生长速度。乳房炎和产后泌乳障碍综合征（postpartum dysgalactia syndrome，PDS）是生产中影响泌乳量和乳品质的两个常见问题（Jackson 和 Cockroft，2007）。乳房炎主要是由细菌感染引起，常见的致病菌有大肠埃希氏菌、葡萄球菌、链球菌和双球菌。地面卫生差、仔猪咬伤乳房和乳房受到过度挤压都可诱发病原菌感染。目前，对乳房炎的治疗主要依靠抗生素，当治疗效果不佳时则应将哺乳的仔猪进行寄养或是饲喂人工乳，以保障仔猪获取营养（Jackson 和 Cockroft，2007）。PDS 是乳房炎、子宫炎和无乳症（mastitis-metritis-agalactia，MMA）的统称，产前应激、地面卫生、便秘和高温均有可能导致PDS 的发生（Martineau 等，1992；Messias 等，1998；Maes 等，2010；Papadopoulos 等，2010）。因此，凡是能够缓解上述致病原因的措施都有可能降低 PDS 的发生，如分娩时给母猪注射前列腺素、保持猪舍地面卫生、妊娠日粮增加纤维水平、采用降温设备等。

仔猪贫血症、传染性胃肠炎（transmissible gastroenteritis，TGE）和流行性腹泻（porcine endemic diarrhea，PED）是猪场常见的几种影响育成率的仔猪疾病（Amass 和 Baysinger，2006）。母乳中铁缺乏或切断脐带时操作不当会引起新生仔猪贫血（Fredriksen 等，2009；Spicer 等，2010），生产中通常采用口服和肌内注射方式补铁以补偿由于母乳中铁缺乏导致的新生仔猪贫血（Fredriksen 等，2009）。当仔猪由于切断脐带时操作不当导致失血过多时，应该及时对脐带进行结扎，剪尾和打耳标工作应推迟到 10～14 日龄，同时结合口服方式（非肌内注射）对仔猪进行补铁（Cutler 等，2006）。

传染性胃肠炎病毒和流行性腹泻病毒是引起仔猪腹泻的重要诱因，以呕吐、严重腹泻和脱水为特征，是高度传染性、高致死性病毒性肠道传染病（Amass 和 Baysinger，2006）。TGE 和 PED 多呈地方性流行，规模化猪场中一头仔猪发病，则可迅速波及全群。根据 TGE 和 PED 的流行特点，生产中做好通风换气，保证猪舍清洁干燥，实行"全进全出"养殖模式，接种防疫疫苗，以及猪舍严格消毒等措施可以降低 TGE 和PED 的发生率，提高仔猪育成率（Muirhead 等，1997；Cutler 等，2006；Fangman 和Amass，2007）。

3. 影响 NPD 的因素　一般认为，NPD 主要受到 WEI、空怀、返情、流产，以及母猪死亡和淘汰的影响。

（1）WEI　WEI 是影响 NPD 的主要因素之一。母猪断奶后 WEI 越长，猪群 NPD也越长，母猪每年分娩的次数越少，因此 PSY 越低。

WEI 延长的主要原因是母猪泌乳期体损失过高。如前所述，母猪泌乳期膘情过肥或过瘦均会影响其断奶后 WEI 和下一胎次的繁殖性能。此外，母猪泌乳期体损失过大还会降低下一胎次仔猪出生均匀度，增加仔猪出生重窝内变异系数。例如，当泌乳期背膘损失由 2mm 增加到 5mm 时，母猪下一胎次的仔猪出生个体重的标准差增加 25g，出生重窝内变异系数增加 1.8%（Wientjes 等，2013）。因此，理想的断奶背膘应保持在16～20mm，整个泌乳期体重损失控制在 10% 以内，这样可以有效避免因泌乳期背膘损失过大对下一胎次产仔性能造成的不利影响。

（2）空怀　空怀天数的长短影响猪群 NPD。断奶后正常发情的母猪需要尽快配种受胎以开始妊娠，而合理把握输精时间既是配种环节的关键，也是提高配种受胎率的保障。通常母猪平均发情时长为 32～69h，且与 WEI 密切相关。例如，当 WEI 为 4d 时，母猪发情持续时间为 56h；当 WEI 为 6d 时，发情时间则为 46h（Steverink 等，1999）。母猪发情持续时间存在较大的变异，因此最初发情时间并不能够代表最佳排卵时间。一般情况下，精子在母猪的生殖道内存活时间为 24h，因此排卵前 0～24h 输精可以取得良好的成绩，可以产生 90%以上的正常胚胎（Gill，2007）。与配种一次相比，配种两次可以将母猪受胎率提高 7%左右（Belstra 等，2004）。因此，把握合适的配种时间，采取 2～3 次配种的技术策略可以提高母猪配种受胎率，减少母猪空怀天数，从而缩短 NPD。

（3）返情　母猪的发情周期为 18～24d，母猪配种后 3 周左右重新出现发情称为返情。返情意味着已经配种的母猪妊娠失败。母猪群返情率增加，则会导致母猪配种分娩率降低，降低猪场 PSY 和经济效益。假设一个猪场存栏 10 000 头母猪，以妊娠期 114d、哺乳期 21d、WEI 7d、总产仔数 12 头为基本参数计算，理论母猪年产窝数：365/（114＋21＋7）＝2.57；返情一次母猪年产窝数：365/（114＋21＋7＋21）＝2.24 胎；每头母猪一年减少的产仔数：12 头/窝×（2.57－2.24）＝3.96 头。如果返情率按照 10%计算，则该猪场一年因返情造成损失的仔猪数＝10 000×10%×3.96 头＝3 960 头。

生产中母猪返情率一般在 10%左右，而一些猪场的母猪返情率能达到 15%左右。一般猪场的配种分娩率为 80%～90%，配种后未分娩的母猪占 10%～20%，大部分是因为配种后出现返情造成的，返情后再配种的母猪其分娩率降低 10%左右（Koketsu，2003）。

根据返情的时间间隔，可以将返情分为规则返情（配种后 18～24d）、不规则返情（配种后 25～38d）和迟返情（配种后 39～150d）3 种类型（Iida 和 Koketsu，2013）。后备母猪发生规则返情的比例高于经产母猪，而不规则返情发生的比例低于经产母猪。母猪发生规则返情说明配种失败或者发情检查失败；发生不规则返情说明配种成功但早期妊娠失败；发生迟返情则说明后期妊娠失败（Almond 等，2006）。由此可见，配种后定期孕检可以及时发现未受胎母猪，减少猪群 NPD。

（4）流产　生产中造成母猪流产的原因更多的是与疾病有关。我国是世界养猪第一大国，猪病频发是困扰我国生猪生产的主要因素。夏、秋季是猪病多发的季节，除猪场中常年发生的一些传染性较强的病毒类疾病外，细菌类疾病在此季节的发病率也会呈直线上升（阮文科，2011）。

造成母猪流产的疾病包括多圆环病毒、细小病毒、蓝耳病病毒、伪狂犬病病毒、乙型脑炎病毒、猪瘟病毒、结核杆菌、布鲁氏菌和弓形体等病原感染的疾病。各类型的产科疾病引起的繁殖障碍也会降低母猪的繁殖性能。高胎次的母猪尿生殖道疾病的发病率高，可降低母猪的受胎率和分娩率，窝产活仔数减少和断奶窝重降低（Waller 等，2002）。因此，提升猪场生物安全等级，保证猪群健康是进行母猪生产的前提，是避免因疾病导致母猪流产和死亡的有效措施。

（5）母猪死亡和淘汰　死亡率不仅是妊娠母猪健康及动物福利的一个重要指标，而且母猪高死亡率会导致猪场 PSY 降低。除疾病因素外，分娩是所有胎次及任何季节下妊娠期母猪死亡的主要风险因素，大约 68%的母猪死亡发生在分娩前 4 周和分娩后 4 周（Iida 和 Koketsu，2014）。随着胎次的升高，母猪死亡风险也随之增加。因此，高胎母猪（六胎以上）在妊娠期的死亡风险最高（Sasaki 和 Koketsu，2008）。妊娠期不同胎次母猪死亡率还受到季节温度的影响。在亚热带气候中，低胎次母猪在夏季死亡率增加，而高胎次母猪在冬季死亡率增加（Iida 和 Koketsu，2014）。说明与高胎次母猪相比，身体未发育成熟的低胎次母猪对高温更敏感，低胎次母猪的心血管系统较弱且汗腺不发达可能是对热应激十分敏感的一个重要原因。与此同时，上述现象还说明，与低胎次母猪相比，高胎次母猪对寒冷和昼夜温差的剧烈变化更为敏感。因此，在炎热季节应注意栏舍防暑降温，尤其关注低胎次母猪；而在寒冷季节则应更多关注栏舍防寒保暖，特别是多关注高胎次母猪。在生产中采取必要措施降低母猪围产期死亡率可以提高猪群 PSY。

4. 影响 PSY 的其他因素

（1）猪场规模及高性能群体　与中、小规模猪场相比，集约化和规模化猪场 PSY 更高（King 等，1998）。猪场规模的大小本身不会直接影响 PSY，但是集约化和规模化猪场往往能够雇用更多的专业技术人员，使用更好的设施设备。与此同时，规模化猪场一般具有独立的核心群，能够更快速地通过科学选育进行遗传改良，提高母猪群的繁殖性能。在生产中，管理者可以基于 PSY 的高低将猪群分为两类：普通群体和高性能群体。通过将猪群按性能高低区分以查找造成 PSY 降低的潜在因素。与普通群体相比，高性能群体母猪分娩率提高 4%～7%，返情率降低 4%～6%，并且高性能群体母猪各胎次产活仔数增加 0.6～0.9 头，断奶仔猪数增加 0.8～0.9 头，这可能与产房技术人员护理水平提高有关（Koketsu，2007）。从淘汰管理上来看，高性能群体中低胎次母猪淘汰率较低，而因正常淘汰的高龄母猪比例高于普通群体，说明高性能群体的 NPD 较短，因此通过缩短 NPD 可增加年产胎次，进而提高母猪 PSY。这种分类，可以找出性能较低的群体与高性能群体饲养管理上存在的缺陷，然后对标改善以提高低性能群体的生产水平。

（2）管理水平　相关管理因素对母猪种用年限影响的研究报道较少。事实上，管理策略和员工的水平确实影响母猪死亡率和淘汰率。没有经过培训及没有专业背景知识的员工所饲养的母猪死亡率升高，而频繁巡栏能够有效降低母猪死亡率（Kraeling 和 Webel，2015）。及时配种能够提高母猪分娩率，后备母猪首次及时输精配种后分娩率显著高于那些延迟输精配种的后备母猪（Kaneko 和 Koketsu，2012）。因此，在实际生产中应该通过采用超声检查确定后备母猪的排卵情况，以确定最佳输精时间，从而达到提高母猪终身繁殖性能的目的（Soede 等，1995）。饲养环境对于母猪福利和繁殖性能的发挥都有着积极影响，然而关于实际生产中管理因素对母猪种用年限的影响仍需更多的数据来支撑。

第二节　母猪生产大数据分析方法

对规模化猪场母猪生产开展大数据分析，主要包括按照准确性、及时性和全面性原则收集完生产数据之后，对分析的数据进行预处理；然后根据数据分布特征建立统计模型，并运用适宜的统计工具分析开展等。

一、猪场生产数据收集和数据预处理

(一) 数据收集

数据分析离不开数据，数据是科学地进行数据分析的基础。如何获得数据，收集和分析什么数据直接决定了数据分析的成败。因此，本部分内容从数据收集方式和数据收集指标两个方面介绍如何收集母猪生产数据。

1. 数据收集的方式 数据收集是指根据系统自身的需求和用户的需要收集相关的数据。在母猪生产中，数据收集方式主要包括纸质记录的人工采集、纸质记录+电子记录的半自动采集及全自动采集 3 种方式。随着科学技术的进步，纸质记录的方式逐渐被电子记录方式取代，因此本书主要从电子记录角度阐述。

猪场数据收集的一般过程主要包括：猪场各类报表交给各级干部→员工填写、定期上报→由专人负责录入专门的电脑系统→再由相关技术人员从系统获取各类数据。在采集过程中，越来越多的猪场管理软件被应用到生产当中。最早的猪场管理软件是明尼苏达大学的 PigCHAMP，后来有了更多的软件，如 Herdsman、SMS、Pigknows 和 Porcitec 等。在美国、丹麦、加拿大、法国等养猪业先进的国家，猪场管理软件已经成为规模化猪场管理的必备管理工具，用于猪场内部生产管理，或为兽医顾问、营养顾问、环境控制顾问等决策提供依据。国内近几年才推广猪场数据管理系统，特别是 2015 年国家提出"互联网+"战略后，各大企业都想抓住互联网时代的机遇，大量猪场管理软件出现在养猪人的眼前，几乎每几个月就有一款新的猪场管理软件上线。这些猪场管理软件的应用使得数据采集和存储更为便捷和高效。国内有关猪场管理软件的开发与应用情况见图 10-1。

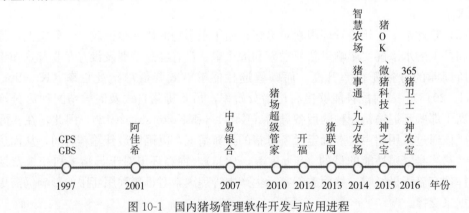

图 10-1　国内猪场管理软件开发与应用进程

(资料来源：王帅和冯迎春，2016)

2. 数据收集原则 为确保所收集的数据能够客观、真实和全面地反映猪场实际情况，数据收集时应当遵循准确性、及时性和全面性 3 个原则。

第一，准确性原则。是指要有明确的规章制度、科学合理的流程、适当的抽查和盘点能够规范数据收集人员的行为，明确数据收集的责任人和监督人，并且及时发现和解决问题。

第二，及时性原则。是指不仅要明确在什么时间收集最合适，还要在数据收集的过程中规定明确的时间节点。

第三，全面性原则。是指数据收集前要有明确的目标，收集指标要能够完全反映所要分析研究的目的，在收集过程中和收集完成后要有系统的检查机制确定收集的数据是否完整。

3. 数据收集内容　数据收集内容取决于分析目标。根据母猪生理阶段的不同功能，母猪的繁殖周期分为配种、妊娠、分娩、哺乳、断奶和断奶后再配种 6 个阶段，每个阶段如果有异常都会影响 PSY（Maes 等，2004）。本书以 PSY 为分析目标，围绕母猪繁殖周期的不同阶段收集种猪档案信息、配种信息、分娩信息、断奶信息和淘汰信息。

为了分析母猪品种、胎次、初配日龄、血统等信息对 PSY 的影响，在种猪档案信息收集时应该包括场部、母猪耳号、品种、品系、系谱（包含 3 代父本和母本）、选育指数、近交系数、出生日期、出生地点、进场日期、离场日期、离场原因等信息。

配种阶段对于 PSY 的影响至关重要，主要体现在配种季节、配种水平、与配公猪等因素。因此，收集配种信息时应包括场部、母猪耳号、品种、品系、胎次、栋舍、栏位、与配公猪、是否空怀、返情和流产、配种日期、配种评分、配种员、膘情、预产期和饲养员。

分娩阶段收集的是产仔性能。产仔性能高低决定了 PSY 的基数，所有准确收集母猪产仔性能数据并进行分析，都可以帮助查找影响 PSY 的产仔方面的问题。母猪生产中收集的分娩信息应包括场部、母猪耳号、品种、品系、胎次、栋舍、栏位、分娩日期、是否助产、管理员、总产仔数、产活仔数、健仔数、弱仔数、死胎数（白死胎和陈死胎）、木乃伊数、出生窝重和出生个体重（核心场）。

断奶性能是 PSY 的直接反映指标之一，因此在收集断奶相关信息时应包括断奶日期、断奶头数等信息。

此外，断奶后发情再配种决定了母猪的年产胎次，因此还要收集 WEI、7d 断配率指标、淘汰胎次、淘汰原因等指标。如果客观生产条件允许，则应按照表 10-1 进行收集。

表 10-1　猪场数据化管理数据收集清单

种猪档案	种猪耳号、品种、出生日期、进场日期、系谱信息（如果有的话）及已产胎次	备　注
母猪发情不配种记录	日期、母猪耳号	若是后备母猪，还应记录发情时体重
母猪配种记录	日期、母猪耳号、配种员、与配公猪、配种评分、母猪体况评分	①如果多次输精，依次记录；②若是后备母猪首次配种，应记录配种体重
母猪怀孕检查记录	母猪耳号、妊娠检查日期、妊娠检查结果（返情、空怀、流产）	多次妊娠检查信息，依次记录
母猪分娩记录	日期、母猪耳号、总产仔数、产活仔数、死胎数、木乃伊数、是否有助产	若是后备母猪，要标注出来
断奶记录	日期、母猪耳号、数量、断奶窝重（批次）和 7d 断奶发情记录	
种猪淘汰记录	日期、种猪耳号、离群类型、离群原因	①离群类型包括淘汰、死亡、处死等；②每种离群类型的原因进行编号，便于记录

（续）

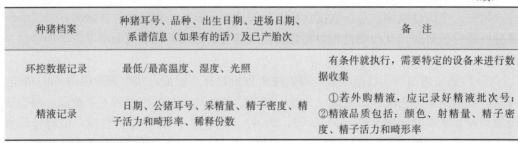

种猪档案	种猪耳号、品种、出生日期、进场日期、系谱信息（如果有的话）及已产胎次	备　注
环控数据记录	最低/最高温度、湿度、光照	有条件就执行，需要特定的设备来进行数据收集
精液记录	日期、公猪耳号、采精量、精子密度、精子活力和畸形率、稀释份数	①若外购精液，应记录好精液批次号；②精液品质包括：颜色、射精量、精子密度、精子活力和畸形率

资料来源：王帅和冯迎春（2016）。

（二）数据预处理

1. 数据清洗　数据清洗（data cleaning）是对目标数据进行重新审查、处理及校验的过程，其目的是发现并科学处理其中的"脏数据"（dirty data），即无效值、缺失值、异常数据和重复数据（Jönsson 和 Wohlin，2004）。

数据清洗包括缺失值处理、重复记录去除和噪声数据处理（彭高辉和王志良，2008）。

（1）缺失值处理　现有的缺失值处理方法主要有三类，即删除元组（tuple）、数据补齐和不处理。

①删除元组　元组是关系数据库中的基本概念，表中的每行称为一个元组。删除元组就是指将缺失数据的数据元组直接删除，使数据集中不含缺失数据，从而形成一个完整的数据集。

②数据补充　这是缺失值处理的第二类方法，它又包括平均值填充法、K 最近邻法和回归法。

A. 平均值填充法　是指将数据集中的数据属性分为数值属性和非数值属性，若空缺值是数值型，则根据该属性所在的其他所有对象的平均值来填充该空缺值；若空缺值是非数值型，则根据统计学中的众数原理，取次数最多的值来填充该空缺值。

B. K 值近邻法　K 最近邻法是先根据欧式距离或相关分析来确定距离缺失数据样本最近的 K 个样本，然后将这 K 个值加权平均来估计该样本的缺失数据。

C. 回归法　回归法则是基于完整的数据集建立回归模型，对于空缺的数据，将已知属性值代入方程来估计未知属性值，以此估计值来进行填充。

③不处理　这是缺失值处理的第三类方法，即忽略缺失数据，也不对缺失数据进行填充，直接在具有缺失数据的数据集上进行数据挖掘与分析。

（2）重复记录去除　这是数据清洗的第二个内容。最常用的重复记录去除的方法包括基本临近有序法（basic sorted neighborhood method）和聚类算法两种。

①基本临近有序法　其基本思路是为每一个数据创建一个键值（一种类似文件系统的实际配置信息和数据），然后根据键值将数据按从小到大的排序，接着对临近的数据项进行比较，根据相似度函数，检测出重复数据（Hernández 和 Stolfo，1998）。

②聚类算法　是指将物理的或抽象的对象的集合分成相似的对象集的过程，最终的结果是同一个簇中的对象具有较高的相似性，而不同簇之间的对象则具有较大的差异性。其中，基于可调密度的改进聚类算法可以通过迭代过程完成对重复数据的检测，其

大致过程包括对数据集进行聚类，然后通过计算同一个类中的数据相似度来判断其是否为近似重复数据，并调整邻域半径来修改其密度参数，不断迭代，直到类中的数据均为近似重复数据为止，以此来完成对重复数据的检测。

（3）噪声数据处理　这是数据清洗的第三个内容。噪声指的是数据中存在的随机误差。常用的消除噪声数据的方法是分箱法（binning method）。分箱法是一种将连续型数据分成小间隔的离散化方法，每个小间隔的标号可以替代实际的数据值，以此来达到离散化数据的目的（张麒增和戴翰波，2019）。在实际处理过程中，分箱法又可细化为按箱平均值平滑和按箱边界平滑两类。前者是指首先将箱中的所有值平均，然后使用箱的平均值代替箱中所有数据；而后者则将箱中的最大值和最小值视为箱边界，箱中每一个值被最近的箱边界替换。

2. 数据集成　数据集成是指将多个数据集按照应用要求进行整理、转换与加工的集成过程。一般而言，数据集成包括以下 3 个方面的内容：

（1）模式集成，主要是对数据库中元数据进行模式识别。

（2）冗余数据集成，即将无用数据删除，保留有效数据。

（3）对数值冲突的检测与处理。

在数据集成过程中，需要根据实际要求有针对性地对数据进行筛选，保留有价值的数据，将不同类型的数据整合在一起，为数据分析打好基础。

3. 数据转化　数据转化是采用线性或非线性的数学变换方式将数据转换或统一成适合于挖掘的形式。常见的数据变换方法包括以下 4 种：

（1）数据平滑　是指去通过分箱、回归和聚类法去掉数据中的噪声。

（2）数据聚集　是指对数据进行汇总或聚集。

（3）数据概化　是指使用概念分层减少数据复杂度，用高层概念替换低层或"原始"数据。

（4）数据规范化　是指将数据按比例缩放，使其落入特定区域（Famili 等，1997）。

4. 数据归约　数据归约是在对发现任务和数据本身内容理解的基础上，寻找依赖于发现目标的表达数据的有用特征，以缩减数据模型，从而在尽可能保持数据原貌的前提下最大限度地精简数据量，使得数据挖掘更高效。数据归约常用的方法包括以下 4 种：

（1）维归约　是指通过删除不相关的属性（或维）减少数据量，通常采用属性子集选择方法找出最小属性集，使得数据类的概率分布尽可能地接近使用所有属性的原分布。

（2）数据压缩　是应用数据编码或变换得到原数据的归约或压缩表示，分为无损压缩和有损压缩，比较有效的有损数据压缩方法是小波变换和主成分分析。

（3）数值归约　主要是通过变换数据的形式来得到可以保持原有数据完整性的相对较小的数据集，从而使数据挖掘变得可行，使用较多的数值归约技术包括对数线性模型、直方图、聚类和抽样等方法。

（4）数据离散化　是指将连续的属性值划分为离散的几个区间，离散的属性值划分为不同的几个取值范围，从而减少属性值的数量，提高属性值的内涵，方便数据挖掘的过程及数据挖掘结果的可视化展示（Famili 等，1997）。

二、常用的统计分析软件

规模化猪场的数据是十分庞大而复杂的，这对数据统计分析的需求及对数据处理能力，尤其是"海量"数据的处理、挖掘及分析能力提出了更高要求。传统的数据统计分析方式统计效率低，统计周期长，而且不够直观清晰，已远远不能满足实际需求。而数据统计分析软件可将企业越来越庞大的数据运用到数据统计分析软件中，帮助数据分析师在短时间内完成复杂的数据分析计算过程，并输出准确的数据分析结果，提高了工作效率。在母猪生产中通过应用统计分析软件对数据进行分析、汇总、预测和对比，企业管理者可以根据统计分析结果掌握企业的工作进程，加强生产管理，及时发现管理漏洞及指导战略决策。

在畜牧业科研中，研究者经常运用 SAS 软件、SPSS 软件、R 语言和 Python 语言（使用率相对较低）对母猪产仔数、育成率、断奶重、7d 断配率等指标，进行描述性统计、卡方检验、方差分析、多重比较、统计建模等工作。在其他行业应用的软件还包括 Eviews、Stata、BMDP 等。尽管各种统计分析软件各具特点，但是核心的统计分析过程以及包含的算法都是类似的，都可以完成对母猪生产指标的统计分析任务。

本书基于畜牧科研中软件使用习惯，重点介绍 SAS 软件、SPSS 软件、R 语言和 Python 语言 4 款软件的基本情况、功能和特点。读者在学习统计分析软件时，可以根据自己的实际需要，选择其中的一到两种软件进行学习并使用。

（一）SAS 软件

1. SAS 软件简介　SAS 的全称为统计分析系统（statistical analysis system），由美国北卡罗来纳州立大学的 A. J. Barr 和 J. H. Goodnight 两位教授于 1966 年开始研制，并于 1976 年正式推出，目前已成为大型集成应用软件系统。

SAS 系统基本可以分为 SAS 数据库、SAS 分析核心、SAS 开发呈现工具，以及 SAS 对分布处理模式的支持及其数据仓库设计四大部分，并且主要完成以数据为中心的数据访问、数据管理、数据呈现和数据分析四大任务。目前软件最高版本为 SAS 9.4。

SAS 软件具有的强大统计分析能力，使得其在数据处理和统计分析领域被誉为国际上的标准软件和最全的优秀统计软件包，广泛应用于政府行政管理、科研、教育、生产、金融等不同领域，发挥着重要的作用。在国际学术交流（包括会议和论文）中，运用 SAS 软件对数据进行处理、计算和统计分析，不需要提供算法，只需说明采用 SAS 软件中的何种程序即可，同样享有极高的声誉。

2. SAS 软件功能　SAS 系统是一个用于数据分析和决策支持的大型集成式与模块化的组合软件系统，由 30 多个专用模块组合而成。主要功能包括 SAS/STAT（统计分析模块）、SAS/GRAPH（绘图模块）、SAS/QC（质量控制模块）、SAS/ETS（经济计量学和时间序列分析模块）、SAS/OR（运筹学模块）、SAS/IML（交互式矩阵程序设计语言模块）、SAS/FSP（快速数据处理的交互式菜单系统模块）、SAS/AF（交互式全屏幕软件应用系统模块）等。各个模块之间既相互独立又相互交融与补充，可以根据具体应用建立相应模块的信息分析与应用系统。

其中，Base SAS 模块是 SAS 系统的核心，承担着主要的数据管理任务，其他各模块均在 Base SAS 提供的环境中运行，用户可选择需要的模块与 Base SAS 一起构成一个用户化的 SAS 系统。

科研与生产管理用得较多的功能是 SAS 软件强大的统计分析功能，如用于多变量分析的 PRINCOMP（主成分分析）、FACTOR（因子分析）、CANCORR（典型相关分析）、PRINQUAL（定性数据的主成分分析）和 CORRESP（对应分析）；用于判别分析的 CANDIS（典型判别）和 STEPDISC（逐步判别）；以及用于聚类分析的 CLUSTER（谱系聚类）、FASTCLUS（K 均值快速聚类）、MODECLUS（非参数聚类）、VARCLUS（变量聚类）和 TREE（画谱系聚类的结果谱系图并给出分类结果）等。本章第三节应用实例部分即运用 SAS 软件对收集的多个猪场总产仔数、产活仔数、健仔数和出生个体重指标建立多层统计分析模型，内容涵盖了建模步骤及分析结果的解释等信息，在此不再赘述。

3. SAS 软件特点

（1）功能强大，统计方法新颖和齐全　SAS 软件提供了从基本统计数的计算到各种试验设计的方差分析，相关回归分析及多变数分析的多种统计分析过程，几乎囊括了所有最新分析方法，其分析技术先进、可靠。分析方法的实现通过过程调用完成。许多过程同时提供了多种算法和选项。

（2）使用简便，操作灵活　SAS 软件以一个通用的数据 DATA 步产生数据集，然后以 PROC 步调用完成各种数据分析。其编程语句简洁、短小，通常只需很少的几句语句即可完成一些复杂的运算，得到满意的结果。结果输出统计术语规范易懂。在使用过程中，用户只需告诉 SAS 软件"做什么"，而不必告诉其"怎么做"。同时 SAS 软件的纠错能力很强，如将 DATA 语句的 DATA 拼写成 DATE，SAS 软件将假设为 DATA 继续运行，仅在 LOG 中给出注释说明，运行时的错误它尽可能地给出错误原因及改正方法。

（3）处理数据类型丰富多样　SAS 软件可以处理任意类型和格式的数据。DATA 步的设计纯粹就是为了数据的管理，所以 SAS 软件擅长处理数据，利用丰富的选项，SAS 软件可以将大数据处理得很好，拼表和 PROC SQL 也可以减少运行时间。

（4）提供联机帮助功能　使用过程中按下功能键 F1，可随时获得帮助信息，得到简明的操作指导。

SAS 软件界面见图 10-2。

图 10-2　SAS 软件界面

（二）SPSS 软件

1. SPSS 软件简介 社会科学统计软件包（statistical package for social science，SPSS）是一套统计分析系统程序包，是 1968 年美国斯坦福大学的研究生 Norman H. Nie、C. Hadlai（Tex）Hull 和 Dale H. Bent 为解决社会学研究中的统计分析问题而研发的一款工具。随着 SPSS 产品服务领域的扩大和服务深度的增加，2000 年 SPSS 公司战略方向调整为"统计产品与服务解决方案"，对应的英文全称也更改为"statistical product and service solutions，SPSS"，但英文缩写仍为 SPSS。随着 SPSS 公司成为预测分析领域的领导者，SPSS 公司于 2009 年将旗下主要产品名称前统一冠以 PASW（predictive analysis software）字样，寓意"预测分析软件"；2010 年 SPSS 公司被 IBM 公司并购，产品也统一冠以 IBM SPSS 字样。

SPSS 软件由于具有自动统计绘图、数据的深入分析、功能齐全等方面的优势，而广泛地应用在经济学、生物学、教育学、心理学、医学，以及体育、工业、农业、林业、商业、金融等多个领域和行业。与 SAS 软件一样，在国际学术交流（包括会议和论文）中，运用 SPSS 软件对数据进行处理、计算和统计分析，不需要提供算法，只需说明采用 SPSS 软件中的何种程序即可，享有极高的声誉。

2. SPSS 软件功能 SPSS 软件是世界上最早采用图形菜单驱动界面的统计软件，它最突出的特点就是操作界面极为友好，输出结果美观、漂亮。SPSS 软件采用类似 Excel 表格的方式输入与管理数据，数据接口较为通用，能方便地从其他数据库中读入数据。其统计过程包括了常用的、较为成熟的统计过程，完全可以满足非统计专业人士的工作需要。输出结果十分美观，存储时则是专用的 SPO 格式，可以转存为 HTML 格式和文本格式。

SPSS 软件的基本功能包括数据管理、统计分析、图表分析、输出管理等。SPSS 软件统计分析过程包括描述性统计、均值比较、一般线性模型、相关分析、回归分析、对数线性模型、聚类分析、数据简化、生存分析、时间序列分析、多重响应等，每类中又分多个统计过程，如回归分析中又分线性回归分析、曲线估计、Logistic 回归、Probit 回归、加权估计、两阶段最小二乘法、非线性回归等多个统计过程，而且每个过程中又允许用户选择不同的方法及参数。SPSS 软件也有专门的绘图系统，可以根据数据绘制各种图形。

3. SPSS 软件特点

（1）风格界面极为友好 SPSS 软件是第一个采用人机交互界面的统计软件，与微软公司合作开发后使得界面友好，操作简单，熟悉微软产品的用户很容易就可以使用 SPSS。SPSS 软件界面完全是菜单式，使用下拉菜单来选择所需要执行的复杂的统计命令，操作时只要了解分析原理和掌握一定的窗口操作技能，通过窗口提供的方法和功能选项，就可以得出所需要的结果，无需记忆统计过程中所涉及的繁复计算公式。

（2）易学易用 SPSS 易于操作、易于入门，结果易于阅读，对统计软件的学习不会冲淡统计的主题，这样研究人员就可以将精力集中在自己所研究的问题上。对于非专业人士来说，SPSS 软件提供了一种更加科学、简单的统计方法，并不需要用户懂得深层次的数学运算过程，他们只需了解使用哪种统计方法就可以通过指导对现有的数据进行定量分析与定性分析，然后掌握如何对分析结果进行科学合理的解释即可。

（3）功能相对全面 SPSS软件提供了数据获取、数据管理与准备、数据分析、结果报告这样一个数据分析的完整过程，因此非常全面地涵盖了数据分析的整个流程。此外，SPSS软件还能够进行数据文件管理、数据整理、统计分析、报表制作、图形绘制。统计功能不仅包括一般的统计描述、统计推断、方差分析、非参数检验、相关分析、回归分析和时间序列，也包括近期发展起来的多元统计技术，如多元回归分析、聚类分析、判别分析、因子分析、主成分分析等方法。

（4）强大的编程能力，支持二次开发 对于常用的统计方法，SPSS软件的大多操作可以通过菜单和对话框来完成，无需记忆繁复的统计过程及大量的命令、过程及选择项。此外，SPSS软件具备Syntax编程功能和SPSS programmability extension模块的编程扩展功能，专业人士通过编程可以将其他编程语言与软件中的命令结合起来实现更强大的功能，开发出更强大的统计平台。

（5）支持丰富的数据源，具备强大的数据访问和管理能力 SPSS可以同时打开多个数据集，方便研究时对不同数据库进行比较分析和进行数据库转换处理。软件提供了更强大的数据管理功能，能将由DBASE、FOXBASE和FOXPRO产生的＊.dbf文件，文本编辑器软件生成的ASC II数据文件，Excel的＊.xls文件等转换成可供分析的SPSS数据文件。此外，通过使用ODBC（open database capture）的数据接口，可以直接访问以结构化查询语言（SQL）为数据访问标准的数据库管理系统，通过数据库导出向导功能可以方便地将数据写入到数据库中等。SPSS软件界面如图10-3所示。

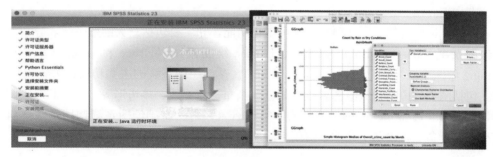

图10-3 SPSS软件界面

（三）R语言

1. R语言简介 R语言（R language）诞生于20世纪90年代，最初是S语言的一种实现。S语言是由贝尔实验室开发的一种用来进行数据探索、统计分析和做图的解释型语言。同C语言一样，S语言只是一个标准，而围绕它有很多实现。S语言的最初实现版是S-PLUS，但S-PLUS作为一款商业软件，因其价格昂贵而导致使用面较窄。随后新西兰奥克兰大学的Ross Ihaka与Robert Gentleman共同开发出S语言的另一种，实现R语言（也因此称为R）。

R语言是一个有着统计分析功能及强大做图功能的语言环境和软件系统，可在多种系统和平台上运行，如Windows、UNIX和Mac OS，这也意味着R可以运行在人们能拥有的任何计算机上。R语言的开发及维护由R开发核心小组具体负责，这个团队的成员大部分来自大学机构的统计及相关院系。除这些开发者之外，R语言还拥有一大批贡献者，他们为R语言编写代码、修正程序缺陷和撰写文档。由于R语言是在GNU协议下免费发行，因此其源代码和已编译的可执行文件版本可自由下载使用。目前，有5 500多个称为包（package）的用户贡献模块，可从http：//cran.r-project.org/web/packages下载。这些包提供了横跨各种领域、数量惊人的新功能，包括分析地理数据、处理蛋白质质谱，甚至是心理测验分析的功能。正因如此，R语言也被广泛应用于互联网、制药、环境保护等行业，进行经济计量、财经分析、人文科学研究、用户行为分析、人工智能相关的计算等领域。

2. R语言功能 目前做数据分析时面对的数据类型主要包括结构化数据、半结构化数据及非结构化数据，这三类数据类型占比分别为5%、10%和85%，其中非结构化数据主要包含了多种样式的视频、音频、文本文档、图片、相关报表等。从统计学的角度来看，许多分析软件最为困难的就是不能对所有类型数据进行分析和挖掘。R语言可以为结构化和半结构化数据提供强大的统计分析和数据处理的功能。例如，R语言所具有的Rweibo包、RCurl包等不仅可以对网络数据和文本进行挖掘，而且也可以对非结构性数据进行相应分析和处理。

在分析结构化数据时，R语言可以处理向量、矩阵、数据框（与数据集类似）、列表（各种对象的集合）等多种类型的数据，并且内置了许多统计函数，用这些函数可以方便地解决在统计分析中的概率计算、临界值、分位数、数学建模等问题。本章第三节数据分析实例2就是利用R语言对母猪产仔性能进行时间序列建模分析，具体内容后面会有详细介绍。

此外，R语言的另一强项是绘图可视化功能，它主要包括三大绘图系统，分别是基础绘图系统（base plotting system）、Lattice绘图系统（lattice plotting system）和ggplot2绘图系统（ggplotw plotting system）。基础绘图系统的主要功能包为graphics，它又包括两类，一是低级绘图函数，如创建画布、点、线、多边形等；二是高级绘图函数，如plot（）、boxplot（）、hist（）、density（）等。基础绘图系统调用函数会启用一个图形设备并在设备上绘图，适用于绘制2D图。

3. R语言特点

（1）是一款开源软件 用户可以免费下载及使用，函数代码也是公开的，使用者通过输入"help（）"函数查看这些函数的说明与介绍即可掌握该包的具体使用方法，并且用户可根据需要修改函数，可以更快地理解算法，提高工作效率。除R之外，目前市场上存在各种挖掘软件，主流的商用挖掘工具如SAS软件、SPSS软件等。面向通用挖掘问题，功能较为完善，具备较好的性能。但一般都存在可扩展性不强、成本较高等缺点，因此使用者大多接触及使用的是其盗版软件。然而R因其作为免费资源而更受数据分析者的青睐。

（2）开放性好 首先，R语言允许用户使用C语言、Java等开发R里的一些子程序，而这些子程序又可以在R里面直接运行，兼容功能强大，并且用户可以自己开发package，之后提交给R官方，进行测试后若无差错即可发布于网上供全世界的R使用者分享。其次，R语言可通过开放的网络平台整合相关行业的专家学者加入开发工作，大大提高了 package 的专业性。

（3）包含多种标准函数 R 语言作为一种统计软件，集成了很多经典的数据挖掘及分析方法，对于通用的模型均已完成封装，函数及命令调用简便，运算速度也已经过优化，且有丰富的数据可视化函数，可以简便高效地完成一般性的数据分析工作。

（4）占用空间较小 安装程序只有几十兆，且兼容性好，可运行于 Windows、Mac OS 和 Linux 等操作系统，小容量的 R 软件无疑给使用者带来更便利的用户体验。R 语言界面如图 10-4 所示。

图 10-4 R 语言界面

（四）Python 语言

1. Python 语言简介 Python 语言由荷兰人 Guido van Rossum 在 20 世纪 80 年代末和 90 年代初研发，最初被设计用于编写自动化脚本。它是一种功能强大的具有解释性、交互性和面向对象的第四代计算机编程语言，是 ABC 语言的一种继承，但同时弥补了 ABC 语言的缺陷，与其他语言，如 C、C++ 和 Java 结合得非常好。同时，Python 语言也借鉴了 Modula-3 语言和 C 语言的习惯，不断地完善使得 Python 语言形成了自己的优势和特点。面向对象使得它支持多态、运算符重载、多重继承等高级概念，并使其成为 C++ 和 Java 等高级系统语言的理想脚本工具。

从 Python 开始问世，历经近 30 年的更新和发展，Python 也经历了 1.0 时代、2.0 时代及 3.0 时代。由于 Python 3.0 向后不兼容，因此从 2.0 到 3.0 的过渡并不容易，并且依然是一个在发展中的语言，目前最新版本为 Python 3.7（2017）。Python 在商业中的应用已经比较成熟，在国外，如 Yahoo、Google、IBM 和 NASA 都有大规模应用；在国内大型互联网公司，如豆瓣、腾讯及阿里巴巴也都有大量使用。

2. Python 语言功能 由于 Python 具有开源免费、语法简洁、兼容性好、数据分析功能强大、框架丰富等优点，因此能够用于 Web 开发、网络编程、爬虫开发、云计算开发、大数据分析、人工智能、自动化运维、金融分析、科学运算、游戏开发、桌面软件开发等领域。

在 Web 编程领域，Python 是 Web 开发的主流语言，Python 相比于 JS、PHP 在语言层面较为完备，而且对于同一个开发需求能够提供多种方案。Python 在 Web 方面也有自己的框架，而且库的内容丰富，如 django、flask 等。可以说，用 Python 开发的

Web 项目小而精，支持最新的 XML 技术，而且数据处理的功能较为强大。

在数据分析和处理方面，Python 可以利用 Scrapy、PyMongo、Hadoop 和 scikit-learn 及 Matplotlib 完成爬虫框架、数据存储、机器学习、数据绘图等任务。Pandas 也是 Python 在做数据分析时常用的数据分析包，它可对较为复杂的二维数组或三维数组进行计算。在人工智能的应用方面，得益于 Python 强大而丰富的库以及数据分析能力，Python 在神经网络和深度学习方面都能够找到比较成熟的包来加以调用。而且 Python 是面向对象的动态语言，适用于科学计算，这使得 Python 在人工智能方面备受青睐。

3. Python 语言特点

（1）具有免费性和开源性　使用者可以自由地发布这个软件的拷贝，阅读它的源代码，对它做改动，把它的一部分用于新的自由软件中。并且 Python 代码简单易懂，是一种代表着简单主义思想的脚本语言，语法接近英语，这种伪代码的特性是 Python 语言的最大优点之一。它能够使你专注于去解决实际问题而不必费太多力气去搞明白语言本身。

（2）可解释好　Python 语言写的程序不需要编译成计算机使用的二进制代码，而是直接从源代码运行程序，省去了编译这个环节。在计算机的内部，Python 解释器可以把源代码转换成字节码的中间形式，然后再把它翻译成计算机内部使用的机器语言来运行。Python 程序不需要担心如何编译程序，如何确保连接转载正确的库等，只需将 Python 程序拷贝到另外一台计算机上，它就可以正常工作了，这一特性也使得 Python 程序更加易于移植。

（3）可扩展性强　C、C++或者 Java 语言都可以为 Python 编写新的模块，同时也可以与 Python 直接编译。如果需要一段关键的代码运行的速度更快或者希望不公开某些重要的算法，都可以将这部分程序用 C 或 C++编写，然后在 Python 的开发环境中使用它们。

（4）具有丰富的库，开发代码的效率非常高　Python 拥有十分庞大的标准库，它可以用来处理各种工作，如文档生成、正则表达式、线程、单元测试、数据库、网页浏览器、FTP、电子邮件、WAV 文件、XML、HTML、GUI 和其他与系统相关的操作。此外，Python 有众多的第三方库，如网络协议支持、系统编程、图像处理、Web 编程等。

（5）支持多系统和多平台运行操作　从 Windows、Linux、Mac 到移动终端都可以很好地运行 Python。由于 Python 也是一种脚本式解释型语言，可以解释执行，因此调试运行极为便捷。Python 语言界面如图 10-5 所示。

图 10-5　Python 语言界面

三、母猪生产大数据分析方法的建立

按照准确性、及时性和全面性 3 个原则收集完生产数据之后，就要对这些待分析的数据进行预处理和统计分析。数学上的统计分析方法很多，本部分的侧重点是从能够宏观呈现数据基本情况的描述性统计、揭示历史变化规律并能预测的时间序列分析，以及剖析生产指标关键影响因素的析因分析三个层面，介绍母猪生产中出生、断奶和断奶后三个关键生产节点相关指标的数据分析。

（一）描述性统计

描述性统计，是指运用制表和分类、图形及计算概括性数据来描述数据特征的各项活动。描述性统计分析要对调查总体所有变量的有关数据进行统计性描述。对于不同类型变量，常用的描述性统计分析方法和参数不同。对于连续变量/离散变量，常用的描述性统计分析方法（参数）包括频数分布分析、集中趋势、离散程度、数据分布形态等；对于分类变量，常用的描述性统计分析方法包括频数分布分析和交叉列联表分析。另外，描述性统计分析也包括以图的方式呈现数据的结构和特征（伍云山，2010）。

1. 数据变量类型　统计学中的变量根据数据属性和特征大致可以分为数值变量与分类变量，变量类型特征的不同导致在进行描述性统计时采取的方式不同。其中，数值变量根据取值特点不同可以分为离散型变量（discrete variable）和连续型变量（continuous variable）两类；而分类变量（categorical variable）则可根据分类多少及分类后变量有无顺序之分，分为二分类变量（如是否、有无、男女等）、有序多分类变量和无序多分类变量三类（Yang，1997；李晓松和倪宗瓒，1998）。

（1）离散型变量　离散变量指变量值可以按一定顺序一一列举，通常以整数位取值的变量。离散变量的数值用计数的方法取得，如职工人数、农场数、生产线等。在母猪生产中，接触比较多的离散型变量包括产仔、断奶性能等指标，如总产仔数、产活仔数、弱仔数、断奶头数等。常用的离散变量概率分布有两点分布、二项分布、泊松分布、几何分布、超几何分布等概率分布。

（2）连续型变量　连续型变量是指在一定区间内可以任意取值，其数值是连续不断的，相邻两个数值可做无限分割，即可取无限个数值，如身高、体重、血钙水平等。在母猪生产中，接触比较多的连续型变量包括母猪体重、仔猪出生重、断奶重、哺乳期日增重等指标。常用的连续型变量概率分布主要包括均匀分布、正态分布、指数分布等。和离散型变量相比，连续型变量有"真零点"的概念，因此可以进行加减乘除的操作。

（3）分类变量　分类变量是指被测量的量（即被测属性的可能变化状态）是有限数量的不同值或类别的数据。分类变量的可能状态至少有两类，这些类别是相互区别排斥，并且共同包括所有个体。当分类变量的状态只包含两类时，成为二分类变量。在母猪生产中，常见到的二分类变量包括母猪分娩（是/否）、仔猪存活（是/否）、仔猪腹泻（是/否）等指标。当分类变量的可能状态超过两类时，根据这些类别之间是否存在任何大小、高低、前后或强弱关系，又分为有序多分类变量和无序多分类变量两类。在实际生产中，某种药物治疗母猪肢蹄损伤的效果可以分为无效、好转和痊愈，这种类型的指标即属于有序多分类变量。再比如，母猪未分娩的原因一般包括妊娠期空怀、返情、流产和死淘，那么这种类型的变量就属于无序多分类变量。

2. 数据分布特征 大多数统计分析方法要求总体是服从正态分布的前提下才能应用，因此需要用偏度和峰度两个指标来检查样本数据是否符合正态分布。偏度系数（skewness）是描述数据某变量取值分布的对称性。0 为正态分布；大于 0 为正偏或右偏，长尾在右边；小于 0 为负偏或左偏，长尾在左边。而峰度系数（kurtosis）是描述其变量所有取值分布形态的陡峭程度。0 为正态分布，大于 0 为陡峭，小于 0 为平坦。一般情况下，如果样本的偏度接近于 0，而峰度接近于 3，就可以判断总体的分布接近于正态分布。当总体是非正态分布或当分布未知时，依据中心极限定理（central limit theorem，CLT），可以认为原来不服从正态分布的一切独立的随机变量；当随机变量的个数无限增加时，它们之和的分布趋于正态分布，这一理论给计算带来很大的方便（杨桂元，2000）。

3. 统计量

（1）**数据的集中趋势分析** 数据的集中趋势分析可以反映一组数据向某一位置聚集的趋势，主要的统计量有算术平均数（arithmetic mean）、几何平均数（geometric mean）、中位数（median）和众数（mode）。算术平均数适用于正态分布和对称分布的数据，中位数适用于所有类型。如果各个数据之间差异程度较小，用平均数就有很好的代表性；而如果数据之间的差异程度较大，特别是在出现个别极端值的情况下，用中位数或众数有较好的代表性。

（2）**数据的离散趋势分析** 离散趋势分析是指描述观测值偏离中心位置的趋势，反映一组数据背离分布中心值的特征。离散趋势分析主要的统计量有方差（variance）、标准差（standard deviation）、极差（range）、最大值（maximum）和最小值（minimum）。

（3）**交叉列联表分析** 交叉列联表分析法是一种以表格的形式同时描述两个或多个变量的联合分布及其结果的统计分析方法。根据自变量个数的多少，列联表又可分为一维列联表和多维列联表。通过对列联表进行假设检验，研究者关心的是实际观测值和零假设条件下理论期望值之间的关系。具体来说，一维列联表评价的是观测值在某一类别变量的不同水平上的分布是否与某个既定的分布一致。多维列联表评价的是多个类别变量对数据的交叉分类是否存在相互关系。交叉列联表分析易于理解，便于解释，操作简单却可以解释比较复杂的现象，在市场调查中应用非常广泛。频数分布一次描述一个变量，而交叉表可以同时描述两个或多个项目。

（二）时间序列分析

1. 时间序列概念 时间序列分析（time series analysis）是一种动态数据处理的统计方法，该方法基于随机过程理论和数理统计学方法，研究随机数据序列所遵从的统计规律以用于解决实际问题。时间序列分析包括一般统计分析（如自相关分析和谱分析等）、统计模型的建立与推断，以及关于时间序列的最优预测、控制与滤波等内容（张尧庭，1996）。经典的统计分析都假定数据序列具有独立性，而时间序列分析则侧重研究数据序列的互相依赖关系。后者实际是对离散指标的随机过程的统计分析，因此又可看作是随机过程统计的一个组成部分。

2. 时间序列分析组成要素　一个时间序列一般可以由 4 种要素组成，即趋势、季节变动、循环波动和不规则波动。趋势是时间序列在长时期内呈现出来的持续向上（递增）或持续向下（递减）的变动。季节变动是时间序列在一年内重复出现的周期性波动，它是诸如气候条件、生产条件、节假日、人们的风俗习惯等各种因素影响的结果。循环波动是时间序列呈现出的非固定长度的周期性变动，它的周期可能会持续一段时间；但与趋势不同，它不是朝着单一方向的持续变动，而是涨落相同的交替波动。不规则波动是时间序列中除去趋势、季节变动和周期波动之后的随机波动，它通常夹杂在时间序列中，致使时间序列产生一种波浪形或震荡式的变动。

在进行确定性时序分析时，假定序列会受到这 4 种因素中的全部或部分的影响，呈现出不同的波动特征。在实际中，常假设这 4 种因素主要有两种相互作用模式，即加法模型和乘法模型。

加法模型的公式可表示为：

$$Xt = Tt + Ct + St + It$$

乘法模型的公式可表示为：

$$Xt = Tt \times Ct \times St \times It$$

式中，Tt 代表序列的长期趋势波动，Ct 代表循环波动，St 代表序列的季节性（周期性）变化，It 代表随机性波动。

3. 时间序列分析方法

（1）预处理　拿到一个观察值序列之后，首先要对它的平稳性和纯随机性进行检验，对这两个重要的检验称为序列的预处理。根据检验的结果可以将序列分为不同的类型，对不同类型的序列需要采用不同的分析方法。

（2）平稳性判断　平稳时间序列有两种定义，根据限制条件的严格程度可以分为严平稳时间序列（strictly stationary）和宽平稳时间序列（weak stationary）。严平稳时间序列是一种条件比较苛刻的平稳性定义，它认为只有当序列所有的统计性质都不会随着时间的推移而发生变化时，该序列才能被认为是平稳的。然而在实践中，想要得到这种随机序列的联合分布非常困难，而且即使知道随机序列的联合分布，计算和应用起来也非常不方便，因此严平稳时间序列通常只具有理论意义，在实践中更多用到的是条件比较宽松的宽平稳时间序列。

所谓宽平稳，也称为弱平稳或二阶平稳（second-order stationary），是使用序列的特征统计量来定义的一种平稳性。由于序列的统计性质主要由它的低阶矩决定，因此只要保证序列低阶矩（二阶）平稳，就能保证序列的主要性质近似稳定。显然，严平稳比宽平稳的条件严格，严平稳是对序列联合分布的要求以保证序列所有的统计特征都相同；而宽平稳只要求序列二阶平稳，对于高于二阶的矩没有任何要求。因此，通常情况下，严平稳序列也满足宽平稳条件，而宽平稳序列不能反推严平稳成立。不过这并不是绝对的，两种情况都有特例。

（3）纯随机性检验　并不是所有的时间序列都值得建模，只有那些序列值之间具有密切的相关关系，历史数据对未来的发展有一定影响的序列才值得去挖掘历史数据中的有效信息，用来预测序列未来的发展。序列值彼此之间没有任何相关性，也就意味着该序列是一个没有记忆的序列，过去的行为对将来的发展没有丝毫影响，这种序列称为纯随机序列。从统计分析的角度而言，纯随机序列是没有任何分析价值的序列。

（4）平稳序列建模　假如某个观察值序列通过序列预处理可以判定为平稳型白噪声序列，那么就可以利用时间序列分析方法对该序列进行建模，建模的基本步骤如图10-6所示。

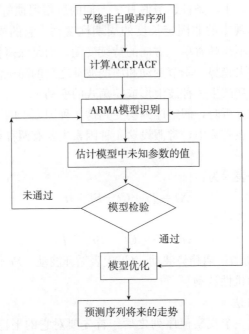

图10-6　时间序列分析过程

注：①求出该观察值序列的样本自相关系数（autocorrelation coefficient，ACF）和样本偏自相关系数（partial autocorrelation coefficient，PACF）的值；②根据样本 ACF 和 PACF 的性质，选择阶数适当的自回归滑动平均模型（autoregressive moving average model，ARMA）进行拟合；③估计模型中未知参数的值；④检验模型的有效性，如果拟合模型未通过检验，就回到步骤2重新选择模型拟合；⑤模型优化。如果拟合模型通过检验，仍回到步骤2，充分考虑各种可能，建立多个拟合模型，从所有通过检验的拟合模型中选择最优模型；⑥利用拟合模型，预测序列未来的走势。

4. 时间序列分析方法的主要用途　在母猪生产中，通过时间序列分析，可以对总产仔数、产活仔数、健仔数、仔猪出生重、断奶头数、断奶重、PSY 等数值型变量完成系统描述、系统分析、预测未来，以及决策和控制。系统描述是指根据对系统进行观测得到的时间序列数据，用曲线拟合方法对系统进行客观的描述。系统分析是指当观测值取自两个以上变量时，可用一个时间序列中的变化去说明另一个时间序列中的变化，从而深入了解给定时间序列产生的机理。预测未来趋势变化时一般用 ARMA 模型拟合时间序列，预测该时间序列未来值。它的基本原理：一是承认事物发展的延续性，应用过去数据，就能推测事物的发展趋势；二是考虑到事物发展的随机性，任何事物发展都可能受偶然因素影响，为此要利用统计分析中加权平均法对历史数据进行处理。该方法简单易行，便于掌握，但准确性差，一般只适用于短期预测。决策和控制则是根据时间序列模型可调整输入变量使系统发展过程保持在目标值上，即预测到过程要偏离目标时便可进行必要的控制。对于母猪生产数据来说，虽然有着许多的影响因素和随机因素，但是人们总可以从历史发展的过程中总结出一套可以适用于未来的模型，更好地指导生产活动，规避风险，创造更高的经济效益（汤岩，2007）。

（三）析因分析

由前面内容可知，描述性统计可以为我们总结数据的分布特征、集中变化趋势和离散变化趋势，时间序列分析又可以呈现数据历史变化规律及实现预测，但是生产中管理者还想了解母猪性能降低时是由于什么原因造成的，这时就需要借助因素分析的一些统计方法回答。

1. 一般线性模型

（1）线性模型的定义及发展　线性统计模型简称为线性模型，是数理统计中一类统计模型的总称。在实际问题研究中，解释变量 X 与结局变量 Y 一般存在相互依赖关系，而线性模型能够反映两者间的关系，一般通过变量 X 和 Y 的取值来分析是否具有某种关联，解释变量 X 的取值在何种水平上能够产生对结局变量的影响；当解释变量取值不唯一时，还可探讨这些因素中，哪些因素是主要的，哪些因素是次要的（王松桂，1987）。因此，线性模型常被广泛应用于生物技术、金融管理、工农业生产、工程技术等领域，并在其中发挥着重要作用。在母猪生产中，对于连续型变量指标，如母猪分娩背膘、仔猪初生重、母猪泌乳期采食量、仔猪断奶重等指标的因素分析，都应该采用一般线性模型。

有关一般线性模型（general linear model，GLM）的研究起源很早。Fisher 在 1919年就曾使用过该模型；到 20 世纪四五十年代，Berkson 等已经开始利用 Logistic 模型分析实际问题；Nelder 和 Wedderburn（1972）在研究中首先提出广义线性模型（generalized linear models）的概念，使得 GLM 模型得到进一步的推广和应用（Nelder 和 Wedderburn，1972）。此后随着相关研究的增加。McCullagh 和 Nelder（1983）在其论著中详细地论述了广义线性模型的基本理论与方法，并于 1989 年将论著进行再版（McCullagh 和 Nelder，1983，1989）。尽管从高斯提出最小二乘法至今已有 100 多年，但是由于线性模型具有广泛的应用性，学者们对它的研究和拓展也逐渐深入。因此，线性模型依然是统计学中研究的热点。

（2）一般线性模型常见形式及其选用条件　在统计分析模型中，GLM 模型是应用最广泛同时也是最重要的一类统计模型。依据结局变量的属性（计量、计数和定性）、解释变量的性质（分类变量还是连续变量）、有无协变量，以及分布情况可以分为多种分析模型，通常包括线性回归模型、方差分析模型、协方差分析模型、广义线性模型等（王松桂，1987）。尽管广义线性模型本质上属于非线性模型，但同时又具有一些其他非线性模型所不具备的性质，如随机误差分布的明确性（二项分布、Poisson 分布及负二项分布等）；当随机误差分布符合正态时，广义线性模型等价于 GLM 模型（胡良平，1999）。

①线性回归模型　一般线性模型的模型方程如下：

$$Y = X\beta + \varepsilon$$

式中，Y 代表结局变量的观测值，X 代表解释变量，β 代表回归系数，ε 代表随机误差向量（应符合正态性及独立性）。当解释变量 X 数据类型全部属于定量数据（允许含有哑变量）时，这时的 GLM 模型则演变成为线性回归模型。模型方程如下：

$$Y_i = \beta_0 + \beta_1 X_1 + \beta_2 X_2 + \cdots + \beta_m X_m + \varepsilon_i$$

式中，Y_i 代表第 i 次的结局变量观测值；X_1，X_2，X_3，$\cdots$，X_m 代表 m 种定量的解释变量；β_0，β_1，β_2，β_3，$\cdots$，β_m 代表与设计矩阵 X_m 的回归系数；ε_i 则代表随机误

差向量。

GLM 模型选用条件应包括：ε_i 符合正态分布（满足正态性）；ε_i（$I=1$，2，3，$\cdots$，i）间相互独立（满足相互独立性）；$E(\varepsilon_i)=0$，方差为一常数（满足方差齐性）；响应变量 Y_i 与解释变量 X_m（$m=1$，2，3，$\cdots$，m）具有线性关系。只有以上 4 点均满足，才可依据分析目的决定是否选用一般线性模型。线性回归模型是用来确定两种或两种以上变量间相互依赖的定量关系，生产中能够使用的情景是，如研究母猪泌乳期采食量与仔猪增重或体重损失的关系。

②方差分析模型　方差分析（analysis of variance，ANOVA），又称"F 检验"或"变异数分析"，是从观测变量的方差入手，研究诸多控制变量中哪些解释变量是对结局变量有显著影响的变量，一般用于两个及两个以上样本均数差别的显著性检验。根据解释变量 X 属性，如固定效应、随机效应及固定与随机两种效应的定性影响因素，方差分析模型可分为固定效应方差分析模型、随机效应方差分析模型和混合效应方差分析模型（胡良平，1999）。

③固定效应方差分析模型　模型中只有固定效应成分的方差分析模型称为固定效应方差分析模型。在母猪生产中，假设某集团下属管辖 10 个猪场，研究人员试图研究 10 个猪场应用某种营养技术方案对弱仔数的影响，分别从这 10 个猪场中随机选取 200 头母猪作为实验动物。由于 10 个猪场的母猪均被使用，因此猪场是一个固定因素，这时应该采用固定效应模型进行分析，它包括单因素方差分析（one-way ANOVA）和多因素方差分析（multi-way ANOVA）。以两因素析因设计为例，设定解释变量 A 和 B 均为固定效应，分别有 a 和 b 个水平，则共有 $a\times b$ 种组合方式，每种组合下分别重复 k 次试验（$k\geqslant 2$），Y 代表定量数据的响应变量，则该试验设计下的固定效应方差分析模型可表述为：

$$Y_{ijk}=\mu+\alpha_i+\beta_j+(\alpha\beta)_{ij}+\varepsilon_{ijk}$$
$$i=1,2,\cdots,a;\ j=1,2,3,\cdots,b;\ k=1,2,3,\cdots,n$$

式中，μ 代表总体平均值，α_i 代表解释变量 A 第 i 个水平的效应（即 $\alpha_i=\mu A_i-\mu$），β_j 代表解释变量 B 第 j 个水平的效应（即 $\beta_j=\mu B_j-\mu$），$(\alpha\beta)_{ij}$ 代表 A 与 B 分别在第 i 水平与第 j 水平组合条件下的交互作用，ε_{ijk} 代表随机误差分量。进行方差分析时，需要分别计算解释变量 A、变量 B 及交互作用 $A\times B$ 的期望均方，根据均方构造出假设检验"H0：$\alpha_i=0$，H0：$\beta_j=0$，H0：$(\alpha\beta)_{ij}=0$"的 3 个 F 统计量，计算公式如下：

$$F_A=MS_A/MS_E;\ F_B=MS_B/MS_E;\ F_{AB}=MS_{AB}/MS_E$$

F_A 符合 $F_{a-1,ab(n-1)}$ 分布，F_B 符合 $F_{b-1,ab(n-1)}$ 分布，F_{AB} 符合 $F_{(a-1)(b-1),ab(n-1)}$ 分布。固定效应方差分析模型需要进行两两比较以确定解释变量间对结局变量影响的显著性。固定效应方差分析模型选用条件应包括：ε_i 符合正态分布（满足正态性）；ε_i（$I=1$，2，3，$\cdots$，i）间相互独立（满足相互独立性）；$E(\varepsilon_i)=0$，方差为一常数（满足方差齐性）。

④随机效应方差分析模型　实际生产中，有时无法或没有必要确定所有的因素水平，所确定的因素或水平只是众多因素或水平中随机抽取的，相当于在总体中抽取样本，这样所产生的效应称为随机效应，具有随机效应的模型称为随机效应方差分析模型。在母猪生产中，研究人员试图研究某种营养技术方案对长大二元杂交母猪弱仔数的影响，从华南地区 5 个公司的下属猪场分别随机挑选 200 头长大二元杂交母猪作为实验

动物。由于这 5 个公司是从全国多个公司中随机挑选的，长大二元杂交母猪弱仔数不仅受到营养技术方案的影响，也在一定程度上与其所在的地区有关，因此应该采用随机效应模型。模型公式可表述如下：

$$Y_{ijk} = \mu + \alpha_i + \beta_j + (\alpha\beta)_{ij} + \varepsilon_{ijk}$$

$$i = 1, 2, \cdots, a；j = 1, 2, 3, \cdots, b；k = 1, 2, 3, \cdots, n$$

式中，μ 是总平均效应；α_i、β_j、$(\tau\beta)_{ij}$ 及 ε_{ijk} 都是随机变量。特别的，假定 α_i 服从 NID（0，α_i^2）、β_j 服从 NID（0，$\sigma\beta^2$）、$(\alpha\beta)_{ij}$ 服从 NID（0，$\sigma\alpha\beta^2$）、ε_{ijk} 服从 NID（0，σ^2）。由此推断出任一观测值的方差为：

$$V(Y_{ijk}) = \sigma\alpha^2 + \sigma\beta^2 + \sigma\tau\beta^2 + \sigma^2$$

式中，$\sigma\alpha^2$、$\sigma\beta^2$、$\sigma\alpha\beta^2$ 和 σ^2 四项叫做方差向量，因此随机效应方差分析模型也被称为方差向量模型。对于方差向量模型，构造 F 统计量的方法与固定效应方差分析模型相似，根据 3 个期望均方的表达式，构造出假设检验"H0：$\sigma\alpha^2 = 0$，H0：$\sigma\beta^2 = 0$，H0：$\sigma\tau\beta^2 = 0$"的 3 个 F 统计量。计算公式如下：

$$F_A = MS_A/MS_{AB}；F_B = MS_B/MS_{AB}；F_{AB} = MS_{AB}/M_{SE}$$

F_A 符合 $F_{a-1,(a-1)(b-1)}$ 分布，F_B 符合 $F_{b-1,(a-1)(b-1)}$ 分布，F_{AB} 符合 $F_{(a-1)(b-1),ab(n-1)}$ 分布。对于随机效应方差分析模型，我们只要检验随机效应的方差是否为 0 即可，而不用检验各处理效应。当交互作用不存在时，它与固定效应方差分析模型分析的结果是一样的。随机效应方差分析模型选用条件应包括：ε_i 符合正态分布（满足正态性）；ε_i（$I = 1, 2, 3, \cdots, i$）间相互独立（满足相互独立性）。

⑤混合效应方差分析模型　既包含固定效应也包含随机效应的方差分析模型称为混合效应方差分析模型，进行的检验也是固定效应和随机效应相结合。模型公式可表述如下：

$$Y_{ijk} = \mu + \alpha_i + \beta_j + (\alpha\beta)_{ij} + \varepsilon_{ijk}$$

$$i = 1, 2, \cdots, a；j = 1, 2, 3, \cdots, b；k = 1, 2, 3, \cdots, n$$

式中，α_i 代表固定效应，β_j 代表随机效应，并且假定 $(\alpha\beta)_{ij}$ 也代表随机效应，ε_{ijk} 代表随机误差。假定 E（α）= 0，β_j 服从 NID（0，$\sigma\beta^2$）、$(\alpha\beta)_{ij}$ 服从 NID（0，$a - \frac{1}{a}\sigma^2$ $\alpha\beta$）、e_{ijk} 服从 NID（0，σ^2）。关于随机效应方差分析模型构造 F 统计量的方法与固定效应及随机效应方差分析模型类似，根据固定效应和随机效应及固定×随机效应的均方计算 3 个 F 统计量。对于固定效应的假设检验为"H0：$\alpha_i = 0$，对于随机效应的假设检验 H0：$\sigma\beta^2 = 0$，H0：$\sigma\alpha\beta^2 = 0$"。F 统计量计算公式如下：

$$F_A = MS_A/MS_{AB}；F_B = MS_B/MS_E；F_{AB} = MS_{AB}/MS_E$$

F_A 符合 $F_{a-1,(a-1)(b-1)}$ 分布，F_B 符合 $F_{b-1,ab(n-1)}$ 分布，F_{AB} 符合 $F_{(a-1)(b-1),ab(n-1)}$ 分布。混合效应方差分析模型选用条件应包括：ε_i 符合正态分布（满足正态性）；混合线性模型保留了一般线性模型的正态性前提条件，放弃了独立性和方差齐性的条件。

⑥协方差分析模型　协方差分析（analysis of covariance）是关于如何调节协变量对因变量的影响效应，从而更加有效地分析试验处理效应的一种统计技术，也是对试验进行统计控制的一种综合方差分析和回归分析的方法。协方差分析可以看作是多因素方差分析的特例，因为多因素方差分析已经包含了对交互作用的分析，而且多因素方差分

析中的试验因素为分类变量，协方差分析中的协变量为连续变量，采取的计算方式不一样。例如，在生产中经常遇到研究某项营养技术方案对仔猪断奶重的影响，但是当母猪分娩后，由于仔猪初生重的差异会对断奶重结果造成影响，因此需要规避这种"干扰效应"，这时应该采用协方差统计方法，做法是将仔猪初生重看成协变量进行校正，这样得出的断奶重效果才更接近真实情况。以一个处理组（i 个水平）和一个协变量 x 为例，协方差分析模型可以表示成如下形式：

$$Y_{ij} = \mu + \alpha_i + \beta(x_{ij} - \mu_x) + \varepsilon_{ij}$$

式中，Y_{ij} 是第 i 种水平组取得的响应变量的第 j 个观测值，x_{ij} 是第 i 个水平的第 j 个协变量观测值，μ_x 是协变量的总体均值，μ 是与 Y_{ij} 对应的总平均值，α_i 是第 i 种水平的固定效应，β 是回归系数，$\beta(x_{ij} - \mu_x)$ 可作为协变量效应，$\varepsilon_{ij} \sim \text{NID}(0, \sigma_2)$ 是随机误差分量。协方差分析模型选用条件应包括 5 点：ε_i 符合正态分布（满足正态性）；ε_i（$I = 1, 2, 3, \cdots, i$）间相互独立（满足相互独立性）；$E(\varepsilon_i) = 0$，方差为一常数（满足方差齐性）；协变量与分析指标存在线性关系，可以通过回归分析方法进行判断；各处理组的总体回归系数相等且不为 0（斜率同质性）。

⑦广义线性模型　广义线性模型是 GLM 模型的延伸，它使总体均值通过一个非线性连接函数而依赖于线性预测值，同时还允许响应概率分布为指数分布的任何一员（张尧庭，1995）。虽然 GLM 模型广泛地应用于统计数据分析中，但仍然存在不足之处：Y 的分布为正态或接近正态分布，实际数据的分布未必满足上述条件；在实际研究中，各组数据的方差难以满足方差齐性。因此，为了适用于更广泛的数据分析，广义线性模型对 GLM 模型从以下几个方面进行了推广：$E(Y) = \mu = h(X)\beta$，引入连接函数 $g = h - 1$（h 的反函数），$g(\mu) = X\beta$；X 和 Y 既可以是连续变量，也可以是分类变量；Y 属于指数型分布，可以包括正态分布。

广义线性模型主要包括 3 个部分：线性部分，其与 GLM 模型相同，表达公式为 $Y = X\beta$；包含一个严格单调可导的连接函数 $g(\mu_i) = X\beta$；结局变量 y_i 是相互独立的，并且具有指数概率分布。与 GLM 模型类似，拟合的广义线性模型也可以通过拟合优度统计量和参数估计值及其标准差等指标来拟合。除此之外，还可通过假设检验和置信区间做出统计推断。

2. 多层统计分析模型　一般线性模型解决的是单一水平上两个具有相关性的指标之间的关系。但是在实际生产中，中大型规模养猪企业往往具有几个到几十个下属猪场，不同猪场饲养管理水平的差异使得来自这些猪场的生产数据，如产仔性能和断奶性能数据一般具有组内同质性/组间异质性的特点，它们具有分层结构。采用传统的单一水平回归或者多步回归的方法会导致参数估计偏差。多层统计模型在分析此类问题时不需要均衡数据，也允许数据集中存在缺失值，并且还能够方便地处理时间变化协变量。因此，与传统回归模型相比更加灵活，更适合于分析具有层次结构的多层数据。

（1）多层统计分析模型的功能　多层统计分析模型（multilevel model）适合应用于分级结构数据的统计分析中。所谓分级结构，是指较低层次的单位嵌套于较高层次的单位之中。应用该模型能够解决以下问题：①确定哪些解释变量对结局变量发挥作用，分析影响程度大小；②研究高层次因素是否影响低层次因素，剖析影响程度大小；③分析低层次因素对相应变量的影响是否随高层次水平的不同而发生变化（王济川等，

2008）。

（2）多层统计分析模型的优点　在数据统计分析过程中，往往会存在一些多水平的分层结构数据，这些数据一般都存在组内同质性或组间异质性，表明组内观察数据不满足相互独立性。采用一般统计模型会增大参数标准误估计的偏离。但是，多层统计分析模型则不要求观察数据相互独立，因此可以避免因数据的非独立性引起的参数标准误估计的偏离。此外，通过多层模型分析还能够将结局测量中的变异分解成为组内变异和组间变异，因而还可剖析响应变量在高水平因素及低水平因素间的相对变异的情况（雷雳和张雷，2002）。当分析数据样本量异常大时，可能会导致有些组子样本量非常小。在处理这种稀疏数据时，多层模型分析时允许存在缺失值，因此该模型是适合于此类数据的重要统计方法；当数据具有纵向特征时，多层统计分析模型又可以用来研究纵向数据中结局测量随时间变化的发展轨迹（王济川等，2008）。

（3）多层统计分析模型建模步骤　首先，需要计算组内相关系数（intra-class correlation coefficient，ICC），确定数据类型是否适合采用多层统计分析模型。组内相关系数＝组间方差／（组内方差＋组间方差）；其中组内方差和组间方差可以根据建立的空模型，采用 SAS（one－way random effect ANOVA）计算，两水平空模型方程如下：

$$y_{ij} = \gamma_{00} + u_{0j} + e_{ij} \qquad （方程 1）$$

式中，y_{ij} 代表结局测量值，γ_{00} 代表总平均数，u_{0j} 代表组间均值的变异，e_{ij} 代表残差。组内同质表明组间异质，如果某数据集的 ICC 统计不显著，该数据则采用多元回归模型，不需要多层模型分析；如果 ICC 统计显著，则应考虑对其进行多层模型分析。

其次，将高水平（水平 2）解释变量纳入空模型，用场景变量解释组间变异。纳入水平 2 场景变量后模型方程如下：

$$y_{ij} = \gamma_{00} + \gamma_{01} X_{1j} + u_{0j} + e_{ij} \qquad （方程 2）$$

式中，y_{ij} 代表结局测量值，γ_{00} 代表总平均数，γ_{01} 代表场景变量 X_{1j} 斜率，u_{0j} 代表组间均值的变异，e_{ij} 代表残差。采用 SAS（proc mixed method＝REML covtest）查看该模型拟合过程迭代史，协方差参数估计，拟合统计量（－2 倍限制对数似然值：－2res log likelihood，－2LL；Akaike's 信息标准：Akaike's information criterion，AIC；有限样本校正 AIC：finite-sample corrected version of AIC，AICC；贝叶斯信息标准：bayesian information criterion，BIC），固定效应估计值以及Ⅲ型检验结果，根据上述信息可以确定一个场景变量是否对结局测量产生影响，从而确定模型中是否引入该变量。

再次，将低水平（水平 1）解释变量引入模型，引入多个水平 1 解释变量时，首先将这些变量视作固定效应，并且不考虑水平 1 和水平 2 的跨层交互作用，检验新模型拟合效果（以两个水平 1 解释变量为例）。纳入水平 1 解释变量后模型方程如下：

$$y_{ij} = \gamma_{00} + \gamma_{01} X_{1j} + \beta_1 A_{1j} + \beta_2 B_{1j} + u_{0j} + e_{ij} \qquad （方程 3）$$

式中，y_{ij} 代表结局测量值，γ_{00} 代表总平均数，β_1 和 β_2 分别为水平 $1A_{1j}$ 和 B_{1j} 固定斜率，u_{0j} 代表组间均值的变异，e_{ij} 代表残差。采用 SAS（proc mixed）查看该模型拟合过程迭代史，协方差参数估计，拟合统计量固定效应估计值以及Ⅲ型检验结果，与方程 2 中迭代次数、－2LL、AIC、AICC 及 BIC 对比，确定新模型拟合效果。根据固定效应输出确定有显著影响的水平 1 解释变量。

　　然后，检验水平 1 随机斜率。上一过程中引入水平 1 解释变量时视为固定效应，但实际应用过程中不能事先知道所引入变量是否随机，需要对每一个引入变量的斜率及其是否存在交互作用进行检验。采用 SAS（proc mixed，TYPE＝VC）进行探索性建模，根据结果输出的 G 矩阵及协方差参数估计来确定哪些水平 1 解释变量为随机效应或固定效应。

　　最后，检验水平 1 解释变量是否跨水平 2 变异。若在控制水平 2 场景变量的同时，水平 1 解释变量具有随机斜率，那么就需要对水平 1 随机斜率进行检验，确定其是否存在跨层交互作用。该过程可采用 SAS（proc mixed，MODEL 主效应＝水平 2 场景变量/水平 1 随机斜率）完成，输出结果中可根据信息标准统计量确定新模型拟合效果（王济川等，2008）。

第三节　母猪生产数据分析模型应用案例

一、描述性统计应用案例

　　在实际生产中，企业管理者对生产数据的第一需求是想了解整个集团或某个猪场生产成绩的大致情况，如不同月份母猪产活仔数、弱仔数、断奶头数等。然后期望在这些结果中查找问题，通过调整生产管理方式来改善猪场的生产水平。因此，信息部门人员往往采用描述性统计的方法进行初步分析。事实上，描述性统计是数据分析的第一步，是了解和认识数据基本特征和结构的方法，做好描述性统计能较全面地反映数据的本身信息，让人一目了然，并能更好地理解作者目的和要表达的思想。此外，只有在完成了描述性统计及充分了解和认识数据特征之后，才能更好地开展后续变量间相关性等复杂数据分析，包括选择分析方法、解读分析结果、分析异常结果原因等。

　　对于不同类型变量，常用的描述性统计分析方法和参数不同。对于分类变量，常用的描述性统计分析方法包括频数分布分析和交叉列联表分析；对于连续变量/离散变量，常用的描述性统计分析方法（参数）包括频数分布分析、集中趋势、离散程度、数据分布形态等。另外，描述性统计分析也包括以图的方式呈现数据的结构和特征。该部分以实施精准饲喂方案的猪场生产指标为例，主要以背膘值的变化、分娩率、产仔数、仔猪育成率、断奶头数及母猪淘汰情况为例讲解描述性统计方法在母猪生产中的应用。

（一）分类变量的描述性统计

　　分类数据是按照现象的某种属性对其进行分类或分组而得到的反映事物类型的数据，又称定类数据，可以分为二分类数据、无序多分类数据和有序多分类数据。

　　二分类数据很好理解，如有无、是否、好坏等都属于二分类数据。在养猪生产中，母猪受胎与否、分娩与否、淘汰与否、死亡与否都属于二分类变量数据。无序多分类数据只可能是几个类别，且这些类别之间不存在任何大小高低或者前后等关系。在分析母猪未分娩的问题时，导致分娩失败的原因大体上包括空怀、返情、流产和死淘，因此这 4 种原因就可看作是无序多分类数据。有序多分类数据是指被测量的量是几个类别，但这些类别间存在一定大小或强弱区别，可以按某种规律有序排列，并且这个顺序排列不能随意颠倒。在母猪生产中最常见的实例就是某种药物或疫苗治疗母猪某种疾病后的效果分为无效、好转和痊愈，那么这类反映病情恢复程度的数据就是有序多分类数据。

适用于分类变量的描述性统计指标为相对数。所谓相对数，是指两个有关联的数值或指标之比，常用的相对数包括构成比、比和率和相对比。

1. 构成比 构成比是表示某事物内部各组成部分在整体中所占的比例。假设分类变量为 m 类，总样本数为 N，各类样本数量分布为 N_1，N_2，…，N_m。在任一类别中，样本构成比被定义为该类别中样本数量与总样本数量之比，即第 i 类样本构成比 $P_i = N_i/N$。实际生产中，分析母猪主要淘汰原因时一般采用构成比的统计指标。以 Wang 等（2019）研究为例，该研究收集了 19 471 头母猪淘汰记录，记录的淘汰原因主要包括后备母猪超过 9 月龄不发情、应激和死亡、肢蹄健康、常规疾病、空怀-返情-流产、生殖系统疾病、断奶母猪超过 7d 不发情、繁殖性能差、哺乳期母猪奶水不足、胎龄高和其他。在这 19 471 头母猪的淘汰数据中，上述淘汰原因的样本量分别为 2 075 头、959 头、2 050 头、4 614 头、1 541 头、3 636 头、1 571 头、974 头、1 307 头、304 头和 440 头，根据公式计算得出上述淘汰原因的构成比分别为 10.66%、4.93%、10.53%、23.70%、7.91%、18.67%、8.07%、5.00%、6.71%、1.56% 和 2.26%。为了便于对数据进行解释、呈现和分析，描述性统计分析的图解法可以对数据结果进行简明、有效的传递。适合分类资料的图表有条形图、饼图、百分比堆积柱形图等。上例提到母猪淘汰原因分析案例中主要淘汰原因就可用饼图来展示，结果如彩图 1 所示。

在实际生产中，有时我们对某一事件不仅需要计算它各部分的构成比来确定某一/几个成分对该事件影响的重要性，还需要在多个时间点或多个阶段对该事件进行追踪来研究某一/几个成分在不同阶段对事件的影响。以母猪执行精准饲喂方案为例，该方案的重要任务之一是在妊娠期对不同阶段的母猪进行多次测膘调料，然后根据每次测膘结果，结合母猪所处的妊娠阶段综合给料以达到对母猪背膘的精确调控。由于本书第九章已经对母猪精准饲喂的概念、操作和效果有了详细介绍，因此关于母猪测膘和调料的标准不再赘述。本章只是讨论不同妊娠阶段母猪调膘效果的数据分析方法和结果呈现方式。

一般情况下，母猪膘情可以按照 5 分制进行划分，即极瘦=1 分，偏瘦=2 分，适中=3 分，偏肥=4 分，过肥=5 分（Close 和 Cole，2000）。为了检验妊娠期调膘效果，测膘时间点可以包括配种时、妊娠 30d、妊娠 60d、妊娠 90d、分娩前等时间点。对母猪妊娠期膘情的监控其实就转化为计算配种时、妊娠 30d、妊娠 60d、妊娠 90d 和分娩前，分析群体中各时间点上极瘦、偏瘦、适中、偏肥和过肥母猪的构成比。如果用饼图来呈现不同妊娠阶段各膘情母猪的构成比，就需要展示配种时、妊娠 30d、妊娠 60d、妊娠 90d 和分娩前 5 个时间的饼图结果。这样的结果呈现形式不仅繁琐，而且各膘情母猪构成比在不同妊娠阶段可比性差。百分比堆积柱形图可以通过对比各膘情母猪构成比变化来监控母猪妊娠期的调膘效果。如彩图 2 显示，随着妊娠期的推进，3 分膘母猪在配种时、妊娠 30d、妊娠 60d、妊娠 90d 和分娩前的比例分别为 17%、42%、59%、67% 和 73%，说明整个妊娠期调膘效果较为理想。

2. 比和率 比和率也是分类变量常用的两个描述性的统计指标。前者是指两个变量之比，这两个变量可以是性质相同的两个指标，也可以是性质不同的两个指标。后者是指某个时期内某个事件发生的概率或强度，是一个具有时间概念的比。

在实际生产中，某个猪场/集团需要了解母猪品种存栏信息以掌握整个猪群结构，因此需要计算猪场/集团不同品种母猪相对比例。假设某猪场母猪存栏10 000头，其中杜洛克母猪1 000头，长白母猪2 000头，大白母猪3 000头，长大二元杂交母猪4 000头，因此该猪场杜洛克：长白：大白：长大二元杂交＝1：2：3：4。在运营中管理者可根据猪场当年的死淘情况、生产水平、母猪存栏、市场需求等情况制订合理的引种计划，保证猪场母猪稳定，维持正常生产水平。

另外，猪场/集团每月会考核当月一些与生产成绩相关的指标，如配种分娩率。假设某猪场配种母猪头数1 000头，实际分娩880头，那么该场母猪配种分娩率为88%。因此，养殖集团可以计算出下属各猪场每月的配种分娩率并进行排名，然后对成绩不理想的猪场进行问题溯源，通过改善相应环节的饲养管理水平来提高生产效率。比和率的结果可以用表格呈现，如上述两个例子的结果可以用表10-2所示。

表10-2 某集团下属各猪场配种分娩率

猪 场	分娩率（%）	排 名
1	87.94	10
2	79.30	23
3	87.01	14
4	92.87	1
5	84.86	20
6	85.35	19
7	84.18	21
8	91.17	3
9	88.16	9
10	86.04	18
11	89.69	7
12	86.14	17
13	90.01	6
14	90.91	4
15	91.34	2
16	87.89	11
17	89.49	8
18	86.81	15
19	87.35	13
20	83.04	22
21	87.73	12
22	90.67	5
23	86.63	16
平均	87.20	

（二）数值型变量的描述性统计

数值型变量是说明事物数字特征的一个名称，其取值是数值型数据。例如，总产仔数、产活仔数、弱仔数、出生窝重、断奶窝重等都是数值型变量，这些变量可以取不同的数值。数值型变量根据其取值的不同，又可以分为离散型变量和连续型变量。离散型变量指变量值可以按一定顺序——列举，通常以整数位取值的变量。上面举例中的总产仔数、产活仔数和弱仔数由于是按头数取整数计，因此属于离散型变量；连续型变量是指如果变量的所有可能取值不可以逐个列举出来，而是取数轴上某一区间内的任一点的变量，如上面举例中的出生窝重和断奶窝重。

数值型变量的描述性统计可分为统计量和统计图表两类，统计量可以计算集中趋势，如平均值、中位数、众数等，离散趋势可以计算方差、标准差、极差、四分位差、变异系数等。适合数值型变量的统计图有条形图、线图、散点图、箱式图等。平均值±标准差可以很好地描述数值型变量的基本情况，但是很多大型养殖企业在分析数值型变量指标时只报告了平均值而忽略了标准差，因此也掩盖了很多潜在的信息。下面内容主要采用平均值±标准差的结果呈现方式，对母猪生产中的产仔性能、断奶性能等数值型变量从品种、胎次、月份、季节、不同年份的同比和环比方面进行描述性统计。需要强调的是，示例中的结果为虚拟数据。假设某集团下属猪场 5 个，主养母猪品种包括长白、大白和长大二元杂交母猪，数据收集阶段为 2016—2018 年，生产指标以总产仔数、产活仔数、健仔数、断奶头数和断奶窝重为例。

1. 不同品种母猪繁殖性能相关指标的描述性统计举例　品种对母猪产仔性能有显著影响（Hossain 等，2016）。生产者为了提高猪场的经济效益，通常用杂交母猪代替纯种母猪来提高母猪的繁殖性能。与纯种母猪相比，长大二元杂交母猪具有长白和大白母猪的杂种优势，其产仔数多、WEI 短、7d 断配率高，因此常被作为猪场的基础母猪核心群进行繁育（Hossain 等，2016）。在实际生产中，生产管理者可以对集团下属各猪场所养的不同品种母猪计算平均值，观测每个猪场各品种母猪的平均生产成绩，然后计算每个猪场各品种母猪生产指标的标准差，以找出性能特别差的猪场进行整改。以上述集团总产仔数为例，计算所得下属 5 个猪场的不同品种母猪总产仔数如表 10-3 所示。

表 10-3　某集团下属猪场总产仔数情况（头）

场　部	母猪品种		
	长白猪	大白猪	长大二元杂交猪
1	11.23±1.98	11.64±1.84	12.33±1.63
2	11.78±3.66	11.97±4.02	12.79±3.86
3	12.12±1.45	12.66±1.65	13.26±2.11
4	11.54±1.77	12.03±2.04	12.97±1.72
5	12.45±1.23	13.15±1.37	13.87±1.55
集团平均	11.77±2.68	12.34±2.96	13.11±2.77

由表 10-3 可知，猪场 5 的长白、大白和长大二元杂交品种母猪总产仔数相较于其他 4 个猪场不仅平均生产成绩好，而且猪场 5 的这种高水平生产成绩也比较稳定（根据标准差大小判断）。猪场 2 的结果显示，该场的长白、大白和长大二元杂交品种母猪总产仔数的标准差很大，说明在该场有产仔数特别低的母猪存在。提示该场应该找出这些母猪并加强饲养管理或是直接淘汰以提升该场生产性能。同理，集团水平上的平均值直接显示了整体平均水平，而通过观测标准差的大小也可找出低性能猪场，然后针对性地调整生产管理策略以提升整个集团的生产成绩。产活仔数、弱仔数、出生窝重、断奶头数、断奶窝重等其他连续型变量也可按照上述思路和方式分品种和场部进行分析。因此，分品种去分析母猪生产性能不仅能监测不同品种母猪繁殖性能的差异，也可以提示所有猪场中存在的低性能猪场，并且还可以找出各猪场不同品种内低性能的母猪。采用平均值±标准差的形式分品种报告母猪繁殖性能，可以帮助生产管理者发现低性能猪场和低性能品种内的母猪个体。

2. 不同胎次母猪繁殖性能相关指标的描述性统计举例 胎次可以影响母猪分娩率和产仔数（Koketsu 和 Dial，1998；Iida 和 Koketsu，2015）。母猪繁殖性能随着胎次的增加而增加，繁殖性能在三至五胎时达到最高水平，随后开始降低。值得注意的是，与初产母猪相比，二胎母猪通常分娩率更低，仔猪初生重更小（Morrow 等，1989）。原因可能是初产母猪在哺乳期体损较大，从而影响断奶后的卵泡发育，并对随后的繁殖周期中排卵率和胚胎存活产生负面影响，减少了下一个繁殖周期的分娩率和产仔数（Clowes 等，2003）。二胎母猪繁殖性能的降低会缩短母猪的种用年限，从而导致母猪淘汰率增加（Sasaki 和 Koketsu，2008）。在实际生产中，通过监测不同胎次母猪的生产性能，既可以及时发现不同胎次母猪可能存在的问题，也可为优化猪场母猪胎龄结构提供数据参考。以集团产活仔数为例，计算不同胎次母猪产活仔数结果如彩图 3 所示。

由彩图 3 可知，该集团不同胎次母猪产活仔数也遵循"先升高，后降低"的变化趋势，一至二胎时产活仔数处于上升趋势，三至五胎时产活仔数处于最佳状态，而从第六胎开始逐渐下降。管理者从总体上可以清晰地判断出各胎次母猪生产状况是否正常，同时依据各胎次母猪产活仔数的标准差大小辨别每个胎次母猪生产性能是否稳定。如本示例中，一至五胎母猪产活仔数的标准差较小，说明这些胎次母猪的平均生产成绩比较稳定，偏差不大；六至八胎母猪产活仔数的标准差较大，可能与淘汰性能较差母猪有关，这也说明标准差的大小很好地反映出高胎龄母猪由于淘汰措施导致留群母猪性能差异较大的结果。

3. 不同季节母猪繁殖性能相关指标的描述性统计举例 季节是影响母猪繁殖性能最直接的环境因素之一（Love 等，1993）。季节变化可以显著影响母猪分娩率、总产仔数和仔猪育成率，这种影响的主要原因是：一方面妊娠早期胚胎的附植受温度影响较为严重，温度较高时容易造成死胎和流产；另一方面季节变化导致的母猪泌乳期热应激与采食量下降也会降低仔猪育成率（Tummaruk 等，2007）。对比每月间繁殖性能的差异，可以帮助生产管理者找出整改的关键控制点，通过改善设备设施，将环境温度尽可能调整到适合母猪生产的范围内以提高繁殖性能。因此，在实际生产中，一般要对不同季节下母猪繁殖性能进行分析。以上述集团数据为例，本书描述了 2018 年不同分娩月份对母猪分娩率的影响，结果见图 10-7。

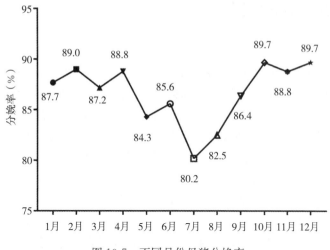

图 10-7　不同月份母猪分娩率

由图 10-7 可知，该集团 2018 年母猪分娩率受到了季节的影响。相较于其他月份，5—9 月母猪分娩率降低，在最炎热的 7 月更是下降到 80.2％。区别于一般报道的 7—8 月母猪分娩率显著降低的结果，该集团 2018 年 5 月母猪分娩率就开始降低，其原因可能与猪场地处我国南方，高温高湿天气较其他地区早有关。该分析结果也提示，猪场在 5 月前就应该采取降温措施，避免猪舍温湿度过高导致的分娩率降低。因此，在实际生产中应该分析不同季节对母猪繁殖性能指标的影响，根据分析结果采取相应的措施。

4. 同比和环比结果的描述性统计举例　一般情况下，同比指某年第 n 月与前一年第 n 月的比。计算同比增长率主要是为了消除季节变动的影响，用以说明本期水平与上一年同期水平对比而达到的相对增长速度。同比增长率的计算公式＝（本期水平－上一年同期水平）/上一年同期水平×100％。环比一般是指某年第 n 月与该年第 $n-1$ 月的比。环比增长率＝（本期水平－上期水平）/上期水平×100％。环比的结果与图 10-7 相似，只是增加相邻两个月分娩的差值/上月分娩×100％。因此，这部分主要介绍同比，上述事例集团下某猪场 3 年内的同比结果见彩图 10-4。

综上所述，可以总结 3 点：①在母猪生产中，不同类型的生产指标可能数据类型相同，也可能数据类型不同，在描述不同类型特征的生产指标时应该采用不同的统计方法；②描述性统计能较全面地反映母猪生产的基本信息，不仅让管理者对整体生产情况有一个宏观的把控，还能为生产管理者指明一些存在的问题，便于他们对问题针对性地改善生产管理水平；③描述性统计可以结合图和表的方式呈现分析结果，让人一目了然，并能更好地理解作者目的和要表达的思想。但是，对于拥有数据量较大的企业来说，对母猪生产指标只进行描述性统计远不能挖掘出足够的信息，还要借助其他的统计建模方法对数据进行深层挖掘，帮助生产管理者获得更多有价值的信息。

二、时间序列分析案例

上一部分举例说明了描述性统计方法在母猪生产性能指标中的应用，从不同方面初步描绘了猪场不同生产指标的平均水平和基本情况。其中，有两部分分别统计分析了不同月份，以及不同年份相同月份同比的母猪繁殖性能变化。虽然这两个方面可以在一定程度上揭示一些生产上的结果，但是多年的生产指标数据可以看成一个连续的时间序列，因此可以根据这个时间序列数据的变化规律进一步加以分析，即时间序列分析。

时间序列是指一组按照时间发生先后顺序进行排列的数据点序列。通常一组时间序列的时间间隔为一恒定值（如1d、1周、1月、1季度或是1年），而时间序列分析是通过编制和分析时间序列，根据时间序列所反映出来的发展过程、方向和趋势进行类推或延伸，借以预测下一段时间或以后若干年内可能达到的水平。时域（time domain）分析方法是时间序列分析的主流方法，主要是从序列自相关的角度揭示时间序列的发展规律。相对于谱分析方法，它具有理论基础扎实、操作步骤规范、分析结果易于解释等优点。时域分析方法具有相对固定的分析套路，通常包括4个分析步骤：①考察观察值序列的特征；②根据序列的特征选择适当的拟合模型；③根据序列的观察数据确定模型的口径；④检验模型，优化模型。

时间序列分析常用在国民经济宏观控制、区域综合发展规划、企业经营管理、市场潜量预测、气象预报、水文预报、地震前兆预报、农作物病虫灾害预报、环境污染控制、生态平衡、天文学、海洋学等方面。在母猪生产中也可借助时间序列分析的思想对生产数据进行分析和预测。

（一）整体研究思路

时间序列分析整体思路如图10-8所示。

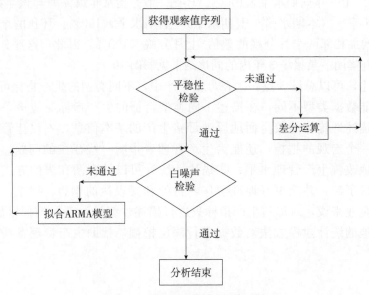

图10-8 时间序列分析整体思路

（二）数据来源

国内某大型养殖集团下属猪场 2015 年 10 月至 2017 年 10 月期间平均每月的总产仔数、产活仔数及产健仔数。每个性状数据量共 26 406 条。数据采用 Excel 整理，时间序列分析采用 R 语言（R3.6.0）进行建模分析。

（三）数据分析过程及结果解释

1. 平稳性检验

（1）时序图检验　序列平稳是一种统计性质，包括序列的均值和方差均为常数，故而平稳序列的时序图应该显示这一序列围绕着某一个常数值上下进行随机波动，而且具有波动的范围有界特点。如果序列的时序图显示出该序列有明显的增加减少趋势性或周期性，那么它通常不是平稳序列。根据这个性质，可以快速地通过观察它的时序图判断其是否平稳。

图 10-9 为示例猪场 2015 年 10 月至 2017 年 8 月以周为计量单位，描述平均母猪产活仔数的变化情况。总仔数始终未在固定值附近随机波动，有较为明显的上升趋势，以及类似于正弦函数摆动的周期性，基本可以判断为非平稳序列。利用自相关图可以对上述判断进行进一步验证。

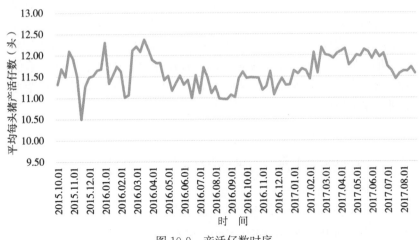

图 10-9　产活仔数时序

（2）自相关图检验　自相关性是指序列本身之间的相关关系。通常对于平稳序列都是具有短期相关性。该性质用自相关系数来描述，就是随着延迟期数 k 的增加，平稳序列的自相关系数 β_k 会很快地衰减向零；反之，非平稳序列的自相关系数 β_k 衰减向零的速度通常比较慢，这就是利用自相关图进行平稳性判断的标准。对于很多非平稳序列来说，其自相关图都有明显的正负对称性或是周期变化性。

图 10-10 所示为产活仔数的自相关系数图。图中横坐标为延迟时期。观察发现，3 个变量的序列自相关系数递减到零的速度相当缓慢，在很长的延迟时期里，自相关系数一直为正，且超过置信区间。而后又一直为负，在自相关图上显示出较为明显的三角对称性，这是具有趋势的非平稳序列的一种典型的自相关图的形式。

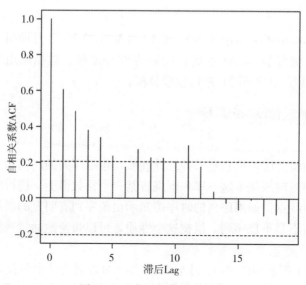

图 10-10　产活仔数偏自相关

（3）统计检验　单位根检验（dickey-fuller test，DF 检验）是一种较为常用的平稳性检验方法，而 ADF 检验则是一种扩充的 DF 检验，对于一阶自回归［AR（1）］的非平稳序列检验来说，DF 检验更加适合，但是在实际生活当中，绝大多数序列不会只是简单的一阶回归序列。所以科学家们得到了 ADF 检验方法，它可以解决 DF 检验中对随机项误差白噪声假设的问题。其准确性主要受到自回归方程精确性的影响。

图 10-11 所示为使用 R 语言中的 adf. test 函数对产活仔数序列进行单位根检验结果。由于原假设是非平稳序列，检验结果为 $P=0.176\ 6>0.05$，不能拒绝原假设，故而证明该序列为非平稳序列。

$>$adf. test（x）

augmented dickey-fuller test

data：x

dickey-fuller$=-2.969\ 7$，lag order$=4$，P-value$=0.176\ 6$

alternative hypothesis：stationary

图 10-11　产活仔数单位根检验结果

2. 差分运算　差分运算是一种典型的研究离散数学的方法。在拿到观察值序列之后，我们发现这是一组非平稳的序列，数值之间并不连续，也就是说历史序列的某些统计性质并不能够同样适用于未来。这时只有采用差分运算平稳化序列，才能提取序列当中的有效信息。Box 和 Jenkins 特别强调差分方法的使用，并且提供了验算是否过差分的方法，他们使用大量的案例分析证明差分方法是一种非常简便、有效的确定性信息提取方法，而 Cramer 分解定理则在理论上保证了适当阶数的差分一定可以充分提取确定性信息。

图 10-12 为对序列进行一阶差分，并绘制差分后序列时序图。

$>$$x<-$read. table［file. choose（），header$=$T］

```
>x<-ts (x)
>x.dif<-diff (x)
>plot (x.dif)
```

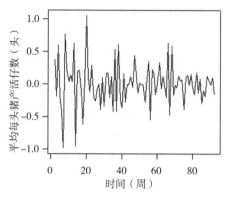

图 10-12　产活仔数序列一阶差分

差分后的时序图清晰地显示，一阶差分运算已经非常成功地从原序列中提取出了线性趋势，差分后序列呈现出非常平稳的随机波动。

3. 模型选择

（1）拖尾效应　始终有非零取值，不会在 k 大于某个常数后就恒等于零（或在 0 附近随机波动）。

（2）截尾效应　在大于某个常数 k 后快速趋于 0 为 k 阶截尾（张尧庭，1996）。在差分后的自相关和偏自相关图中根据截尾和拖尾效应，初步判断 p 和 q 的取值（图 10-13）。

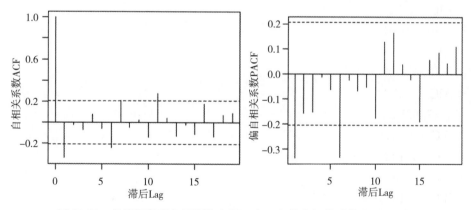

图 10-13　产活仔序列自相关数 ACF（左）和偏自相关系数 PACF（右）

根据拖尾效应和截尾效应，可知 p 可能取值为 1，6；q 可能取值为 1，6。这意味着能够拟合该数据的模型有 4 个，分别为 ARIMA（1，1，1），ARIMA（1，1，6），ARIMA（6，1，1）和 ARIMA（6，1，6）。本书中举例分析一个模型的残差白噪声检验，用来说明原序列内的全部有用信息已被提取。

```
>x.fit<-arima [x, order=c (6, 1, 6)]
>for (i in 1：2) print [Box.test (x.fit $ residual, lag=6 * i)]
    Box-Pierce test
```

data： x. fit＄residual

X-squared＝2. 393 3，df＝6，*P*-value＝0. 880 2

Box-Pierce test

data： x. fit＄residual

X-squared＝10. 296，df＝12，*P*-value＝0. 59

从上述结果可知，残差序列白噪声检验 *P*＞0.05，模型显著成立，说明 ARIMA（6，1，6）模型对该序列拟合成功。

4. 模型优化 若一个拟合模型通过了检验，说明在一定的置信水平下，该模型能够有效地拟合观察值序列的波动，但这种有效模型并不是唯一的。在本书中引入赤池信息准则（Alcaike information criterion）和贝叶斯信息准则（Bayesian information criterion，BIC）的概念对模型进行优化。AIC 准则为选择最有模型提供了有效的规则，但其也有不足之处，对于一个观察值序列而言，序列越长，相关信息就越分散。要很充分地提取其中的有用信息，或者说要使拟合精度比较高，通常需要包含多个自变量的复杂模型。为了弥补 AIC 准则的不足，Akaike 于 1976 年提出了 BIC 准则。在所有通过检验的模型中使得 AIC 和 BIC 函数达到最小的模型为相对最优模型。

＜x. fit1＜－arima［x, order＝c（1，1，1）］

＜x. fit2＜－arima［x, order＝c（1，1，6）］

＜x. fit3＜－arima［x, order＝c（6，1，1）］

＜x. fit4＜－arima［x, order＝c（6，1，6）］

＜AIC（x. fit1）

［1］42. 155 92

＜AIC（x. fit2）

［1］46. 383 01

＜AIC（x. fit3）

［1］43. 570 37

＜AIC（x. fit4）

［1］37. 681 39

＜BIC（x. fit1）

＜BIC（x. fit2）

＜BIC（x. fit3）

＜BIC（x. fit4）

最终通过结果可以看到，对于 ARIMA（6，1，6）模型来说，AIC 和 BIC 函数达到最小，为最优模型。

5. 模型预测 到目前为止，笔者等对观察值序列作了平稳性判断、白噪声判断、模型选择等，做这些工作的最终目的是要利用这个拟合模型对随机序列的未来发展进行预测。

所谓预测，就是要利用序列已观测到的样本值对序列在未来某个时刻的取值进行估计，目前对平稳序列最常用的预测方法是线性最小方差预测，线性是指预测值为观察值序列的线性函数，最小方差是指预测方差达到最小。

>x. fore<－forecast（x. fit，h＝5）

>plot（x. fore）

系统默认输出预测图如彩图 10-5 所示，蓝色线条为预测未来 5 期的值，蓝色阴影部分为相对应预测值的置信区间。从此图可以看到，该猪场未来整体生产性能有缓慢下降趋势。

6. 模型准确度检测　在选择某种特定的方法进行预测时，需要评价该方法的预测效果或准确性。评价方法是找出预测值与实际值的差距，即预测误差。最优的预测就是预测误差达到最小值。

预测误差计算方法有平均误差、平均绝对误差、均方误差、平均百分比误差、平均绝对百分比误差。方法的选择取决于预测者的目标、对方法的熟悉程度。在本书中选择 MSE（均方误差）和 MAPE（平均绝对百分比误差），计算值为 MSE＝0.244 9，MAPE＝0.271 6，说明该模型拟合成功。

由上述时间序列分析案例可知，在母猪生产中，可以借助时间序列分析的思想对猪场/集团多年生产指标数据加以分析：一方面描绘该猪场/集团生产指标的历史变化规律；另一方面利用时间序列数据的固有性质，通过一定的数据处理后进行分析，达到预测未来生产成绩的目的。

三、多层统计模型的应用案例

前面两个部分分别从整体和时间轴变化两个方面描绘并分析了母猪繁殖性能相关指标的结果，描述性统计能较全面地反映母猪生产的基本信息，不仅让管理者对整体生产情况有一个宏观的把控，还能为生产管理者指明一些存在的问题，便于他们对问题针对性地改善生产管理水平；而时间序列分析则从时间轴维度一方面描绘该猪场/集团生产指标的历史变化规律；另外利用时间序列数据的固有性质，通过一定的数据处理后进行分析，达到预测未来生产成绩的目的。但是对于出现性能变异的关键原因并没有给出分析结果。因此，下面内容重点围绕导致问题产生的原因进行因素分析，以多层统计模型在母猪生产性能指标中的应用进行讲解。

在实际生产中，企业管理者除了关心某个/几个生产指标的高低外，他们更想了解影响这些生产指标的关键因素，从而在生产中可以针对性地调整饲养管理以提高猪场生产成绩。中大型规模养猪企业往往具有几个到几十个下属猪场，来自这些猪场的数据一般具有组内同质性/组间异质性的特点，具有分层结构。在实际研究中，对于这类具有层次特征的生产数据，人们一般更喜欢采用单一水平下（基于个体水平/组水平）和基于个体和组水平的两次线性回归的线性回归模型进行分析。然而在个体水平下的一般线性回归，会将组水平引起的变异归入个体水平差异中，通常会夸大解释变量对目标因变量的差异性（王济川等，2008）。同样，基于组水平的线性回归模型会放弃对个体水平差异的解释，导致聚集性偏倚、生态学谬误或 Robinson 效应（Robinson，1950）。即使通过从个体水平再到组水平的两步回归法模型分析也可以检验出组间回归系数的变异，在一定程度上弥补单一水平上回归分析的缺陷，但却忽略了群组层面随机变量，这是一个技术错误（Leeuw 和 Kreft，1986）。多层统计模型在分析时不需要均衡数据，也允许数据集中存在缺失值，并且还能够方便地处理时间变化协变量。因此，与单一水平或两步法/多步法线性回归模型相比更加灵活，更适合于分析具有层次结构的多层数据。

（一）整体研究思路

多层统计模型应用的整体研究思路如图10-14所示。

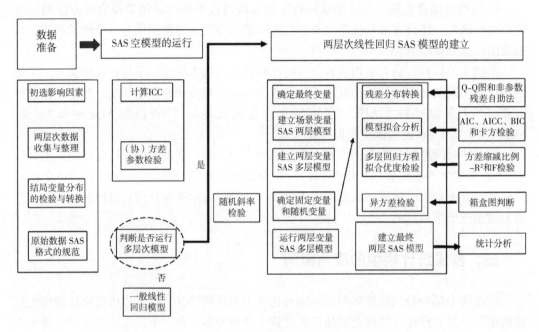

图10-14　整体研究思路

（二）猪场基本情况

本示例以华中地区某大型养殖企业下属16个猪场2010—2012年的生产数据为例，基本情况介绍如下：这些猪场分布在湖北和江苏两省，场与场之间的距离不超过150km，地处平原地带。在研究期间，母猪存栏量介于1 000～1 800头，每年存栏量变化不大，差异在20～50头范围浮动。猪场年淘汰率在25%～35%，平均为30%。16个猪场母猪来源于该集团内的扩繁场A和扩繁场B（A＝1 800头，B＝1 600头）。所有猪场按繁殖区、保育区和育肥区三区设置。繁殖区分为配怀舍、妊娠舍、分娩舍和后备舍，妊娠舍母猪限位栏单栏饲养，分娩舍母猪单头分娩床饲养。妊娠舍和分娩舍采用自动饲喂系统，猪舍温度均控制在20～22℃。母猪妊娠料原料包括玉米、豆粕、麸皮、米糠粕等，每月配方根据原料价格进行微调，但在研究期间营养水平保持不变。2011年3月1日之后，母猪妊娠后期料引入止痢草精油处理。基于公司集团化管理策略，除母猪和公猪在品种上可能存在某些差异以外，其他遗传与育种策略以及技术水平都比较一致。

（三）数据收集和层次数据的形成过程

研究分两个层次进行数据收集。在母猪个体层面，主要收集以母猪分娩窝次为单位记录的分娩窝号、分娩日期、母猪耳号、母猪品种、分娩栋舍（栏）、总产仔数、产活仔数、健仔数和仔猪出生重；研究期间，收集了 16 个猪场共计61 984窝母猪分娩记录数据用于进行产仔数和仔猪出生重的分析工作。为避免单头母猪多次分娩数据造成的重复性问题，本示例采取随机抽样方法，即每头母猪只保留随机抽样的 1 窝数据，该母猪其他窝数据从最终分析数据集中剔除。在猪场层面，通过调研和执行问卷调查，访问饲养者和了解猪场情况，主要收集了包括猪舍设备、猪场管理特征（如生产管理流程、疫病控制和人员管理）等方面的数据信息，记录研究期间发生的变化。两层次数据收集和形成过程如图 10-15 所示。

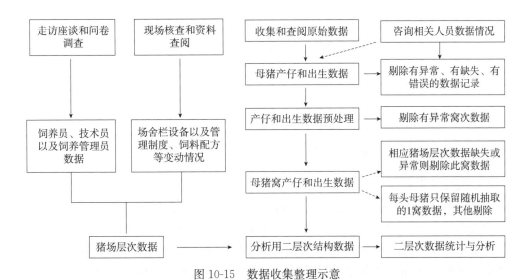

图 10-15　数据收集整理示意

本示例中，结局变量为总产仔数、产活仔数和健仔数；此外，研究的结局变量仔猪初生重为仔猪窝平均初生重。对于解释变量，在母猪个体层次上，主要考虑了母猪品种、胎次、妊娠料类型、分娩季节以及年份。其中，母猪品种主要包括杜洛克母猪、长白母猪、大白母猪以及长大二元杂交母猪；胎次方面分为头胎、二至五胎及六胎以上母猪；根据研究期间止痢草精油的添加与否，将妊娠料分为妊娠料添加/不添加止痢草精油两组；考虑到湖北省和江苏省气候特点类似，根据母猪分娩月份划分为温和分娩季 2—5 月、炎热分娩季 6—9 月和寒冷分娩季 10 月至翌年 1 月；年份方面主要按照自然年区分为 2010 年、2011 年和 2012 年。

该示例中，在猪场层次上由于变量因子"栏舍类型、栏舍布局、母猪饲喂方式、母猪料型、分娩栏尺寸、舍内单元数"在场间属于共性影响因子，未纳入模型分析。因此，排除共性影响因子后考虑的因素主要包括饲养管理水平、母猪来源、地面类型、通风和温控。其中，"饲养管理水平"变量的评估依据设定的 20 项考核标准，然后根据达标情况设定为好（＞15 项）、中（10～15 项）和差（＜10 项）3 个等级；根据 16 个猪场母猪来源，将"母猪来源"变量定义为扩繁场 A 和扩繁场 B；根据 16 个猪场硬件条件和设施设备实际情况，分别将"地面类型"和"通风和温控"变量划分为全漏缝地板、半漏缝地板，以及全封闭式自动控制和半封闭式自动控制。用于评估"饲养管理水平"变量的 20 项考核标准详细情况见表 10-4。

表 10-4　饲养管理水平评价考核标准

编 号	内 容	编 号	内 容
1	母猪发情鉴别准确	11	及时清除粪便，保证猪栏地面清洁
2	有科学的配种计划	12	猪舍内温湿度控制适宜
3	及时合理地配种并记录完整	13	猪舍内环境卫生状况良好
4	问题母猪的及时发现和治疗	14	配种操作严格按照 SOP 执行
5	合理申请问题母猪的淘汰	15	按流程转移待产母猪至分娩舍
6	公猪精液品质检查操作正确、记录完整	16	进出猪舍人员物资执行生物安全管理程序
7	饲喂量符合饲喂推荐程序	17	空栏清洗彻底并消毒
8	定期体况评分或背膘测定，按标准调整饲喂量	18	母猪妊娠鉴别准确
9	集中定时喂料	19	返情母猪及时识别并采取合理措施
10	料槽清洁	20	饮水充足水质达标

（四）数据分析过程及结果解释

该研究拟建立猪场-母猪个体的两层次线性模型，即猪场层次相关因素为高水平因素，母猪个体相关因素为低水平因素。分析软件及程序采用 SAS 软件的 proc mixed 程序，参数估计方法采用约束最大似然法（restricted maximum likelihood，REML）估计。在变量引入过程中采用逐步回归法，显著性水平设定为 $\alpha = 0.05$。不同水平的影响因子引入模型后采用极大似然估计法（maximum likelihood，ML）对模型进行估计，然后采用似然比（likelihood ratio）比较模型间拟合优度。偏差统计量-2LL 反映了模型之间再拟合数据时的差别，与此同时，将 AIC 和 BIC 纳入评价模型吻合度中以进一步确定似然比检验的有效性（Akaike，1974；Pinheiro 和 Bates，1998）。

1. 计算 ICC　第一步是计算 ICC 并进行显著性检验，通过计算和检验 ICC 来判断是否需要建立多层次模型进行分析（Shrout 和 Fleiss，1979）。ICC 表示组间方差和总方差的比例，计算公式如下：

$$ICC = \sigma_b^2 / \sigma_b^2 + \sigma_w^2$$

式中，σ_b^2 表示组间方差，又称为组水平方差；σ_w^2 表示组内方差，又称为个体水平方差。运行 SAS 空模型可以计算 ICC。在空模型中，不加入任何解释变量，只有猪场结局在第二层级中作为随机效应，母猪窝次在第一层级中作为未知随机变量。空模型方程如下：

$$第一层：y_{ij} = \beta_{0j} + e_{ij}$$
$$第二层：\beta_{0j} = \gamma + \mu_{0j}$$
$$组合模型：y_{ij} = \gamma + \mu_{0j} + e_{ij}$$

式中，y_{ij} 表示母猪窝次 i 和 j 猪场的结局测量（总产仔、产活仔、产健仔和仔猪出生重）；β_{0j} 表示随机截距；γ 表示固定截距；μ_{0j} 表示猪场随机效应协变量的向量；e_{ij} 表示母猪窝次残差效应项。根据 SAS 空模型计算的 ICC 结果见表 10-5。

表 10-5　在总产仔、产活仔、产健仔和初生重中不同模型随机方差结果

结局变量	随机参数	嵌套对象	零模型		模　型　1		终模型	
			估计值	P 值	估计值	P 值	估计值	P 值
总产仔	随机截距		1.169 7	0.031 7	0.083 9	0.088 0	0.081 4	0.083 3
	批次残差	猪场	3.024 3	<0.000 1	3.017 1	<0.000 1	2.416 9	<0.000 1
	总计		4.194 0		3.101 0		2.498 3	
产活仔	随机截距		0.740 0	0.031 4	0.400 1	0.081 7	0.398 5	0.082 5
	批次残差	猪场	2.358 5	<0.000 1	1.958 4	<0.000 1	1.331 0	<0.000 1
	总计		3.098 5		2.358 5		1.729 5	
产健仔	随机截距		1.132 8	0.031 3	0.176 1	0.086 9	0.153 7	0.093 8
	批次残差	猪场	3.461 0	<0.000 1	3.170 7	<0.000 1	2.255 5	<0.000 1
	总计		4.593 8		3.34 68		2.409 2	
出生重	随机截距		0.001 5	0.031 3	0.000 6	0.082 0	0.000 5	0.081 4
	批次残差	猪场	0.005 4	<0.000 1	0.003 8	<0.000 1	0.001 4	<0.000 1
	总计		0.007 0		0.004 4		0.001 8	

由表 10-5 可以看出，$ICC_{总仔}$ ＝1.169 7/（1.169 7＋3.024 3）＝27.9％，$ICC_{活仔}$ ＝0.740 0/（0.740 0＋2.358 5）＝23.9％，$ICC_{健仔}$ ＝1.132 8/（1.132 8＋3.461 0）＝24.7％，$ICC_{初生均重}$ ＝0.001 5/（0.001 5＋0.005 4）＝22.3％；并且 4 个结局变量的 ICC 检验结果均为显著。这说明猪场层次的解释变量分别引起了总产仔数、产活仔数、健仔数和仔猪出生重的 27.9％、23.9％、24.7％和 22.3％的变异，而且这种影响在不同猪场之间存在组内同质性，因此对 4 个结局变量的分析应该采用多层统计模型。

2. 分层引入解释变量因子　第二步是分层引入不同层次解释变量因子。采用逐步回归法首先引入猪场层次相关影响因子，主要包括饲养管理水平、母猪来源、地面类型、通风和温控，通过 F 检验确定留在模型中的固定效应因子；然后采用相同步骤再引入母猪个体层次相关影响因子，主要包括母猪品种、胎次、分娩季、妊娠日粮类型和年份，通过 F 检验确定留在模型中的固定效应因子。与此同时，计算分层引入不同层次解释变量因子后的方差缩减比例，并通过比较 AIC、AICC、BIC 和－2LL 筛选最优模型。经过 F 检验，猪场层次上的"饲养管理水平"，以及母猪个体层次上的"母猪品种""母猪胎次""年份""分娩季"均显著影响该示例中的 4 个结局变量，而母猪个体层次上的"妊娠料"只显著影响了健仔数和仔猪初生重两个结局变量。F 检验结果见表10-6。另外，通过评估逐步回归引入不同层次相关影响因子后的方差缩减比例判断所引入的变量对结局变量的可解释程度，结果显示妊娠料引起的方差总量下降比例最大（达22.1％），其次为饲养管理水平（达 14.8％），尚有 36.7％是由母猪品种、母猪胎次、年份和分娩季因子引起（表 10-7）。这说明通过方差变化比例可以判断影响因子对结局变量的影响程度。最后通过评估逐层引入解释变量后的 AIC、AICC、BIC 和-2LL 筛选最优模型。对零模型、模型 1（只纳入猪场层次相关解释变量）和终模型（纳入了两个层次解释变量）拟合分析。结果显示，无论对于总产仔数、产活仔数、健仔数还是仔猪初生重，从零模型到终模型，模型与模型之间拟合情况都呈现出极显著的差异，终模型

中的 AIC、AICC、BIC 和-2LL 数据都是最小，说明终模型拟合效果最佳（表 10-8）。

表 10-6　在总产仔、产活仔、产健仔和初生重中影响因子显著性检验

效应变量	总产仔		产活仔		产健仔		初生重	
	F 值	Pr>F	F 值	Pr>F	F 值	Pr>F	F 值	Pr>F
饲养管理水平	7.34	0.045 8	7.13	0.048 0	24.18	0.005 8	7.02	0.049 1
母猪来源场	14.65	0.018 7						
母猪料	0.01	0.939 3	5.32	0.147 5	30.83	0.030 9	22.27	0.042 1
母猪品种	23.98	<0.000 1	18.21	<0.000 1	8.62	0.002 5	16.61	0.000 1
分娩胎次	95.08	<0.000 1	127.10	<0.000 1	62.38	<0.000 1	128.81	<0.000 1
年份	41.04	0.000 1	59.79	<0.000 1	73.68	<0.000 1	65.64	<0.000 1
分娩季	9.68	0.003 1	5.29	0.022 5	11.68	0.001 5	6.19	0.014 6

表 10-7　在总产仔、产活仔、产健仔和初生重中终模型随机方差变化来源

零模型纳入变量后	总产仔			产活仔		
	方差总值	降低值	较零模型降低比例	方差总值	降低值	较零模型降低比例
未纳入变量（零模型）	4.194 0	—	—	3.098 5	—	—
纳入饲养管理水平	3.346 5	0.847 5	20.21%	2.601 3	0.497 2	16.05%
再纳入母猪来源场	3.101 0	0.245 5	5.85%			
再纳入母猪料止痢草精油处理	2.940 9	0.160 1	3.82%	2.358 5	0.242 8	7.84%
再纳入其他变量后（终模型）	2.498 3	0.442 6	10.55%	1.729 5	0.629 0	20.29%

零模型纳入变量后	产健仔			初生重		
	方差总值	降低值	较零模型降低比例	方差总值	降低值	较零模型降低比例
未纳入变量（零模型）	4.593 8	—	—	0.007 0	—	—
纳入饲养管理水平	3.927 4	0.666 4	14.51%	0.005 9	0.001 0	14.81%
再纳入母猪料止痢草精油处理	3.346 8	0.580 6	12.64%	0.004 6	0.001 5	22.14%
再纳入其他变量后（终模型）	2.409 2	0.937 6	20.41%	0.001 8	0.002 6	36.67%

表 10-8　不同多层线性模型拟合度比较

结局变量	对比模型	模型估计方法	拟合度统计量				LR 法检验	
			AIC	AICC	BIC	-2LL	χ²	P 值
总产仔	零模型	ML	35 364	35 364	35 364	35 360	144	<0.000 1
	终模型	ML	34 957	34 957	34 978	34 951	264	<0.000 1
产活仔	零模型	ML	33 136	33 136	33 137	33 133	124	<0.000 1
	终模型	ML						
产健仔	零模型	ML	36 570	36 570	36 570	36 566	390	<0.000 1
	终模型	ML	35 588	35 588	35 610	35 583	594	<0.000 1
初生重	零模型	ML	−21 274	−21 274	−21 274	−21 278	241	<0.000 1
	终模型	ML	−21 942	−21 942	−21 921	−21 948	429	<0.000 1

由上可知，回归和模型拟合分析，对于总产仔数、产活仔数、健仔数和仔猪出生重4 个结局变量，在猪场层次最终只纳入了"饲养管理水平"（总产仔数模型还引入了"母猪来源"变量）；而在猪场个体层次先纳入了"母猪品种""分娩胎次""妊娠料""分娩季节"和"年份"。建立的两层线性的终模型表达式如下：

$$y_{ij} = \gamma + \gamma_{01}w_{1j} + \gamma_{02}w_{2j} + \gamma_{11}x_{1ij} + \gamma_{12}x_{2ij} + \gamma_{13}x_{3ij} + \gamma_{14}x_{4ij} + \gamma_{15}x_{5ij} + \mu_j + e_{ij}$$

式中，y_{ij} 表示 i 批次和 j 猪场的结局测量；γ 表示固定截距（固定效应）；γ_{01} 表示猪场层次的饲养管理水平固定效应；w_{1j} 表示 j 猪场的饲养管理水平固定效应协变量；γ_{02} 表示猪场层次的母猪来源固定效应（仅用于总产仔数模型）；w_{2j} 表示 j 猪场的母猪来源固定效应协变量（仅用于总产仔数模型）；γ_{11}、γ_{12}、γ_{13}、γ_{14} 和 γ_{15} 分别代表母猪个体层次的品种、胎次、妊娠料、分娩季节和年份效应；x_{11}、x_{12}、x_{13}、x_{14} 和 x_{15} 分别代表母猪个体层次的品种、胎次、妊娠料、分娩季节和年份效应协变量；μ_j 表示猪场层次的残差效应；e_{ij} 表示母猪个体层次的残差效应。

利用建立的两层线性模型对 4 个结局变量进行多重比较，探讨不同层次上的解释变量的亚分类之间的差异。例如，与饲养管理水平高的猪场相比，那些管理水平较低的猪场母猪总产仔数、产活仔数、健仔数和仔猪初生重显著降低了 1.48kg、1.48kg、1.56kg 和 0.06kg（$P<0.05$）；杜洛克和长白品种母猪总产仔数、产活仔数、健仔数和仔猪初生重均显著低于大白品种母猪（$P<0.05$）。类似的，其他解释变量的亚分类之间的差异也可通过建立的两层线性模型进行比较分析，从而在不同层次上解释单个影响因子对结局变量的影响程度。

母猪产仔性能是生产环节中的重要指标，直接决定了猪场生产成绩的高低。随着猪场集约化和规模化的发展，生产管理软件的应用大大提高了数据的记录和采集能力，我们需要对这些生产数据增加更多的分析以充分挖掘信息来指导生产。大型养殖集团在整体分析下属猪场的生产数据时，需要考虑不同猪场数据间是否存在组内同质性/组间异质性，这决定了在进行因素分析时单层模型和多层模型的选取。该示例中先检验了 4 个结局变量的 ICC，确定显著后又采用逐步回归方法建立了两层线性模型，并且运用该模型分析了不同层次上的相关影响因子对结局变量的影响程度，进一步利用该模型探讨了不同层次上的解释变量的亚分类之间的差异。因此，该示例在分析大型养殖集团所有猪场的其他生产数据时具有很好的实际应用价值。

本　章　小　结

随着猪场集约化和规模化程度的提高，数据管理软件在猪场的应用极大限度地实现了数据的采集、交换和分析。但这些数据大多仅用于记录猪群状况和进行绩效考评，未能被充分地分析和挖掘，这也导致大量有价值信息的流失。借助统计学理论、统计软件、机器学习等大数据挖掘方法，可以帮助我们对生产大数据进行预处理和深度分析。在进行分析时，数据类型、数据分布特征和分析目的共同决定了统计方法和分析模型的选择。由于 PSY 这个指标既反映了一个生产年份中的生产成绩，又反映了出生阶段、断奶阶段和断奶后阶段的生产成绩和管理水平，因此成为目前最常用的一个反映母猪繁殖性能水平的指标。对 PSY 的分析可以从能够宏观呈现数据基本情况的描述性统计、揭示历史变化规律并能预测的时间序列分析，以及剖析生产指标关键影响因素的析因分析三个层面，对初生、断奶和 NPD 影响 PSY 的三个关键节点进行分析。从实际应用结果来看，描述性统计能较全面地反映了母猪生产的基本信息，不仅让管理者对整体生产情况有一个宏观的把控，而且还能为生产管理者指明一些存在的问题，便于他们根据问题有针对性地改善生产管理水平。时间序列分析方法一方面可以描绘生产数据的历史变化规律，另一方面还能达到预测未来生产成绩的目的。而在进行因素分析时，首先需要考虑数据的组内同质性/组间异质性的特征，然后根据是否具有类聚性来确定选择单层还是多层统计模型进行因素分析。由此可见，科学、合理地运用统计学方法，不仅能够得到养殖过程中容易忽略的生产管理信息，更能为管理者提供科学的指导。因此，现代化生产模式下，统计学的应用必然会发挥更大的作用服务于养猪业。

➡ 参考文献

胡良平，1999. 一般线性模型的几种常见形式及其合理选用 [J]. 中国卫生统计，16：269-272.

雷雳，张雷，2002. 多层线性模型的原理及应用 [J]. 首都师范大学学报（社会科学版），110-114.

李少宁，宋春阳，2015. 我国妊娠母猪动物福利现状及改进措施 [J]. 猪业科学（7）：124-125.

李晓松，倪宗瓒，1998. 多水平 logistic 模型在问卷信度研究中的应用 [J]. 中国卫生统计，15（6）：5-8.

李想，2015. 深度剖析母猪产程与死胎的相关性 [J]. 猪业科学（1）：118-119.

连瑞营，郭富豪，张莹莹，2010. 不同饲喂次数对哺乳母猪生产性能及营养物质消化率的影响 [J]. 现代畜牧兽医（11）：50-52.

潘新尤，徐杰，2012. 气温对母猪受胎率的影响 [J]. 养猪（2）：37-38.

彭高辉，王志良，2008. 数据挖掘中的数据预处理方法 [J]. 华北水利水电学院学报，29（6）：63-65.

阮文科，2011. 夏秋季猪场中主要致病微生物及其控制 [J]. 中国猪业，5（5）：4-7.

孙海清，2013. 母猪妊娠日粮中可溶性纤维调控泌乳期采食量的机制及改善母猪繁殖性能的作用 [D]. 武汉：华中农业大学.

谭成全，2015. 妊娠日粮中可溶性纤维对母猪妊娠期饱感和泌乳期采食量的影响及其作用机理研究 [D]. 武汉：华中农业大学.

汤岩，2007. 时间序列分析的研究与应用 [D]. 哈尔滨：东北农业大学.

王济川，谢海义，姜宝法，2008. 多层统计分析模型：方法与应用 [M]. 北京：高等教育出版社.

王帅，冯迎春，2016. 数据记录与分析在母猪场经营管理中的应用 [J]. 猪业科学，33（9）：52-54.

王松桂，1987. 线性模型的理论及其应用 [M]. 合肥：安徽教育出版社.

吴同山，刘烺，陈日秀，2010. 母猪死淘的原因分析及防治对策 [J]. 广东农业科学，7（11）：188-189.

伍云山，2010. 浅谈描述性统计在管理评审中的应用 [J]. 日用电器（2）：30-35.

谢景兴，刘兆军，魏宁，等，2017. 猪深部输精技术的运用 [J]. 畜牧兽医杂志，36（4）：38-40.

徐涛，2017. 母猪妊娠末期背膘厚度对产仔性能和胎盘脂质氧化代谢的影响 [J]. 动物营养学报，29（5）：1723-1729.

闫之春，2015. 母猪群 PSY 的计算方法 [J]. 今日养猪业（3）：44-45.

杨桂元，2000. 中心极限定理及其在统计分析中的应用 [J]. 统计与信息论坛，（3）：13-15.

张麒增，戴翰波，2019. 基于数据预处理技术的学生成绩预测模型研究 [J]. 湖北大学学报（自然科学版），41（1）：106-113.

张尧庭，1995. 线性模型与广义线性模型 [J]. 统计教育（4）：18-23.

张尧庭，1996. 时间序列分析 [J]. 统计教育（4）：23-27.

张子云，肖亮，江书忠，等，2017. 不同饲喂模式对哺乳母猪生产性能的影响 [J]. 中国猪业，12 (2): 63-65.

周勤，2012 群养与限位栏饲养模式下妊娠母猪繁殖性能及行为的比较研究 [D]. 南京: 南京农业大学.

Aherne, F, 2001. Feeding the lactating sow: a blend of science and practice [J]. International Pig Letter, 21 (7):

Akaike H, 1974. A new look at the statistical model identification [J]. IEEE Transaction on Automatic Control, 19: 716-723.

Almond G W, Flowers W L, Batista L, et al, 2006. Diseases of the reproductive system-diseases of swine [M]. 9th ed. Ames: Blackwell Publishing.

Amass S F, Baysinger A, 2006. Swine disease transmission and prevention [M]. 9th ed. Ames: Blackwell Pubishing.

Belstra B A, Flowers W L, See M T, 2004. Factors affecting temporal relationships between estrus and ovulation in commercial sow farms [J]. Animal Reproduction Science, 84 (3/4): 377-394.

Bertoldo M J, Holyoake P K, Evans G, et al, 2012. Seasonal variation in the ovarian function of sows [J]. Reproduction, Fertility and Development, 24 (6): 822-834.

Beyer M, Jentsch W, Kuhla S, et al, 2007. Effects of dietary energy intake during gestation and lactation on milk yield and composition of first, second and fourth parity sows [J]. Archives of Animal Nutrition, 61 (6): 452-468.

Choe J, Kim S, Cho J H, et al, 2018. Effects of different gestation housing types on reproductive performance of sows [J]. Animal Science Journal, 89 (4): 722-726.

Close W H, Cole D J A, 2000. Nutrition of sows and boars [M]. Nottingham: Nottingham University Press.

Clowes E J, Aherne F X, Schaefer A L, et al, 2003. Parturition body size and body protein loss during lactation influence performance during lactation and ovarian function at weaning in first-parity sows [J]. Journal of Animal Science, 81 (6): 1517-1528.

Cutler R S, Fahy A F, Cronin G M, et al, 2006. Preweaning mortality [M]. 9th ed. Ames: Blackwell Publishing.

Famili A, Shen W M, Weber R, et al, 1997. Data preprocessing and intelligent data analysis [J]. Intelligent Data Analysis, 1 (1): 3-23.

Fangman T J, Amass S F, 2007. Postpartum care of the sow and neonates [J]. Current Therapy in Large Animal Theriogenology: 784-788.

Filha W S A, Bernardi M L, Wentz I, et al, 2010. Reproductive performance of gilts according to growth rate and backfat thickness at mating [J]. Animal Reproduction Science, 121 (1/2): 139-144.

Flowers W L, 2002. Increasing fertilization rate of boars: influence of number and quality of spermatozoainseminated [J]. Journal of Animal Science, 80: 47-53.

Fredriksen B, Fonti F M, Lundstr M K, et al, 2009. Practice on castration of piglets in Europe [J]. Animal, 3 (11): 1480.

Gill P, 2007. Managing reproduction-critical control points in exceeding 30 pigs per sow per year [C]. Proceedings of the London Swine Conference: 171-184.

Hernández M A, Stolfo S J, 1998. Real-world data is dirty: data cleansing and the merge/purge problem [J]. Data Mining and Knowledge Discovery, 2 (1): 9-37.

Hossain M I, Momin M M, Fakhrul Islam K M, et al, 2016. Reproductive performance comparison between local and crossbred sows reared under backyard and farming condition in Rangamati district of Bangladesh [J] . Journal of Embryo Transfer, 31 (3): 249-254.

Hoving L L, Soede N M, Graat E A M, et al, 2011. Reproductive performance of second parity sows: relations with subsequent reproduction [J] . Livestock Science, 140: 124-130.

Iida R, Koketsu Y, 2013. Quantitative associations between outdoor climate data and weaning-to-first-mating interval or adjusted 21-day litter weights during summer in Japanese swine breeding herds [J] . Livestock Science, 152 (2/3): 253-260.

Iida R, Koketsu Y, 2014. Interactions between pre-or postservice climatic factors, parity, and weaning-to-first-mating interval for total number of pigs born of female pigs serviced during hot and humid or cold seasons [J] . Journal of Animal Science, 92 (9): 4180-4188.

Iida R, Koketsu Y, 2015. Number of pigs born alive in parity 1 sows associated with lifetime performance and removal hazard in high-or low-performing herds in Japan [J] . Preventive Veterinary Medicine, 121 (1/2): 108-114.

Iida R, Piñeiro C, Koketsu Y, 2016. Abortion occurrence, repeatability and factors associated with abortions in female pigs in commercial herds [J] . Livestock Science, 185: 131-135.

Jackson P G G, Cockcroft P D, 2007. Handbook of pig medicine [M] . Saunders Elsevier, Phialdelphia.

Kaneko M, Koketsu Y, 2012. Gilt development and mating in commercial swine herds with varying reproductive performance [J] . Theriogenology, 77: 840-846.

Kim K H, Hosseindoust A, Ingale S L, et al, 2016. Effects of gestational housing on reproductive performance and behavior of sows with different backfat thickness [J] . Asian-Australasian Journal of Animal Sciences, 29 (1): 142.

Kim S W, Weaver A C, Shen Y B, et al, 2013. Improving efficiency of sow productivity: Nutrition and health [J] . Journal of Animal Science and Biotechnology, 4 (1): 26.

King V L, Koketsu Y, Reeves D, et al, 1998. Management factors associated with swine breeding-herd productivity in the United States [J] . Preventive Veterinary Medicine, 35: 255-264.

Kirkden R D, Broom D M, Andersen I L, 2013. Invited review: piglet mortality: management solutions [J] . Journal of Animal Science, 91 (7): 3361-3389.

Knox R, Levis D, Safranski T, et al, 2008. An update on North American boar stud practices [J] . Theriogenology, 70 (8): 0-1208.

Koketsu Y, 2003. Reserviced females on commercial swine breeding farms [J] . Journal of Veterinary Medical Science, 65 (12): 1287-1291.

Koketsu Y, 2007. Longevity and efficiency associated with age structures of female pigs and herd management in commercial breeding herds [J] . Journal of Animal Science, 85: 1086-1091.

Koketsu Y, Dial G D, 1998. Interactions between the associations of parity, lactation length, and weaning-to-conception interval with subsequent litter size in swine herds using early weaning [J] . Preventive Veterinary Medicine, 37 (1/4): 113-120.

Koketsu Y, Dial G D, Pettigrew J E, et al, 1996. Influence of imposed feed intake patterns during lactation on reproductive performance and on circulating levels of glucose, insulin, and luteinizing hormone in primiparous sows [J] . Journal of Animal Science, 74 (5): 1036-1046.

Kraeling R R, Webel S K, 2015. Current strategies for reproductive management of gilts and sows in North America [J] . Journal of Animal Science and Biotechnology, 6 (1): 1-14.

Leeuw J L, Kreft I G, 1986. Random coefficient models for multilevel analysis [J]. Journal of Educational Statistics, 11: 57-85.

Littell R C, Milliken G A, Stroup W W, et al, 2006. SAS for mixed models [M]. Cary, NC: SAS Publishing.

Love R J, Evans G, Klupiec C, 1993. Seasonal effects on fertility in gilts and sows [J]. Journal of Reproduction and Fertility Supplement, 48: 191.

Maes D G, Papadopoulos G, Cools A, et al, 2010. Postpartum dysgalactia in sows: pathophysioiogy and risk factors [J]. Tierärztliche Praxis Ausgable G Grosstiere/Nutztiere, 38: 15-20.

Maes D G D, Janssens G P J, Delputte P, et al, 2004. Back fat measurements in sows from three commercial pig herds: relationship with reproductive efficiency and correlation with visual body condition scores [J]. Livestock Production Science, 91 (1): 57-67.

Martineau G P, Smith B B, Béatrice D, 1992. Pathogenesis, prevention, and treatment of lactational insufficiency in sows [J]. Veterinary Clinics of North America: Food Animal Practice, 8 (3): 661-684.

Mccullagh P, Nelder J A, 1983. Models for data with constant coefficient of variation [M] // Mccullagh P, Nelder J A. Generalized Linear Models.

Messias de Bragan ca M, Mounier A M, Prunier A, 1998. Does feed restriction mimic the effects of increased ambient temperature in lactating sows? [J]. Journal of Animal Science, 76: 2017-2024.

Mezalira A, Dallanora D, Bernardi M L, et al, 2005. Influence ofsperm cell dose and post-insemination backflow on reproductive performance of intrauterine inseminated sows [J]. Reproduction in Domestic Animals, 40 (1): 1-5.

Morrow W E M, Leman A D, Williamson N B, et al, 1989. Improving parity-two litter size in swine [J]. Journal of Animal Science, 67 (7): 1707-1713.

Muirhead M R, Alexander T J L, Alexander T J, 1997. Managing pig health and the treatment of disease [C] //Managing Pig Health and the Treatment of Disease A Reference for the Farm UK: 5M Enterprises Shaffield.

Nelder J A, Wedderburn R W M, 1972. Generalized linear models [J]. Journal of the Royal Statistical Society, 135: 370-384.

Papadopoulos G A, Vanderhaeghe C, Janssens G P J, et al, 2010. Risk factors associated with postpartum dysgalactia syndrome in sows [J]. Veterinary Journal, 184 (2): 167-171.

Per Jönsson, Wohlin C, 2004. An evaluation of k-nearest neighbour imputation using Likert data [C] // International Symposium on Software Metrics. IEEE.

Pinheiro J C, Bates D M, 1998. lme and nlme: mixed-effects methodsand classes for S and S-PLUS. Version 3. 0. Bell Labs, Lucent Technologies and University of Wisconsin. Madison. Prod, 21 (5): 248-252.

Robinson W S, 1950. Ecological correlations and the behavior of individuals [J]. Sociological Review, 15: 351-357.

Sasaki Y, Koketsu Y, 2008. Mortality, death interval, survivals, and herd risk factors for female pigs in commercial breeding herds [J]. Journal of Animal Science, 86: 3159-3165.

Serenius T, Stalder K J, 2006. Selection for sow longevity [J]. Journal of Animal Science, 84 (13): 166-171.

Shrout P E, Fleiss J L, 1979. Intraclass correlations: users in assessing rater reliability [J].

Psychological Bulletin, 86: 420-428.

Soede N M, Wetzels C C H, Zondag W, et al, 1995. Effects of time of insemination relative to ovulation, as determined by ultrasonography, on fertilization rate and accessory sperm count in sows [J]. Reproduction in Domestic Animals, 104: 99-106.

Spicer E M, Driesen S J, Fahy V A, et al, 2010. Causes of preweaning mortality on a large intensive piggery [J]. Australian Veterinary Journal, 63 (3): 71-75.

Steverink D W B, Soede N M, Kemp B, 1999. Registration of oestrus duration can help to improve insemination strategies at commercial pig farms [J]. Reproduction in Domestic Animals, 34 (3/4): 329-333.

Tummaruk P, Tantasuparuk W, Techakumphu M, et al, 2007. Age, body weight and backfat thickness at first observed oestrus in crossbred Landrace×Yorkshire gilts, seasonal variations and their influence on subsequence reproductive performance [J]. Animal Reproduction Science, 99 (1/2): 167-181.

Waller C M, Bilkei G, Cameron R D A, 2002. Effect of periparturient diseases accompanied by excessive vulval discharge and weaning to mating interval on sow reproductive performance [J]. Australian Veterinary Journal, 80 (9): 545-549.

Wang C, Wu Y, Shu D, et al, 2019. Ananalysis of culling patterns during the breeding cycle and lifetime production from the aspect of culling reasons for gilts and sows in southwest China [J]. Animals, 9 (4): 160.

Whitney M H, Masker C, Mesinger D J, 2010. Replacement gilt and boar nutrient recommendations and feeding management [M] //Mesinger D J. National swine nutrition guide. U. S. Pork Center of Excellence. Ames. IA.

Wientjes J G M, Soede N M, Knol E F, et al, 2013. Piglet birth weight and litter uniformity: effects of weaning-to-pregnancy interval and body condition changes in sows of different parities and crossbred lines [J]. Journal of Animal Science, 91 (5): 2099-2107.

Xue J L, Koketsu Y, Dial G D, et al, 1997. Glucose tolerance, luteinizing hormone release, and reproductive performance of first-litter sows fed two levels of energy during gestation [J]. Journal of Animal Science, 75 (7): 1845-1852.

Yang M, 1997. Multilevel models for multiple category responses-A simulation [J]. Multilevel Modelling Newsletter, 9 (1): 10-16.

Young M G, Aherne F X, Main R G, et al, 2004. Comparison of three methods of feeding sows in gestation and the subsequent effects on lactation performance [J]. Journal of Animal Science, 82 (10): 3058.

Zhou Y F, Xu T, Cai A L, et al, 2018. Excessive backfat of sows at 109 d of gestation induces lipotoxic placental environment and is associated with declining reproductive performance [J]. Journal of Animal Science, 96 (1): 250-257.